全国优秀数学教师专著系列

从分析解题过程学解题——竞赛中的几何问题研究

Learn How to Solve Problems from the Process of Solving Problems—Research Geometry Problems of the Contest

● 王扬 赵小云 著

哈爾濱工業大學出版社
HARBIN INSTITUTE OF TECHNOLOGY PRESS

内 容 简 介

本书主要介绍了怎样学习和研究平面几何和立体几何的命题与解题方法，书中搜集并整理了近年来数学竞赛中极具代表性的几何问题，并详细地介绍了这些问题的由来、解题思路及解题过程，试图让读者从分析解题的过程学习解题.

本书适合初中生、高中生以及数学爱好者阅读和收藏.

图书在版编目(CIP)数据

从分析解题过程学解题：竞赛中的几何问题研究/王扬，赵小云著. —哈尔滨：哈尔滨工业大学出版社，2018.7

ISBN 978-7-5603-7327-0

Ⅰ.①从… Ⅱ.①王… ②赵… Ⅲ.①几何—青少年读物 Ⅳ.①O18-49

中国版本图书馆 CIP 数据核字(2018)第 079087 号

策划编辑 刘培杰 张永芹
责任编辑 张永芹 关虹玲
封面设计 孙茵艾
出版发行 哈尔滨工业大学出版社
社　　址 哈尔滨市南岗区复华四道街 10 号 邮编 150006
传　　真 0451-86414749
网　　址 http://hitpress.hit.edu.cn
印　　刷 哈尔滨市工大节能印刷厂
开　　本 787mm×1092mm 1/16 印张 31.5 字数 574 千字
版　　次 2018 年 7 月第 1 版 2018 年 7 月第 1 次印刷
书　　号 ISBN 978-7-5603-7327-0
定　　价 68.00 元

◎ 前言

在浩瀚的数学典籍里,无处不在讨论数学解题,更有不少的书籍谈论解题方法,也有很多老师给学生讲解精湛的数学解题艺术,但是大部分人还是感到困惑,一是这么多优美的题目如何得来?二是那么多奇妙的解法又是如何获得的?特别是许多竞赛题好像都十分陌生,解法也千奇百怪!伴随的奇妙方法又是如何想出来的?如此等等的问题,令人百思不得其解.

从笔者读到的关于解题的书籍来看,大部分都是题解式的,即只给出题目的和解答,尤其是较难的题目,读者往往看后不知所措,于是便产生问题——解法是如何想到的?我如何能够编拟这样的好题?并给出一些好的解法?本书将告诉你一些诀窍.

还有更多的青年教师,对数学竞赛辅导具有浓厚的兴趣,希望通过培养学生提高自己的解题能力,但是由于竞赛题目之难,一时半刻也找不到合适的突破口,怎么办?本书可能是你的好助手.

笔者以为,数学解题需要从如下几个方向去思考,解决完一个问题后不要急于收手,而要继续做以下几个方面的工作:第一,回顾问题解决过程中所用的知识和方法;第二,抓住解决问题所用的技巧和关键;第三,总结解决问题所用的方法;第四,思考与本问题相关的问题还有哪些?第五,认真回顾问题的来历;

第六,问题的结论和方法有何应用?——问题的工具作用;第七,问题还可以演变出哪些其他的好问题?——题目的进一步发展前景.以上这些都要做出书面资料整理出来,如果能够长此以往地坚持,相信你的数学解题能力必能突飞猛进.

本书将秉承上诉思路,并尽力展示“从分析解题过程学解题——我的解题观”,引导读者从发现问题、解决问题的轨道上一起去思考,一起去探索,一起去发现,一起去解决,获得发现问题并解决问题的快乐,尽快将我们的解题研究方法丰富起来,以便有更多的发现,更多的收获.

如果有读者试图从本书所提供的解题方法中获得一个数学解题的通法以达到会解任何数学题,从而达到不用研究解题就能解决任何数学问题,那就大错特错了,因为在笔者的视野里,当今世界上恐怕还没有这么一本数学书能达到这个高度,且永远不会有这么一本书.

简单地说,本书的特点就是尽力阐述问题以及解法的由来.对问题的来历进行阐述,对解法的来龙去脉予以分析,对问题前景予以高远预测,对一些技巧性的方法进行过程性探究.

古人云,师不必贤于弟子,弟子不必不如师.这句话不是对老师的谦虚和胸怀的描述,而是学生应该有超越自己老师的能力和水平,这样老师才有自豪感,要想超越自己的老师,就需要同学们孜孜以求的不断努力,更要学会一些提高数学解题能力的好方法.期待本书能够给大家带来帮助.

本书默认大家都知晓初中以上的平面几何知识,书中大部分内容都是由近几年来笔者进行数学竞赛培训和辅导时的平面几何讲稿整理而成.本书所采用之题目不一定都是笔者所命之题,所以不可能将每一个问题的渊源和解法来历阐述得尽善尽美,但我们会尽力阐述一些自己对相关问题的认识,以此与读者交流,希望得到读者的批评斧正.

作　者

2018 年 6 月

◎目录

第 2 章　对平面几何与立体几何相关命题的研究　//354

平面几何部分

第1章

§1　基础知识

本章内容笔者尽量站在初中二年级学生的知识水平上来书写，以此来满足更多的学习群体. 本节介绍以下基础知识(仅在本书中用到)，虽然未必都是大家想要的，但是这些知识将是我们后面解题的依据，希望大家能够掌握.

1. 如图1，设 AD 为 $\triangle ABC$ 中 $\angle A$ 的平分线，则 $\frac{BD}{DC}=\frac{AB}{AC}$. (三角形内角平分线性质定理)

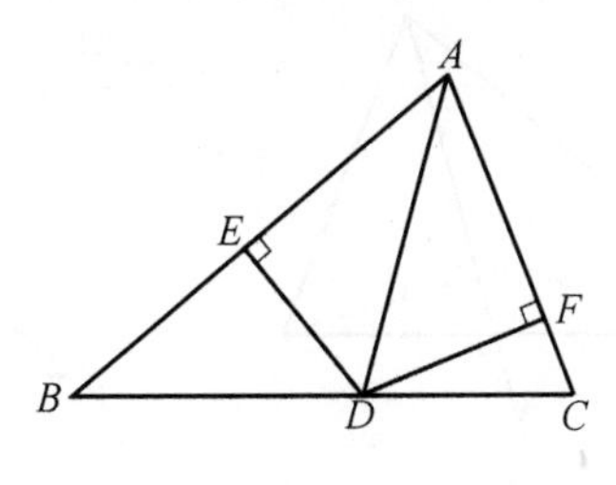

图1

证法1　运用两次底乘以高的面积公式.

如图1，过 D 作 $DE \perp AB$，$DF \perp AC$，E，F 分别为垂足，那么，$DE=DF$，再根据三角形面积关系知

$$\frac{BD}{DC}=\frac{BD \cdot h_a}{CD \cdot h_a}=\frac{S_{\triangle ABD}}{S_{\triangle ACD}}=\frac{AB \cdot DE}{AC \cdot DF}=\frac{AB}{AC}$$

(h_a 为 $\triangle ABC$ 的边 BC 上的高线长，下同).

证法 2　运用一次底乘以高的面积公式，再运用一次两边夹角的面积公式.

由此可得

$$\frac{BD}{DC}=\frac{BD\cdot h_a}{CD\cdot h_a}=\frac{S_{\triangle ABD}}{S_{\triangle ACD}}=\frac{AB\cdot AD\sin\angle BAD}{AC\cdot AD\sin\angle CAD}=\frac{AB}{AC}$$

证法 3　运用两次两边夹角的面积公式.

由此可得

$$\begin{aligned}\frac{BD}{DC}&=\frac{BD\cdot DA\sin\angle BDA}{CD\cdot DA\sin\angle BDA}\\&=\frac{AB\cdot AD\sin\angle BAD}{AC\cdot AD\sin\angle CAD}\\&=\frac{AB}{AC}\end{aligned}$$

证法 4　如图 2，过 B,C 分别作 AD 所在直线的垂线 BE,CF,E,F 分别为垂足，则 $\triangle BED\backsim\triangle CFD,\triangle BEA\backsim\triangle CFA$，所以

$$\frac{BD}{DC}=\frac{BE}{CF}=\frac{AB}{AC}$$

证明 5　如图 3，过 D 作 $DE\parallel AB$，交 AC 于点 E，则 $\angle ADE=\angle DAE=\angle BAD$，即 $EA=ED$，且 $\triangle CED\backsim\triangle CBA$，于是，由平行截割定理知

$$\frac{BD}{DC}=\frac{AE}{CE}=\frac{DE}{CE}=\frac{AB}{AC}$$

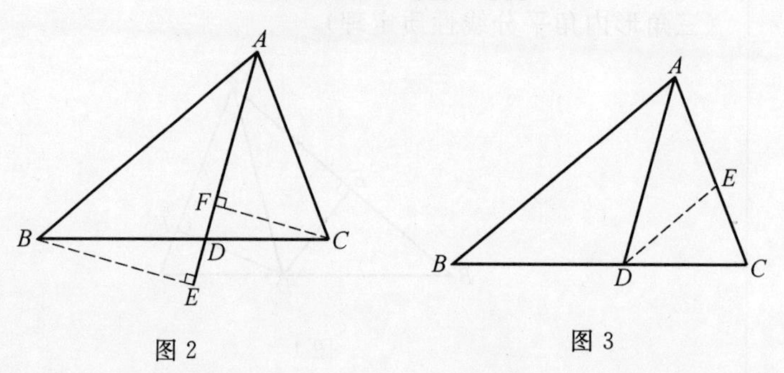

图 2　　　　图 3

实际上，本命题的逆命题也是成立的，可以用同一法简单证明，略.

即本题以及其逆命题可以叙述为：

设 D 在线段 BC 上，则 AD 平分 $\angle A$ 的充要条件是 $\frac{BD}{DC}=\frac{AB}{AC}$.

本结论也可以用来判断 AD 是否是 $\angle A$ 的内角平分线.

2. 在 $\triangle ABC$ 中，AD 是 $\angle A$ 的外角平分线，AE 为内角平分线，D,E 均落在

直线 BC 上.求证:$BD:DC=BE:CE$.(三角形内、外角平分线性质定理)

证明　只需证明外角平分线的结论成立即可.

如图 4,设 AE 平分 $\angle BAC$,AD 为 $\angle A$ 的外角平分线,则 $\alpha+\beta=\frac{\pi}{2}$.

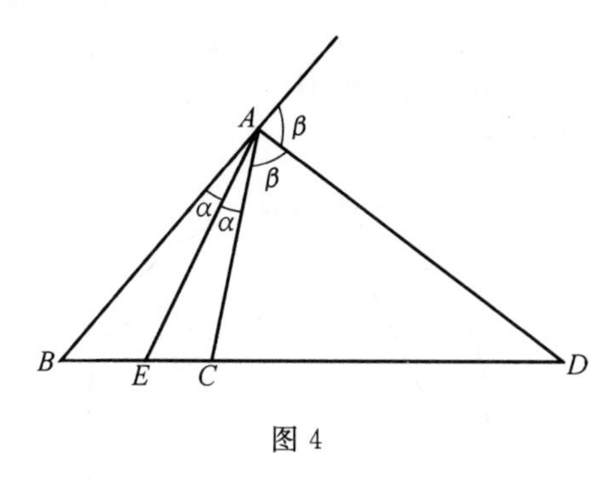

图 4

所以,由面积公式知

$$\begin{aligned}\frac{BD}{DC}&=\frac{BD\cdot h_a}{CD\cdot h_a}=\frac{S_{\triangle ABD}}{S_{\triangle ACD}}\\&=\frac{AB\cdot AD\sin\angle BAD}{AC\cdot AD\sin\angle CAD}\\&=\frac{AB\sin(2\alpha+\beta)}{AC\sin\beta}\\&=\frac{AB\cos\alpha}{AC\sin\beta}=\frac{AB}{AC}\left(\text{注意 }\alpha+\beta=\frac{\pi}{2}\right)\end{aligned}$$

(h_a 为 $\triangle ABC$ 的边 BC 上的高线长).

3.在 $\triangle ABC$ 中,a,b,c 表示三边长,A,B,C 表示三内角,则有

$$a=b\cos C+c\cos B,b=a\cos C+c\cos A,c=b\cos A+a\cos B$$

(三角形中的斜射影定理)

证明　容易运用三角函数知识解决,略.

4.证明:正弦定理,余弦定理.

证明　(1)正弦定理.运用三角形面积公式

$$S=\frac{1}{2}ab\sin C=\frac{1}{2}bc\sin A=\frac{1}{2}ca\sin B$$

可得

$$\frac{a}{\sin A}=\frac{b}{\sin B}=\frac{c}{\sin C}$$

又作圆的直径 BD,连 AD,如图 5 所示,则

$$\frac{c}{\sin C}=\frac{c}{\sin\angle ADB}=BD=2R$$

从而

$$\frac{a}{\sin A}=\frac{b}{\sin B}=\frac{c}{\sin C}=2R$$

此即为三角形中的正弦定理.

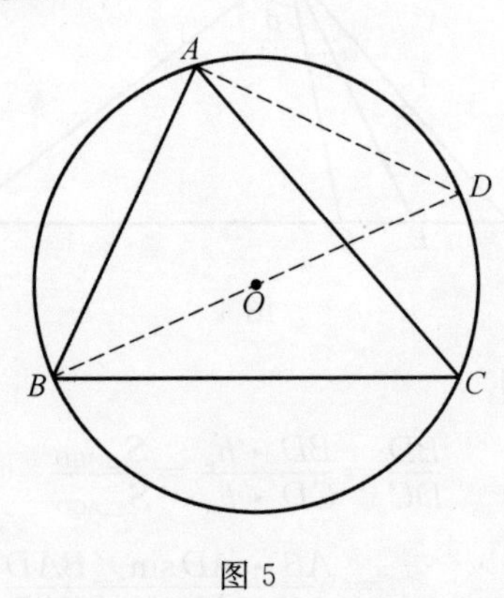

图 5

(2) 余弦定理. 因为

$$a=b\cos C+c\cos B \tag{1}$$

$$b=a\cos C+c\cos A \tag{2}$$

$$c=b\cos A+a\cos B \tag{3}$$

分别将(1)(2)(3) 乘以 a,b,c,再作差,得

$$a^2-b^2-c^2=-2bc\cos A\Rightarrow a^2=b^2+c^2-2bc\cos A$$

此即为三角形中的余弦定理.

注 用此法可以将三角形中的正弦定理、余弦定理推广到四面体中去,所以这个方法十分美妙,留给读者自己探讨吧!

5. 圆内接四边形的两对边乘积之和等于其对角线的乘积.(托勒密(Ptolemy) 定理)

证法 1 先证明:如果 $ABCD$ 是圆内接四边形,那么,有

$$AB\cdot CD+AD\cdot BC=AC\cdot BD$$

如图 6,设 AC 上有一点 E,使得

$$AB\cdot CD+AD\cdot BC=BD(AE+EC)=BD\cdot AE+BD\cdot EC \tag{1}$$

我们来寻求点 E 应满足的条件. 要使(1) 成立,需要

$$AD \cdot BC = BD \cdot AE \tag{2}$$

$$AB \cdot CD = BD \cdot EC \tag{3}$$

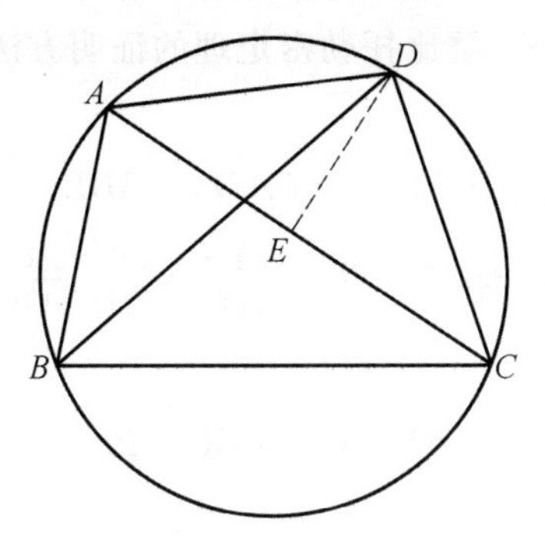

图 6

同时成立. 而(2)成立的条件为 $\triangle ADE \backsim \triangle BDC$，(3)成立的条件为 $\triangle ABD \backsim \triangle ECD$，于是，只要在 AC 上找一点 E，使得 $\angle ADE = \angle BDC$ 即可，这样就有(2)(3)同时成立，此两式相加即得(1).

证法 2 （参考《中学数学月刊》2011 年第 10 期第 47 页例 4）.

设四边形 $ABCD$ 的边长 $AB = a, BC = b, CD = c, DA = d$，则由余弦定理知

$$\cos A = \frac{a^2 + d^2 - b^2 - c^2}{2(ad + bc)}, \cos B = \frac{a^2 + b^2 - c^2 - d^2}{2(ab + cd)}$$

又

$$\begin{aligned} BD^2 &= AB^2 + AD^2 - 2AB \cdot AD\cos A \\ &= a^2 + d^2 - 2ad\cos A \\ &= a^2 + d^2 - 2ad\left[\frac{a^2 + d^2 - b^2 - c^2}{2(ad + bc)}\right] \\ &= \frac{(ab + cd)(ac + bd)}{ad + bc} \end{aligned}$$

同理可得

$$AC^2 = \frac{(ad + bc)(ac + bd)}{ab + cd}$$

到此结论成立.

一个有用的引申形式（有人称之为三弦定理）：设 $\angle ADB = \alpha, \angle BDC = \beta$，则

$$DA \cdot \sin \beta + DC \cdot \sin \alpha = DB \cdot \sin(\alpha + \beta)$$

其逆命题用同一法可以很快解决.

引申 设 $ABCD$ 为任意凸四边形，则

$$AB \cdot CD + AD \cdot BC \geqslant AC \cdot BD$$

(托勒密不等式)(参考沈文选《奥林匹克数学中的几何问题》第38页).

证明 思考方法——类比托勒密定理的证明方法——在线段 BD 上找一点 E——凑等式,找相似.

如图7,取点 E 使得 $\angle BAE = \angle CAD$,$\angle ABE = \angle ACD$,于是

$$\triangle ABE \backsim \triangle ACD \Rightarrow \frac{AD}{AE} = \frac{AC}{AB}, \frac{AC}{AB} = \frac{CD}{BE}$$

即

$$AB \cdot CD = AC \cdot BE \tag{1}$$

又

$$\angle DAE = \angle CAB \Rightarrow \triangle ADE \backsim \triangle ACB$$

即有

$$AD \cdot BC = AC \cdot DE \tag{2}$$

注意到

$$BE + ED \geqslant BD$$

由(1)+(2)得

$$AB \cdot CD + AD \cdot BC = AC \cdot BE + AC \cdot DE = AC(BE + DE) \geqslant AC \cdot BD$$

其中等号成立的条件为当 E 在 BD 上,即 $\angle ABD = \angle ACD$ 时成立,此时 A,B,C,D 四点共圆.所以,本题是托勒密定理的推广.

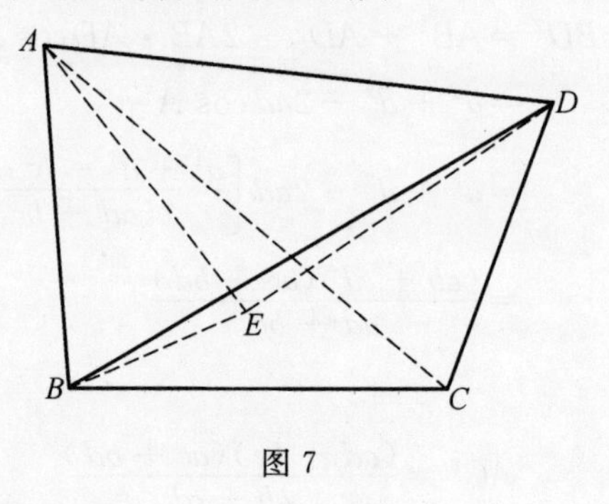

图7

6.用托勒密定理证明

$$\sin(\alpha + \beta) = \sin\alpha\cos\beta + \cos\alpha\sin\beta (\alpha, \beta \in (0, 90^\circ))$$

(本结论在高中数学知识中称为正弦和角公式,在这里列出是为了方便初中学生阅读,同时也给高中学生提供一个好的证明方法).

证明 如图8,设 AB 为圆 O 的直径,且 $AB=1$,$\angle BAC=\alpha$,$\angle BAD=\beta$,联

结 BC,BD,则 $AC=\cos\alpha$,$BC=\sin\alpha$,$AD=\cos\beta$,$BD=\sin\beta$,$CD=\sin(\alpha+\beta)$.

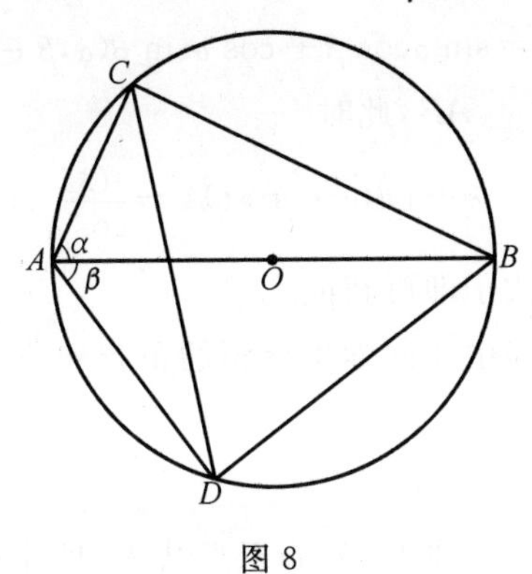

图 8

于是,由托勒密定理知

$$AB\cdot CD=AC\cdot BD+AD\cdot BC$$

即

$$\sin(\alpha+\beta)=\sin\alpha\cos\beta+\cos\alpha\sin\beta$$

7. 设 O 为线段 AB 外一点,O 对 AC,CB 的张角分别为 α,β,那么,C 在 AB 所在直线上的充要条件是

$$\frac{\sin(\alpha+\beta)}{OC}=\frac{\sin\beta}{OA}+\frac{\sin\alpha}{OB} \qquad (*)$$

(张角定理)

证明 运用面积公式.

如图 9,事实上,A,C,B 三点共线,当且仅当

$$S_{\triangle OAB}=S_{\triangle OAC}+S_{\triangle OBC}$$

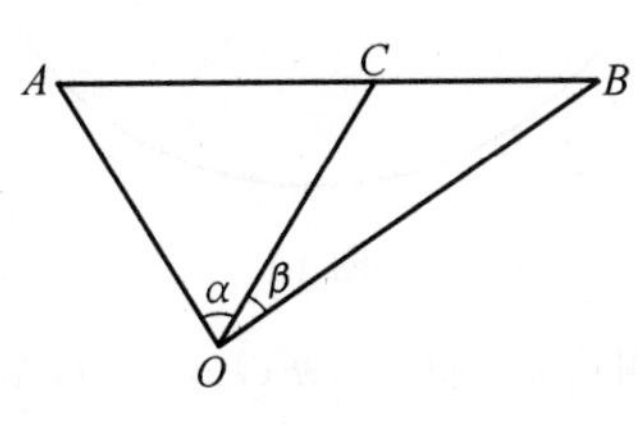

图 9

即

$$OA\cdot OB\sin(\alpha+\beta)=OA\cdot OC\sin\alpha+OC\cdot OB\sin\beta$$

经整理即得

$$\frac{\sin(\alpha+\beta)}{OC}=\frac{\sin\beta}{OA}+\frac{\sin\alpha}{OB}$$

注 由此可证明正弦和角公式

$$\sin(\alpha+\beta)=\sin\alpha\cos\beta+\cos\alpha\sin\beta(\alpha,\beta\in(0,90^\circ))$$

事实上,只需令 $OC\perp AB$,此时

$$OC=OA\cos\alpha=OB\cos\beta\Rightarrow OA=\frac{OC}{\cos\alpha},OB=\frac{OC}{\cos\beta}$$

分别代入到张角定理的式子即可获证.

这里再一次证明了高中才向学生介绍的正弦和角公式可以运用面积法来证明.

8.证明:三角形的重心、垂心、外心三点共线,且外心到重心的距离是垂心到重心距离之半.(本结论称为欧拉(Euler)线定理,重心、垂心、外心所在直线称为欧拉线)

证法1 如图10,H为$\triangle ABC$的垂心,联结BO并延长交外接圆于点F,联结AF,CF,CH,AH,OH,AH交BC于点D,OH交AE于点G,连OH,作$OE\perp BC$于点E,则$CH\perp AB$,$FA\perp AB$,所以$CH\parallel FA$,又$AD\perp BC$,$FC\perp BC$,所以$CF\parallel AH$.

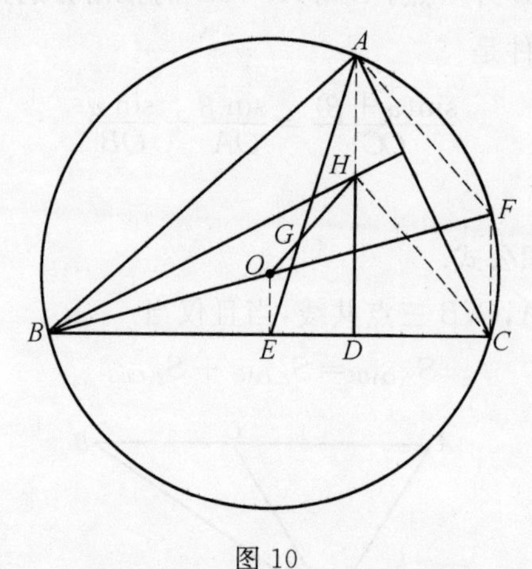

图10

所以$AHCF$为平行四边形.而$\triangle OEG\backsim\triangle HAG$,所以

$$\frac{EG}{AG}=\frac{OG}{GH}=\frac{OE}{AH}=\frac{OE}{CF}=\frac{1}{2}$$

即G是$\triangle ABC$的中线AE上的三等分点,所以,G为$\triangle ABC$的重心,即O,G,H三点共线,且外心到重心的距离是垂心到重心距离之半.

证法2 参考《数学教学》2011年第5期第25页,这个证明来源于《100个著名初等数学问题——历史和解》一书,据说这是欧拉自己的证明.

如图 11,设 M 为边 AB 的中点,S 为 $\triangle ABC$ 的重心,则 $SC=2SM$.设 U 为 $\triangle ABC$ 的外心,延长 US 到 O,使得 $SO=2SU$,并联结 OC.根据两个等式,可以判断

$$\triangle MUS \backsim \triangle COS \Rightarrow CO \parallel MU \Rightarrow CO \perp AB$$

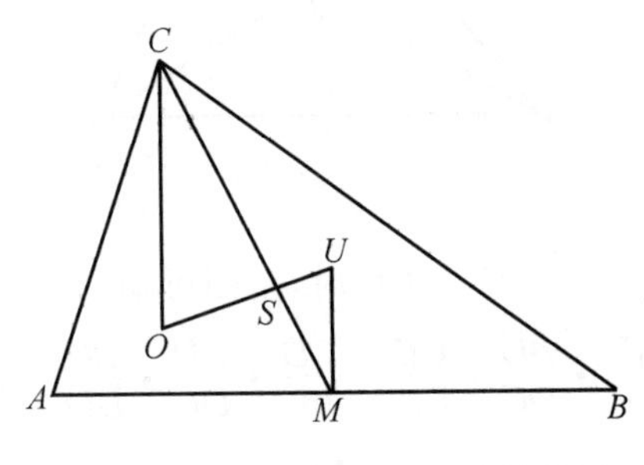

图 11

于是,得到联结点 O 和三角形一个顶点的直线与此三角形一顶点的对边垂直,因此,该直线就是三角形的一条高.由于三条高线必然通过同一点,即点 O 就是这个三角形的垂心,由此结论获证.

注 这个证明可以看成是一个成功的构造方法,其思路是,将满足结论的点看成已知点,去构造需要的点的性质,其奇妙之处无法言语.

此外,记忆本结论的方法可从直角三角形去理解——将图 10 中的 $\angle A$ 看成直角.

9.设 D,E,F 分别为 $\triangle ABC$ 的三边 BC,CA,AB 或者其延长线上的一点,其中有奇数个点在边上,则 AD,BE,CF 交于一点或者平行的充要条件是 $\frac{BD}{DC}\cdot\frac{CE}{EA}\cdot\frac{AF}{FB}=1$.(塞瓦(Ceva)定理及其逆定理)(塞瓦点)

证明 先证明必要性——塞瓦定理.分两种情况,证明如下:

(1)如图 12,设 AD,BE,CF 交于点 O,则根据三角形面积公式知

$$\frac{AF}{FB}\cdot\frac{BD}{DC}\cdot\frac{CE}{EA}=\frac{S_{\triangle AOC}}{S_{\triangle BOC}}\cdot\frac{S_{\triangle AOB}}{S_{\triangle AOC}}\cdot\frac{S_{\triangle BOC}}{S_{\triangle AOB}}=1$$

即此情况获证.

这个证明也适用于 O 在三角形外的情形.

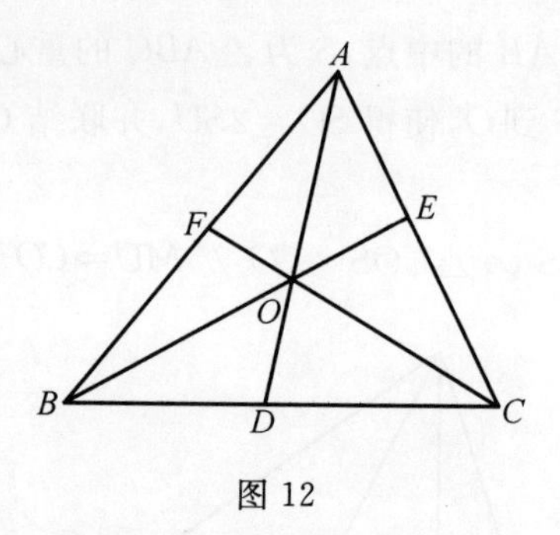

图 12

(2) 如图 13,当 $AD // BE // CF$ 时,由图可知

$$\frac{AF}{FB}\cdot\frac{BD}{DC}\cdot\frac{CE}{EA}=\frac{CD}{BC}\cdot\frac{BD}{DC}\cdot\frac{BC}{BD}=1$$

充分性的证明可以用同一法来解决.

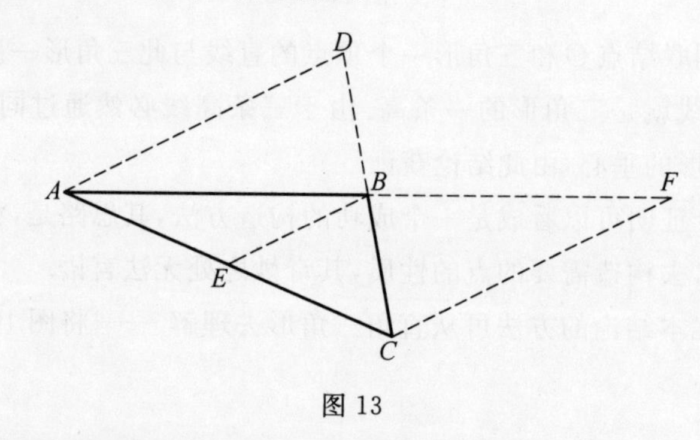

图 13

注 (1) 本题的证明也可以从 A 作 BC 的平行线分别与 BE,CF 的延长线交于点 M,N,再利用相似三角形来解决.

(2) 逆定理可运用同一法去解决,将此留给读者去完成.

10. 设 D,E,F 分别为 $\triangle ABC$ 的三边 BC,CA,AB 或其延长线上的点,且有奇数个点在边的延长线上,则 D,E,F 三点共线的条件是 $\frac{BD}{DC}\cdot\frac{CE}{EA}\cdot\frac{AF}{FB}=1$.(梅涅劳斯(Menelaus)定理,三点 D,E,F 所确定的直线被称为梅氏线)

证法 1 平面几何法.

如图 14,过 C 作 $CM // DF$ 交 AB 于点 M,则得 $\triangle BCM \backsim \triangle BDF$,$\triangle AFE \backsim \triangle AMC$,所以

$$\frac{BD}{DC}=\frac{BF}{FM},\frac{AF}{FM}=\frac{AE}{EC}$$

此两式相乘即得结论

$$\frac{BD}{DC}\cdot\frac{CE}{EA}\cdot\frac{AF}{FB}=1$$

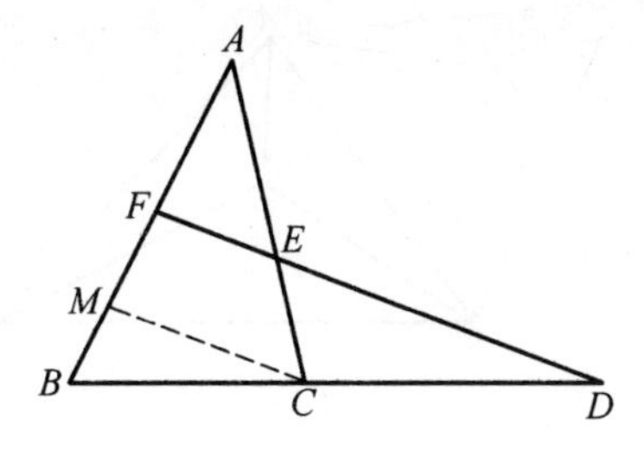

图 14

证法 2 如图 15,从 A,B,C 三点分别作 DF 的垂线 AM,BN,CP,M,N,P 分别为垂足,记 $AM=a,BN=b,CP=c$.

于是 $\triangle AFM\backsim\triangle BFN,\triangle AME\backsim\triangle CPE,\triangle CPD\backsim\triangle BND$,所以

$$\frac{AF}{BF}=\frac{a}{b},\frac{CE}{EA}=\frac{c}{a},\frac{BD}{DC}=\frac{b}{c}$$

此三式相乘即得结论.

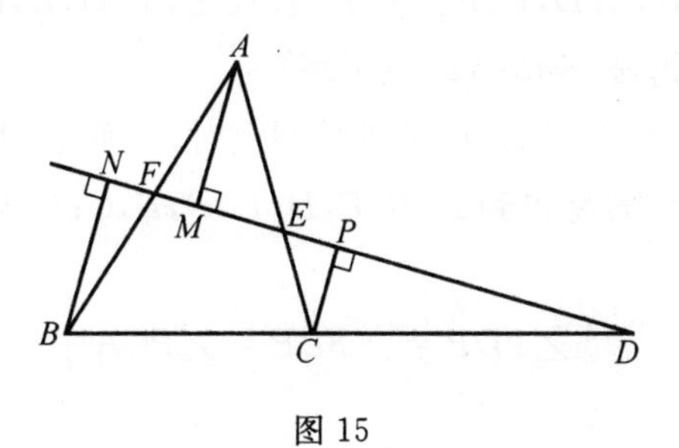

图 15

证法 3 三角法,应用正弦定理.

设 $\angle AFE=\alpha,\angle AEF=\beta,\angle BDF=\gamma$,于是,分别在 $\triangle AFE,\triangle CDE$,$\triangle BDF$ 中运用正弦定理,得

$$\frac{AF}{AE}=\frac{\sin\beta}{\sin\alpha},\frac{CE}{DC}=\frac{\sin\gamma}{\sin\beta},\frac{BD}{BF}=\frac{\sin\alpha}{\sin\gamma}$$

此三式相乘即得结论.

证法 4 面积法,与塞瓦定理的证明一样.将此留给读者练习吧.

11.在内角不超过 $120°$ 的 $\triangle ABC$ 内找一点 F,使 F 到三顶点距离之和最小.(费马(Fermat)定理)

证明 如图 16,将 $\triangle BFA$ 绕点 B 逆时针旋转 $60°$ 到 $\triangle BED$ 的位置,那么 $\triangle BEF$ 为等边三角形,则

$$FA + FB + FC = DE + EF + FC \geqslant CD$$

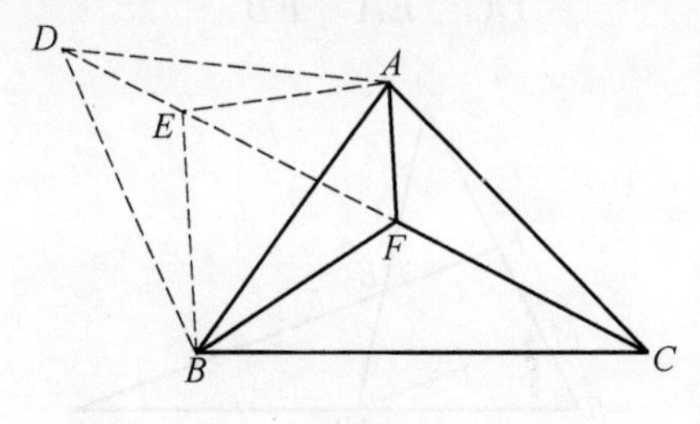

图 16

等号成立的条件为 D,E,F,C 四点共线，即

$$\angle BFA = \angle BED = \angle BFC = 120^\circ$$

于是 $\angle AFC = 120^\circ$，即 F 对 $\triangle ABC$ 的各边都张 120° 角时，F 到各顶点的距离之和最小.

12. 从 $\triangle ABC$ 的外接圆上任一点 P 向三边或其延长线作垂线，$PD \perp BC$，$PE \perp AC$，$PF \perp AB$，则 D,E,F 三点共线. 反之，若 D,E,F 三点共线，则 A,B,C,P 四点共圆.（西姆松(Simson)线定理）

证明　先证明 P 在 $\triangle ABC$ 的外接圆上时，三垂足 D,E,F 共线.

如图 17，事实上，容易得到 P,B,F,D；P,D,E,C；P,F,A,E；P,B,A,C 分别四点共圆，所以

$$\angle FDP = \angle FBP = \angle PCA$$

而

$$\angle PDE + \angle PCE = 180^\circ$$

所以

$$\angle PDF + \angle PDE = 180^\circ$$

即 D,E,F 三点共线.

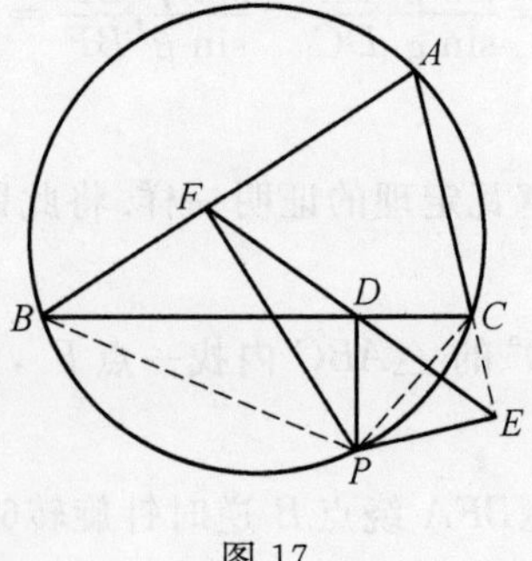

图 17

反之，若 D,E,F 三点共线，则 B,F,D,P；P,D,C,E；P,B,A,E 分别四点共圆，所以，$\angle PCE=\angle PDF=\angle PBF$，这表明 P,B,A,C 四点共圆.

于是命题得证.

注　由此可证明托勒密定理的推广(不等式)：任意四边形 $ABPC$ 中，有

$$AB\cdot CP+AC\cdot BP\geqslant AP\cdot BC$$

事实上

$$FD=PB\sin\angle FPD=PB\sin B$$

$$DE=PC\sin\angle DPE=PC\sin C$$

$$EF=PA\sin\angle FPE=PA\sin A$$

所以，对于 D,E,F 三点，一般地，有 $FD+DE\geqslant EF$，即

$$PB\sin B+PC\sin C\geqslant PA\sin A$$

即

$$PB\cdot\frac{AC}{2R}+PC\cdot\frac{AB}{2R}\geqslant PA\cdot\frac{BC}{2R}$$

由此即得，$PB\cdot AC+PC\cdot AB\geqslant PA\cdot BC$.

13. 设 $\triangle ABC$ 外接圆的圆心和内切圆的圆心分别为 O,I，半径分别为 R,r，求证：$OI^2=R^2-2Rr$.（欧拉定理）

证明　如图 18，联结 AI 并延长交 $\triangle ABC$ 的外接圆于点 D，过 I,O 作圆的直径 MN，连 DO 交圆周于点 E，联结 EB,BD,ID，作 $IF\perp AC$，F 为垂足，则

$$\angle IBD=\angle DIB=\frac{\angle A+\angle B}{2}$$

即 $DB=DI$.

又 $\mathrm{Rt}\triangle EBD\backsim\mathrm{Rt}\triangle AFI$，所以

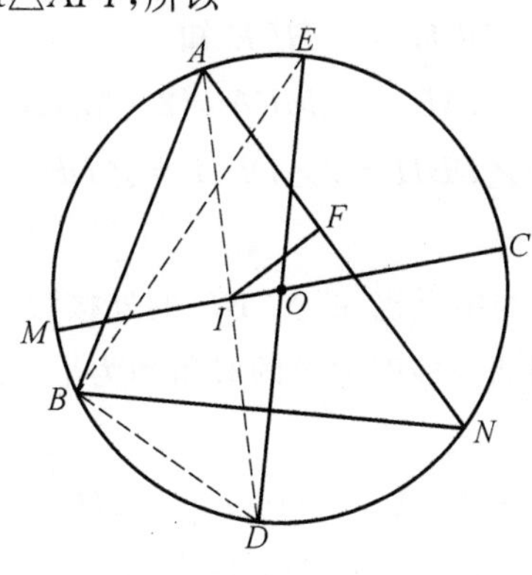

图 18

$$\frac{BD}{IF}=\frac{DE}{AI}$$

考虑圆的相交弦定理知

$$IM\cdot IN=IA\cdot ID=IA\cdot BD$$
$$=IF\cdot DE=r\cdot 2R$$

而

$$IM\cdot IN=(OM-OI)(OM+OI)$$
$$=OM^2-OI^2=R^2-OI^2$$

所以

$$OI^2=R^2-2Rr$$

注 由此可得$R\geqslant 2r$.这是一个很有意义的结论,而且还可以移植到空间四面体中去.

14.设AD,BE,CF分别为$\triangle ABC$的边BC,CA,AB上的高,D,E,F分别为垂足,H为垂心,则三垂足,三边上的中点,以及AH,BH,CH的中点,此九点共圆.你能说出圆心的位置及半径大小吗?(九点圆定理,或称欧拉圆定理)

证明 此结论后文中有专门的介绍,现在先给出一个证明.可分三步来完成本题的证明.

先证明HA,HB,HC的中点在D,E,F三垂足所确定的三角形($\triangle DEF$为$\triangle ABC$的垂足三角形)的外接圆上.

其实,只要证明AH的中点M在$\triangle DEF$的外接圆上即可.

对此有两种证明方法:一是逆用同弧上的圆周角相等.如图19,事实上,由条件知,M为Rt$\triangle AHE$的斜边AH的中点,所以,由三角形的外角定理知,A,B,D,E四点共圆,结合$\angle DFH=\angle HFE$知

$$\angle DME=\angle MAE+\angle MEA=2\angle MAD=2\angle DBE$$
$$=2\angle DBH=2\angle DFH=\angle DFE \qquad (1)$$

即M,F,D,E四点共圆.

同理可知,BH,CH的中点也在$\triangle DEF$的外接圆上.

第二种方法是,利用圆内接四边形的对角和为平角.

由外角定理知

$$\angle FME=2\angle A=2(90^\circ-\angle FBH)$$
$$=2(90^\circ-\angle FDH)=180^\circ-2\angle FDH$$
$$=180^\circ-\angle FDE$$

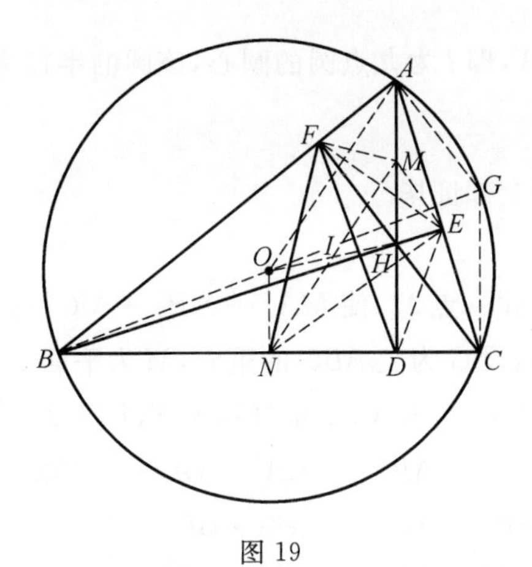

图 19

即 M,F,D,E 四点共圆.

同理可知,BH,CH 的中点也在 $\triangle DEF$ 的外接圆上.

第二步,证明 BC,CA,AB 的中点也在 $\triangle DEF$ 的外接圆上. 有两种方法,一是逆用同弧上的圆周角相等.

设 BC 的中点为 N,以外角定理为出发点考虑,注意到,B,F,E,D 四点共圆及 $\angle DFH=\angle HFE$,所以

$$\angle END=\angle NBE+\angle NEB=2\angle NBE=2\angle DBH=\angle DFE$$

所以,N,D,E,F 四点共圆.

同理可知,CA,AB 上的中点也在 $\triangle DEF$ 的外接圆上.

第二种方法是,运用内角和为平角.

事实上,由于点 N 为 $\mathrm{Rt}\triangle FBC$ 的斜边 BC 上的中点,所以

$$\begin{aligned}\angle FND&=180^\circ-2\angle FCN=\angle 180^\circ-2\angle HCD\\&=180^\circ-2\angle HED=180^\circ-\angle FED\end{aligned}$$

即 $\angle FND+\angle FED=180^\circ$,亦即 N,D,E,F 四点共圆. 同理可知,CA,AB 上的中点也在 $\triangle DEF$ 的外接圆上.

综上,上述的九个点共圆.

下面再确定九点圆的圆心和半径大小.

易知 $\angle NDM=90^\circ$,所以,上述九点圆的圆心位于 MN 的中点. 设 O 为 $\triangle ABC$ 的外心,那么,OH 与 MN 的交点 I 就是九点圆的圆心.

事实上,从图 19 可以看出,延长 BO 交圆 O 于点 G,联结 GA,GC,则因 $ON\parallel CG,ON=\frac{1}{2}CG$,所以 A,H,C,G 四点构成了平行四边形,所以,$ON=AM,AM\parallel ON$,即 $ONMA$ 为平行四边形. 又 $ON=MH$,进而 $OI=IH$,则

$IM \parallel OA$，$IM=\frac{1}{2}OA$，即 I 为九点圆的圆心，该圆的半径为 $\triangle ABC$ 的外接圆半径之半.

到此九点圆定理全部证毕.

15. 在 $\triangle ABC$ 中找一点 M，使 $MA^2+MB^2+MC^2$ 最小，并求出最小值.

证法 1 如图 20，设 G 为 $\triangle ABC$ 的重心，M 为平面上任意一点，联结 MG，从 A,B,C,D 分别作 MG 的垂线，垂足分别为 E,F,I,H，于是由勾股定理知

$$\begin{aligned}MA^2&=AE^2+ME^2=(GA^2-GE^2)+(MG+GE)^2\\&=MG^2+GA^2+2MG\cdot GE\\MB^2&=BF^2+MF^2=(GB^2-GF^2)+(GF-MG)^2\\&=MG^2+GB^2-2GF\cdot MG\\MC^2&=MI^2+CI^2=(MG+GI)^2+(CG^2-GI^2)\\&=MG^2+GC^2+2GI\cdot MG\end{aligned}$$

此三式相加，得

$$\begin{aligned}MA^2+MB^2+MC^2&=GA^2+3MG^2+2(MG\cdot GE+MG\cdot GI-GF\cdot MG)\\&=GA^2+3MG^2+2MG(GE+GI-GF)\end{aligned}$$

而 H 为 FI 之中点，$GE=2GH$，所以 $GE+GI-GF=0$，所以

$$MA^2+MB^2+MC^2=GA^2+3MG^2\geqslant GA^2$$

等号成立的条件为 M 与 G 两点重合. 即 M 为 $\triangle ABC$ 的重心时，$MA^2+MB^2+MC^2$ 最小，此时的最小值就是 $MA^2+MB^2+MC^2=GA^2$.

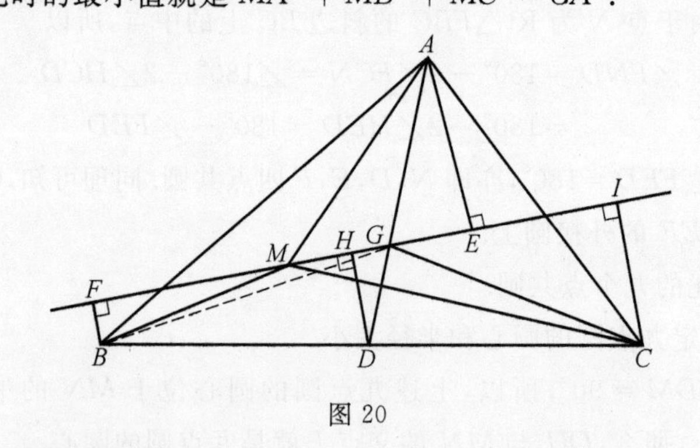

图 20

证法 2 向量法.

设 G 为 $\triangle ABC$ 的重心，M 为平面上任意一点，联结 MG，MA，MB，MC，则由高中课本上的向量知识（$\overrightarrow{GA}+\overrightarrow{GB}+\overrightarrow{GC}=\mathbf{0}$）知

$MA^2+MB^2+MC^2=(\overrightarrow{MG}+\overrightarrow{GA})^2+(\overrightarrow{MG}+\overrightarrow{GB})^2+(\overrightarrow{MG}+\overrightarrow{GC})^2$

$$=3\overrightarrow{MG}^2+2\overrightarrow{MG}(\overrightarrow{GA}+\overrightarrow{GB}+\overrightarrow{GC})+\overrightarrow{GA}^2+\overrightarrow{GB}^2+\overrightarrow{GC}^2$$

$$=3\overrightarrow{MG}^2+\overrightarrow{GA}^2+\overrightarrow{GB}^2+\overrightarrow{GC}^2\geqslant\overrightarrow{GA}^2+\overrightarrow{GB}^2+\overrightarrow{GC}^2$$

等号成立的充要条件是点 M 与 G 重合.

即 $MA^2+MB^2+MC^2$ 的最小值为$\overrightarrow{GA}^2+\overrightarrow{GB}^2+\overrightarrow{GC}^2$.

16. 设$\triangle ABC$ 和$\triangle A_1B_1C_1$的对应顶点的连线 A_1A,B_1B,C_1C 交于一点 S，这时，如果对应边 B_1C_1 和 BC，C_1A_1 和 CA，A_1B_1 和 AB 分别相交，那么它们的交点 D,E,F 三点共线.(笛沙格(Desargues)定理)

证明 如图 21，要证明 D,E,F 三点共线，可以令其截$\triangle ABC$，则只要证明

$$\frac{AF}{FB}\cdot\frac{BD}{DC}\cdot\frac{CE}{EA}=1 \qquad (*)$$

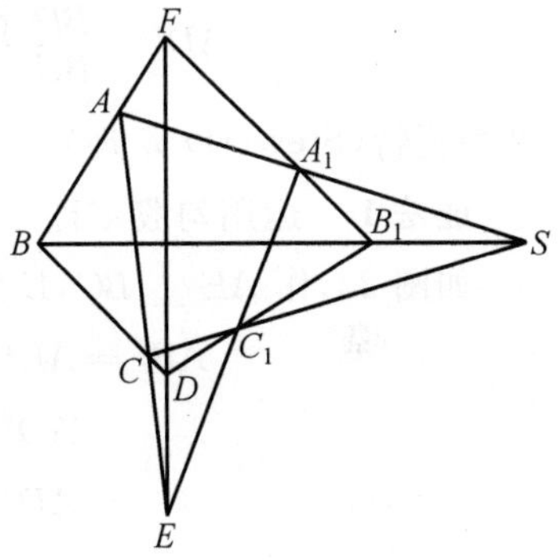

设 FA_1B_1 截$\triangle SAB$，则由梅涅劳斯定理知

$$\frac{SA_1}{A_1A}\cdot\frac{AF}{FB}\cdot\frac{BB_1}{B_1S}=1 \qquad (1)$$

令 EC_1A_1 截$\triangle SAC$ 得

$$\frac{AA_1}{A_1S}\cdot\frac{SC_1}{C_1C}\cdot\frac{CE}{EA}=1 \qquad (2)$$

图 21

令 DC_1B_1 截$\triangle BSC$ 得

$$\frac{SB_1}{B_1B}\cdot\frac{BD}{DC}\cdot\frac{CC_1}{C_1S}=1 \qquad (3)$$

由(1)×(2)×(3)，得

$$\frac{AF}{FB}\cdot\frac{BD}{DC}\cdot\frac{CE}{EA}=1$$

这就是式($*$)，于是结论得证.

17. 对于线段 AB 外的两点 M,N，下面式子：$MA^2-MB^2=NA^2-NB^2$ 成立的充要条件为 $MN\perp AB$.(等差幂线定理)

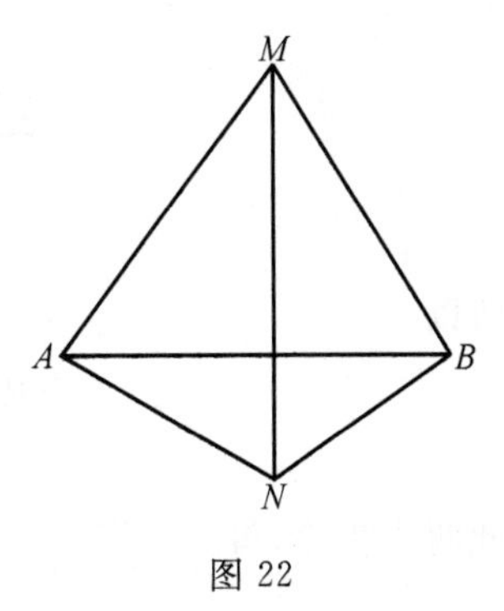

图 22

证明 如图 22，由向量法知

$$MA^2-MB^2=NA^2-NB^2$$

$$\Leftrightarrow\overrightarrow{MA}^2-\overrightarrow{MB}^2=\overrightarrow{NA}^2-\overrightarrow{NB}^2$$

$$\Leftrightarrow(\overrightarrow{MA}-\overrightarrow{MB})\cdot(\overrightarrow{MA}+\overrightarrow{MB})$$

$$=(\overrightarrow{NA}-\overrightarrow{NB})\cdot(\overrightarrow{NA}+\overrightarrow{NB})$$

$\Leftrightarrow \overrightarrow{BA} \cdot (\overrightarrow{MA} + \overrightarrow{MB})$

$= \overrightarrow{BA} \cdot (\overrightarrow{NA} + \overrightarrow{NB})$

$\Leftrightarrow \overrightarrow{BA} \cdot \overrightarrow{MN} = 0$

即原结论获证.

注 本结论也可以叙述成 $MA^2 + NB^2 = NA^2 + MB^2$,即四边形对边的平方和相等是对角线垂直的充要条件.

18. 在 $\triangle ABC$ 中,D 为边 BC 上一点,则有

$$AD^2 = \frac{BD}{BC} \cdot AC^2 + \frac{CD}{BC} \cdot AB^2 - DB \cdot DC$$

(斯蒂瓦特(Stewart)定理).

证法1 运用勾股定理.

如图 23,作 $AE \perp BC$,E 为垂足,则

$$\begin{aligned}
AB^2 &= AE^2 + BE^2 = AD^2 - DE^2 + BE^2 \\
&= AD^2 + (BE + DE)(BE - DE) \\
&= AD^2 + BD(BD - 2DE) \\
&= AD^2 + BD^2 - 2BD \cdot DE \\
AC^2 &= AE^2 + CE^2 = AD^2 - DE^2 + CE^2 \\
&= AD^2 + (CE + DE)(CE - DE) \\
&= AD^2 + CD(CD + 2DE) \\
&= AD^2 + CD^2 + 2CD \cdot DE
\end{aligned}$$

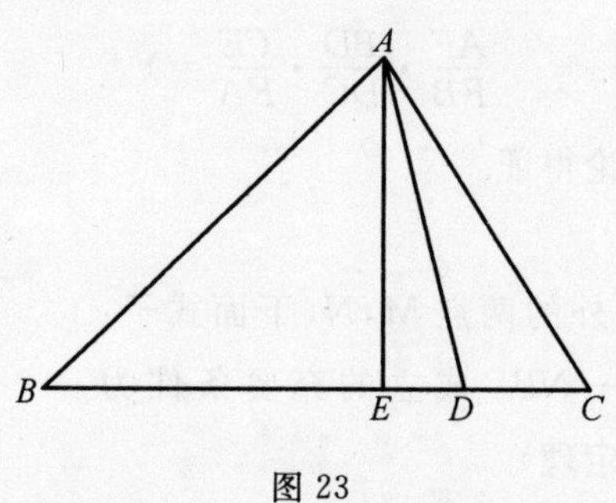

图 23

所以

$$2BD \cdot DE = AD^2 + BD^2 - AB^2$$
$$2CD \cdot DE = AC^2 - AD^2 - CD^2$$

此两式相除,得

$$\frac{CD}{BD}=\frac{AC^2-AD^2-CD^2}{AD^2+BD^2-AB^2}$$

由

$$\frac{AD^2+BD^2-AB^2}{BD}=\frac{AC^2-(AD^2+CD^2)}{CD}$$

$$\Leftrightarrow CD(AD^2+BD^2-AB^2)$$

$$=BD(AC^2-AD^2-CD^2)$$

$$\Leftrightarrow BC\cdot AD^2$$

$$=CD\cdot AB^2+BD\cdot AC^2-CD\cdot BD^2-BD\cdot CD^2$$

$$=CD\cdot AB^2+BD\cdot AC^2-CD\cdot BD(CD+BD)$$

$$=CD\cdot AB^2+BD\cdot AC^2-CD\cdot BD\cdot BC$$

$$\Leftrightarrow AD^2=\frac{CD}{BC}\cdot AB^2+\frac{BD}{BC}\cdot AC^2-CD\cdot BD$$

到此结论获证.

证法 2 运用余弦定理.

如图 23,设 $\angle ADB=\alpha$,则

$$AB^2=AD^2+BD^2-2AD\cdot BC\cos\alpha$$

$$AC^2=AD^2+CD^2+2AD\cdot CD\cos\alpha$$

此两式消去 α,得

$$\frac{AD^2+BD^2-AB^2}{BD}=\frac{AC^2-(AD^2+CD^2)}{CD}$$

$$\Leftrightarrow CD(AD^2+BD^2-AB^2)$$

$$=BD(AC^2-AD^2-CD^2)$$

$$\Leftrightarrow BC\cdot AD^2$$

$$=CD\cdot AB^2+BD\cdot AC^2-CD\cdot BD^2-BD\cdot CD^2$$

$$=CD\cdot AB^2+BD\cdot AC^2-CD\cdot BD(CD+BD)$$

$$=CD\cdot AB^2+BD\cdot AC^2-CD\cdot BD\cdot BC$$

$$\Leftrightarrow AD^2=\frac{CD}{BC}\cdot AB^2+\frac{BD}{BC}\cdot AC^2-CD\cdot BD$$

到此结论获证.

证明 3 运用向量法.

如图 23,由向量知识知

$$\overrightarrow{AD}=\frac{CD}{BC}\cdot\overrightarrow{AB}+\frac{BD}{BC}\cdot\overrightarrow{AC}$$

$$\Rightarrow AD^2=\overrightarrow{AD}^2=\left(\frac{CD}{BC}\cdot\overrightarrow{AB}+\frac{BD}{BC}\cdot\overrightarrow{AC}\right)^2$$

$$=\left(\frac{CD}{BC}\right)^2\cdot AB^2+\left(\frac{BD}{BC}\right)^2\cdot AC^2+2\frac{CD}{BC}\cdot\frac{BD}{BC}\cdot AB\cdot AC\cos\angle BAC$$

$$=\left(\frac{CD}{BC}\right)^2\cdot AB^2+\left(\frac{BD}{BC}\right)^2\cdot AC^2-\frac{CD}{BC}\cdot\frac{BD}{BC}\cdot(BC^2-AB^2-AC^2)$$

$$=\left[\left(\frac{CD}{BC}\right)^2+\frac{CD}{BC}\cdot\frac{BD}{BC}\right]\cdot AB^2+\left[\left(\frac{BD}{BC}\right)^2+\frac{CD}{BC}\cdot\frac{BD}{BC}\right]\cdot AC^2-CD\cdot BD$$

$$=\frac{CD}{BC}\cdot AB^2+\frac{BD}{BC}\cdot AC^2-CD\cdot BD$$

注 斯蒂瓦特是英国哲学家，爱丁堡大学的数学教授.上述以他的名字命名的定理是他 1746 年给出的.

说明：从斯蒂瓦特定理的证明来看，向量方法比较好，没有添加任何辅助线.

此外，斯蒂瓦特定理的一个简单特例就是中线长公式

$$AD^2=\frac{1}{2}AC^2+\frac{1}{2}AB^2-\frac{1}{4}BC^2(D\text{ 为 BC 之中点})$$

§2 对一个正方形问题的解决及其他

题目 设正方形 $ABCD$ 的边 BC 的中点为 E，联结 AE，作 $\angle AEF=90^\circ$，且交 $\angle C$ 的外角平分线于点 F，求证：$AE=EF$.

题目解说 本题是一个极其简单的平面几何问题，被广泛收录于各种初中数学资料里，但凡有点几何基础知识的初中学生都可以解出，所以，有很多人“藐视”本题，其实本题意义较为深远，在此我们将对其进行讨论挖掘，看看它背后究竟潜藏着哪些不平凡的内容.

一、先看问题的证明(这里给出三个简单易懂的证明方法)

证法 1 直接构造全等三角形——利用证明三角形全等的定理(角边角)，获得目标线段相等.

如图 1，设 AB 的中点为 M，联结 ME，在正方形 $ABCD$ 中，由于 $AB=BC$，所以 $AM=EC$，而 $\angle AEF=90^\circ$，所以

$$\angle FEC+\angle AEB=90^\circ$$

又 $\angle EAB + \angle AEB = 90°$，所以

$$\angle FEC = \angle EAB = \angle EAM$$

$$\angle ECF = \angle DCB + \angle DCF = 90° + \frac{1}{2}\angle DCN = 135°$$

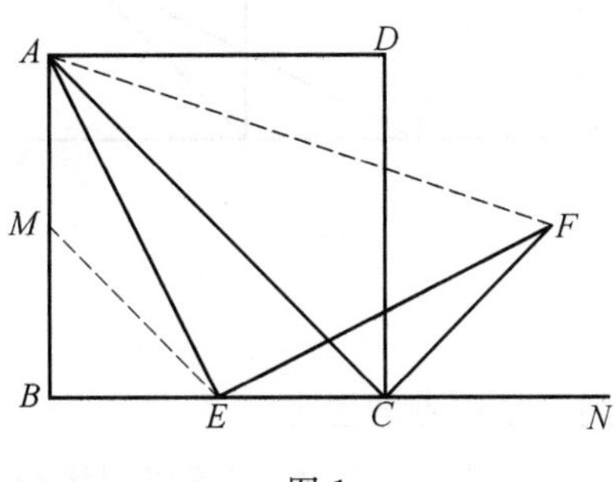

图 1

因为 M,E 分别为 AB,BC 的中点，即 $MB = BE$，所以 $\angle MEB = 45°$，$\angle AME = 90° + 45° = 135°$，故 $\triangle AME \cong \triangle ECF$（角边角），所以 $AE = EF$.

注 这个证明是利用中点性质构造全等三角形来完成的，此方法基本初等.

证法 2 构造辅助圆 —— 利用通弧或者等弧所对的弦长相等寻找四点共圆.

注意到，AC 和 CF 分别为正方形中 $\angle BAD$，$\angle DCN$ 的平分线，所以 $\angle AEF = \angle ACF = 90° \Rightarrow A,E,C,F$ 四点共圆，再注意到 $\angle ACE = 45°$，所以 $\angle AFE = 45°$，即 $\triangle AEF$ 为等腰直角三角形，即 $AE = EF$，由此结论获证.

证法 3 利用相似三角形，再构造全等三角形.

如图 2，过点 F 作 $FG \perp BC$ 于点 G，则由

$$\angle AEF = 90°, \angle FEG + \angle AEB = 90° = \angle FEG + \angle BAE$$

$$\Rightarrow \angle EAB = \angle FEG \Rightarrow \mathrm{Rt}\triangle ABE \backsim \mathrm{Rt}\triangle EGF \Rightarrow \frac{1}{2} = \frac{BE}{AB} = \frac{FG}{EG}$$

（注意到 $BE = EC$，$CG = GF$）

$$\Rightarrow \frac{1}{2} = \frac{CG}{EC + CG} \Rightarrow EC = CG$$

$$\Rightarrow EG = AB, BE = GF$$

$$\Rightarrow \mathrm{Rt}\triangle ABE \cong \mathrm{Rt}\triangle EGF \Rightarrow AE = EF$$

到此结论获证.

注 此方法也很容易使初中学生看懂.

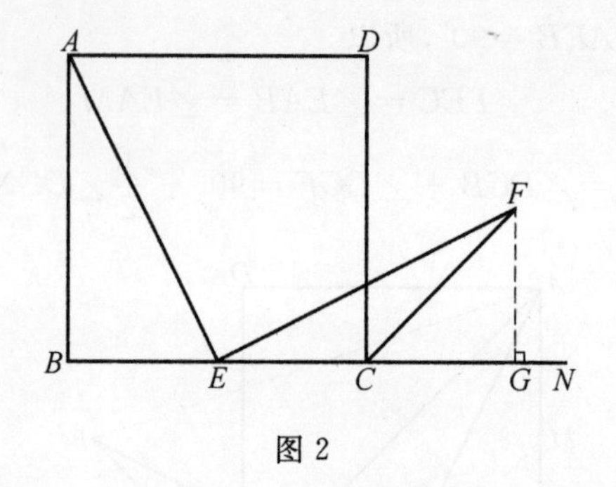

图 2

二、问题的演变

(1) 对由边的中点到不是中点的思考.

到此本题算是做完了,如果放在考试,就可以得满分了,但如果是平时做题训练,那么,到此终止思考显然是不够的,我们还需要向前再多迈出几步,看看有无更好的风景可以欣赏呢?

前景是什么,我认为,一是与本题相关的题目还有哪些;二是怎么解决这些问题.这是我们平常学习应该思考的问题.

引申1 正方形 $ABCD$ 的边 BC 上有一点 E,作 $\angle AEF=90^\circ$,且交 $\angle C$ 的外角平分线于点 F,求证:$AE=EF$.

题目解说 对从线段中点到不是中点的思考可以获得一个新题.

渊源探索 从线段中点展开想象,到不是线段中点的联想是提出问题的起点.

方法透析 原题的证法1是运用构造两三角形全等(角边角)来完成的,证法2则是运用构造四点共圆来完成的,证法3则是利用相似三角形来完成的,此三种方法都解决了问题,但有一个问题是,若 E 不是中点时,则上述三种方法还适用吗?

证法1 如图3,在 AB 上找一点 M,使得 $BM=BE$,则 $AM=CE$,联结 ME,在正方形 $ABCD$ 中,$\angle AEF=90^\circ$,所以

$$\angle FEC+\angle AEB=90^\circ$$

又 $\angle EAB+\angle AEB=90^\circ$,所以

$$\angle FEC=\angle EAB=\angle EAM$$

$$\angle ECF=\angle DCB+\angle DCF=90^\circ+\frac{1}{2}\angle DCN=135^\circ$$

因为 $MB=BE$,所以 $\angle MEB=45^\circ$,$\angle AME=90^\circ+45^\circ=135^\circ$,即 $\triangle AME\cong\triangle ECF$(角边角),所以 $AE=EF$.

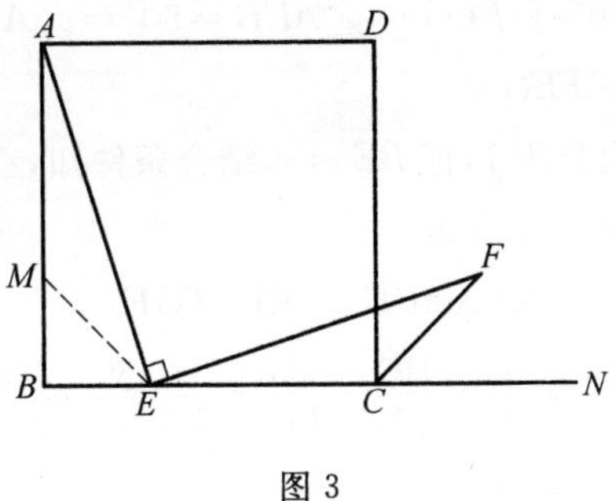

图 3

注　此证法利用了中点性质的迁移来构造全等三角形，基本初等.

证法 2　构造辅助圆——联想前面的证法 2，其利用了两个垂直关系来获得四点共圆.

如图 4，注意到 AC 和 CF 分别为正方形中 $\angle BCD$，$\angle DCN$ 的平分线，所以

$$\angle AEF=\angle ACF=90^\circ \Rightarrow A,E,C,F \text{ 四点共圆}$$

再注意到 $\angle ACE=45^\circ$，所以 $\angle AFE=45^\circ$，即 $\triangle AEF$ 为等腰直角三角形，则 $AE=EF$，由此结论获证.

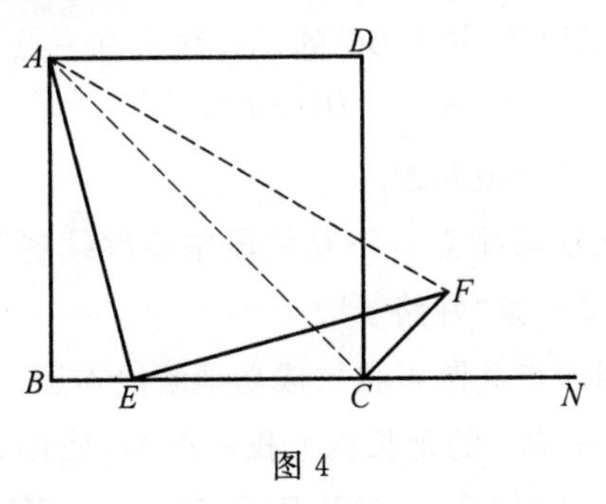

图 4

注　联想前面的证法 3，不难想到本题的证法还有：

证法 3　如图 5，过点 F 作 $FG\perp BC$ 于点 G，则由

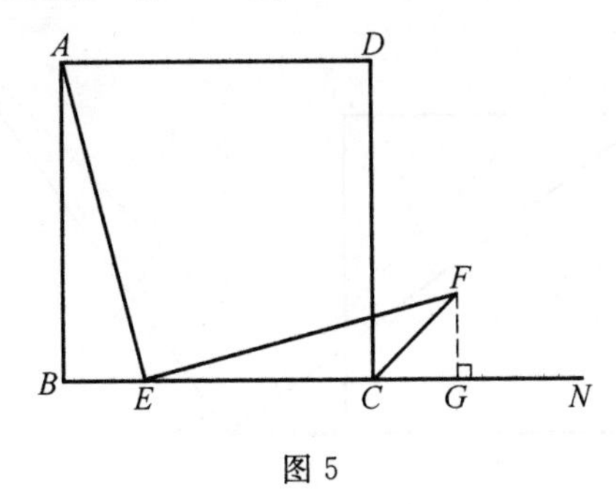

图 5

$$\angle AEF=90^\circ,\angle FEG+\angle AEB=90^\circ=\angle AEB+\angle BAE$$
$$\Rightarrow\angle BAE=\angle FEG$$

不妨设正方形的边长为1，记 $BE=x$，结合条件知，$\triangle FCG$ 为等腰直角三角形，所以，可设 $CG=GF=y$，于是

$$\Rightarrow \text{Rt}\triangle ABE\backsim\text{Rt}\triangle EGF$$
$$\Rightarrow\frac{x}{1}=\frac{BE}{AB}=\frac{FG}{EG}=\frac{y}{1-x+y}$$
$$\Rightarrow y=x$$
$$\Rightarrow EG=AB,BE=GF$$
$$\Rightarrow \text{Rt}\triangle ABE\cong\text{Rt}\triangle EGF$$
$$\Rightarrow AE=EF$$

至此结论获证.

注 证法2和证法3是前面两种方法的简单照搬，但是原题的证法1不好照搬，若硬要照搬，可以利用本引申中的证法2，留给大家练习，此略.

(2) 从边上点到边所在直线上的点.

引申2 正方形 $ABCD$ 的边 BC 的延长线上有一点 E，作 $\angle AEF=90^\circ$，且交 $\angle C$ 的外角平分线于点 F，求证：$AE=EF$.

题目解说 这是又一道新题.

渊源探索 对从线段中点到不是线段中点继续展开联想，将线段扩展为直线是产生新命题的又一条"好路子".

方法透析 利用四点共圆可再次成功地解决本题.

证法1 如图6，在 BA 的延长线上找一点 M，使得 $AM=CE$，则

$$\angle AME=\angle MEB=45^\circ=\angle FCE$$

由

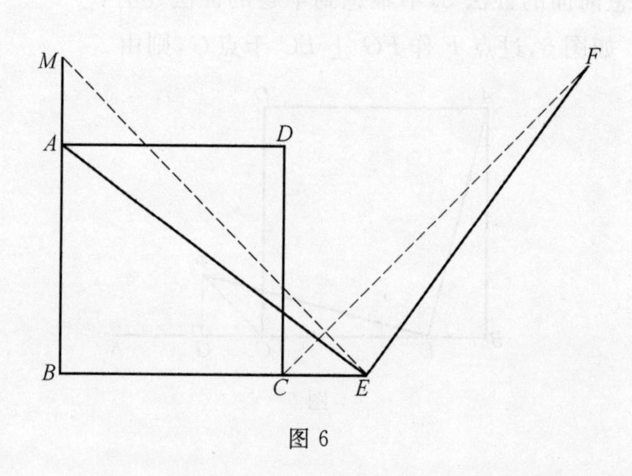

图6

$$AD \parallel BC, \angle DAE = \angle AEB$$
$$\Rightarrow \angle MAE = 90^\circ + \angle DAE = \angle AEF + \angle AEB$$
$$= 90^\circ + \angle AEB = \angle CEF$$

所以 $\triangle EAM \cong \triangle FEC$，从而 $AE = EF$.

证法 2 运用原题证法 2 的思想 —— 利用相似构造全等三角形.

如图 7，过点 F 作 $FG \perp BC$ 于点 G，则由条件知

$$\angle AEF = 90^\circ, \angle FEG + \angle AEB = 90^\circ = \angle AEB + \angle BAE$$
$$\Rightarrow \angle BAE = \angle FEG$$

不妨设正方形的边长为 1，记 $CE = x$，结合条件知，$\triangle FCG$ 为等腰直角三角形，所以，可设 $CG = GF = y$，于是

$$\Rightarrow \mathrm{Rt}\triangle ABE \backsim \mathrm{Rt}\triangle EGF$$
$$\Rightarrow \frac{1+x}{1} = \frac{BE}{AB} = \frac{FG}{EG} = \frac{y}{y-x}$$
$$\Rightarrow y = 1 + x$$
$$\Rightarrow EG = AB, BE = GF$$
$$\Rightarrow \mathrm{Rt}\triangle ABE \cong \mathrm{Rt}\triangle EGF$$
$$\Rightarrow AE = EF$$

至此结论获证.

注 此证明并不是前面证明过程的简单照搬，但构思基本相同.

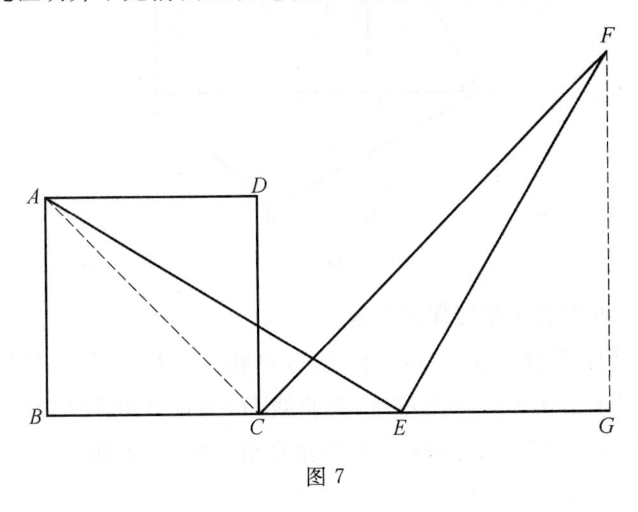

图 7

证法 3 仔细分析前面的证明过程，利用四点共圆来构造辅助圆仍然是我们解题的首选.

注意到 AC 和 CF 分别为正方形中 $\angle BAD$，$\angle DCG$ 的平分线，所以，结合条件 $AE \perp EF$ 知，$\angle AEF = \angle ACF = 90° \Rightarrow A, C, E, F$ 四点共圆，再注意到 $\angle ACB = \angle AFE = 45°$，所以 $\triangle AEF$ 为等腰直角三角形，即 $AE = EF$，至此结论获证.

注 这个证明用到圆内接四边形的外角定理，与前面的方法略有不同.

引申 3 正方形 $ABCD$ 的边 CB 的延长线上有一点 E，作 $\angle AEF = 90°$，且交 $\angle C$ 的外角平分线于点 F，求证：$AE = EF$.

题目解说 从点 E 的运动位置来进一步分析，又可得一道新题.

渊源探索 对从线段中点到不是线段中点继续展开联想，将线段扩展为直线是产生新命题的又一条"好路子".

方法透析 利用四点共圆可再次成功地解决本题.

证法 1 直接构造全等三角形.

如图 8，在 AB 的延长线上取一点 M，使得 $BM = BE$，联结 EM，AF，则

$$\angle BME = \angle BEM = 45° = \angle ECF$$

$$\angle MAE = \angle CEF (\text{因为都是 } \angle AEB \text{ 的余角})$$

再注意到 $BM = BE$，所 $\triangle EAM \cong \triangle FEC$，从而 $AE = EF$.

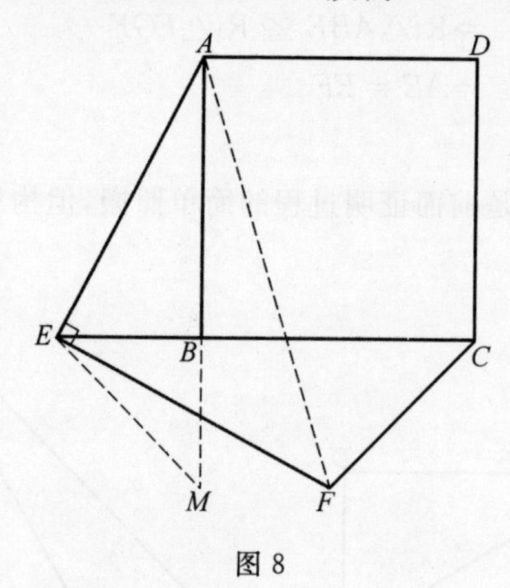

图 8

证法 2 再次利用相似促成全等.

如图 9，过点 F 作 $FG \perp BC$ 于点 G，则由于 $AE \perp EF$，所以 $\angle AEB = \angle EFG$，所以 $\mathrm{Rt}\triangle ABE \backsim \mathrm{Rt}\triangle EGF$. 又直线 FC 为正方形 $ABCD$ 中 $\angle C$ 的外角平分线，所以 $CG = GF$，即 $\triangle FCG$ 为等腰直角三角形. 不妨设正方形的边长为 1，$BE = x$，$CG = GF = y$，于是，由

$$\mathrm{Rt}\triangle ABE \backsim \mathrm{Rt}\triangle EGF$$

$$\Rightarrow \frac{x}{1}=\frac{BE}{AB}=\frac{FG}{EG}=\frac{y}{x+1-y}$$

$$\Rightarrow y=x$$

$$\Rightarrow EG=AB, BE=GF$$

$$\Rightarrow \text{Rt}\triangle ABE \cong \text{Rt}\triangle EGF$$

$$\Rightarrow AE=EF$$

至此结论获证.

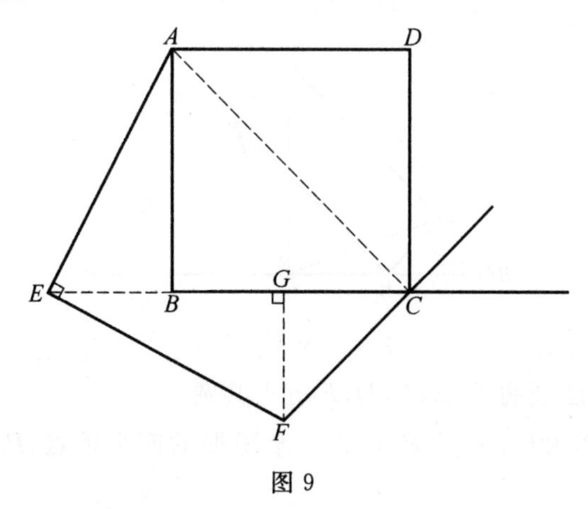

图 9

证法 3 再次利用四点共圆.

如图 10,联结 AC,则由于 $AE\perp EF$,$AC\perp CF$,所以 A,E,F,C 四点共圆,即有

$$\angle EAF=\angle ECF=45^\circ, \angle EFA=\angle ECA=45^\circ$$

从而依等弧对等弦知 $AE=EF$,至此结论获证.

当然,本题的渊源也可由几何画板演示.

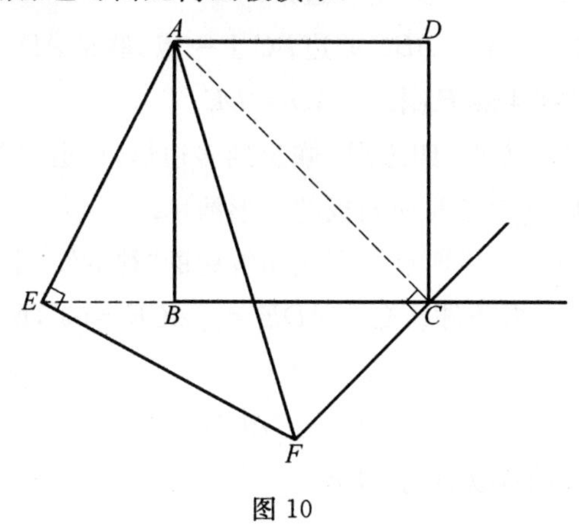

图 10

引申 4　从等腰 Rt$\triangle ABC$ 的直角顶点 A 引斜边的垂线 AD，点 P 在线段 BD 上，过 P 作 AB，AC 的垂线，垂足分别为 E，F，则 $DE=DF$，$DE\perp DF$.

渊源探索　实际上这是 $\triangle DBA$ 绕着点 D 顺时针旋转一个锐角后的结果.

方法透析　利用四点共圆可成功地解决本题.

证法 1　如图 11，由条件知 $BE=EP=AF$，且 $\triangle DBA\cong\triangle DAC$.

将 $\triangle DBA$ 绕着点 D 顺时针旋转 90° 便得到 $\triangle DAC$，即有 $DE=DF$，从而 $\triangle DEA\cong\triangle DFC$，即有 $DE=DF$，$DE\perp DF$.

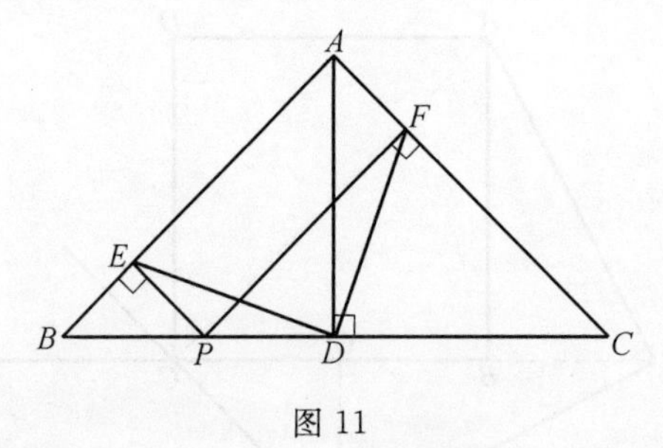

图 11

证法 2　设法证明 A，E，P，D，F 五点共圆.

事实上，由作图知，A，E，P，F 为一个矩形的四个顶点，PA 为其外接圆的直径，又

$$\angle PEA=\angle PDA=90^\circ\Rightarrow A,E,P,D\text{ 四点共圆}$$

且该圆的直径也为 PA，从而 A，E，P，D，F 五点共圆，所以 $\angle EFD=\angle EAD=45^\circ$，$\angle FED=\angle FAD=45^\circ$，即 $\triangle EFD$ 为等腰直角三角形，于是 $DE=DF$，$DE\perp DF$.

注　证法 2 源于对前面几个引申结论运用四点共圆方法进行解题的思考.

(3) 从正方形到正三角形、正多边形.

引申 5　已知 D 为正 $\triangle ABC$ 的边 BC 上一点，联结 AD，作 $\angle ADE=60^\circ$，且交 $\angle C$ 的外角平分线于点 E，求证：$AD=DE$.

渊源探索　从正方形(四边形)联想到多边形，再退化到三角形，是一般思考问题的常用思路. 可参考几何画板的图形演示.

方法透析　再次演绎四点共圆成功解题的“神话”.

证明　如图 12，由条件易知 $\angle ADE=\angle ACE=60^\circ$，所以，$A$，$D$，$C$，$E$ 四点共圆，从而

$$\angle AED=\angle ACD=60^\circ$$

即 $\triangle ADE$ 为正三角形，故 $AD=DE$.

证明完毕.

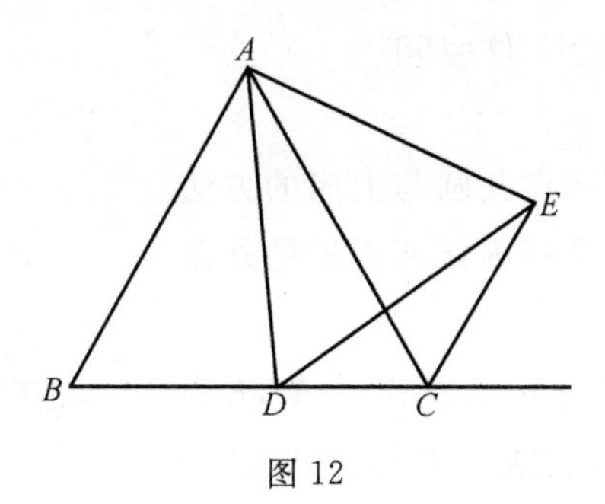

图 12

引申 6　已知 D 为正 $\triangle ABC$ 的边 BC 延长线上一点，联结 AD，作 $\angle ADE=60^\circ$，且交 $\angle C$ 的外角平分线于点 E，求证：$AD=DE$.

渊源探索　继续对线段上的点展开联想，将线段扩展为直线是产生新命题的又一条“好路子”.

方法透析　利用四点共圆可再次成功地解决本题.

证明　如图 13，联结 AE，则由于 CE 为 $\angle C$ 的外角平分线，所以 $\angle ACE=60^\circ$，又 $\angle ADE=60^\circ$，从而 A,D,C,E 四点共圆，所以

$$\angle AED=\angle ACB=60^\circ, \angle EAD=\angle ECD=60^\circ$$

即 $AD=DE$.

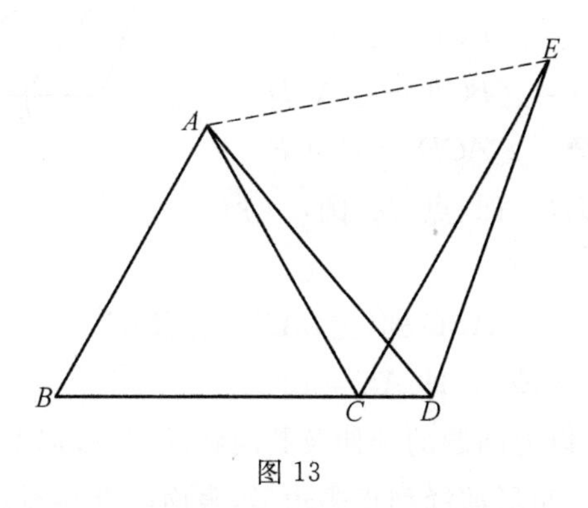

图 13

引申 7　已知 D 为正 $\triangle ABC$ 的边 BC 反向延长线上一点，联结 AD，作 $\angle ADE=60^\circ$，且交 $\angle C$ 的外角平分线于点 E，求证：$AD=DE$.

渊源探索　继续对线段上的点展开联想，将线段扩展为直线是产生新命题的“老路”.

方法透析　我们依然可以考虑四点共圆.

证明　如图 14，联结 AE，由于 CE 为 $\angle C$ 的外角平分线，所以 $\angle ACE=120^\circ$，又 $\angle ADE=60^\circ$，从而 A,D,C,E 四点共圆，所以

$$\angle AED=\angle ACB=60^\circ$$

$$\angle EAD = \angle ECD = 60^\circ$$

即 $AD = DE$.

注 这里所用的四点共圆与上面的方法稍有不同,这里所用的是圆内接四边形的外角定理.

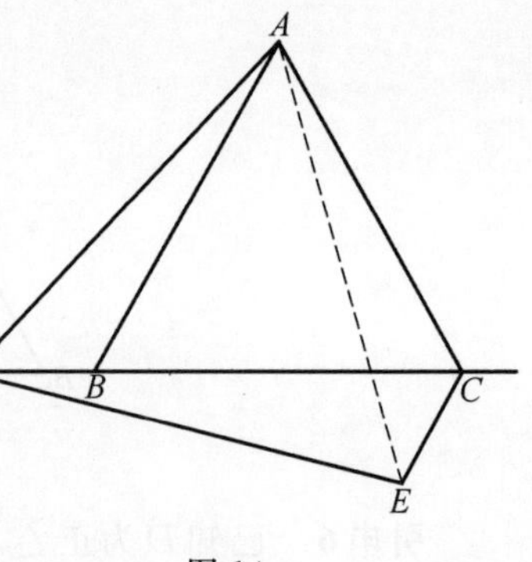

图 14

引申8 对于正多边形 $A_1A_2A_3\cdots A_n$,E 为 A_2A_3 所在直线上一点,联结 A_1E 作 $\angle A_1EF = \angle A_1A_2A_3$ 交 $\angle A_3$ 的外角平分线于点 F,求证:$A_1E = EF$.

渊源探索 从正三角形、正方形联想到正多边形,是推广数学命题的常用手法.本问题的提法需要着力类比联想正方形与正三角形问题的提法.

方法透析 四点共圆再显"威力".

证明 为叙述方便,将图形和字母重新标记,如图 15 所示,此时只需证明 $AE = EF$ 即可.

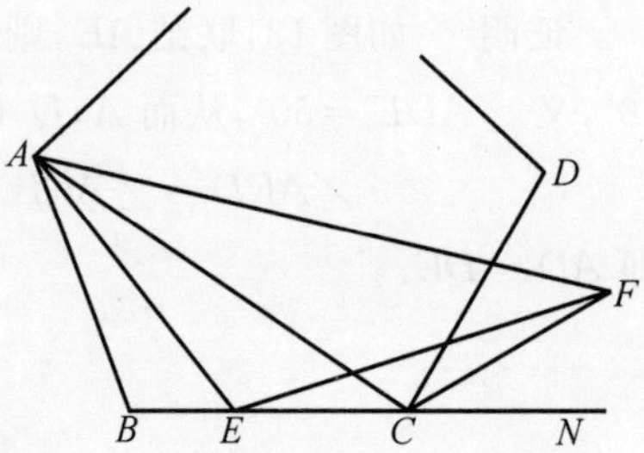

图 15

事实上,由条件知

$$\angle CAB = \angle ACB = \angle DCF = \angle FCN$$

$$\angle AEF = \angle BCD = \angle BCA + \angle ACD$$

$$= \angle DCF + \angle ACD = \angle ACF$$

从而 A,E,C,F 四点共圆,所以 $\angle AFE = \angle ACE$.

再结合 $\triangle AEF \backsim \triangle ABC$ 知,$\angle EAF = \angle BAC$.

所以 $\angle EAF = \angle EFA$,即 $AE = EF$.

本问题的总结:以上问题的延伸及其问题的解决,都得益于四点共圆知识,其使得问题能从正三角形演绎到正多边形,表面四点共圆知识是解决此类问题的通法.以上结论是我的学生曾懋于 2004 年发表在《中学教研》第 6 期上的文章"对一个正方形问题的思考"的一系列结果,这里对该生文章里的解法做了一些修改和补充.该生能从怎样提出问题和怎样解决问题两方面提出了新的见解,这是一件十分难能可贵的工作,这表明教师在教学中及时引导并给予学生以肯定,多鼓励学生的创新思维是十分有意义的.

§3　一道关于等腰三角形中的定值问题

题目　在$\triangle ABP$中，$PA=PB$，半圆O的直径落在AB上，且半圆与PA，PB相切，切点分别为E，G，过弧$\overset{\frown}{EG}$上任意一点F作此半圆的切线分别交PA，PB于点D，C，则$AD\cdot BC=$定值.

题目解说　本题原为1979年美国提供给国际数学竞赛委员会的备选题.

证法1　如图1，联结OC，OD，OE，OF，OG，则由圆的切线性质知

$$\angle DOE=\angle DOF,\angle FOC=\angle COG$$

又由条件知

$$\angle PAB=\angle PBA,\angle AOE=\angle BOG$$

所以

$$\angle AOE+\angle EOD+\angle FOC=90^\circ$$

而$OE\perp AD$，所以$\angle ADO=\angle COB$，从而$\triangle OAD\backsim\triangle CBO$，即$\dfrac{OA}{BC}=\dfrac{AD}{OB}$，亦即

$$AD\cdot BC=OA\cdot OB(定值)$$

故结论得证.

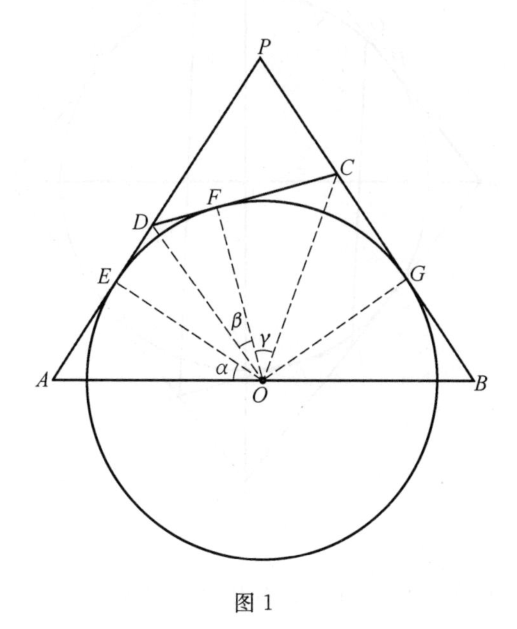

图1

证法 2　三角法.

如图 1,设$\angle AOE=\alpha$,$\angle DOF=\beta$,$\angle COF=\gamma$,则由题设知$\alpha+\beta+\gamma=\frac{\pi}{2}$,且$\tan\alpha\tan\beta+\tan\alpha\tan\gamma+\tan\beta\tan\gamma=1$,记半圆的半径为 r,则

$$\begin{aligned}AD\cdot BC&=(AE+ED)(BG+GC)\\&=r^2(\tan\alpha+\tan\beta)(\tan\alpha+\tan\gamma)\\&=r^2(\tan^2\alpha+\tan\alpha\tan\beta+\tan\alpha\tan\gamma+\tan\beta\tan\gamma)\\&=r^2(\tan^2\alpha+1)\\&=r^2\sec^2\alpha\\&=OA^2\end{aligned}$$

证明完毕.

将上述图形沿着 AB 对折,就得到下面的命题:

引申　如图 2,菱形 $ABCD$ 的内切圆 O 与各边分别切于点 E,F,G,H,在弧$\overset{\frown}{EF}$和弧$\overset{\frown}{GH}$上分别有点R,S,过R,S分别作圆O的切线交AB于点M,交BC于点N,交CD于点P,交AD于点Q,求证:$MQ\parallel NP$.

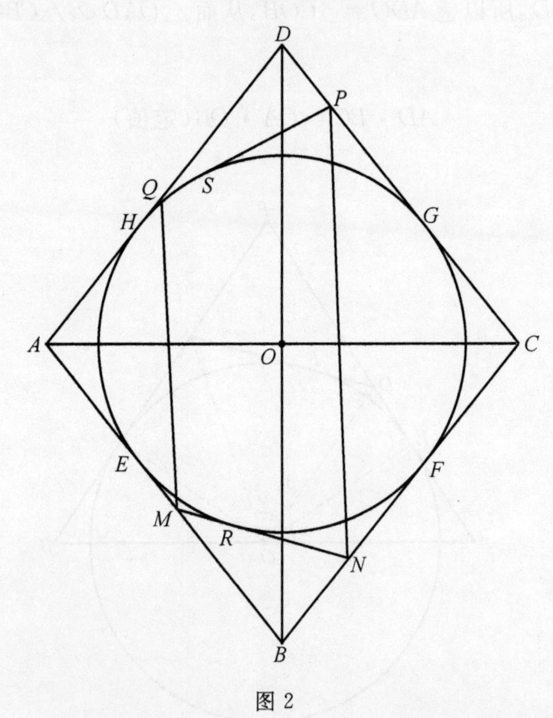

图 2

题目解说　本题为 1995 年全国高中数学联赛二试第一大题.

渊源探索　对称,旋转和位似变换等几何变换是平面几何命题中的一种

常用手法，当然也是解题的一个良好工具. 将上述问题的图形沿着圆的直径作对称，便得到本题的构图.

方法透析 如果考虑到本题是由原问题经对称获得，那么结合旋转和位似可立刻获得证明；如果看到图形的对称关系，试图建立坐标系，那么，合理引进参数就是快速解决本题的灵丹妙药！

证法 1 作图 2 关于 AB 的对称图形，再绕 O 旋转$90°$，得到图 3，于是根据上题的结论知，$\triangle AMQ \backsim \triangle CPN$.

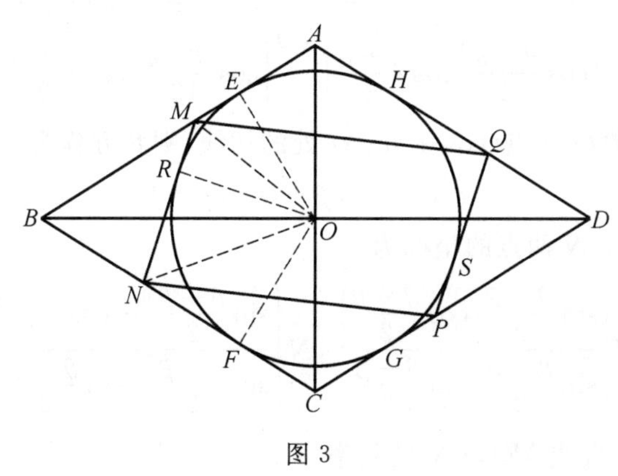

图 3

从而原题等价于要证明 $AMQ \backsim \triangle CPN$，这是 $\triangle AMQ$ 绕着点 O 逆时针旋转 $180°$，再作一个位似之后的结果，即对应边成角 $180°$. 故 $MQ \parallel NP$. 从而命题获证.

评注 这个证明极其简单，但是当年竞赛很少有学生能想到此法，故此法属于不易想到的方法，只有明白了此题来历的学生才可很快想到此法. 这再次表明平时做题对一些问题来历的追求和探究是多么的重要啊！

下面的解析法是无办法的好方法. 竞赛场上不一定很快奏效，但也可以获得一定的分数.

证法 2 解析法 —— 本解法的优点不是依照题目的叙述顺序构造相关图形的方程，而是先构造圆（单位圆）的方程，再构造菱形各边的方程，最后再设出切线（法线）的方程. 第一步，求出点 Q 的坐标，类似地，通过作代换求出其他各点的坐标，而不是一个点一个点地求解坐标.

设圆 O 是单位圆，点 H 的坐标为 $(\cos\theta,\sin\theta)$，那么，$D\left(\frac{1}{\cos\theta},0\right)$，$A\left(0,\frac{1}{\sin\theta}\right)$，于是直线 DA 的方程为 $L_{DA}: x\cos\theta+y\sin\theta=1$.

由对称性可知，另外三条直线的方程为

$$L_{AB}:-x\cos\theta+y\sin\theta=1$$

$$L_{BC}:-x\cos\theta-y\sin\theta=1$$

$$L_{CD}:x\cos\theta-y\sin\theta=1$$

设 PQ 是圆 O 在点$(\cos\alpha,\sin\alpha)$处的切线,则切线 PQ 的方程为

$$L_{PQ}:x\cos\alpha+y\sin\alpha=1$$

进而可以求出 P,Q 两点的坐标

$$P\left(\frac{\cos\dfrac{\theta-\alpha}{2}}{\cos\dfrac{\theta+\alpha}{2}},\frac{\sin\dfrac{\alpha-\theta}{2}}{\cos\dfrac{\theta+\alpha}{2}}\right),Q\left(\frac{\cos\dfrac{\theta+\alpha}{2}}{\cos\dfrac{\theta-\alpha}{2}},\frac{\sin\dfrac{\alpha+\theta}{2}}{\cos\dfrac{\theta-\alpha}{2}}\right)$$

设 MN 是圆 O 在点$(\cos\beta,\sin\beta)$处的切线,则其方程为

$$L_{MN}:x\cos\beta+y\sin\beta=1$$

进而可以求出 M,N 两点的坐标为

$$M\left(\frac{\sin\dfrac{\theta-\beta}{2}}{\sin\dfrac{\theta+\beta}{2}},\frac{\cos\dfrac{\theta-\beta}{2}}{\sin\dfrac{\theta+\beta}{2}}\right),N\left(\frac{\sin\dfrac{\theta+\beta}{2}}{\sin\dfrac{\theta-\beta}{2}},\frac{-\cos\dfrac{\theta+\beta}{2}}{\sin\dfrac{\theta-\beta}{2}}\right)$$

由此可求出直线 MQ,PN 的斜率

$$k_{MQ}=\frac{\dfrac{\cos\dfrac{\theta-\beta}{2}}{\sin\dfrac{\theta+\beta}{2}}-\dfrac{\sin\dfrac{\theta+\alpha}{2}}{\sin\dfrac{\theta-\alpha}{2}}}{\dfrac{\sin\dfrac{\theta-\beta}{2}}{\sin\dfrac{\theta+\beta}{2}}-\dfrac{\cos\dfrac{\theta+\alpha}{2}}{\cos\dfrac{\theta-\alpha}{2}}}=\frac{\frac{1}{2}\cos\left(\theta-\dfrac{\alpha+\beta}{2}\right)+\frac{1}{2}\cos\left(\theta+\dfrac{\alpha+\beta}{2}\right)}{\sin\dfrac{\theta-\beta}{2}\cos\dfrac{\theta-\alpha}{2}-\cos\dfrac{\theta+\alpha}{2}\sin\dfrac{\theta+\beta}{2}}$$

$$k_{NP}=\frac{\dfrac{\sin\dfrac{\alpha-\theta}{2}}{\cos\dfrac{\theta+\alpha}{2}}+\dfrac{\cos\dfrac{\theta+\beta}{2}}{\sin\dfrac{\theta-\beta}{2}}}{\dfrac{\cos\dfrac{\alpha-\theta}{2}}{\cos\dfrac{\theta+\alpha}{2}}-\dfrac{\sin\dfrac{\theta+\beta}{2}}{\sin\dfrac{\theta-\beta}{2}}}=\frac{\frac{1}{2}\cos\left(\theta-\dfrac{\alpha+\beta}{2}\right)+\frac{1}{2}\cos\left(\theta+\dfrac{\alpha+\beta}{2}\right)}{\sin\dfrac{\theta-\beta}{2}\cos\dfrac{\theta-\alpha}{2}-\cos\dfrac{\theta+\alpha}{2}\sin\dfrac{\theta+\beta}{2}}$$

由此得 $k_{MQ}=k_{NP}\Rightarrow MQ\parallel NP$.

评注 此解析法需要熟练掌握直线的法线方程形式的运用技巧,并对三角公式了如指掌.

§4　几何里的根式问题

题目　如图1，正$\triangle ABC$的内切圆与三边BC，CA，AB分别切于点D，E，F，P为劣弧$\overset{\frown}{EF}$上任意一点，$PM\perp BC$，$PN\perp CA$，$PR\perp AB$，M，N，R分别为垂足，求证：$\sqrt{PM}=\sqrt{PN}+\sqrt{PR}$.

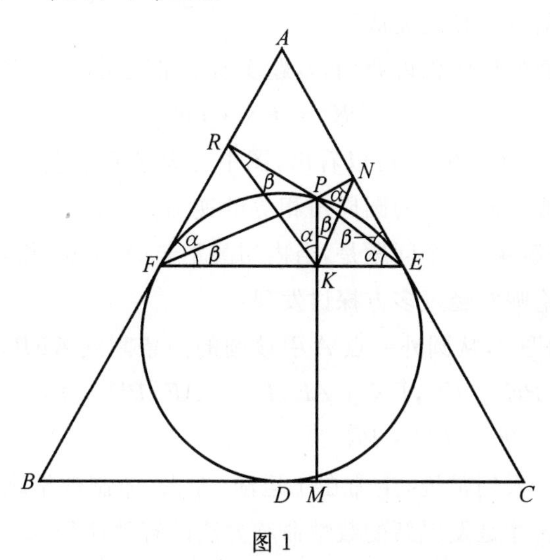

图1

题目解说　本题属于较为少见的类型，一般地，平面几何线段问题都是通过一次式，二次式结构呈现出来的，所以，当年笔者参加高考进行复习时第一次见到该题目就对此题留下了深刻印象，而我后来在给学生进行竞赛培训时，经常拿出此题给学生讲解，但有一次获得了意外的收获，请看：

分析　欲证明$\sqrt{PM}=\sqrt{PN}+\sqrt{PR}$，可将此式两边平方，即只需证明

$$PM=PN+PR+2\sqrt{PN\cdot PR}$$

联结EF，交PM于点K，由正三角形内部一点到三边距离之和为一边上的高线长（设为h），且EF为正$\triangle ABC$的中位线知，只需证明

$$2PM=PM+PN+PR+2\sqrt{PN\cdot PR}=h+2\sqrt{PN\cdot PR}$$

$$\Leftrightarrow PM=\frac{h}{2}+\sqrt{PN\cdot PR}\Rightarrow\frac{h}{2}+PK=\frac{h}{2}+\sqrt{PN\cdot PR}$$

$$\Leftrightarrow PK^2=PN\cdot PR\Leftrightarrow\frac{PK}{PN}=\frac{PR}{PK}\Leftrightarrow\triangle PKN\backsim\triangle PRK$$

现在联结KR，KN，PR，PN，PF，PE，注意到P，R，F，K和P，K，E，N分

别四点共圆,所以 $\angle PFR = \angle PKR$.

又由弦切角定理知

$$\angle PFR = \angle PEK$$

所以

$$\angle PKR = \angle PNK, \angle RPK = \angle NPK = 120^\circ$$

于是 $\triangle PKN \backsim \triangle PRK$.

上面笔者按照最初分析的方法写出了本题的分析过程,那么,详细的解法叙述就不写了,请读者自己完成吧.

评注 上面的证明告诉我们,本题实质上是证明(运用弦切角定理)

$$PK^2 = PN \cdot PR \qquad (*)$$

从分离出的图形(图 2)可以看出,图中有大量的垂直关系,使人想到两个直角和为平角,或者同弧上的圆周角相等的逆命题(此时四点共圆),于是想到运用四点共圆去解决.一个问题是,当内切圆不与 AB,AC 相切,切线变为割线时,会有什么结论呢?经过多方探讨发现:

引申1 如图 2,从圆外一点 A 引该圆的两条割线 AFB,AEC,P 为劣弧 $\overset{\frown}{EF}$ 上任意一点,$PK \perp EF$,$PN \perp AE$,$PR \perp AF$,$PD \perp BC$,K,N,R,D 分别为垂足,求证:$PD \cdot PK = PN \cdot PR$.

渊源探索 人们常说,生命在于运动,那么,命制数学题也需要从运动的观点去看问题,这才是发现新的数学命题方法的有效途径.如切线变割线,割线变切线等.

方法透析 从问题的来历和原问题的解决上去联想本问题的解法,即"从分析解题过程学解题"是走向成功的金钥匙.

分析 由图 2 知,结论等价于要证明 $\triangle PRD \backsim \triangle PKN$.

由题目条件知,P,R,B,D;P,K,E,N 分别四点共圆,所以

$$\angle PRD = \angle PBD, \angle PEN = \angle PKN$$

此外,P,B,C,E 也四点共圆,所以 $\angle PEN = \angle PBC$,故 $\angle PKN = \angle PRD$.

又由 P,E,C,B,F 五点共圆知

$$\angle PEF = \angle PBF = \angle PBR = \angle PDR$$

而 $\angle PEK = \angle PNK$,所以

$$\angle PNK = \angle PDR \Rightarrow \triangle PRD \backsim \triangle PKN$$

由此结论获证.

注 显然,当 AB,AC 为圆的切线时,PK 与 PD 重合,此时结论变为原题中的式(*).

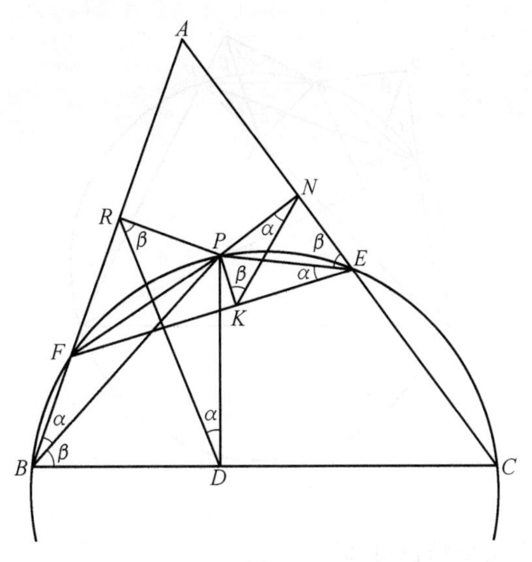

图 2

另外,本结论可用一句话概括为:从圆内接四边形的外接圆上一点(非四边形的顶点)作四边所在直线的垂线,则一组对边上的垂线长之积等于另一组对边上的垂线长之积.

证明本题用到了圆内接四边形的外角等于内对角这个重要结论.

再次考虑对角线则有:

引申 2 设 P 为圆内接四边形 $BCEF$ 的劣弧$\overset{\frown}{EF}$ 上一点,从 P 分别作 BF, CE, CF, BE 的垂线,则 $PK \cdot PH = PR \cdot PN$.

渊源探索 从四边形的对边等元素去联想,若再考虑对角线,则会有什么结果出现呢?

方法透析 从上题的证明方法分析,其多次利用四点共圆,又利用相似解决问题,故此想法应为首选.

分析 如图 3,由上面的解题思路可知,只要证明 $\triangle PRH \backsim \triangle PKN$ 即可.

事实上,如图所示连线,由 P,R,F,H;P,K,E,N 分别四点共圆,所以有

$$\angle RPH = \angle BFC = \angle BEC = \angle NPK$$

$$\angle PHR = \angle PFR = \angle PEB = \angle PNK$$

所以 $\triangle PRH \backsim \triangle PKN$,即 $PK \cdot PH = PR \cdot PN$.

注 本结论也可用一句话概括:圆上任意一点(非四边形的顶点)到圆内接四边形的对边的距离之积等于到对角线的距离之积. 此证明再次用到了圆内接四边形的外角等于内对角这个重要结论.

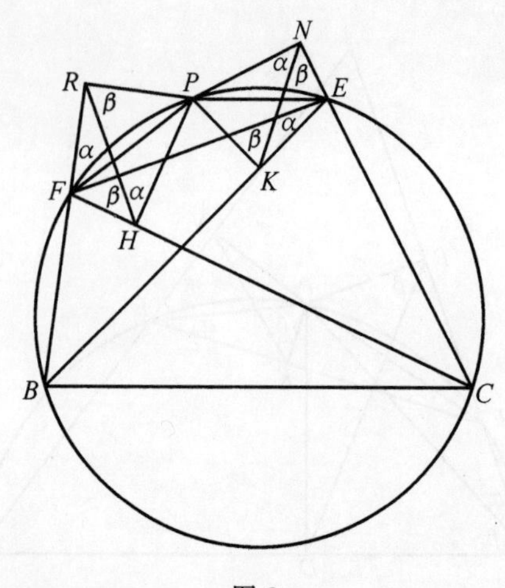

图 3

综合以上两个引申结论得知:

定理:圆上任意一点(非四边形的顶点)到圆内接四边形两对边的距离之积相等,且等于到对角线的距离之积 —— 这是我的学生丁达明发表在《中学生数学》2003 年 2 月上第 35 页中的定理.

问题总结:切割线互换是引发新问题的开端,图形各元素的相关联想是产生新问题的重要源泉,从分析原题的解法过程来类比联想新问题的解法是学习解决平面几何问题的好方法,许多好的数学命题以及解法就是这样演绎出来的,后面还有更多这样的例子.

一个问题:对上述问题,如图 4,若从西姆松线考虑,会有什么新的结论呢?

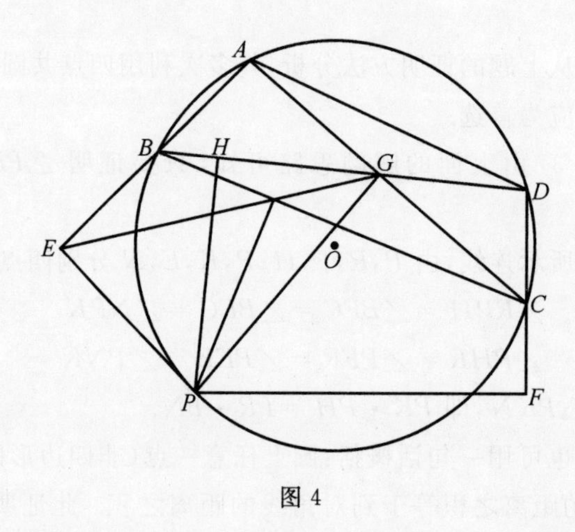

图 4

§5 半圆里的直角三角形

题目 设C为半圆O上一点，$CD\perp AB$直径于点D，G，H分别为$\triangle ACD$，$\triangle BCD$的内心，过G，H的直线交AC，BC于点E，F，则$CE=CD=CF$.

题目解说 本题为《数学通报》2002年第3-4期数学问题解答栏1361题.

一、先看问题的证明

证明 如图1，根据题目条件知

$$\triangle ACD\backsim\triangle CBD\Rightarrow\angle AGD=\angle CHD,\angle ADG=\angle CDH=45^\circ$$

所以

$$\triangle AGD\backsim\triangle CHD\Rightarrow\frac{AD}{CD}=\frac{GD}{HD}$$

而$\angle GDH=\angle CDA=90^\circ$，所以$\triangle GDH\backsim\triangle ADC$，所以$\angle CAD=\angle DGH$.

根据外角定理知，E，A，D，G四点共圆，所以$\angle GDA=\angle CEG=45^\circ$，同理可得$\angle CFH=45^\circ$，所以$CE=CF$.

考虑到CG平分$\angle ACD$，$\angle CDG=45^\circ$，$CG=CG$，所以$\triangle CEG\cong\triangle CDG$，所以$CE=CD=CF$.

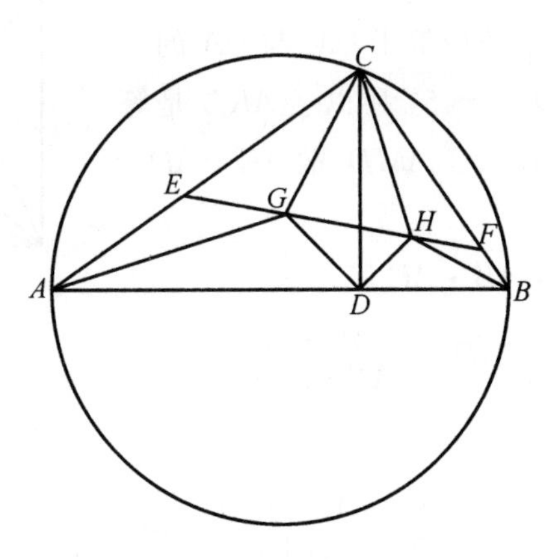

图1

注 (1)这是一个较为简捷的证明，且不需要添加任何辅助线. 对于本题之所以能获得如此简捷的证明，最关键之处在于抓住相似三角形的相似比等于对应线段之比，等于对应的内角平分线长之比. 当然，适当的时候可能还等于对应三角形的外接圆半径之比，内切圆半径之比等，这都是在解题时要灵活掌握的.

(2) 将 $\triangle GDH$ 绕点 D 按逆时针方向旋转 $45°$，再作一个位似，即得 $\triangle ADC$，继而得 $\angle DGH = \angle DAC$.

(3) 本题证明的关键是寻找 $\triangle GDH \backsim \triangle ADC$，$\angle CAD = \angle DGH$，从而得 E, A, D, G 四点共圆.

二、问题的引申——关注由上述线段构成的其他元素的关系

上述问题展示了三条线段的等量关系，那么与这三条线段相关的问题还有那些呢？这便引导人们去思考下述的引申 1.

引申 1 在 $\mathrm{Rt}\triangle ABC$ 中，AD 是斜边 BC 上的高线，联结 $\mathrm{Rt}\triangle ABD$ 的内心 M 与 $\mathrm{Rt}\triangle ACD$ 的内心 N 的直线，分别与直角边 AB 以及 AC 交于 K, L 两点，设 $\triangle ABC$ 与 $\triangle AKL$ 的面积分别为 S 与 T，则 $S \geqslant 2T$.

渊源探索 本题为第 29 届 IMO 试题，此是上题的深入发展，从线段相等发展到还有哪些内容涉及已获得的信息.

方法透析 对新获得的信息再进行加工处理，便得到新的结论.

证明 如图 2，由于 $\triangle ADB \backsim \triangle CDA$，注意到，$DM$ 与 DN 都是由 D 发出的两条角平分线，于是 $\dfrac{DM}{DN} = \dfrac{DB}{DA}$，$\angle MDN = 90°$.

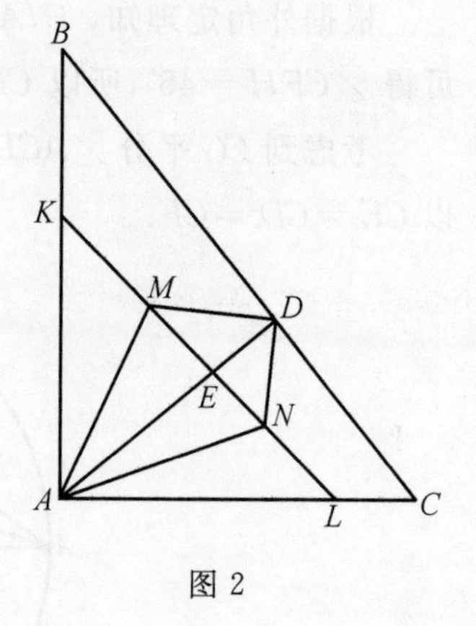

图 2

又 MN 与 AB 的交角应等于 DM 与 DA 的交角，即 $\angle LKA = \angle BDM = 45°$. 所以 $\triangle AKL$ 是等腰三角形. 从而 $\triangle AMK \cong \triangle AMD$，故 $AK = AD = AL$，于是

$$2S = AB \cdot AC$$

$$2T = AK \cdot AL = AD^2 = \frac{AB \cdot AC}{AB^2 + AC^2}$$

即

$$\frac{S}{2T} = \frac{AB^2 + AC^2}{2AB \cdot AC} \geqslant 1$$

至此结论获证.

注 (1) 这个证明是我国选手何宏宇同学考试时给出的，此证明主要用到了相似三角形的对应边之比等于对应线段之比，当然也等于对应角平分线长度之比.

(2) $\triangle NMD \backsim \triangle ABD$ 也可以理解为一个旋转再加上一个位似.

(3) 从旋转的角度去理解的话，$\triangle NMD$ 逆时针旋转 $45°$，再作一个位似即得到 $\triangle ABD$，所以，对应的线段也同时旋转了 $45°$，即 KL 与 AB 也成角 $45°$.

(4) $\frac{1}{AD^2}=\frac{1}{AB^2}+\frac{1}{AC^2}$ 也是一个值得记取的重要结论. 没有这个式子，要想快速解决本题还是有点困难的.

引申 2 如图 2，在原题的基础上，设 AD 交 MN 于点 E，求证

$$\frac{1}{AB}+\frac{1}{AC}=\frac{1}{AE}$$

渊源探索 下面的证法 2 将给出本题的由来.

方法透析 从题目的构图及已获得的信息联想三角函数知识以及张角定理是一个不错的解题思路.

证法 1 设 $\angle CAD=\alpha$，则

$$\sin\alpha+\cos\alpha=\sin\angle ABD+\cos\angle CAD=\frac{AD}{AB}+\frac{AD}{AC} \tag{1}$$

而 $S_{\triangle ALE}+S_{\triangle AKE}=S_{\triangle ALK}$，即

$$AL\cdot AE\sin\alpha+AK\cdot AE\cos\alpha=AK\cdot AL \tag{2}$$

又注意到 $AK=AD=AL$. 所以式(2) 进一步等价于

$$AE(\sin\alpha+\cos\alpha)=AD \tag{3}$$

结合式(1)(3) 便得结论.

注 式(2) 实质上是张角定理. 这个证明较为容易，即使是初中学生都是可以接受的. 见湖北《中学数学》1999 年第 10 期第 38 页. 吴爱龙，聂改娣解答.

证法 2 运用张角定理.

设 $\angle CAD=\alpha$，则在 $\triangle AKL$ 中关于线段 AE 运用张角定理并注意到 $AK=AL=AD$，得

$$\begin{aligned}\frac{1}{AE}&=\frac{\sin\alpha}{AK}+\frac{\cos\alpha}{AL}=\frac{\sin\alpha}{AD}+\frac{\cos\alpha}{AD}\\&=\frac{1}{AB}+\frac{1}{AC}\text{（这一步用到了三角函数定义）}\end{aligned}$$

从而结论获证.

注 直接在 $\triangle AKL$ 中关于线段 AE 运用张角定理并结合 $AK=AL=AD$ 和三角函数关系即得结论，是较好的选择，不过需要转换角度用角，这是一个较好的小技巧.

证法 3 参考《数学通报》1992 年 5 月号问题 773，黄汉生.

如图 3，建立直角坐标系，令 $A(0,1)$，$B(b,0)\Rightarrow C\left(-\frac{1}{b},0\right)$，$M$，$N$ 分别为

$\triangle ABD$，$\triangle ACD$ 的内心，且两圆的半径分别为 r_1，r_2，则

$$r_1=\frac{1}{2}(1+b-\sqrt{1+b^2}),r_2=\frac{r_1}{b}$$

（相似三角形的对应边之比等于对应内切圆半径之比）

于是 $M(r_1,r_1)$，$N\left(-\frac{r_1}{b},\frac{r_1}{b}\right)$，所以，直线 MN 的方程为

$$(1-b)x+(1+b)y=1+b-\sqrt{1+b^2}$$

进而可得 $E\left(0,1-\frac{\sqrt{1+b^2}}{1+b}\right)$，从而 $AE=\frac{\sqrt{1+b^2}}{1+b}$. 又 $AB=\sqrt{1+b^2}$，$AC=\frac{\sqrt{1+b^2}}{b}$，即有 $\frac{1}{AB}+\frac{1}{AC}=\frac{1}{AE}$.

评注　本解法表明原题也可以运用解析法来证明.

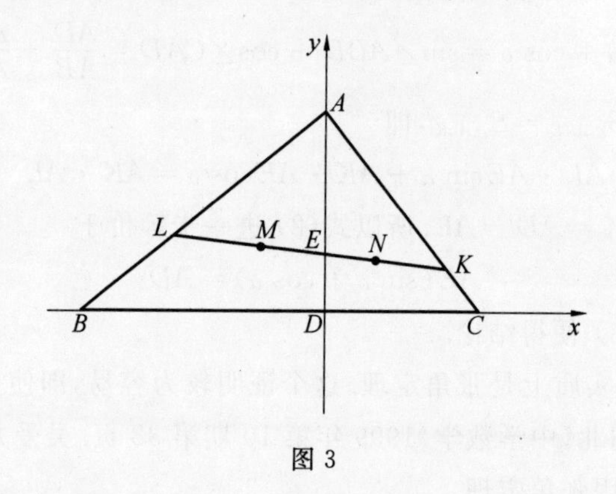

图 3

引申 3　同上面的记号，M，N 分别为 $\triangle ABD$，$\triangle ACD$ 的内心，且两圆的半径分别为 r_1，r_2，$\triangle ABC$ 内切圆的半径为 r，则 $r_1^2+r_2^2=r^2$.

题目解说　本题为湖北《中学数学》1997 年第七期第 14 ～ 17 页一题.

渊源探索　考虑原直角三角形与高线分成的两个直角三角形的内心相关性质，即得本题.

方法透析　考虑到这三个直角三角形都是相似的，故利用相似性的性质来解题可能较好些.

证明　如图 2，分别记 $\text{Rt}\triangle ADB$，$\text{Rt}\triangle CDA$，$\text{Rt}\triangle CAB$ 的半周长为 p_1，p_2，p，则由 $\text{Rt}\triangle ADB\backsim\text{Rt}\triangle CDA\backsim\text{Rt}\triangle CAB$ 知

$$\frac{S_{\triangle ADB}}{S_{\triangle ACB}}=\frac{r_1^2}{r^2}=\frac{p_1^2}{p^2},\frac{S_{\triangle ADC}}{S_{\triangle ACB}}=\frac{r_2^2}{r^2}=\frac{p_2^2}{p^2}\tag{1}$$

而

$$S_{\triangle ADC}+S_{\triangle ADB}=S_{\triangle ACB} \tag{2}$$

结合(1)(2)即得结论.

注 本题也可以运用引申1中的解析法来证明.

引申4 已知CH是$Rt\triangle ABC$的斜边AB上的高,且与角平分线AM,BN交于P,Q两点,证明:通过QN,PM中点的直线平行于斜边AB.

题目解说 本题出自《中等数学》2005年第3期第19页,即第52届白俄罗斯数学奥林匹克决赛一题.

渊源探索 本题为如下广为流传的命题的特殊情况下的一种演变命题:如图4,从点A分别作$\triangle ABC$中$\angle B$和$\angle C$的内角平分线BD,CE的垂线,垂足分别为F,G,则有$FG /\!/ BC$.

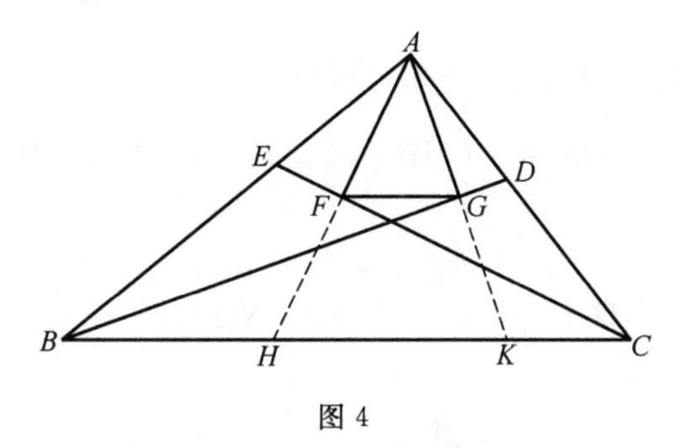

图4

事实上,延长AF,AG,分别交BC于点H,K,则只需要说明FG为$\triangle AHK$的中位线即可.事实上,由对称性知,A,H关于CE对称,A,K关于BD对称,即F,G分别为AH,AK的中点.

方法透析 知道了题目的来历,证明本题的方法就水到渠成了.即设法证明$\triangle CNQ$,$\triangle CPM$为等腰三角形,此时便得$CE\perp BN$,$CF\perp AM$,这就走到了背景题的老路上了.

证法1 这是原刊物上给出的证明方法.

如图5,令E,F分别为QN,PM的中点,联结CE,CF,由于$\angle C=90°$,$CH\perp AB$,得$\angle BCH=\angle BAC$,于是,有

$$\angle CNB=\angle NAB+\angle ABN=\angle BCH+\angle NBC=\angle QCN$$

所以$CN=CQ$.

而E是QN的中点,故$CE\perp QN$,由于$\angle CEB=\angle CHB=90°$,所以$C$,$E$,$H$,$B$四点共圆.

所以$CE=EH$,从而,点E位于CH的中垂线上.

同理可得,点F也位于CH的中垂线上,因此,$EF\perp CH$,而$CH\perp AB$,故

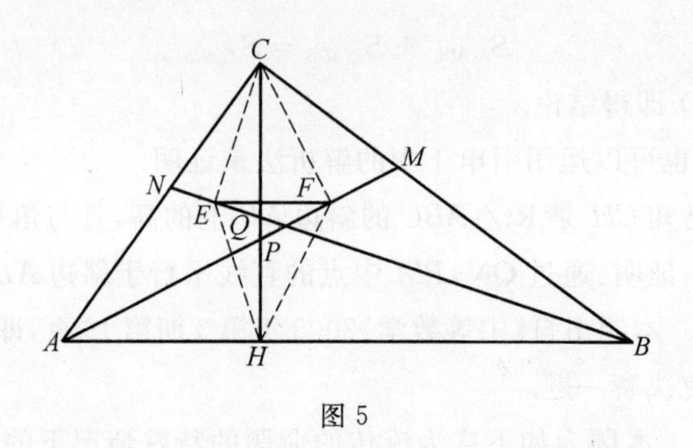

图 5

$EF /\!/ AB$.

证法 2 这是经过上面的分析所获得的方法，可体现出问题及解法的来历.

如图 6，由条件以及三角形外角定理知

$$\angle CQN=\angle CHB-\frac{1}{2}\angle B=90^{\circ}-\frac{1}{2}\angle B$$

又

$$\angle CNQ+\frac{1}{2}\angle B=90^{\circ}\Rightarrow\angle CNQ=90^{\circ}-\frac{1}{2}\angle B$$

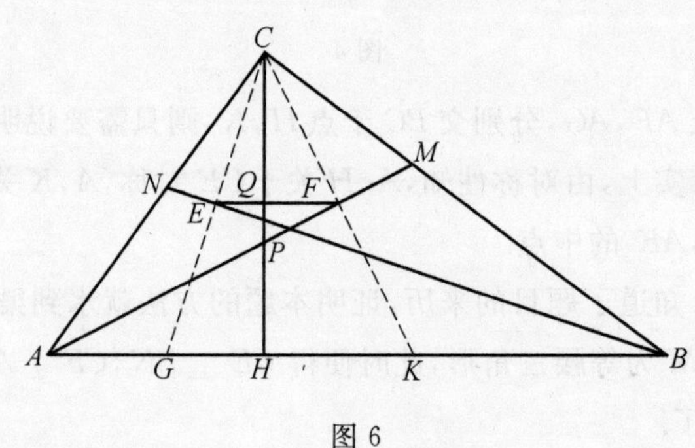

图 6

所以 $\triangle CNQ$ 为等腰三角形，而 E 为 QN 的中点，所以 $CE\perp QN$，同理可得 $CF\perp PM$. 分别延长 CE，CF，交 AB 于点 G，K. 那么，本题就变为前面的背景题目了，下略.

注 证法 2 显然是来源于对问题来历的深入思考，也可以看出证法 2 较证法 1 来得更自然明了，这就是从分析解题过程学解题！

引申 5 设 AD 为 $\mathrm{Rt}\triangle ABC$ 的斜边 BC 上的高线，X，Y，Z 分别为 $\triangle ABC$，$\triangle ABD$，$\triangle ADC$ 的内心，K 为 $\triangle DYZ$ 的内心，KY，KZ 所在直线分别与 AB，CA 交于点 E，F，求证：E，X，F 三点共线.

渊源探索 对于上题，$\angle C$ 为直角，则容易得到 CE 为等腰 $\triangle CNP$ 底边

PN 上的中线，高线，顶角平分线，同理可得 CF 为等腰 $\triangle CPM$ 底边 PM 上的中线，高线，顶角平分线.

所以，引申 5 是图 6 中线段 PN 平移到本题构图中的 EK 位置，线段 PM 平移到本题构图中的 KF 位置后所获得的新题.

方法透析 所以要证明本题，关键在于证明 $AY\perp KE$，$AZ\perp KF$.

证法 1 如图 7，由上面的讨论知

$$AG=AD=AH$$
$$YG=YD,\angle EGY=\angle KDY=45^\circ$$
$$\angle EYG=\angle KYZ=\angle KYD$$
$$\Rightarrow\triangle YGE\cong\triangle YDK$$

即

$$EG=KD,YE=YK\Rightarrow AE=AK,AY\perp EK$$

由于 $\triangle DBA\backsim\triangle DAC$，$AY$，$CZ$ 分别为对应角的平分线，所以 $AY\perp CX$.

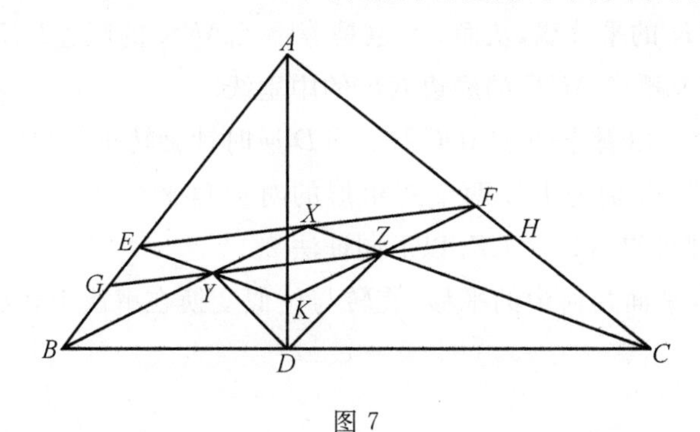

图 7

从而 $CX /\!/ EK$，同理可得 $BX /\!/ FK$，于是，X，Y，K，Z 是构成一个平行四边形的四个顶点，即

$$\angle YKZ=\angle YXZ=135^\circ$$

而

$$\angle EYX=\angle YXZ=135^\circ(XZ /\!/ YK)$$

所以

$$\triangle XEY\cong\triangle ZYK(\text{边，角，边})$$
$$\Rightarrow\angle EXY=\angle YZK=\angle XYZ\Rightarrow XE /\!/ YZ$$

同理可得 $XF /\!/ ZH$，即 E，X，F 三点共线.

证法 2 由条件知

$$\triangle BDA\backsim\triangle ADC\Rightarrow\frac{BD}{DA}=\frac{YD}{ZD},\angle YDZ=90^\circ\Rightarrow \mathrm{Rt}\triangle BDA\backsim \mathrm{Rt}\triangle YDZ$$

而 $\triangle BDA$ 可以看作是 $\triangle YDZ$ 绕着点 D 逆时针旋转 $45°$ 后，再作一个位似而得到的，此时，KZ 旋转到 AY 的位置，所以 $AY \perp EK$，再注意到 AY 平分 $\angle BAD$，即 AY 为等腰 $\triangle AEK$ 的底边 EK 上的高线，也是中线.

又 $\triangle BDA$ 可以看作是 $\triangle ADC$ 绕着点 D 逆时针旋转 $90°$ 后，再作一个位似而得到的，此时，CZ 旋转到 AY 的位置，所以 $AY \perp EK$，进一步得到 $EK \parallel CX$，同理可得 $BX \parallel KF$，所以四边形 $XYKZ$ 为平行四边形，而

$$\angle YKZ = \angle YXZ = \angle EYX = 135°(EK \parallel XZ)$$

$$\triangle XEY \cong \triangle ZYK(\text{边，角，边})$$

$$\Rightarrow \angle EXY = \angle YZK = \angle XYZ$$

$$\Rightarrow XE \parallel YZ$$

同理可得 $XF \parallel ZH$. 即点 E, X, F 三点共线.

证法 3　由条件知，X, Y, Z 分别为 $\triangle ABC$，$\triangle ABD$，$\triangle ADC$ 的内心，K 为 $\triangle DYZ$ 的内心，所以 $\angle AKY = \angle AEY$，即 $\triangle AEK$ 为等腰三角形，EK 为底边，而 AY 为 $\angle EAK$ 的平分线，从而 AY 也是等腰 $\triangle AEK$ 的底边 KE 的中垂线. 同理可知，AZ 为等腰 $\triangle AKF$ 的底边 KF 的中垂线.

又 $\triangle BDA$ 可以看作是 $\triangle ADC$ 绕着点 D 逆时针旋转 $90°$ 再作一个位似而得到的，而 AY, CZ 分别为上述两个三角形的对应角平分线，从而 $AY \perp CZ \Rightarrow XZ \parallel YK$，同理可得 $XY \parallel KZ$. 以下同证法 2.

综上所述，平面几何中的平移，旋转与位似变换在解决上述各问题时起到了巨大作用.

§6　对蝴蝶定理的研究

题目　设 M 为圆 O 的弦 AB 的中点，过 M 任作圆 O 的两条弦 CD, EF，联结 DE, CF 分别交 AB 于 P, Q 两点，求证：$MP = MQ$.

题目解说　本题为非常流行的一道名题——蝴蝶定理，这里尝试给出一些好的证明方法，并力图阐述证明方法以及一些新问题及其解法的由来.

证法 1　添加 6 条辅助线. 我们的目标是证明 $\triangle PMO \cong \triangle QMO$.

如图 1，作 $OG \perp CF$，$OH \perp ED$，G, H 分别为垂足，联结 OP, OQ, MG, MH，则易知 P, G, O, M 和 O, M, Q, H 分别四点共圆，从而

$$\angle POM = \angle PGM, \angle MOQ = \angle MHE$$

又 $\triangle CFM \backsim \triangle EDM$，$\triangle CGM \backsim \triangle EHM$，所以 $\angle CGM = \angle EHM$，所以

$\angle POM=\angle QOM$，所以 $\mathrm{Rt}\triangle PMO\cong\mathrm{Rt}\triangle QMO$，故 $MP=MQ$.

本证明充分运用了题目的条件(即 $MA=BM$，以及 $OM\perp AB$)，这是成功解题的要旨.但是本证明作了 6 条辅助线，所以图形给人以烦琐之感.

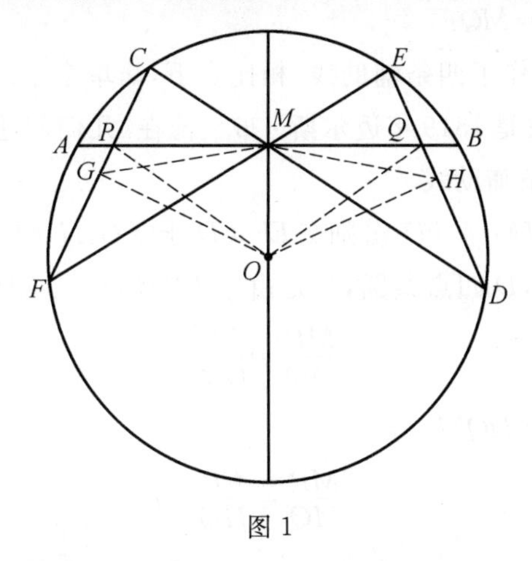

图 1

证法 2　添加四条辅助线.

如图 2，从 P，Q 分别作 EF 和 CD 的垂线，垂线长分别记为 x_1，y_1；x_2，y_2，记 $MP=x$，$MQ=y$，$MA=MB=a$，则根据几个相似的直角三角形对($\triangle PMX\backsim\triangle QMY$，$\triangle PMK\backsim\triangle QML$)，可得

$$\frac{y_1}{y_2}=\frac{x}{y},\ \frac{x_1}{x_2}=\frac{x}{y}$$

此两式相乘得

$$\frac{x^2}{y^2}=\frac{x_1}{y_2}\cdot\frac{y_1}{x_2}=\frac{CP}{EQ}\cdot\frac{PF}{QD}$$

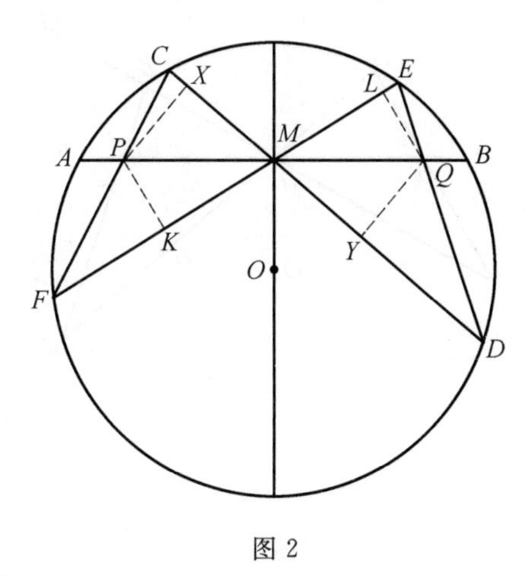

图 2

而

$$\frac{CP \cdot PF}{EQ \cdot QD}=\frac{AP \cdot PB}{AH \cdot HB}=\frac{a^2-x^2}{a^2-y^2}$$

所以 $x=y$,故 $MP=MQ$.

注 本证明只作了四条辅助线,相比之下,简单多了.

证法3 本证法是1819年迈尔斯·布兰德在《几何问题》一书中给出的,其证明中只添加了两条辅助线.

如图3,过 Q 作 $HG \parallel FD$,分别交 EF,CD 于点 G,H,则 $\angle MGQ=\angle PFM=\angle EDM$,即 G,E,H,D 四点共圆,于是由 $\triangle FPM \backsim \triangle GQM$,得到

$$\frac{MP}{MQ}=\frac{PF}{GQ} \tag{1}$$

由 $\triangle CPM \backsim \triangle HQM$,得

$$\frac{MP}{MQ}=\frac{CP}{HQ} \tag{2}$$

由(1)×(2)得

$$\begin{aligned}\left(\frac{MP}{MQ}\right)^2&=\frac{PF}{GQ}\cdot\frac{CP}{HQ}=\frac{AP \cdot PB}{EQ \cdot QD}\\&=\frac{AP \cdot PB}{AQ \cdot QB}\\&=\frac{(AM-MP)(AM+MP)}{(AM-MQ)(AM+MQ)}\\&=\frac{AM^2-MP^2}{AM^2-MQ^2}\end{aligned}$$

故 $MP=MQ$.

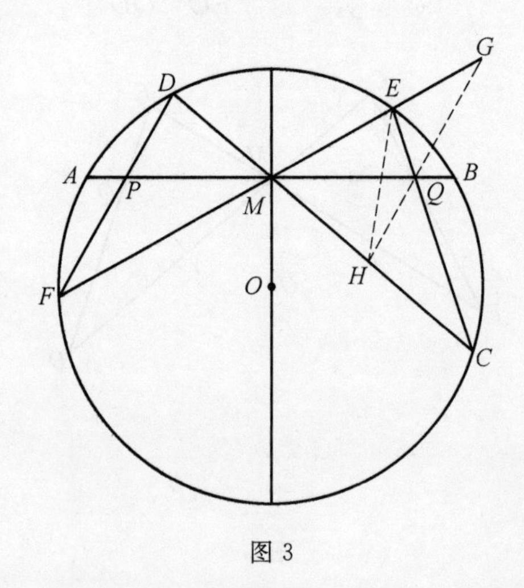

图3

注　本证明从构造线段 MP 和 MQ 的式子出发寻求思路，堪称优美，简捷质朴，耐人寻味！构造新的四点共圆组 G,E,H,D 功不可没！且这里的证明只作了两条辅助线，相比之下简单多了.

证法 4　参考沈文选《走向国际数学奥林匹克的平面几何试题诠释：历届全国高中数学联赛平面几何试题一题多解》(上) 第 341 页.

作两条辅助线，运用梅涅劳斯定理和割线定理.

如图 4，分别延长 FC,DE，令其交点为 N，则在 $\triangle NPQ$ 中，分别视 FME，CMD 为截线，运用梅涅劳斯定理得

$$\frac{PM}{MQ}\cdot\frac{QE}{EN}\cdot\frac{NF}{FP}=1$$

$$\frac{NC}{CP}\cdot\frac{PM}{MQ}\cdot\frac{QD}{DN}=1$$

此两式相乘得

$$\begin{aligned}\left(\frac{MQ}{PM}\right)^2&=\frac{NF}{FP}\cdot\frac{QE}{EN}\cdot\frac{NC}{CP}\cdot\frac{QD}{DN}\\&=\frac{QE}{PF}\cdot\frac{QD}{CP}=\frac{QE\cdot QD}{PF\cdot CP}=\frac{QA\cdot QB}{PA\cdot PB}\\&=\frac{(MA+MQ)(MB-MQ)}{(MA-MP)(MB+MP)}\end{aligned}$$

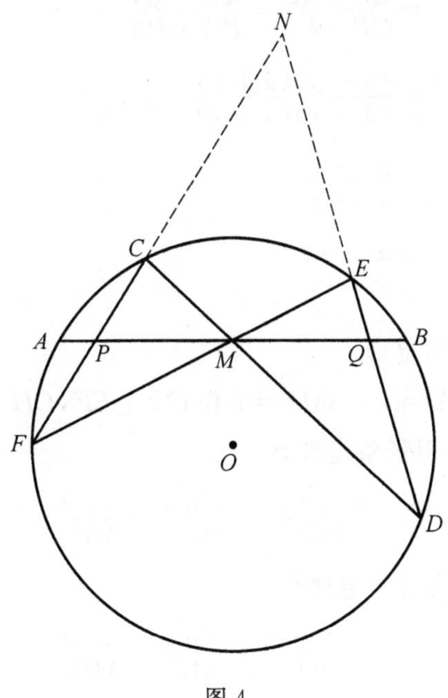

图 4

$$=\frac{(MA+MQ)(MA-MQ)}{(MA-MP)(MA+MP)}$$

从而，$MP=MQ$.

注 此证明仅添加了两条辅助线，算是不错的证明方法.

证法 5 参考沈文选《走向国际数学奥林匹克的平面几何试题诠释：历届全国高中数学联赛平面几何试题一题多解》(上) 第 345 页.

如图 4，记 $\angle FCD=\alpha$，$\angle CDE=\beta$，$\angle CMA=\gamma$，$\angle EMB=\delta$，$MA=MB=a$，$MP=x$，$MQ=y$. 则分别在 $\triangle CPM$，$\triangle FPM$，$\triangle EMQ$，$\triangle DMQ$ 中运用正弦定理，得

$$\frac{PM}{\sin\alpha}=\frac{PC}{\sin\gamma}\Rightarrow PM=\frac{PC}{\sin\gamma}\cdot\sin\alpha$$

$$\frac{PM}{\sin\beta}=\frac{PF}{\sin\delta}\Rightarrow PM=\frac{PF}{\sin\delta}\cdot\sin\beta$$

$$\Rightarrow PM^2=\frac{PC\cdot PF}{\sin\gamma\sin\delta}\cdot\sin\alpha\sin\beta$$

同理可得

$$QM^2=\frac{QE\cdot QD}{\sin\gamma\sin\delta}\cdot\sin\alpha\sin\beta\Rightarrow\frac{y^2}{x^2}=\frac{QM^2}{PM^2}$$

$$=\frac{QE\cdot QD}{CP\cdot PF}=\frac{QB\cdot QA}{PA\cdot PB}$$

$$=\frac{(a-y)(a+y)}{(a-x)(a+x)}$$

$$=\frac{a^2-y^2}{a^2-x^2}$$

$$\Rightarrow x=y$$

故结论获证.

证法 6 运用张角定理.

如图 5，设 $\angle CMA=\alpha$，$\angle AMF=\beta$，作 $OG\perp EF$，$OH\perp CD$，G，H 分别为垂足，则在 $\triangle CMF$ 中运用张角定理有

$$\frac{\sin(\alpha+\beta)}{MP}=\frac{\sin\alpha}{MF}+\frac{\sin\beta}{MC}\tag{1}$$

在 $\triangle MDE$ 中运用张角定理有

$$\frac{\sin(\alpha+\beta)}{MQ}=\frac{\sin\alpha}{ME}+\frac{\sin\beta}{MD}\tag{2}$$

由(1)－(2) 得

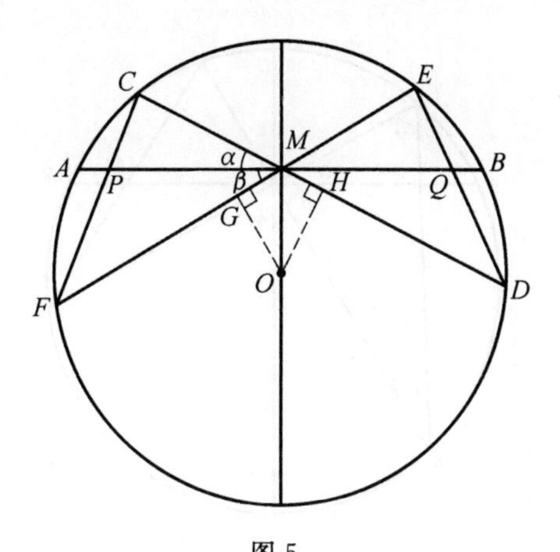

图 5

$$\begin{aligned}\sin(\alpha+\beta)\left(\frac{1}{MP}-\frac{1}{MQ}\right)&=\sin\alpha\left(\frac{1}{MF}-\frac{1}{ME}\right)+\sin\beta\left(\frac{1}{MC}-\frac{1}{MD}\right)\\&=\sin\alpha\left(\frac{ME-MF}{MF\cdot ME}\right)+\sin\beta\left(\frac{MD-MC}{MC\cdot MD}\right)\\&=\sin\alpha\left(\frac{-2MG}{MF\cdot ME}\right)+\sin\beta\left(\frac{2MH}{MC\cdot MD}\right)\\&=\sin\alpha\left(\frac{-2OM\sin\beta}{MF\cdot ME}\right)+\sin\beta\left(\frac{2OM\sin\alpha}{MC\cdot MD}\right)\\&=0\end{aligned}$$

最后一步是根据相交弦定理：$ME\cdot MF=MD\cdot MC$，故 $MP=MQ$.

注　此证法的关键是判断 $ME-MF=-2MG=-2OM\sin\beta$ 和 $MD-MC=2MH=2OM\sin\alpha$.

证法 7　一个优美而迷人的三角证明，不添加任何辅助线.

如图 6，设 $\angle CMA=\alpha$，$\angle AMF=\beta$，$\angle FCM=\gamma$，$\angle CFM=\theta$，则

$$\begin{aligned}\frac{AM^2-MP^2}{AM^2-MQ^2}&=\frac{(AM-MP)(AM+MP)}{(AM-MQ)(AM+MQ)}\\&=\frac{AP\cdot PB}{BQ\cdot QA}=\frac{PF}{EQ}\cdot\frac{CP}{QD}\\&=\frac{\frac{MP}{\sin\theta}\sin\beta\cdot\frac{MP}{\sin\gamma}\sin\alpha}{\frac{MQ}{\sin\gamma}\sin\beta\cdot\frac{MQ}{\sin\theta}\sin\alpha}\\&=\left(\frac{MP}{MQ}\right)^2\end{aligned}$$

故 $MP=MQ$.

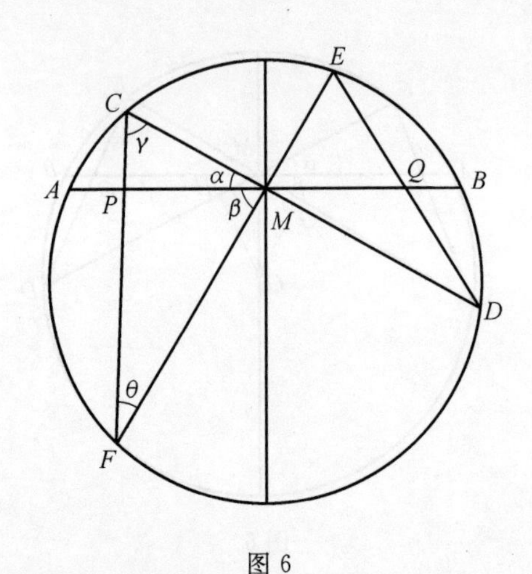

图 6

注 此证明的思考方向受到证法3的启发,由运用张角定联想到了运用三角中的正弦定理.

综上所述,上述各证明方法的获得是源于对证法1添加辅助线的多寡的不断思考.

引申1 过圆O的弦AB上一点M,作CD,EF两条弦,联结CF,DE,分别与AB交于P,Q两点,记$MA=a$,$MB=b$,$MP=x$,$MQ=y$,则$\frac{1}{a}-\frac{1}{b}=\frac{1}{x}-\frac{1}{y}$.

题目解说 本题常被人称为坎迪定理——蝴蝶定理的推广.

渊源探索 这是思考蝴蝶定理中条件MA与MB不等的结果.

方法透析 分析上面蝴蝶定理的证法是否会有启示.

证法1 做两条辅助线,运用梅涅劳斯定理和割线定理.

如图4,分别延长FC,DE,令其交点为N,则在$\triangle NPQ$中,分别视FME,CMD为截线,运用梅涅劳斯定理得

$$1=\frac{NF}{FP}\cdot\frac{PM}{MQ}\cdot\frac{QE}{EN}$$

$$1=\frac{NC}{CP}\cdot\frac{PM}{MQ}\cdot\frac{QD}{DN}$$

此两式相乘得

$$\begin{aligned}\left(\frac{MQ}{PM}\right)^2&=\frac{NF}{FP}\cdot\frac{QE}{EN}\cdot\frac{NC}{CP}\cdot\frac{QD}{DN}\\&=\frac{QE}{PF}\cdot\frac{QD}{CP}=\frac{QE\cdot QD}{PF\cdot CP}=\frac{QA\cdot QB}{PA\cdot PB}\\&=\frac{(MA+MQ)(MB-MQ)}{(MA-MP)(MB+MP)}\end{aligned}$$

$$=\frac{(MA+MQ)(MA-MQ)}{(MA-MP)(MA+MP)}$$

即

$$\frac{y^2}{x^2}=\frac{(a-x)(b+x)}{(b-y)(a+y)}$$

从而

$$\frac{1}{a}-\frac{1}{b}=\frac{1}{x}-\frac{1}{y}$$

证法 2 不作辅助线,运用四次正弦定理.

如图 4,记 $\angle FCD=\alpha$,$\angle CDE=\beta$,$\angle CMA=\gamma$,$\angle EMB=\delta$,$MA=MB=a$,$MP=x$,$MQ=y$,则分别在 $\triangle CPM$,$\triangle FPM$,$\triangle EMQ$,$\triangle DMQ$ 中运用正弦定理,得

$$\frac{PM}{\sin\alpha}=\frac{PC}{\sin\gamma}\Rightarrow PM=\frac{PC}{\sin\gamma}\cdot\sin\alpha$$

$$\frac{PM}{\sin\beta}=\frac{PF}{\sin\delta}\Rightarrow PM=\frac{PF}{\sin\delta}\cdot\sin\beta$$

$$\Rightarrow PM^2=\frac{PC\cdot PF}{\sin\gamma\sin\delta}\cdot\sin\alpha\sin\beta$$

同理可得

$$QM^2=\frac{QE\cdot QD}{\sin\gamma\sin\delta}\cdot\sin\alpha\sin\beta\Rightarrow\frac{y^2}{x^2}=\frac{QM^2}{PM^2}$$

$$=\frac{QE\cdot QD}{CP\cdot PF}=\frac{QB\cdot QA}{PA\cdot PB}$$

$$=\frac{(MA+MQ)(MB-MQ)}{(MA-MP)(MB+MP)}$$

$$=\frac{(MA+MQ)(MA-MQ)}{(MA-MP)(MA+MP)}$$

即

$$\frac{y^2}{x^2}=\frac{(a-x)(b+x)}{(b-y)(a+y)}$$

从而

$$\frac{1}{a}-\frac{1}{b}=\frac{1}{x}-\frac{1}{y}$$

引申 2 设 $ABCD$ 是圆 O 的内接四边形,对边 AB 与 DC 所在直线交于点 P,过 P 作 OP 的垂线为 L,对角线 AC 和 BD 所在直线交 L 于点 F,E,求证:$PE=PF$.

渊源探索　蝴蝶定理可以概括为：从圆内接四边形的对角线的交点引过该交点的圆的直径的垂线，被四边形的一组对边截得内部的两线段相等. 将该命题中对角线的交点与对边所在直线的交点互换，将对边所在直线与对角线所在直线互换，会产生什么结果呢？

方法透析　从问题的来历去分析问题的解法是学会"从分析解题过程学解题"的灵丹妙药. 蝴蝶定理的证明曾经利用过张角定理，故猜想可试用此法去解题.

证明　如图 7，设 $\angle APE=\alpha,\angle APD=\beta,\angle FPD=\gamma$.

过圆心 O 分别作 AB,CD 的垂线，垂足分别为 M,N，则

$$PA+PB=2PM,PC+PD=2PN \tag{1}$$

且

$$\angle MOP+\angle OPM=90^\circ,\alpha+\angle OPM=90^\circ\Rightarrow\angle MOP=\alpha$$

$$\angle NOP+\angle OPN=90^\circ,\gamma+\angle OPN=90^\circ\Rightarrow\angle NOP=\gamma$$

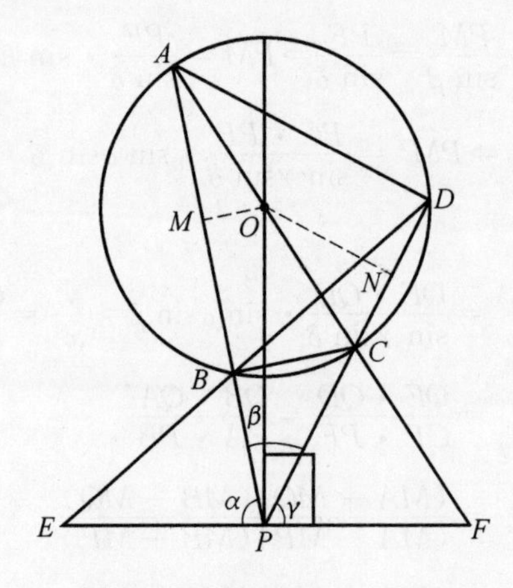

图 7

于是，在 $\triangle EPD$ 中关于线段 PB 使用张角定理有

$$\frac{\sin\beta}{PE}=\frac{\sin(\alpha+\beta)}{PB}-\frac{\sin\alpha}{PD}=\frac{\sin\gamma}{PB}-\frac{\sin\alpha}{PD} \tag{2}$$

在 $\triangle APF$ 中关于线段 PC 使用张角定理有

$$\frac{\sin\beta}{PF}=\frac{\sin(\beta+\gamma)}{PC}-\frac{\sin\gamma}{PA}=\frac{\sin\alpha}{PC}-\frac{\sin\gamma}{PA} \tag{3}$$

由(2)－(3)，并注意到 $PA\cdot PB=PC\cdot PD$ 及(1)得

$$\left(\frac{1}{PE}-\frac{1}{PF}\right)\sin\beta=\left(\frac{1}{PB}+\frac{1}{PA}\right)\sin\gamma-\left(\frac{1}{PC}+\frac{1}{PD}\right)\sin\alpha$$

$$=\frac{PA+PB}{PB\cdot PA}\sin\gamma-\frac{PD+PC}{PC\cdot PD}\sin\alpha$$

$$=2\left(\frac{PM}{PB\cdot PA}\sin\gamma-\frac{PN}{PC\cdot PD}\sin\alpha\right)$$

$$=\frac{2}{PA\cdot PB}(PM\cdot\sin\gamma-PN\cdot\sin\alpha)$$

$$=\frac{2}{PA\cdot PB}(PO\cdot\sin\alpha\cdot\sin\gamma-PO\cdot\sin\gamma\cdot\sin\alpha)=0$$

所以 $PE=PF$.

注 (1) 本结论还有其他的证明方法吗？面积法如何？

(2) 如果考虑原命题的逆命题，那么，还会成立吗？请看：

引申3 过圆O的弦AB上的一点M，任作EF，CD两条弦，联结CE，DF分别交AB于点P，Q，如果$MP=MQ$，$OM\perp AB$，求证：$MA=MB$.

渊源探索 本题为原命题的逆命题.

方法透析 研究原命题的证明过程会给你提供有益的启示.

证法1 如图3，过点Q作$HG\parallel FD$，分别交EF，CD于点G，H，则由题设条件知$\triangle FPM\backsim\triangle GQM$，$\triangle DPM\backsim\triangle HQM$，所以

$$\frac{PF}{PM}=\frac{GQ}{MQ},\frac{CP}{PM}=\frac{HQ}{MQ}$$

此两式相乘，得

$$\frac{PF}{PM}\cdot\frac{CP}{PM}=\frac{GQ}{MQ}\cdot\frac{HQ}{MQ}$$

注意到G，E，H，D四点共圆，以及条件$MP=MQ$，所以

$$PF\cdot CP=GQ\cdot HQ=QE\cdot QD\Rightarrow AP\cdot PB=BQ\cdot QA$$

即

$$AP\cdot(2MP+BQ)=BQ\cdot(2MP+AP)$$

即$AP=BQ$，从而$MA=MB$.

证法2 作两条辅助线，运用梅涅劳斯定理和割线定理.

如图4，分别延长FC，DE，令其交点为N，则在$\triangle NPQ$中，分别视FME，CMD为截线，运用梅涅劳斯定理得

$$1=\frac{NF}{FP}\cdot\frac{PM}{MQ}\cdot\frac{QE}{EN}$$

$$1=\frac{NC}{CP}\cdot\frac{PM}{MQ}\cdot\frac{QD}{DN}$$

此两式相乘，并注意到$MQ=PM$，得

$$1=\frac{NF}{FP}\cdot\frac{QE}{EN}\cdot\frac{NC}{CP}\cdot\frac{QD}{DN}$$

$$=\frac{QE}{PF}\cdot\frac{QD}{CP}=\frac{QE\cdot QD}{PF\cdot CP}=\frac{QA\cdot QB}{PA\cdot PB}$$

$$=\frac{(MA+MQ)(MB-MQ)}{(MA-MP)(MB+MP)}$$

$$=\frac{(MA+MQ)(MA-MQ)}{(MA-MP)(MA+MP)}$$

故 $MA=MB$.

注 这个证明就是从原命题的证法4分析构造而来，这表明我们平常做题要熟练掌握一些经典问题的经典解题方法的意义所在.

证法3 如图4，记 $\angle FCD=\alpha$，$\angle CDE=\beta$，$\angle CMA=\gamma$，$\angle EMB=\delta$，$MA=x$，$MB=y$，$MP=MQ=a$.

则分别在 $\triangle CPM$，$\triangle FPM$，$\triangle EMQ$，$\triangle DMQ$ 中运用正弦定理得

$$\frac{PM}{\sin\alpha}=\frac{PC}{\sin\gamma}\Rightarrow PM=\frac{PC}{\sin\gamma}\cdot\sin\alpha$$

$$\frac{PM}{\sin\beta}=\frac{PF}{\sin\delta}\Rightarrow PM=\frac{PF}{\sin\delta}\cdot\sin\beta$$

$$\Rightarrow PM^2=\frac{PC\cdot PF}{\sin\gamma\sin\delta}\cdot\sin\alpha\sin\beta$$

同理可得

$$QM^2=\frac{QE\cdot QD}{\sin\gamma\sin\delta}\cdot\sin\alpha\sin\beta$$

$$\Rightarrow 1=\frac{QM^2}{PM^2}=\frac{QE\cdot QD}{CP\cdot PF}=\frac{QB\cdot QA}{PA\cdot PB}=\frac{(a-y)(a+y)}{(a-x)(a+x)}$$

$$=\frac{a^2-y^2}{a^2-x^2}$$

$$\Rightarrow x=y$$

即结论获证.

引申4 在四边形 $ABCD$ 中，$AB=AD$，$BC=CD$，过 AC，BD 的交点 O 任作两条直线，分别交 AD 于点 E，交 BC 于点 F，交 AB 于点 G，交 CD 于点 H，GF，EH 分别交 BD 于点 I，J，求证：$OI=OJ$.

题目解说 本题为1990年中国数学冬令营选拔考试第三大题 —— 通常人们从图形结构上称它为筝形蝴蝶定理.

渊源探索 将蝴蝶定理中的两条垂线所分成的四段圆弧"拉直"即得本题，可见由曲变直也是一种命题技术！

方法透析　回顾蝴蝶定理的各种证明，并秉承“从分析解题过程学解题”的策略，不难给出本题的几个证明方法.

证法 1　应用塞瓦定理的逆定理，结合面积法.

如图 8，易知，筝形 $ABCD$ 关于 AC 对称，将 $\triangle EOH$ 关于 AC 对称到 $\triangle MON$，M 在 AB 上，N 在 BC 上，则

$$\angle MON=\angle EOH=\angle GOF$$

$$\angle GOB=\angle HOD=\angle BON$$

所以，只要证明 MN，GF，OB 三线共点即可.

联结 MF 交 BO 于点 K，设 $\angle GOB=\angle HOD=\angle BON=\alpha$，$\angle GOM=\angle NOF=\beta$.

根据面积公式知

$$\frac{MG}{GB}\cdot\frac{BN}{NF}\cdot\frac{FK}{KM}=\frac{S_{\triangle OMG}}{S_{\triangle OGB}}\cdot\frac{S_{\triangle OBN}}{S_{\triangle ONF}}\cdot\frac{S_{\triangle OFK}}{S_{\triangle OMK}}$$

$$=\frac{OM\sin\beta}{OB\sin\alpha}\cdot\frac{OB\sin\alpha}{OF\sin\beta}\cdot\frac{OF\sin(\alpha+\beta)}{OM\sin(\alpha+\beta)}=1$$

由塞瓦定理的逆定理知，在 $\triangle BFM$ 中，MN，GF，OB 三线共点.

注　应用面积法证明的重要一环在于将各三角形面积转化为从 O 出发的线段和角来表示.

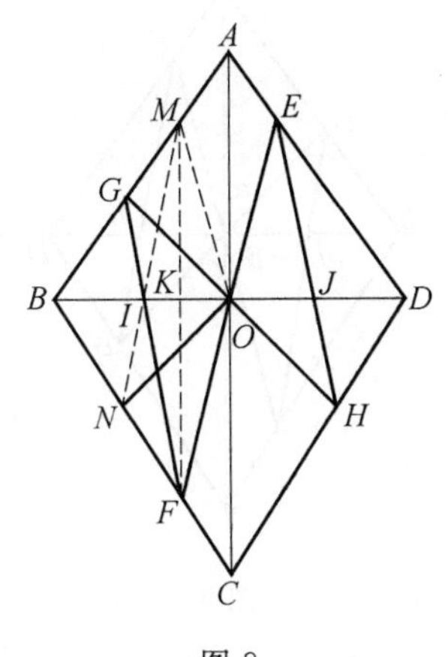

图 8

证法 2　平面几何法 —— 面积法，及张角定理.

如图 9，记从 O 出发的线段长为 $OX=x$（例如 $OA=a$ 等），$\angle AOG=\alpha$，$\angle BOF=\beta$，那么，根据张角定理知：

在 $\triangle AOB$ 中有

$$\frac{1}{g}=\frac{\sin\alpha}{b}+\frac{\cos\alpha}{a} \tag{1}$$

在 $\triangle COB$ 中有

$$\frac{1}{f}=\frac{\cos\beta}{b}+\frac{\sin\beta}{c} \tag{2}$$

在 $\triangle COD$ 中有

$$\frac{1}{h}=\frac{\sin\alpha}{d}+\frac{\cos\alpha}{c} \tag{3}$$

在 $\triangle AOD$ 中有

$$\frac{1}{e}=\frac{\cos\beta}{d}+\frac{\sin\beta}{a} \tag{4}$$

在 $\triangle GOF$ 中有

$$\frac{\sin\left(\frac{\pi}{2}+\beta-\alpha\right)}{i}=\frac{\sin\beta}{g}+\frac{\cos\alpha}{f} \tag{5}$$

在 $\triangle EOH$ 中有

$$\frac{\sin\left(\frac{\pi}{2}+\beta-\alpha\right)}{j}=\frac{\sin\beta}{h}+\frac{\cos\alpha}{e} \tag{6}$$

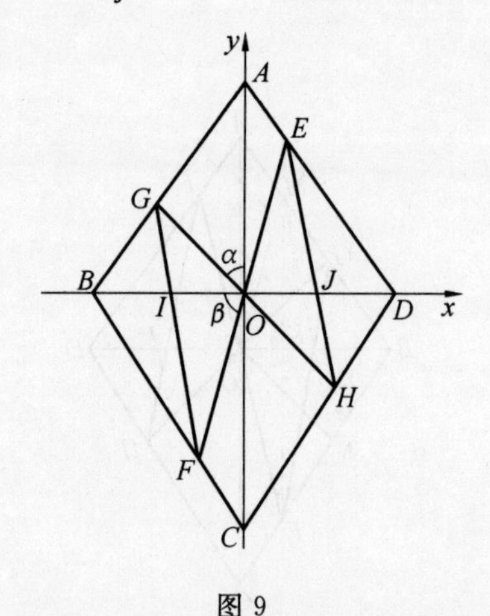

图 9

将(1) 与(2) 代入(5) 并注意运用三角公式得

$$\begin{aligned}\frac{\cos(\beta-\alpha)}{i}&=\left(\frac{\sin\alpha}{b}+\frac{\cos\alpha}{a}\right)\sin\beta+\left(\frac{\cos\beta}{b}+\frac{\sin\beta}{c}\right)\cos\alpha\\&=\frac{1}{b}\cos(\alpha-\beta)+\left(\frac{1}{a}+\frac{1}{c}\right)\sin\beta\cos\alpha\end{aligned}$$

将(3) 与(4) 代入(6) 并注意运用三角公式得到

$$\frac{\cos(\beta-\alpha)}{j}=\left(\frac{\sin\alpha}{d}+\frac{\cos\alpha}{c}\right)\sin\beta+\left(\frac{\cos\beta}{d}+\frac{\sin\beta}{a}\right)\cos\alpha$$

$$=\frac{1}{d}\cos(\alpha-\beta)+\left(\frac{1}{a}+\frac{1}{c}\right)\sin\beta\cos\alpha$$

而 $b=d$,从而 $i=j$,即 $IO=OJ$.

注 此证法属于简单套用公式,有一定的程序性可供遵循,具有一定的典型性.比较本题的这个张角定理证明与蝴蝶定理中的张角定理证明,不难看出,这两个题目之间的关联所在.

证法 3 如图 9,由证法 2 可设筝形各边所在的直线方程分别为:

直线 AB 的方程为

$$\frac{x}{b}+\frac{y}{a}-1=0 \tag{7}$$

直线 BC 的方程为

$$\frac{x}{b}+\frac{y}{c}-1=0 \tag{8}$$

直线 CD 的方程为

$$\frac{x}{-b}+\frac{y}{c}-1=0 \tag{9}$$

直线 DA 的方程为

$$\frac{x}{-b}+\frac{y}{a}-1=0 \tag{10}$$

又设 EF 和 GH 的方程分别为

$$EF:y=kx \tag{11}$$

$$GH:y=mx \tag{12}$$

则可设各有关点的坐标为:$E(e,ke)$,$F(f,kf)$,$G(g,mg)$,$H(h,mh)$,$I(i,0)$,$J(j,0)$,由直线 GF 得

$$\frac{g-i}{mg}=\frac{f-i}{kf}$$

所以

$$\frac{1}{m}-\frac{1}{k}=i\left(\frac{1}{mg}-\frac{1}{kf}\right) \tag{13}$$

由直线 EH 得

$$\frac{h-j}{mh}=\frac{e-j}{ke}$$

所以

$$\frac{1}{m}-\frac{1}{k}=j\left(\frac{1}{mh}-\frac{1}{ke}\right) \tag{14}$$

将 E,F,G,H 的坐标分别代入(10)(8)(7)(9)得

$$\frac{1}{ke}=\frac{1}{a}-\frac{1}{kb},\frac{1}{kf}=\frac{1}{c}+\frac{1}{kb},\frac{1}{mg}=\frac{1}{a}+\frac{1}{mb},\frac{1}{mh}=\frac{1}{c}-\frac{1}{mb}$$

所以

$$\frac{1}{mg}-\frac{1}{kf}=\frac{1}{ke}-\frac{1}{mh} \tag{15}$$

由(13)(14)(15),得 $i=-j$,即 $IO=OJ$.

评注 将相同的量置于等式的一端并用各量的倒数表示相关量是一个非常重要的技巧.比较此证法与蝴蝶定理的证法 3,它们是多么和谐一致啊!

证法 4 解析法.解本题所运用的解析方法比较多,较为常见的方法要涉及较为复杂的运算.

如图 9,建立直角坐标系,使得点 A,B,C,D 的坐标分别为 $(0,a)$,$(b,0)$,$(0,c)$,$(d,0)$,则由题设知 $b=-d$,设 EH 的方程为

$$\frac{x}{e}+\frac{y}{h}=1\text{(注意 }e,h\text{ 的几何意义)} \tag{16}$$

AD 的方程为

$$\frac{y}{a}+\frac{x}{d}=1 \tag{17}$$

作差得

$$x\left(\frac{1}{e}-\frac{1}{d}\right)+y\left(\frac{1}{h}-\frac{1}{a}\right)=0 \tag{18}$$

则(18)便是直线 OE 的方程.

同理可得 OH 的直线方程为

$$x\left(\frac{1}{e}-\frac{1}{d}\right)+y\left(\frac{1}{h}-\frac{1}{c}\right)=0 \tag{19}$$

令 GF 的方程为

$$\frac{x}{g}+\frac{y}{f}=1\text{(注意 }g,f\text{ 的几何意义)} \tag{20}$$

则 OF,OG 的方程分别为

$$x\left(\frac{1}{g}-\frac{1}{b}\right)+y\left(\frac{1}{f}-\frac{1}{c}\right)=0 \tag{21}$$

$$x\left(\frac{1}{g}-\frac{1}{b}\right)+y\left(\frac{1}{f}-\frac{1}{a}\right)=0 \tag{22}$$

注意到(18)与(21),(19)与(22)表示同一条直线,所以

$$\frac{\frac{1}{e}-\frac{1}{d}}{\frac{1}{g}-\frac{1}{b}}=\frac{\frac{1}{h}-\frac{1}{c}}{\frac{1}{f}-\frac{1}{a}}=\frac{\frac{1}{h}-\frac{1}{a}}{\frac{1}{f}-\frac{1}{c}}$$

对此式运用比例性质，有

$$\frac{\frac{1}{e}-\frac{1}{d}}{\frac{1}{g}-\frac{1}{b}}=\frac{\frac{1}{h}-\frac{1}{c}-\left(\frac{1}{h}-\frac{1}{a}\right)}{\frac{1}{f}-\frac{1}{a}-\left(\frac{1}{f}-\frac{1}{c}\right)}=-1$$

即 $g=-e$，故 $OI=OJ$.

注 此证法是从要证的结论特征入手，先构造 EH，GF 的截距式（与所证结论相关）方程，然后设法求它们在 BD 上的截距.

引申5 如图10，在凸四边形 $ABCD$ 中，对角线 AC 与 BD 交于点 O，经过点 O 作两条直线分别交 AD，BC，AB，CD 于点 E，F，G，H，GF，EH 分别交 BD 于点 I，J，证明：$\frac{1}{OI}-\frac{1}{OJ}=\frac{1}{OB}-\frac{1}{OD}$.

题目解说 本题为《中等数学》2006年第2期第49页数学奥林匹克问题高中169，它明显是引申4的推广.

证明 现给出命题人的证明，此证明运用了张角定理.

如图10，设 $\angle AOB=\theta$，$\angle GOB=\alpha$，$\angle FOB=\beta$，并记线段 $OX=x$ 等，于是，在 $\triangle ABC$ 和 $\triangle OBC$ 中分别运用张角定理，得

$$\frac{\sin\theta}{g}=\frac{\sin(\theta-\alpha)}{b}+\frac{\sin\alpha}{a}$$

$$\frac{\sin(\pi-\theta)}{f}=\frac{\sin\beta}{c}+\frac{\sin(\pi-\theta-\beta)}{b}$$

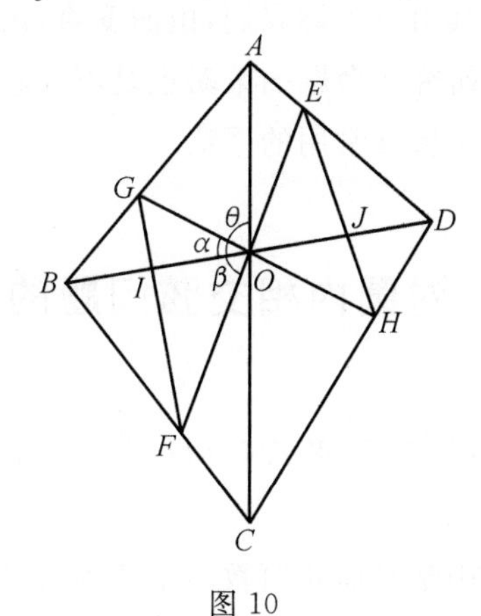

图10

又在$\triangle OGF$中运用张角定理,并将上面两个式子代入,得

$$\frac{\sin(\alpha+\beta)}{i}=\frac{\sin\beta}{g}+\frac{\sin\alpha}{f}$$

即

$$\frac{\sin(\alpha+\beta)\sin\theta}{i}=\frac{\sin\beta\sin\theta}{g}+\frac{\sin\alpha\sin(\pi-\theta)}{f}$$

$$=\sin\beta\left(\frac{\sin\alpha}{a}+\frac{\sin(\theta-\alpha)}{b}\right)+\sin\alpha\left(\frac{\sin\beta}{c}+\frac{\sin(\pi-\theta-\beta)}{b}\right)$$

$$=\sin\alpha\sin\beta\left(\frac{1}{a}+\frac{1}{c}\right)+\frac{\sin\beta\sin(\theta-\alpha)}{b}+\frac{\sin\alpha\sin(\theta+\beta)}{b}$$

$$=\sin\alpha\sin\beta\left(\frac{1}{a}+\frac{1}{c}\right)+\frac{1}{b}[\sin\beta(\sin\theta\cos\alpha-\cos\theta\sin\alpha)+\sin\alpha(\sin\theta\cos\beta+\cos\theta\sin\beta)]$$

$$=\sin\alpha\sin\beta\left(\frac{1}{a}+\frac{1}{c}\right)+\frac{1}{b}\sin\theta(\sin\beta\cos\alpha+\sin\alpha\cos\beta)$$

$$=\sin\alpha\sin\beta\left(\frac{1}{a}+\frac{1}{c}\right)+\frac{\sin\theta\sin(\alpha+\beta)}{b}$$

即

$$\frac{\sin\theta\sin(\alpha+\beta)}{i}=\sin\alpha\sin\beta\left(\frac{1}{a}+\frac{1}{c}\right)+\frac{\sin\theta\sin(\alpha+\beta)}{b}$$

同理可得

$$\frac{\sin\theta\sin(\alpha+\beta)}{j}=\sin\alpha\sin\beta\left(\frac{1}{a}+\frac{1}{c}\right)+\frac{\sin\theta\sin(\alpha+\beta)}{d}$$

而$\sin\theta\sin(\alpha+\beta)\neq 0$,所以,$\frac{1}{OI}-\frac{1}{OJ}=\frac{1}{OB}-\frac{1}{OD}$.

综上所述,本问题及其引申告诉我们,由曲变直,由直变曲也是编拟数学问题的好方法,当然常规的研究逆命题的策略也是不可忘记的探究新问题的好方法.这在数学竞赛命题里是极其常用的手法.

§7 对圆内相交弦问题的思考

题目 设AB为圆O的直径,弦AC,BD交于点M,求证:$AB^2=AM\cdot AC+BM\cdot BD$.

题目解说 本题是中学平面几何教学中较为常见的一道基本题目,在此,我们将对此题进行较为深入地讨论.

一、先看命题的证明

证法1 如图1,联结AD,BC,作$ME\perp AB$,E为垂足,则$AD\perp BC$,$AC\perp BC$,于是A,D,M,E和B,C,M,E分别四点共圆,从而

$$AE\cdot AB=AM\cdot AC$$

$$BE\cdot BA=BM\cdot BD$$

此两式相加,得

$$AB^2=AM\cdot AC+BM\cdot BD$$

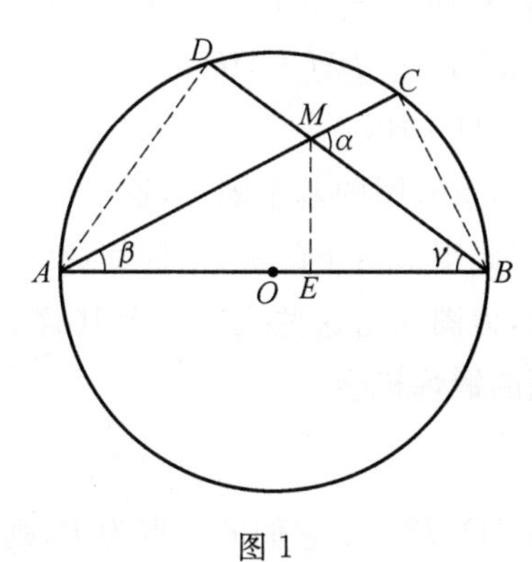

图1

证法2 运用余弦定理.

如图1,设$\angle BMC=\alpha$,$MB=b$,$MA=a$,则由余弦定理知

$$\begin{aligned}AB^2&=a^2+b^2-2ab\cos(180^\circ-\alpha)\\&=a^2+b^2+2ab\cos\alpha\\&=a^2+b^2+ab\cos\alpha+ab\cos\alpha\\&=a^2+b^2+a\cdot MC+b\cdot MD\\&=a(a+MC)+b(b+MD)\\&=AM\cdot AC+BM\cdot BD\end{aligned}$$

证法3 运用正弦定理.

如图1,设$\angle CAB=\beta$,$\angle ABD=\gamma$,则$AC=AB\cos\beta$,$BD=AB\cos\gamma$.

在$\triangle ABM$中,运用正弦定理有

$$\frac{MA}{\sin\gamma}=\frac{MB}{\sin\beta}=\frac{AB}{\sin(\beta+\gamma)}$$

所以

$$MA=\frac{AB\cdot\sin\gamma}{\sin(\beta+\gamma)},MB=\frac{AB\cdot\sin\beta}{\sin(\beta+\gamma)}$$

所以

$$AM \cdot AC + BM \cdot BD = AB^2\left(\frac{\sin\beta\cos\gamma}{\sin(\beta+\gamma)} + \frac{\cos\beta\sin\gamma}{\sin(\beta+\gamma)}\right) = AB^2$$

证法 4 运用向量法及相交弦定理.

由向量加法的三角形法则知，$\overrightarrow{AB} = \overrightarrow{AM} + \overrightarrow{MC} + \overrightarrow{CB}$，所以

$$\begin{aligned}
AB^2 &= \overrightarrow{AB}^2 = (\overrightarrow{AM} + \overrightarrow{MC} + \overrightarrow{CB})^2 \\
&= AM^2 + MC^2 + BC^2 + 2\,\overrightarrow{AM} \cdot \overrightarrow{MC} + 2\,\overrightarrow{AM} \cdot \overrightarrow{CB} + 2\,\overrightarrow{MC} \cdot \overrightarrow{CB} \\
&= AM^2 + MB^2 + 2AM \cdot MC\,(\overrightarrow{AM} \cdot \overrightarrow{CB} = \overrightarrow{MC} \cdot \overrightarrow{CB} = 0) \\
&= (AM^2 + AM \cdot MC) + (MB^2 + AM \cdot MC) \\
&= AM \cdot AC + (MB^2 + BM \cdot MD) \\
&= AM \cdot AC + BM \cdot BD
\end{aligned}$$

本题图形反映的是四点共圆的基本图形，这个平凡的图形背后潜藏着很多有意义的结论，笔者想就此图形给予剖析，挖掘其隐含的一系列命题，演绎出近年来一些国内外竞赛题，力图探明这些竞赛题及其解法的来历，为大家提供一个自主探究命题与解题的锻炼机会.

二、命题的演变

如果延长图 1 中的 AD，BC，令它们的交点为 P，则原命题的图形中就蕴含了 P，D，E，C 四点共圆的结论. 那么对于一般的四点共圆会有怎样的结论呢? 请看：

引申 1 延长圆 O 的内接四边形 $ABCD$ 的两组对边 AB，DC 和 AD，BC，分别交于点 E，F，从点 E，F 分别作圆 O 的切线，切点分别为 M，N，求证：$EM^2 + FN^2 = EF^2$.

题目解说 本题是笔者 1995 年发表在《中学数学教学参考》里的一个结论，2008 年北京市高中竞赛采用了此题. 现将本题改为在题述条件下，求证：EM，FN，EF 构成一个直角三角形的三边. 这就使得本题的难度升级了.

渊源探索 对图 1 进行挖掘知，所引垂线 ME 实质是延长 AD，BC 所得交点构成的三角形的一条高线，M 为垂心，则抓住由垂心分成的三个四点共圆组继续前行，作出图 1 中四点共圆的圆，从 A，B 引出此圆的切线，运用原题结论，便得一道新题.

方法透析 对知识和问题进行有效衔接是成功命题和解题的一条康庄大道.

证明 如图 2，在 EF 上取一点 G，使得 B，C，G，E 四点共圆，则由 A，B，C，D 四点共圆知，$\angle FDC = \angle ADC = \angle EGC$，得 D，C，G，F 也四点共圆，于是，由切割线定理知

$$EM^2 = EC \cdot ED = EG \cdot EF$$

$$FN^2 = FC \cdot FB = FG \cdot FE$$

此两式相加得

$$EM^2 + FN^2 = EG \cdot EF + FG \cdot FE = EF^2$$

至此命题获证.

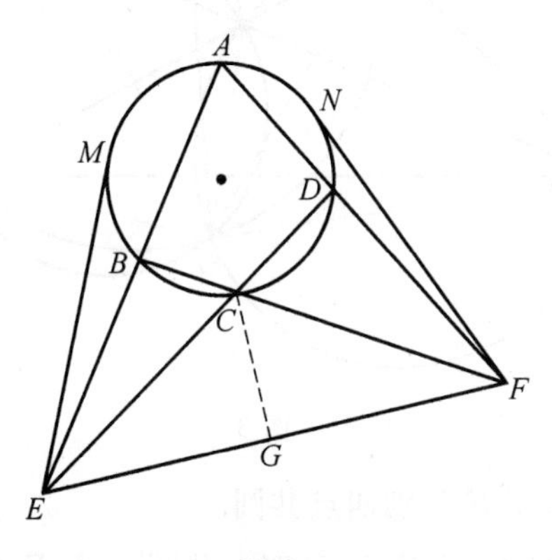

图 2

注 (1) 本题的证明过程还证明了:

如图 2,如果 A,B,C,D 四点共圆,则由 B,E,G,C 四点共圆 $\Rightarrow C,G,F,D$;$A,E,G,D(\angle DGF = \angle DCF = \angle BAD)$;$A,B,G,F(\angle BGE = \angle BCE = \angle BAD)$ 分别四点共圆.

(2) 如图 2,若 B,E,G,C;C,G,F,D 分别四点共圆,则有 A,B,C,D 四点共圆.

事实上,由 B,E,G,C;C,G,F,D 分别四点共圆,得 $\angle ABC = \angle EGC = \angle CDF$,从而 A,B,C,D 四点共圆. 由此推出 $A,E,G,D(\angle GDF = \angle FCD = \angle BEG)$;$A,B,G,F(\angle GBE = \angle ECG = \angle DFG)$ 分别四点共圆.

如果 E,G,F 三点不共线,则会有什么类似的结论呢?请看:

(3) 如图 3,四边形 $ABCD$ 的两组对边所在直线的交点分别为 E,F,且 $\triangle BCE,\triangle CDF$ 的外接圆交于点 G,$G \notin EF$,则 A,E,G,D;A,B,G,F 分别四点共圆.

事实上,由于 $\angle EBG = \angle ECG = \angle DFG$,所以 A,B,G,F 四点共圆,同理可知 A,E,G,D 也四点共圆.

(4) 通常把图 3 中的 $ABCDEF$ 称为完全四边形,其基本性质有如下常用的两条.

第一条:由 A,B,C,D;B,E,G,C 分别四点共圆 $\Rightarrow C,G,F,D$ 四点共

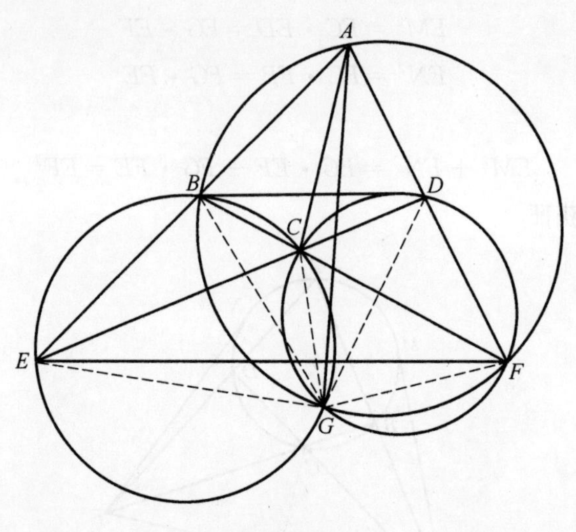

图 3

圆 $\Rightarrow A,E,G,D;A,B,G,F$ 分别四点共圆.

第二条:由 $B,E,G,C;C,G,F,D$ 四点共圆 $\Rightarrow A,E,G,D;A,B,G,F$ 分别四点共圆.

引申 2 延长图 1 中的 AD,BC 交于点 P,过 C,D 分别作圆的切线,切线的交点为 M,求证:$PM \perp AB$.

题目解说 本题为第 63 届俄罗斯圣彼得堡竞赛第 8 题.

渊源探索 对一些图形进行一些几何变换,比如旋转变换、伸缩变换等便可得到一些新题,例如,将 $\triangle DAB$ 以及中线 DO 绕着点 D 逆时针旋转 $90°$,再作一个位似,得到 $\triangle DHP$ 以及点 M,从而点 M 就是线段 PH 的中点,DM 为圆的切线,由此就得到引申 2.

方法透析 几何变换是解题及拟题的好方法.

证明 旋转——可以视 $\triangle HDP$ 为 $\triangle ADB$ 绕着点 D 逆时针旋转 $90°$,再作一个位似而得到的,进而 O 变为 M. 即 M 为线段 PH 的中点,$OD \perp DM$.

如图 4,只要证明过点 D 的切线交 PH 上的特殊点即可.

事实上,联结 OD,则因 $BD \perp PA$,$OD \perp DM$,所以

$$\angle PDM = \angle ODB = \angle OBD = \angle DPM$$

故 $\triangle PDM$ 为等腰三角形.

同理可得 $\triangle MHD$ 也为等腰三角形,即 M 为 PH 的中点.

类似地,可以证明,由 C 作圆的切线 CM 也交 PH 的中点处,即 PH,DM,CM 三线共点.

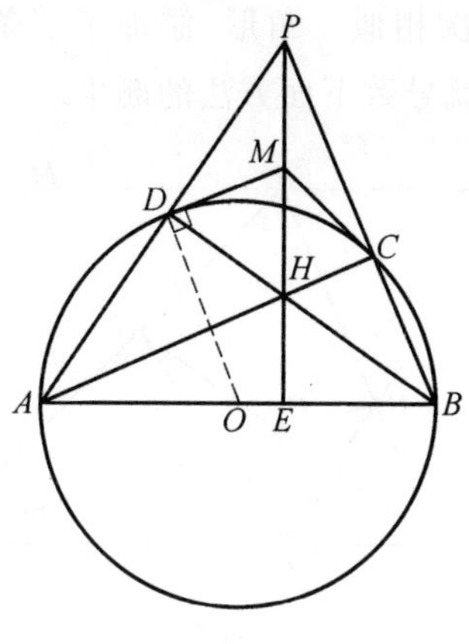

图 4

注 这个证明又给出了一种证明三线共点的好方法,值得记取.本题也可以继续发展成更一般的命题,即当 AB 不是圆的直径时,结论还成立吗?请看:

引申 3 在引申 2 的构图中,求证:$\angle DEH=\angle CEH$.

证明 这是一道熟题,证明略.

由图 21 中舍弃两条高线,即得下面的题目.

引申 4 设 AD 为 $\triangle ABC$ 的边 BC 上的高线,O 为其上任意一点,BO,CO 的延长线分别交 AC,AB 于点 E,F,联结 DE,DF,求证:$\angle ADF=\angle ADE$.

题目解说 本题是 1994 年加拿大第 26 届数学竞赛第 5 题,也是 1987 年首届友谊杯国际数学竞赛题,还是 2003 年保加利亚奥林匹克中的一题.换句话说,本题被多个机构看中,作为竞赛题,足见本题的典型性.

渊源探索 引申 3 中的图形所反应的是三条高线的问题,舍弃两条高,会有什么新情况?

方法透析 图中产生三线共点,于是就可产生一系列方法上的联想,比如是否可用塞瓦定理?

证法 1 运用塞瓦定理,结合相似三角形,并添加辅助线(三条)—— 这是当前很多资料上都采用的方法.

如图 5,分别延长 DE,DF,交过 A 所作 BC 的平行线于点 M,N,得 $\triangle NAF\backsim\triangle DBF$ 和 $\triangle AME\backsim\triangle CDE$,于是,在 $\triangle ABC$ 中关于 O 使用塞瓦定理得

$$1=\frac{AF}{FB}\cdot\frac{BD}{DC}\cdot\frac{CE}{EA}=\frac{AN}{BD}\cdot\frac{BD}{DC}\cdot\frac{CD}{AM}=\frac{AN}{AM}$$

即 $AN=AM$,而 $DA\perp MN$,所以 DA 是 $\triangle DMN$ 的边 MN 的中垂线,所以 DA 平分 $\angle MDN$.

注　此法运用了两次相似三角形，添加了三条辅助线，并运用了塞瓦定理. 可否少一些层次？这就导致下面方法的诞生.

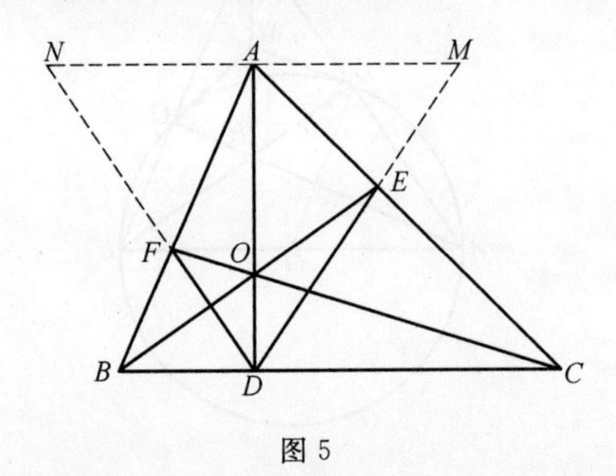

图 5

证法 2　使用塞瓦定理，结合面积法，但是不添加辅助线.

如图 5，在 $\triangle ABC$ 中，关于 O 使用塞瓦定理得

$$1=\frac{AF}{FB}\cdot\frac{BD}{DC}\cdot\frac{CE}{EA}=\frac{S_{\triangle DAF}}{S_{\triangle DBF}}\cdot\frac{BD}{DC}\cdot\frac{S_{\triangle DCE}}{S_{\triangle DAE}}$$

$$=\frac{AD\sin\angle ADF}{BD\sin\angle BDF}\cdot\frac{BD}{DC}\cdot\frac{CD\sin\angle CDE}{AD\sin\angle ADE}$$

$$=\frac{\sin\angle ADF}{\sin\angle BDF}\cdot\frac{\sin\angle CDE}{\sin\angle ADE}$$

$$\frac{\sin\angle ADF}{\cos\angle ADF}\cdot\frac{\cos\angle ADE}{\sin\angle ADE}$$

$$=\tan\angle ADF\cdot\cot\angle ADE$$

即 $\tan\angle ADF=\tan\angle ADE$，所以 $\angle ADF=\angle ADE$.

注　此证法将面积给出了两种不同意义的解释，并使用了塞瓦点在三角形内部情形的塞瓦定理，使得问题快速获解. 试问，解题所运用的知识还能再少些吗？

证法 3　利用塞瓦定理以及相似三角形.

如图 6，作 $FP\perp BC$，$EQ\perp BC$，P，Q 为垂足，联结 EF，交 AD 于点 R，在 $\triangle ABC$ 中，关于点 O 运用塞瓦定理，以及运用相似三角形的性质有

$$1=\frac{AF}{FB}\cdot\frac{BD}{DC}\cdot\frac{CE}{EA}=\frac{PD}{PB}\cdot\frac{BD}{DC}\cdot\frac{CQ}{QD}$$

$$=\frac{PD}{QD}\cdot\frac{BD}{PB}\cdot\frac{CQ}{CD}=\frac{PD}{QD}\cdot\frac{AD}{FP}\cdot\frac{EQ}{AD}$$

$$\Rightarrow\frac{PD}{QD}=\frac{FP}{EQ}\Rightarrow\triangle DFP\backsim\triangle DEQ$$

$$\Rightarrow\angle FDP=\angle EDQ\Rightarrow\angle ADF=\angle ADE$$

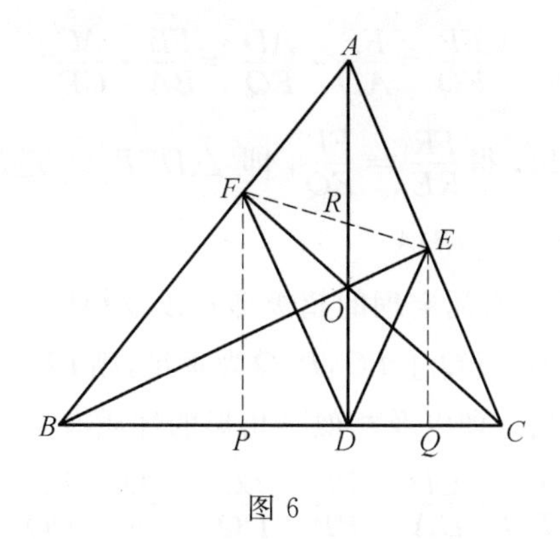

图 6

注 (1) 此证法采用间接手法将要证明的结论转化为与其等价的结论,这是证明几何问题的常用手法.掌握这个构图模式对你的解题会有很大的帮助.

(2) 本方法仍然运用了塞瓦定理(塞瓦点在所讨论的三角形内部)和相似三角形知识(两次),那么,可否有其他形式的塞瓦定理可用?

证法 4 运用塞瓦定理的超级形式(塞瓦点在所讨论的三角形外的情形)以及相似三角形.

如图 6,作 $FP \perp BC$,$EQ \perp BC$,P,Q 分别为垂足,联结 EF 交 AD 于点 R,则在 $\triangle FOE$ 中,视 A 为塞瓦点,并注意到 $PF \parallel AD \parallel EQ$,由塞瓦定理以及相似三角形的知识知

$$1=\frac{ER}{RF}\cdot\frac{FC}{CO}\cdot\frac{OB}{BE}=\frac{DQ}{PD}\cdot\frac{PF}{OD}\cdot\frac{OD}{EQ}$$

即 $\dfrac{DQ}{PD}=\dfrac{EQ}{FP}$.注意到 $\angle FPD=\angle EQD=90^\circ$,所以 $\mathrm{Rt}\triangle DFP \backsim \mathrm{Rt}\triangle DEQ$,从而 $\angle FDP=\angle EDQ$,结合 $\angle ADB=\angle ADC=90^\circ$,所以 $\angle FDA=\angle EDA$.

注 此证法运用了塞瓦定理中的塞瓦点在三角形外部的情况——超级形式,成功的关键在于抓住了点 A 与 $\triangle FOE$ 的三个顶点有连线,掌握这个构图模式对你的解题会有很大的帮助,那么,有无其他三角形和塞瓦点可供选择呢?

其实,本题也可以在 $\triangle AEF$ 中关于点 O 运用塞瓦定理,请看:

证法 5 利用塞瓦定理的超级形式以及相似三角形性质.

如图 6,作 $FP \perp BC$,$EQ \perp BC$,P,Q 为垂足,联结 EF,交 AD 于点 R,则在 $\triangle AEF$ 中,关于点 O 使用塞瓦定理,由于 AO,FO,EO 交于点 O,根据塞瓦定理知

$$1=\frac{AB}{BF}\cdot\frac{FR}{RE}\cdot\frac{EC}{CA} \tag{1}$$

又 $FP \parallel AD \parallel EQ$,所以

$$\frac{FP}{EQ}=\frac{FP}{AD}\cdot\frac{AD}{EQ}=\frac{FB}{BA}\cdot\frac{AC}{CE} \tag{2}$$

将(2) 代入到(1)，得$\frac{FR}{RE}=\frac{FP}{EQ}$，即 $\triangle DFP \backsim \triangle DEQ$，所以 $\angle FDP = \angle EDQ$，进而 $\angle FDA=\angle EDA$.

证法 6 继续运用塞瓦定理的超级形式以及相似三角形性质.

如图 6，作 $FP\perp BC$，$EQ\perp BC$，P，Q 为垂足，则 $PF /\!/ AD /\!/ EQ$，在 $\triangle ABO$ 中，关于点 C 运用塞瓦定理以及相似三角形的性质有

$$\begin{aligned}1&=\frac{AF}{FB}\cdot\frac{BE}{EO}\cdot\frac{OD}{DA}=\frac{PD}{PB}\cdot\frac{BQ}{DQ}\cdot\frac{OD}{DA}=\frac{PD}{DQ}\cdot\frac{BQ}{PB}\cdot\frac{OD}{AD}\\&=\frac{PD}{DQ}\cdot\frac{BQ}{EQ}\cdot\frac{EQ}{PB}\cdot\frac{OD}{AD}=\frac{PD}{DQ}\cdot\frac{BD}{OD}\cdot\frac{EQ}{PB}\cdot\frac{OD}{AD}\\&=\frac{PD}{DQ}\cdot\frac{BD}{PB}\cdot\frac{EQ}{AD}=\frac{PD}{DQ}\cdot\frac{AD}{FP}\cdot\frac{EQ}{AD}=\frac{PD}{DQ}\cdot\frac{EQ}{FP}\\&\Rightarrow\frac{PD}{DQ}=\frac{FP}{EQ}\end{aligned}$$

注意到

$$\angle FPD=\angle EQD=90^\circ\Rightarrow\triangle FPD\backsim\triangle EQD$$

从而

$$\angle FDP=\angle EDQ\Rightarrow\angle FDA=\angle ADE$$

证法 7 继续运用塞瓦定理的超级形式以及相似三角形的性质.

如图 6，作 $FP\perp BC$，$EQ\perp BC$，P，Q 为垂足，则 $PF /\!/ AD /\!/ EQ$，在 $\triangle BCO$ 中，关于点 A 运用塞瓦定理以及相似三角形的性质有

$$\begin{aligned}1&=\frac{BD}{DC}\cdot\frac{CF}{FO}\cdot\frac{OE}{EB}=\frac{BD}{CD}\cdot\frac{CP}{PD}\cdot\frac{DQ}{BQ}\\&=\frac{DQ}{PD}\cdot\frac{BD}{BQ}\cdot\frac{CP}{CD}\\&=\frac{DQ}{PD}\cdot\frac{OD}{EQ}\cdot\frac{FP}{OD}=\frac{DQ}{DP}\cdot\frac{FP}{EQ}\\&\Rightarrow\frac{PD}{DQ}=\frac{FP}{EQ}\end{aligned}$$

注意到

$$\angle FPD=\angle EQD=90^\circ\Rightarrow\triangle FPD\backsim\triangle EQD$$

从而

$$\angle FDP=\angle EDQ\Rightarrow\angle FDA=\angle ADE$$

注 证法 4 到证法 7 都运用了塞瓦定理中的塞瓦点在所讨论的三角形之

外的情况，是对塞瓦定理的较好阐释，当然，这几个方法实质上都是一种方法，写出来的目的是让读者从不同情况去理解构筑塞瓦定理的超级形式而已，那么，有无不用塞瓦定理的平面几何方法呢？请看：

证法 8 本证法主要是利用相似三角形的性质以及等比定理，凡具有初中知识水平的读者都可轻易地理解并掌握.

如图 7，作 $FP\perp BC$，$EQ\perp BC$，P，Q 为垂足，$FP\cap BE=M$，$EQ\cap CF=N$，则由相似三角形，以及等比定理有

$$\frac{FP}{AD}=\frac{MP}{OD}=\frac{FM}{AO}=\frac{FM}{EN}\cdot\frac{EN}{AO}=\frac{OF}{ON}\cdot\frac{EQ}{AD}$$

即

$$\frac{FP}{AD}=\frac{OF}{ON}\cdot\frac{EQ}{AD}\Rightarrow\frac{FP}{EQ}=\frac{OF}{ON}=\frac{DP}{DQ}$$

注意到

$$\angle FPD=\angle EQD=90^\circ\Rightarrow\triangle FPD\backsim\triangle EQD$$

从而

$$\angle FDP=\angle EDQ\Rightarrow\angle FDA=\angle ADE$$

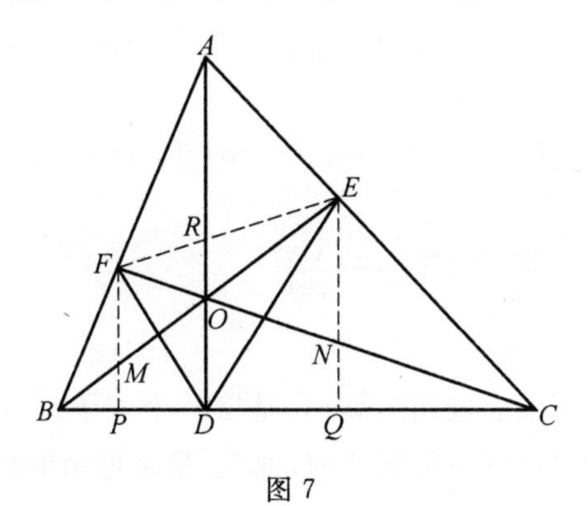

图 7

注 有无不添加任何辅助线的方法？从构图中可以看出，图中具有多个可运用张角定理的图形，故产生使用张角定理的联想.

证法 9 运用张角定理.

如图 8，设 $\angle ADF=\alpha$，$\angle ADE=\beta$，$DX=x$（如 $DA=a$），为方便，改记 O 为 M，则在 $\triangle ABD$ 和 $\triangle ADC$ 中，分别对 DF，DE 运用张角定理有

$$\frac{1}{f}=\frac{\sin\alpha}{b}+\frac{\cos\alpha}{a}\tag{3}$$

$$\frac{1}{e}=\frac{\sin\beta}{c}+\frac{\cos\beta}{a}\tag{4}$$

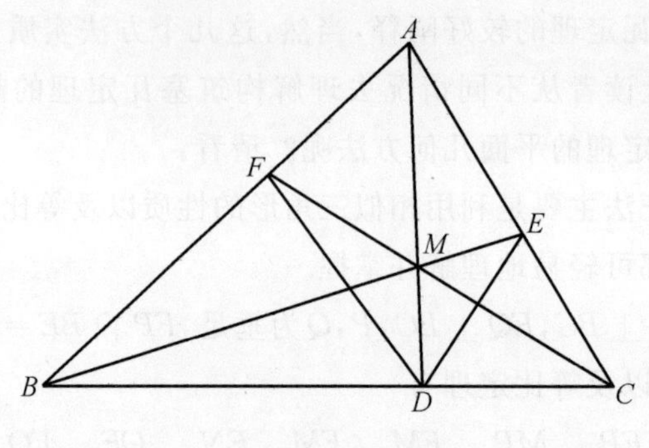

图 8

在 $\triangle BDE$ 和 $\triangle FDC$ 中,分别对 DM 运用张角定理有

$$\frac{\cos\beta}{m}=\frac{\sin\beta}{b}+\frac{1}{e} \tag{5}$$

$$\frac{\cos\alpha}{m}=\frac{1}{f}+\frac{\sin\alpha}{c} \tag{6}$$

将(3)(4) 分别代入到(6)(5),得

$$\frac{\cos\alpha}{m}=\frac{1}{f}+\frac{\sin\alpha}{c}=\frac{\sin\alpha}{b}+\frac{\cos\alpha}{a}+\frac{\sin\alpha}{c}=\frac{\cos\alpha}{a}+\sin\alpha\left(\frac{1}{b}+\frac{1}{c}\right)$$

$$\Rightarrow\frac{\cot\alpha}{m}=\frac{\cot\alpha}{a}+\left(\frac{1}{b}+\frac{1}{c}\right) \tag{7}$$

$$\frac{\cos\beta}{m}=\frac{\sin\beta}{b}+\frac{1}{e}=\frac{\sin\beta}{b}+\frac{\sin\beta}{c}+\frac{\cos\beta}{a}=\frac{\cos\beta}{a}+\sin\beta\left(\frac{1}{b}+\frac{1}{c}\right)$$

$$\Rightarrow\frac{\cot\beta}{m}=\frac{\cot\beta}{a}+\left(\frac{1}{b}+\frac{1}{c}\right) \tag{8}$$

比较(7)(8) 知 $\alpha=\beta$.

注　此证法几乎没有应用运算(只是摆几个式子),这是解决本题的一个较好方法.高中同学已经学过解析几何,那么,是否可用解析法来解决本题呢?结合图中的垂直关系有:

证法 10　如图 9,建立直角坐标系,使得 BC,AD 分别为 x 轴,y 轴,并设各点的坐标分别如图 9 所示,记 $O(0,m)$,则由直线方程的截距式可得

$$\frac{x_1}{c}+\frac{y_1}{a}=1(E\in AC) \tag{9}$$

$$\frac{x_1}{b}+\frac{y_1}{m}=1(E\in BO) \tag{10}$$

此两式作差,得

$$\frac{y_1}{x_1}=-\frac{\frac{1}{c}-\frac{1}{b}}{\frac{1}{a}-\frac{1}{m}} \tag{11}$$

同理，由$\frac{x_2}{b}+\frac{y_2}{a}=1$，$\frac{x_2}{c}+\frac{y_2}{m}=1$，得

$$\frac{y_2}{x_2}=\frac{\frac{1}{c}-\frac{1}{b}}{\frac{1}{a}-\frac{1}{m}} \tag{12}$$

对比(11)(12)知，直线DE，DF的斜率互为相反数，故结论获证.

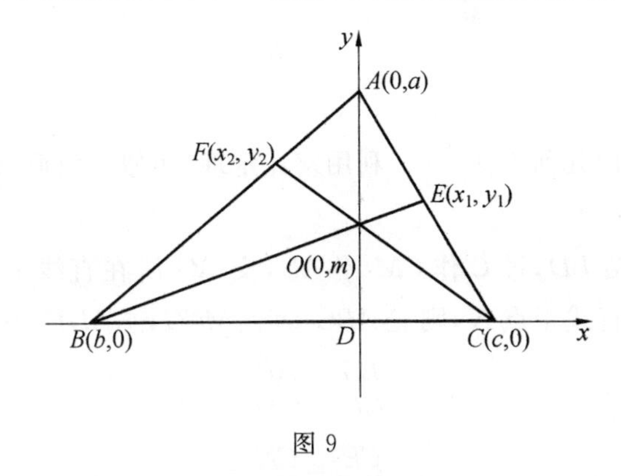

图 9

注　通过对上述多种方法的阐述，使我感到，对一个问题的解法从多种角度去理解，去思考的意义所在，是否能更快速地提高解题能力呢？让我们在后面拭目以待吧！

将引申 4 图形中的直线段BDC以点D为弯折点向上弯折成下凸图形，并保持向上搬动的角度相等，再将图形颠倒过来看，便得到下面的结论(参考几何画板演示)：

引申 5　如图 10，在四边形$ABCD$中，对角线AC平分$\angle BAD$，在CD上取一点E，BE与AC相交于点F，延长DF交BC于点G，求证：$\angle GAC=\angle EAC$.

题目解说　本题是 1999 年高中联赛加试第一题.

渊源探索　直线弯折方法是数学命题中的常用手法，值得掌握. 本题的渊源可参考几何画板演示.

方法透析　从原命题及其解法联想新命题的解题方法是学习解题的最好方法. 这就是从分析解题过程学解题！原命题的解法是过点A作了BC的平行线，但是现在本题将BC“弯折”了，故现在就需要做两条平行线了，这就道出了命题人所给出的方法.

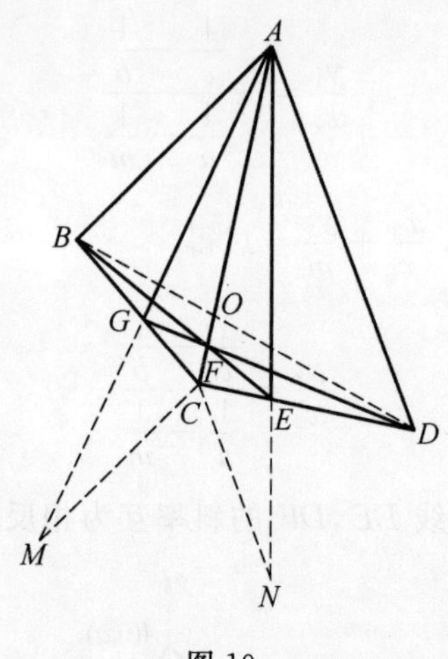

图 10

证法 1 平面几何方法 —— 利用塞瓦定理,相似三角形.这是官方公布的解答.

如图 10,联结 BD,过 C 作 $CM \parallel AB$,交 AG 所在直线于点 M,作 $CN \parallel DA$,交 AE 所在直线于点 N,则 $\triangle ABG \backsim \triangle MCG$,$\triangle ADE \backsim \triangle NCE$,即

$$\frac{BG}{GC}=\frac{AB}{CM} \tag{1}$$

$$\frac{CE}{ED}=\frac{CN}{AD} \tag{2}$$

又 AC 平分 $\angle BAD$,所以由角平分线性质有

$$\frac{DO}{OB}=\frac{AD}{AB} \tag{3}$$

在 $\triangle BCD$ 中,关于点 F 运用塞瓦定理,得

$$\frac{BG}{GC}\cdot\frac{CE}{ED}\cdot\frac{DO}{OB}=1 \tag{4}$$

将(1)(2)(3)代入到(4),得 $CM=CN$,结合 $CM \parallel AB$ 和 $CN \parallel AD$,得

$$\angle BAC+\angle MCA=180^\circ=\angle ACN+\angle CAD$$

所以 $\angle MCA=\angle ACN$,从而 $\triangle ACM \cong \triangle ACN$,即 $\angle GAC=\angle EAC$.

证法 2 参考几何画板演示.

从变形过程获得的 1999 年联赛试题的本质证明:题目改述为:凸四边形 $ABDC$ 的对角线 AD 与 BC 交于点 X,且 $\angle ADB=\angle ADC$,O 为 AX 上一点,BO,CO 所在直线分别与 AC,AB 交于点 E,F,则有 $\angle ADF=\angle ADE$.

如图 11,在 $\triangle ABC$ 中,因为 AX,BE,CF 交于一点 O,于是由塞瓦定理以及诸多的平行线,利用相似三角形的知识,可得

$$1=\frac{AF}{FB}\cdot\frac{BX}{XC}\cdot\frac{CE}{EA}=\frac{XR}{RB}\cdot\frac{BX}{XC}\cdot\frac{CS}{SX}$$

$$=\frac{XR}{SX}\cdot\frac{BX}{XC}\cdot\frac{CS}{BR}=\frac{XR}{SX}\cdot\frac{BX}{BR}\cdot\frac{CS}{XC}$$

$$=\frac{XR}{SX}\cdot\frac{AD}{FM}\cdot\frac{EN}{AD}=\frac{XR}{SX}\cdot\frac{EN}{FM}$$

$$\Rightarrow\frac{XR}{SX}=\frac{FM}{EN}\Rightarrow\triangle FMD\backsim\triangle END$$

$$\Rightarrow\angle FDN=\angle EDN\Rightarrow\angle FDA=\angle EDA$$

注 此证法来自对引申 4 证法 8 的延伸思考. 看来讨论多种解题的方法是多么有用啊!

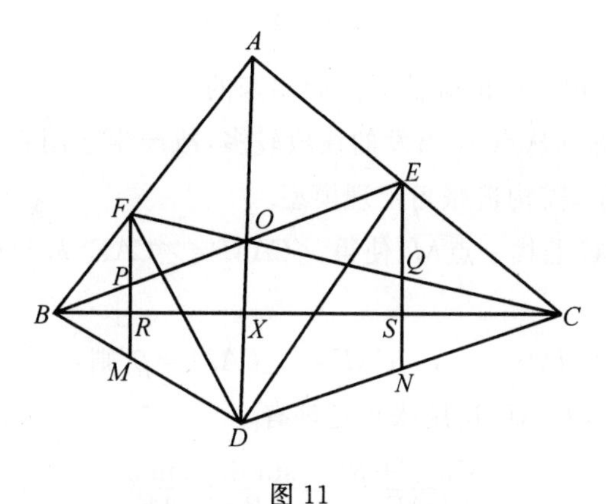

图 11

证法 3 继续使用塞瓦定理,但本证明的思路是从证明角相等出发,由面积法"引路".

如图 12,设 $\angle BAC=\angle CAD=\alpha$,$\angle CAE=\beta$,$\angle CAG=\gamma$,联结 BD 交 AC 于点 O,则在 $\triangle BCD$ 中,由塞瓦定理知

$$1=\frac{BG}{GC}\cdot\frac{CE}{ED}\cdot\frac{DO}{OB}=\frac{S_{\triangle BAG}}{S_{\triangle GAC}}\cdot\frac{S_{\triangle CAE}}{S_{\triangle EAD}}\cdot\frac{AD}{AB}$$

$$=\frac{AB\sin(\alpha-\gamma)}{AC\sin\gamma}\cdot\frac{AC\sin\beta}{AD\sin(\alpha-\beta)}\cdot\frac{AD}{AB}$$

即

$$\sin\beta\sin(\alpha-\gamma)=\sin\gamma\sin(\alpha-\beta)$$

展开即得 $\tan\beta=\tan\gamma$,从而 $\beta=\gamma$.

注 此证法利用塞瓦定理将所证结论转化为角元形式,这是一个很好的解题思路,并且这个角元形式的塞瓦定理有着非常广泛的应用,它是证明角相等问题的直接方法. 此证法的特点是将问题中的式子化归为从点 A 出发的角的

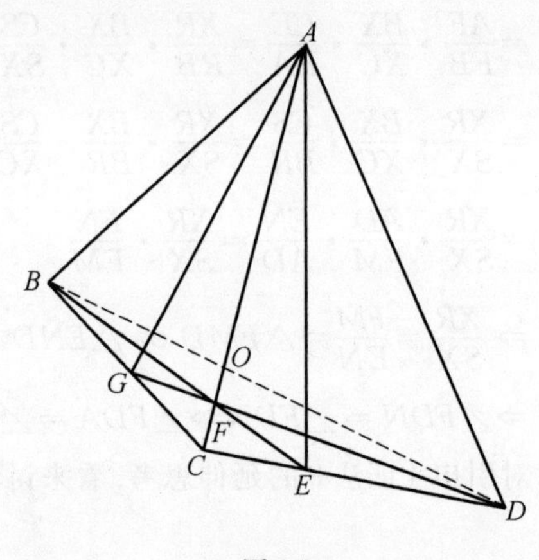

图 12

问题. 此法是从引申 4 中的证法 2 还原出来的.

证法 4　考虑到从点 A 出发的线段较多,故产生运用张角定理的联想. 从要证明的结论入手,需构造张角定理模型.

如图 13,在 BC 上找一点 M,使得 $\angle CAM=\angle CAE$,故只要证明 M,F,D 三点共线即可.

记 $\angle BAC=\angle DAC=\alpha,\angle CAE=\angle CAM=\beta$,则:

在 $\triangle BAE$ 中,对 AF 运用张角定理有

$$\frac{\sin(\alpha+\beta)}{AF}=\frac{\sin\beta}{AB}+\frac{\sin\alpha}{AE} \tag{5}$$

在 $\triangle ACD$ 中,对 AE 运用张角定理有

$$\frac{\sin\alpha}{AE}=\frac{\sin\beta}{AD}+\frac{\sin(\alpha-\beta)}{AC} \tag{6}$$

在 $\triangle BAC$ 中,对 AM 运用张角定理有

$$\frac{\sin\alpha}{AM}=\frac{\sin\beta}{AB}+\frac{\sin(\alpha-\beta)}{AC} \tag{7}$$

将(6) 代入(5) 并注意到(7),得

$$\frac{\sin(\alpha+\beta)}{AF}=\frac{\sin\beta}{AB}+\frac{\sin\beta}{AD}+\frac{\sin(\alpha-\beta)}{AC}=\frac{\sin\beta}{AD}+\frac{\sin\alpha}{AM} \tag{8}$$

这表明 D,F,M 三点共线,又 DF 与 BC 的交点唯一,所以 G 与 M 重合.

注　本证法的关键在于瞄准 $\triangle BAE,\triangle ACD,\triangle BAC$ 及其从点 A 引出的三条直线 AF,AE,AM. 同时选定角 $\angle CAD=\alpha,\angle CAE=\angle CAM=\beta$,从而成功地运用了张角定理.

另外,满足张角公式的从点 A 出发的三条线段的终点是共线的,所以这又

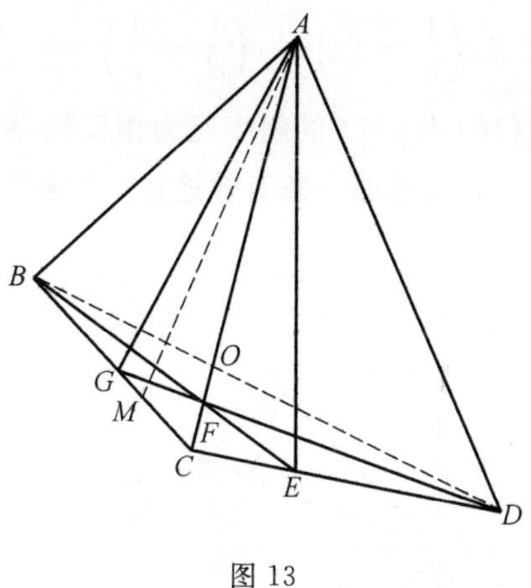

图 13

为证明三点共线提供了一条有效的途径. 此外,值得说明的是,此法是从引申 4 证法 9 还原出来的. 这再次表明前面对一题多解探究的重要性.

证法 5 如图 14,建立平面直角坐标系,设各线段所在直线的方程为

$$CD:\frac{x}{c}+\frac{y}{d}=1 \tag{9}$$

$$BC:\frac{x}{c}+\frac{y}{b}=1 \tag{10}$$

$$DG:\frac{x}{f}+\frac{y}{g}=1 \tag{11}$$

$$BE:\frac{x}{f}+\frac{y}{e}=1 \tag{12}$$

联立(9) 与(11) 得 AD 的直线方程

$$x\left(\frac{1}{c}-\frac{1}{f}\right)+y\left(\frac{1}{d}-\frac{1}{g}\right)=0 \tag{13}$$

联立(10) 与(12) 得 AB 的直线方程为

$$x\left(\frac{1}{c}-\frac{1}{f}\right)+y\left(\frac{1}{b}-\frac{1}{e}\right)=0 \tag{14}$$

由题设知 $\angle DAC=\angle BAC$,所以,AD 与 AB 的斜率互为相反数,根据(13)与(14) 得

$$\frac{1}{e}-\frac{1}{b}=\frac{1}{d}-\frac{1}{g} \tag{15}$$

又据(10) 与(11) 得 AG 的直线方程为

$$x\left(\frac{1}{c}-\frac{1}{f}\right)+y\left(\frac{1}{b}-\frac{1}{g}\right)=0 \tag{16}$$

据(9) 与(12) 得 AE 的直线方程为

$$x\left(\frac{1}{c}-\frac{1}{f}\right)+y\left(\frac{1}{d}-\frac{1}{e}\right)=0 \tag{17}$$

注意到(15),便知(16)与(17)的斜率互为相反数,所以$\angle GAC=\angle EAC$.

注 这又是证明三点共线的一条有效途径. 此法是由引申4证法10演绎而来.

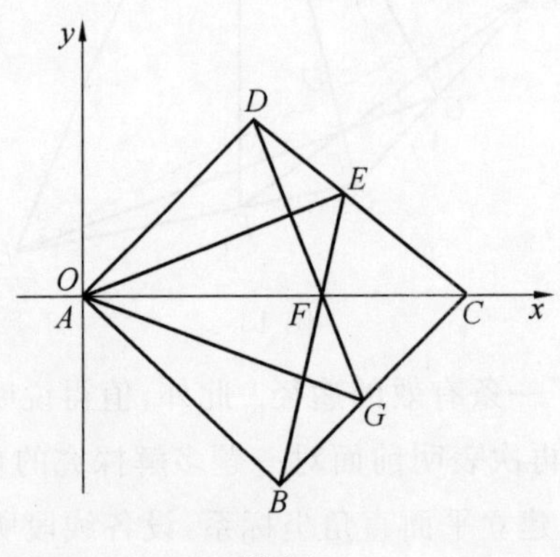

图14

引申6 如图15,在四边形$ABCD$中,AC平分$\angle BAD$,$\angle EAC=\angle CAF$,则AC,BF,DE三线共点.

渊源探索 本题是对引申5的逆命题进行探索而得到的结果.

方法透析 从命题的来历探讨本题的解法是最自然的选择,即先分析原命题的解法,再模拟解决本题.

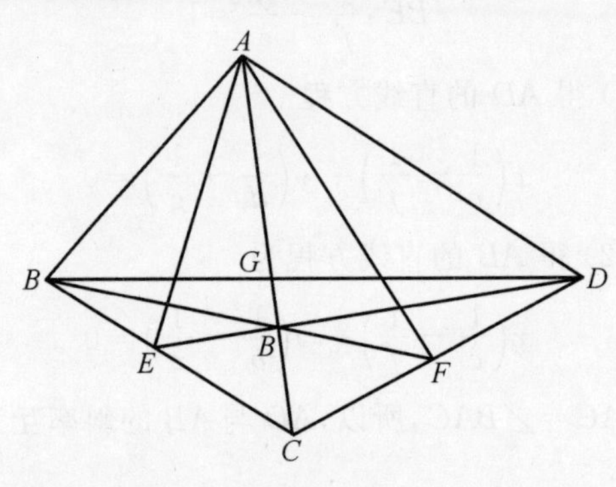

图15

证明 如图15,联结BF,DE,设BD与AC交于点G,记$\angle BAC=\angle CAD=\alpha$,$\angle EAC=\angle CAF=\beta$.

根据题目条件以及角平线性质定理,有

$$\frac{BE}{EC}\cdot\frac{CF}{FD}\cdot\frac{DG}{GB}=\frac{S_{\triangle ABE}}{S_{\triangle ACE}}\cdot\frac{S_{\triangle ABF}}{S_{\triangle AFD}}\cdot\frac{DG}{GB}$$

$$=\frac{AB\cdot AE\sin(\alpha-\beta)}{AC\cdot AE\sin\alpha}\cdot\frac{AC\cdot AF\sin\alpha}{AF\cdot AD\sin(\alpha-\beta)}\cdot\frac{AD}{AB}$$

$$=1$$

结合塞瓦定理的逆定理知,结论得证.

引申 7 如图 15,在四边形 $ABCD$ 中,AC 平分 $\angle BAD$,AE 平分 $\angle BAC$,AF 平分 $\angle CAD$,则 AC,BF,DE 三线共点.

渊源探索 这是对引申 6 进一步特殊化的结果.

方法透析 从原命题的来历探讨本题的解法是最自然的选择.

证明 如图 15,设 AC 与 BD 交于点 G,由条件知,在 $\triangle BCD$ 中应用塞瓦定理的逆定理,得

$$\frac{DG}{GB}\cdot\frac{BE}{EC}\cdot\frac{CF}{FD}=\frac{AD}{AB}\cdot\frac{AB}{AC}\cdot\frac{AC}{AD}=1$$

根据塞瓦定理的逆定理知,AC,BF,DE 三线共点.

引申 8 在凸四边形 $ABCD$ 中,分别作 $\angle BCD$,$\angle ACD$,$\angle BCA$ 的平分线,与 BD,AD,AB 分别交于点 X,Y,Z,求证:AX,BY,DZ 三线共点.

题目解说 本题出自梁绍鸿《初等数学复习及研究(平面几何)》一书习题 15 中的 22 题,本书出版于 1958 年 11 月.

渊源探索 研究一些命题的逆命题是一件有意义的事情,当点 A,H,X,C 四点共线时,本题演变为引申 7,换句话说,1999 年的这道联赛试题就是本题的一个特殊化结论.

方法透析 图形告诉我们可以试试塞瓦定理的逆定理是否可行.

证明 如图 16,由条件以及角平分线性质的定理知

$$\frac{CA}{CB}=\frac{AZ}{ZB},\frac{BC}{BD}=\frac{BX}{XD},\frac{CD}{CA}=\frac{DY}{YA}$$

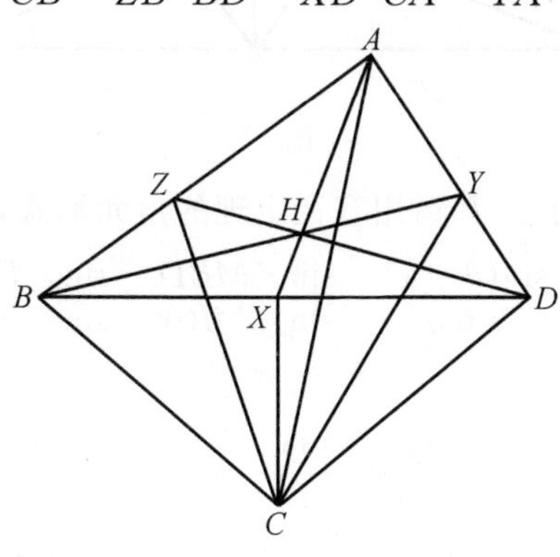

图 16

此三式相乘得

$$\frac{AZ}{ZB}\cdot\frac{BX}{XD}\cdot\frac{DY}{YA}=\frac{CA}{CB}\cdot\frac{BC}{BD}\cdot\frac{CD}{CA}=1$$

根据塞瓦定理的逆定理知,AX,BY,DZ 三线共点.

注 也可以探索本命题的逆命题,即有两个角平分线,是否会有另外一个角平分线?思维再次回到引申4的构图,一个问题是,当 AD 不是边 BC 上的高线,而是 $\angle BAC$ 的平分线时会有什么结论呢?请看:

引申9 设 AD 为 $\triangle ABC$ 中 $\angle A$ 的平分线,$M\in AD$,BM,CM 所在直线分别与 AC,AB 交于点 E,F,DF,DE 分别与 BE,CF 交于点 P,Q,则有$\angle PAD=\angle QAD$.

题目解说 本题为2006年第27届环球城市数学奥林匹克第17题.

渊源探索 联想引申4构图,当 AD 不是边 BC 的垂线时,$\angle FDA$ 与 $\angle EDA$ 一般不等,那么,此时构图中还有哪些角相等呢?

方法透析 有明确的三线共点,赛瓦定理仍然是解决本题的优先选择.分别在 $\triangle ABD$,$\triangle ADC$ 中运用塞瓦定理的角元形式,再在 $\triangle ABC$ 中运用一次塞瓦定理的线段比形式.

证明 如图17,由条件,可设 $\angle BAD=\angle CAD=\theta$,$\angle PAD=\alpha$,$\angle QAD=\beta$.

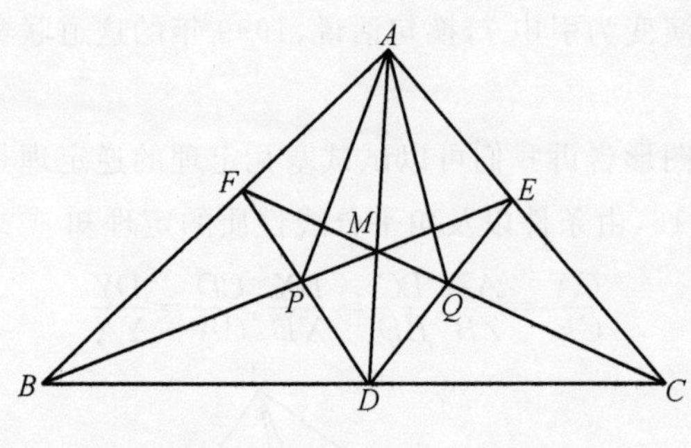

图17

在 $\triangle ABD$ 中,关于点 P 运用塞瓦定理的角元形式,得

$$1=\frac{\sin(\theta-\alpha)}{\sin\alpha}\cdot\frac{\sin\angle MBD}{\sin\angle MBA}\cdot\frac{\sin\angle FDA}{\sin\angle FDB}$$

而

$$\frac{AF}{FB}=\frac{S_{\triangle ADF}}{S_{\triangle BDF}}=\frac{AD\sin\angle FDA}{BD\sin\angle FDB}\Rightarrow\frac{\sin\angle FDA}{\sin\angle FDB}=\frac{AF\cdot BD}{AD\cdot BF}$$

$$\frac{AM}{MD}=\frac{S_{\triangle BAM}}{S_{\triangle BDM}}=\frac{AB\sin\angle MBA}{BD\sin\angle MBD}\Rightarrow\frac{\sin\angle MBD}{\sin\angle MBA}=\frac{AB\cdot MD}{AM\cdot BD}$$

$$\Rightarrow 1=\frac{\sin(\theta-\alpha)}{\sin\alpha}\cdot\frac{\sin\angle MBD}{\sin\angle MBA}\cdot\frac{\sin\angle FDA}{\sin\angle FDB}$$

$$=\frac{\sin(\theta-\alpha)}{\sin\alpha}\cdot\frac{AB\cdot MD}{AM\cdot BD}\cdot\frac{AF\cdot BD}{AD\cdot BF}$$

$$=\frac{\sin(\theta-\alpha)}{\sin\alpha}\cdot\frac{AB\cdot MD\cdot AF}{AM\cdot AD\cdot BF}$$

$$\Rightarrow 1=\frac{\sin(\theta-\alpha)}{\sin\alpha}\cdot\frac{AB\cdot MD\cdot AF}{AM\cdot AD\cdot BF}\tag{1}$$

又在 $\triangle ADC$ 中，关于点 Q 运用塞瓦定理的角元形式，得

$$1=\frac{\sin(\theta-\beta)}{\sin\beta}\cdot\frac{\sin\angle ADE}{\sin\angle CDE}\cdot\frac{\sin\angle DCM}{\sin\angle ACM}$$

而

$$\frac{AE}{EC}=\frac{S_{\triangle ADE}}{S_{\triangle DCE}}=\frac{AD\sin\angle ADE}{DC\sin\angle CDE}\Rightarrow\frac{\sin\angle ADE}{\sin\angle CDE}=\frac{AE\cdot CD}{AD\cdot EC}$$

$$\frac{AM}{MD}=\frac{S_{\triangle CAM}}{S_{\triangle CDM}}=\frac{AC\sin\angle ACM}{CD\sin\angle DCM}\Rightarrow\frac{\sin\angle DCM}{\sin\angle ACM}=\frac{AC\cdot MD}{AM\cdot CD}$$

$$\Rightarrow 1=\frac{\sin(\theta-\beta)}{\sin\beta}\cdot\frac{\sin\angle ADE}{\sin\angle CDE}\cdot\frac{\sin\angle DCM}{\sin\angle ACM}$$

$$=\frac{\sin(\theta-\beta)}{\sin\beta}\cdot\frac{AE\cdot CD}{AD\cdot EC}\cdot\frac{AC\cdot MD}{AM\cdot CD}$$

$$=\frac{\sin(\theta-\beta)}{\sin\beta}\cdot\frac{AE\cdot AC\cdot MD}{EC\cdot AD\cdot AM}$$

$$\Rightarrow\frac{\sin(\theta-\beta)}{\sin\beta}\cdot\frac{AE\cdot AC\cdot MD}{EC\cdot AD\cdot AM}=1\tag{2}$$

由(1)×(2)，得

$$1=\frac{\sin(\theta-\alpha)}{\sin\alpha}\cdot\frac{\sin\beta}{\sin(\theta-\beta)}\cdot\frac{AB\cdot AF}{BD\cdot BF}\cdot\frac{EC\cdot AD}{AE\cdot AC}$$

$$=\frac{\sin(\theta-\alpha)}{\sin\alpha}\cdot\frac{\sin\beta}{\sin(\theta-\beta)}\cdot\frac{AB}{AC}\cdot\frac{AF}{BF}\cdot\frac{CE}{EA}$$

$$=\frac{\sin(\theta-\alpha)}{\sin\alpha}\cdot\frac{\sin\beta}{\sin(\theta-\beta)}\cdot\frac{BD}{DC}\cdot\frac{AF}{BF}\cdot\frac{CE}{EA}\left(\text{注意到}\frac{AB}{AC}=\frac{BD}{DC}\right)$$

$$=\frac{\sin(\theta-\alpha)}{\sin\alpha}\cdot\frac{\sin\beta}{\sin(\theta-\beta)}\left(\text{注意到}\frac{AF}{FB}\cdot\frac{BD}{DC}\cdot\frac{CE}{EA}=1\right)$$

$$\Rightarrow\frac{\sin(\theta-\alpha)}{\sin\alpha}=\frac{\sin(\theta-\beta)}{\sin\beta}\Rightarrow\cot\alpha=\cot\beta$$

由余切函数的单调性知 $\alpha=\beta$，至此结论获证.

注 求解本题运用了三次塞瓦定理，其中两次用到了角元形式，一次用到了线段比形式，更不要忘记角平分线定理的运用，值得玩味.

将引申 4 图形中的 O 选在 AD 的延长线上，便得到下面的结论：

引申 10 在凸四边形 $ABCD$ 中，边 AB，DC 的延长线交于点 E，边 BC，AD 的延长线交于点 F，若 $AC\perp BD$，求证：$\angle EGC=\angle FGC$.

题目解说 本题为《数学教学》问题 402.

渊源探索 这是引申 4 图形中的点 O，从所讨论的三角形内部运动到外部的情况，只是对叙述方法做了改变！问题的渊源可参考几何画板的演示.

方法透析 类比新问题的来历去类比新问题解法的产生——从分析解题过程学解题.

证法 1 如图 18，设 $\angle EGC=\alpha$，$\angle FGC=\beta$，则在 $\triangle ABD$ 中，由于 AG，BF，DE 交于点 C，所以由塞瓦定理以及三角形面积公式知

$$
\begin{aligned}
1&=\frac{BG}{GD}\cdot\frac{DF}{FA}\cdot\frac{AE}{BE}\\
&=\frac{S_{\triangle GBC}}{S_{\triangle GCD}}\cdot\frac{S_{\triangle GDF}}{S_{\triangle GFA}}\cdot\frac{S_{\triangle GAE}}{S_{\triangle GBE}}\\
&=\frac{S_{\triangle GBC}}{S_{\triangle GBE}}\cdot\frac{S_{\triangle GDF}}{S_{\triangle GCD}}\cdot\frac{S_{\triangle GAE}}{S_{\triangle GAF}}\\
&=\frac{GC}{GE\cdot\cos\alpha}\cdot\frac{GF\cdot\cos\beta}{GC}\cdot\frac{GE\cdot\sin\alpha}{GF\cdot\sin\beta}\\
&=\frac{\sin\alpha\cdot\cos\beta}{\cos\alpha\cdot\sin\beta}\\
&=\frac{GC}{GE\cdot\cos\alpha}\cdot\frac{GF\cdot\cos\beta}{GC}\cdot\frac{GE\cdot\sin\alpha}{GF\cdot\sin\beta}=\frac{\sin\alpha\cdot\cos\beta}{\cos\alpha\cdot\sin\beta}
\end{aligned}
$$

所以 $\alpha=\beta$，即 $\angle EGC=\angle FGC$.

注 (1) 这个题目以及解法是从引申 4 中的证法 2 模拟出来的.

(2) 另外一个好方法可以用几何画板演示从引申 4 变为上述题目的过程，

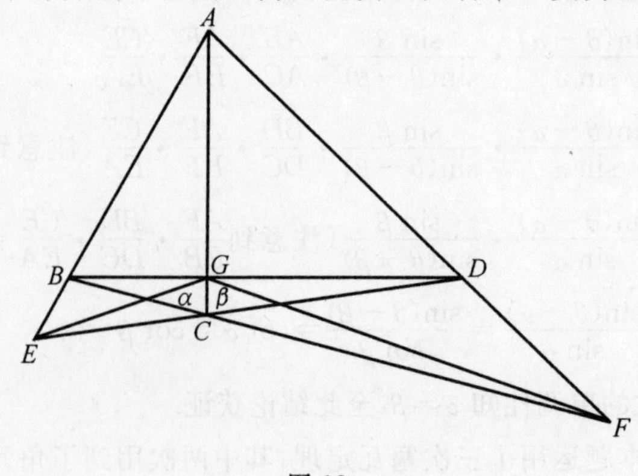

图 18

同时回顾原竞赛题的证法 1,看看是否可以还原回去,这样便得到下面的证明方法. 可以通过几何画板演示构图过程获得证明.

证法 2 改述题目条件为 $AD \perp BC$,则需证明 $\angle FDO = \angle EDO$.

如图 19,事实上,延长 FD 和 ED,分别交过点 A 所作 BC 的平行线于点 N,M,于是,在 $\triangle ABC$ 中,由于 AO,BO,CO 交于点 O,所以,根据塞瓦定理知

$$1 = \frac{AF}{FB} \cdot \frac{BD}{DC} \cdot \frac{CE}{EA} = \frac{AN}{BD} \cdot \frac{BD}{DC} \cdot \frac{DC}{AM} = \frac{AN}{AM}$$

$$\Rightarrow AM = AN \Rightarrow \angle ADM = \angle ADN$$

$$\Rightarrow \angle EDO = \angle FDO$$

注 这个证明就是运用几何画板演绎出来的.

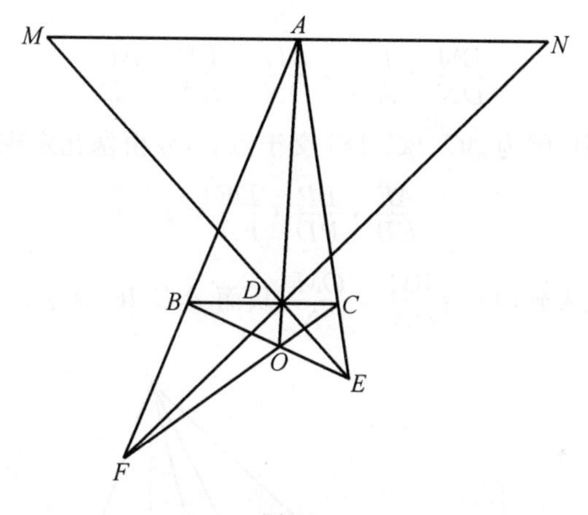

图 19

引申 11 设凸四边形 $ABCD$ 的两组对边所在直线分别交于 E,F 两点,两条对角线的交点为 P,过 P 作 $PO \perp EF$,O 为垂足,求证:$\angle BOC = \angle DOA$.

题目解说 本题为 2002 年中国国家集训队选拔考试一题.

渊源探索 本题是将引申 4 中的图形从点 O 处弯折后所得到的新命题,可以用几何画板演示.

方法透析 从本题的渊源可以看出,本题的证明需要类比引申 4 中的某个证明方法. 从引申 4 中的证法 2 不难看出类比成功的可能性较大. 这就道出了命题组所给出的官方答案.

证明 如图 20,多种资料上都说下面第二步的证明同理可证,然而,许多优秀学生对这个同理可证感到困惑,其实,后面第二步的证明实属不易! 两步都要用到塞瓦定理的超级形式 —— 塞瓦点在三角形外:第一步,需在 $\triangle ABD$ 中,关于点 C 运用塞瓦定理,在 $\triangle ABC$ 中,由于 AD,BD,CD 三线交于点 D,再

次运用塞瓦定理,作 $BM \perp EF$, $DN \perp EF$, $AH \perp EF$, M, N, H 分别为垂足.

以下分两步进行证明,由题意知,第一步,先证明 $\angle BOP = \angle DOP$,即需证明

$$\angle BOM = \angle DON \tag{1}$$

考虑到 Rt$\triangle MBO$ 和 Rt$\triangle NDO$,于是,只要证明

$$\frac{BM}{DN} = \frac{OM}{ON}$$

事实上,由 $BM \parallel PO \parallel AH \parallel DN$,知

$$\frac{PB}{PD} = \frac{OM}{ON} \tag{2}$$

而

$$\frac{BM}{DN} = \frac{BM}{AH} \cdot \frac{AH}{DN} = \frac{BE}{EA} \cdot \frac{AF}{FD} \tag{3}$$

在 $\triangle ABD$ 中,因为 AC, BC, DC 交于点 C,故由塞瓦定理知

$$\frac{AE}{EB} \cdot \frac{BP}{PD} \cdot \frac{DF}{FA} = 1 \tag{4}$$

将(2)(3) 代入到(4) 得 $\dfrac{BM}{DN} = \dfrac{OM}{ON}$,从而 $\triangle BMO \backsim \triangle DNO$,即(1) 成立.

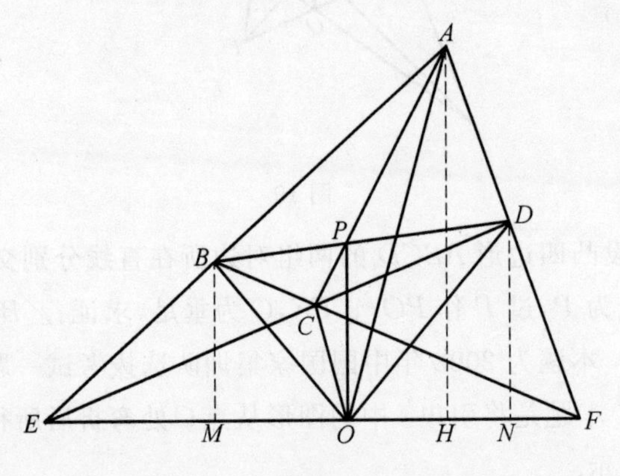

图 20

第二步,再证明 $\angle POC = \angle POA$.(这一步是证明本题的难点,多种刊物都说同理可证,其实这个同理可证是有一定难度的)

如图 21,作 $CQ \perp EF$, Q 为垂足,注意到 $CQ \parallel PO \parallel AH$,所以

$$\angle POC = \angle POA \Leftrightarrow \angle COQ = \angle AOH \Leftrightarrow \text{Rt}\triangle CQO \backsim \text{Rt}\triangle AHO$$

$$\Leftrightarrow \frac{CQ}{AH} = \frac{OQ}{OH} \tag{5}$$

在 $\triangle ABC$ 中,由于 AD, BD, CD 三线交于点 D,则根据塞瓦定理知

$$1=\frac{CP}{PA}\cdot\frac{AE}{EB}\cdot\frac{BF}{FC}=\frac{OQ}{OH}\cdot\frac{AH}{BM}\cdot\frac{BM}{CQ}$$
$$=\frac{OQ}{OH}\cdot\frac{AH}{CQ}$$
$$\Rightarrow\frac{OQ}{OH}=\frac{CQ}{AH}$$

即(5) 成立,故 $\angle POC=\angle POA$.

综上,$\angle BOC=\angle DOA$.

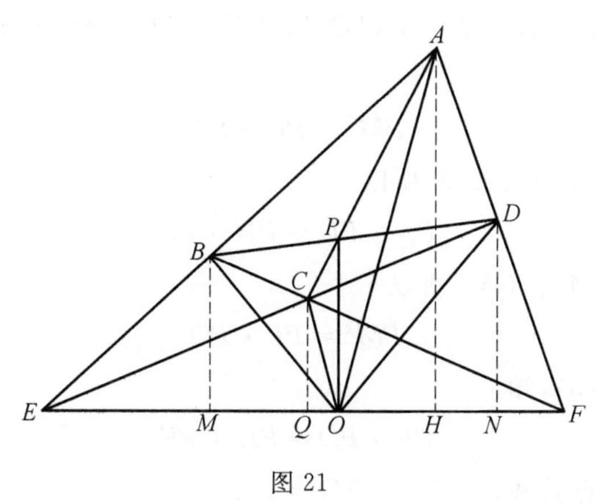

图 21

注 本题的证明比较曲折,连续用到了塞瓦定理中的塞瓦点在三角形外的情形,属于较难构造的情况,这个构造过程要从比例式(3) 和(5) 去联想. 其中第一步的证明也可以在 $\triangle BCD$ 中关于点 A 运用塞瓦定理,这时有

$$1=\frac{DP}{PB}\cdot\frac{BF}{FC}\cdot\frac{CE}{ED}=\frac{DP}{PB}\cdot\frac{BM}{CQ}\cdot\frac{CQ}{DN}$$

注意到 $BM\parallel CQ\parallel AH\parallel DN$,所以$\frac{BP}{PD}=\frac{BM}{DN}$,进一步有 $\frac{OM}{ON}=\frac{BM}{DN}$,从而有 $\triangle OBM\backsim\triangle ODN$,所以 $\angle BOM=\angle DON$,即(1) 成立.

第二步也可以在 $\triangle ACD$ 中关于点 B 运用塞瓦定理,这时有

$$1=\frac{AP}{PC}\cdot\frac{CE}{EA}\cdot\frac{DF}{FA}=\frac{OH}{OQ}\cdot\frac{CQ}{DN}\cdot\frac{DN}{AH}$$

注意到 $BM\parallel CQ\parallel AH\parallel DN$,所以$\frac{OH}{OQ}=\frac{AH}{CQ}$,从而 $\mathrm{Rt}\triangle OCQ\backsim\mathrm{Rt}\triangle OAH$,即 $\angle COQ=\angle AOH$.

此外,当 A,P,C,O 四点共线,且 $AC\perp EF$ 时,本题就变成引申 4. 换句话说,本题是引申 4 的一种漂亮变形.

引申 12 在原命题的基础上,延长 AD,BC 交于点 P,从 P 作圆的切线

PM,PN,求证:M,H,N 三点共线.

题目解说 本题为1996年中国数学冬令营竞赛题.

渊源探索 这是对引申2中舍弃两条切线 DM,CM,进而考虑从点 P 引圆的切线的思考.运用几何画板可以看到两切点连线正好过 AC,BD 的交点,即过 $\triangle PAB$ 的垂心.

方法透析 有了那么多的垂线,不充分运用垂线的证明可能是要绕弯子的.

证法1 如图22,联结 OM,PO,设 OP 与 MN 交于点 F,则由切割线定理,知

$$PM^2 = PD \cdot PA \tag{1}$$

又 D,A,E,H 四点共圆,所以

$$PA \cdot PD = PH \cdot PE \tag{2}$$

而 $PO \perp MN$,$PM \perp OM$,所以

$$PM^2 = PF \cdot PO \tag{3}$$

由式(1)(2)(3),知

$$PF \cdot PO = PH \cdot PE$$

即 F,O,E,H 四点共圆,亦即 $\angle HFO = 90°$.

即 $MN \perp PO$,$HF \perp PO$,这表明从点 F 引了两条垂线 MN 和 FH,即 FH 与 MN 重合,故 M,H,N 三点共线.证毕.

证法2 建立直角坐标系,如图23所示,使得 $A(-1,0)$,$B(1,0)$,$P(a,b)$,于是,切点弦 MN 的直线方程为

$$ax + by = 1 \tag{4}$$

直线 BD 的方程为

$$(a+1)x + by = a + 1 \tag{5}$$

直线 AC 的方程为

$$(a-1)x + by = 1 - a \tag{6}$$

联立(5)(6)得,$H\left(a, \dfrac{1-a^2}{b}\right)$.

很显然,点 H 的坐标适合方程(4),即切点弦 MN 过 $\triangle PAB$ 的垂心.至此结论获证.

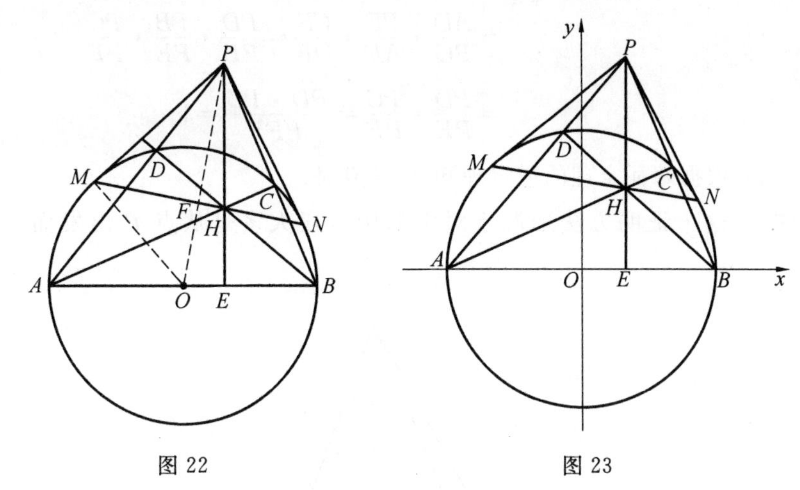

图 22　　　　图 23

注　证法 2 是广大高中学生可以接受的好方法，且运算也不算烦琐，这表明高中学生在解决平面几何问题时不要忘记解析法——有时候它也是解决平面几何问题的利器！

上述 A,B,C,D 四点共圆中有一条边是直径，那么，对于一般的四点共圆会有怎样的结论呢？即上面的结论还成立吗？

于是，将四点共圆的直径信息一般化，可得：

引申 13　延长圆内接四边形 $ABCD$ 的对边 BA，CD 交于点 P，从 P 作该圆的两条切线 PE，PF，E，F 分别为切点，则 EF 过四边形 $ABCD$ 的对角线 AC 与 BD 的交点.

渊源探索　将引申 12 中的结论试探着用一句话可概括为：从圆内接四边形的一组对边延长线的交点引圆的两条切线，则两切点连线必过对角线的交点. 可见良好的概括能力是发现新命题的好途径.

方法透析　如果不能摆脱引申 12 证明方法的影响，则不可能确认本命题的正确性. 即需要对引申 12 重新进行审视，给出一个避开依据垂线的证明.

证明　如图 24，联结 DE，EC，设 AC，BD，EF 分别与 DE，EC，CD 交于点 Q，M，N，于是，要证明 EF 过 AC 与 BD 的交点，只需证明 EF，CA，BD 三线共点即可.

在 $\triangle DCE$ 中，考虑塞瓦定理的逆定理是否成立！因为

$$\frac{DQ}{QE}\cdot\frac{EM}{MC}\cdot\frac{CN}{ND}=\frac{S_{\triangle DAC}}{S_{\triangle EAC}}\cdot\frac{S_{\triangle EBD}}{S_{\triangle CBD}}\cdot\frac{S_{\triangle CEF}}{S_{\triangle EDF}}$$
$$=\frac{AD\cdot CD}{AE\cdot CE}\cdot\frac{BE\cdot DE}{BC\cdot CD}\cdot\frac{CE\cdot CF}{DE\cdot DF}$$

$$=\frac{AD}{BC}\cdot\frac{BE}{AE}\cdot\frac{CF}{DF}=\frac{PD}{PB}\cdot\frac{PB}{PE}\cdot\frac{PC}{PF}$$

$$=\frac{PD}{PE}\cdot\frac{PC}{PF}=\frac{PD\cdot PC}{PF^2}=1$$

于是,根据塞瓦定理的逆定理知,结论获证.

注 这个证明方法来源于对图形中线段大多是从点 P 出发而产生的联想.

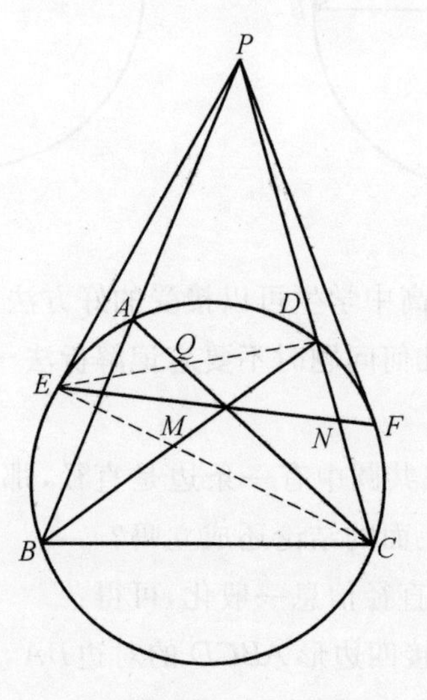

图24

再考虑另外一组对边延长线的交点,便有下面的命题:

引申14 延长圆内接四边形 $ABCD$ 的对边 AB,DC 与 BC,AD,分别交于点 E,F,从 F 作该圆的切线 FM,FN,M,N 分别为切点,则 E,N,M 三点共线.

渊源探索 本题为1997年中国数学冬令营竞赛题,是从引申13的一组对角线交点联想到另外一组对角线交点的位置而得来的.运用几何画板可以演示结论成立的可能性.

方法透析 本题可从引申13的证明及其结论获得信息——图25中的 M,O,N 三点共线,因此从图形去猜想方法,可能梅涅劳斯定理、塞瓦定理是有用的选择.

证法1 如图25,设 BD 与 AC 交于点 O,AD 与 MN 交于点 P,上题已经证明了 M,O,P,N 四点共线,于是,要证明本题,只需证明 E,N,O,P,M 五点共线,故只要证明 E,O,P 三点共线,也就是只要证明,在 $\triangle AED$ 中,AC,EP,BD 三线共点即可.即只要证明

$$\frac{AB}{BE}\cdot\frac{EC}{CD}\cdot\frac{DP}{PA}=1 \tag{1}$$

而在 $\triangle AED$ 中，视 BCF 为截线，使用梅涅劳斯定理，有

$$\frac{AB}{BE}\cdot\frac{EC}{CD}\cdot\frac{DF}{FA}=1 \tag{2}$$

对比式(1)(2)知，只要证明

$$\frac{DP}{PA}=\frac{DF}{FA} \tag{3}$$

于是，由面积知识以及相似三角形，知

$$\frac{DP}{PA}=\frac{S_{\triangle DMN}}{S_{\triangle AMN}}=\frac{DM\cdot DN}{AM\cdot AN}=\frac{DM}{AM}\cdot\frac{DN}{AN}=\frac{FD}{FM}\cdot\frac{FN}{FA}=\frac{FD}{FA}$$

即式(3)获证，从而结论获证.

注 式(3)是一个极其有用的结论，希望引起读者的重视.

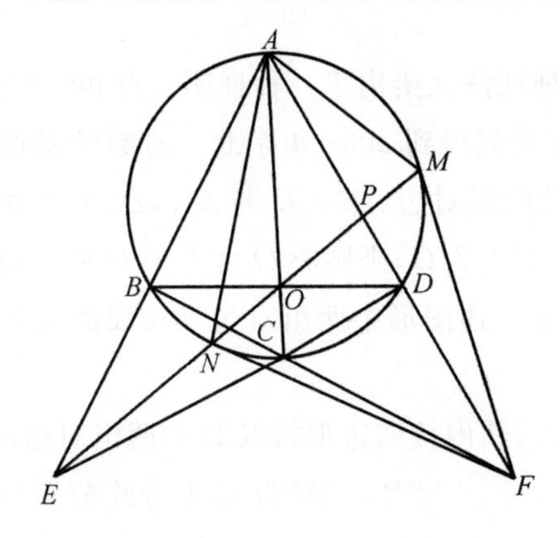

图 25

证法 2 运用等差幂线定理(证明见本节引申 20).

如图 26，由圆的性质知 $FO\perp MN$，要证明 E,N,M 三点共线，即只要证明 $EN\perp OF$，即证明 $EO^2-EF^2=NO^2-NF^2$ 成立即可.

在 EF 上找一点 K，使得 B,E,K,C 四点共圆，则由 $\angle CKE=\angle ABC=\angle CDF$ 知，D,C,K,F 四点共圆，故

$$\begin{aligned}EO^2&=EC\cdot ED+R^2=EK\cdot EF+R^2\\&=R^2+EF(EF-KF)\\&=R^2+EF^2-EF\cdot FK\\&\Rightarrow EO^2-EF^2=R^2-EF\cdot FK\end{aligned} \tag{4}$$

其中 R 为圆 O 的半径.

又

$$NO^2 - NF^2 = R^2 - FC \cdot FB = R^2 - FK \cdot FE \tag{5}$$

由式(4)(5)$\Rightarrow EO^2 - EF^2 = NO^2 - NF^2$.

根据等差幂线定理知 $EN \perp OF$,而 $MN \perp OF$,即 E,N,M 三点共线.

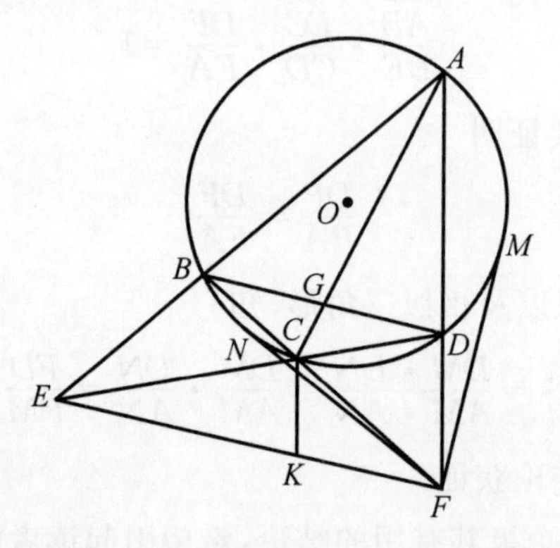

图 26

注 本题的这种证法又给出了一种证明三点共线的好方法.

由上述证明过程立刻得到 2001 年东北三省数学邀请赛一题:设内接于圆 O 的四边形 $ABCD$ 的两组对边 AB,CD 与 AD,BC 所在的直线分别交于点 P,Q,对角线 AC,BD 的交点为 G,则圆心 O 恰为 $\triangle PQG$ 的垂心.

进一步,如果考虑上述图形中两组对边延长线的交角的平分线,则会有下面的结论:

引申 15 如图 27,圆内接四边形 $ABCD$ 的两组对边 AB,CD 和 AD,BC 所在直线分别交于点 E,F,$\angle AEB$,$\angle AFD$ 的平分线分别与 AD,BC 和 CD,AB 交于点 Q,P,M,N,求证:四边形 $PMQN$ 为菱形.

题目解说 本题为波兰数学(1950 ~ 1951)竞赛题.

渊源探索 从图形的相似性去考虑,看是否有其他类似结论,而上题中的五点共线位置若看错了,可能会被看成是角平分线,于是获得了意外的收获.

方法透析 由于条件中有角平分线和圆内接四边形(对角和为平角),所以要证明两条线段垂直,可考虑从角入手,利用圆内接四边形对角和为平角来求证.

证法 1 运用三角形的外角定理和圆内接四边形的对角和为平角是成功解题的关键.

如图 27,设 PF 与 EN 交于点 K,则由条件以及三角形的外角定理,知

$$\angle NKP = \alpha + \angle FNK = \alpha + \angle ABC + \beta \tag{1}$$

$$\angle ADC = \alpha + \angle FQD = \alpha + \beta + \angle QKM = \alpha + \beta + \angle NKP$$

$$\Rightarrow \angle NKP = \angle ADC - \alpha - \beta \tag{2}$$

由(1)+(2)并注意到圆内接四边形对角和为平角,得

$$2\angle NKP = \angle NKP + \angle NKP = \angle ADC + \angle ABC = 180^\circ$$

即 $\angle NKP = 90^\circ$.

再联想到 NE 为 $\angle AEB$ 的平分线,所以,点 K 为线段 PQ 的中点,同理点 K 也为 MN 的中点,即四边形 $PMQN$ 的对角线互相垂直且平分,即该四边形为菱形.

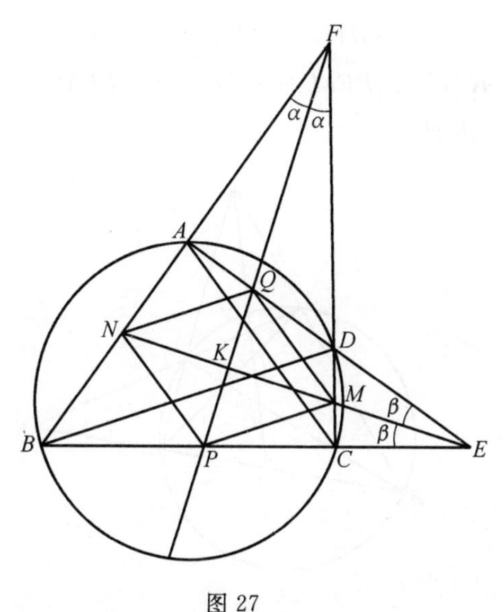

图 27

证法 2 证法 1 实际上证明了 $\angle ABC + \alpha + \beta = 90^\circ$. 这个结论也可以直接由圆内接四边形对角和为平角来证明.

如图 27,事实上,由

$$\begin{aligned} 180^\circ &= \angle ABC + \angle ADC = \angle ABC + \angle DCE + 2\beta \\ &= \angle ABC + \angle DAB + 2\beta \\ &= \angle ABC + \angle FDA + 2\alpha + 2\beta \\ &= 2\angle ABC + 2\alpha + 2\beta \end{aligned}$$

即知 $\angle ABC + \alpha + \beta = 90^\circ$.

以下同证法 1.

引申 16 如图 28,圆内接四边形 $ABCD$ 的两组对边 AB,CD 和 AD,BC 所在直线分别交于点 E,F,$\angle AFD$ 的平分线分别与 AD,BC 和 AC,BD 交于点 N,M,H,K,求证:$\angle GHK = \angle GKH$.

题目解说 一道新题.

渊源探索　上题考虑了一条角平分线与另外一条角平分线成等角(交成四个直角),本题则是对一条角平分线与圆内接四边形对角线成角进行思考而产生的结果.

方法透析　从上题的证明过程分析,其多次用到了外角定理,现在来看看对于本题此法是否也可行!

证明　如图28,由于FM为$\angle AFD$的平分线,并注意到A,B,C,D四点共圆,所以,由外角定理,知

$$\angle GHK = \angle MFC + \angle ACD$$

$$\angle GKH = \angle BFM + \angle ABD = \angle BFM + \angle ACD$$

所以$\angle GHK = \angle GKH$.

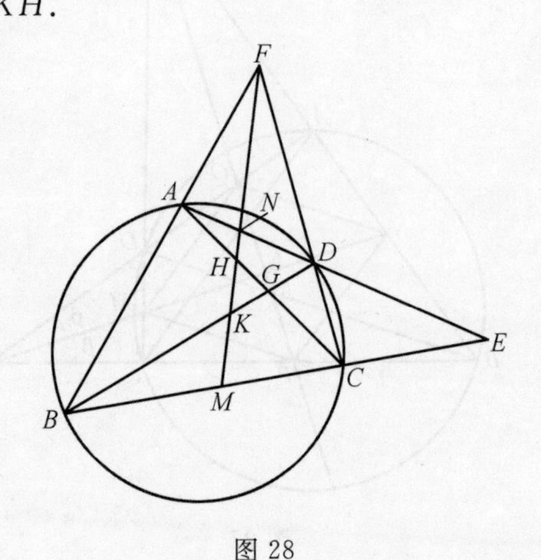

图28

引申17　如图28,圆内接四边形$ABCD$的两组对边AB,CD和AD,BC所在直线分别交于点E,F,$\angle AFD$的平分线分别与AD,BC和AC,BD交于点N,M,H,K,求证:$\angle FNA = \angle CMF$.

题目解说　一道新题.

渊源探索　上题解决了一条角平分线与圆内接四边形一组对角线成等角的问题,本题则是对一条对角线与圆内接四边形一组对边成角进行思考而产生的结果.

方法透析　从上题的证明过程分析,其多次用到了外角定理,现在来看看对于本题此法是否依然可行!

证明　如图28,请读者自证,略.

引申18　如图29,圆内接四边形$ABCD$的对角线交于点F,一组对边AB,CD的延长线交于点P,PK平分$\angle BPC$,过点F作$EF \perp PK$,交PK于点E,交

PB，PC 于点 M，N，求证：$\angle AFM=\angle BFM$.

题目解说　这是再次对引申 15 进行思考而产生的新题.

渊源探索　本题的构图是将引申 15 中的构图“砍掉”$\triangle CDE$ 后将线段 NM 平移到圆内接四边形的对角线交点位置后所产生的结果.

方法透析　从来历探索解法——从分析原题的解法来探索新问题的解法，即从分析解题过程学解题.

证明　因为 $MN\perp PK$，PK 为 $\angle BPC$ 的平分线，所以 $\angle PMN=\angle PNM$. 由外角定理，知

$$\angle PMN=\angle ABD+\angle MFB=\angle ACD+\angle MFB$$

$$\angle PNM=\angle NFC+\angle ACD=\angle AFM+\angle ACD$$

从而 $\angle AFM=\angle BFM$.

注　综合以上三个结论知，当 $MN\perp PK$ 时，MN 与圆的两个交点到点 P 的连线为该圆的切线.

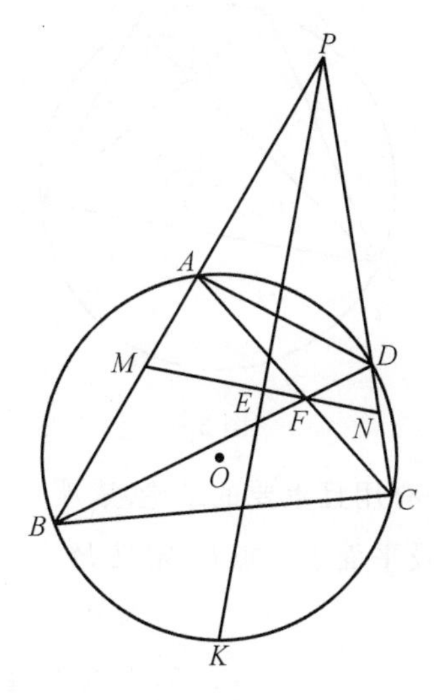

图 29

引申 19　圆内接四边形 $ABCD$ 中，AC 与 BD 交于点 Q，BA 与 CD 交于点 P，求证：$PQ^2=PA\cdot PB-QB\cdot QD(=PA\cdot PB-QA\cdot QC)=PT^2-QA\cdot QC$（$T$ 为从点 P 所引该圆的切线的切点）.

题目解说　本题的证法 1 参考柯新立的《圆》（初中卷，第 50 页例 4）.

渊源探索　这是对引申 14 中相关线段性质的进一步挖掘.

方法透析　从结论所涉及的线段关系来看，四点共圆知识必不可少.

证法 1　如图 30，分两步解决：第一，构造 A，B，E，Q 四点共圆（一次）；第

二,设法证明 P,B,E,D 四点共圆(二次).

延长 PQ 至点 E,使得

$$PQ \cdot PE = PA \cdot PB \tag{1}$$

则 A,Q,E,B 四点共圆,于是 $\angle QEB = \angle PAQ$. 又因为

$$\angle QDP = 180^\circ - \angle BDC = 180^\circ - \angle BAC = \angle PAQ$$

所以 $\angle QEB = \angle QDP \Rightarrow B,E,D,P$ 四点共圆,于是

$$PQ \cdot QE = QB \cdot QD \tag{2}$$

由(1)－(2),得

$$PQ^2 = PQ \cdot (PE - QE) = PQ \cdot PE - PQ \cdot QE = PA \cdot PB - QB \cdot QD$$

证明完毕.

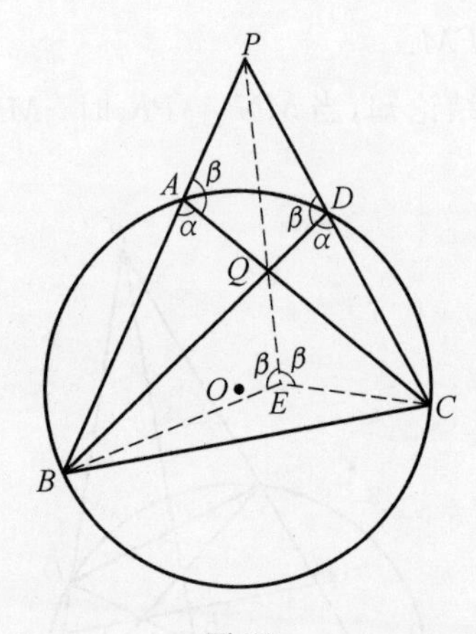

图 30

评注 (1) 这是一个有用且重要的结论. 表明 $PQ^2 = P$ 的幂 $+\ Q$ 的幂. 其中,对于半径为 R 的圆以及平面上一点 P,定义 $PO^2 - R^2$ 为点 P 对于圆 O 的幂,简称为点 P 的幂.

圆幂定理为:P 的幂 $= PO^2 - R^2 \begin{cases} > 0, \text{当点 } P \text{ 在圆外时} \\ = 0, \text{当点 } P \text{ 在圆上时} \\ < 0, \text{当点 } P \text{ 在圆内时} \end{cases}$.

设从点 P 引圆的割线 PAB,则 $PA \cdot PB = R^2 - PO^2$(点 P 在圆内),或者 $PA \cdot PB = PO^2 - R^2$(点 P 在圆外).

(2) 本结论也可以叙述成 $PQ^2 = PM^2 - QB \cdot QD$(切线式),为便于记忆和运用,称原结论的形式为割线式.

证法 2 运用两次余弦定理,再运用一次切割线定理来证.

从结论需要证明的线段平方,联想到运用余弦定理(两次)及切割线定理

(一次).

如图 31,从点 P 作圆的两条切线 PM,PN,联结 MN,则由引申 14 知,M,Q,N 三点共线,再由切线性质知,可记 $\angle PMN=\angle PNM=\alpha$,在 $\triangle PMQ$,$\triangle PNQ$ 中,分别运用余弦定理,得

$$PQ^2=PM^2+MQ^2-2PM\cdot MQ\cos\alpha$$

$$PQ^2=PN^2+NQ^2-2PN\cdot NQ\cos\alpha$$

两式消去参数 α,得

$$\frac{PM^2+MQ^2-PQ^2}{PM\cdot MQ}=\frac{PN^2+NQ^2-PQ^2}{PN\cdot NQ}$$

$$\Rightarrow PQ^2=PM^2-QM\cdot QN=PM^2-QA\cdot QC$$

$$=PA\cdot PB-QB\cdot QD$$

即结论获证.

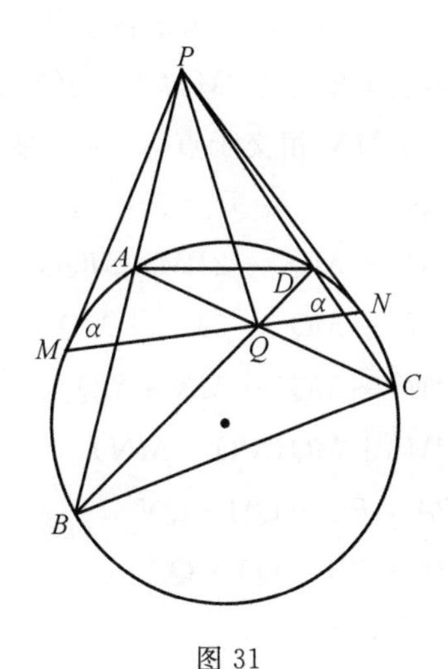

图 31

证法 3 从平方关系联想到运用勾股定理,PO 平分 MN,再分解因式.

如图 32,从点 P 作圆的两条切线 PM,PN,联结 MN,则由引申 14 知,M,Q,N 三点共线,联结 PO,与 MN 交于点 K,那么便有 $PO\perp MN$,于是

$$PQ^2=PK^2+QK^2=PM^2-MK^2+QK^2$$

$$=PM^2+(QK-MK)(QK+MK)$$

$$=PM^2-QM\cdot QN$$

$$=PA\cdot PB-QA\cdot QC$$

$$=PA\cdot PB-QB\cdot QD$$

证明完毕.

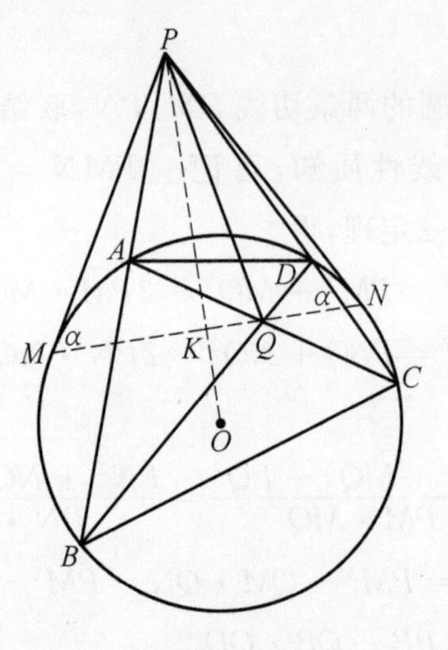

图 32

证法 4　运用余弦定理(一次)及三角函数定义.

如图 32,从点 P 作圆的两条切线 PM,PN,联结 MN,则由引申 14 知,M,Q,N 三点共线,联结 PO,与 MN 相交于点 K,那么便有 $PO \perp MN$,于是,在 $\triangle PMQ$ 中,由余弦定理,知

$$\begin{aligned}PQ^2 &= PM^2 + MQ^2 - 2PM \cdot MQ\cos\angle PMQ\\&= PM^2 + MQ^2 - 2MK \cdot MQ\\&= PM^2 + MQ^2 - MN \cdot MQ\\&= PM^2 + MQ(MQ - MN)\\&= PA \cdot PB - QM \cdot QN\\&= PA \cdot PB - QA \cdot QC\end{aligned}$$

证明完毕.

证法 5　构造四点共圆(运用三次),运用直角三角形中的射影定理、相交弦定理.

如图 33,从点 P 作圆的两条切线 PM,PN,联结 MN,则由引申 14 知,M,Q,N 三点共线,联结 PO,OM,PO 与 MN 交于点 K,那么,便有 $PO \perp MN$,$PM \perp OM$,作 $OH \perp PQ$,H 为垂足,于是,在 $\mathrm{Rt}\triangle PMO$ 中,使用射影定理,得 $PM^2 = PK \cdot PO$.

又由作图知,Q,H,O,K 四点共圆,所以

$$\begin{aligned}PK \cdot PO = PQ \cdot PH &\Rightarrow PM^2 = PQ \cdot PH\\&\Rightarrow PA \cdot PB = PQ \cdot PH\\&= PQ \cdot (PQ + QH)\end{aligned}$$

$$=PQ^2+PQ\cdot QH$$
$$=PQ^2+MQ\cdot QN$$
$$=PQ^2+AQ\cdot QC$$

（注意到$\angle OMP=\angle PHO=90°\Rightarrow P,M,H,O,N$五点共圆，最后一步还用到了$A,B,C,D$四点共圆）

所以$PQ^2=PA\cdot PB-AQ\cdot QC$.

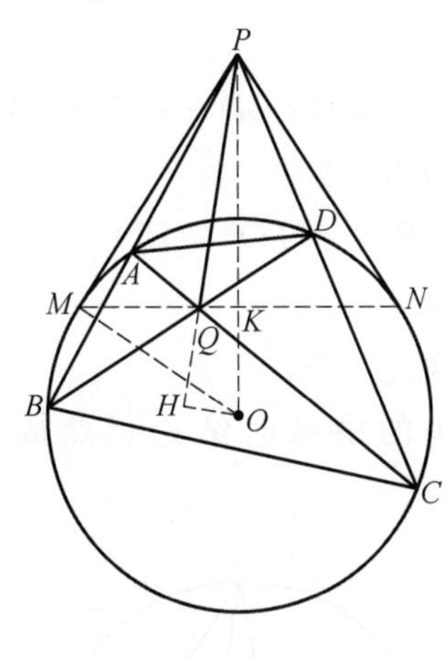

图 33

证法 6　从结论需要证明的线段平方，联想到运用斯蒂瓦特定理.

从点P作圆的两条切线PM,PN，联结MN，如图 33 所示，则由引申 14 知，M,Q,N三点共线，于是，由切线性质并在$\triangle PMN$中，运用斯蒂瓦特定理，有

$$PQ^2=\frac{QN}{MN}\cdot PM^2+\frac{QM}{MN}\cdot PN^2-QM\cdot QN$$
$$=\left(\frac{QN}{MN}+\frac{QM}{MN}\right)PM^2-QM\cdot QN$$
$$=PM^2-QM\cdot QN=PM^2-QA\cdot QC$$

即

$$PQ^2=PA\cdot PB-QA\cdot QC.$$

故结论获证.

注　这个证明如行云流水，一气呵成.

一个直接结论：设PA,PB为圆O的两条切线，切点分别为A,B，过点P的直线交圆O于C,D两点，交弦AB于点Q，求证：$PQ^2=PC\cdot PD-QC\cdot QD$.（2009 年陕西省预赛题，见《中学数学教学参考》2009 年第 11 期上旬，第 66 页）

引申 20　圆O的内接四边形$ABCD$的两组对边AB,CD和AD,BC所在直

线分别交于点E,F,联结EF,OG,对角线AC与BD交于点G,那么$OG\perp EF$.

题目解说 本题结论被称为勃罗卡(Brocard)定理,柯新立的《圆》(初中卷,第50页例5)中给出了一个证明.

渊源探索 注意引申1,引申2,引申8的图形性质.

方法透析 进一步探索引申15的应用价值.

证明 如图34,作切线EM,FN,M,N分别为切点,设圆O的半径为R,则由引申19的结论,知

$$\begin{aligned}GE^2-FG^2&=EA\cdot EB-GB\cdot GD-(FD\cdot FA-GB\cdot GD)\\&=EM^2-FN^2\\&=(EO^2-R^2)-(FO^2-R^2)\\&=EO^2-FO^2\end{aligned}$$

由等差幂线定理知,$OG\perp EF$.

注 当点G为BD的中点时结论仍然成立,只不过此时的图形中$BD\parallel EF$.

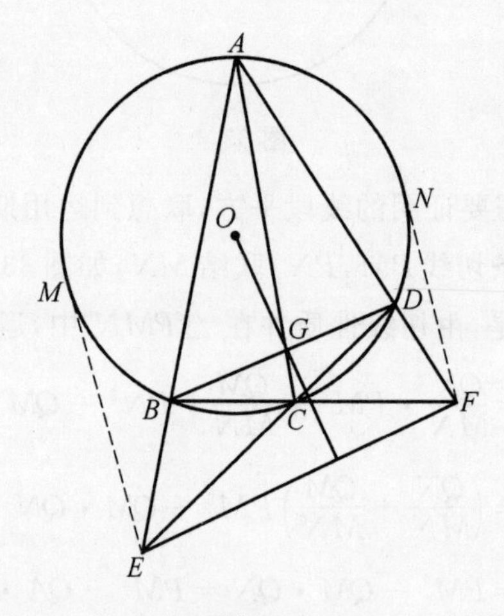

图34

引申21 锐角$\triangle ABC$的三条高线AD,BE,CF分别与顶点A,B,C所对的边交于点D,E,F,点O,H分别为$\triangle ABC$的外心和垂心,BA,DE和AC,DF分别交于点M,N,求证:(1)$OB\perp DF$,$OC\perp DE$;(2)$MN\perp OH$.

题目解说 本题为2001年全国高中数学联赛二试第一题.

渊源探索 第一小问可以看作是九点圆定理的一个直接结果(参考§14).第二小问大概是从勃罗卡定理的构图中分析而来.

方法透析 从源头上找寻方法是我们的一贯追求——从分析解题过程学

解题.也可以直接求解.

证明 (1) 证法1:注意到条件 O 为 $\triangle ABC$ 的外心,所以有

$$\begin{aligned}\angle OBC=\angle OCB&=180^\circ-\angle OCB-\angle BOC\\&=180^\circ-\angle OCB-2\angle A\\&\Rightarrow\angle OBC=90^\circ-\angle A\end{aligned}$$

但是,由条件知,A,F,D,C 四点共圆,再结合外角定理知 $\angle FDB=\angle A$,所以

$$\angle OBC=90^\circ-\angle A=90^\circ-\angle FDB\Rightarrow\angle OBC+\angle FDB=90^\circ$$

即 $OB\perp DF$.同理可得 $OC\perp DE$.

证法2:如图35,过点 A 作 $\triangle ABC$ 外接圆的切线 KL,则由条件知,有众多的四点共圆,再由圆的性质,得

$$\angle KAB=\angle ACB=\angle AFE,EF\ /\!/\ KL$$

而由

$$OA\perp KL\Rightarrow OA\perp EF$$

同理可得 $OB\perp DF,OC\perp DE$.

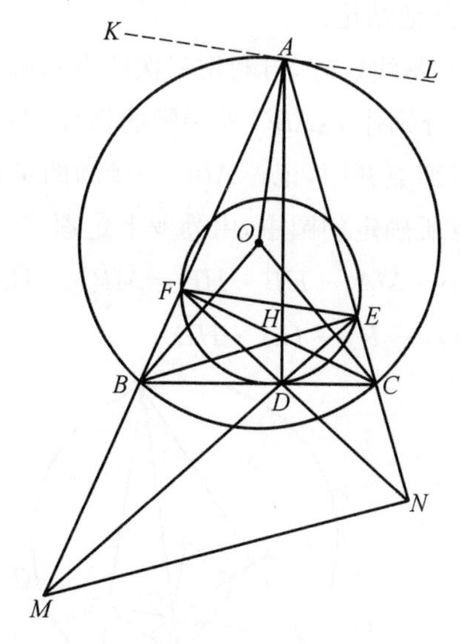

图35

证法3:如图35,设 $\triangle ABC$ 外接圆的半径为 R,则由圆幂定理知

$$FB\cdot FA=R^2-OF^2$$

$$DB\cdot DC=R^2-OD^2$$

两式相减得

$$OD^2 - OF^2 = FB \cdot FA - DB \cdot DC$$

再注意到 A, F, D, C 四点共圆，所以

$$BF \cdot BA = BD \cdot BC$$

$$\Leftrightarrow BF \cdot (BF + FA) = BD \cdot (BD + DC)$$

$$\Leftrightarrow BD^2 - BF^2 = FB \cdot FA - DB \cdot DC$$

即有 $BD^2 - BF^2 = OD^2 - OF^2$.

根据等差幂线定理知，$OB \perp DF$. 同理可证其他结论.

证法 4：向量方法.

如图 35，由条件知，$\triangle OAB$ 是以顶角为 O 的等腰三角形，即从点 O 作 AB 的垂线垂直平分 AB，再由向量加法的几何意义知 $(\overrightarrow{OA} + \overrightarrow{OB}) \perp \overrightarrow{AB}$ 等，所以

$$\overrightarrow{OB} \cdot \overrightarrow{DF} = \overrightarrow{OB} \cdot (\overrightarrow{DB} + \overrightarrow{BF}) = \overrightarrow{OB} \cdot \overrightarrow{DB} + \overrightarrow{OB} \cdot \overrightarrow{BF}$$

$$= \overrightarrow{BO} \cdot \overrightarrow{BD} - \overrightarrow{BO} \cdot \overrightarrow{BF} = \frac{1}{2}(\overrightarrow{BC} \cdot \overrightarrow{BD} - \overrightarrow{BA} \cdot \overrightarrow{BF})$$

$$= \frac{1}{2}(BC \cdot BD - BA \cdot BF) = 0$$

即 $OB \perp DF$. 同理可证其他结论.

(2) 证法 1：运用等差幂线定理，再利用三次四点共圆.

如图 36，从点 M, N 分别作 $\triangle ABC$ 外接圆的切线 MP, NQ, P, Q 分别为切点，由条件知，A, B, D, E 四点共圆，记 $\triangle ABC$ 外接圆的半径为 R，则在 A, B, D, E 四点和 $\triangle ABC$ 三顶点所确定的圆中，由勃罗卡定理，知

$$MH^2 = MB \cdot MA - HB \cdot HE = MP^2 - HA \cdot HD$$

$$= MO^2 - R^2 - HA \cdot HD$$

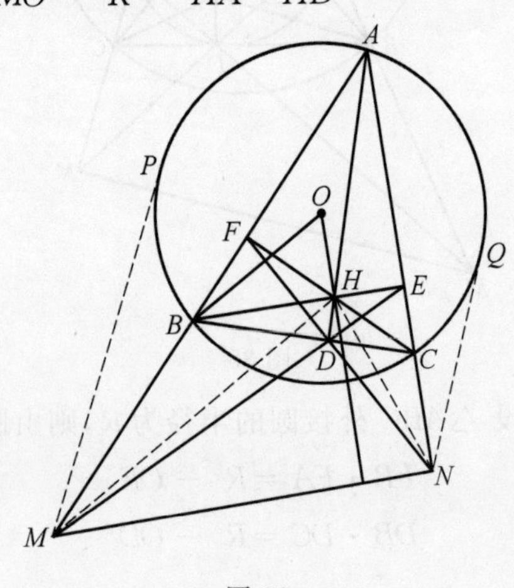

图 36

同理，在A,F,D,C四点和$\triangle ABC$三顶点所确定的圆中，由勃罗卡定理，知

$$\begin{aligned}NH^2&=NC\cdot NA-HA\cdot HD\\&=NQ^2-HA\cdot HD=NO^2-R^2-HA\cdot HD\\&\Rightarrow MH^2-NH^2=OM^2-ON^2\end{aligned}$$

则由等差幂线定理知，结论获证.

证法2：如图36，由于A,B,D,E四点共圆，记$\triangle ABC$外接圆的半径为R，$\triangle DEF$外接圆的圆心为S，半径为r，结合九点圆定理知，S为OH的中点，则由圆幂定理，得

$$MB\cdot MA=MD\cdot ME\Leftrightarrow MO^2-R^2=MS^2-r^2$$

$$MC\cdot MA=MD\cdot MF\Leftrightarrow NO^2-R^2=NS^2-r^2$$

两式相减，得

$$MO^2-NO^2=MS^2-NS^2$$

则由等差幂线定理知，结论获证.

证法3：向量方法.

如图36，由条件以及(1)的结果知，$\overrightarrow{OB}\perp\overrightarrow{ND}$，$\overrightarrow{OC}\perp\overrightarrow{MD}$，所以

$$\begin{aligned}\overrightarrow{OH}\cdot\overrightarrow{MN}&=(\overrightarrow{OA}+\overrightarrow{OB}+\overrightarrow{OC})\cdot\overrightarrow{MN}\\&=(\overrightarrow{OA}+\overrightarrow{OB}+\overrightarrow{OC})\cdot(\overrightarrow{MD}+\overrightarrow{DN})\\&=\overrightarrow{OC}\cdot\overrightarrow{MD}+\overrightarrow{OB}\cdot\overrightarrow{DN}+\\&\quad(\overrightarrow{OA}+\overrightarrow{OB})\cdot\overrightarrow{MD}+(\overrightarrow{OA}+\overrightarrow{OC})\cdot\overrightarrow{DN}\\&=(\overrightarrow{OA}+\overrightarrow{OB})\cdot\overrightarrow{MD}+(\overrightarrow{OA}+\overrightarrow{OC})\cdot\overrightarrow{DN}\\&=(\overrightarrow{OA}+\overrightarrow{OB})\cdot(\overrightarrow{MA}+\overrightarrow{AD})+(\overrightarrow{OA}+\overrightarrow{OC})\cdot(\overrightarrow{DA}+\overrightarrow{AN})\\&=(\overrightarrow{OA}+\overrightarrow{OB})\cdot\overrightarrow{AD}+(\overrightarrow{OA}+\overrightarrow{OC})\cdot\overrightarrow{DA}\\&=(\overrightarrow{OB}-\overrightarrow{OC})\cdot\overrightarrow{AD}=0\end{aligned}$$

即结论获证.

注　这个向量证明的依据主要是利用三角形外心与垂心的向量等式

$$\overrightarrow{OH}=\overrightarrow{OA}+\overrightarrow{OB}+\overrightarrow{OC}$$

接下来的方法就是，设法将欲证明的向量式子与已知有垂直关系的向量挂钩.

引申22　如图37，锐角$\triangle ABC$的外心为O，K是边BC上一点(不是BC的中点)，D是线段AK延长线上一点，直线BD与AC交于点N，直线CD与AB交于点M，求证：若$OK\perp MN$，则A,B,D,C四点共圆.

题目解说　本题为2010年全国高中数学联赛加试A卷第一题.

渊源探索 本题是对勃罗卡定理的逆命题进行探究而产生的结果.也可以认为是引申 11 的一种演绎.

方法透析 通过作图可以看出,有许多的三线共点,结合前面的勃罗卡定理和引申 4 的解法,是否会有大的启示?

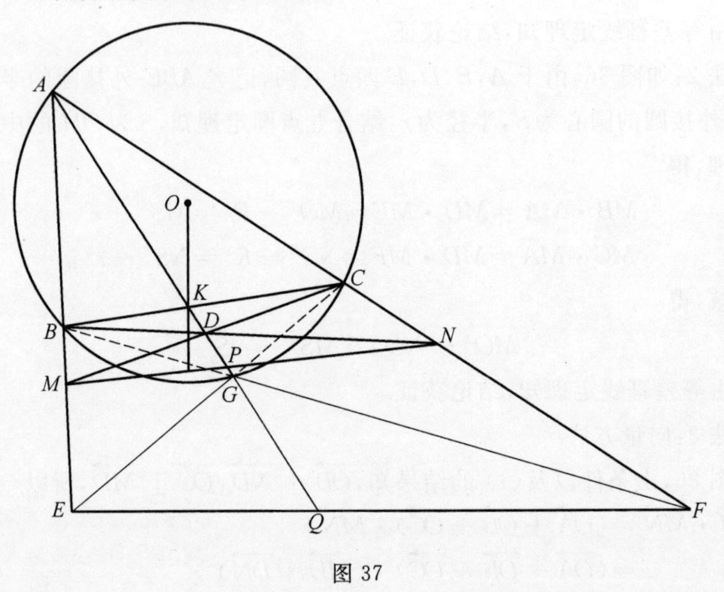

图 37

证法 1 这是一个可以表现本题来历的好方法——使用两次塞瓦定理,一次勃罗卡定理.

如图 37,假如点 D 不在 $\triangle ABC$ 的外接圆上,设 AK 的延长线交 $\triangle ABC$ 的外接圆于点 G,联结 BG,CG,分别交 AC,AB 所在直线于点 F,E,AK 与 MN,EF 分别交于点 P,Q,则由勃罗卡定理知,$OK\perp EF$,结合条件 $OK\perp MN$,则 $MN/\!/EF$.

于是,在 $\triangle AMN$ 和 $\triangle AEF$ 中,分别关于点 D 和点 G 运用塞瓦定理,有

$$1=\frac{MP}{PN}\cdot\frac{NC}{CA}\cdot\frac{AB}{BM},1=\frac{EQ}{QF}\cdot\frac{FC}{CA}\cdot\frac{AB}{BE}$$

注意到

$$MN/\!/EF\Rightarrow\frac{MP}{PN}=\frac{EQ}{QF}$$

于是,由以上两式,得

$$\frac{NC}{FC}=\frac{BM}{BE}\Rightarrow\frac{NC}{FN}=\frac{BM}{EM}\Rightarrow BC/\!/EF$$

再结合 $OK\perp MN$,有 $OK\perp BC$,即 K 为 BC 的中点,这与题设矛盾,从而原命题获证.

注　这个证明的一部分反映了命题的来历与勃罗卡定理的逆命题有关，由此可见研究一些命题的逆命题的价值所在.

证法 2　先对本证明过程做以下说明：

(1) 通过作垂线构造 $\angle BPO=\angle CPO$；(2) 进一步打造 O,B,P,C 四点共圆；(3) 从外角定理出发，有 $\angle BPM=\angle A$，则 A,B,P,N 四点共圆，进而有 A,C,P,M 四点共圆；(4) 从外角定理出发，有 $\angle BPM=\angle PAN=\angle PBN=\angle PBD$，则 B,M,P,D 四点共圆；(5) 同理可得 D,P,N,C 四点共圆；(6) 最后，从外角定理出发，有 A,B,D,C 四点共圆 —— 共使用了 6 次四点共圆.

详细证明过程如下：如图 38，分别过点 A,B,C 作直线 MN 的垂线 AE,BF,CG，E,F,G 分别垂足，延长 OK 交 MN 于点 P，联结 OB,OC,PB,PC，于是，在 $\triangle ABC$ 中，关于点 D 使用塞瓦定理，并注意到上述所作垂线互相平行，得

$$\begin{aligned}1&=\frac{BK}{KC}\cdot\frac{CN}{NA}\cdot\frac{AM}{MB}\\&=\frac{PF}{PG}\cdot\frac{CG}{AE}\cdot\frac{AE}{BF}\\&=\frac{PF}{PG}\cdot\frac{CG}{BF}\\&\Rightarrow\frac{PF}{PG}=\frac{BF}{CG}\\&\Rightarrow \mathrm{Rt}\triangle PFB\backsim \mathrm{Rt}\triangle PGC\\&\Rightarrow\angle BPF=\angle CPG\end{aligned}$$

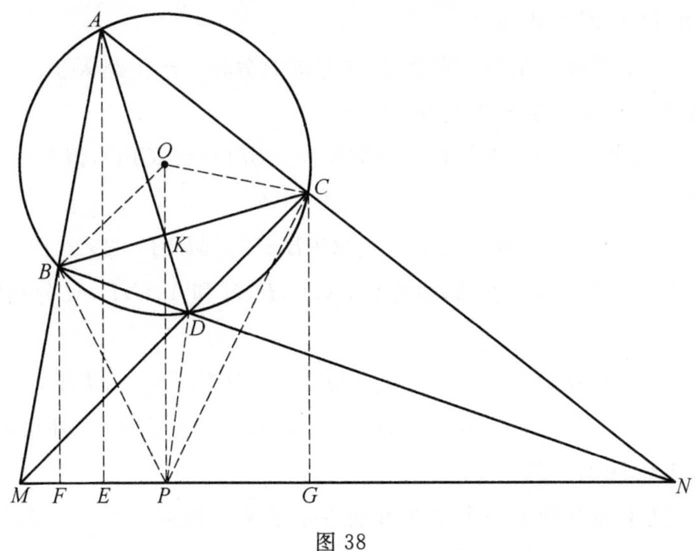

图 38

注意到，$OP \perp MN \Rightarrow \angle BPO = \angle CPO$，于是，分别在$\triangle PBO$和$\triangle PCO$中，运用正弦定理，得

$$\frac{PO}{\sin\angle OBP} = \frac{BO}{\sin\angle BPO} = \frac{CO}{\sin\angle CPO} = \frac{PO}{\sin\angle OCP}$$
$$\Rightarrow \angle OBP = \angle OCP$$

或者

$$\angle OBP = 180^\circ - \angle OCP$$

前者将导致（$\triangle OBP \cong \triangle OCP$（角，角，边））$OP$ 为边 BC 的中垂线，与题设矛盾，所以，只能有后者成立，这表明 O,B,P,C 四点共圆，所以

$$\begin{aligned}\angle BPM &= 90^\circ - \angle BPO \\ &= 90^\circ - \angle OCB = \frac{1}{2}(180^\circ - \angle OBC - \angle OCB) \\ &= \frac{1}{2}\angle BOC = \angle A\end{aligned}$$

即 A,B,P,N 四点共圆，同理可得 A,C,P,M 四点共圆，所以

$$\begin{aligned}\angle PMC &= \angle PAC(A,M,P,C\text{ 四点共圆}) \\ &= \angle PAN = \angle PBN(A,B,P,N\text{ 四点共圆}) \\ &= \angle PBD\end{aligned}$$

即 B,M,P,D 四点共圆，同理可得 P,D,C,N 四点共圆，所以

$$\begin{aligned}\angle DBM &= \angle DPN(M,B,D,P\text{ 四点共圆}) \\ &= \angle ACD(D,P,N,C\text{ 四点共圆})\end{aligned}$$

从而 A,B,D,C 四点共圆.

注 本证明属于哈尔滨师范大学附属中学高二学生赵天骁.

证法 3 这是一个较为简捷的证明.

由上面的证明，知 $\angle BPM = \angle CPN \Rightarrow \angle BPO = \angle CPO$，以及 O,B,P,C 四点共圆，所以

$$2\angle A = \angle BOC = 180^\circ - \angle CPB = 2\angle MPB = 2\angle NPC$$

所以 $\angle BPM = \angle CPN = \angle A$，由此得，$A,B,P,N$ 和 A,C,P,M 分别四点共圆，所以

$$\begin{aligned}\angle ABD &= \angle ABN = \angle APN = \angle CPN + \angle CPA \\ &= \angle A + \angle AMC = \angle MCN = \angle NCD(\text{外角定理})\end{aligned}$$

即 A,B,D,C 四点共圆.

注 这个证明较上一个证明方法少用了两个四点共圆（B,M,P,D 和 D,P,N,C）的证明层次，相对简捷不少！

本题的证明方法较多,但都不够简捷,更不能较好地揭示问题的由来,证法2告诉我们,本题可能来源于对引申11(对比两题证明中的构图)的简单改造,这揭示了一个很好的命题技术,对比证法2与引申11的构图以及证明,读者不难检验这个定论.

另外,对比勃罗卡定理中的四边形对角线的交点为一对角线中点时,此对角线与两对边延长线交点的连线平行. 此即为本届竞赛题目何以说 K 不是边 BC 的中点的缘故!

引申 23 设 D 是圆 O 的内接 $\triangle ABC$ 的边 BC 上一点,满足 $\angle ABC = \angle CAD$,圆 O 过 B,D 两点,并分别与线段 AB,AD 交于 E,F 两点,BF,DE 交于点 G,M 是 AG 的中点,求证:$CM \perp AO$.

题目解说 本题为2009年中国国家集训队选拔考试第一题.

渊源探索 本题反映的仍然是圆内接四边形的一组对角线的交点问题.

方法透析 从作图可知,CA 为 $\triangle ABD$ 外接圆的切线,从图形上看,引申19的应用自然是一种较好的选择,而结论的证明可以看作是等差幂线定理应用的继续.

证明 如图39,从构图可以看出需要利用等差幂线定理来解决.

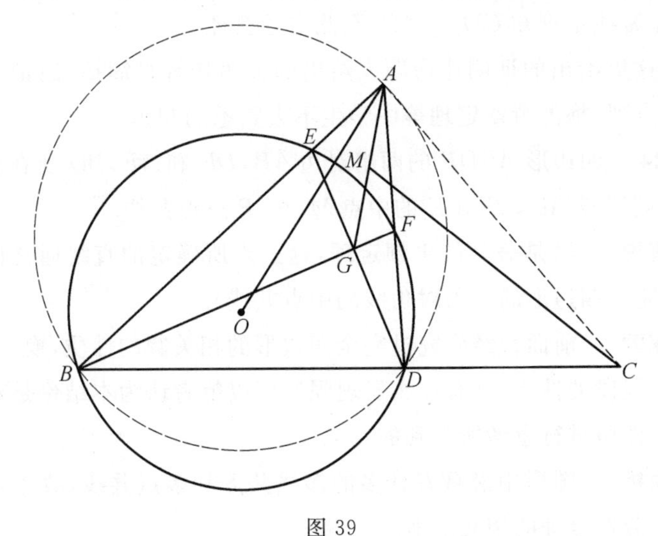

图 39

从条件知,CA 为 $\triangle ABD$ 外接圆的切线,记 $\triangle BDE$ 外接圆的半径为 r,则由 BD 为两圆的公共弦,知

$$CA^2 = CB \cdot CD = CO^2 - r^2 \text{(圆幂定理)}$$

$$\Rightarrow CO^2 - CA^2 = r^2 \tag{1}$$

又 M 为 AG 的中点，由引申 15 的结论，知

$$\begin{aligned}4MA^2&=GA^2=AE\cdot AB-GE\cdot GD\\&=AO^2-r^2-(r^2-GO^2)\text{（圆幂定理）}\\&=AO^2+GO^2-2r^2\\&\Rightarrow 2MA^2=\frac{1}{2}(AO^2+GO^2)-r^2\end{aligned} \tag{2}$$

又在 $\triangle OAG$ 中，由中线长公式

$$\begin{aligned}&\Rightarrow MO^2=\frac{1}{2}\left(AO^2+GO^2-\frac{1}{2}AG^2\right)\\&=\frac{1}{2}(AO^2+GO^2-2MA^2)\\&=\frac{1}{2}(AO^2+GO^2)-MA^2\\&\Rightarrow MO^2-MA^2=\frac{1}{2}(AO^2+GO^2)-2MA^2\text{（注意到(2)）}\\&=r^2\end{aligned} \tag{3}$$

综合(1)(3) 知，$MO^2-MA^2=CO^2-CA^2$.

由等差幂线定理知 $CM\perp AO$. 至此本题获证.

注 这里给出的证明比命题人给出的证明初等且简捷，原证明涉及欧拉公式、调和点列、梅涅劳斯定理等中学生不大熟悉的知识.

引申 24 四边形 $ABDF$ 的两组对边 AB，DF 和 AF，BD 所在直线分别交于点 C，E，则线段 AD，BF，CE 的中点 M，N，P 三点共线.

题目解说 这是著名的牛顿定理，这三点所确定的直线通常称为牛顿线（可简述为完全四边形的三条对角线的中点共线）.

渊源探索 前面曾经研究过完全四边形的相关圆的性质，换个角度，研究完全四边形线段的性质，会有什么发现呢？所以笔者认为本结论是对完全四边形相关线段性质进行思考所得到的.

方法透析 图形中潜藏着许多的多线共点和多点共线，故需要寻找塞瓦定理和梅涅劳斯定理的用武之地.

证法 1 如图 40，设 CD，BD，BC 的中点分别为 Q，R，S，则要证明线段 AD，BF，CE 的中点 M，N，P 三点共线，只需证明，在 $\triangle QRS$ 中，运用梅涅劳斯定理的逆定理，结论

$$\frac{RN}{NS}\cdot\frac{SP}{PQ}\cdot\frac{QM}{MR}=1 \tag{*}$$

成立即可.

由条件,知

$$式(*)\Leftrightarrow \frac{DF}{CF}\cdot\frac{BE}{DE}\cdot\frac{AC}{AB}=1$$

而$\frac{DF}{FC}\cdot\frac{CA}{AB}\cdot\frac{BE}{ED}=1$是在$\triangle BDC$中,关于直线$AFE$运用梅涅劳斯定理的结果.从而结论获证.

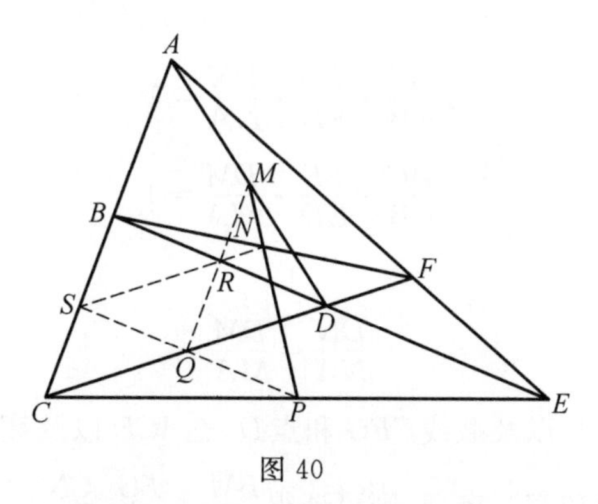

图 40

证法 2 如图 40,设CD,BD,BC的中点分别为Q,R,S,则在$\triangle ACD$中,M,R,Q三点共线;在$\triangle BCF$中,R,S,N三点共线;在$\triangle BCE$中,S,Q,P三点共线. 于是,由平行线性质,有

$$\frac{MQ}{MR}=\frac{AC}{AB}(在\triangle DAC中)$$

$$\frac{NR}{NS}=\frac{FD}{FC}(在\triangle BCF中)$$

$$\frac{PS}{PQ}=\frac{EB}{ED}(在\triangle BCE中)$$

对$\triangle BCD$以及截线AFE运用梅涅劳斯定理,有

$$\frac{CA}{AB}\cdot\frac{BE}{ED}\cdot\frac{DF}{FC}=1\Rightarrow\frac{CM}{MR}\cdot\frac{SP}{PQ}\cdot\frac{RN}{NS}=1$$

再在$\triangle QRS$中运用梅涅劳斯定理的逆定理知,M,N,P三点共线.

注 本题图形中蕴含了许多的三角形和直线,而要找到一条有用的直线和一个有用的三角形较难,且找到一条直线与一个三角形刚好适合梅涅劳斯定理来解决本题更是难上加难!

引申 25 四边形$ABDF$的两组对边AB,DF和AF,BD所在直线分别交于点C,E,对角线AD,BF与CE所在直线分别交于点N,G,求证

$$\frac{DN}{NA}=\frac{DM}{MA},\frac{BM}{MF}=\frac{BG}{GF},\frac{CN}{NE}=\frac{CG}{GE}$$

题目解说 这是若干有意义的现成结论.

渊源探索 本题是继续对上题进行思考所得到的结果.

方法透析 图形中涉及许多共点线和共线点,再仔细分析上题的证明是运用梅涅劳斯定理和塞瓦定理,故解决本题应尽力搜索上面提及的两个定理的用武之地.设法找到目标线段与上述定理的关系.

证明 如图41,对$\triangle ABD$以及截线CNE和点F分别运用梅涅劳斯定理和塞瓦定理,有

$$\frac{AC}{CB}\cdot\frac{BE}{ED}\cdot\frac{DN}{NA}=1$$

$$\frac{AC}{CB}\cdot\frac{BE}{ED}\cdot\frac{DM}{MA}=1$$

两式相除,得

$$\frac{DN}{NA}=\frac{DM}{MA}$$

同理,对$\triangle ABF$以及截线CEG和点D,$\triangle ACE$以及截线BFG和点D分别运用梅涅劳斯定理和塞瓦定理,则可证得$\frac{BM}{MF}=\frac{BG}{GF}$,$\frac{CN}{NE}=\frac{CG}{GE}$.

注 通常称上述的三个比例式中的点A,D,M,N;B,F,M,G;C,E,N,G分别为调和点列.

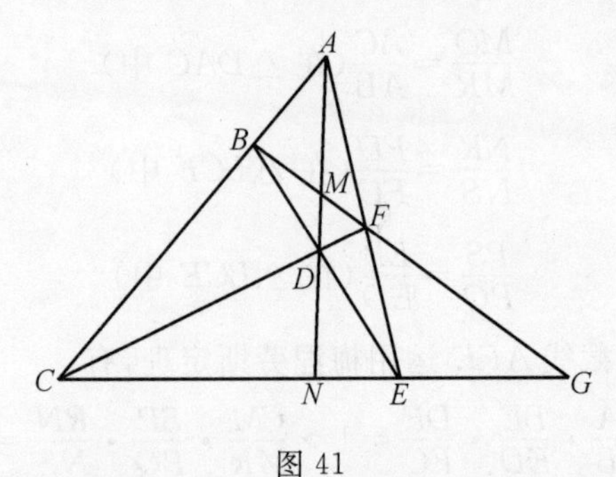

图41

引申26 以$\triangle ABE$的边AB为直径作圆O,分别与AE,BE交于点D,C,AC与BD交于点H,过C,D分别作AB的垂线CG,DF,G,F分别为垂足,联结CF,DG,则EH,DG,CF交于一点.

题目解说 根据第37届IMO中国国家队选拔考试题改编.

渊源探索 本题的来源是对引申4证法3的图形添加辅助线EP,FQ后的思考,再结合对第37届IMO国家队选拔考试平面几何题的修改.

方法透析 考虑引申4证法2的图形,以及从证法2所获得的信息——

$\triangle DFP \backsim \triangle DEQ$.

证明 如图42,联结 EH 交 AB 于点 N,则只要证明线段 DG 与 EN 的交点,以及 CF 与 EN 的交点重合即可.

设 DG 与 EN 交于点 O_1,CF 与 EN 交于点 O_2,则由于 $DF \parallel EN \parallel CG$,所以

$$\frac{O_2N}{CG}=\frac{FN}{FG},\frac{O_1N}{DF}=\frac{GN}{FG}$$

两式相除,得

$$\frac{O_2N}{O_1N}=\frac{FN \cdot CG}{GN \cdot DF} \tag{1}$$

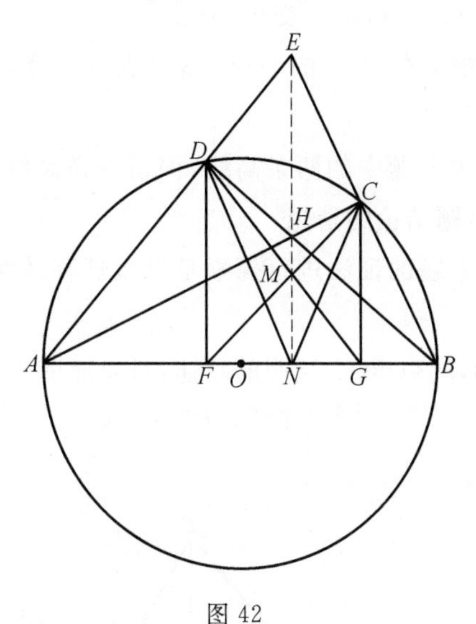

图 42

根据引申 4 的结论知,$\angle DNH=\angle CNH$,所以 $\angle DNF=\angle CNG$,所以 $\triangle DFN \backsim \triangle CGN$,所以

$$\frac{DF}{CG}=\frac{FN}{GN} \Rightarrow FN \cdot CG=DF \cdot GN \tag{2}$$

将(2)代入到(1),得

$$\frac{O_2N}{O_1N}=1 \Rightarrow O_2N=O_1N$$

即 O_1 与 O_2 重合,从而 EH,DG,CF 交于一点.

事实上,上面的证明已经确认下面的结论:

引申 27 如图 42,以 $\triangle ABE$ 的边 AB 为直径作圆 O,分别与 AE,BE 交于点 D,C,过 C,D 分别作 AB 的垂线 CG,DF,G,F 分别为垂足,联结 CF,DG 交于

点 M，则 $EM \perp AB$.

题目解说 这是1996年第37届IMO中国国家队选拔考试题之一.

渊源探索 本题明显是对引申4的证法3的构图中又添加了两条辅助线 QF，EP 而产生的结果. 即本赛题可以看作是从引申4的证法3演绎而来.

方法透析 可参考引申4的证法3. 此题目和解法的由来再次说明了平常做题时追求一题多解的意义所在.

再次考虑 $ABCD$ 为非共圆的情况，便有：

引申28 设 EN 是锐角 $\triangle ABE$ 的边 AB 上的高，O 为 EN 上的任意一点，AO，BO 的延长线分别交 BE，AE 于点 C，D，过 C，D 分别作 AB 的垂线 DF，CG，F，G 分别为垂足，则 EN，DG，CF 交于一点.

题目解说 本题是在图42的基础上又添加了两条辅助线 DG，CF 而产生的结果.

渊源探索 舍去上题中的两条高线，保留一条高线会有怎样的情况发生呢？这便产生了对本题结论的猜想.

方法透析 对上题的证法进行探索是思维迁移较常见的路子，结果一试就爽！

证明 如图43，同引申12证明的叙述，只要能证明

$$FN \cdot CG = DF \cdot GN \tag{*}$$

即可.

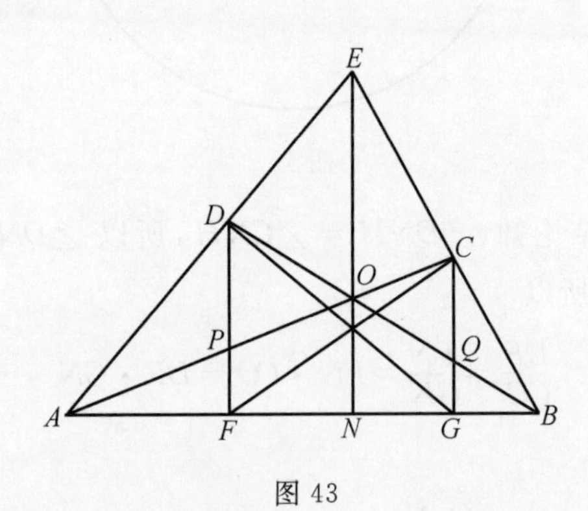

图43

事实上，由于 $DF \parallel EN \parallel CG$，有

$$\frac{FN}{NG} = \frac{PO}{OC} = \frac{DP}{CQ}$$

而

$$\frac{DP}{DF} = \frac{EO}{EN} = \frac{CQ}{CG} \Rightarrow \frac{DP}{CQ} = \frac{DF}{CG}$$

所以 $\triangle DFN \backsim \triangle CGN$，于是得到式(*).

注 上面的结论都涉及 $EN \perp AB$，如果去掉这个条件，是否还有上述结论成立？即：

引申 29 如图 44，在 $\triangle ABC$ 中，AN，BE，CD 交于一点 H，$EG \parallel AN \parallel DF$，$F$，$G$ 在线段 BC 上，DG，EF 交于点 M，求证：AN，DG，EF 三线共点.

题目解说 本题为上题舍弃一条高线改为非垂直的情况.

渊源探索 舍弃图 43 中最后一条高线就保持原有的作平行线的方法，不知道结论还能否成立，结果一试就又爽了一把！

方法透析 按照守株待兔原理，题目几乎照搬过来了，看看上题的解题方法还能照搬吗？一试不爽！需要突破相似的牢笼！这就给本题的证明增加了难度，需要努力探索怎样利用相似三角形理论来解决本题.

证法 1 如图 44，因为 AN，BE，CD 三线共点于 H，所以由塞瓦定理，知

$$\frac{AD}{DB} \cdot \frac{BN}{NC} \cdot \frac{CE}{EA} = 1 \tag{1}$$

如果采用梅涅劳斯定理的逆定理，则需视 $AHMN$ 为一条直线，让它去截某一三角形，使得所得线段尽量地与已知等式(1) 相关联，不难看出，找 $\triangle BGD$ 较为合适，故需要证

$$\frac{AD}{AB} \cdot \frac{BN}{NG} \cdot \frac{GM}{MD} = 1 \tag{2}$$

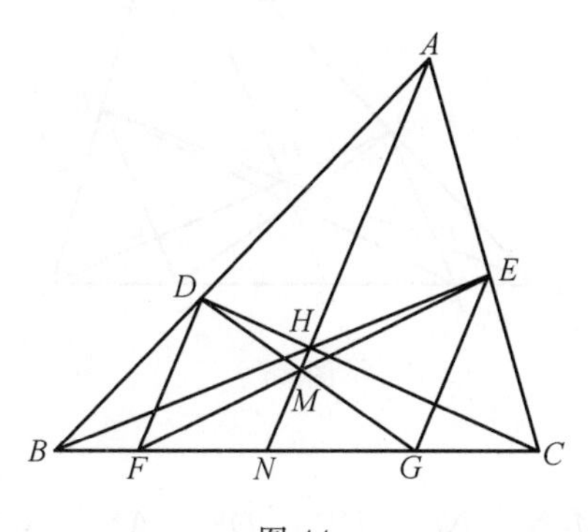

图 44

以下需设法将式(2) 中的线段转化为式(1) 中的线段式.

因为 $AN \parallel EG$，所以 $\frac{NG}{NC} = \frac{AE}{AC}$，即

$$NG = \frac{AE \cdot NC}{AC} \tag{3}$$

又 $\triangle MDF \backsim \triangle MGE$，$\triangle BFD \backsim \triangle BNA$，$\triangle CGE \backsim \triangle CNA$，所以

$$\frac{GM}{MD}=\frac{GE}{DF}=\frac{\frac{CE\cdot AN}{CA}}{\frac{BD\cdot AN}{BA}}=\frac{CE\cdot BA}{CA\cdot BD} \tag{4}$$

将式(3)(4)代入式(2)的左端,并注意到式(1),得

$$\frac{AD}{AB}\cdot\frac{BN}{NG}\cdot\frac{GM}{MD}=\frac{AD}{AB}\cdot\frac{BN}{\frac{AE\cdot NC}{AC}}\cdot\frac{CE\cdot AB}{AC\cdot BD}=\frac{AD}{DB}\cdot\frac{BN}{NC}\cdot\frac{CE}{EA}=1$$

于是,由梅涅劳斯定理的逆定理知,结论获证.

证法 2 也可以通过算 DG 和 EF 在 AN 上截取的相关线段的长度来解决本题.

如图 45,设 DG 与 AN 交于点 M_1,EF 与 AN 交于点 M_2,DF 与 BH 交于点 P,EG 与 CD 交于点 Q,则由 $M_1N \parallel DF$,有

$$\frac{M_1N}{DF}=\frac{NG}{FG}$$

同理可得

$$\frac{M_2N}{EG}=\frac{NF}{FG}$$

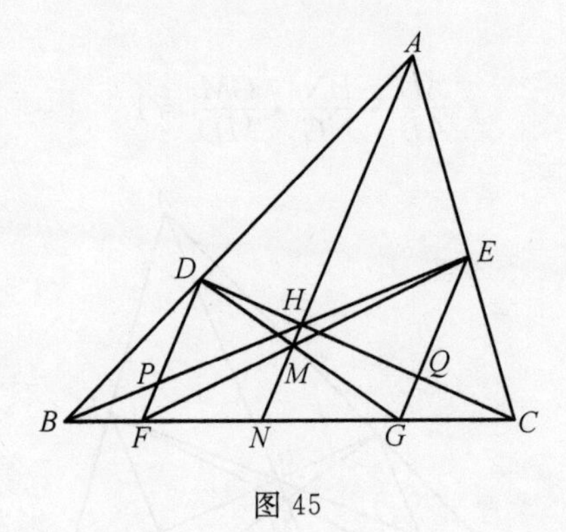

图 45

两式相除,得

$$\frac{M_1N}{M_2N}=\frac{NG}{FN}\cdot\frac{DF}{EG}=\frac{DF}{AN}\cdot\frac{AN}{EG}\cdot\frac{NG}{FN}$$

$$=\frac{DP}{AH}\cdot\frac{AH}{EQ}\cdot\frac{NG}{FN}$$

$$=\frac{DP}{EQ}\cdot\frac{NG}{FN}=\frac{DH}{HQ}\cdot\frac{NG}{FN}$$

$$=\frac{FN}{NG}\cdot\frac{NG}{FN}=1$$

由此结论获证.

注 本题的证法 2 实际上覆盖了引申 26 的结论,即推广了引申 26.

引申 30 AD,BE,CF 为锐角 $\triangle ABC$ 的三条高线,K,M,N 分别为 $\triangle AEF,\triangle BFD,\triangle CDE$ 的垂心,求证:$\triangle DEF$ 和 $\triangle KMN$ 是全等三角形.

题目解说 本题为 2001 年世界城际间数学联赛第 6 题.

渊源探索 这是对本节开头题目中延长两条相交弦后得到一个具有一个三角形垂心的思考,是对将三个垂足连线后对周边三个三角形垂心的再探究,是从图形猜测而得出的一个结果.

方法透析 多条垂线造就了多条平行线提示我们,考虑平行四边形可能是解决问题的良好动力.

证法 1 事实上,设 $2R$ 为 $\triangle ABC$ 外接圆的直径,结合命题

$$\frac{AH}{\cos A}=\frac{BH}{\cos B}=\frac{CH}{\cos C}=2R\text{(锐角 }\triangle ABC\text{,读者可自行证明)} \quad (*)$$

及 A,F,D,C 四点共圆,在 $\triangle BDF$ 中运用本结论,有

$$FM=BH\cos\angle BFD=2R\cos C\cos B$$

同理,在 $\triangle CDE$ 中运用式(*),有

$$EN=CH\cos\angle DCE=2R\cos C\cos B$$

而由 $FM /\!/ EN\Rightarrow EFMN$ 为平行四边形,即 $MN=EF$. 同理可得,$KMDE$,$KFDN$ 均为平行四边形,即有 $MK=ED,NK=DF$,从而 $\triangle DEF\cong\triangle KMN$.

注 这是一种计算几何证明,并涉及三角知识,缺乏纯正的几何味道,对初中学生来说不易掌握,但令人高兴的是该命题的证明给出了命题式(*)的一个用武之地.

证法 2 如图 46,由作图知,只要能证明 $MN=EF$ 即可.

由题设知 $FM\perp BC,AD\perp BC$,所以 $FM /\!/ AD$,同理,由 $DM\perp AB,CF\perp AB$,得 $CF /\!/ DM$,从而 $FMDH$ 为平行四边形,所以 $FM=HD$.

同理 $HDNE$ 也为平行四边形,所以 $EN=HD$.

于是 $FM=EN$,且容易知道 $FM /\!/ EN$,所以 $FMNE$ 为平行四边形,故 $FE=MN$,以下就不用再啰唆了.

注 这一证法成功的关键在于从纷繁复杂的图形中分离出两个平行四边形 $FMDH$ 和 $HDNE$.

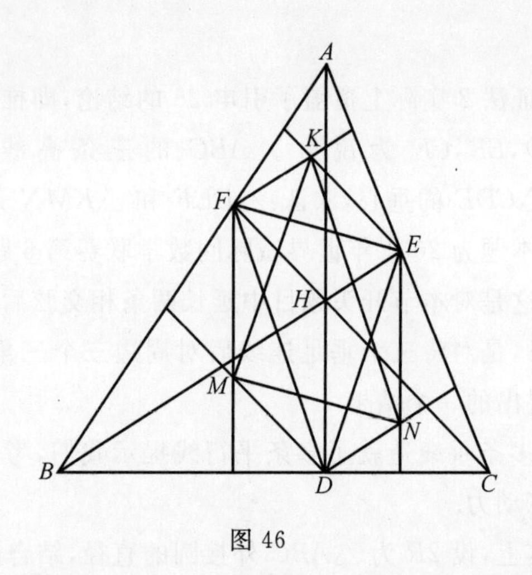

图 46

§8 对平面几何中调和数列问题的研究

题目 设 PB,PC 是圆 O 的两条切线,PAD 是一条割线,BC 交 AD 于点 M,求证:$\frac{1}{PA}+\frac{1}{PD}=\frac{2}{PM}$,或者$\frac{PA}{PD}=\frac{MA}{MD}$.

题目解说 本题为 2001 年湖南数学夏令营试题,其背后潜藏着无限待开发的内容.该结论反映了三条线段 PA,PM,PD 成调和数列.

证法 1 平面几何方法——添加三条不自然的辅助线.

如图 1,过圆心 O 作 PD 的垂线,交 PD 于点 N,联结 PO,OC,则 $PO\perp BC$,$OC\perp PC$,所以

$$PC^2=PA\cdot PD \tag{1}$$

又 M,E,O,N 四点共圆,所以

$$PM\cdot PN=PE\cdot PO \tag{2}$$

在 $\mathrm{Rt}\triangle PCO$ 中,有

$$PC^2=PO\cdot PE \tag{3}$$

由式(1)(2)(3) 知

$$PM\cdot PN=PA\cdot PD \tag{4}$$

而结论等价于

$$\frac{2}{PM}=\frac{PA+PD}{PA\cdot PD}=\frac{2PN}{PA\cdot PD}$$

且它等价于式(4),从而结论获证.

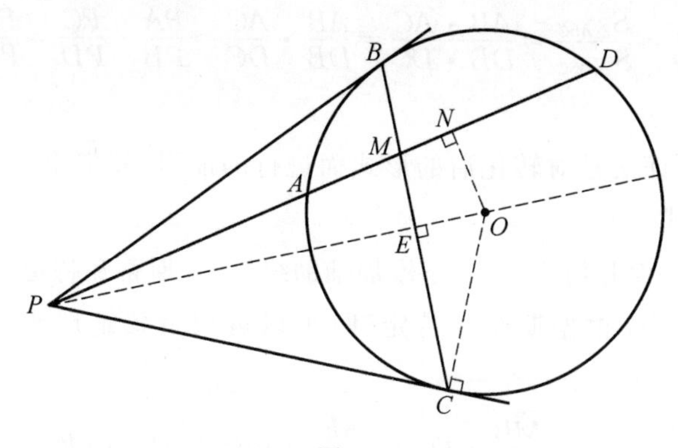

图 1

评注 (1) 解决问题一般有两种方法,一是直击目标,二是变形后再证明等价结论.

(2) 证明本题用到了等差数列的性质、切割线定理、射影定理、割线定理的逆定理.

(3) 由上面的证明还可以得到:

证法 2 如图 2,有

$$\frac{1}{PA}+\frac{1}{PD}=\frac{2}{PM}$$

$$\Leftrightarrow PD\cdot PM+PA\cdot PM=2PD\cdot PA$$

$$\Leftrightarrow PD\cdot PM-PD\cdot PA=PD\cdot PA-PA\cdot PM$$

$$\Leftrightarrow PD\cdot (PM-PA)=PA\cdot (PD-PM)$$

$$\Leftrightarrow PD\cdot AM=PA\cdot DM$$

$$\Leftrightarrow \frac{PA}{PD}=\frac{MA}{MD}$$

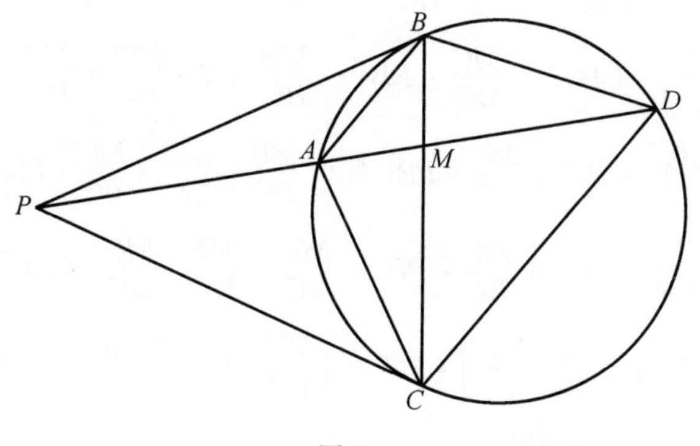

图 2

而 $\triangle PAB \backsim \triangle PBD$，$\triangle PAC \backsim \triangle PCD$，所以，根据三角形面积比，知

$$\frac{MA}{MD}=\frac{S_{\triangle ABC}}{S_{\triangle DBC}}=\frac{AB \cdot AC}{DB \cdot DC}=\frac{AB}{DB} \cdot \frac{AC}{DC}=\frac{PA}{PB} \cdot \frac{PC}{PD}=\frac{PA}{PD}$$

故结论获证.

评注　此证法是对转化后的形式而进行的证明，其中用到了相似三角形理论和面积公式.

证法 3　平面几何法——不添加辅助线——斯蒂瓦特定理.

在 $\triangle PBC$ 中，根据斯蒂瓦特定理（可以运用余弦定理或向量法予以证明），有

$$PM^2=\frac{MB}{BC} \cdot PC^2+\frac{MC}{BC} \cdot PB^2-MB \cdot MC$$

由其变形

$$MB \cdot PC^2+MC \cdot PB^2=BC \cdot PM^2+BC \cdot MB \cdot MC$$

知

$$MB \cdot PC^2+MC \cdot PB^2=BC(MP^2+MC \cdot MB)$$

注意到 $PB=PC$，则有

$$PC^2(MB+MC)=MC \cdot MB(MC+MB)+MP^2(MC+MB)$$

即

$$PA \cdot PD=PC^2=MC \cdot MB+MP^2=MA \cdot MD+MP^2 \qquad (*)$$

整理即得结论.

注　(1) 现给出斯蒂瓦特定理的证明(向量法). 即

$$\overrightarrow{PM}=\frac{MB}{BC} \cdot \overrightarrow{PC}+\frac{MC}{BC} \cdot \overrightarrow{PB}$$

$$\Rightarrow PM^2=\left(\frac{MB}{BC} \cdot \overrightarrow{PC}+\frac{MC}{BC} \cdot \overrightarrow{PB}\right)^2$$

$$=\left(\frac{MB}{BC}\right)^2 \cdot PC^2+\frac{MC}{BC} \cdot PB^2+\frac{MB}{BC}+2 \cdot \frac{MB}{BC} \cdot \frac{MC}{BC} \cdot \overrightarrow{PB} \cdot \overrightarrow{PC}$$

$$=\left(\frac{MB}{BC}\right)^2 \cdot PC^2+\frac{MC}{BC} \cdot PB^2+2 \cdot \frac{MB}{BC}+\frac{MB}{BC} \cdot \frac{MC}{BC} \cdot PB \cdot PC\cos \angle BPC$$

$$=\left(\frac{MB}{BC}\right)^2 \cdot PC^2+\frac{MC}{BC} \cdot PB^2+\frac{MB}{BC}+\frac{MB}{BC} \cdot \frac{MC}{BC} \cdot (PB^2+PC^2-BC^2)$$

$$=\left(\frac{MB^2}{BC^2}+\frac{MB \cdot MC}{BC^2}\right) \cdot PC^2+\left(\frac{MC^2}{BC^2}+\frac{MB \cdot MC}{BC^2}\right) \cdot PB^2-MB \cdot MC$$

$$=\frac{MB}{BC} \cdot PC^2+\frac{MC}{BC} \cdot PB^2-MB \cdot MC$$

(2) 证法3是我高一的学生张建章在2007年10月给出的一个优雅证明,不需要添加任何辅助线.

(3) 式(*)实际上是2009年陕西省高中数学竞赛预赛中一题:如图2,求证

$$MP^2=PA\cdot PD-MC\cdot MB$$

引申1　如图3,设 PA,PB 为圆 O 的两条切线,PCD 为圆的一条割线,分别交圆及 AB 于点 C,D,Q,则有

$$\frac{AC}{AD}=\frac{BC}{BD}(\text{或者 } AC\cdot BD=AD\cdot BC) \tag{*}$$

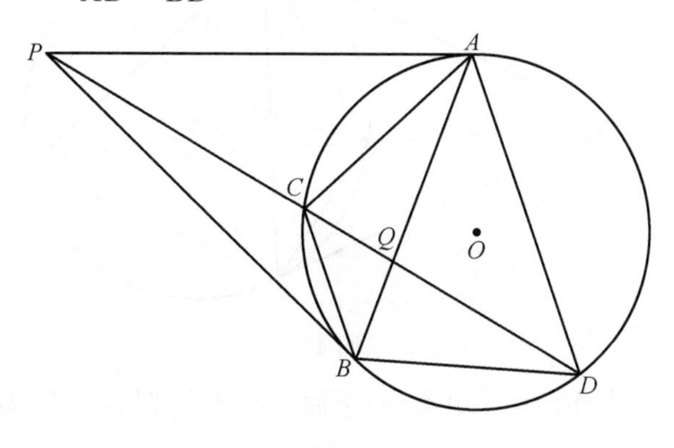

图 3

题目解说　本结论可概括为:过圆内接四边形的相对顶点的圆的两条切线如果相交于另外两顶点所在的直线上,那么,此四边形的对边乘积相等.

渊源探索　这是对圆的切割线定理进行进一步思考的结果.

方法透析　由比例线段联想相似三角形是否可用.

证明　由条件知,$\triangle PAC\backsim\triangle PDA$,$\triangle PBC\backsim\triangle PDB$,所以

$$\frac{AC}{AD}=\frac{PA}{PD}=\frac{PB}{PD}=\frac{BC}{BD}$$

故结论成立.

评注　本题的结论——若过圆内接四边形对角线的两个端点作圆的切线交于一点,则该圆内接四边形的对边乘积相等.

引申2　同引申1的图形和条件,有

$$\frac{QC}{QD}=\frac{PC}{PD}=\left(\frac{AC}{AD}\right)^2=\left(\frac{CB}{DB}\right)^2=\frac{CA\cdot CB}{DA\cdot DB} \tag{**}$$

证明　由三角形面积关系式以及相似三角形,得

$$\frac{QC}{QD}=\frac{S_{\triangle CAD}}{S_{\triangle DAB}}=\frac{CA\cdot CB}{DA\cdot DB}=\frac{CA}{DA}\cdot\frac{CB}{BD}=\frac{PA}{PD}\cdot\frac{PC}{PA}=\frac{PC}{PD}$$

又

$$\frac{PC}{PD}=\frac{AC}{AD}\cdot\frac{BC}{BD}=\frac{AC}{AD}\cdot\frac{PB}{PD}=\frac{AC}{AD}\cdot\frac{PA}{PD}=\frac{AC}{AD}\cdot\frac{AC}{AD}=\left(\frac{AC}{AD}\right)^2$$

$$(\triangle PCA\backsim\triangle PAD,\triangle PCB\backsim\triangle PBD)$$

故结论获证.

引申3 如图4,设 PA,PB 为圆 O 的切线,A,B 为切点,割线 PCD 交圆 O 于点 C,D,点 M 在边 AB 上,如果 $\angle ACM=\angle BCD$,则 $\angle ADM=\angle BDC$.

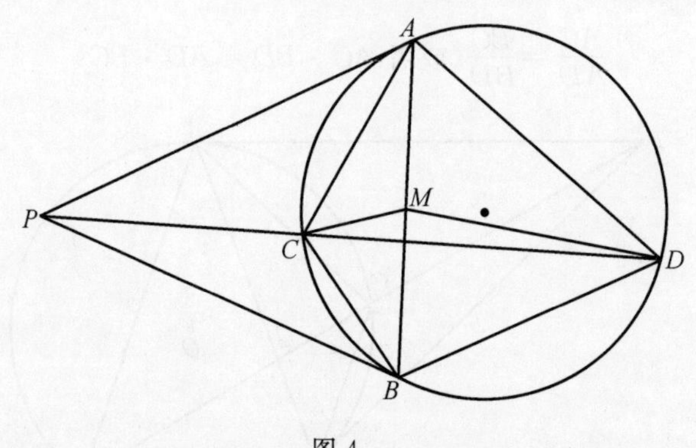

图 4

题目解说 上述结论十分有用,下面给出几个应用,参考《数学通讯》2010年第一期下半月第57页.

渊源探索 其实可以证明,若点 M 为线段 AB 的中点,即 PCD 过圆心,则 $\angle ADM=\angle BDC$.

于是,本题就是平面几何里最常见的关于圆的切线的一条性质(即若 PCD 过圆心,也过点 M 了,则上述结论自然成立)的推广.

方法透析 清了题目的来历,就朝着这个来源方向去寻找方法吧.

证明 由已知条件知,只需证明

$$\triangle AMD\backsim\triangle CBD\Leftrightarrow\frac{AM}{BC}=\frac{AD}{CD}\Leftrightarrow AD\cdot BC=CD\cdot AM \tag{1}$$

又由引申1中的式(*)知

$$AC\cdot BD=AD\cdot BC \tag{2}$$

联立式(1)(2),知

$$AC\cdot BD=CD\cdot AM \tag{3}$$

所以 $\frac{AC}{AM}=\frac{CD}{BD}\Leftrightarrow\triangle CAM\backsim\triangle CDB$,而这由已知条件知早已成立.从而原命题获证.

注 (1)第一步:找到 $\triangle AMD\backsim\triangle CBD$,是否可以先利用 $\triangle AMD\backsim$

$\triangle CMA$？这是肯定的.

(2) 由托勒密定理及引申 1 中的式(*)，知

$$AB \cdot CD = BC \cdot AD + AC \cdot DB = 2BC \cdot AD = 2AC \cdot DB$$

再结合式(3)，有

$$\frac{1}{2}AB \cdot CD = CD \cdot AM \Rightarrow AB = 2AM$$

即 M 为线段 AB 的中点.

换言之，题目中隐含了 M 为线段 AB 的中点这个重要信息. 再换言之，圆心与点 M，P 三点共线. 再换言之，圆心与点 P 的连线与线段 AB 若交于点 M，则由题目的条件 $\angle ACM = \angle BCD$，即可推出结论 $\angle ADM = \angle BDC$.

(3) 顺便可以得到 $\angle BMC = \angle BMD$ 产生.

(4) 若考虑点 M 的位置情况，则会产生哪些联想呢？即点 M 在圆内接四边形的另外一条对角线上时，比如点 M 运动到 CD 上……

引申 4 如图 5，设 PA，PB 为圆 O 的切线，A，B 为切点，割线 PCD 交圆 O 于点 C，D，点 M 在线段 CD 上，如果 $\angle DBM = \angle ABC$，则 $\angle DAM = \angle CAB$.

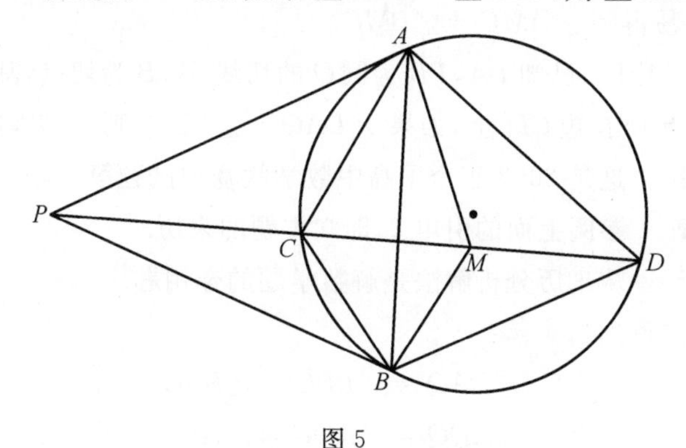

图 5

题目解说 本题为对上题进行相近联想而产生的结果.

渊源探索 这是上题的另外一种变形，即将线段 AB 上的中点变为 CD 中点(隐藏)处的情形.

方法透析 从本题的来历寻求本题的解法是成功解决本题的良方.

证明 由已知条件知，只需证明

$$\triangle ACB \backsim \triangle AMD \Leftrightarrow \frac{BC}{DM} = \frac{AB}{AD} \Leftrightarrow BC \cdot AD = AB \cdot MD \tag{1}$$

又由引申 1 中的式(*)，知

$$AC \cdot BD = AD \cdot BC \tag{2}$$

联立式(1)(2),知

$$AC \cdot BD = AB \cdot DM \tag{3}$$

所以$\frac{CA}{AB}=\frac{BD}{DM}\Leftrightarrow\triangle CAB \backsim \triangle BDM$,而这由已知条件知早已成立.从而原命题获证.

注 (1) 选取$\triangle ACB \backsim \triangle AMD$的目的是尽快涉及目标线段或者已知等式中的线段(即引申1中的式(*)).

(2) 由托勒密定理及引申1中的式(*),知

$$AB \cdot CD = BC \cdot AD + AC \cdot DB = 2BC \cdot AD = 2AC \cdot DB$$

再结合(1),有

$$\frac{1}{2}AB \cdot CD = AB \cdot MD \Rightarrow CD = 2DM$$

即M为线段CD的中点.

换言之,题目中隐含了M为线段CD的中点这个重要信息.再换言之,就是M为线段CD的中点等价于$\angle DBM=\angle ABC$.

(3) 还容易得到$\angle AMC=\angle BMC$.

引申5 如图6,已知PA,PB为圆O的切线,A,B为切点,割线PCD交圆O于点C,D,点Q在边CD上,如果$\angle DAQ=\angle PBC$,则$\angle DBQ=\angle PAC$.

题目解说 这是2003年全国高中数学联赛加试题第一题.

渊源探索 参阅上面的引申2,即知本题的来历.

方法透析 从来历分析解法是解数学题的金钥匙.

证明 注意到

$$\angle DAQ=\angle PBC=\angle BAC$$
$$\angle ADQ=\angle ADC=\angle ABC$$

由上两式

$$\Rightarrow\triangle ADQ \backsim \triangle ABC \Rightarrow \frac{AD}{DQ}=\frac{AB}{BC}$$

$$\Rightarrow AB \cdot DQ = AD \cdot BC = DB \cdot AC$$

$$\Rightarrow \frac{DB}{DQ}=\frac{AB}{AC}$$

而由

$$\angle BDQ=\angle BDC=\angle BAC$$

$$\Rightarrow\triangle BDQ \backsim \triangle BAC \Rightarrow \angle DBQ=\angle ABC=\angle PAC$$

故结论获证.

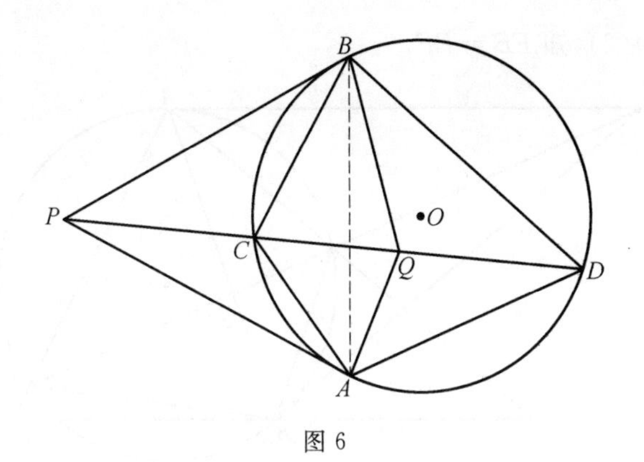

图 6

评注 由 $AB \cdot DQ = AD \cdot BC$，以及托勒密定理，有

$$AB \cdot CD = AD \cdot BC + AC \cdot BD = 2AD \cdot BC$$

得 $CD = 2DQ$，即点 Q 为 CD 的中点.

引申 6 设 PA，PB 为圆 O 的两条切线，PCD 为圆的一条割线，分别交圆及 AB 于点 C，D，Q，过 B 作 PA 的平行线，分别交 AC，AD 所在直线于点 E，F，则有 $EB = BF$.

题目解说 本题为 2005 年中国数学(冬令营)奥林匹克题之一.

渊源探索 保留上题中的相关线段 PCD，舍弃其余线段，再添加一些相关线段，从而探究会有哪些新的结论诞生.

方法透析 有了从圆外一点引圆的切线和割线的问题，不要忘记考虑引申 1 中的式(*)在解决圆的切割线问题时是否可用!

证明 分两步寻找目标线段：

(1) 寻找 $\triangle ABC \backsim \triangle AEB$ 获得要证明的线段 BE；

(2) 寻找 $\triangle ABF \backsim \triangle ADB$ 获得要证明的线段 BF；

(3) 利用引申 1 中的式(*)与 $EF \parallel PA$ 和弦切角定理是成功解决问题的关键.

如图 7，由已知条件，知

$$\angle AEF = \angle PAC = \angle ABC$$

所以 $\triangle ABC \backsim \triangle AEB$，结合引申 1 中的式(*)，知

$$\frac{AB}{BE} = \frac{AC}{BC} = \frac{AD}{BD} \tag{1}$$

又 $EF \parallel PA$，所以有 $\angle ABF = \angle PAB = \angle ADB$，即有 $\triangle ABF \backsim \triangle ADB$，故

$$\frac{AB}{BF} = \frac{AD}{BD} \tag{2}$$

比较式(1)(2),知 $EB=BF$.

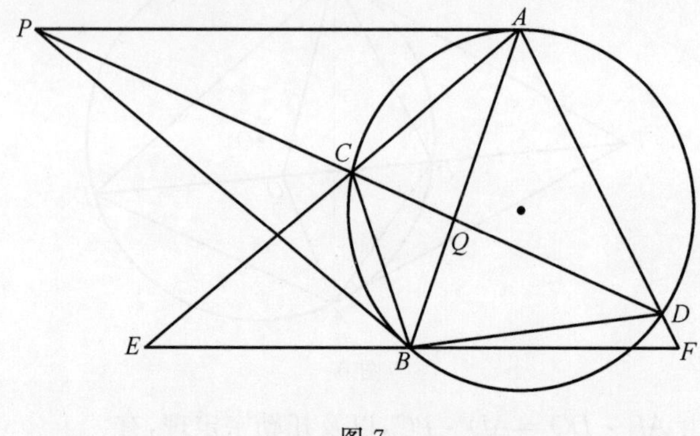

图 7

评注 解决本题的方法是设法用 $\triangle ABD$ 中的线段来表示目标线段,这是我们一贯的追求.

引申 7 设 PA,PB 为圆 O 的两条切线,PCD 为圆的一条割线,分别交圆及 AB 于点 C,D,Q,过 C 作 PA 的平行线,分别交 AB,AD 所在直线于点 M,N,则有 $CM=MN$.

题目解说 本题为 2007 年中国数学(冬令营)奥林匹克国家队培训题之一.

渊源探索 改上题中从点 B 所作 PA 的平行线为从点 C 作 PA 的平行线,由上题的结论立刻得到本题.

方法透析 利用上题的结论可以快速地解决本题.

证明 如图 8,由已知条件,知

$$\angle ACM=\angle PAC=\angle ABC$$

由 $\triangle ABC \backsim \triangle ACM$,结合引申 1 中的式(*),有

$$\frac{BC}{CM}=\frac{AC}{AM}\Rightarrow CM=\frac{BC}{AC}\cdot AM \tag{1}$$

又 $EF /\!/ PA$,有

$$\angle AMN=\angle PAB=\angle ADB$$

所以 $\triangle AMN \backsim \triangle ADB$,故

$$\frac{MN}{BD}=\frac{AM}{AD}$$

即

$$MN=\frac{BD}{AD}\cdot AM \tag{2}$$

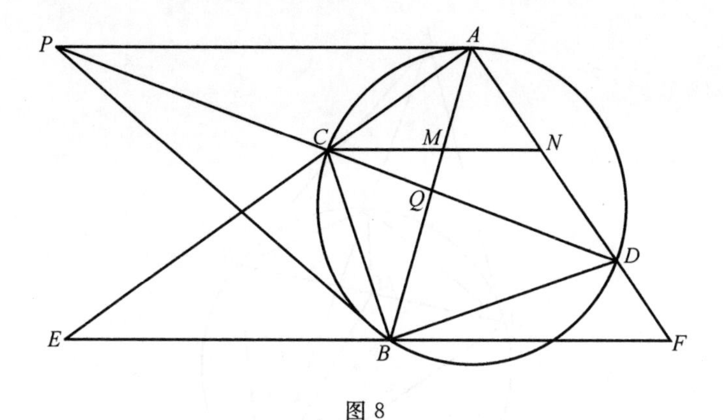

图 8

由式(1)(2) 及引申 1 中的式(∗)得

$$\frac{CM}{MN}=\frac{BC}{AC}\cdot\frac{AD}{BD}=1$$

即 $CM=MN$.

引申 8 锐角$\triangle ABC$的外接圆在点A,B处的切线的交点为P,DP与圆相交于点C,M是AB的中点,求证:$\angle ACM=\angle BCD$.

题目解说 本题为 2007 年中国数学奥林匹克国家队培训题之一.

渊源探索 是引申 1 的直接结果.

方法透析 考虑直接运用引申 1 的结论.

证明 由图 9 及引申 1 中的式(∗)联想到用托勒密定理去解决,显然要解决的是,设法证明$\triangle ACM\backsim\triangle DCB$.

在圆内接四边形$ADBC$中,由引申 1 以及托勒密定理,有

$$\begin{aligned}2BC\cdot AD&=2AC\cdot BD=AC\cdot BD+BC\cdot AD\\&=AB\cdot CD=2AM\cdot CD\end{aligned}$$

即有

$$AC\cdot BD=AM\cdot CD$$

亦即

$$\frac{AC}{AM}=\frac{CD}{BD}$$

注意到$\angle CAM=\angle CDB$,所以有$\triangle ACM\backsim\triangle DCB$,故有$\angle ACM=\angle BCD$.

同理可得$\angle ADM=\angle BDC$.

评注 由前面的性质以及上面证明过的结论知,$\triangle DBC\backsim\triangle DMA$,$\triangle DAC\backsim\triangle DMB$,而$\triangle DMA$可以看成是将$\triangle DBC$以点$D$为旋转中心,经过一个旋转和位似得到的.

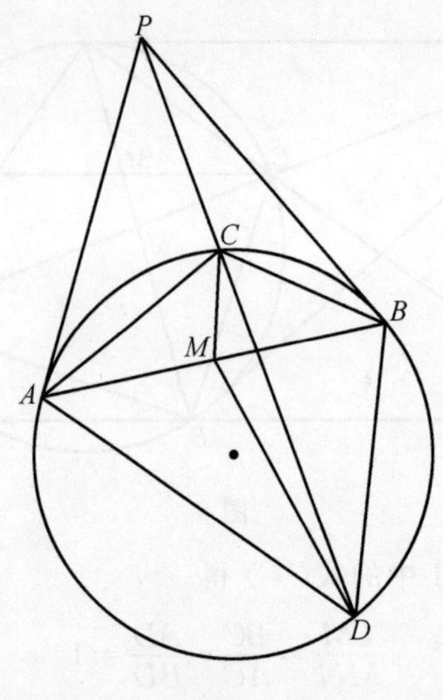

图 9

同理,用一个以点D为旋转中心的旋转和位似变换,将$\triangle DBP$逆时针旋转到$\triangle DTA$,使得T落到DM上,如图10所示,则

$$\frac{AT}{PB}=\frac{DA}{PD}=\frac{TD}{BD}$$

而$\angle PDA=\angle BDT$,由$\triangle DAP\backsim\triangle DTB\Rightarrow\frac{BT}{PA}=\frac{BD}{PD}$.

注意到$PA=PB$,由$\frac{AT}{PB}=\frac{DA}{PD}$和$\frac{BT}{PA}=\frac{BD}{PD}$,得$\frac{AT}{TB}=\frac{DA}{DB}$,于是可得:

引申9 如图10,已知锐角$\triangle ABD$及其外接圆,DM是边AB的中线,分别过A,B作外接圆的切线,两切线的交点为P,DP与圆相交于点C,T是DM上一点,且$\angle DTA=\angle PBD$,求证:$\frac{AT}{TB}=\frac{DA}{DB}$.

题目解说 本题为《中等数学》2007年第5期数学奥林匹克问题初202的等价表述.

注 由引申1知,$\frac{CA}{CB}=\frac{DA}{DB}\Rightarrow\frac{AT}{TB}=\frac{DA}{DB}=\frac{CA}{CB}$,而

$$\begin{aligned}\angle ACB&=\angle CAP+\angle CPA+\angle CPB+\angle CBP\\&=\angle PDA+\angle DPA+\angle DPB+\angle BDP\\&=\angle TDB+\angle TBD+\angle TAD+\angle TDA\\&=\angle ATB\end{aligned}$$

故在$\triangle CAB$与$\triangle TAB$中,由$\frac{TA}{TB}=\frac{CA}{CB}$,$\angle ACB=\angle ATB$,得

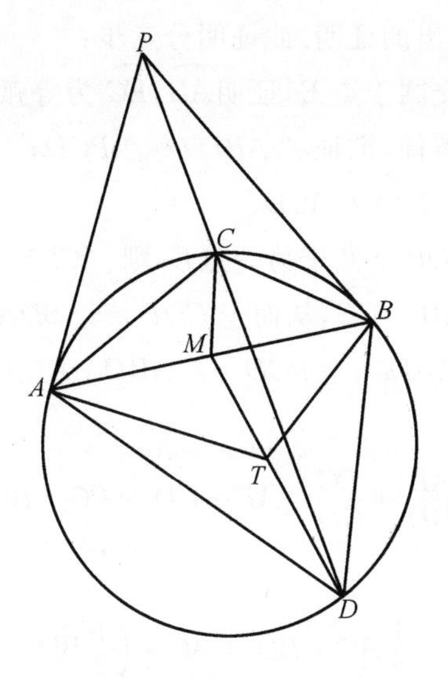

图 10

$$\triangle ACB \backsim \triangle ATB \Rightarrow \triangle ACB \cong \triangle ATB\text{(有公共边 }AB\text{)}$$

即 C 与 T 关于 AB 对称，于是 $\angle ABT=\angle ABC=\angle ADP=\angle TDB$，同理可得 $\angle TAB=\angle TDA$. 故 AB 是 $\triangle BTD$ 外接圆的切线，也是 $\triangle ATD$ 外接圆的切线，于是，隐含中点 M 的条件，并换一个叙述方式即得：

引申 10 如图 11，点 P,Q 分别是圆内接四边形的对角线 AC,BD 的中点，若 $\angle APB=\angle DPA$，求证：$\angle AQB=\angle CQB$.

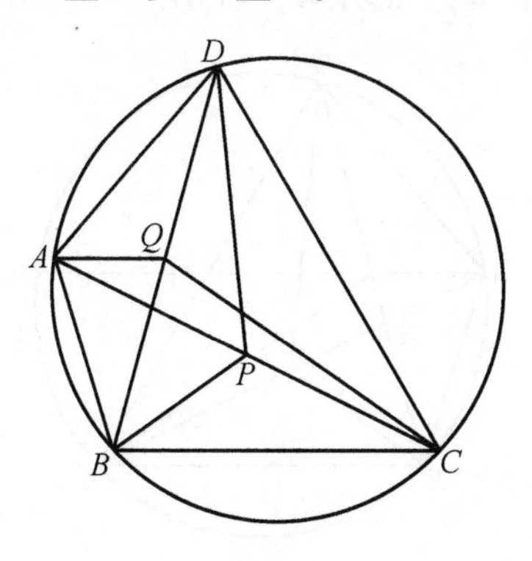

图 11

题目解说 本题为 2011 年全国高中数学联赛加试题（A 卷）第一题.

渊源探索 从引申 3 和引申 4 中舍弃两条切线以及评注中的两个相等角，即得本届竞赛题.

方法透析 从题目的渊源看，若能很快构造出所要的切线（参考证法 5），那么离快速解决本题就为时不远了.

证法 1　命题组给出的证明.此证明分三步:

第一步,延长 DP 交圆于点 E,证明$\overset{\frown}{AB}$,$\overset{\frown}{EC}$ 为等弧;

第二步,利用中点条件,推证 $\triangle ABD \backsim \triangle PCD$;

第三步,证明 $\triangle ABQ \backsim \triangle ACD$.

如图12,延长线段DP交圆于另一点E,则$\angle CPE=\angle DPA=\angle BPA$,又$P$是线段$AC$的中点,故$\overset{\frown}{AB}=\overset{\frown}{CE}$,从而$\angle CDP=\angle BDA$,由

$$\angle ABD=\angle PCD\Rightarrow\triangle ABD\backsim\triangle PCD$$

所以由

$$\frac{AB}{BD}=\frac{PC}{CD}\Rightarrow AB\cdot CD=PC\cdot BD$$

从而有

$$AB\cdot CD=\frac{1}{2}AC\cdot BD=AC\cdot\left(\frac{1}{2}BD\right)=AC\cdot BQ$$

即$\frac{AB}{AC}=\frac{BQ}{CD}$.而由

$$\angle ABQ=\angle ACD\Rightarrow\triangle ABQ\backsim\triangle ACD$$

所以$\angle QAB=\angle DAC$.

延长线段AQ交圆于另一点F,则由$\angle CAB=\angle DAF\Rightarrow\overset{\frown}{BC}=\overset{\frown}{DF}$.

又因为Q为BD的中点,所以$\angle CQB=\angle DQF$.

又$\angle AQB=\angle DQF\Rightarrow\angle AQB=\angle CQB$.

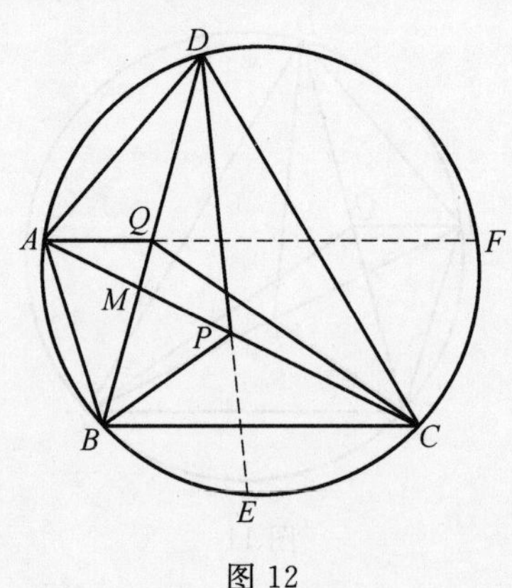

图 12

证法 2　参考陕西师大《中学数学教学参考》2012 年第 1 期,由上面的证明得

$$\triangle ABD\backsim\triangle PCD\Rightarrow\frac{AB}{PC}=\frac{BD}{CD}\Leftrightarrow\frac{AB}{\frac{1}{2}AC}=\frac{2DQ}{CD}=\frac{2BQ}{PC}$$

$$\Rightarrow \frac{AB}{AC}=\frac{DQ}{CD},\frac{AB}{AC}=\frac{BQ}{PC}$$

又

$$\angle BAC=\angle QDC,\angle ABQ=\angle ACD$$
$$\Rightarrow \triangle ABC \backsim \triangle DQC,\triangle ABQ \backsim \triangle ACD$$
$$\Rightarrow \angle ABC=\angle DQC,\angle AQB=\angle ADC$$

即结论获证.

证法 3　由证法 1 知

$$\angle ADB=\angle PDC \Rightarrow \angle ADP=\angle BDC=\angle BAP$$

又

$$\angle DAP=\angle DBC$$
$$\angle BPA=\angle DPA=\angle DCA+\angle CDE=\angle DCA+\angle BCA=\angle DCA$$

所以

$$\triangle DAP \backsim \triangle DBC \backsim \triangle ABP$$
$$\Rightarrow \frac{AD}{PA}=\frac{BD}{BC} \Leftrightarrow \frac{BD}{CD}=\frac{AB}{AP}$$
$$\Rightarrow AD \cdot BC=AP \cdot BD,AB \cdot CD=AP \cdot BD$$
$$\Rightarrow AD \cdot BC=AB \cdot CD$$

在圆内接四边形 $ABCD$ 中,由托勒密定理得到

$$AD \cdot BC+AB \cdot CD=AC \cdot BD$$

又

$$BA=DQ=\frac{1}{2}BD \Rightarrow 2AB \cdot CD=2BQ \cdot AD,2AD \cdot BC=2BQ \cdot AC$$
$$\Rightarrow \frac{AB}{BQ}=\frac{AC}{CD} \Leftrightarrow \frac{AD}{AC}=\frac{BQ}{BC}$$

又

$$\angle ABQ=\angle ACD \Rightarrow \angle DAC=\angle QBC$$

所以

$$\triangle ABQ \backsim \triangle ACD \backsim \triangle BCQ,\angle AQB=\angle ADC=\angle BQC$$
$$\Rightarrow \angle AQB=\angle BQC$$

证法 4　如图 12,设 BD 与 AC 交于点 M,则由角平分线性质以及共边比例定理知

$$\frac{PD}{PB}=\frac{DM}{MB}=\frac{S_{\triangle ADC}}{S_{\triangle ABC}}=\frac{DA \cdot DC}{BA \cdot BC} \tag{1}$$

分别在$\triangle PAB$,$\triangle PBC$中关于$\angle APB$运用余弦定理,并注意到$PA=PC$,得

$$BC^2-BA^2=4PA\cdot PB\cos\angle APB$$

同理可得

$$DC^2-DA^2=4PA\cdot PD\cos\angle APB$$

此两式相除,得

$$\frac{BC^2-BA^2}{DC^2-DA^2}=\frac{PB}{PD} \tag{2}$$

由(1)(2)得

$$\frac{BC^2-BA^2}{DC^2-DA^2}=\frac{BA\cdot BC}{DA\cdot DC}$$

$$\Leftrightarrow\frac{BC^2-BA^2}{BA\cdot BC}=\frac{DC^2-DA^2}{DA\cdot DC}$$

$$\Leftrightarrow\frac{BC}{BA}-\frac{BA}{BC}=\frac{DC}{DA}-\frac{DA}{DC}$$

$$\Leftrightarrow\frac{BC}{BA}+\frac{DA}{DC}=\frac{DC}{DA}+\frac{BA}{BC}$$

$$AB\cdot CD=AD\cdot BC$$

以下同证法3.

证法5 《中等数学》2011年第12期第15页的证法五(杨志明的解答)——这是能反映本题由来的一个漂亮证明.

如图13,过点B作圆O的切线与CA所在直线交于点E,过点E作圆O的另一条切线ED_1,D_1为切点,注意到点P是AC的中点,所以$OP\perp AC$,而BE为圆O的切线,所以$OB\perp EB$,于是O,P,B,E,D_1五点共圆,故

$$\angle D_1PA=\angle D_1OE=\angle BOE=\angle BPA=\angle DPA$$

从而,点D,D_1重合,又由$EQ\perp BD$,$BD\perp OQ$知,O,Q,E三点共线.由射影定理知,$BE^2=EQ\cdot OE$,又由切割线定理知,$BE^2=EA\cdot EC$,从而$EQ\cdot OE=EA\cdot EC$,进而O,Q,A,C四点共圆,故

$$\angle EQA=\angle OCA=\angle OAC=\angle OQC$$

而由

$$QB\perp OE\Rightarrow\angle AQB=\angle CQB$$

证明完毕.

评注 证法5中构造切线方法是对本题来历的一个很好的阐释.运用调和点列的性质,同上面的证明得到点D,D_1重合,由$EQ\perp BD$,$BD\perp OQ$,知O,

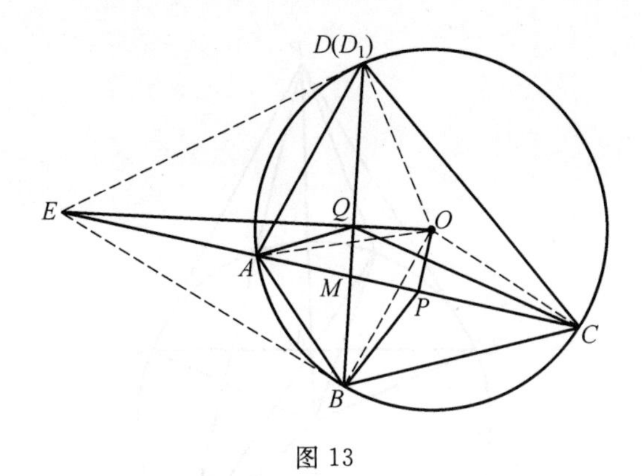

图 13

Q,E 三点共线. 注意到,我们前面曾经证明过的结论 B,M,A,C 为调和点列,且 $QB \perp QE$,所以 QB 平分 $\angle AQC$.

引申 11 设 AB,CD 是圆 O 的两条弦,且 AB 平分 CD,过 C,D 分别引圆的切线,设其交于点 P,求证:PO 是 $\angle APB$ 的平分线.

题目解说 本题来源于梁绍鸿《初等数学复习及研究(习题解答)》第 18 页第 22 题.

渊源探索 这是对 CD 相对于点 M 为定态状态下,对 $\angle CPO=\angle DPO$ 进行动态分析的结果.

方法透析 注意到 $OA=OB$,想一想应该怎样运用? 由两条弦相等,如何得到两个角相等? 回顾一下,在一个圆中,是否应该出现两个对应的圆周角?

证法 1 如图 14,由题意知,P,C,O,D 和 A,C,B,D 分别四点共圆,于是,由相交弦定理,知

$$MO \cdot PM = MC \cdot MD = MA \cdot MB$$

所以 P,A,O,B 四点共圆,所以

$$\angle APO = \angle ABO, \angle BPO = \angle OAB$$

而由

$$\angle OAB = \angle ABO \Rightarrow \angle APO = \angle BPO$$

证明完毕.

证法 2 如图 14,由题意知,P,C,O,D 和 A,C,B,D 分别四点共圆,于是,由相交弦定理,知

$$MO \cdot PM = MC \cdot MD = MA \cdot MB$$

所以 P,A,O,B 四点共圆,而 $OA=OB$,所以 $\angle APO=\angle BPO$,故结论获证.

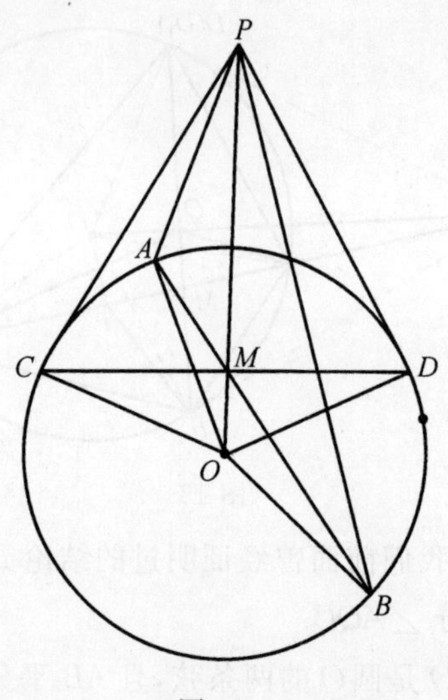

图 14

引申 12　在完全四边形 $ABCDEF$ 中，对角线 AD 所在直线交 BF 于点 H，交 CE 于点 G，则

$$\frac{1}{AH}+\frac{1}{AG}=\frac{2}{AD}\Leftrightarrow\frac{HD}{HA}=\frac{GD}{GA}$$

题目解说　这是一道常见习题，上一节曾对此题做过一次探讨，这里再次提出来更是呼应本节开头提出的命题的类似结构，并给出一个好的解法分析.

渊源探索　这是对完全四边形构图进行进一步思考的结果.

方法透析　从第一个式子的结构联想张角定理可能会有所帮助，从第二个式子联想有关比例线段定理——塞瓦定理，梅涅劳斯定理等.

证法 1　先证明$\frac{1}{AH}+\frac{1}{AG}=\frac{2}{AD}$，运用张角定理.

如图 15，记 $\angle CAG=\alpha$，$\angle GAE=\beta$，从点 A 出发的线段 $AX=x$（比如 $AB=b$），分别在 $\triangle ABF$，$\triangle ACE$ 中关于 AH，AG 运用张角定理，得

$$\frac{\sin\beta}{b}+\frac{\sin\alpha}{f}=\frac{\sin(\alpha+\beta)}{h}$$

$$\frac{\sin\beta}{c}+\frac{\sin\alpha}{e}=\frac{\sin(\alpha+\beta)}{g}$$

$$\Rightarrow\sin\beta\left(\frac{1}{b}+\frac{1}{c}\right)+\sin\alpha\left(\frac{1}{e}+\frac{1}{f}\right)=\sin(\alpha+\beta)\left(\frac{1}{h}+\frac{1}{g}\right)\qquad(1)$$

在 $\triangle ACF$，$\triangle ABE$ 中关于 AD 运用张角定理，得

$$\frac{\sin\beta}{b}+\frac{\sin\alpha}{e}=\frac{\sin(\alpha+\beta)}{d}$$

$$\frac{\sin\beta}{c}+\frac{\sin\alpha}{f}=\frac{\sin(\alpha+\beta)}{d}$$

$$\Rightarrow \sin\beta\left(\frac{1}{b}+\frac{1}{c}\right)+\sin\alpha\left(\frac{1}{e}+\frac{1}{f}\right)=\frac{2\sin(\alpha+\beta)}{d} \tag{2}$$

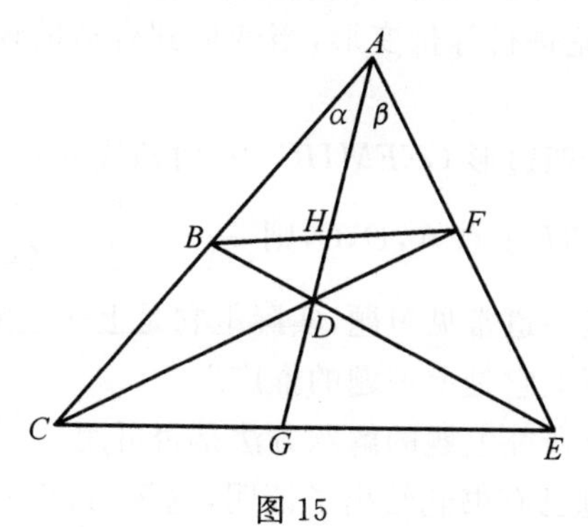

图 15

对比式(1)(2) 即得$\frac{1}{h}+\frac{1}{g}=\frac{2}{d}$,从而

$$\frac{1}{AH}+\frac{1}{AG}=\frac{2}{AD}$$

又由

$$\frac{1}{AH}+\frac{1}{AG}=\frac{2}{AD}\Leftrightarrow \frac{HD}{HA}=\frac{GD}{GA}$$

事实上,有

$$\begin{aligned}\frac{1}{AH}+\frac{1}{AG}=\frac{2}{AD}&\Leftrightarrow \frac{1}{AH}+\frac{1}{AG}=\frac{2}{HA+HD}\\&\Leftrightarrow AG(HA+HD)+AG(HA+HD)=HA\cdot GA\\&\Leftrightarrow HA\cdot GD=HD\cdot GA\\&\Leftrightarrow \frac{HD}{HA}=\frac{GD}{GA}\end{aligned}$$

由此结论获证.

证法 2 证明$\frac{1}{AH}+\frac{1}{AG}=\frac{2}{AD}$,只需证明$\frac{HD}{HA}=\frac{GD}{GA}$即可.

在 $\triangle ABD$ 中,关于点 F 运用塞瓦定理,得

$$1=\frac{AC}{CB}\cdot\frac{BE}{ED}\cdot\frac{DH}{HA}$$

在 $\triangle ABD$ 中,关于直线 CGE 运用梅涅劳斯定理,得

$$1=\frac{AC}{CB}\cdot\frac{BE}{ED}\cdot\frac{GD}{GA}$$

由上述两个式子立刻得到$\frac{HD}{HA}=\frac{GD}{GA}$.

注 从上述的两个证明可以看出，证法1是直接证明结论的第一个式子，而证法2则是证明与其等价的第二个式子，由此可见，在解决一些问题时，有时候需要对欲证明的结论进行等价变形，当变形到合适的地方时再着手行动，往往容易克敌制胜！

引申13 在完全四边形$OEFMHG$中，对角线EG与FH交于点M，直线OB分别交EH，EG，FH于点A，D，C，则$\frac{1}{OA}+\frac{1}{OB}=\frac{1}{OC}+\frac{1}{OD}$.

题目解说 这是一道常见习题，实际上它是上一题的推广.

渊源探索 实际上它是上一题的推广.

方法透析 继续研究上题的解题方法是否可用.

证明 关于本题已有书刊给出了证明，这里给出一个运用张角定理的证明方法.

如图16，记$\angle FOB=\alpha$，$\angle GOB=\beta$，从点O出发的线段$OX=x$(比如$OB=b$)，分别在$\triangle OEH$，$\triangle OFG$中关于OA，OB运用张角定理，得

$$\frac{\sin\beta}{e}+\frac{\sin\alpha}{h}=\frac{\sin(\alpha+\beta)}{a}$$

$$\frac{\sin\beta}{f}+\frac{\sin\alpha}{g}=\frac{\sin(\alpha+\beta)}{b}$$

$$\Rightarrow\left(\frac{1}{a}+\frac{1}{b}\right)\sin(\alpha+\beta)=\left(\frac{1}{e}+\frac{1}{f}\right)\sin\beta+\left(\frac{1}{g}+\frac{1}{h}\right)\sin\alpha \quad (1)$$

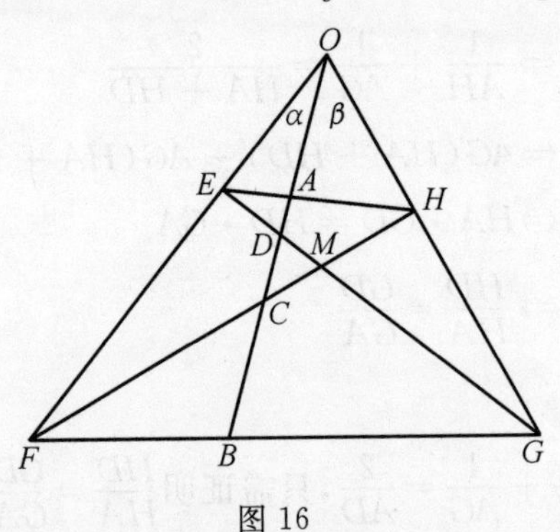

图16

在$\triangle OEG$，$\triangle OFH$中，关于OC运用张角定理，得

$$\frac{\sin\beta}{e}+\frac{\sin\alpha}{g}=\frac{\sin(\alpha+\beta)}{d}$$

$$\frac{\sin\beta}{f}+\frac{\sin\alpha}{h}=\frac{\sin(\alpha+\beta)}{c}$$

$$\Rightarrow \sin\beta\left(\frac{1}{e}+\frac{1}{f}\right)+\sin\alpha\left(\frac{1}{g}+\frac{1}{h}\right)=\left(\frac{1}{d}+\frac{1}{c}\right)\sin(\alpha+\beta) \tag{2}$$

对比式(1)(2)即得$\frac{1}{d}+\frac{1}{c}=\frac{1}{a}+\frac{1}{b}$,即

$$\frac{1}{OA}+\frac{1}{OB}=\frac{1}{OC}+\frac{1}{OD}$$

注 当D,C与点M重合时,本结论就变成上一题,即本题推广了上题.

§9 对一道有关面积竞赛题的研究

题目 锐角$\triangle ABC$中,$\angle A$的平分线交BC于点L,交$\triangle ABC$的外接圆于点N,$LK\perp AB$于点K,$LM\perp AC$于点M,则$S_{\triangle ABC}=S_{四边形AKNM}$.

题目解说 本题为1988年第28届IMO试题.

证法1 如图1,联结KM,则由已知条件知$KM\perp AN$,A,K,L,M四点共圆,且AL是该圆的直径,结合正弦定理,所以

$$S_{四边形AKNM}=\frac{1}{2}AN\cdot KM$$

(在$\triangle AKM$中运用正弦定理,A,K,L,M四点共圆,AL为直径)

$$=\frac{1}{2}AN\cdot AL\sin A$$

$$S_{\triangle ABC}=\frac{1}{2}AB\cdot AC\sin A$$

于是,要证明结论,只需证明

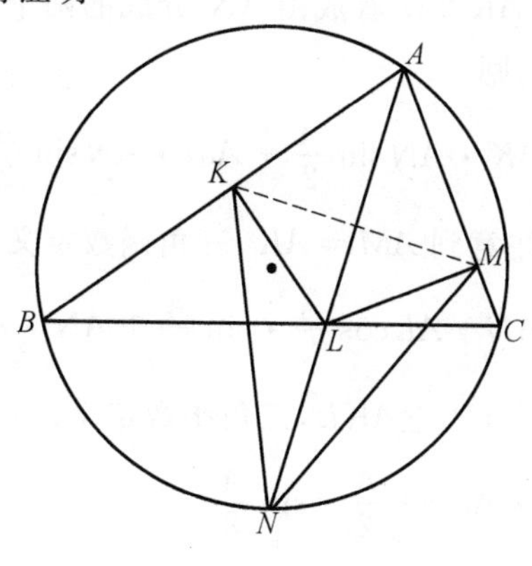

图1

$$AL \cdot AN = AB \cdot AC$$

而这可由 $\triangle ABN \backsim \triangle ALC$ 立刻得到,从而命题获证.

注 这个证明充分运用了四边形的对角线互相垂直这一重要潜在性质,进一步利用四边形面积公式中的对角线形式,以及相似形来解决问题.

证法2 如图1,注意到 AN 平分 $\angle A$,于是,可设从 N 到边 AB,AC 的距离为 h,注意到 $AK = AM$,则

$$S_{\text{四边形}AKNM} = \frac{1}{2}h(AK + AM)\text{(}AM = AK\text{,三角函数定义)}$$

$$= \frac{1}{2}AN\sin\frac{A}{2}\cdot 2AK\text{(Rt}\triangle AKL\text{,三角函数定义)}$$

$$= \frac{1}{2}AN\sin\frac{A}{2}\cdot 2AL\cos\frac{A}{2}$$

$$= \frac{1}{2}AN \cdot AL\sin A$$

又

$$S_{\triangle ABC} = \frac{1}{2}AB \cdot AC\sin A$$

于是,要证明结论,只需证明

$$AL \cdot AN = AB \cdot AC$$

而这可由 $\triangle ABN \backsim \triangle ALC$ 立刻得到,从而命题获证.

注 上述两个证明都多少含有一些三角函数的气息,有无纯正的平面几何方法呢?这是我们在做完一道题目之后的习惯思考,因为我们做的是平面几何题目啊!

证法3 将四边形 $AKNM$ 看成由 AN 分成的两个三角形,进而运用两边夹角的三角形面积公式,则

$$S_{\text{四边形}AKNM} = \frac{1}{2}\left(AK \cdot AN\sin\frac{A}{2} + AM \cdot AN\sin\frac{A}{2}\right)$$

(注意到 $AM = AK$,三角函数定义)

$$= \frac{1}{2}\left(AN \cdot AL\cos\frac{A}{2}\cdot\sin\frac{A}{2} + AN \cdot AL\cos\frac{A}{2}\cdot\sin\frac{A}{2}\right)$$

(Rt$\triangle AKL$,三角函数定义)

$$= AN \cdot AL\cos\frac{A}{2}\cdot\sin\frac{A}{2}$$

$$= \frac{1}{2}AN \cdot AL\sin A$$

又

$$S_{\triangle ABC}=\frac{1}{2}\cdot AB\cdot AC\sin A$$

于是,要证明结论,只需证明

$$AL\cdot AN=AB\cdot AC$$

而这可由 $\triangle ABN\backsim\triangle ALC$ 立刻得到,从而命题获证.

证法 4 如图 2,作 $EC\perp AC$ 交 AN 于点 E,作 $ED\perp AB$,$NY\perp AB$,$NX\perp AC$,点 D,Y,X 分别为垂足,设从 N 到边 AB,AC 的距离为 h,由题意知,$AK=AM$,$AY=AX$,由

$$NY=NX,NB=NC(\text{等弧所对应的弦长})\Rightarrow\triangle NYB\cong\triangle NXC,BY=CX$$

进一步

$$\Rightarrow\triangle YNE\cong\triangle XNE,DY=CX\Rightarrow DY=YB$$

同理可得 $DK=DY$,从而,由 $LE=EN=NF\Rightarrow AE+AF=2AN$,而

$$S_{\triangle ABC}=\frac{1}{2}AB\cdot LK+\frac{1}{2}AC\cdot LM$$

$$S_{\text{四边形}AKNM}=\frac{1}{2}AK\cdot h+\frac{1}{2}AM\cdot h=AK\cdot h=AM\cdot h$$

注意到

$$S_{\triangle AKN}=S_{\triangle AMN}=\frac{1}{2}S_{\text{四边形}AKNM}$$

从而结论等价于

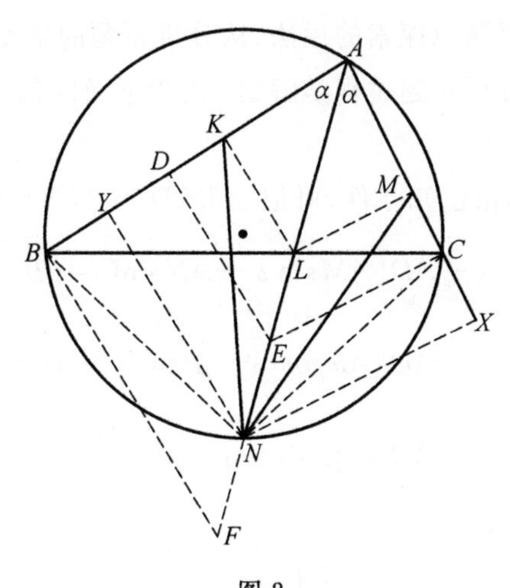

图 2

$$\frac{S_{\triangle ABC}}{S_{S_{\text{四边形}AKNM}}}=\frac{\frac{1}{2}(AB\cdot LK+AC\cdot LM)}{\frac{1}{2}(AK\cdot h+AM\cdot h)}=\frac{AB\cdot LK+AC\cdot LM}{AK\cdot h+AM\cdot h}$$

$$=\frac{AB\cdot LK}{2AK\cdot h}+\frac{AC\cdot LM}{2AM\cdot h}=\frac{1}{2}\left(\frac{AB}{AK}\cdot\frac{LK}{h}+\frac{AC}{AM}\cdot\frac{LM}{h}\right)$$

$$=\frac{1}{2}\left(\frac{AF}{AL}\cdot\frac{AL}{AN}+\frac{AE}{AL}\cdot\frac{AL}{AN}\right)=\frac{1}{2}\left(\frac{AF}{AN}+\frac{AE}{AN}\right)=1$$

故命题获证.

注 (1) 这个证明没有逃出平面几何的魔掌,属于纯正的平面几何方法,虽然多了一些辅助线,但完全适合初中学生的知识基础.其成功的根基来自于 AN 平分四边形 $AKNM$ 的面积,请大家记住!

(2) 一个直接推论:$S_{\triangle NKL}=S_{\triangle NLM}$.(这是一个看起来没有多大意义的结论!切记,有无意义不是现在说了算,后面再看其是否无意义!)

(3) 本题证明的本质在于抓住了角平分线与角的两边成等角的思路,如果抓住了这个思路继续前行,会获得哪些信息呢?将角平分线一分为二,即:

引申1 在锐角 $\triangle ABC$ 的边 BC 上有两点 E,F,满足 $\angle BAE=\angle CAF$,作 $FM\perp AB$ 于点 M,$FN\perp AC$ 于点 N,延长 AE 交 $\triangle ABC$ 的外接圆于点 D,证明:$S_{\triangle ABC}=S_{\text{四边形}AMDN}$.

题目解说 本题为2000年全国高中数学联赛加试题.

渊源探索 将上题中的角平分线一分为二(AD,AF)并保持 $\angle BAD=\angle CAF$,即得本题,这样我们便找到了一条命题的绝佳途径!

方法透析 按照渊源探索的说法,从分析原题的解题过程学解新题——即从我的解题观“从分析解题过程学解题”去探索新问题的解法是学习数学解题的灵丹妙药.

证法1 如图3,由已知条件,可记 $\angle BAD=\angle CAF=\alpha,\angle DAF=\beta$,则

$$S_{\text{四边形}AMDN}=\frac{1}{2}AD[AM\sin\alpha+AN\sin(\alpha+\beta)]$$

$$=\frac{1}{2}AD[AF\cos(\alpha+\beta)\sin\alpha+AF\cos\alpha\sin(\alpha+\beta)]$$

$$=\frac{1}{2}AD\cdot AF\sin(2\alpha+\beta)=\frac{1}{2}AD\cdot AF\sin A$$

而

$$S_{\triangle ABC}=\frac{1}{2}AB\cdot AC\sin A$$

所以只需证明 $AD\cdot AF=AB\cdot AC$，而这可由 $\triangle ABD\backsim\triangle AFC$ 立刻得到，从而命题获证.

注　本证明用到了垂直关系.

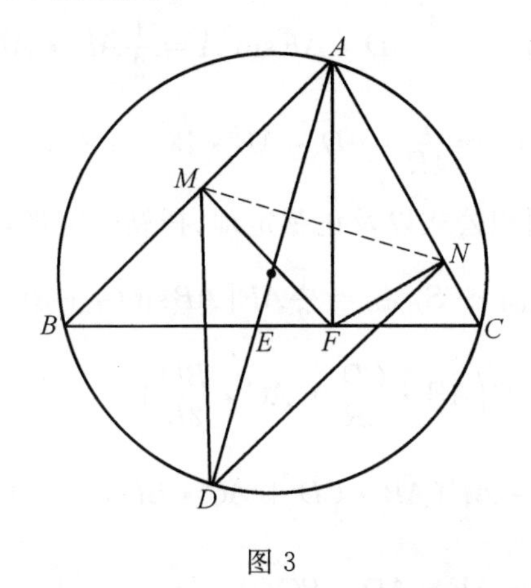

图 3

证法 2　如图 3，联结 MN，则由已知条件 $FM\perp AB$，$FN\perp AC$ 知，A，M，F，N 四点共圆，记 $\angle BAD=\angle CAF=\alpha$，$\angle DAE=\beta$，所以，由四边形面积公式，知

$$S_{四边形AMDN}=S_{\triangle AMD}+S_{\triangle ADN}=\frac{1}{2}AD[AM\sin\alpha+AN\sin(\alpha+\beta)]\qquad(1)$$

注意到 A，M，F，N 四点确定的圆的半径为 AF，由托勒密定理以及正弦定理，知

$$\begin{aligned}AF\cdot MN=AM\cdot FN+AN\cdot FM&\Leftrightarrow AF\cdot AF\sin A\\&=AM\cdot AF\sin\alpha+AN\cdot AF\sin(\alpha+\beta)\\&\Rightarrow AF\cdot\sin A=AM\cdot\sin\alpha+AN\cdot\sin(\alpha+\beta)\qquad(2)\end{aligned}$$

将式(2) 代入式(1)，得

$$S_{四边形AKNM}=\frac{1}{2}AD\cdot AF\sin A\qquad(3)$$

于是，要证明结论，只需证明

$$AD\cdot AF=AB\cdot AC$$

而这可由 $\triangle ABD\backsim\triangle AFC$ 立刻得到，从而命题获证.

注　本结论相当于是将上题中 $\angle A$ 的平分线一分为二后得到的，表现出命题人具有相当高超的命题技巧，为我们提供了一个很好的命题思路. 本证明用到了正弦定理、托勒密定理以及三角形相似等平面几何知识，还有特别值得一提的是托勒密定理的三角形式(2)，这是含有圆的直径的一种表达式.

另外,本证明的关键是运用了 $\mathrm{Rt}\triangle ABD \backsim \mathrm{Rt}\triangle AFC$.

证法 3 如图 3,设 $\triangle ABC$ 外接圆的半径为 R,则由证法 2,以及正弦定理,得

$$S_{\text{四边形}AMDN}=\frac{1}{2}AD\cdot AF\sin A=\frac{1}{2}AD\cdot AF\cdot\frac{BC}{2R}$$
$$=\frac{1}{4R}\cdot AD\cdot AF\cdot BC$$

另外,由三角形面积公式以及正弦定理、托勒密定理,有

$$S_{\triangle ABC}=S_{\triangle ABF}+S_{\triangle AFC}=\frac{1}{2}AF[AB\sin(\alpha+\beta)+AC\sin\alpha]$$
$$=\frac{1}{2}AF\left(AB\cdot\frac{CD}{2R}+AC\cdot\frac{BD}{2R}\right)$$
$$=\frac{1}{4R}\cdot AF(AB\cdot CD+AC\cdot BD)$$
$$=\frac{1}{4R}\cdot AF\cdot AD\cdot BC$$

于是,要证明结论,只需证明

$$AD\cdot AF=AB\cdot AC$$

而这可由 $\triangle ABD\backsim\triangle AFC$ 立刻得到,从而命题获证.

评注 (1) 这里也可以直接运用三角形式的托勒密定理,会更加简捷.

(2) 一个新发现:若设 AD 与 MN 的夹角为 θ,则由四边形面积公式以及证法 2 中的(3) 知

$$\frac{1}{2}AD\cdot AF\sin A=S_{\text{四边形}AMDN}=\frac{1}{2}AD\cdot MN\sin\theta=\frac{1}{2}AD\cdot AF\sin A\cdot\sin\theta$$
$$\Rightarrow\sin\theta=1$$

所以 $AD\perp MN$.

注 (1) 本题条件中没有两边或两角相等的条件,通过构造圆的直径获得两个等角是成功解题的关键.

(2) 其实,证法 3 并未用到题述的垂直线段关系,所以,不必去挖掘隐含的垂直关系,也可以推广到一般情形:

引申 2 如图 4,设 AD 为锐角 $\triangle ABC$ 的边 BC 上的高线,AG 为 $\triangle ABC$ 外接圆的直径,并交 BC 于点 H,$HE\perp AB$,$HF\perp AC$,求证:$AD\perp EF$.

题目解说 本题为一道新题.

渊源探索 本题是对上题进行换位思考而得到的.

方法透析 除去上面的证明方法之外,看看有无不采用面积法的新方法.

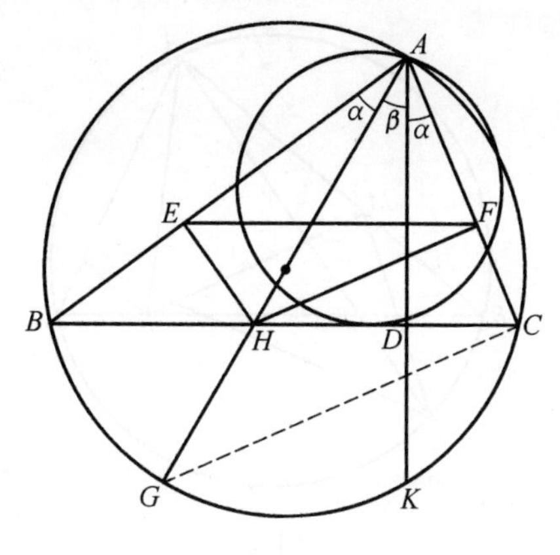

图 4

证明 如图 4,联结 CG,则 $CG\perp AC$,再结合条件知

$$HF\ /\!/\ CG\Rightarrow AC\perp HF,\mathrm{Rt}\triangle ABG\backsim\mathrm{Rt}\triangle ADC$$
$$\Rightarrow\angle BAG=\angle CAD$$

又 A,E,H,F 四点共圆 $\Rightarrow\angle EHF=\angle EAH=\angle CAD\Rightarrow AD\perp EF$.

评注 本题是通过换位思考而产生的一道新题,其证明主要用到了两边分别垂直的角相等的逆定理.

引申 3 在锐角 $\triangle ABC$ 的边 BC 上有两点 E,F,满足 $\angle BAE=\angle CAF$,在 AB,AC 上取点 M,N,使得 A,M,F,N 四点共圆,延长 AE 交 $\triangle ABC$ 的外接圆于点 D,证明:$S_{\triangle ABC}=S_{四边形AMDN}$.

题目解说 本题为《中等数学》2006 年第 5 期第 16 页的一道好题.

渊源探索 引申 1 的证明实质上是由垂直关系获得 A,M,F,N,四点共圆,但是证法 3 并未用到垂直关系,仅用到托勒密定理,于是便产生不涉及垂直,仅要求四点共圆的思考,这样便获得一道新题.

方法透析 沿用引申 1 的证法 3 显然是明智的选择.

证法 1 如图 5,设 $\angle BAD=\angle CAF=\alpha,\angle EAF=\beta,\triangle ABC$ 外接圆的半径为 R,四边形 $AMFN$ 外接圆的半径为 r,则

$$S_{四边形AMDN}=S_{\triangle AMD}+S_{\triangle ADN}=\frac{1}{2}AD[AM\sin\alpha+AN\sin(\alpha+\beta)]\tag{1}$$

又在圆内接四边形 $AMFN$ 中 ,运用托勒米定理,有

$$AF\cdot MN=AM\cdot FN+AN\cdot MF\tag{2}$$

由正弦定理,知

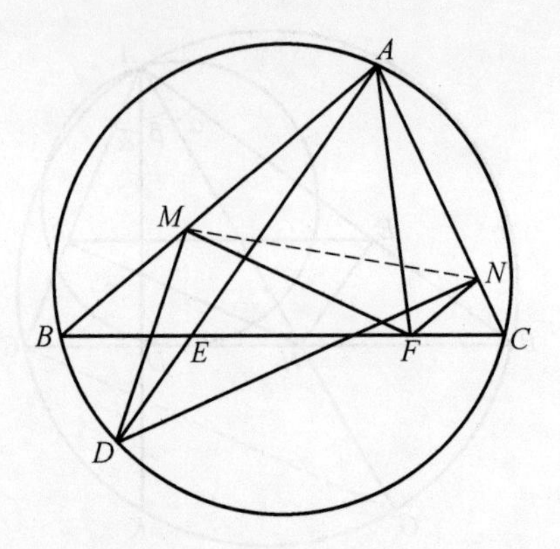

图 5

$$MF = 2r\sin(\alpha + \beta)$$
$$MN = 2r\sin(2\alpha + \beta)$$
$$FN = 2r\sin\alpha$$

将此三式代入到式(2),得

$$AF\sin(2\alpha + \beta) = AM\sin\alpha + AN\sin(\alpha + \beta) \tag{3}$$

再将式(3) 代入到式(1),得

$$S_{\text{四边形}AMDN} = \frac{1}{2}AD[AM\sin\alpha + AN\sin(\alpha + \beta)]$$
$$= \frac{1}{2}AD \cdot AF\sin(2\alpha + \beta)$$
$$= \frac{AF}{4R} \cdot AD \cdot BC$$

由面积公式,以及正弦定理,知

$$S_{\triangle ABC} = S_{\triangle ABF} + S_{\triangle AFC} = \frac{1}{2}AF[AB\sin(\alpha + \beta) + AC\sin\alpha]$$
$$= \frac{1}{4R} \cdot AF(AB \cdot CD + AC \cdot BD)$$

又根据托勒密定理知

$$S_{\triangle ABC} = \frac{AF}{4R} \cdot AD \cdot BC$$

故

$$S_{\triangle ABC} = S_{\text{四边形}AMDN}$$

证法 2 由证法 1,得

$$S_{\text{四边形}AMDN} = \frac{1}{2}AD[AM\sin\alpha + AN\sin(\alpha + \beta)]$$

$$=\frac{1}{2}AD\cdot AF\sin A$$

又

$$S_{\triangle ABC}=\frac{1}{2}AB\cdot AC\sin A$$

于是,要证明结论,只需证明

$$AD\cdot AF=AB\cdot AC$$

而这可由 $\triangle ABD\backsim\triangle AFC$ 立刻得到,从而命题获证.

注 托勒密定理的三角形式为

$$AF\sin A=AM\sin\alpha+AN\sin(\alpha+\beta)$$

在上面的证明中曾多次用到,这表明其意义重大!

证法 3 运用四边形对角线型的面积公式.

如图 6,设 AD 与 MN 交于点 P,运用外角定理可得

$$\begin{aligned}\angle APN&=\angle PAM+\angle PMA\\&=\angle FAN+\angle AFN\\&=180^\circ-\angle ANF\end{aligned}$$

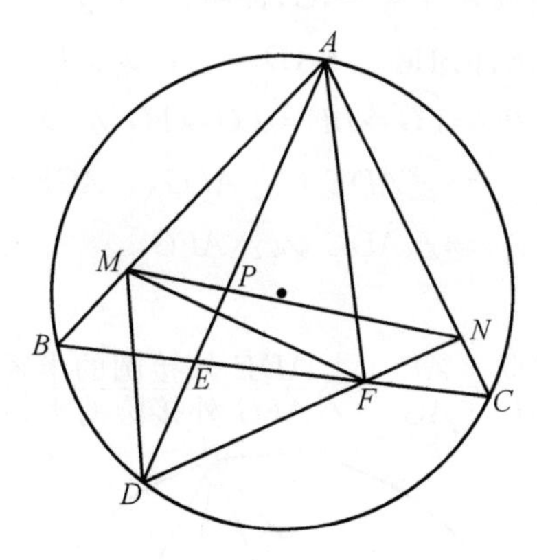

图 6

所以

$$S_{\text{四边形}AMDN}=\frac{1}{2}AD\cdot MN\sin\angle APN$$

$$=\frac{1}{2}AD\cdot MN\sin\angle ANF$$

$$\left(\text{因为}\frac{MN}{\sin A}=\frac{AF}{\sin\angle ANF}\right)$$

$$=\frac{1}{2}AD\cdot AF\sin\angle A$$

而

$$S_{\triangle ABC}=\frac{1}{2}AB\cdot AC\sin\angle A$$

所以,只需证明 $AD\cdot AF=AB\cdot AC$ 即可,而这可由 $\triangle ABD\backsim\triangle AFC$ 立刻得到,从而命题获证.

评注 (1) 这个证明是直接对原问题引申 1 的证法 1 进行思考的结果.

(2) 由上面的证明过程可知

$$S_{\text{四边形}AMDN}=\frac{1}{2}AD\cdot MN\cdot\sin\angle APN$$

$$S_{\text{四边形}AMDN}=\frac{1}{2}AD\cdot AF\cdot\sin\angle A=\frac{1}{2}AD\cdot MN\cdot\sin\angle AMF$$

所以 $\sin\angle APN=\sin\angle AMF$,即 AE,MN 的夹角与 AB,FM 的夹角相等,亦即我们又可以得到一道好题目.

(3) 在锐角 $\triangle ABC$ 的边 BC 上有两点 D,E,满足 $\angle BAD=\angle CAG$,延长 AD,AE 交 $\triangle ABC$ 的外接圆于点 F,G,证明:$\triangle ADE\backsim\triangle AFG$.

证明 如图 7,由条件知道 $\angle BAD=\angle CAG$,所以

$$\overset{\frown}{BF}=\overset{\frown}{CG}\Rightarrow BF=CG\Rightarrow FG\parallel DE$$

$$\Rightarrow\angle ADE=\angle AFG,\angle AGF=\angle AED$$

$$\Leftrightarrow\triangle ADE\backsim\triangle AFG$$

进一步得

$$\frac{AD}{AF}=\frac{AE}{AG}=\frac{\triangle ADE\text{ 外接圆的半径}}{\triangle AFG\text{ 外接圆的半径}}$$

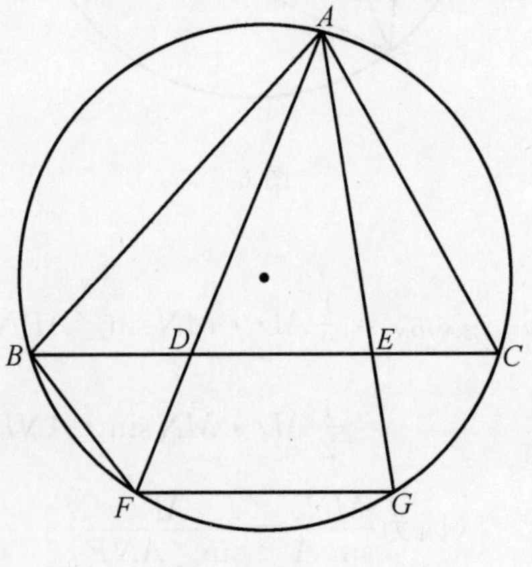

图 7

注 本结论很有用.

引申 4 给定锐角 $\triangle ABC$,点 O 为其外心,直线 AO 交边 BC 于点 D,动点 E,F 分别位于边 AB,AC 上,使得 A,E,D,F 四点共圆,求证:线段 EF 在 BC 上的投影长度为定值.

题目解说 本题出自 2004 年女子数学竞赛,参见《中等数学》2006 年第 5 期第 16 页.

渊源探索 由上题的条件和证明可知,$\angle BAD=\angle CAP$ 是解决问题的根本,那么,舍弃其中一个角,隐藏另外一个角,让学生去寻找另外一个角,这有利于考查学生的思维能力,一个特例是,当上述两个角有一条边经过圆心时,有了直径所对的圆周角为直角,则需另外构造一个直角,那么这个角就需要去通过作垂线获得,从而获得两个角相等的信息.

方法透析 “从分析解题过程学解题”是我们解题的一贯主张,即抓住上题的解题过程去分析新问题的解法是走向成功的灵丹妙药!

证明 如图 8,延长 AD 交 $\triangle ABC$ 的外接圆于点 Q,作 $AH\perp BC$,并延长交 $\triangle ABC$ 的外接圆于点 P,E,F 在 BC 上的投影分别为 M,N,记 EF 与 PA 的夹角为 α,则由题设,知

$$\angle BAD=90^\circ-\angle BQA=90^\circ-\angle BCA=\angle PAC$$

由引申 3,知

$$S_{四边形AEPF}=S_{\triangle ABC}(定值)$$

又 $S_{四边形AEPF}=\frac{1}{2}PA\cdot EF\sin\alpha$,且 PA 为定值,所以 $EF\sin\alpha$ 为定值,而

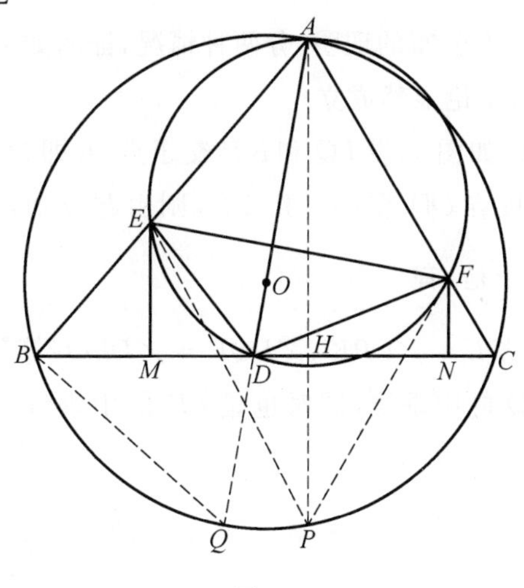

图 8

$PA \perp BC$，所以 $MN = EF\sin\alpha$ 为定值.

注 (1) 本题中没有出现上题图形中的两边及两个等角，但是有圆的一条直径，所以，需要引从点 A 到其对边的垂线，促成两个等角的出现.

(2) 本证明添加辅助线 $AH \perp BC$ 以及延长线 AP，是源于对 $\triangle ABQ \backsim \triangle AHC$ 或者 $\triangle ABD \backsim \triangle APC$ 的考虑，进而构造出 $S_{\text{四边形}AEPF} = S_{\triangle ABC}$（定值），再利用前面多次使用过的结论：$S_{\text{四边形}AEPF} = \frac{1}{2}PA \cdot EF\sin\alpha$，从而得到 $MN = EF\sin\alpha$ 为定值.

(3) 以上几道题目都是在 $\angle A$ 的内侧构造两个等角，以及在相关四点是否共圆上做文章，可否换一个思路？

引申 5 在 $\triangle ABC$ 中，$\angle BCA$ 的平分线与 $\triangle ABC$ 的外接圆交于点 R，与边 BC 的垂直平分线交于点 P，与边 AC 的垂直平分线交于点 Q，设 K，L 分别是边 BC，CA 的中点，证明：$S_{\triangle RPK} : S_{\triangle RQL}$.

题目解说 本题为 2007 年第 48 届 IMO 第 4 题.

渊源探索 将本节开头所给题目中的两垂线的垂足特殊化，看看有无新的发现，例如将两个垂足运动到两边上的中点位置，但这时的两条垂线与 CR 未必交于一点，即上题中的四边形就不存在了，亦即不能考虑四边形的面积了. 进而考虑其他的信息，比如考虑三角形的面积 —— 注意到本节开头所给题目后面的注(3)，这样就得到了本题.

方法透析 从角平分线和中垂线入手得到两个相似的等腰三角形是"看破"本问题的关键.

证法 1 先看官方公布的证明. 分两种情况，证明如下：

当 $CA = CB$ 时，结论显然成立.

当 $CA \neq CB$ 时，如图 9，设 LQ 和 KP 交于点 O，即 O 为 $\triangle ABC$ 外心，联结 BP，AQ 交于点 D，联结 OD 交 CR 于点 E，则由题设知，等腰 $\triangle PBC \backsim$ 等腰 $\triangle QAC$，$\frac{LQ}{PK} = \frac{CQ}{CP}$，于是，有

$$\angle OQP = \angle CQL = \angle CPK，\angle DQP = \angle DPQ（等角的补角相等）$$

所以，OD 是 PQ 的中垂线，同时也是 CR 的中垂线，从而 $CQ = PR$，或者 $CP = QR$，于是，有

$$\frac{S_{\triangle RQL}}{S_{\triangle PRK}} = \frac{\frac{1}{2} \cdot QL \cdot QR \cdot \sin\angle LQR}{\frac{1}{2} \cdot PK \cdot PR \cdot \sin\angle KPR} = \frac{LQ}{PK} \cdot \frac{RQ}{RP}$$

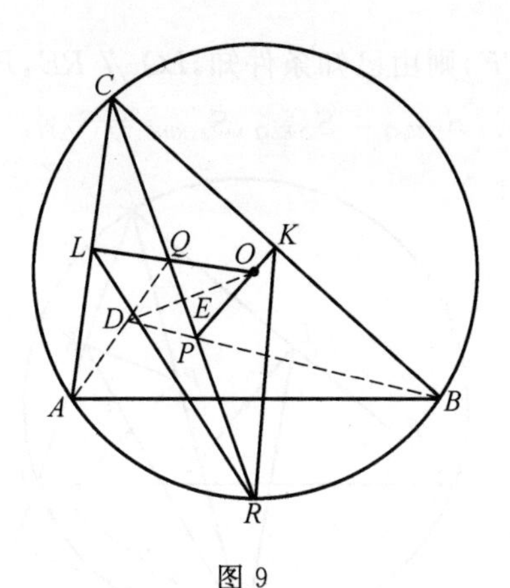

图 9

$$(\text{等腰 } \triangle PBC \backsim \text{等腰 } \triangle QAC)$$

$$=\frac{CQ}{CP}\cdot\frac{RQ}{RP}(CQ=PR, CP=RQ)=1$$

即 $S_{\triangle RPK}=S_{\triangle RQL}$.

注 这是一种直接证明，其中，寻求并推证 OD 垂直平分 PQ 是解决本题的关键所在，沈毅在《中学数学月刊》2008 年第 8 期上给出了一种推广.

证法 2 由三角形面积公式以及上面证明过的结论知

$$S_{\triangle RLQ}=S_{\triangle CLR}-S_{\triangle CLQ}=\frac{1}{2}\cdot CL\cdot\sin\frac{C}{2}(CR-CQ)$$

$$=\frac{1}{2}\cdot CL\cdot RQ\cdot\sin\frac{C}{2}$$

$$S_{\triangle RPK}=S_{\triangle CLR}-S_{\triangle CLQ}=\frac{1}{2}\cdot CK\cdot\sin\frac{C}{2}(CR-CP)$$

$$=\frac{1}{2}\cdot CK\cdot PR\cdot\sin\frac{C}{2}$$

所以

$$\frac{S_{\triangle RLQ}}{S_{\triangle RPK}}=\frac{CL\cdot RQ}{CK\cdot PR}=\frac{CL}{CK}\cdot\frac{RQ}{PR}$$

$$=\frac{b}{a}\cdot\frac{RQ}{PR}=\frac{b}{a}\cdot\frac{PC}{CQ}$$

$$\Rightarrow\frac{b}{a}\cdot\frac{a}{b}=1$$

其中，$CK=a, CL=b$.

证法 3 陕西吕建恒的证明，参考《中学数学月刊》2008 年第 7 期第 40 页.

如图 10，不妨设 $CA>CB$，联结 RA, RB，作 $RE\perp AC, RF\perp BC, E, F$ 分别

为垂足，再联结 EQ，PF，则由已知条件知，$LQ \parallel RE$，$PK \parallel RF$，所以

$$S_{\triangle RLQ}=S_{\triangle ELQ},S_{\triangle RPK}=S_{\triangle FPK}$$

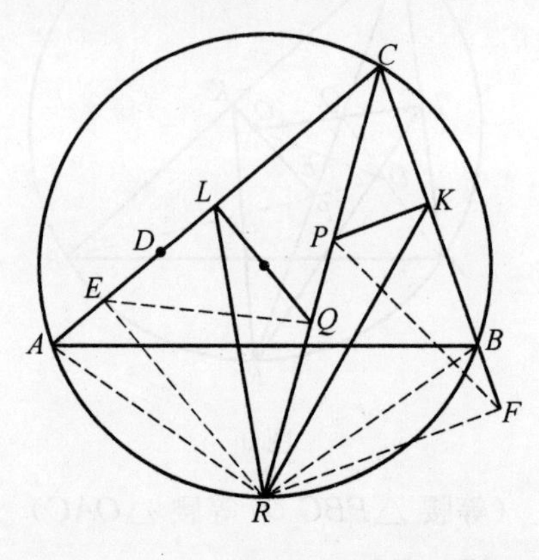

图 10

又由 CR 平分 $\angle ACB$ 知，$RA=RB$，$RE=RF$，所以 $\text{Rt}\triangle REA \cong \text{Rt}\triangle RFB$，即 $EA=FB$，在 CA 上找一点 D，使得 $EA=ED$，于是，有

$$\triangle RED \cong \triangle REA \cong \triangle RFB \Rightarrow CD=CB$$

$$\begin{aligned}KF=KB+FB&=\frac{1}{2}CB+EA\\&=\frac{1}{2}CB+\frac{1}{2}AD\\&=\frac{1}{2}CB+\frac{1}{2}(CA-CD)\\&=\frac{1}{2}CB+\frac{1}{2}(CA-CB)\\&=\frac{1}{2}CA\end{aligned}$$

$$\begin{aligned}LE=LA-AE&=\frac{1}{2}CA-\frac{1}{2}AD\\&=\frac{1}{2}CA-\frac{1}{2}(CA-CD)\\&=\frac{1}{2}CA-\frac{1}{2}(CA-CB)\\&=\frac{1}{2}CB\end{aligned}$$

所以

$$S_{\triangle RLQ}=S_{\triangle ELQ}=\frac{1}{2}LE\cdot QL=\frac{1}{2}\cdot\frac{1}{2}CB\cdot CL\cdot\tan\frac{C}{2}$$

$$=\frac{1}{4}CB\cdot\frac{1}{2}CA\cdot\tan\frac{C}{2}=\frac{1}{8}CA\cdot CB\cdot\tan\frac{C}{2}$$

$$S_{\triangle RPK}=S_{\triangle FPK}=\frac{1}{2}FK\cdot PK=\frac{1}{2}\cdot\frac{1}{2}CA\cdot CL\cdot\tan\frac{C}{2}$$

$$=\frac{1}{4}CA\cdot\frac{1}{2}CB\tan\frac{C}{2}=\frac{1}{8}CA\cdot CB\cdot\tan\frac{C}{2}$$

即 $S_{\triangle RPK}=S_{\triangle RQL}$.

注 这个证明的着眼点是将三角形面积转化为与其等积的三角形面积，转化方法是利用平行线的性质 —— 等底等高的三角形面积相等（等积法），这里非常巧妙地利用了角平分线的性质. 解决本题的技巧是在 CA 上找一点 D，使得 $EA=ED$，这样就完成了后面的线段转化，值得记取. 美中不足的是添加的辅助线有六条之多，而且技巧性较高.

下面再给出一个较好的证明，其思考方向是：证明 $\triangle QAR\backsim\triangle CAB\backsim\triangle PRB$，再将目标线段用已知三角形中的线段或者已知相等线段来表示.

证法 4 运用三次三角形相似，结合两边与其夹角正弦乘积一半的三角形面积公式.

如图 11，联结 AQ,AR,BP,BR，则由已知条件知

$$\angle AQR=\angle QAC+\angle QCA=2\angle ACR=\angle C$$

同理可得 $\angle RPB=\angle C$. 又

$$\angle QRA=\angle ABC,\angle PRB=\angle BAC$$

所以 $\triangle QAR\backsim\triangle CAB\backsim\triangle PRB$，记 $\triangle ABC$ 的三边 BC,CA,AB 的长分别为 a,b,c，由 CR 平分 $\angle ACB$，得 $RA=RB$，令 $RA=RB=x$，于是由 $\triangle QAR\backsim\triangle CAB$，得

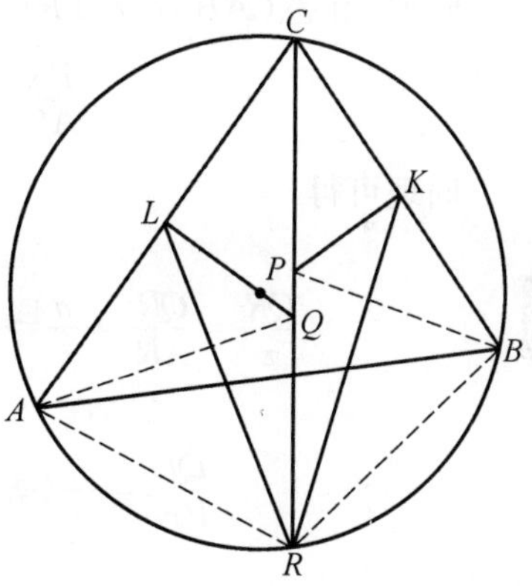

$$\frac{QR}{BC}=\frac{RA}{AB}\Rightarrow QR=\frac{a}{c}\cdot x$$

图 11

同理，由 $\triangle CAB\backsim\triangle PRB$，得

$$\frac{PR}{AC}=\frac{RB}{AB}\Rightarrow PR=\frac{b}{c}\cdot x$$

又由已知条件知，等腰 $\triangle QCA\cong$ 等腰 $\triangle PBC$，再注意到 CR 平分 $\angle ACB$，以及 $\angle QLC=\angle PKC=90^\circ$，$\angle LQR=\angle KPR$，同时

$$CL=LA=\frac{1}{2}CA=\frac{1}{2}b,CK=KB=\frac{1}{2}BC=\frac{1}{2}a$$

所以 $\angle LQR=\angle KPR$，从而

$$\frac{S_{\triangle RQL}}{S_{\triangle RPK}}=\frac{\frac{1}{2}\cdot QL\cdot QR\sin\angle LQR}{\frac{1}{2}\cdot PK\cdot PR\sin\angle KPR}=\frac{QL}{PK}\cdot\frac{QR}{PR}$$

$$=\frac{CL\tan\frac{C}{2}}{CK\tan\frac{C}{2}}\cdot\frac{\frac{a}{c}\cdot x}{\frac{b}{c}\cdot x}=\frac{b}{a}\cdot\frac{a}{b}=1$$

即 $S_{\triangle RPK}=S_{\triangle RQL}$.

注 这个证明还是用到了三角函数知识，不是很纯正的平面几何方法.

证法 5 这里给出一个纯正的平面几何方法.

如图 11，同证法 4 的论述，得到 $\triangle QAR\backsim\triangle CAB\backsim\triangle PRB$ 以及等腰 $\triangle QCA\backsim$ 等腰 $\triangle PBC$，$\angle LQR=\angle RPK$（等角的补角相等）.

由条件，令 $RA=RB=x$，于是，由 $\triangle QAR\backsim\triangle CAB$，得

$$\frac{QR}{BC}=\frac{RA}{AB}\Rightarrow QR=\frac{a}{c}\cdot x$$

同理，由 $\triangle CAB\backsim\triangle PRB$，得

$$\frac{PR}{AC}=\frac{RB}{AB}\Rightarrow PR=\frac{b}{c}\cdot x$$

同理可得

$$\frac{QR}{x}=\frac{QR}{AR}=\frac{a}{c}\Rightarrow QR=\frac{a}{c}\cdot x\Rightarrow\frac{QR}{RP}=\frac{\frac{a}{c}\cdot x}{\frac{b}{c}\cdot x}=\frac{a}{b}$$

$$\frac{QL}{PK}=\frac{b}{a}\text{（等腰 }\triangle QAB\backsim\text{ 等腰 }\triangle PBC\text{）}$$

所以

$$\frac{S_{\triangle RQL}}{S_{\triangle RPK}}=\frac{\frac{1}{2}\cdot QL\cdot QR\sin\angle LQR}{\frac{1}{2}\cdot PK\cdot PR\sin\angle KPR}$$

$$=\frac{QL}{PK}\cdot\frac{QR}{PR}(\triangle QAC\backsim\triangle PBC)$$

$$=\frac{AC}{BC}\cdot\frac{QR}{PR}=\frac{AC}{PR}\cdot\frac{QR}{BC}(\triangle QAC\backsim\triangle PBC)$$

$$=\frac{AB}{RB}\cdot\frac{RA}{AB}=1$$

即 $S_{\triangle RPK}=S_{\triangle RQL}$.

证法 6 运用三角形面积公式底乘以高之半.

同证法 4 的论述,得到 $\triangle QAR\backsim\triangle CAB\backsim\triangle PRB$,则由

$$\frac{QR}{CB}=\frac{QA}{CA}\Rightarrow QR=\frac{QA}{CA}\cdot a$$

$$\frac{PR}{CA}=\frac{PB}{BC}\Rightarrow PR=\frac{PB}{BC}\cdot b$$

如图 12,作 $LM\perp CR$,$KN\perp CR$(M,N 分别为垂足),则

$$\frac{S_{\triangle RQL}}{S_{\triangle RPK}}=\frac{\frac{1}{2}\cdot QR\cdot LM}{\frac{1}{2}\cdot PR\cdot KN}=\frac{QR\cdot CL}{PR\cdot CK}=\frac{QR\cdot b}{PR\cdot a}$$

$$=\frac{\frac{b}{a}\cdot QA\cdot b}{\frac{a}{b}\cdot PB\cdot a}=\frac{a}{b}\cdot\frac{QA}{PB}=\frac{a}{b}\cdot\frac{b}{a}=1$$

即结论获证.

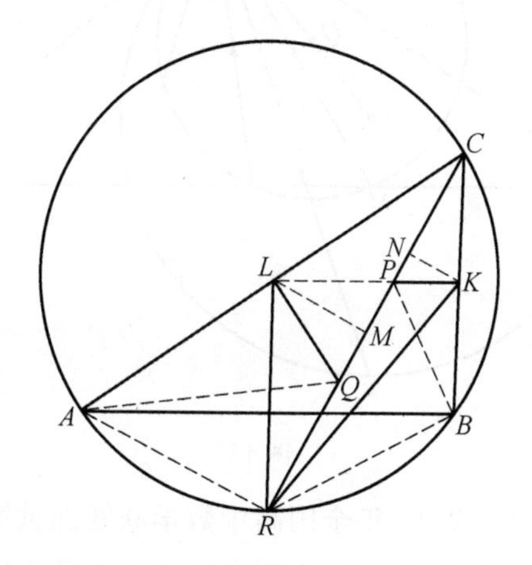

图 12

注 这是一个较为纯正的平面几何方法.

证法 7 同证法 3 的论述及作图 10,得

$$LE=\frac{1}{2}BC,KF=\frac{1}{2}AC$$

所以

$$\frac{S_{\triangle EQL}}{S_{\triangle FPK}}=\frac{\frac{1}{2}\cdot LE\cdot QL}{\frac{1}{2}\cdot KF\cdot PK}=\frac{LE}{KF}\cdot\frac{QL}{PK}$$

$$=\frac{\frac{1}{2}BC}{\frac{1}{2}CA}\cdot\frac{CL}{CK}=\frac{BC}{CA}\cdot\frac{CA}{CB}=1$$

这是由于 $\triangle CQL\backsim\triangle CPK$. 故结论获证.

注　本问题的几个证法表明,新的数学问题及其解法是怎么演绎出来的,需要掌握"从分析解题过程学解题",以及"从分析解题过程学编题". 另外,这几个证法都没有偏离面积问题的运行轨道,那么,若思维偏离了面积轨道而运行,还能产生哪些新的思维呢?

引申 6　如图 13,在锐角 $\triangle ABC$ 中,$AB>AC$,M,N 是边 BC 上不同的两点,使得 $\angle BAM=\angle CAN$,设 $\triangle ABC$ 和 $\triangle AMN$ 的外心分别为 P,Q,求证:A,P,Q 三点共线.

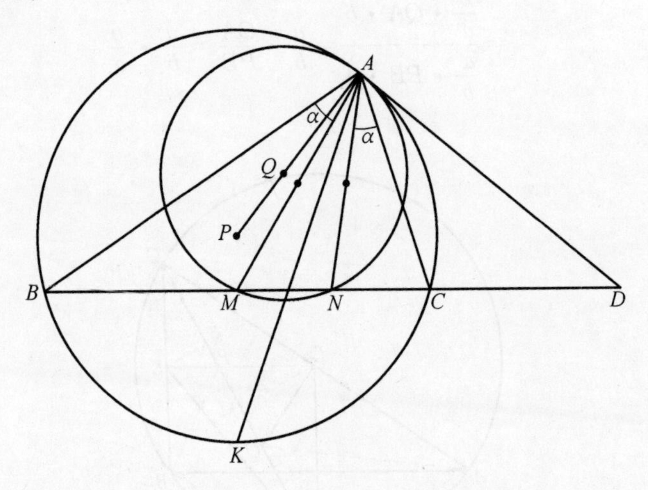

图 13

题目解说　本题为 2012 年全国高中数学联赛加试第一题.

渊源探索　本题是对引申 1、引理 4,以及本节开头所给的题目,进行综合研究而产生的结果.

方法透析　从已知等角的信息,联想到从角的方向上去思考解决问题的方法. 要证明两圆心与三角形的一个顶点共线,因这个点是三角形的一个顶点,所以由切线与过该顶点的圆的半径垂直,联想到过该顶点的圆的切线,是否是两个圆的公切线呢?

证法 1　如图 13,设过 $\triangle ABC$ 的顶点 A 作其外接圆 P 的切线交 $\triangle ABC$ 的边 BC 所在直线于点 D,则由已知条件知,$\angle ABC=\angle DAC$.

又由外角定理,知

$$\angle AMD=\angle ABC+\angle BAM=\angle DAC+\angle CAN=\angle DAN$$

所以,DA 是 $\triangle AMN$ 外接圆的切线,即 DA 既是 $\triangle ABC$ 外接圆的切线,又是 $\triangle AMN$ 外接圆的切线,所以,$QA\perp AD$,从而 A,P,Q 三点共线.

注 本题实质上是考虑引申 1 的另外一种命题形式.

证法 2 参考《中等数学》2012 年第 12 期.

如图 14,延长 AM,AN 分别交 $\triangle ABC$ 的外接圆于点 D,E,则由引申 3 的评注(3) 知

$$\frac{AM}{AD}=\frac{AN}{AE}=\frac{\triangle AMN\text{ 的外接圆半径}}{\triangle ADE\text{ 的外接圆半径}}$$

即 $\triangle AMN$ 与 $\triangle ADE$ 关于点 A 为位似中心,于是 $\triangle AMN$ 的外接圆与 $\triangle ADE$ 的外接圆也关于点 A 为位似中心,从而两圆的圆心在过点 A 的直线上.

评注 本证明利用了位似中心的性质.

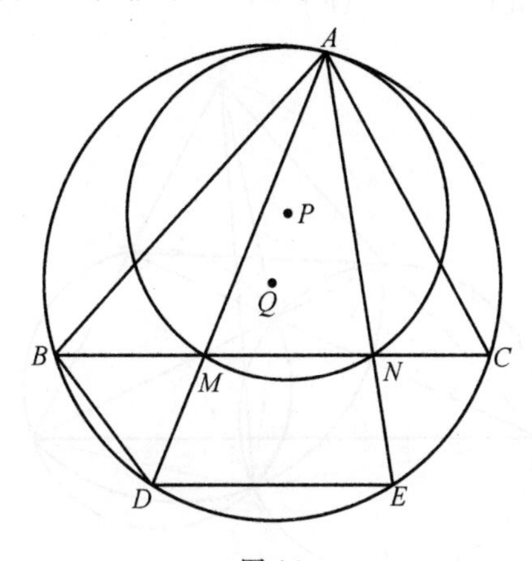

图 14

引申 7 如图 15,设凸四边形 $ABCD$ 的两组对边 AB,CD 和 AD,BC 所在直线分别交于点 E,F,$\triangle BEC$ 和 $\triangle CDF$ 的外接圆交于另外一点 G,求证:$\angle BAG=\angle FAC$ 的充要条件为 $BD\parallel EF$.

题目解说 本题为 2010 年中国国家集训队第一次考试第 2 题.

渊源探索 在引申 1 的图中舍弃大圆,然后在 AE 上任取一点 O,联结 BO,CO 与 AC,AB 分别交于点 N,M,再作 $\triangle BMO$,$\triangle CNO$ 的外接圆,此两圆交于另外一点 G,将点 F 向左边移动,使得 AF 与 AG 重合,可以看出 $MN\parallel BC$,由此便得本题.

方法透析 从图形可以看出,有完全四边形,于是考虑利用完全四边形的性质是必然的思路.

证明 构思 —— 参考 §2 引申 1 后面的注.

(1) 从 B,E,G,C 和 D,C,G,F 分别四点共圆，利用外角定理去推证 $A,E,G,D(\angle GDF=\angle FCG=\angle BEG)$；$A,B,G,F(\angle EBG=\angle ECG=\angle DFG)$ 分别四点共圆.

(2) 再去证明 $\triangle GEA \backsim \triangle GCF$ 和 $\triangle GEC \backsim \triangle GAF$.

详细证明如下：如图 15，因完全四边形的四个三角形的外接圆共点（本结论常被称为斯坦纳－密克尔定理），此点即为点 G（此点常被称为斯坦纳点，或密克尔点），所以 A,E,G,D；A,B,G,F 分别四点共圆，因此，结合条件，知

$$\left.\begin{array}{l}\angle EAG=\angle EDG=\angle CFG\\ \angle GCF=\angle BEG=\angle AEG\end{array}\right\}\Rightarrow\triangle GEA\backsim\triangle GCF$$

$$\left.\begin{array}{r}\angle ECG=\angle AFG\\ \angle CEG=\angle CBG=\angle FAG\\ \triangle GEC\backsim\triangle GAF\end{array}\right\}\Rightarrow\frac{GE}{GA}=\frac{EC}{AF}=\frac{CG}{GF}\Rightarrow\frac{AF}{CE}=\frac{GF}{CG}\qquad(*)$$

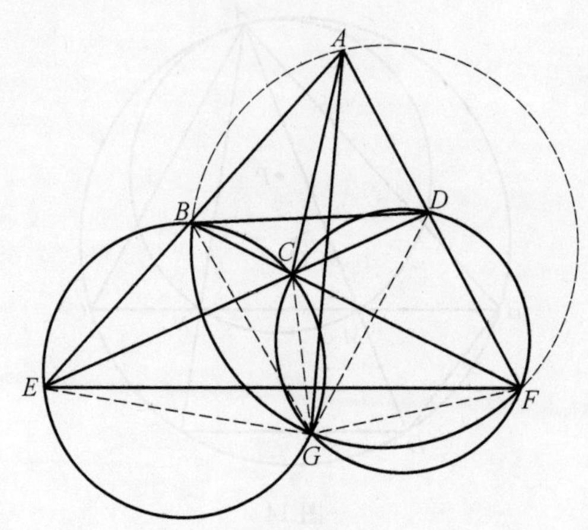

图 15

充分性. 证法 1：若 $BD\parallel EF$，则 $\frac{AD}{AF}=\frac{BD}{EF}=\frac{CD}{EC}$，所以 $\frac{AF}{EC}=\frac{AD}{CD}$，从而由式 $(*)$，得 $\frac{GF}{CG}=\frac{AD}{CD}$. 又显然有，$\angle ADC=\angle FGC$，于是，$\triangle ACD\backsim\triangle FCG\backsim\triangle AEG$.

故 $\angle EAG=\angle CAD$. 即 $\angle BAG=\angle CAD$.

证法 2：若 $BD\parallel EF$，则需证目标 $\triangle ABC\backsim\triangle AGF$，然而

$$BD\parallel EF\Rightarrow\frac{AB}{AE}=\frac{BD}{EF}=\frac{BC}{CF}\Rightarrow\frac{AB}{BC}=\frac{AE}{CF}\qquad(1)$$

$$\left.\begin{array}{l}\angle BAG=\angle BFG\\ \angle AEG=\angle FCG\end{array}\right\}\Rightarrow\triangle AEG\backsim\triangle FCG\Rightarrow\frac{AE}{CF}=\frac{AG}{GF}\qquad(2)$$

由式(1)(2)，得

$$\left.\begin{aligned}\frac{AB}{BC}=\frac{AG}{GF}\\ \angle ABC=\angle AGF\end{aligned}\right\}\Rightarrow\triangle ABC\backsim\triangle AGF$$

所以

$$\angle BAC=\angle GAF\Rightarrow\angle BAG=\angle CAD$$

必要性.

证法1:若 $\angle BAG=\angle CAD$,即 $\angle EAG=\angle CAD$,则需证目标 $\frac{AB}{AD}=\frac{AE}{AF}$.

构想

$$\left.\begin{aligned}\triangle ABC\backsim\triangle AGF\Rightarrow\frac{AB}{AC}=\frac{AG}{AF}\\ \triangle ACD\backsim\triangle AEG\Rightarrow\frac{AC}{AD}=\frac{AE}{AG}\end{aligned}\right\}\Rightarrow\frac{AB}{AD}=\frac{AE}{AF}$$

所以 $BD\ /\!/\ EF$.

这个证明主要基于四点共圆知识,再结合相似三角形来完成的,基本初等.

证法2:若 $\angle BAG=\angle CAD$,则由 $A,E,G,D;A,B,G,F$ 分别四点共圆,知

$$\left.\begin{aligned}\angle BAC=\angle FAG=\angle FBG=\angle CBG=\angle CEG\\ \angle CBA=\angle EGC\end{aligned}\right\}\Rightarrow\triangle ABC\backsim\triangle EGC$$

$$\Rightarrow\frac{AB}{EG}=\frac{BC}{CG}\Rightarrow CG=\frac{BC\cdot EG}{AB}\tag{3}$$

又由 $\angle BAG=\angle CAD$,有

$$\left.\begin{aligned}\angle CAD=\angle BAG=\angle CDG=\angle CFG\\ \angle ADC=\angle FGC\end{aligned}\right\}\Rightarrow\triangle ADC\backsim\triangle FGC$$

$$\Rightarrow\frac{AC}{FC}=\frac{CD}{GC}\Rightarrow CG=\frac{CD\cdot CF}{AC}\tag{4}$$

由式(3)(4)知,$\frac{BC}{CF}=\frac{CD}{CE}$,这正是 $BD\ /\!/\ EF$ 的表现.

证法3:下面是命题组提供的证明.

若 $\angle BAG=\angle CAD$,即 $\angle EAG=\angle CAD$,则由式(1)知,$\angle CFG=\angle CAD$. 又显然有 $\angle ADC=\angle FGC$,因此 $\triangle CGF\backsim\triangle CDA$,所以 $\frac{PF}{CP}=\frac{AD}{CD}$.

由式(1)知,$\frac{AF}{EC}=\frac{AD}{CD}$,因而 $\frac{EC}{CD}=\frac{AF}{AD}$.

另一方面,考虑 $\triangle AED$ 与截线 BCF,由梅涅劳斯定理有

$$\frac{AB}{BE}\cdot\frac{EC}{CD}\cdot\frac{DF}{FA}=1$$

因此$\frac{AB}{BE}\cdot\frac{AF}{AD}\cdot\frac{DF}{AF}=1$，从而$\frac{AB}{BE}=\frac{AD}{DF}$，故$BD\parallel EF$.

引申8 如图16，已知，A,B,C,D四点共圆，且$AC\perp BD$，M,N分别为弧$\overset{\frown}{ADC}$，弧$\overset{\frown}{ABC}$的中点，DO交AN于G，$GK\parallel NC$，求证：$BM\perp AK$.

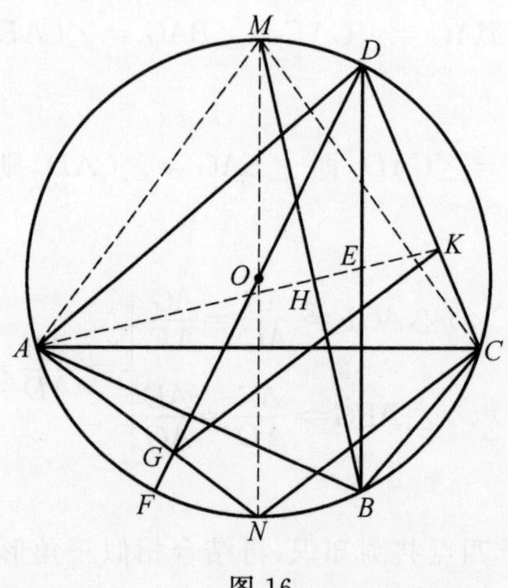

图16

题目解说 本题出自2017年举办的东南三省闽浙赣数学竞赛第二天高一第5题.

渊源探索 对已有的题目图形再适当添加辅助线，看看能获得哪些信息，是成功命题的一把金钥匙，本题就是站在引申4的基础上不断行进得到的结果.

方法透析 站在引申4的解题基础上看看其过程所隐含的信息$\angle ADF=\angle BDC$是否可用？

证法1 具有怎样的条件可以导致两条线段垂直？在此基础上思考可以获得——一个角的两边与另一个角的两边分别垂直的结论.

我们奋斗的目标是：利用两边分别垂直的角相等的逆定理推证.

由引申4的证明过程知$\angle ADF=\angle BDC$，又由题目条件知A,G,K,D四点共圆，所以

$$\angle AKG=\angle ADF=\angle BDC=\angle BMC$$

而

$$NC\parallel GK, MC\perp CN\Rightarrow MC\perp GK$$

即$MB\perp AK$.

评注 本证明的成功在于抓住了已有两条垂直的直线，以及前面证明过的结论，使得证明如行云流水一般通畅.

证法 2 西安金磊的解答.

我们奋斗的目标是:利用外角定理推证 $\angle AEB+\angle MBD=90^\circ$.

由引申 4 知 $\angle ADF=\angle BDC$,结合条件以及 $GK\parallel NC$ 知,A,D,K,G 四点共圆,则在 $\triangle DEK$ 中,由外角定理知

$$\angle BDC=\angle ADF=\angle AKG$$

$$\begin{aligned}\angle DEK&=\angle AKC-\angle BDC\\&=\angle AKC-\angle AKG\\&=\angle CKG=\angle DAG\\&=\angle DAN(\text{注意 } MN \text{ 为直径})\\&=90^\circ-\angle MAD\\&=90^\circ-\angle MBD\\\Rightarrow&\angle AEB+\angle MBD=90^\circ\end{aligned}$$

即结论获证.

证法 3 以下叙述更加迷人.注意到引申 4 的证明过程得

$$\angle ADF=\angle BDC$$

所以

$$\begin{aligned}\angle DBM&=\angle DAM=90^\circ-\angle NAD=90^\circ-\angle GKC\\&=90^\circ-(\angle AKC-\angle AKG)\\&=90^\circ-(\angle AKC-\angle ADG)\\&=90^\circ-(\angle AKC-\angle BDC)\\&=90^\circ-\angle DEK\\&\Rightarrow\angle AEB+\angle MBD=90^\circ\end{aligned}$$

即结论获证.

评注 成功解决本题是立足于引申 4 中的结论 $\angle ADF=\angle BDC$,再联合四点共圆,外角定理等.

证法 4 关注目标 $\angle BMC+\angle MHK=90^\circ$.

由引申 4 知 $\angle ADO=\angle BDC$,结合条件

$$NC\parallel GK,MC\perp CN\Rightarrow MC\perp GK$$

又 A,D,K,G 四点共圆,所以有

$$\angle AKG=\angle ADG=\angle BDC=\angle BMC=90^\circ-\angle MHK$$

即

$$\angle BMC+\angle MHK=90^\circ$$

亦即 $MB\perp AK$.

引申 9 已知,在圆内接四边形 $ABCD$ 中,且 $AC \perp BD$,M 为弧$\overset{\frown}{ADC}$的中点,$\triangle DMO$ 的外接圆分别交 DA,DC 于 E,F,求证:$BE=BF$.

题目解说 本题出自 2017 年东南三省闽浙赣数学竞赛第二天高二第一题.

渊源探索 对已有题目的图形再适当添加辅助线,看看能获得哪些信息,是成功命题的一把金钥匙,本题就是站在引申 4 的基础上不断行进而得到的结果.

方法透析 站在引申 4 的基础上看看其证明过程所隐含的信息是否可用?

证法 1 如果站在线段相等的角度考虑,那么就去构造线段相等的直接结果 —— 三角形全等.

我们奋斗的目标是:$\triangle MEB \cong \triangle FDB$.

如图 17,由引申 4 知 $\angle ADO=\angle BDC$,结合条件 MN 为圆的直径,$MA=MC$,得

$$\left.\begin{array}{l}\angle MAE=\angle MCF\\ \angle MED=\angle MFD\end{array}\right\}\Rightarrow \angle MEA=\angle MFC$$

$$\begin{aligned}&\Rightarrow \triangle MAE \cong \triangle MCF\\ &\Rightarrow ME=MF,\angle AME=\angle CMF\\ &\Rightarrow \angle AMC=\angle EMF\\ &\Rightarrow \triangle AMC \backsim \triangle EMF\\ &\Rightarrow \angle EMB=\angle EMO+\angle GMB\\ &=\angle EDO+\angle GMB\\ &=\angle CDB+\angle GMB\\ &=\angle CMB+\angle GMB\\ &=\angle GMC(\text{注意 } M \text{ 为弧}\overset{\frown}{ABC}\text{ 的中点})\\ &=\angle AMG=\frac{1}{2}\angle AMC\\ &=\frac{1}{2}\angle EMF=\angle BMF\\ &\Rightarrow \triangle BEM \cong \triangle BFM\\ &\Rightarrow BE=BF\end{aligned}$$

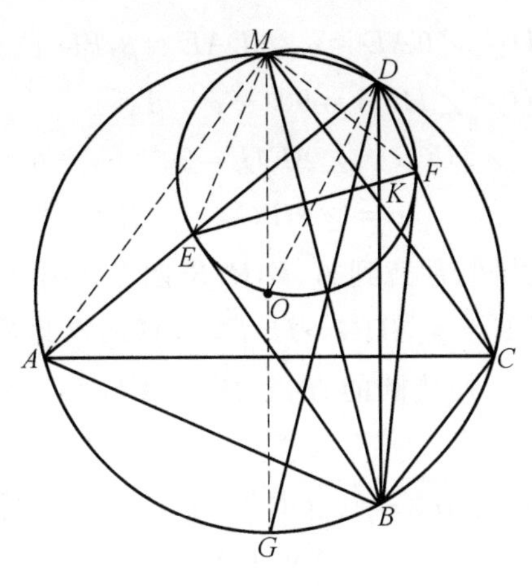

图 17

证法 2 考虑哪些性质可导致线段相等,就去寻找具有线段相等的条件,比如中垂线上任意一点到其两端点等距.

如图 17,由上面的证明知

$$\triangle AMC \backsim \triangle EMF \Rightarrow \angle MEF = \angle MAC$$

考虑三角形外角定理有

$$\angle ADB = 90^\circ - \angle DAC$$

$$\angle DEF = \angle MEF - \angle MED = \angle MAC - (\angle MAE + \angle EMA)$$

$$= \angle MAC - 2\angle MAE$$

(注意到 $\angle MAD + \angle EMA = \angle MED = \angle MOD = 2\angle MAD$)

$$= \angle DAC - \angle MAE = \angle DAC - \angle MBD$$

$$\angle DKF = \angle DEF + \angle ADB = \angle DAC - \angle MBD + \angle ADB$$

$$= \angle DAC - \angle MBE + 90^\circ - \angle DAC$$

$$= 90^\circ - \angle MBE$$

$$\Rightarrow \angle DKF + \angle MBE = 90^\circ$$

即 $MB \perp EF$,从而 MB 为 EF 的中垂线,即 $BE = BF$.

评注 本题可否运用等差幂线定理证明?

引申 10 如图 18,设 D,E 为 BC 边上两个点,满足 $\angle BAD = \angle CAE$,且 $DF \perp AB, DG \perp AC, EH \perp AB, EK \perp AC, F,G,H,K$ 分别为垂足,$DG \cap EH = P, EF \cap DK = Q$,求证:$A,P,Q$ 三点共线.

题目解说 本题是笔者 2018 年除夕所编拟的题目.

证明 易知 $A,F,D,G;A,H,E,K$ 分别四点共圆,记

$$\angle BAD=\angle CAE=\alpha,\angle DAE=\beta,FD\cap EK=R$$
$$\Rightarrow\angle HFG=\angle HFG=90^\circ-\alpha-\beta$$
$$\angle HKG=\angle AEH=90^\circ-\alpha-\beta$$
$$\Rightarrow\angle HFG=\angle HKG$$

所以 H,F,K,G 四点共圆，注意到 A,F,R,K 四点共圆，所以

$$\angle ARF=\angle AKF=\angle AHG\Rightarrow H,F,R,M\text{ 四点共圆}\Rightarrow HG\perp AR$$

而 AO 是四边形 $AHPG$ 外接圆的直径，所以 AR,AP 是 $\angle BAC$ 的两条等角线，又

$$\angle APG=\angle AHG=\angle GKF\Rightarrow H,F,R,M\text{ 四点共圆}$$
$$\Rightarrow AN\perp FK$$

再注意到 AR 为四边形 $AFRK$ 外接圆的直径.

所以 AR,AQ 是 $\angle BAC$ 的两条等角线，于是 A,P,Q 三点共线.

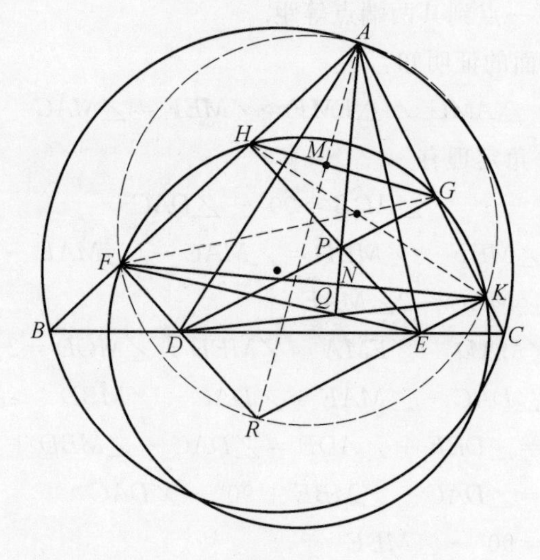

图 18

评注 (1) 关于等角线的说法，就是满足 $\angle BAD=\angle CAE$ 的两条直线 AD 与 AE. 关于等角线还有许多性质，可以参考沈文选《高中数学竞赛解题策略(几何分册)》第 209 页.

(2) 解决本题运用了两次等角线性质，即前面引申 2 的证明过程.

(3) 解决本题的实质仍然是多次用到四点共圆知识.

§10 从拿破仑三角形谈起

众所周知,拿破仑·波拿巴(Napoléon Bonaparte,1769—1821),法兰西第一共和国第一执政(1799 年 ~ 1804 年),法兰西第一帝国及百日王朝的皇帝(1804 年 ~ 1814 年),军事家,政治家,曾经占领过西欧和中欧的大部分领土,法兰西共和国近代史上著名的军事家和政治家,也是可以称得上皇帝的数学家,他有吃,有穿,有权利,有地位,但是他不去想方设法利用手中的权力贪污腐败,坑害百姓,而是在百忙中挤出自己的时间来学习数学,钻研数学,创立了世人瞩目的拿破仑定理,给后人留下了宝贵的精神遗产并成为具有教育意义的里程碑事件,令人十分钦佩.本节我们将沿着拿破仑定理的思维前行,对其蕴含的思想予以较为深入的探讨,由此揭示拿破仑思维的深远意义.

一、外拿破仑定理及其证明

题目 以 $\triangle ABC$ 三边长为一边,分别向三角形外侧作三个等边三角形,则这三个等边三角形的中心构成一个正三角形.

题目解说 题断中的正三角形被称为外拿破仑三角形,结论被称为外拿破仑定理.

证法 1 这里首先运用平面几何方法证明之.

如图 1,设以 $\triangle ABC$ 三边长为一边,分别向三角形外侧作三个等边三角形 $\triangle ABM$,$\triangle CBN$,$\triangle ACP$,它们的中心分别为 D,E,F,则容易得到

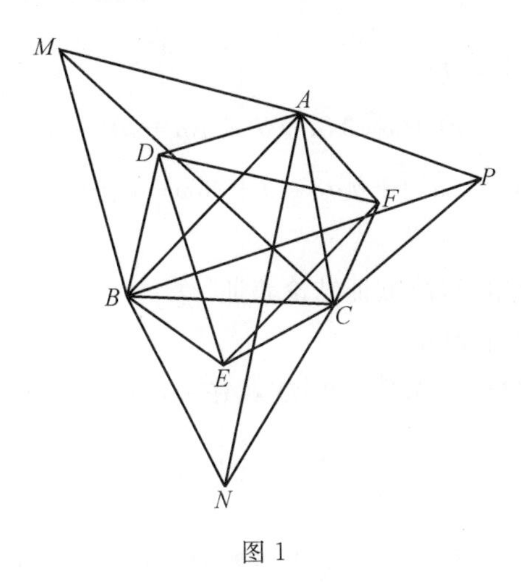

图 1

$$AD=\frac{1}{\sqrt{3}}\cdot AM, AF=\frac{1}{\sqrt{3}}\cdot AC\Rightarrow\triangle AMC\backsim\triangle ADF$$

其相似比为$\sqrt{3}$，即 $MC=\sqrt{3}DF$.

同理可得，将 $\triangle BED$ 绕着点 B 逆时针旋转 $30°$，得到 $\triangle BCM$ 的一个位似，其相似比为$\frac{1}{\sqrt{3}}$，于是，$MC=\sqrt{3}DE$，即 $DE=DF$，同理可得 $FD=FE$，从而，$\triangle DEF$ 为正三角形，故欲证结论获证.

证法 2 运用复数法.

设 $\triangle ABC$ 的三个顶点所对应的复数分别为 a,b,c，其他类似，则下面利用结论：$\triangle ABC$ 为正三角形的充要条件是 $a+\omega b+\omega^2 c=0$. ($\omega=\cos 120°+\mathrm{i}\sin 120°, 1+\omega+\omega^2=0$，其中 a,b,c 分别表示 $\triangle ABC$ 的三个顶点所对应的复数).

事实上，由

$$\overrightarrow{AD}=\frac{1}{\sqrt{3}}\cdot\overrightarrow{AB}\left[\cos\left(-\frac{\pi}{6}\right)+\mathrm{i}\sin\left(-\frac{\pi}{6}\right)\right]$$

$$\Rightarrow\sqrt{3}d=\sqrt{3}a+(b-a)\left(\frac{\sqrt{3}}{2}-\frac{1}{2}\mathrm{i}\right)$$

$$\Rightarrow 2\sqrt{3}d=\sqrt{3}(a+b)+\mathrm{i}(a-b)$$

同理可得

$$2\sqrt{3}e=\sqrt{3}(b+c)+\mathrm{i}(b-c)$$
$$2\sqrt{3}f=\sqrt{3}(c+a)+\mathrm{i}(c-a)$$

所以

$$\begin{aligned}&2\sqrt{3}(d+\omega e+\omega^2 f)\\=&\sqrt{3}(b+c)+\mathrm{i}(b-c)+\omega[\sqrt{3}(a+b)+\mathrm{i}(a-b)]+\omega^2[\sqrt{3}(c+a)+\mathrm{i}(c-a)]\\=&a[\sqrt{3}+\mathrm{i}+\sqrt{3}\omega^2-\mathrm{i}\omega^2]+b[\sqrt{3}-\mathrm{i}+\sqrt{3}\omega+\mathrm{i}\omega]+c[\sqrt{3}\omega-\mathrm{i}\omega+\sqrt{3}\omega^2+\mathrm{i}\omega^2]\\=&0\end{aligned}$$

从而 $\triangle DEF$ 为正三角形，故欲证结论获证.

证法 3 由正弦定理知

$$\begin{aligned}DF^2&=AD^2+AF^2-2AD\cdot AF\cos(A-60°)\\&=\left(\frac{1}{\sqrt{3}}c\right)^2+\left(\frac{1}{\sqrt{3}}b\right)^2-\frac{2}{3}bc\cos(A-60°)\\&=\frac{1}{3}c^2+\frac{1}{3}b^2-\frac{2}{3}bc(\cos A\cos 60°+\sin A\sin 60°)\end{aligned}$$

$$=\frac{1}{6}(a^2+b^2+c^2)-\frac{2}{\sqrt{3}}\Delta\text{(这里用 }\Delta\text{ 记 }\triangle ABC\text{ 的面积)}$$

同理可得

$$DE^2=EF^2=\frac{1}{6}(a^2+b^2+c^2)-\frac{2}{\sqrt{3}}\Delta$$

从而 $\triangle DEF$ 为正三角形，故欲证结论获证.

注 (1) 有人如果站在希望证明线段相等的角度去考虑，则可能会发现，由余弦定理顺便可以得到下面三个几何等式，即

$$a^2+b^2-2ca\cos(C+60^\circ)=CM^2=c^2+a^2-2ca\cos(B+60^\circ)$$

$$b^2+c^2-2ca\cos(A+60^\circ)=BP^2=a^2+b^2-2ca\cos(C+60^\circ)$$

$$c^2+a^2-2ca\cos(B+60^\circ)=AN^2=a^2+b^2-2ca\cos(C+60^\circ)$$

$$\Rightarrow a^2+b^2-2ca\cos(C+60^\circ)=b^2+c^2-2ca\cos(A+60^\circ)$$

$$=c^2+a^2-2ca\cos(B+60^\circ)$$

这是几个有意义的式子.

(2) 外拿破仑定理是分别向三角形外侧作三个等边三角形，那么向其内侧作正三角形，会有什么结论呢？

二、内拿破仑定理及其证明

引申 1 以 $\triangle ABC$ 三边长为一边，分别向三角形内侧作三个等边三角形，则这三个等边三角形的中心构成一个正三角形(此正三角形被称为内拿破仑三角形，结论被称为内拿破仑定理).

渊源探索 这是偏离向外作正三角形轨道进行思考而得到的结果，可以看作是对外拿破仑进行内向思考而得到的.

方法透析 上面运用旋转和复数的方法解决了外拿破仑定理，这两个方法还有用武之地吗？可以再次思考之.

证法 1 如图 2，从 $\triangle ABC$ 的各边分别向三角形内作三个正三角形 $\triangle ABM$，$\triangle BCN$，$\triangle CAP$，它们的中心分别为 D,E,F，将 $\triangle BAN$ 绕着点 B 顺时针方向旋转 60° 得到 $\triangle BCM$，将 $\triangle BAN$ 绕着点 B

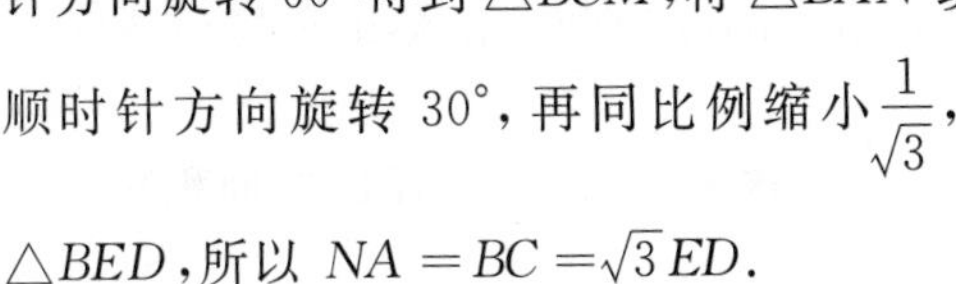

顺时针方向旋转 30°，再同比例缩小 $\frac{1}{\sqrt{3}}$，便得到 $\triangle BED$，所以 $NA=BC=\sqrt{3}ED$.

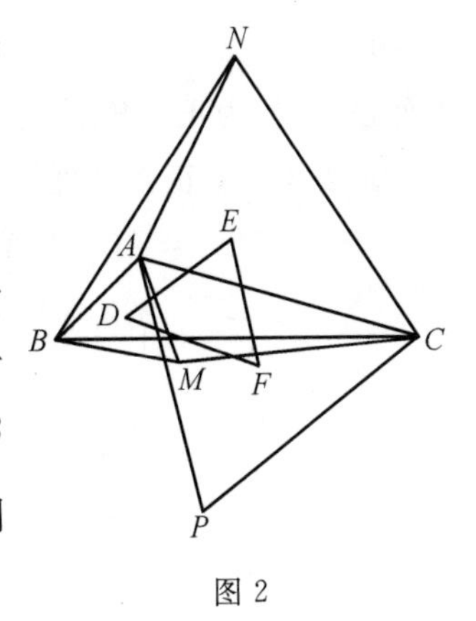

图 2

同理可得，将$\triangle CAN$绕着点C逆时针方向旋转30°，再同比例缩小$\frac{1}{\sqrt{3}}$，便得$\triangle CED$，所以$NA=\sqrt{3}EF$.

结合上题结论知$EF=ED$，同理可得$EF=ED=DF$，由此结论获证.

证法2 如图1，设$\triangle ABC$的三个顶点所对应的复数分别为a,b,c，其他类似，则下面利用结论：$\triangle ABC$为正三角形的充要条件是$a+\omega b+\omega^2 c=0$.（$\omega=\cos 120°+\mathrm{i}\sin 120°,1+\omega+\omega^2=0$，其中$a,b,c$分别表示$\triangle ABC$的三个顶点所对应的复数）

事实上，由

$$\overrightarrow{AD}=\frac{1}{\sqrt{3}}\cdot\overrightarrow{AB}\left(\cos\frac{\pi}{6}+\mathrm{i}\sin\frac{\pi}{6}\right)$$

$$\Rightarrow\sqrt{3}d=\sqrt{3}a+(b-a)\left(\frac{\sqrt{3}}{2}+\frac{1}{2}\mathrm{i}\right)$$

$$\Rightarrow 2\sqrt{3}d=\sqrt{3}(b+a)+\mathrm{i}(b-a)$$

同理可得

$$2\sqrt{3}e=\sqrt{3}(b+c)+\mathrm{i}(c-b)$$

$$2\sqrt{3}f=\sqrt{3}(c+a)+\mathrm{i}(a-c)$$

所以

$$\begin{aligned}&2\sqrt{3}(d+\omega f+\omega^2 e)\\=&\sqrt{3}(a+b)+\mathrm{i}(b-a)+\omega^2[\sqrt{3}(c+b)+\mathrm{i}(c-b)]+\omega[\sqrt{3}(c+a)+\mathrm{i}(a-c)]\\=&a[\sqrt{3}-\mathrm{i}+\sqrt{3}\omega+\mathrm{i}\omega]+b[\sqrt{3}+\mathrm{i}+\sqrt{3}\omega^2-\omega^2\mathrm{i}]+c[\sqrt{3}\omega^2+\mathrm{i}\omega^2+\sqrt{3}\omega-\mathrm{i}\omega]\\=&0\end{aligned}$$

从而$\triangle DEF$为正三角形，故欲证结论获证.

证法3 由正弦定理知

$$\begin{aligned}DF^2&=AD^2+AF^2-2AD\cdot AF\cos(A-60)\\&=\left(\frac{1}{\sqrt{3}}c\right)^2+\left(\frac{1}{\sqrt{3}}b\right)^2-\frac{2}{3}bc\cos(A-60)\\&=\frac{1}{3}c^2+\frac{1}{3}b^2-\frac{2}{3}bc(\cos A\cos 60°+\sin A\sin 60°)\\&=\frac{1}{6}(a^2+b^2+c^2)-\frac{2}{\sqrt{3}}\Delta\text{（这里用}\Delta\text{记}\triangle ABC\text{的面积）}\end{aligned}$$

同理可得

$$DE^2 = EF^2 = \frac{1}{6}(a^2 + b^2 + c^2) - \frac{2}{\sqrt{3}}\Delta$$

从而命题获证.

注 (1) 上述向三角形内、外所作正三角形中心构成新的正三角形统一称为拿破仑三角形,本结论被称为拿破仑定理.

(2) 上述向内、外所作正三角形的结论的证明是如此的和谐一致!

三、拿破仑定理的简单变形

引申 2 在 $\triangle ABC$ 外分别作以该边为底边,顶角为 120° 的等腰 $\triangle MAB$,等腰 $\triangle NBC$,等腰 $\triangle PCA$,则 $\triangle MNP$ 为等边三角形.

题目解说 本题是外拿破仑定理的简单变形.

渊源探索 本题实质上是拿破仑三角形中仅取到外面三个正三角形的中心的一种叙述.

方法透析 从三角形是正三角形的定义 —— 边长相等去考虑,直接算边长,看相等否,可得如下一种新的证明方法.

证明 如图 3,由余弦定理,知

$$\begin{aligned}
MN^2 &= MB^2 + NB^2 - 2BM \cdot BN\cos(B + 60^\circ) \\
&= \left(\frac{\sqrt{3}}{3}c\right)^2 + \left(\frac{\sqrt{3}}{3}a\right)^2 - 2\left(\frac{\sqrt{3}}{3}c\right)\left(\frac{\sqrt{3}}{3}c\right)\cos(B + 60^\circ) \\
&= \frac{1}{3}(c^2 + a^2 - 2ca\cos(B + 60^\circ)) \\
&= \frac{1}{3}(c^2 + a^2 - ca\cos B + \sqrt{3}ca\sin B) \\
&= \frac{1}{3}\left(c^2 + a^2 - ca\,\frac{c^2 + a^2 - b^2}{2ca} + 2\sqrt{3}\Delta\right)
\end{aligned}$$

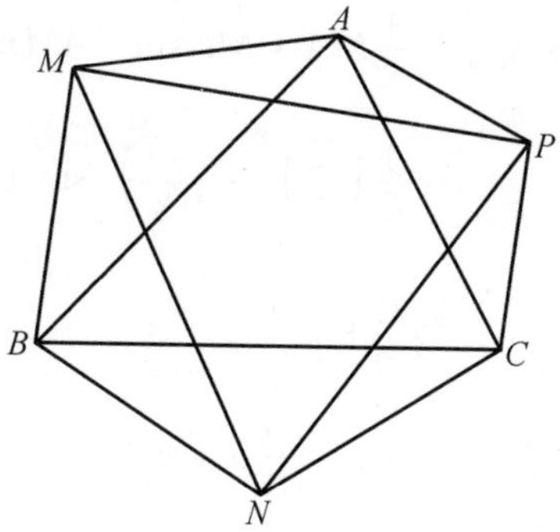

图 3

$$=\frac{a^2+b^2+c^2}{6}+\frac{2\sqrt{3}\Delta}{3}$$

即

$$MN^2=\frac{a^2+b^2+c^2}{6}+\frac{2\sqrt{3}\Delta}{3}$$

同理，有

$$PN^2=\frac{a^2+b^2+c^2}{6}+\frac{2\sqrt{3}\Delta}{3}$$

$$MP^2=\frac{a^2+b^2+c^2}{6}+\frac{2\sqrt{3}\Delta}{3}$$

(其中 Δ 为 $\triangle ABC$ 的面积，下同) 即 $MN=NP=PM$，故 $\triangle MNP$ 为等边三角形.

四、从新对拿破仑定理进行思考

上面几个结论考虑的是生成的点的性质，下面我们关心图形中蕴含的其他性质——蔽日面积问题等.

引申3 在 $\triangle ABC$ 外分别作以该边为底边，顶角为 120° 的等腰 $\triangle MAB$，等腰 $\triangle NBC$，等腰 $\triangle PCA$，则 $S_{\triangle MAB}+S_{\triangle NBC}+S_{\triangle PCA}\geqslant S_{\triangle ABC}$.

题目解说 本题为从新对上一题的结论进行思考而得到的.

渊源探索 这是偏离线段相等思维轨道的另一种思考结果，也是竞赛和高考命题中常用的思路.

方法透析 从边长去考虑，看它们是否相等，或者考虑有无直接推证三个边相等的可能.

证明 如图3，可得

$$S_{\triangle MAB}=\frac{1}{2}MA\cdot MB\sin\angle AMB$$

$$=\frac{1}{2}\left(\frac{\sqrt{3}}{3}\right)^2\cdot\left(\frac{\sqrt{3}}{3}\right)^2\sin 120^\circ$$

$$=\frac{\sqrt{3}}{12}c^2$$

同理可得 $S_{\triangle NBC}=\frac{\sqrt{3}}{12}a^2$，$S_{\triangle PCA}=\frac{\sqrt{3}}{12}b^2$，所以

$$S_{\triangle MAB}+S_{\triangle NBC}+S_{\triangle PCA}=\frac{\sqrt{3}}{12}(a^2+b^2+c^2)$$

$$\geqslant \frac{\sqrt{3}}{12} \cdot 4\sqrt{3} S_{\triangle ABC} = S_{\triangle ABC}$$

注 这里用到熟知的不等式：$a^2+b^2+c^2 \geqslant 4\sqrt{3} \cdot S_{\triangle ABC}$.（第 6 届 IMO 一题）

事实上，由余弦定理，知

$$a^2 = b^2 + c^2 - 2bc\cos A$$

所以，只要证明

$$2(b^2+c^2) - 2bc\cos A \geqslant 4\sqrt{3} \cdot S_{\triangle ABC} = 4\sqrt{3} \cdot \frac{1}{2} bc\sin A$$

$$\Leftrightarrow b^2 + c^2 \geqslant 2bc\sin\left(A + \frac{\pi}{6}\right)$$

而这早已成立，从而原命题获证.

引申 4 在 $\triangle ABC$ 外分别作以该边为底边，顶角为 120° 的等腰 $\triangle MAB$，等腰 $\triangle NBC$，等腰 $\triangle PCA$，则 $S_{\triangle MNP} \geqslant S_{\triangle ABC}$.

渊源探索 既然 $MN=NP=PM$，那么，由此三条线段构成的正三角形的面积与原三角形的面积大小如何呢？

方法透析 从等边三角形面积公式联想涉及线段长的关系.

证明 如图 3，由引申 2 的证明知，$\triangle MNP$ 为等边三角形，且

$$MN^2 = PN^2 = MP^2 = \frac{a^2+b^2+c^2}{6} + \frac{2\sqrt{3}\Delta}{3}$$

$$\begin{aligned}
&\Rightarrow S_{\triangle MNP} = \frac{\sqrt{3}}{4} MN^2 \\
&= \frac{\sqrt{3}}{4}\left(\frac{a^2+b^2+c^2}{6} + \frac{2\sqrt{3}\Delta}{3}\right) \\
&\geqslant \frac{\sqrt{3}}{4}\left(\frac{3\sqrt{3}\Delta}{6} + \frac{2\sqrt{3}\Delta}{3}\right) \\
&= \Delta
\end{aligned}$$

即 $S_{\triangle MNP} \geqslant S_{\triangle ABC}$.

引申 5 在 $\triangle ABC$ 外分别作以该边为底边，顶角为 120° 的等腰 $\triangle MAB$，等腰 $\triangle NBC$，等腰 $\triangle PCA$，则 $S_{\triangle MAB} + S_{\triangle NBC} + S_{\triangle PCA} \geqslant S_{\triangle MNP}$.

题目解说 这是一道新题目.

渊源探索 本题是继续对面积进行思考而得到的. 有了上面的两个结论

$$S_{\triangle MAB} + S_{\triangle NBC} + S_{\triangle PCA} \geqslant S_{\triangle ABC}, S_{\triangle MNP} \geqslant S_{\triangle ABC}$$

那么，前面两者的大小关系如何？由此便产生了本题的结论.

$$\angle AEO=\angle ACO(\triangle FAC\cong\triangle BAE)\Rightarrow A,O,C,E\text{ 四点共圆}$$

$$\angle AOE=\angle ACE=60^\circ\Rightarrow\angle AOF=60^\circ\Rightarrow\angle FOB=60^\circ,\angle EOC=60^\circ$$

注意到

$$\angle BOC=120^\circ,\angle BDC=60^\circ\Rightarrow O,B,D,C\text{ 四点共圆}$$

所以

$$\angle DOC=\angle DBC=60^\circ\Rightarrow\angle BOD=60^\circ$$

即 OD 平分 $\angle BOC$，所以 A,O,D 三点共线，也即三直线 AD,BE,CF 共点.

证法 2：运用面积法及塞瓦定理的逆定理.

因为

$$\begin{aligned}\frac{BM}{MC}\cdot\frac{CN}{NA}\cdot\frac{AP}{PB}&=\frac{S_{\triangle BAD}}{S_{\triangle CAD}}\cdot\frac{S_{\triangle CBE}}{S_{\triangle ABE}}\cdot\frac{S_{\triangle ACF}}{S_{\triangle BCF}}\\&=\frac{BA\cdot BD\sin(B+60^\circ)}{CD\cdot CA\sin(C+60^\circ)}\cdot\frac{CB\cdot CE\sin(C+60^\circ)}{AB\cdot AE\sin(A+60^\circ)}\cdot\\&\quad\frac{AF\cdot AC\sin(A+60^\circ)}{BC\cdot BF\sin(B+60^\circ)}\\&=1\end{aligned}$$

（注意到 $FA=FB=AB,EA=EC=AC,DB=DC=BC$）

由塞瓦定理的逆定理知，三直线 AD,BE,CF 共点.

注 (1) 本结论的证法 2 表明，分别以原三角形的各边为底边作三个相似等腰三角形，则此结论仍然成立，请读者自证.

(2) 本结论的证明过程还表明，向外侧作的三个正三角形的外接圆共于一点 O，这个点就是人们常说的费马点——有人也称之为正等角中心.

(3) 将向形外(方向) 作正三角形改为向形内作正三角形会有什么结果呢？由此可得：

引申 8 以 $\triangle ABC$ 各边为边向内侧作正 $\triangle BCD$，正 $\triangle ACE$，正 $\triangle ABF$，则三条线段 AD,BE,CF：(1) 相等；(2) 两两成角均为 60°；(3) 共点(所在直线).

题目解说 本题出自梁绍鸿《初等数学复习及研究(平面几何)》习题 15 中的第 1 题.

渊源探索 这是偏离向外作正三角形的思维轨道进行思考而产生的结果.

方法透析 考虑全等三角形是否可行，或者考虑引申 7 的证明方法.

证明 下面将第(1)(2)小问一次性解决，如图 6，将 $\triangle BAD$ 绕着点 B 顺时针方向旋转 60° 即得 $\triangle BCF$，由此推出 $AD=CF$.

再将 $\triangle ABE$ 绕着点 A 逆时针方向旋转 $60°$ 即得 $\triangle AFC$，由此推出 $BE=CF$.

进而知 AD,BE,CF 为三条等长线段，且两两成角均为 $60°$.

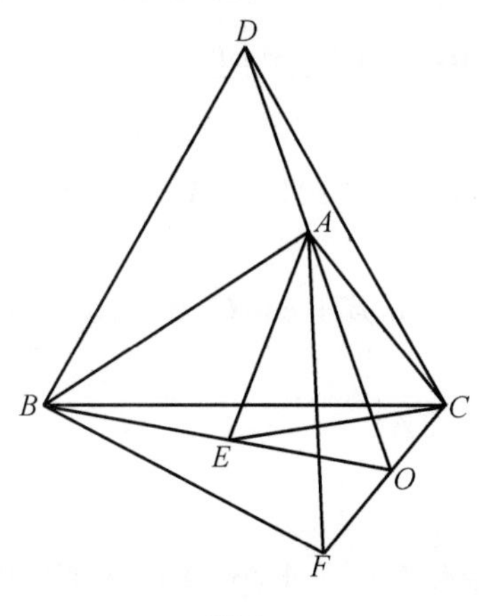

图 6

(3) 设 AD,BE 所在直线交于点 O，则因 $\triangle BAE$ 绕着点 A 逆时针方向旋转 $60°$ 便得到 $\triangle FAC$，即有 $\angle ABO=\angle AFO$，从而 A,B,F,O 四点共圆，所以 $\angle BOF=\angle FAB=60°$.

同时，因为 $\triangle BAE$ 绕着点 A 逆时针方向旋转 $60°$ 便得到 $\triangle FAC$，所以直线 BE 与 CF 成角 $60°$，进一步有 $\angle AOC=\angle AEC=60°$，$\angle AOB=\angle AFB=60°$，即三条线段 AD,BE,CF 所在直线共点.

引申 9 以 $\triangle ABC$ 各边为边向外侧作正 $\triangle BCD$，正 $\triangle ACE$，正 $\triangle ABF$，则三条线段 AD,BE,CF 构成的等边三角形的面积至少是原三角形面积的 3 倍，试证明之.

渊源探索 这是引申 7 的继续，可从图 1 发现该题目.

方法透析 看看引申 6 的证明方法是否有用.

证明 如图 5，由题目构图以及本节开头问题的注(1)，知

$$\begin{aligned}AD^2&=c^2+a^2-2ca\cos(B+60°)\\&=c^2+a^2-2ca\left(\frac{1}{2}\cos B-\frac{\sqrt{3}\sin B}{2}\right)\\&=c^2+a^2-ca\cos B+\sqrt{3}ca\sin B\\&=c^2+a^2-2\Delta\cot B+2\sqrt{3}\Delta\\&\Rightarrow AD^2=c^2+a^2-2\Delta\cot B+2\sqrt{3}\Delta\end{aligned}$$

同理可得

$$BE^2=a^2+b^2-2\Delta\cot C+2\sqrt{3}\Delta$$

$$CF^2=b^2+c^2-2\Delta\cot A+2\sqrt{3}\Delta$$

所以，以三条相等的线段 AD,BE,CF 构成的等边三角形的面积

$$\begin{aligned}S&=\frac{\sqrt{3}}{4}BE^2=\frac{\sqrt{3}}{4}\cdot\frac{AD^2+CF^2+BE^2}{3}\\&=\frac{\sqrt{3}}{4\cdot 3}[2(a^2+b^2+c^2)-2\Delta(\cot A+\cot B+\cot C)+6\sqrt{3}\Delta]\\&=\frac{\sqrt{3}}{4\cdot 3}[6\Delta(\cot A+\cot B+\cot C)+6\sqrt{3}\Delta]\\&\geqslant\frac{\sqrt{3}}{4\cdot 3}(6\sqrt{3}\Delta+6\sqrt{3}\Delta)\\&=3\Delta\end{aligned}$$

注意到 $a^2+b^2+c^2=4\Delta(\cot A+\cot B+\cot C)$，以及引申 3 最后的注（第 6 届 IMO 一题的结论），可得 $\cot A+\cot B+\cot C\geqslant\sqrt{3}$.

由此结论获证.

评注 本题求正三角形的面积不是直接运用面积与边长有关的公式，而是运用三个边相等，则它们的均值还是一条边长这个技巧.

引申 10 以 $\triangle ABC$ 各边为边向内侧作正 $\triangle BCD$，正 $\triangle ACE$，正 $\triangle ABF$，则三条线段 AD,BE,CF 构成的三角形面积 $S\geqslant S_{\triangle ABC}$.

题目解说 本题为一道新题.

渊源探索 这是从新对引申 9 进行思考而得到的结果.

方法透析 考虑全等三角形是否可行，或者引申 9 的证明方法.

证明 如图 6，运用余弦定理知

$$\begin{aligned}AD^2&=c^2+a^2-2ca\cos(60^\circ-B)=c^2+a^2-2ca\left(\frac{1}{2}\cos B+\frac{\sqrt{3}\sin B}{2}\right)\\&=c^2+a^2+\frac{1}{2}(b^2-c^2-a^2)-\sqrt{3}ca\sin B\\&=\frac{1}{2}(b^2+c^2+a^2)-2\sqrt{3}\Delta\\&\Rightarrow AD^2=\frac{1}{2}(b^2+c^2+a^2)-2\sqrt{3}\Delta\end{aligned}$$

所以三条线段 AD,BE,CF 所构成的三角形的面积

$$S=\frac{\sqrt{3}}{4}AD^2=\frac{\sqrt{3}}{4}\left[\frac{1}{2}(b^2+c^2+a^2)-2\sqrt{3}\Delta\right]$$

$$=\frac{\sqrt{3}}{8}(b^2+c^2+a^2)-\frac{3}{2}\Delta$$

$$\geqslant\frac{\sqrt{3}}{8}\cdot 4\sqrt{3}\Delta-\frac{3}{2}\Delta=0$$

所以 $S\geqslant S_{\triangle ABC}$.

引申 11 以锐角 $\triangle ABC$ 的三边为斜边分别向形内作等腰直角三角形,求证:这三个直角顶点共线的充要条件为

$$\cot A+\cot B+\cot C=2$$

题目解说 本题为《中等数学》首届数学竞赛命题有奖比赛获奖题目之一.

渊源探索 本题是再次对内拿破仑定理进行思考而得到的结果.

方法透析 此类问题思考使用余弦定理的思维应该熟记.

证法 1 如图 7,记 $\triangle ABC$ 的各边长分别为 a,b,c,则在 $\triangle ABD$ 中,有

$$AD=BD=\frac{1}{\sqrt{2}}c,AF=CF=\frac{1}{\sqrt{2}}b$$

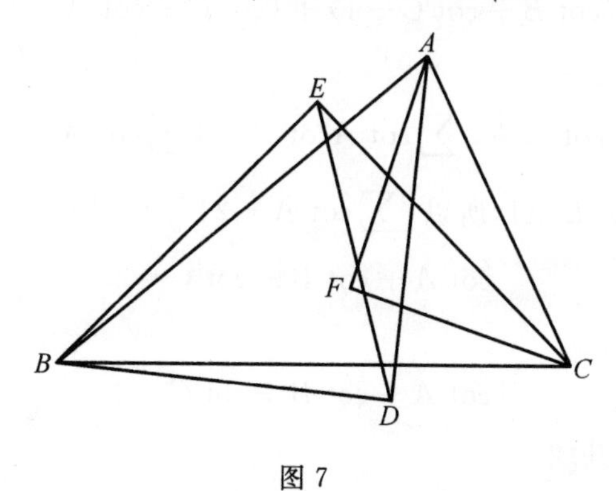

图 7

因为 $\angle A<90°$,所以

$$\angle BOF=\angle FAB=60°$$

$$\angle DAF=\angle BAD+\angle FAC-\angle A=45°+45°-\angle A=90°-\angle A$$

在 $\triangle ADF$ 中,关于 $\angle A$ 使用余弦定理,有

$$DF^2=AF^2+AD^2-2AD\cdot AF\cos(90°-A)$$

$$=\frac{1}{2}(b^2+c^2-2bc\sin A)=\frac{1}{2}(b^2+c^2-4\Delta)$$

同理可得

$$DE^2=\frac{1}{2}(a^2+c^2-4\Delta),EF^2=\frac{1}{2}(a^2+b^2-4\Delta) \qquad (1)$$

又

$$a^2=b^2+c^2-2bc\cos A=b^2+c^2-4\Delta\cot A \tag{2}$$

等三个式子相加，得

$$a^2+b^2+c^2=4\Delta(\cot A+\cot B+\cot C) \tag{3}$$

若 $AB\geqslant BC\geqslant CA$，则

$$DE\geqslant EF\geqslant DE \tag{4}$$

必要性. 即若 D,E,F 三点共线，则需证明 $\cot A+\cot B+\cot C=2$.

事实上，只需证明 $EF+DF=DE$，即

$$\sqrt{a^2+b^2-4\Delta}=\sqrt{b^2+c^2-4\Delta}+\sqrt{c^2+a^2-4\Delta} \tag{5}$$

又由式(2)中的两个式子求和，得 $c^2=2\Delta(\cot A+\cot B)$ 等三个式子代入到式(5)，得

$$\sqrt{(\cot A+\cot B-1)+(\cot B+\cot C-1)}+$$

$$\sqrt{(\cot C+\cot A-1)+(\cot A+\cot B-1)}$$

$$=\sqrt{(\cot B+\cot C-1)+(\cot C+\cot A-1)}$$

平方整理，得

$$\sum\cot^2 A+3\sum\cot A\cot B-4\sum\cot A+3=0$$

注意到 $\sum\cot A\cot B=1$，所以 $\left(\sum\cot A-2\right)^2=0$. 即

$$\cot A+\cot B+\cot C=2$$

充分性. 即由

$$\cot A+\cot B+\cot C=2 \tag{6}$$

推证 D,E,F 三点共线.

将式(6)代入到式(3)，得

$$a^2+b^2+c^2=8\Delta\Leftrightarrow\cot A+\cot B+\cot C=2 \tag{7}$$

联立式(2)(7)得 $b^2+c^2=4\Delta+2\Delta\cot A$ 等. 于是

$$DF^2=\frac{1}{2}(b^2+c^2-4\Delta)=\Delta\cot A$$

同理可得

$$EF^2=\Delta\cot C,DF^2=\Delta\cot B$$

于是，只要证明

$$\sqrt{\cot A}+\sqrt{\cot B}=\sqrt{\cot C}\Leftrightarrow\cot^2 A+\cot^2 B+\cot^2 C=2$$

$$\Leftrightarrow(\cot A+\cot B+\cot C)^2=4$$

而这是已知条件，从而命题到此全部获证.

证法 2　运用复数方法.

如图 8，建立复平面坐标系，并记各点的复数分别如图所示，则由构图法知，点 D,E,F 的复数分别为

$$z_1=\frac{1}{\sqrt{2}}(a-b\mathrm{i})(\cos\frac{\pi}{4}+\mathrm{i}\sin\frac{\pi}{4})=\frac{a+b}{2}(1+\mathrm{i})$$

$$z_2=\frac{1}{\sqrt{2}}(c-a)(\cos\frac{\pi}{4}+\mathrm{i}\sin\frac{\pi}{4})=\frac{c+a}{2}+\frac{c-a}{2}\mathrm{i}$$

$$z_3=\frac{1}{\sqrt{2}}(b\mathrm{i}-c)(\cos\frac{\pi}{4}+\mathrm{i}\sin\frac{\pi}{4})=\frac{c-b}{2}(1-\mathrm{i})$$

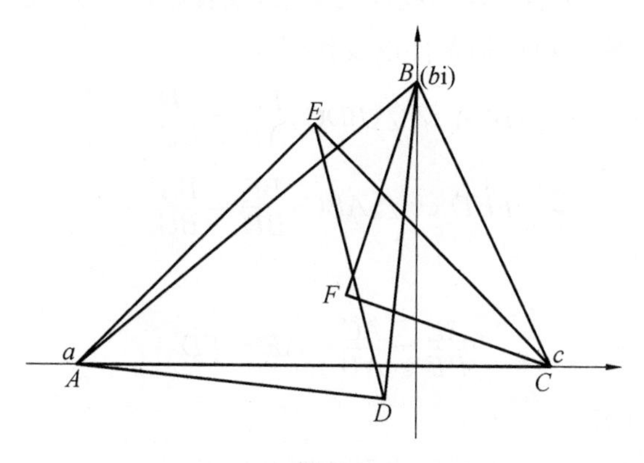

图 8

所以，D,E,F 三点共线的充要条件为

$$\frac{z_2-z_1}{z_3-z_2}\in\mathbf{R}\Rightarrow\frac{z_2-z_1}{z_3-z_2}=\overline{\left(\frac{z_2-z_1}{z_3-z_2}\right)}=\frac{\overline{z_2}-\overline{z_1}}{\overline{z_3}-\overline{z_2}}$$

即

$$\frac{c-2a-2b}{a+b}=\frac{c+a}{a+b-2c}$$

亦即

$$a^2+b^2+c^2+2ab-2bc-ca=0 \qquad (*)$$

而

$$\cot A=-\frac{a}{b},\cot B=\frac{c}{b},\cot C=\frac{b^2+ac}{b(c-a)}$$

结合式$(*)$，知

$$\Leftrightarrow\cot A+\cot B+\cot C=-\frac{a}{b}+\frac{c}{b}+\frac{b^2+ac}{b(c-a)}=2$$

即结论成立.

引申12 以$\triangle ABC$的边AB,AC为底分别向外侧作等腰$\triangle ABF$,等腰$\triangle ACE$,以BC为底向内侧作等腰$\triangle BCD$,且所有的等腰三角形都相似,则A,E,D,F是一个平行四边形的四个顶点或者落在一条直线上.

题目解说 本题出自梁绍鸿《初等数学复习及研究(平面几何)》习题13第22题.

渊源探索 前面的思考方向是向三角形外侧作等腰三角形、作正三角形,那么,既向外,也向内作上述图形,会有什么结果呢?比如向外作两个等腰三角形,向内作一个等腰三角形?

方法透析 设法运用比例线段之关系,或者旋转变换,位似变换.

证法1 如图9,由已知条件以及作图知

$$\triangle BFA \backsim \triangle BDC,\frac{FB}{AB}=\frac{BD}{BC}=\frac{AE}{AC}$$

$$\Rightarrow \triangle FBD \backsim \triangle ABC,\frac{BF}{BD}=\frac{BA}{BC}$$

而

$$\frac{AE}{BF}=\frac{AC}{AB}\Rightarrow AE=FD$$

同理可得$AF=DE$.

即A,F,D,E是一个平行四边形的四个顶点.

很显然,当等腰三角形底角$\alpha=90^\circ-\frac{1}{2}\angle A$(点$F$,$A$,$E$三点共线)时,上述四点在一条直线上.

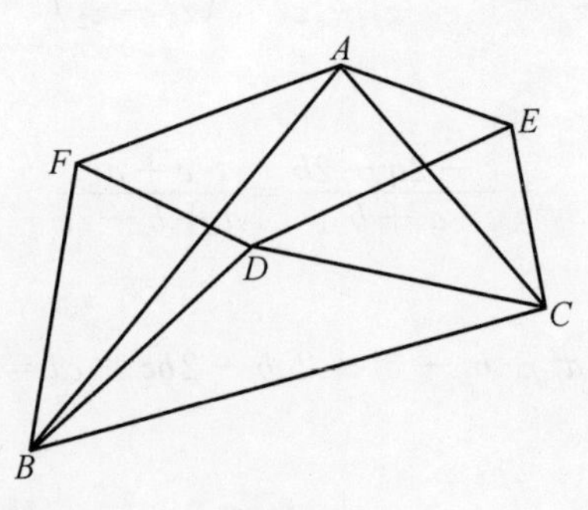

图9

证法2 利用旋转可直接证明$\triangle FBD \backsim \triangle ABC \backsim \triangle EDC$,从而得到$AF=DE$,$DF=AE$.

引申13 以$\triangle ABC$的边AB为底向外侧作等腰$\triangle ABF$,以BC,CA为底分

别向内侧作等腰 $\triangle BCD$，等腰 $\triangle ACE$，且所有的等腰三角形都相似，则 D,C,E,F 是一个平行四边形的四个顶点或者落在一条直线上.

题目解说 类比唤得新问题.

渊源探索 前面的题设是向三角形外作两个等腰三角形，向内作一个等腰三角形，换个题设，比如向外作一个等腰三角形，向内作两个等腰三角形，结果如何？

方法透析 设法运用比例线段之关系，或者旋转变换，位似变换.

证法 1 如图 10，由已知条件以及作图可知

$$\frac{FD}{AC}=\frac{FB}{AB}=\frac{1}{k},\angle FBD=\angle ABC$$

$$\Rightarrow \triangle BFD \backsim \triangle BAC \Rightarrow AC=kDF$$

由作图知

$$AC=kCE \Rightarrow DF=CE$$

同理可得 $AC=EF$，所以 D,C,E,F 是一个平行四边形的四个顶点.

很显然，当等腰三角形的底角 $\alpha=90^\circ-\frac{1}{2}\angle C$（点 F,A,E 三点共线）时，上述四点在一条直线上.

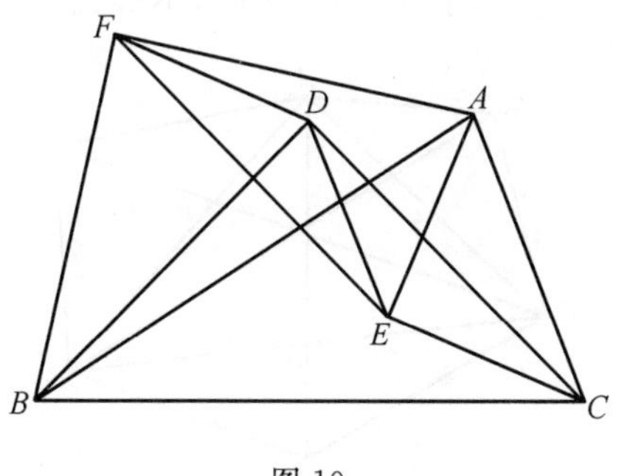

图 10

证法 2 利用旋转可直接证明 $\triangle BFD \backsim \triangle BAC$，$\triangle AFE \backsim \triangle ABC$，从而得到 $FD=EC$，$EF=CD$.

引申 14 设 $ABCDEF$ 是凸六边形，$AB=BC$，$CD=DE$，$EF=FA$，证明

$$\frac{BC}{BE}+\frac{DE}{DA}+\frac{FA}{FC}\geqslant\frac{3}{2}$$

题目解说 本题为第 38 届 IMO 预选题第 7 题，可参考《中等数学》1998 年第 5 期第 31 页.

渊源探索 这是偏离前面常规思维轨道而产生的一个新的运行轨道——线段长模式的不等式.

方法透析 具有不等式结构的平面几何不等式,称为几何不等式,此不等式的证明需要借助于联合使用几何与不等式方可出奇制胜.

证明 如图 11,从欲证结构分析,应联想到已有的几何不等式,于是,令 $AC=c$,$AE=b$,$CE=a$,在四边形 $ABCE$ 中,运用托勒密不等式,有

$$AB \cdot CE + BC \cdot AE \geqslant AC \cdot BE$$

再注意已知条件,有

$$BC(CE+AE) \geqslant AC \cdot BE$$

即 $\dfrac{BC}{BE} \geqslant \dfrac{c}{a+b}$. 同理,有

$$\frac{DE}{DA} \geqslant \frac{a}{b+c}, \frac{FA}{FC} \geqslant \frac{b}{c+a}$$

此三式相加,得

$$\frac{BC}{BE}+\frac{DE}{DA}+\frac{FA}{FC} \geqslant \frac{a}{b+c}+\frac{b}{c+a}+\frac{c}{a+b} \geqslant \frac{3}{2} \tag{1}$$

最后一步用到了常见的不等式.

等号成立的条件为式(1) 应该为一个等式,即每次运用托勒密不等式时,也要等号成立,从而,$ABCE$,$ACEF$,$ACDE$ 均为圆内接四边形,进一步知,$ABCDEF$ 应为圆内接六边形,且 $a=b=c$ 时,不等式(1) 中的等号成立.

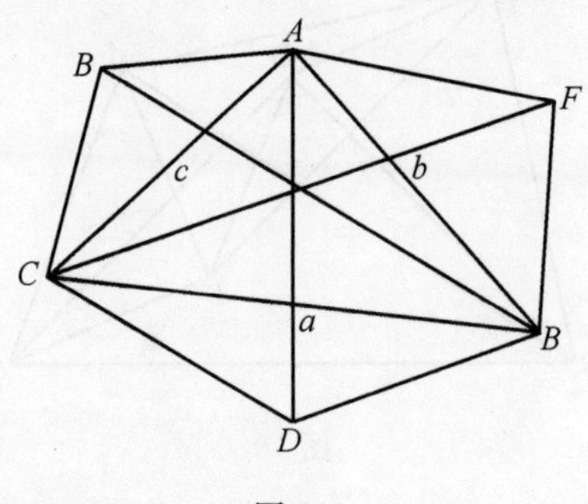

图 11

五,从正三角形到正四边形的思考

到此为止,我们沿着拿破仑的思维 —— 对向形外作正三角形进行了不少的讨论和探究,那么,要是作的不是正三角形,而是其他的什么图形,比如下面的正方形,会有哪些新的结论呢?

引申 15 在 $\triangle ABC$ 的边 AB,AC 上向形外分别作正方形 $ABEF$,$ACGH$,再作平行四边形 $AFDH$,求证:(1)$BH \perp CF$,$BH=CF$;(2) $AD \perp BC$,$AD=BC$.

题目解说　本题广为流传，是一道十分难得的内涵丰富的好题，这里给出了它的来历.

渊源探索　本题为对拿破仑定理进行深入联想而产生的结果——拿破仑定理的思维是向三角形内、外侧作正三角形，产生了一系列不同凡响的结论，那么要是作(正四边形)正方形，会有哪些结论产生呢？这就是我们下面将要给出的结论.

方法透析　题目中有多条线段相等，故考虑构造全等三角形可能是解决问题的首选.

证法1　平面几何方法.

(1) 如图12，容易证明(记 AF 与 BH 交于点 M)

$$\triangle FAC \cong \triangle BAH(\text{边角边}) \Rightarrow \angle AFC = \angle ABH$$
$$\Rightarrow \angle AFC + \angle FMH$$
$$= \angle MBA + \angle BMA = 90^\circ$$

即 $BH \perp CF$，$BH = CF$(也可以这样来证明，将 $\triangle FAC$ 绕着点 A 逆时针旋转 90° 故得 $\triangle BAH$，即 BH 与 CF 垂直且相等).

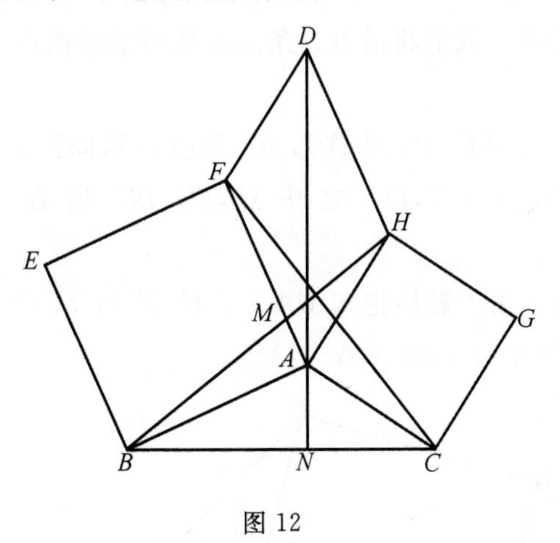

图 12

(2) 证明 AD 与 BC 垂直且相等，只需努力证明

$$\angle ABC = \angle DAF, \triangle DAF \cong \triangle CBA$$

事实上，因为

$$\angle DFA + \angle FAH = 180^\circ$$
$$\angle BAC + \angle FAH = 180^\circ$$

所以 $\angle BAC = \angle DFA$，再注意到 $AF = AB$，$FD = AH = AC$，故 $\triangle DAF \cong \triangle CBA$(边角边)，所以由

$$AD=BC,\angle FAD=\angle ABC$$

$$\Rightarrow \angle FAD+\angle BAN=\angle ABN+\angle BAN=90^{\circ}$$

所以 $AD\perp BC, AD=BC$.

证法 2 复数法,本方法适合高中二年级的学生.

用 a,b,c 分别表示点 A,B,C 所对应的复数,其余类似,则有 $f=a-\mathrm{i}(b-a)=a+\mathrm{i}(a-b), h=a+\mathrm{i}(c-a)$,从而

$$\overrightarrow{BH}=(a-b)+(c-a)\mathrm{i}=(a-b)-(a-c)\mathrm{i}$$

$$\overrightarrow{CF}=(a-c)+\mathrm{i}(a-b)$$

所以 $\overrightarrow{BH}=\mathrm{i}\overrightarrow{CF}$.

(1) 即 BH 与 CF 垂直且相等.

(2) 由向量加法的平行四边形法则,知

$$\overrightarrow{AD}=\overrightarrow{AF}+\overrightarrow{AH}=\mathrm{i}(a-b)+\mathrm{i}(c-a)$$

$$=\mathrm{i}(c-b)=\mathrm{i}\overrightarrow{CB}$$

即 AD 与 BC 垂直且相等.

注 本题的结论得到了两组线段的垂直与相等,那么,此构图中还潜藏哪些垂直且相等的关系?我们将沿着这条思维轨道继续前进,看看还有哪些宝藏有待挖掘?

引申 16 在 $\triangle ABC$ 中,以 AB,AC 为边分别向形外作正方形 $ABDE$, $ACFG$. M,N 分别为 GE,BC 之中点,EG,BC 所在直线交与点 H,则 $HA\perp MN$.

证明 如图 13,由上题结论知 $MA\perp NH$(即 BC),$NA\perp MH$(即 EG),即点 A 为 $\triangle HMN$ 的垂心,所以 $HA\perp MN$.

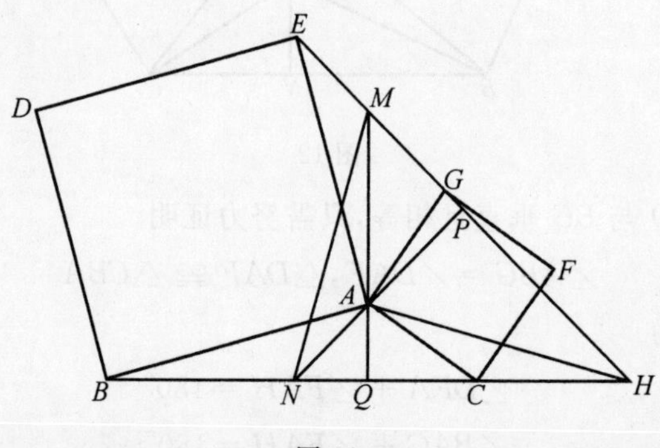

图 13

引申 17 在 $\triangle ABC$ 中,以 AB,AC 为边分别向形外作正方形 $ABDE$, $ACFG$, M 为 BC 之中点,X,Y 分别为所作两个正方形的中心,则 $XM\perp$

YM, $XM=YM$.

渊源探索 本题是继续对上题进行深入研究而得到的结果.

方法透析 从来源考虑证明方法是解数学题的良方!

证明 如图 14,联结 BG, CE,那么,由于 MX, MY 分别是 $\triangle CBE$, $\triangle BCG$ 的中位线,所以 $XM \parallel EC$, $MY \parallel BG$, $EC=BG$, $EC \perp BG$(据上题结论).

从而 $XM=YM$, $XM \perp YM$.

注 这个引申的证明用到了引申 15 所提及的 BH 与 CF 平行且相等的结论,可见此结论的重要性.

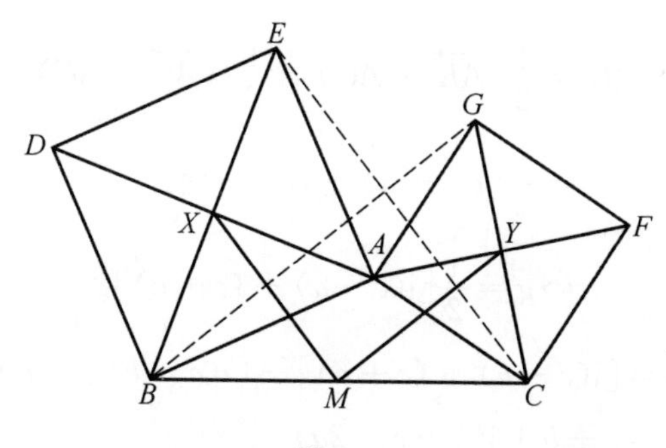

图 14

引申 18 如图 15,在 $\triangle ABC$ 中,以 AB, AC 为边分别向形外作正方形 $ABMH$, $ACNK$,并设 D, F 分别为 HK 和 BC 的中点,E, G 分别为两边所作正方形的中心,求证:四边形 $DEFG$ 为正方形.

题目解说 本题为第七届全俄数学竞赛一题,参见梁绍鸿《初等数学复习及研究(平面几何)》习题 13.

渊源探索 从引申 16 继续前行,从中点的运行轨道上再继续进行探索,即将上述图形上下对折,即可获得本题.

方法透析 引申 17 的证明利用了引申 16 的结论,现在就沿着这条康庄大道勇往直前吧!

证法 1 用 a, b, c 分别表示点 A, B, C 所对应的复数,其余类似,则由向量加法的平行四边形法则,知

$$\overrightarrow{AE}=\frac{1}{2}(\overrightarrow{AH}+\overrightarrow{AB})=\frac{1}{2}(-\mathrm{i}\,\overrightarrow{AB}+\overrightarrow{AB})$$

$$=\frac{1}{2}[-\mathrm{i}(b-a)+(b-a)]$$

$$\Rightarrow e=\frac{1}{2}[\mathrm{i}(a-b)+(a+b)]$$

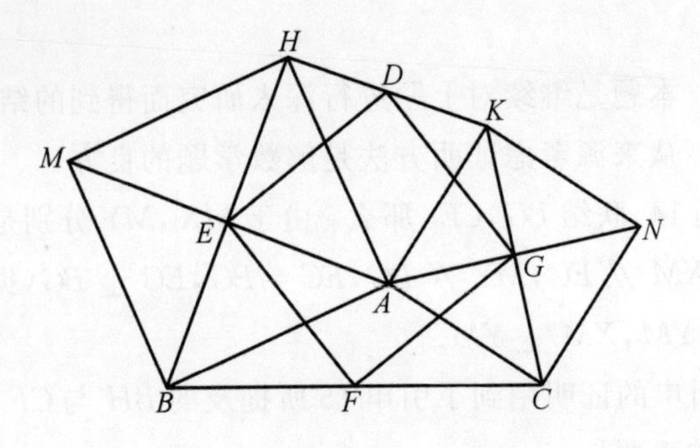

图 15

$$\overrightarrow{AG}=\frac{1}{2}(\overrightarrow{AK}+\overrightarrow{AC})=\frac{1}{2}(\mathrm{i}\,\overrightarrow{AC}+\overrightarrow{AC})$$

$$=\frac{1}{2}[\mathrm{i}(c-a)+(c-a)]$$

$$\Rightarrow g=\frac{1}{2}[\mathrm{i}(c-a)+(c+a)]$$

$$2\,\overrightarrow{EG}=[\mathrm{i}(c-a)+(c+a)]-[\mathrm{i}(a-b)+(a+b)]$$

$$=c-b+\mathrm{i}(b+c-2a)$$

$$\overrightarrow{AD}=\frac{1}{2}(\overrightarrow{AH}+\overrightarrow{AK})=\frac{1}{2}(-\mathrm{i}\,\overrightarrow{AB}+\mathrm{i}\,\overrightarrow{AC})$$

$$=\frac{1}{2}[-\mathrm{i}(b-a)+\mathrm{i}(c-a)]$$

$$\Rightarrow d=\frac{1}{2}\mathrm{i}(c-b)+a$$

$$\overrightarrow{AF}=\frac{1}{2}(\overrightarrow{AB}+\overrightarrow{AC})=\frac{1}{2}[(b-a)+(c-a)]=\frac{1}{2}(b+c-2a)$$

$$\Rightarrow f=\frac{1}{2}(b+c-2a)+a=\frac{1}{2}(b+c)$$

$$2\,\overrightarrow{DF}=2f-2d=(b+c)-[\mathrm{i}(c-b)+2a]$$

$$=(b+c-2a)+\mathrm{i}(b-c)$$

$$\Rightarrow \overrightarrow{EG}=\mathrm{i}\,\overrightarrow{DF}$$

即四边形的对角线互相垂直且相等，所以四边形 $DEFG$ 为正方形.

评注 此法是从正方形的对角线互相垂直且相等入手来证明的. 于是产生：

证法 2 复数法.

由前面的运算，得

$$d=\frac{1}{2}\mathrm{i}(c-b)+a, e=\frac{1}{2}[\mathrm{i}(a-b)+(a+b)]$$

$$f=\frac{1}{2}(b+c-2a)+a=\frac{1}{2}(b+c)$$

$$g=\frac{1}{2}[\mathrm{i}(c-a)+(c+a)]$$

所以

$$2\overrightarrow{DE}=2e-2d=[\mathrm{i}(a-b)+(a+b)]-[2a+\mathrm{i}(c-b)]$$
$$=(b-a)+\mathrm{i}(a-c)$$
$$2\overrightarrow{GF}=f-g=(b+c)-[(c+a)+\mathrm{i}(c-a)]=(b-a)+\mathrm{i}(a-c)$$

故

$$\overrightarrow{DE}=\overrightarrow{GF}$$

所以四边形 $DEFG$ 为平行四边形. 又

$$2\overrightarrow{DE}=2e-2d=[\mathrm{i}(a-b)+(a+b)]-[2a+\mathrm{i}(c-b)]$$
$$=(b-a)+\mathrm{i}(a-c)$$
$$2\overrightarrow{DG}=2g-2d=[(c+a)+\mathrm{i}(c-a)]-[\mathrm{i}(c-b)+2a]$$
$$=(c-a)+\mathrm{i}(b-a)$$

所以

$$\overrightarrow{DG}=\mathrm{i}\,\overrightarrow{DE}$$

所以,$DE\perp DG$,$DE=DG$,即平行四边形 $DEFG$ 有一个角是直角,且两邻边还相等,亦即该四边形为正方形.

证法 3 平面几何方法.

如图 16,由上面的证明知 $BN\perp CM$,$BN=CM$,而

$$FG \parallel BN, FG=\frac{1}{2}BN$$

$$DE \parallel BN, DE=\frac{1}{2}BN$$

$$DG \parallel CM, DG=\frac{1}{2}CM$$

$$EF \parallel \frac{1}{2}CM, EF=\frac{1}{2}CM$$

所以四边形 $DEFG$ 为平行四边形,进而四边形 $DEFG$ 为正方形.

注 掌握并运用已有结论是解决问题的快速方法.

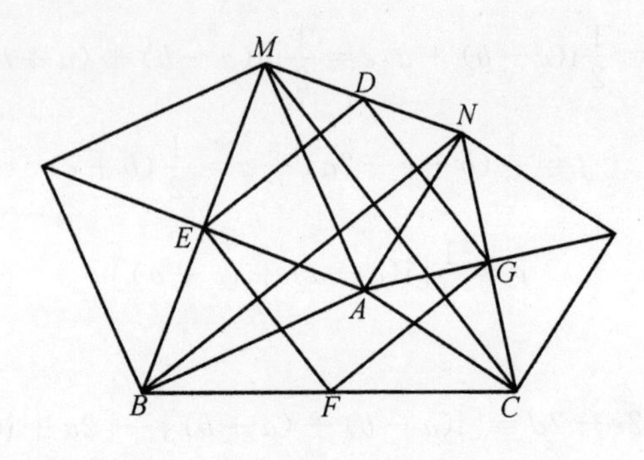

图 16

引申 19　在 $\triangle ABC$ 的边 AB,AC 上分别向形外作正方形 $ABEF$ 和 $ACGH$，求证：$\triangle ABC$ 的边 BC 上的高线 DA 的延长线平分 FH.

题目解说　本题出自梁绍鸿《初等数学复习及研究(平面几何)》习题 13.

渊源探索　本题是引申 16 构图中的一部分.

方法透析　从来源寻求解题方法是一种正迁移，思维的正迁移往往是走向成功的正确轨道.

证法 1　平面几何方法 —— 利用三角形全等构造出目标线段.

如图 17，过 F,H 分别作 AD 所在直线的垂线，垂足分别记为 M,N，则由已知条件知

$$\triangle AHN \cong \triangle CAD \Rightarrow AD = HN$$

$$\triangle AFM \cong \triangle BAD \Rightarrow AD = FM$$

所以

$$FM = HN \Rightarrow \mathrm{Rt}\triangle FMR \cong \mathrm{Rt}\triangle HNR \Rightarrow FR = HR$$

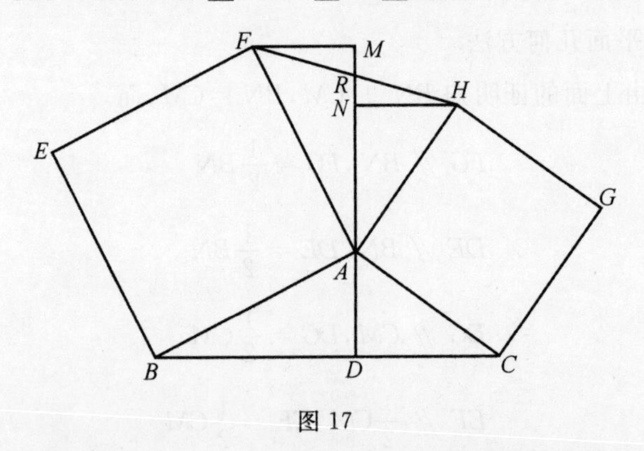

图 17

证法 2　平面几何方法 —— 利用平行四边形对角线互相平分反向构造平行四边形 $PFAH$.

如图 18,反向延长 AD 到点 P 位置,使得 $AP=BC$,联结 FP,HP,则易知

$$\triangle PAH \cong \triangle BCA(\text{边角边}) \Rightarrow PH=AB$$

同理可得 $\triangle BAC \cong \triangle AFP \Rightarrow FP=AC$.

所以,四边形 $PFAH$ 为平行四边形,即 AP 平分 FH.

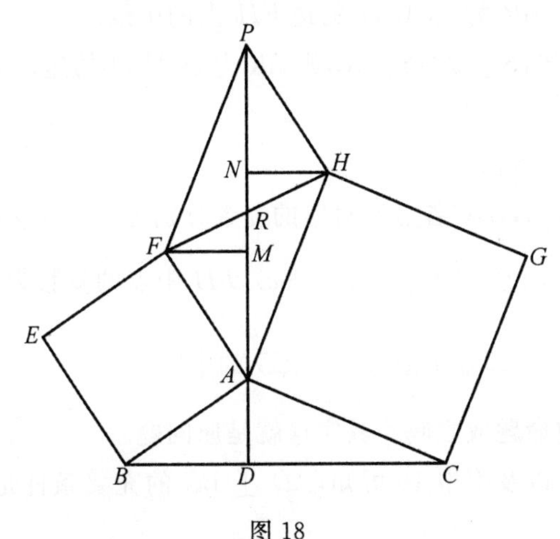

图 18

证法 3 运用正弦定理,构造目标线段.

如图 18,记 $\angle BAD=\alpha$,$\angle CAD=\beta$,$\angle ARH=\gamma$,在 $\triangle FRA$,$\triangle RAH$ 中分别运用正弦定理,得

$$FR=\frac{AF}{\sin\gamma}\cdot\sin\angle FAR=\frac{AB}{\sin\gamma}\cdot\cos\alpha$$

$$HR=\frac{AH}{\sin\gamma}\cdot\sin\angle HAR=\frac{AC}{\sin\gamma}\cdot\cos\beta$$

要证明 $FR=HR$,只需证明 $AB\cos\alpha=AC\cos\beta$,而这由已知条件知显然.

证法 4 面积法——利用三角形中线平分三角形的面积的逆向思维.

如图 18,即只要证明 $S_{\triangle AFH}=2S_{\triangle ARH}$ 或者 $S_{\triangle AFH}=2S_{\triangle AFR}=2S_{\triangle ARH}$ 即可.

第一步,作 $HN\perp AD$,先证明 $BC=2AR$.

记 $\angle BAD=\alpha$,$\angle CAD=\beta$,$\angle ARH=\gamma$,则因为

$$\begin{aligned}BC\cdot AD&=2S_{\triangle ABC}=2S_{\triangle AFH}=AR(AF\cos\alpha+AH\cos\beta)\\&=AR(AB\cos\alpha+AC\cos\beta)\\&=AR(AD+AD)\\&=2AR\cdot AD\end{aligned}$$

即 $BC=2AR$.

第二步,证明 $2S_{\triangle ARH}=S_{\triangle ABC}$.因

$$2S_{\triangle ARH}=AR\cdot HN=AR\cdot AH\cos\beta$$
$$=\frac{1}{2}BC\cdot AC\cdot\cos\beta=\frac{1}{2}BC\cdot AD=S_{\triangle ABC}$$

同理可得 $2S_{\triangle AFR}=S_{\triangle ABC}$.

第三步,确认 AR 为 $\triangle AFH$ 的边 FH 上的中线.

由以上两步知,$S_{\triangle AFR}=S_{\triangle AHN}$,则 AR 为 $\triangle AFH$ 的边 FH 上的中线,即 AR 平分 FH.

证法 5 复数方法.

由条件,可设 A,B,C 各点所对应的复数分别为 $\mathrm{i}a,-b,c$,则 F,H 各点的复数可分别写为 $-a+\mathrm{i}(a+b),a+\mathrm{i}(a+c)$,$FH$ 中点的复数为 R,$\frac{1}{2}(Z_F+Z_H)=0+\frac{1}{2}\mathrm{i}(2a+b+c)$,即虚轴通过线段 EG 的中点.

思考:本题逆命题成立吗?其实这就是原问题.

综合引申 16 以及引申 19 可知,$AD\perp BC$ 的充要条件是 AD 所在直线平分 FH.

以上是沿着线段相等或垂直的思维轨道运行而得到的结果,如果有朝一日,思维偏离了这个运行轨道,会有哪些新的结果产生呢?比如:

引申 20 在 $\triangle ABC$ 的边 AB,AC 上分别向形外作正方形 $ABEF,ACGH$,求证:$\triangle ABC$ 的高线 AN 与 CE,BG 相交于一点.

渊源探索 从上述构图中不断思考,探索性地添加辅助线是寻找新的数学命题的好方法.

方法透析 思考三线共点问题的解决方法有哪些,是成功解题的金钥匙.

证法 1 利用三角形三条高线交于一点.

如图 19,作平行四边形 $AHDF$,连 DA 并延长交 BC 于点 N,由上面的证明知 $AN\perp BC$,$\triangle DFA\cong\triangle CAB$(边角边),所以 $\angle HAD=\angle FDA=\angle ACB$,所以 $\triangle DAC\cong\triangle BCG$(边角边),所以 $\angle DCA=\angle BGC$,而 $\angle GBC+\angle DCB=\angle NDC+\angle DCB=90^\circ$,所以 $BG\perp DC$.

同理 $CE\perp BD$,即 DN,BG,CE 为 $\triangle DBC$ 的三条高线,故它们交于一点.

注 这是一个解决三线共点的好方法,不要以为只有塞瓦定理的逆定理才是正宗的证明三线共点的好方法.

证法 2 复数方法,同样运用上述高线性质.

用 a,b,c 分别表示点 A,B,C 所对应的复数,其他各点类似,如图 19,则由向量加法的平行四边形法则,有

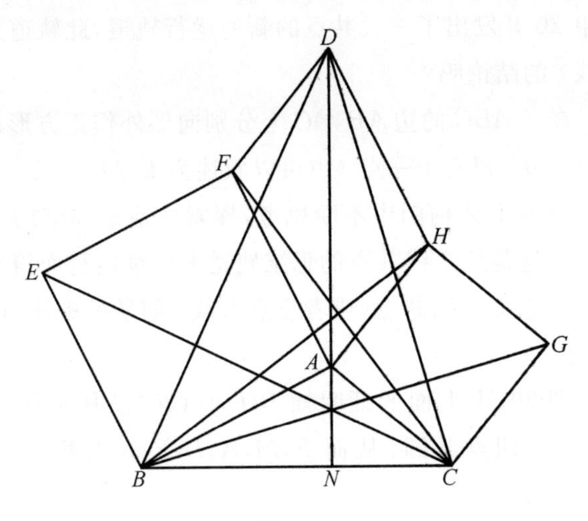

图 19

$$\overrightarrow{AE}=\overrightarrow{AB}+\overrightarrow{AF}$$

$$\Rightarrow e=a+(b-a)-\mathrm{i}(b-a)=b+\mathrm{i}(a-b)$$

$$\Rightarrow g=a+(c-a)+\mathrm{i}(c-a)=c+\mathrm{i}(c-a)$$

又由向量加法的平行四边形法则，知

$$\overrightarrow{AD}=\overrightarrow{AF}+\overrightarrow{AH}=-\mathrm{i}(b-a)+\mathrm{i}(c-a)=\mathrm{i}(c-b)$$

$$d=a+\mathrm{i}(c-b)$$

$$\left.\begin{array}{l}\overrightarrow{BD}=d-b=a+\mathrm{i}(c-b)-b=(a-b)+\mathrm{i}(c-b)\\ \overrightarrow{CE}=e-c=b+\mathrm{i}(a-b)-c=(b-c)+\mathrm{i}(a-b)\end{array}\right\}\Rightarrow \overrightarrow{CE}=\mathrm{i}\,\overrightarrow{BD}$$

同理得到$\overrightarrow{BG}=\mathrm{i}\,\overrightarrow{CD}$.

即 DN，BG，CE 为 $\triangle DBC$ 的三条高线，故它们交于一点.

注 (1) 也可以叙述为某三点共线. 比如求证：BG 与 CE 的交点和点 A，D 三点共线.

(2) 笔者在求解本题的同时，一缕重复利用线段垂直且相等的微风再次从脑海吹过，使笔者再次环顾四周，偶然发现下述结论：

引申 21 在上述条件以及构图中，求证：$CE\perp BD$，$CE=BD$；$BG\perp CD$，$BG=CD$.

渊源探索 这是继续对原问题进行思考而得到的.

方法透析 从问题的来源思考证明方法.

证明 提示：设法证明

$$\triangle BAD\cong\triangle EBC\Rightarrow BD=CE$$

$$\triangle BCG\cong\triangle DAC\Rightarrow BG=CD$$

注 引申 20 开发出了三线共点的新的运行轨道，此轨道上还有别的三线共点(三点共线)的结论吗？

引申 22 在 $\triangle ABC$ 的边 AB，AC 上分别向形外作正方形 $ABEF$，$ACGH$，求证：EG 与 CF，BH 相交于一点（也可以叙述为 E，M，G 三点共线）.

渊源探索 从上述构图中不断思考，探索性地添加辅助线是寻找新的数学命题的好方法. 这是从三线共点的思维轨道上继续运行而得到的新结果.

方法透析 思考三线共点(或者三点共线)问题的解决方法有哪些，是成功解题的金钥匙.

证明 如图 20，由上面的证明知 $BH \perp CF$，设其交点为 M，联结 ME，MG，则 F，M，A，B 四点共圆，从而 F，M，A，B，E 五点共圆，则有 $\angle FME = \angle EMB = 45°$.

同理，有 H，M，A，C 四点共圆，从而有 $\angle HMG = \angle GAC = 45°$.

即 $\angle EMF + \angle FMH + \angle HMG = 45° + 90° + 45° = 180°$.

从而 EG 与 CF，BH 相交于一点.

注 本题也可以叙述为求证：E，M，G 三点共线.

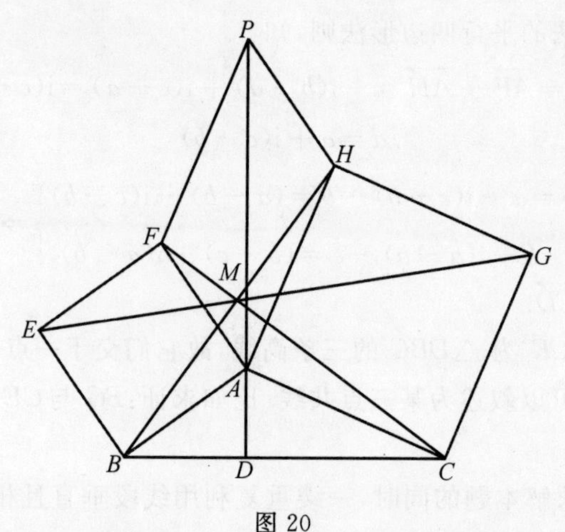

图 20

引申 22 还可以推广为：如图 21，分别以 $\triangle ABC$ 的边 AB，AC 为一边向外作 $\triangle ABF$，$\triangle ACE$，使得 $\triangle ABF \backsim \triangle ACE$，且 $\angle ABF = 90°$，求证：BE，CF 和 $\triangle ABC$ 的边 BC 上的高线 AH 交于一点.

这是《中等数学》2005 年第 11 期封底上南开大学李成章教授提出并证明了的结论，他利用了同一法，其实本题不用同一法也可以证明，只要延长 HA 到 M，使得 $\dfrac{AM}{BC} = \dfrac{AC}{CE}$，这样，以下的证明就变为上述命题的证明了.

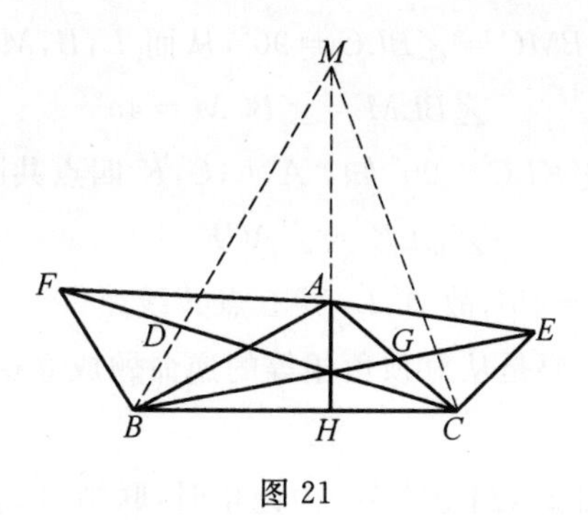

图 21

引申 23 以 $\triangle ABC$ 的各边为一边向外侧作正方形 $ABDE$，$BCGF$，$ACHK$，若 BK，CE 的交点为 L，BG，CF 的交点为 M，则 A，L，M 三点共线.

渊源探索 从上述构图中不断思考，探索性地添加辅助线是寻找新的数学命题的好方法. 这是从作两个正方形以及三点共线轨道上继续思考，思考向形外作三个正方形后所得到的结果.

方法透析 思考三线共点（或者三点共线）问题的解决方法有哪些，是成功解题的金钥匙.

证明 本题也可以看成是证明 AM，BK，EC 三线共点. 一般证明三点共线的方法是利用梅涅劳斯定理的逆定理，但有时候不一定简捷！这里利用相邻两角和为平角，即互为邻补角.

现在的关键是设法证明 L，B，M，C 及 A，L，C，K 分别四点共圆.

以下分两种情况讨论：

第一种情况，如图 22，当 $\angle BAC$ 为锐角时，联结 AL，ML，注意到，$\triangle ABK$ 可以看作是将 $\triangle AEC$ 绕 A 逆时针方向旋转 90° 而得到的，所以 $EC \perp BK$，进而

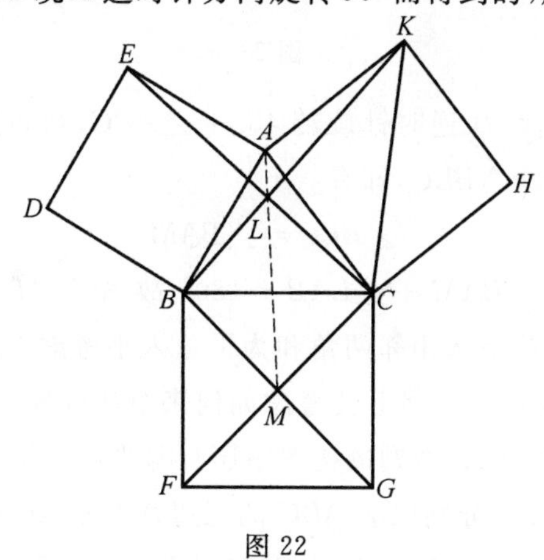

图 22

结合 M 的特性,有 $\angle BMC=\angle BLC=90^\circ$,从而 L,B,M,C 四点共圆,所以

$$\angle BLM=\angle BCM=45^\circ$$

又由 $\angle KAC=\angle KLC=90^\circ$ 知,A,L,C,K 四点共圆,所以

$$\angle ALK=\angle ACK=45^\circ$$

即 $\angle ALK=\angle BLM=45^\circ$,故 A,L,M 三点共线.

评注 此证明主要是从对顶角相等的逆命题成立这一简单实用的思路上去解决问题.

第二种情况,如图 23,当 $\angle BAC$ 为钝角时,联结 AL,注意到,$\triangle ABK$ 可以看作是将 $\triangle AEC$ 绕 A 逆时针方向旋转 90° 而得到的,所以 $EC\perp BK$,进而结合 M 的特性,有 $\angle BMC=\angle BLC=90^\circ$,从而 L,B,M,C 四点共圆,所以 $\angle BLM=\angle BCM=45^\circ$,又由 $\angle EAB=\angle ELB=90^\circ$ 知,B,A,L,E 四点共圆,即

$$\angle BEL+\angle LAB=180^\circ \tag{1}$$

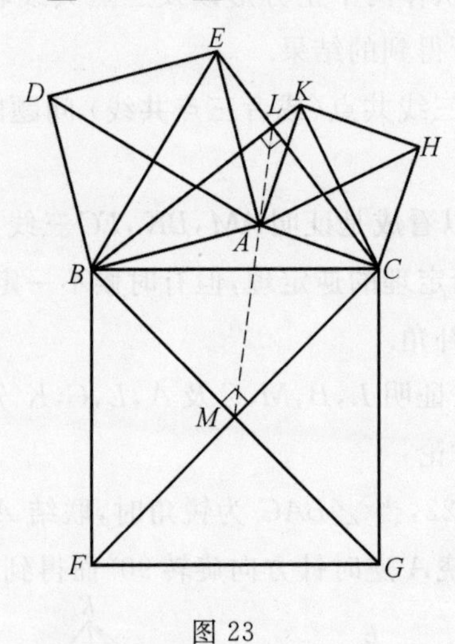

图 23

现将 $\triangle BAM$ 绕点 B 逆时针旋转 $45^\circ+\angle ABC$,再将边长扩大 $\sqrt{2}$ 倍得到 $\triangle BEC$,即 $\triangle BAM\backsim\triangle BEC$,即有

$$\angle BEC=\angle BAM \tag{2}$$

结合(1)(2),得 $\angle BAM+\angle LAB=180^\circ$,故 A,L,M 三点共线.

注 此证明主要是从相邻两角和为平角入手考虑,使得我们可以从折线变成直线这一简单实用的思路上去考虑如何来解决问题. 另外,本题的顺利获证得益于 $BK\perp EC$,那么,本题的构图中还有哪些垂直关系呢?

引申 24 如图 24,分别以 $\triangle ABC$ 的三边 AB,BC,CA 为斜边向外作等腰 $\mathrm{Rt}\triangle DAB$,等腰 $\mathrm{Rt}\triangle EBC$,等腰 $\mathrm{Rt}\triangle FAC$,求证:(1)$AE=DF$;(2)$AE\perp DF$.

题目解说 本题为2005年全国初中数学联赛B卷中一题，参见《中学教研》2010年第7期第35页，梁绍鸿《初等数学复习及研究(平面几何)》习题13第10题.

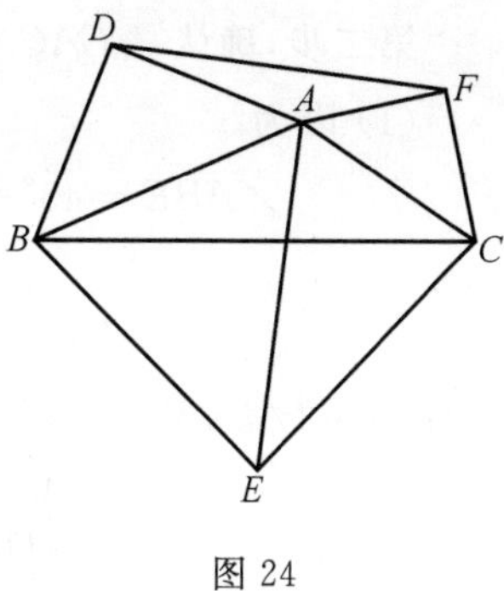

图24

渊源探索 从上述构图中不断思考，探索性地添加辅助线或者删除一些线条是寻找新的数学命题的好方法. 前面是向形外作两个正方形，现在是向形外作三个正方形，并取其中心，会有哪些结论呢?

方法透析 思考证明线段相等的方法有哪些? 一种是直接构造，另一种是间接构造.

证法1 平面几何方法.

通过补形，构造相似三角形，利用成比例线段关系，而非直接构造全等三角形来解决线段相等问题.

将图24中的三个等腰直角三角形分别补成以斜边为正方形一边的三个正方形，如图25所示，则这三个等腰直角三角形的直角顶点便成为三个正方形的中心.

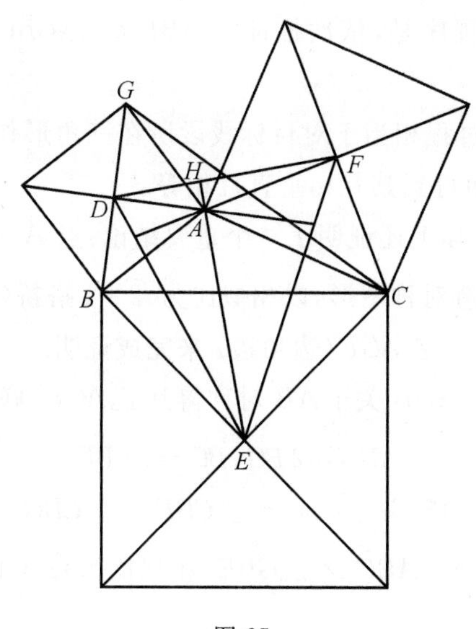

图25

以下分两步进行:

第一步，确认$\triangle GBC \backsim \triangle ABE$，相似比为$\sqrt{2}:1$.

第二步，确认 $\triangle GAC \backsim \triangle DAF$，相似比为$\sqrt{2}:1$.

(1) 因为

$$\left.\begin{array}{r}\angle ABE = 45^\circ + \angle ABC = \angle GBC \\ \dfrac{GB}{AB} = \dfrac{BC}{BE} = \sqrt{2}\end{array}\right\} \Rightarrow \triangle GBC \backsim \triangle ABE$$

即 $GC = \sqrt{2}AE$，又

$$\frac{AG}{AD} = \frac{AC}{AF} = \sqrt{2}, \angle GAC = \angle DAF$$

所以 $\triangle GAC \backsim \triangle DAF$，所以 $GC = \sqrt{2}DF$. 从而 $AE = DF$.

(2) 由 $\triangle GBC \backsim \triangle ABE$，得 $\angle BGC = \angle EAB$；由 $\triangle GAC \backsim \triangle DAF$，得 $\angle AGC = \angle ADF$，所以

$$\begin{aligned} 45^\circ + \angle BGC &= \angle DAB + \angle BAE = \angle DAE = \angle ADH + \angle AHD \\ &= \angle AGC + \angle AHD \\ &\Rightarrow \angle AHD = 45^\circ + \angle BGC - \angle AGC = 90^\circ \end{aligned}$$

即 $AE \perp DF$.

注 (1) 补形是解决平面几何问题的有效方法，理由是正方形里含有等腰直角三角形.

(2) 解决本题的程序是，依次推证 $\triangle ABE \backsim \triangle GBC$，$\triangle DAE \backsim \triangle GBC$，$\angle AHD = 90^\circ$.

(3) 上面的证明过程相当于对目标线段所在三角形作两次逆时针方向 45° 的旋转以及位似，从而得到其互相垂直且相等.

(4) 此外，我们实际上还证明了一个重要结论：点 A 为 $\triangle DEF$ 的垂心.

证法 2 利用构造对称图形，以相似比为$\sqrt{2}:1$搭桥（$\triangle ABC \backsim \triangle GBE$（边角边）），构筑 $\triangle DAF \cong \triangle AGE$（边角边）来完成证明.

(1) 如图 26，将 $\triangle ADB$ 关于 AB 对称得到 $\triangle AGB$，联结 GE，GF，由作图知

$$AB = \sqrt{2}BG, BC = \sqrt{2}BE$$

$$\angle ABC = 45^\circ + \angle CBG = \angle CBE + \angle CBG = \angle EBG$$

$$\Rightarrow \triangle ABC \backsim \triangle GBE\text{，相似比为}\sqrt{2}:1$$

由 $AC = \sqrt{2}GE$，得

$$\sqrt{2}AF = AC = \sqrt{2}GE \Rightarrow AF = GE, \angle BGE = \angle BAC$$

即

$$\angle DAF = 90^\circ + \angle BAC = 90^\circ + \angle BGE = \angle AGE$$

而 $AD = AG$，从而得到 $\triangle DAF \cong \triangle AGE$（边角边），即 $DF = AE$.

(2) 由 $\triangle DAF \cong \triangle AGE \Rightarrow \angle ADF = \angle GAE \Rightarrow \angle ADF + \angle DAE = \angle GAE + \angle DAE = 90^\circ$

即 $AE \perp DF$. 证明完毕.

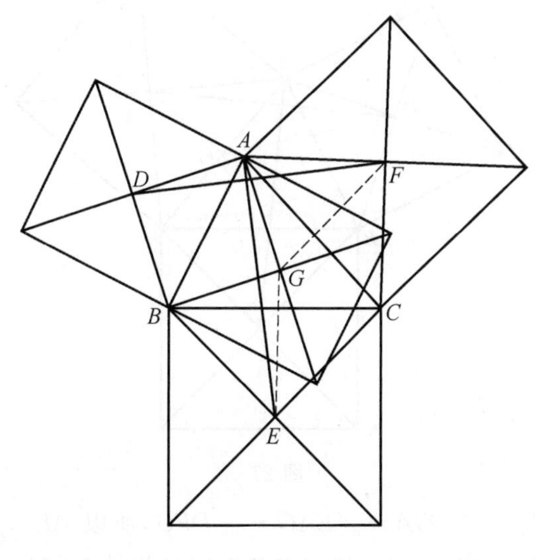

图 26

评注 (1) 此证明用到了相等的两角 $\angle ADF$ 与 $\angle EAD$ 的两边分别对应垂直的逆定理.

(2) 本题结论等价于 $\triangle DAF$ 绕着点 A 顺时针方向旋转 90°，再向下作一个平移得到 $\triangle AGE$.

证法 3 将等腰三角形补形成正方形仍然是解决问题的主旋律，由于正方形的中心是对角线的中点，故产生利用线段中点的思路，如图 27 所示，$\triangle ABN \cong \triangle MBC$ 可以看成是一个三角形绕着点 B 作一个旋转 90° 的旋转变换，从而得到 AN 垂直且等于 MC.

进一步，$\triangle DGF \cong \triangle EGA$ 也可以看成是 $\triangle DGF$ 绕着点 G 逆时针旋转 90° 得到 $\triangle EGA$，最后得到所求线段垂直且相等.

(1) 如图 27，取 AC 的中点为 G，延长 AD 至点 M，使得 $DM = AD$，延长 CE 至点 N，使得 $EN = CE$，联结 DG，EG，FG，MC，AN，那么 $\triangle ABM$，$\triangle CBN$ 均为等腰直角三角形，则

$$BM = BA, BC = BN$$

$$\angle MBC = 90^\circ + \angle ABC = \angle ABN$$

从而 $\triangle ABN \cong \triangle MBC$，所以 $MC = AN$，$\angle MCB = \angle ANB$，$AN \perp MC$.

由中位线定理知，$DG \parallel MC$，$GE \parallel AN$，且 $DG = \frac{1}{2}MC$，$GE = \frac{1}{2}AN$，所以 $GD = GE$，而 $AG = GF$，$GD \perp GE$，所以 $\triangle DGF \cong \triangle EGA \Rightarrow AE = DF$.

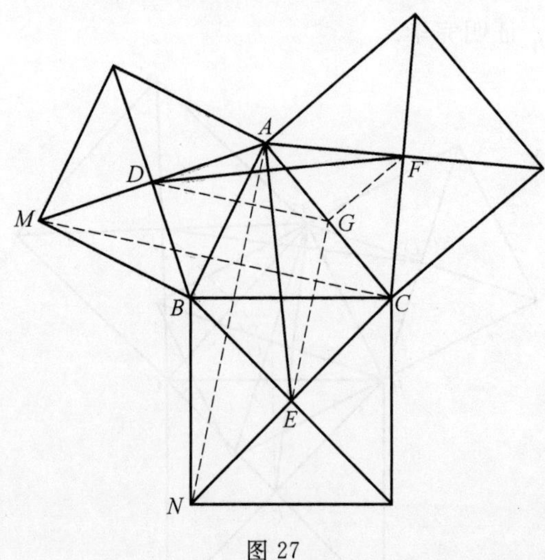

图 27

(2) 由 $\triangle DGF \cong \triangle EGA \Rightarrow \angle EAG = \angle DFG$，所以 $AE \perp DF$.

证法4　如图28，将 $\triangle DAF$ 绕着点 D 顺时针旋转 90° 到 $\triangle DBG$ 的位置，得到 $DG \perp DF$. 看来只需要证明四边形 $ADGE$ 为平行四边形即可.

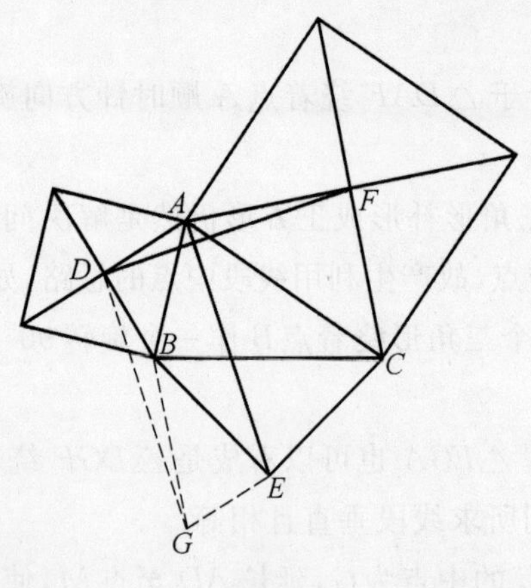

图 28

(1) 将 $\triangle DAF$ 顺时针旋转 90° 到 $\triangle DBG$，猜想四边形 $ADGE$ 为平行四边形，$\angle ADG + \angle DGE = 180^\circ$.

过 D 作 $DG \perp DF$，截取 $DG = DF$，联结 GB，GE，则 $\triangle DAF \cong \triangle DBG$，所以

$$\angle DAF = \angle DBG, BG = AF$$

$$\begin{aligned}\angle GBE &= 360^\circ - \angle DBG - 90^\circ - \angle ABC \\ &= 360^\circ - \angle DAF - 90^\circ - \angle ABC \\ &= 360^\circ - 90^\circ - \angle BAC - 90^\circ - \angle ABC \\ &= 180^\circ - \angle BAC - \angle ABC \\ &= \angle ACB\end{aligned}$$

而$\frac{BG}{AC}=\frac{BE}{CB}=\frac{1}{\sqrt{2}}$,即$\triangle CAB \backsim \triangle BGE$,从而

$$\frac{AB}{GE}=\sqrt{2}=\frac{AB}{AD} \Rightarrow GE = AD$$

又

$$\begin{aligned}\angle ADG + \angle DGE &= (\angle FDG + \angle ADF) + (\angle DGB + \angle BGE) \\ &= (\angle FDG + \angle ADF) + (\angle AFD + \angle CAB) \\ &= (90^\circ + \angle ADF) + (\angle AFD + \angle CAB) \\ &= \angle ADF + \angle AFD + 45^\circ + \angle CAB + 45^\circ \\ &= \angle ADF + \angle AFD + \angle DAB + \angle CAB + \angle FAC \\ &= 180^\circ\end{aligned}$$

即 $AD \parallel GE$,进而知四边形 $ADGE$ 为平行四边形,故 $AE = DG = DF$.

(2) 注意到 $AD \parallel GE$,$DG \perp DF$,所以 $AE \perp DF$.

注 将 $\angle ADG + \angle DGE$ 向 $\triangle ADF$ 的三内角转化是我们奋斗的目标.

证法 5 运用复数与向量相结合的方法.

设 A,B,C 各点所对应的复数分别为 a,b,c,则由复数的向量旋转知识以及构图过程知

$$\overrightarrow{AD} = \frac{1}{\sqrt{2}} \cdot \overrightarrow{AB} \cdot (\cos 45^\circ - \mathrm{i}\sin 45^\circ) = \frac{1}{2}(b-a)(1-\mathrm{i})$$

$$\overrightarrow{AF} = \frac{1}{\sqrt{2}} \cdot \overrightarrow{AC} \cdot (\cos 45^\circ + \mathrm{i}\sin 45^\circ) = \frac{1}{2}(c-a)(1+\mathrm{i})$$

$$\begin{aligned}\overrightarrow{DF} = \overrightarrow{AF} - \overrightarrow{AD} &= \frac{1}{2}[(c-a)(1+\mathrm{i}) - (b-a)(1-\mathrm{i})] \\ &= -\mathrm{i}a + \frac{b}{2}(\mathrm{i}-1) + \frac{c}{2}(\mathrm{i}+1) \\ &= \mathrm{i}\left(\frac{b}{2}+\frac{c}{2}-a\right) + \left(\frac{c}{2}-\frac{b}{2}\right)\end{aligned}$$

$$\begin{aligned}\overrightarrow{AE} = \overrightarrow{AB} + \overrightarrow{BE} &= b - a + \frac{1}{\sqrt{2}} \cdot \overrightarrow{BC} \cdot (\cos 45^\circ - \mathrm{i}\sin 45^\circ) \\ &= b - a + \frac{1}{2}(-b)(1-\mathrm{i})\end{aligned}$$

$$=-a+\frac{b}{2}(\mathrm{i}+1)+\frac{c}{2}(-\mathrm{i}+1)$$

$$=\mathrm{i}\left(\frac{b}{2}-\frac{c}{2}\right)+\left(\frac{b}{2}+\frac{c}{2}-a\right)$$

$$\Rightarrow \overrightarrow{DF}=\mathrm{i}\,\overrightarrow{AE}$$

即 $AE \perp DF$，$AE=DF$.

注 本方法一次性解决了两条线段的相等与垂直问题，这个思考方法来源于图中的线段或点都是由原三角形中的线段或点经过旋转特殊角度再伸缩得到的.

引申 25 在一个任意给定的三角形的每一边上分别向外作三个正方形，不与三角形的顶点重合的六个顶点可以连成一个六边形，那么，该六边形有三条边长与三角形的边长对应相等，另外三条边分别等于该三角形所对应中线长的 2 倍.

渊源探索 仔细分析引申 8，不难发现本题的端倪 —— 本题来源于对引申 18 的证明过程的逆向思考.

方法透析 从引申 18 的证明出发，联想证明方法.

证明 如图 29，证明较易，留给读者自练吧.

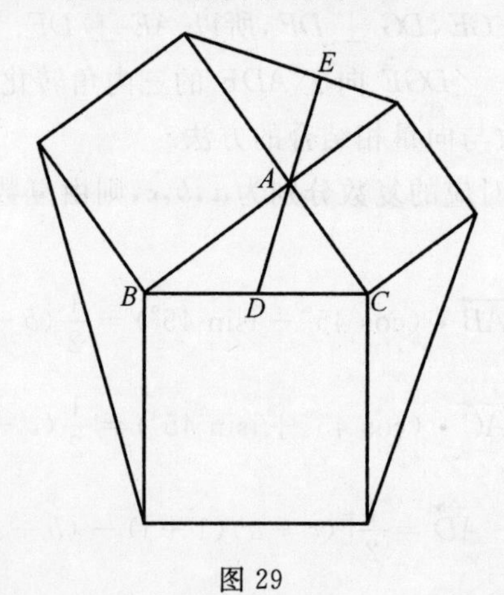

图 29

引申 26 设 Rt$\triangle ABC$ 中 $\angle C=90^\circ$，在三边上分别向外作三个正方形，它们的中心分别为 P,M,N，其中 P 为斜边上正方形的中心，求证：$PC=MN$.

渊源探索 这是引申 24 的特例.

方法透析 直接写出引申 24 的证明也可.

证法 1 如图 30，设 $\triangle ABC$ 的三个顶点的复数分别为 a,b,c，其他各点类推，于是，由向量加法的平行四边形法则，知

$$\overrightarrow{CM}=\frac{1}{2}(\overrightarrow{CB}+\mathrm{i}\,\overrightarrow{CB})=\frac{1}{2}[(b-c)+\mathrm{i}(b-c)]$$

$$m=c+\frac{1}{2}[\mathrm{i}(b-c)+(b-c)]=\frac{1}{2}[\mathrm{i}(b-c)+(b+c)]$$

$$\overrightarrow{AN}=\frac{1}{2}(\overrightarrow{AC}+\mathrm{i}\,\overrightarrow{AC})=\frac{1}{2}[(c-a)+\mathrm{i}(c-a)]$$

$$n=a+\frac{1}{2}[\mathrm{i}(c-a)+(c-a)]=\frac{1}{2}[\mathrm{i}(c-a)+(c+a)]$$

$$\begin{aligned}2\,\overrightarrow{MN}&=[\mathrm{i}(c-a)+(c+a)]-[\mathrm{i}(b-c)+(b+c)]\\&=a-b+\mathrm{i}(2c-a-b)\end{aligned}$$

又

$$\overrightarrow{BP}=\frac{1}{2}(\overrightarrow{BA}+\mathrm{i}\,\overrightarrow{BA})=\frac{1}{2}[(a-b)+\mathrm{i}(a-b)]$$

$$p=b+\frac{1}{2}[(a-b)+\mathrm{i}(a-b)=\frac{1}{2}[\mathrm{i}(a-b)+(a+b)]$$

$$\begin{aligned}&\Rightarrow 2\,\overrightarrow{CP}=p-c=[\mathrm{i}(a-b)+(a+b)]-2c\\&=\mathrm{i}(a-b)+(a+b-2c)\\&\Rightarrow \overrightarrow{CP}=\mathrm{i}\,\overrightarrow{MN}\end{aligned}$$

即结论获证.

评注 上述证明显示出条件中的直角是多余的.

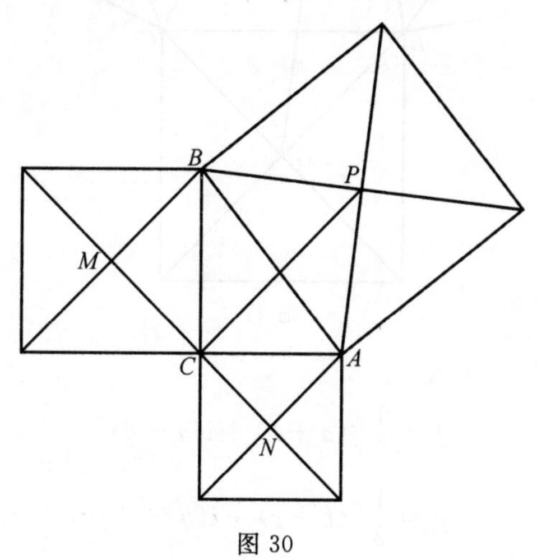

图 30

证法 2 由平面几何方法写出引申 24 的证明，略.

六，以凸四边形为基础，向外侧作正三角形等

引申 27 以任意凸四边形的各边为一边分别向外作正方形，求证：对边上的两个正方形的中心连线互相垂直且相等.

题目解说 本题出自梁绍鸿《初等数学复习及研究(平面几何)》习题13第9题.

渊源探索 上述问题是以三角形各边为一边向形外作正方形,那么,以四边形的各边为一边向形外作正方形会有什么结论诞生呢?

方法透析 看看类似的三角形命题的证明有无用武之地.

证法1 运用复数法.

如图31,设凸四边形$ABCD$向形外所作的正方形的中心分别为E,F,G,H,并分别用小写英文字母表示各点所对应的复数,于是

$$\overrightarrow{AE}=\frac{1}{2}(\overrightarrow{AD}+\mathrm{i}\,\overrightarrow{AD})=\frac{1}{2}[(d-a)+\mathrm{i}(d-a)]$$

$$\Rightarrow e=\frac{1}{2}[(d+a)+\mathrm{i}(d-a)]$$

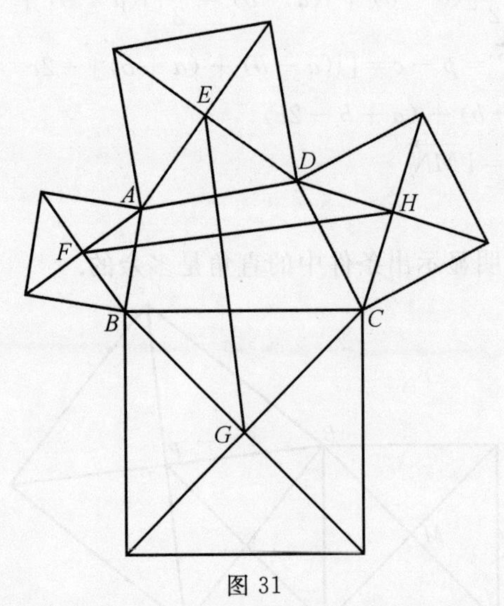

图31

同理可得

$$f=\frac{1}{2}[(a+b)+\mathrm{i}(a-b)]$$

$$g=\frac{1}{2}[(b+c)+\mathrm{i}(b-c)]$$

$$h=\frac{1}{2}[(c+d)+\mathrm{i}(c-d)]$$

所以

$$2\overrightarrow{EG}=2g-2e=[(b+c)+\mathrm{i}(b-c)]-[(d+a)+\mathrm{i}(d-a)]$$

$$=(b+c-a-d)+\mathrm{i}(a+b-c-d)$$

同理可得

$$2\overrightarrow{HF}=2f-2h=[(a+b)+\mathrm{i}(a-b)]-[(c+d)+\mathrm{i}(c-d)]$$
$$=(a+b-c-d)+\mathrm{i}(a+d-b-c)$$

所以$\overrightarrow{EG}=\mathrm{i}\overrightarrow{HF}$,即 $EG\perp HF$,$EG=HF$.

证法 2 如图 32,设 O 为 BD 的中点,联结 OE,OF,由引申 1 的结论知

$$OE\perp OF,OG\perp OH,OE=OF,OG=OH,\angle FOH=\angle EOG$$
$$\Rightarrow\triangle FOH\cong\triangle EOG$$

所以 $FH=EG$.

又 $\angle MEG+\angle EGH=90^\circ=\angle OFH+\angle OMF$,进而 $FH\perp EG$,故结论获证.

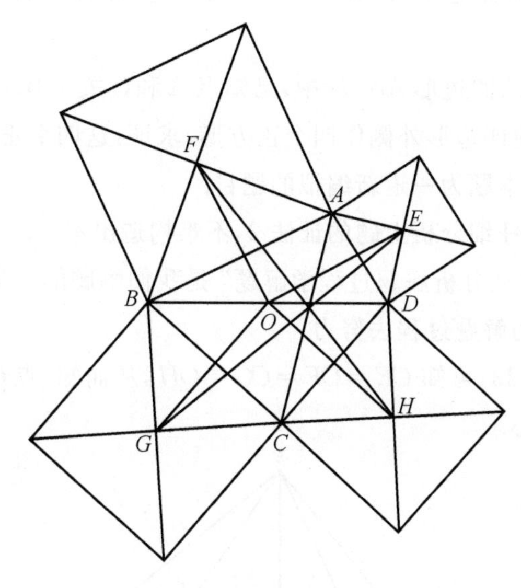

图 32

证法 3 如图 32,记 $AB=a$,$BC=b$,$CD=c$,$DA=d$,则由作图以及余弦定理,知

$$FG^2=BF^2+BG^2-2BF\cdot BG\cos\angle FBG$$
$$=\left(\frac{1}{\sqrt{2}}b\right)^2+\left(\frac{1}{\sqrt{2}}a\right)^2-2\cdot\frac{1}{\sqrt{2}}a\cdot\frac{1}{\sqrt{2}}b\cos(90^\circ+\angle FBG)$$
$$=\frac{1}{2}(b^2+a^2)+ab\sin\angle FBG$$
$$\Rightarrow FG^2=\frac{1}{2}(a^2+b^2)+ab\sin\angle FBG$$

同理可得

$$FE^2=\frac{1}{2}(d^2+a^2)+ad\sin\angle BAD$$

$$HE^2=\frac{1}{2}(c^2+d^2)+cd\sin\angle ADC$$

$$HG^2=\frac{1}{2}(b^2+c^2)+bc\sin\angle BCD$$

注意到

$$ab\sin\angle FBG+cd\sin\angle ADC=da\sin\angle BAD+bc\sin\angle BCD$$

所以

$$FG^2+HE^2=GH^2+EF^2$$

从而由等差幂线定理知,$GE\perp FH$. 至于垂直的证明,还要运用前面的方法.

引申 28 在凸四边形 $ABCD$ 中,已知点 A 和 C 关于 BD 对称,以四边形的各边为一边分别向四边形外侧作四个正方形,求证:这四个正方形的中心共圆.

题目解说 本题为一道新编拟的题目.

渊源探索 仔细分析上题的证法 2,不难构造出本题.

方法透析 "从分析解题过程学解题"是我们解题的一贯追求,所以,解决本题应从上一题的解题过程去努力.

证明 如图 33,可知 $OE=OF=OG=OH$,从而知,点 O 为四个正方形的中心所在圆的圆心.

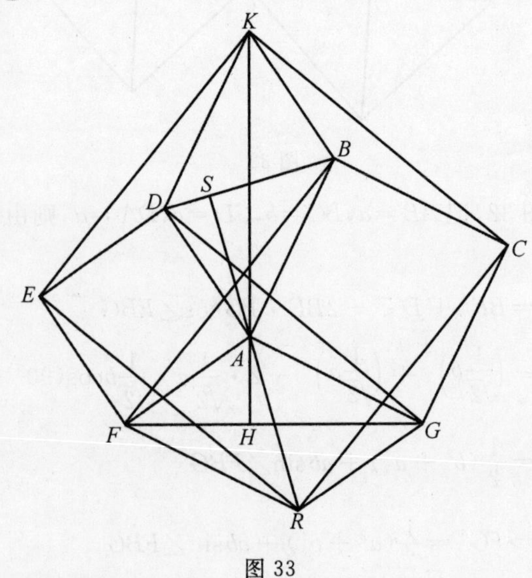

图 33

引申 29 如图 33,正方形 $ADEF$ 和 $AGCB$ 共顶点 A,作 $AH \perp FG$ 于点 H,延长 HA 到点 K,使得 $AK=FG$,作 $AS \perp BD$ 于点 S,延长 SA 到点 R,使得 $AR=BD$,求证:$RCKE$ 为正方形.

题目解说 本题出自沈文选《三角形与四边形》第 130 页习题 11.

渊源探索 在引申 16 的图形中将 $\triangle ABC$ 向下补形成平行四边形,再添加一些辅助线便得本题.

方法透析 利用引申 16 中所获得的结论便不难解决本题.

证法 1 平面几何法.

由构图过程可知,四边形 $ABKD$,$AFRG$ 均为平行四边形,进而可得四边形 $DGCK$,$DERG$ 也均为平行四边形,而 $DG=BF$,且 $DG \perp BF$,由此即得四边形 $RCKE$ 为正方形.

证法 2 复数与向量法.

设 A,F,G 三点所对应的复数分别为 a,f,g,其他各点类推.

由复数旋转与向量加法的平行四边形法则知

$$\overrightarrow{AK}=\overrightarrow{AD}+\overrightarrow{AB} \Rightarrow k=a-\mathrm{i}(f-a)+\mathrm{i}(g-a)=a+\mathrm{i}(g-f)$$

同理可得

$$e=f-\mathrm{i}(f-a),r=3a-f-g,c=g+\mathrm{i}(g-a)$$

所以

$$\begin{aligned}\overrightarrow{KR}&=(a-f-g)-[a+\mathrm{i}(g-f)]\\&=2a-(f+g)+\mathrm{i}(f-g)\\\overline{CE}&=f-\mathrm{i}(f-a)-[g+\mathrm{i}(g-a)]\\&=(f-g)-\mathrm{i}(f+g-2a)\end{aligned}$$

所以 $\overrightarrow{KR}=\mathrm{i}\overrightarrow{CE}$,即四边形 $RCKE$ 的对角线互相垂直且相等,所以四边形 $RCKE$ 为正方形.

注 本题的复数法告诉我们,凡几何图形是由几个基本点或者几条基本线段经过特殊角度($60°$ 或 $90°$)的旋转所构成的,则可以考虑运用复数法来解决.

引申 30 以 $\triangle ABC$ 的三边为一边分别向形外作正方形 $ABDE$,$CAFG$,$BCKH$,则以 EF,KG,DH 为边可以构成一个三角形,且此三角形的面积是原三角形面积的 3 倍.

题目解说 本题为 2003 年北京初中二年级复赛第四题.

渊源探索 这是从新对本节开头所给题目中的构图进行偏离线段垂直且相等轨道的思考而得到的结果.

方法透析　思考构成三角形的条件有哪些？若能直接作出由已知三条线段构成的三角形那便是最好的选择了.

证法 1　本方法为陕西师大数学系罗增儒教授发表在《中等数学》2004 年第四期第 13 ~ 16 页上的一种很好的证明方法.

如图 34，由余弦定理，知

$$KG^2 = b^2 + a^2 + 2ba\cos C$$

$$EF^2 = c^2 + b^2 + 2cb\cos A$$

$$DH^2 = c^2 + a^2 + 2ca\cos B$$

令

$$x = \sqrt{b^2 + a^2 + 2ba\cos C}$$

$$y = \sqrt{c^2 + b^2 + 2cb\cos A}$$

$$z = \sqrt{c^2 + a^2 + 2ca\cos B}$$

所以只要证明以 x,y,z 为边可以构成一个三角形，且其面积为 $\triangle ABC$ 的 3 倍即可.

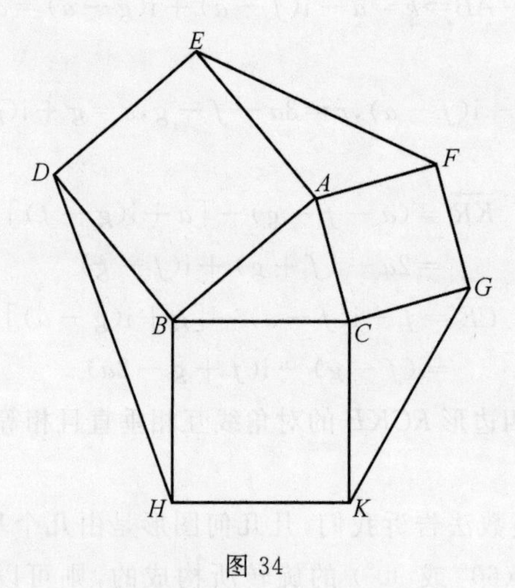

图 34

事实上，不妨设 $x \leqslant y \leqslant z$，于是

$$\begin{aligned}
&(x+y+z)(x+y-z)(x-y+z)(-x+y+z)\\
&=4x^2y^2-(z^2-x^2-y^2)^2\\
&=4(b^2+a^2+2ba\cos C)(c^2+b^2+2cb\cos A)-\\
&\quad 4(ca\cos B-ba\cos C-cb\cos A-b^2)^2\\
&=4[a^2b^2(1-\cos^2 C)+b^2c^2(1-\cos^2 A)+\\
&\quad c^2a^2(1-\cos^2 B)+2a^2bc(\cos A+\cos B\cos C)+
\end{aligned}$$

$$2ab^2c(\cos B+\cos A\cos C)+2abc^2(\cos C+\cos A\cos B)]$$
$$=4[a^2b^2\sin^2C+b^2c^2\sin^2A+c^2a^2\sin^2B+2a^2bc\sin B\sin C+$$
$$2ab^2c\sin\sin C+2abc^2\sin A\sin B]$$
$$=4(ab\sin C+bc\sin A+ca\sin B)^2>0$$

即

$$(x+y+z)(x+y-z)(x-y+z)(-x+y+z)>0$$

注意到 $0<x\leqslant y\leqslant z$，所以

$$x+y+z>0, x+y-z>0, x-y+z>0, -x+y+z>0$$

故以 x,y,z 为边可以作成一个三角形.

由以上演算，再由海伦 - 秦九韶公式知，以 x,y,z 为三边的三角形的面积为

$$S^2=p(p-x)(p-y)(p-z)$$
$$=\frac{1}{16}(x+y+z)(-x+y+z)(x-y+z)(x+y-z)$$
$$=\frac{1}{16}\times 4(ab\sin C+bc\sin A+ca\sin B)^2$$
$$=\frac{1}{4}(6S_{\triangle ABC})^2$$
$$\Rightarrow S=3S_{\triangle ABC}$$

注　本解法是第一反应所产生的直觉思维所带来的效应，可见直觉思维给人带来的好处 —— 本解法可以训练运算功夫，也许此法就是命题人当初的证明构想，但此方法超出了初中学生的知识范畴而未公布！

证法 2　对命题人解答的改进 —— 简洁多了.

如图 35，作 $DP\parallel HK$，$DP=HK$，联结 PE,PC,PK,PG，由题目的构图过程知，四边形 $DHKP$，$BCPD$ 均为平行四边形，从而四边形 $EPCA$，$EPGF$ 也均为平行四边形，于是，以 EF,KG,DH 为边可以构成 $\triangle PKG$，从而

$$EF=PG, EA=PC, AF=CG$$
$$DH=PK, PC=DB, CK=BH$$
$$\Rightarrow \triangle EAF\cong\triangle PCG, \triangle DBH\cong\triangle PCK$$

因 $\angle EAF=180^\circ-\angle A$，所以

$$S_{\triangle EAF}=\frac{1}{2}\cdot AE\cdot AF\cdot\sin\angle EAF$$
$$=\frac{1}{2}bc\sin A=S_{\triangle ABC}$$

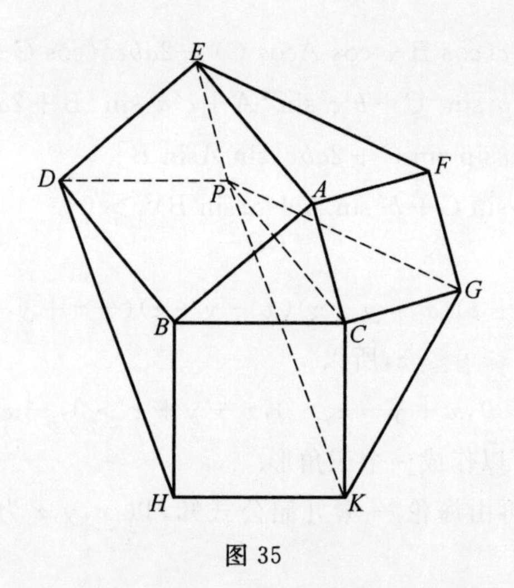

图 35

同理,有

$$S_{\triangle DBH}=S_{\triangle ABC},S_{\triangle KGC}=S_{\triangle ABC}$$

所以 $S_{\triangle PKG}=3S_{\triangle ABC}$,故结论获证.

证法 3　如图 35,作 $DP \parallel HK$,$DP=HK$,联结 PE,PC,PK,PG,从题目的构图过程知,四边形 $DHKP$,$BCPD$ 均为平行四边形.

从而四边形 $EPCA$ 也为平行四边形,于是以 EF,KG,DK 为边可以构成 $\triangle PKG$,从而

$$\angle GCK=180^{\circ}-C$$

$$\begin{aligned}\angle PCG&=\angle ACG+\angle PCA\\&=90^{\circ}+180^{\circ}-\angle EAC\\&=90^{\circ}+180^{\circ}-(90^{\circ}+A)\\&=180^{\circ}-A\end{aligned}$$

$$\begin{aligned}\angle PCK&=90^{\circ}+\angle PCB\\&=90^{\circ}+180^{\circ}-\angle DBC\\&=90^{\circ}+180^{\circ}-(90^{\circ}+B)\\&=180^{\circ}-B\end{aligned}$$

所以

$$S_{\triangle PKG}=\frac{1}{2}(cb\sin A+ba\sin C+ab\sin C)=3S_{\triangle ABC}$$

证法 4　构造法.

由余弦定理,知

$$KG^2 = b^2 + a^2 + 2ba\cos C$$
$$EF^2 = c^2 + b^2 + 2cb\cos A$$
$$DH^2 = c^2 + a^2 + 2ca\cos B$$

令

$$x = \sqrt{b^2 + a^2 + 2ba\cos C}$$
$$y = \sqrt{c^2 + b^2 + 2cb\cos A}$$
$$z = \sqrt{c^2 + a^2 + 2ca\cos B}$$

于是，可构造如图 36 所示的 $\triangle MNP$，使得 $QM = a, QN = b, QP = c$，$\angle MQN = \pi - C, \angle NQP = \pi - A, \angle MQN = \pi - B$，此时，有

$$MN = x = \sqrt{b^2 + a^2 + 2ba\cos C}$$
$$NP = y = \sqrt{c^2 + b^2 + 2cb\cos A}$$
$$PM = z = \sqrt{c^2 + a^2 + 2ca\cos B}$$

故以 x, y, z 为边可以构成一个三角形，且其面积为

$$\begin{aligned}S_{\triangle MNP} &= S_{\triangle MNQ} + S_{\triangle QNP} + S_{\triangle MQP} \\ &= \frac{1}{2}(ab\sin\angle MQN + bc\sin\angle PQN + ca\sin\angle MQP) \\ &= \frac{1}{2}[ab\sin(\pi - C) + bc\sin(\pi - A) + ca\sin(\pi - B)] \\ &= 3S_{\triangle ABC}\end{aligned}$$

证明完毕.

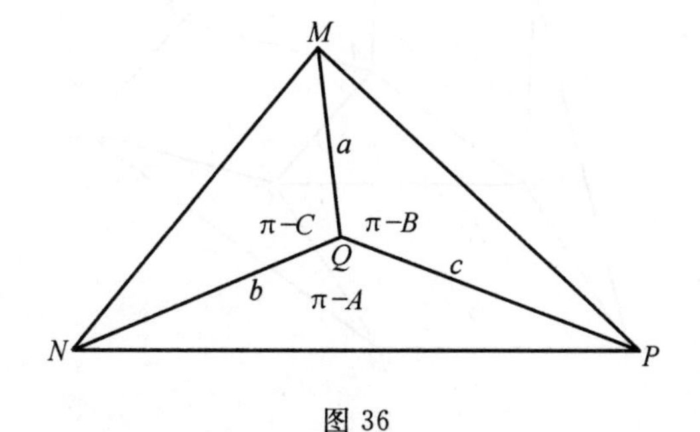

图 36

注　(1) 证法 4 堪称最为简捷的方法，没有什么高级的思维和繁复的运算，所以，构造这个图形就是本题解法的神秘之处，其成功构造的理由源于对角 A，B，C 进行诱导公式的导入理解.

(2) 以上作法是从三角形、四边形（正五边形、平行四边形、梯形等）向该图形外侧作正方形而获得了若干结论，那么，换个说法，如果作的是菱形、平行四

边形、正五边形会有什么新的结论诞生呢?

引申 31 以 $\triangle ABC$ 的三边为一边分别向形外作菱形 $ABDE$,$CAFG$,$BCHK$,联结 EF,GH,KD,使得 $\angle ABD=\angle CAF=\angle BCH$,则以 EF,GH,KD 为边可以构成一个三角形,且此三角形的面积是原三角形面积的 3 倍.

题目解说 本题为《中等数学》2004 年第四期第 13 页罗增儒所命之题.

渊源探索 这是偏离向形外作三个正方形的运行轨道而得到的结果——作菱形.

方法透析 思考构成三角形的条件有哪些?上面的构造法是否可以继续使用?

证明 构造法.如图 37,由余弦定理,知

$$HG^2=b^2+a^2+2ba\cos C$$

$$EF^2=c^2+b^2+2cb\cos A$$

$$DK^2=c^2+a^2+2ca\cos B$$

令

$$x=\sqrt{b^2+a^2+2ba\cos C}$$

$$y=\sqrt{c^2+b^2+2cb\cos A}$$

$$z=\sqrt{c^2+a^2+2ca\cos B}$$

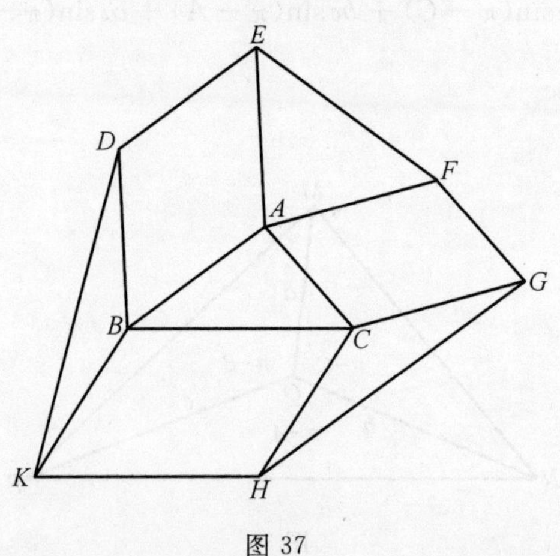

图 37

所以只要证明以 x,y,z 为边可以构成一个三角形,且其面积为 $\triangle ABC$ 的 3 倍即可.

于是,可构造 $\triangle MNP$,如图 36 所示,使得 $QM=a$,$QN=b$,$QP=c$,$\angle MQN=\pi-C$,$\angle NQP=\pi-A$,$\angle MQN=\pi-B$,则此时有

$$MN = x = \sqrt{b^2 + a^2 + 2ba\cos C}$$

$$NP = y = \sqrt{c^2 + b^2 + 2cb\cos A}$$

$$PM = z = \sqrt{c^2 + a^2 + 2ca\cos B}$$

故以 x,y,z 为边可以构成一个三角形,且其面积为

$$\begin{aligned} S_{\triangle MNP} &= S_{\triangle MNQ} + S_{\triangle QNP} + S_{\triangle MQP} \\ &= \frac{1}{2}(ab\sin\angle MQN + bc\sin\angle PQN + ca\sin\angle MQP) \\ &= \frac{1}{2}[ab\sin(\pi - C) + bc\sin(\pi - A) + ca\sin(\pi - B)] \\ &= 3S_{\triangle ABC} \end{aligned}$$

证明完毕.

引申 32 如图 38,梯形 $ABCD$ 中,$AD \parallel BC$,分别以两腰 AB,CD 为边向外侧作两个正方形 $ABGE$ 和 $DCHF$,联结 EF,设线段 EF 的中点为 M,求证:$MA = MD$.

题目解说 本题为 2004 年全国初中数学联赛试题之一——C 组(二).

渊源探索 令本题构图中的点 A,D 重合即得本节引申 18 中的直线 $DA \perp BC$,本题中的点 M 便成为原题图中线段 FH 之中点,所以,本题来源于对原命题的改造——是将点 A 一分为二,沿着 BC 方向左右平移,其他各点性质保持不变而得到的结果,这个论述给我们的命题和解题提供了一条重要途径.

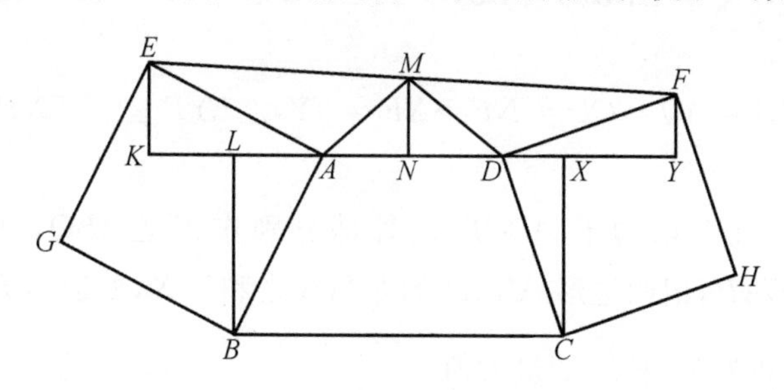

图 38

方法透析 回顾原命题的证明方法是否可用.

证明 分别过点 B,C,E,F 作 AD 所在直线的垂线,垂足分别为 L,X,K,Y,设 N 为线段 AD 的中点,则容易得到 $\triangle AKE \cong \triangle BLA$,$\triangle CXD \cong \triangle DYF$,所以

$$AK = BL = CX = DY$$

即 N 为 KY 的中点,由此可见,MN 为直角梯形 $LBCX$ 的中位线,所以 $MN \perp$

AD,而 N 是 AD 的中点,所以 MN 为 AD 的中垂线,从而 $MA=MD$.

引申 33 如图 39,梯形 $ABCD$ 中,$AD\parallel BC$,分别以两腰 AB,CD 为边向外侧作两个正方形 $ABGE$ 和 $DCHF$,设线段 AD 的中垂线 L 交线段 EF 于点 P,$EY\perp L$ 于点 Y,$FX\perp L$ 于点 X,求证:$EY=FX$.

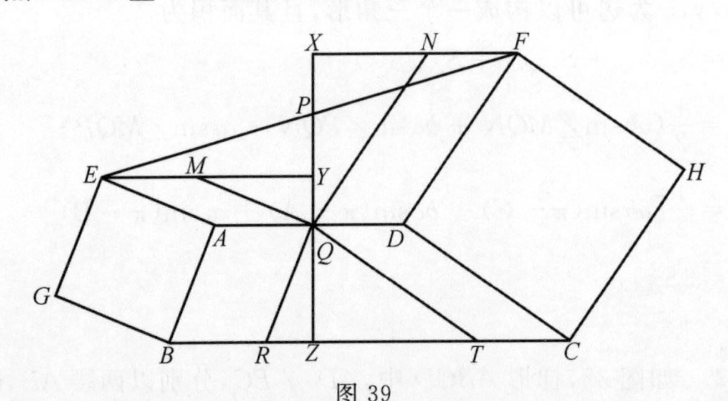

图 39

题目解说 本题为 2004 年全国初中数学联赛试题之一——A 组(二).

渊源探索 将本题中的点 A 和点 D 沿着直线 AD 拉近到重合位置,则结论便成为引申 19 的证明过程中的结果 $FM=HN$.

方法透析 看看引申 19 的证明是否有导引作用.

证明 如图 39,设 AD 的中垂线交 AD 于点 Q,过点 Q 分别作 AE,AB,DF,DC 的平行线,则易得

$$\triangle MYQ\cong\triangle QZR,\triangle QXN\cong\triangle TZQ\Rightarrow MY=QZ=XN$$

而

$$EM=AQ=QD=NF\Rightarrow XF=EY,\triangle EYP\cong\triangle FXP$$

所以 $EY=FX$.

引申 34 在凸四边形 $ABCD$ 的外部分别作正 $\triangle ABQ$,正 $\triangle BCR$,正 $\triangle CDS$,正 $\triangle DAP$,记四边形 $ABCD$ 的对角线之和为 X,四边形 $PQRS$ 的对边中点连线段之和为 Y,求 $\dfrac{Y}{X}$ 的最大值.

题目解说 本题为 2008 年第七届中国女子数学奥林匹克第 4 题.

渊源探索 注意到引申 27 是在凸四边形外侧作出四个正方形,则这四个正方形的中心构成一个新的对角线互相垂直的四边形. 换句话说,此题是向外作出了四个以四边形各边为斜边的等腰直角三角形,这四个等腰直角三角形的直角顶点构成了一个新的四边形,其对角线互相垂直. 那么,一个新的想法是,向原四边形外侧作四个正三角形,由此可以诞生什么新的结论呢? 这样便获得了本题的构思.

方法透析　本题的解法源于笔者对第 36 届 IMO 第 5 题的一个证明方法的改造，原题为：

设 $ABCDEF$ 为凸六边形，满足 $AB=BC=CD$，$DE=EF=FA$，$\angle BCD=60^\circ$，$\angle EFA=60^\circ$，设 G，H 是这个凸六形内部的两点，使得 $\angle AGB=120^\circ$，$\angle DHE=120^\circ$，求证：$AG+GB+GH+HD+HE\geqslant CF$.

证明　如图 40，分别将 $\triangle ABG$，$\triangle DHE$ 绕着点 B，E 逆时针旋转 60° 到 $\triangle BPM$，$\triangle EQN$ 的位置，这时可得四个正三角形：$\triangle BGP$，$\triangle BAM$，$\triangle EHQ$，$\triangle EDN$，从而

$$MP=AG, BG=BP=PG$$
$$EH=EQ=HQ, DH=HQ$$
$$\Rightarrow MN\leqslant MP+PG+GH+HQ+QN$$
$$=AG+GB+GH+HD+HE$$

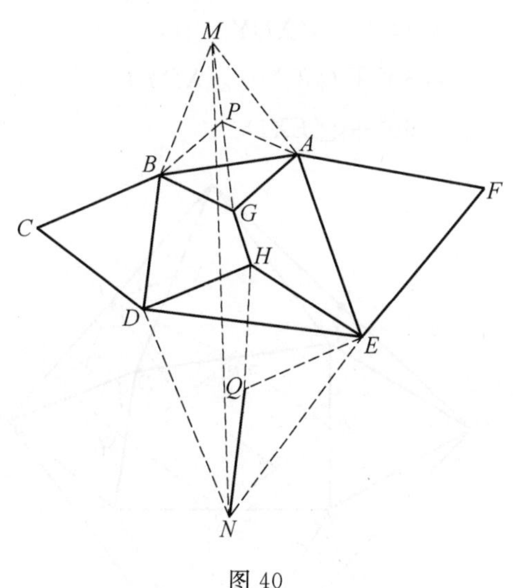

图 40

再结合条件知，$\triangle BCD$，$\triangle AEF$ 均为正三角形，$BA=BD$，$ED=EA$，所以图 40 关于直线 BE 对称，从而可得 $MN=CF$. 即

$$AG+GB+GH+HD+HE\geqslant CF$$

注　(1) 第 36 届 IMO 第 5 题的实质即为以四边形各边为一边向形外作四个正三角形，再将相对边上的两个三角形中心沿着该对应边对称到形内，最后再舍弃外边的两个正三角形，保留另外两个，联结相应线段便获得本题.

(2) 舍弃第 36 届 IMO 第 5 题条件中的线段相等，即舍弃 $AB=BC=CD$，$DE=EF=FA$，保留证明中的构图，便得 2008 年第七届中国女子数学奥林匹克

第4题的构图,再联结第36届IMO构图中的M,C,N,F,继续利用第36届IMO第5题的证明思想,就解决了2008年第七届中国女子数学奥林匹克第4题,所以笔者认为,2008年第七届中国女子数学奥林匹克第4题是引申27的构图与第36届IMO第5题的解法的联合产物,这个判断是否得当,还需要命题人评判.

现在回到原题.我们来看命题人给出的解法.

如图41,设P_1,Q_1,R_1,S_1分别DA,AB,BC,CD的中点,E,F,G,H分别为SP,PQ,QR,RP的中点,U,V分别为P_1S_1,Q_1R_1的中点,X,Y分别为PD,DS的中点,联结图中所述各线段,进而由条件知,$\triangle DXP_1$,$\triangle DS_1Y$均为正三角形,所以

$$\begin{aligned}\angle P_1DS_1&=360°-\angle P_1DX-\angle S_1DY-\angle XDY\\&=360°-60°-60°-\angle XDY\\&=240°-\angle XDY\\&=60°+(180°-\angle XDY)\\&=60°+\angle EXD\end{aligned}$$

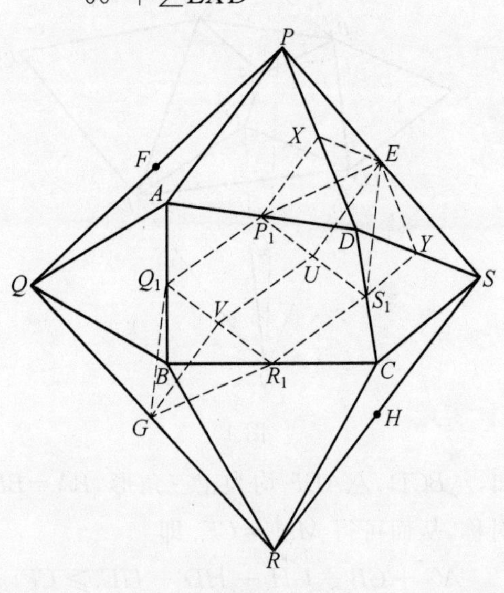

图41

再结合$P_1D=P_1X,DS_1=DY=XE\Rightarrow\triangle P_1DS_1\cong\triangle P_1XE\Rightarrow P_1S_1=P_1E$,从而$\triangle P_1XE$可以视为$\triangle P_1DS_1$绕着点$P_1$逆时针方向旋转60°的结果,即$\triangle P_1S_1E$为正三角形,继而$EU=\frac{\sqrt{3}}{2}P_1S_1$,同理可得$GV=\frac{\sqrt{3}}{2}Q_1R_1$,于是

$$GE \leqslant GV+UV+UE=\frac{\sqrt{3}}{2}Q_1R_1+UV+\frac{\sqrt{3}}{2}P_1S_1$$

$$=\sqrt{3}Q_1R_1+UV=\frac{\sqrt{3}}{2}AC+\frac{1}{2}BD$$

即有 $GE \leqslant \frac{\sqrt{3}}{2}AC+\frac{1}{2}BD$，同理可得 $HF \leqslant \frac{\sqrt{3}}{2}BD+\frac{1}{2}AC$，所以

$$HF+GE \leqslant \left(\frac{\sqrt{3}}{2}+\frac{1}{2}\right)(BD+AC)$$

$$=\frac{1+\sqrt{3}}{2}(BD+AC)$$

等号成立的条件为原四边形 $ABCD$ 为矩形，所以 $\frac{Y}{X}$ 的最大值为 $\frac{1+\sqrt{3}}{2}$.

§11　圆上四点连成的四个三角形的性质

题目　如图 1，设 $A_1A_2A_3A_4$ 为圆内接四边形，G_1,G_2,G_3,G_4 分别为 $\triangle A_2A_3A_4$，$\triangle A_1A_3A_4$，$\triangle A_1A_2A_4$，$\triangle A_1A_2A_3$ 的重心，则 G_1,G_2,G_3,G_4 四点共圆.

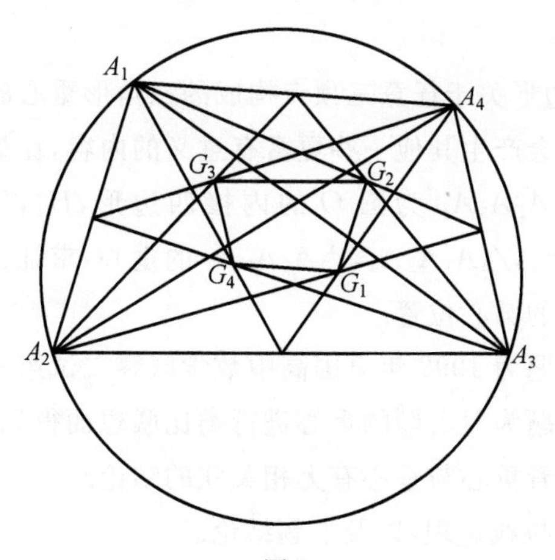

图 1

证明　如图 2，设 B,C,D 分别为线段 A_2A_3，A_3A_4，A_4A_1 的中点，联结 A_1C，A_2C，由三角形重心性质知，$\frac{CG_2}{CA_1}=\frac{CG_1}{CA_2}=\frac{1}{3}$，从而 $G_1G_2 \mathbin{/\!/} A_1A_2$，

且 $\dfrac{G_1G_2}{A_1A_2}=\dfrac{1}{3}$.

同理可得,$G_2G_3 \parallel A_2A_3$,且 $\dfrac{G_2G_3}{A_2A_3}=\dfrac{1}{3}$;$G_3G_4 \parallel A_3A_4$,且 $\dfrac{G_3G_4}{A_3A_4}=\dfrac{1}{3}$;$G_4G_1 \parallel A_4A_1$,且 $\dfrac{G_4G_1}{A_4A_1}=\dfrac{1}{3}$.

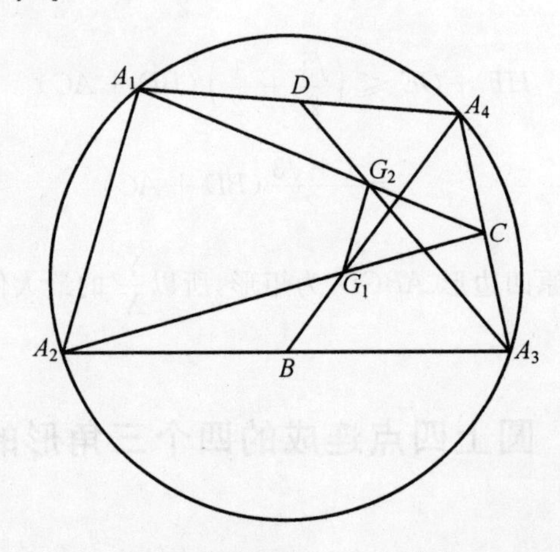

图2

从而四边形 $A_1A_2A_3A_4 \backsim$ 四边形 $G_1G_2G_3G_4$,且相似比为 3∶1,而四边形 $A_1A_2A_3A_4$ 是圆内接四边形,于是,四边形 $G_1G_2G_3G_4$ 也是圆内接四边形,且面积比为 9∶1.

这是圆内接四边形关于任意三顶点构成的三角形重心的性质,若抓住重心二字进行探索,可能会产生其他一些更富有意义的内容,比如垂心.

引申1　设 $A_1A_2A_3A_4$ 为圆 O 的内接四边形,H_1,H_2,H_3,H_4 依次为 $\triangle A_2A_3A_4,\triangle A_1A_3A_4,\triangle A_1A_2A_4,\triangle A_1A_2A_3$ 的垂心,求证:H_1,H_2,H_3,H_4 四点共圆,并给出该圆的圆心位置.

题目解说　本题为 1992 年全国高中数学联赛二试第一题.

渊源探索　本题为对上题的重心进行类比联想而得到的结果.

方法透析　看看重心与垂心有无相关联的结论.

证明　运用欧拉线定理,以及上题结论.

如图 3 和图 4,由于 $A_1A_2A_3A_4$ 是圆内接四边形,故 $\triangle A_2A_3A_4,\triangle A_1A_3A_4,\triangle A_1A_2A_4,\triangle A_1A_2A_3$ 的外心都为 O,因此,他们的四个重心 G_1,G_2,G_3,G_4 分别在 OH_1,OH_2,OH_3,OH_4 上(欧拉定理).

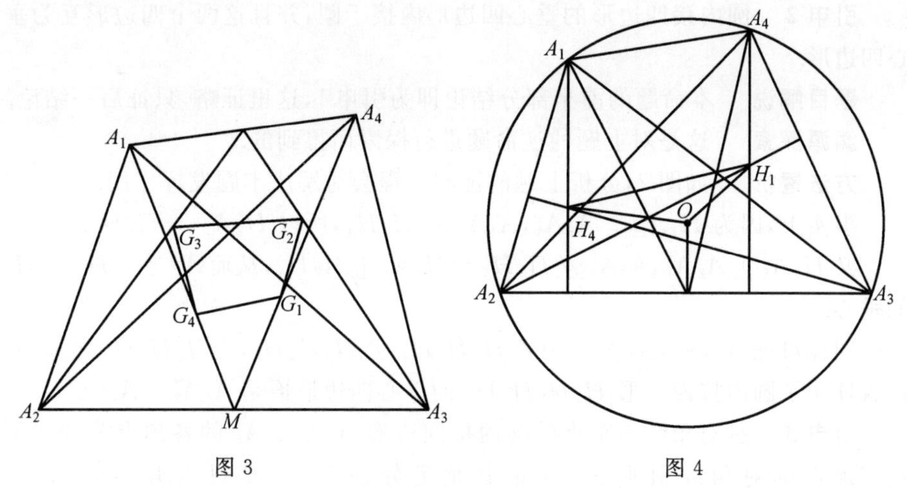

图 3　　　　图 4

先考察四边形 $G_1G_2G_3G_4$ 与四边形 $A_1A_2A_3A_4$ 的关系. 设 M 为 A_2A_3 的中点，则由三角形的重心性质有 $G_1G_4 \mathrel{\underline{\mathbin{/\!/}}} \frac{1}{3}A_1A_4$，同理，有 $G_2G_3 \mathrel{\underline{\mathbin{/\!/}}} \frac{1}{3}A_2A_3$，$G_1G_3 \mathrel{\underline{\mathbin{/\!/}}} \frac{1}{3}A_1A_3$，$G_3G_4 \mathrel{\underline{\mathbin{/\!/}}} \frac{1}{3}A_3A_4$.

所以四边形 $G_1G_2G_3G_4 \backsim$ 四边形 $A_1A_2A_3A_4$，且相似比为 $1:3$，但是由欧拉定理知，$O,G_1,H_1;O,G_2,H_2$ 分别三点共线，且 $OG_1=\frac{1}{3}OH_1$，$OG_2=\frac{1}{3}OH_2$，所以 $G_1G_2 \mathrel{\underline{\mathbin{/\!/}}} \frac{1}{3}H_1H_2$，同理，有

$$G_2G_3 \mathrel{\underline{\mathbin{/\!/}}} \frac{1}{3}H_2H_3,G_1G_3 \mathrel{\underline{\mathbin{/\!/}}} \frac{1}{3}H_1H_3,G_3G_4 \mathrel{\underline{\mathbin{/\!/}}} \frac{1}{3}H_3H_4$$

所以四边形 $G_1G_2G_3G_4 \backsim$ 四边形 $H_1H_2H_3H_4$，且相似比为 $1:3$，故四边形 $A_1A_2A_3A_4 \cong$ 四边形 $H_1H_2H_3H_4$，从而四边形 $H_1H_2H_3H_4$ 也为圆内接四边形.

由以上证明可知，$A_1A_2 \mathrel{\underline{\mathbin{/\!/}}} H_1H_2$，四边形 $A_1A_2H_1H_2$ 为平行四边形，设 H_1A_1 与 H_2A_2 的交点为 P，则 P 为 H_1A_1 与 H_2A_2 的中点.

同理，四边形 $A_2A_3H_2H_3$ 也为平行四边形，所以，H_2A_2 的中点 P 也为 H_3A_3 的中点，亦为 H_4A_4 的中点，所以，四边形 $A_1A_2A_3A_4$ 和 $H_1H_2H_3H_4$ 关于点 P 中心对称，即 O 关于 P 的对称点 O' 即为四边形 $H_1H_2H_3H_4$ 的外心.

注　(1) 由上面的证明知，$\triangle A_2A_3A_4$，$\triangle A_1A_3A_4$，$\triangle A_1A_2A_4$，$\triangle A_1A_2A_3$ 的重心 G_1,G_2,G_3,G_4 四点共圆，垂心 H_1,H_2,H_3,H_4 四点共圆. 这是由欧拉线定理联想到的证明方法.

(2) 如果我们称四边形 $H_1H_2H_3H_4$ 为原四边形 $A_1A_2A_3A_4$ 的垂心四边形，则可得：

引申 2　圆内接四边形的垂心四边形内接于圆,并且这两个四边形互为垂心四边形.

题目解说　本命题的前半部分结论即为引申1,这里证略,只证后一结论.

渊源探索　这是对上题的逆命题进行探索而得到的.

方法透析　如图2,分析上题的证明过程会对解决本题发挥作用.

事实上,因为 $H_2A_1 \perp A_3A_4$,$A_3A_4 \parallel H_3H_4$,所以 $H_2A_1 \perp H_3H_4$.

又 $H_3A_1 \perp A_2A_4$,$A_2A_4 \parallel H_2H_4 \Rightarrow H_3A_1 \perp H_2H_4$,从而 A_1 为 $\triangle H_2H_3H_4$ 的垂心.

同样可证 A_2,A_3,A_4 分别为 $\triangle H_1H_3H_4$,$\triangle H_1H_2H_4$,$\triangle H_1H_2H_3$ 之垂心.这就证明了圆内接四边形 $H_1H_2H_3H_4$ 的垂心四边形恰是 $A_1A_2A_3A_4$.

引申 3　过对角线不垂直的圆内接四边形 $A_1A_2A_3A_4$ 的各顶点分别向不过该顶点的对角线引垂线,并记其垂足分别为 B_1,B_2,B_3,B_4,则四边形 $A_1A_2A_3A_4 \backsim$ 四边形 $B_1B_2B_3B_4$.

题目解说　上面两道题目都是在圆内接四边形构造圆内接四边形的运行轨道上进行思考而得到的结果,本题又是一个类似题目.

渊源探索　新的圆内接四边形的生成依赖于以原四边形各边为直径作圆和原四边形对角线的交点.

方法透析　由新的圆内接四边形的生成过程分析,需要用到圆内接四边形的性质.

证明　如图5,注意到 A_1,A_2,B_1,B_2;A_3,A_4,B_3,B_4;A_1,A_2,A_3,A_4 分别四点共圆,所以

$$\angle B_1B_2B_4 = \angle A_1A_2A_4 = \angle A_1A_3A_4 = \angle B_1B_3B_4$$

即结论成立.

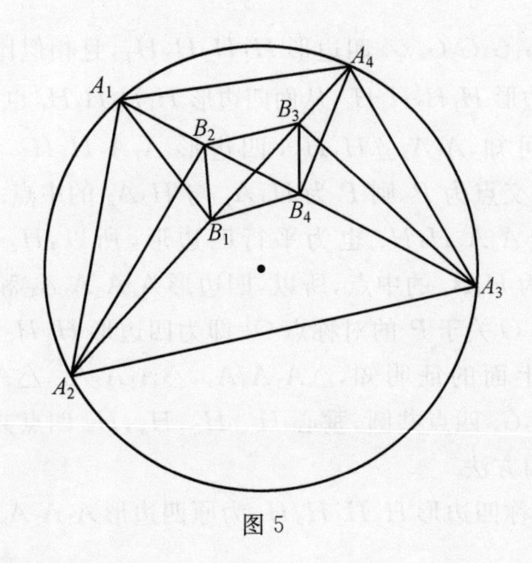

图 5

引申 3 实际上刻画了圆内接四边形的一条重要性质：分别以圆内接四边形 $A_1A_2A_3A_4$ 的各边为直径作圆，则这四个圆所交的四个点所连成的四边形与原四边形 $A_1A_2A_3A_4$ 是相似的（均共圆）.

还可将这一结果一般化，得到：

引申 4　若以圆内接四边形 $A_1A_2A_3A_4$ 的各边为弦作四个圆，则这四个圆所交四个点连成一个圆内接四边形.

题目解说　这是再次对上题进行思考而得到的结果.

渊源探索　沿着直径二字继续联想，到不是直径，即变成一条弦，结论如何？

方法透析　继续从上题的解答过程寻求解题方法.

证明　如图 6，记以 A_1A_2，A_2A_3，A_3A_4，A_4A_1 为弦所作圆的交点依次为 B_2，B_3，B_4，B_1，连 A_2B_2 并延长至点 C_2，连 A_4B_4 并延长至点 C_4，则由圆内接四边形的外角定理，知

$$\angle C_2B_2B_3=\angle B_3A_3A_2$$
$$\angle C_2B_2B_1=\angle B_1A_1A_2$$
$$\angle C_4B_4B_3=\angle B_3A_3A_4$$
$$\angle C_4B_4B_1=\angle B_1A_1A_4$$

此四式同向相加，得

$$\angle B_1B_2B_3+\angle B_1B_4B_3=\angle A_2A_1A_4+\angle A_4A_3A_2=\pi$$

所以 B_1，B_2，B_3，B_4 四点共圆.

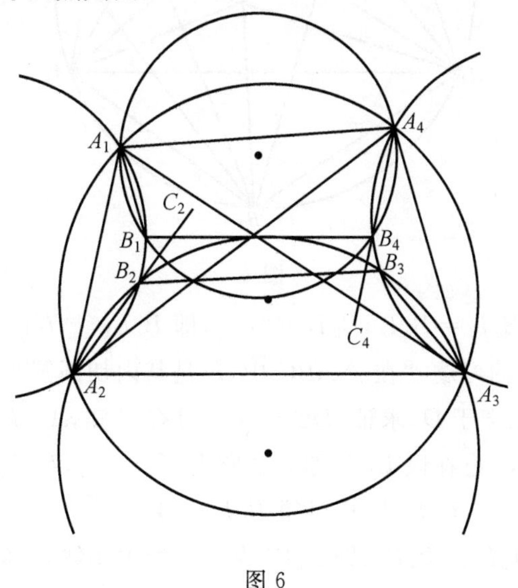

图 6

注 站在重心、垂心的角度再审视原题,是否会想到相应三角形的内心?

引申5 若 $A_1A_2A_3A_4$ 为圆内接四边形,I_1,I_2,I_3,I_4 分别为 $\triangle A_2A_3A_4$,$\triangle A_1A_3A_4$,$\triangle A_1A_2A_4$,$\triangle A_1A_2A_3$ 的内心,则内心四边形 $I_1I_2I_3I_4$ 也内接于圆.

题目解说 本题为1986年中国数学奥林匹克集训队选拔考试题,参见梁绍鸿《初等数学复习及研究(平面几何)》习题13.

渊源探索 从本节开头所给题目的关键词重心去思考,那么,如果是内心会怎样呢?

方法透析 要是老老实实作出所涉及的线段,则显得图形复杂,于是从图形(图7)上简略观察可得,$B_2B_4 \perp B_1B_3$,这是一个突破口,也就是从准确而精细作图获得良好信息,由此可见,解决平面几何问题时准确作图的重要性.

证明 首先需证明 $B_2B_4 \perp B_1B_3$(利用三角形外角定理).

如图7,分别记弧 $\overset{\frown}{A_1A_2}$,$\overset{\frown}{A_2A_3}$,$\overset{\frown}{A_3A_4}$,$\overset{\frown}{A_4A_1}$ 的中点依次为 B_1,B_2,B_3,B_4,连 B_1B_3,B_2B_4 相交于点 I,则依外角定理知

$$\angle B_3IB_4 = \angle B_2B_3I + \angle B_3B_2I = 90^\circ$$

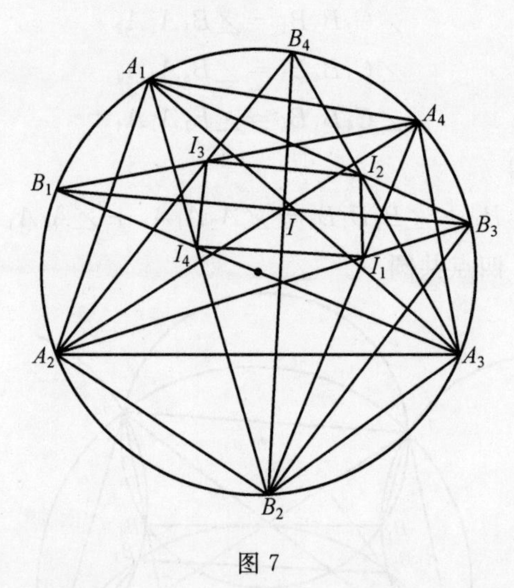

图7

第二步,证明 $B_4I_3 = B_4I_2$,$B_2I_4 = B_2I_1$,即 $B_4B_2 \perp I_3I_2$.

据初中课本中的习题:"在 $\triangle ABC$ 中,E 是其内切圆圆心,$\angle A$ 的平分线和 $\triangle ABC$ 的外接圆相交于 D,求证:$DE = DB = DC$."知,A_1,I_3,A_4 在以 B_4 为圆心的圆上,A_1,I_2,A_4 也在以 B_4 为圆心的圆上,所以 A_1,I_3,I_2,A_4 均在以 B_4 为圆心的圆上,即 $B_4I_3 = B_4I_2$,同理可得 $B_2I_4 = B_2I_1$.

第三步,证明 $I_2I_3 \parallel B_1B_3$,即 B_4B_2 为 I_2I_3 的中垂线,亦即 I_2I_3 垂直于等腰 $\triangle B_4I_3I_2$ 的顶角平分线 B_4B_2,进而 $I_2I_3 \parallel B_1B_3$. 同理 $I_4I_1 \parallel B_1B_3$,$I_4I_3 \parallel$

$B_4B_2 \parallel I_1I_2$，所以四边形 $I_1I_2I_3I_4$ 为矩形，且其内接于圆，从而原命题获证.

注　因四边形 $A_1A_2A_3A_4$ 四个相关三角形的外心重合，故无“外心四边形”可言.

以上各结论发表在安徽《中学数学教学》1993 年第一期.

引申 6　求证：圆上四点连成的四个三角形的九点圆圆心也共圆.

渊源探索　继续对本节开头所给题目的关键词重心进行思考，那么，如果是九点圆的圆心会怎样呢？

方法透析　本结论涉及九点圆，于是，联想九点圆的圆心与三角形的外心、重心之位置关系不难给出一个理想的证明，理由是九点圆的圆心与原三角形的外心、重心共线.

证明　如图 8，设内接于圆 O 的四边形 $ABCD$ 中的 $\triangle ABC$，$\triangle BCD$，$\triangle CDA$，$\triangle DAB$ 的重心分别为 E，F，G，H，九点圆的圆心分别为 M，N，P，Q，则由九点圆定理知，M，E，O；N，F，O；O，G，P；Q，H，O 分别三点共线，且 $OE = 2EM$，$OF = 2FN$，$OG = 2GP$，$OH = 2HQ$，所以，$EH \parallel MQ$，$EF \parallel MN$，$FG \parallel NP$，$GH \parallel PQ$. 即四边形 $EFGH \backsim$ 四边形 $MNPQ$.

而四边形 $EFGH$ 内接于圆，所以四边形 $MNPQ$ 也内接于圆.

综上所述，凡是由圆内接四边形中的三点构成的三角形的外心与垂心的连线或其延长线上成定比的点，则这样的四点均共圆.

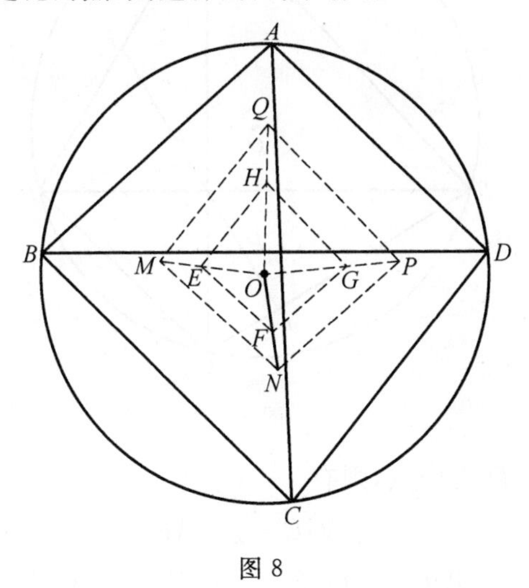

图 8

§12　对婆罗摩笈多定理的延伸思考

题目　过互相垂直的圆内接四边形的对角线的交点且垂直于一边的直线必平分对边.逆定理也成立.试证明之.

题目解说　本结论通常称为婆罗摩笈多(Brahmagupta)定理,在中学平面几何复习资料里随处可见,所以,笔者在此欲对此题进行探索挖掘.

证明　如图1,在圆内接四边形 $ABCD$ 中,对角线 AC 与 BD 交于点 G,$AC \perp BD$,$GF \perp BC$,则需证明 GF 通过 AD 的中点 E.

事实上,由已知条件,知

$$90^{\circ}=\angle FCG+\angle FGC=\angle ADB+\angle AGE$$

而

$$90^{\circ}=\angle ADG+\angle DAG \Rightarrow \angle AGE=\angle GAE \Rightarrow \angle EGD=\angle GDE$$

从而 E 为边 AD 之中点.

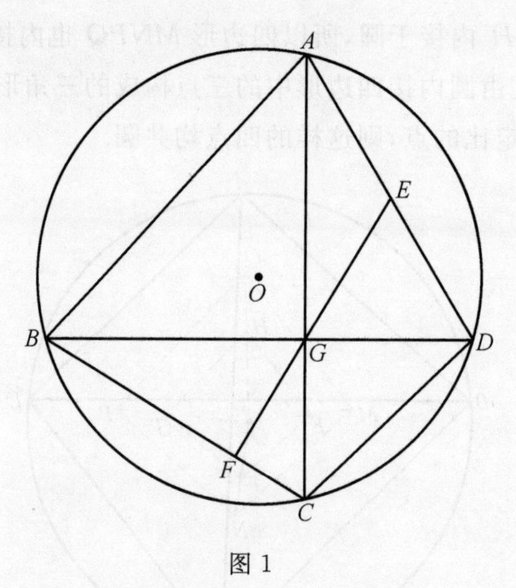

图1

反之,若 E 为 AD 之中点,则有

$$\angle AGE=\angle GAE$$

$$\angle DGE=\angle GDE \Rightarrow \angle CGF+\angle GCF=\angle AGE+\angle ADB$$
$$=\angle GAE+\angle ADB=90^{\circ}$$

即 $GF \perp BC$.

至此结论获证.

注　这个结论看似简单,却意义非凡.

引申 1　设对角线互相垂直的四边形 $ABCD$ 内接于圆 O,则圆心 O 到边 AD 的距离等于对角线的交点 G 与边 BC 之中点连线段的长.

题目解说　这是继续对上题进行思考而得到的结论.

渊源探索　运用动态的观点看上题,上题中点 E 为 AD 之中点,结论是 $EF \perp BC$,换个说法,若找 BC 的中点为 F,联结 FG,则其必然与 AD 垂直,这是换位思考的结果.

方法透析　直接利用上题结果,或者利用中点联想中点,构造平行四边形.

证明　如图 2,设圆内接四边形 $ABCD$ 的边 AD,BC 的中点分别为 E,F,联结 OE,OF,GE,GF,则 $OE \perp AD$,$OF \perp BC$. 又由上题结论知,$FG \perp AD$,$EG \perp BC$.

从而,$EOFG$ 为平行四边形 $\Rightarrow OE = FG$,$OF = GE$,由此结论获证.

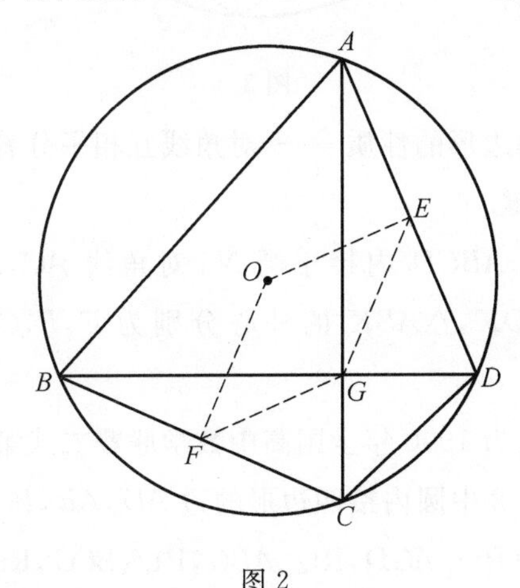

图 2

评注　本结论还可以叙述为圆心到一边的距离等于这条边所对边的长度,参考普通高中课程标准实验教科书,人教版《数学 2·必修》第 131 页例 5,书中给出了一种解析法.

引申 2　设对角线互相垂直的圆内接四边形为 $ABCD$,求证:由四边上的中点构成的四边形的两条对角线和圆心与对角线交点的连线,这三线共点.

题目解说　这是继续对上题进行思考而得到的结论.

渊源探索　从上题涉及一组对边的中点进行思考,联想到两组对边中点,便获得本题.

方法透析　继续利用上题的解题方法.

证明　如图3，设 E,H,F,K 分别为圆内接四边形的边 AD,AB,BC,CD 的中点，联结 EH,HF,FK,KE,EF,HK,OG，由上题结论四边形 $EOFG$ 为平行四边形知，OG 与 EF 互相平分，同理可得 $OHGK$ 也为平行四边形，所以 OG 与 HK 互相平分，从而 EF,HK,OG 三线共点.

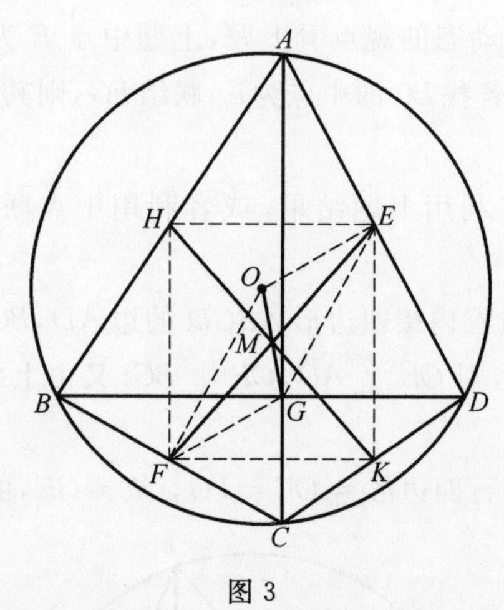

图3

评注　从平行四边形的性质——对角线互相平分着手，构造新的四边形是获得问题解法的关键.

引申3　四边形 $ABCD$ 内接于圆 N，对角线 AC,BD 相交于点 K，设 $\triangle BCK,\triangle CDK,\triangle ADK,\triangle ABK$ 的外心分别为 E,F,G,H，求证：GE,HF，NK 三线交于一点.

题目解说　本题为1990年全国高中数学联赛二试第一题.

渊源探索　引申2中圆内接四边形的边 AD,AB,BC,CD 的四个中点 E，H,F,K 实质上分别为 $\mathrm{Rt}\triangle AGD,\mathrm{Rt}\triangle ABG,\mathrm{Rt}\triangle BCG,\mathrm{Rt}\triangle CDG$ 的外心. 一个问题是，若对角线不互相垂直了，结论还成立吗？由这个思考便产生了1990年全国高中数学联赛二试第一题，这就是对本题进行编拟的思考过程.

方法透析　从上面的几个引申结论的证明寻求本题的证明途径(平行四边形 $EFGH$ 的对角线互相平分，则只需证明四边形 $GKEN$ 为平行四边形即可)，这是从分析解题过程学解题的好方法.

证法1　如图4，联结 EF,FG,GH,HE，由作图知，$GH\perp AC,EF\perp AC\Rightarrow GH /\!/ EF$，同理可得 $GF /\!/ HE$，所以四边形 $EFGH$ 为平行四边形，且 HF 与 EG 互相平分于点 M，又由作图知 $NE\perp BC$，延长 GK 交 BC 于点 L，则

$$\angle KBC+\angle BKL=\angle CAD+\angle GKD$$

$$=\angle KGF+\angle GKD=90^\circ$$

即 $GK\perp BC$，同理可得 $GN\perp AD$，$EK\perp AD$.

从而四边形 $GKEN$ 为平行四边形. 即 KN 也与 GE 互相平分，从而 GE，HF，NK 三线交于一点.

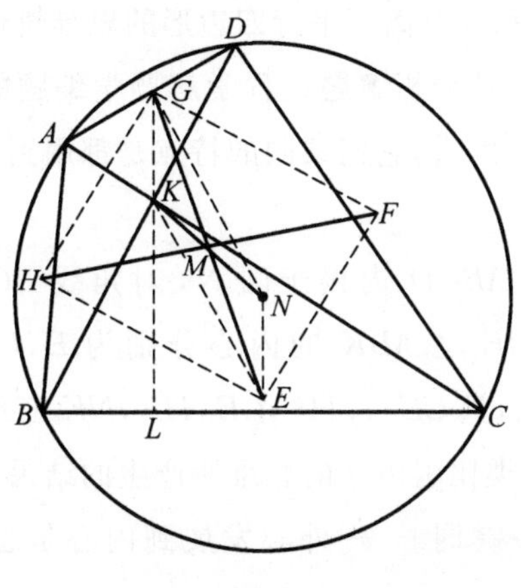

图 4

评注 这个解法是从平行四边形的已有结论——对角线互相平分去思考 $GKEN$ 为平行四边形而得出的.

证法 2 如图 5，联结 EF，FG，GH，HE，作 $\triangle AKD$ 的外接圆，过点 K 作 $\triangle AKD$ 外接圆的切线交 AB 于点 P，由作图知，$GK\perp PK$，四边形 $EFGH$ 为平行四边形，且 HF 与 EG 互相平分于点 M，结合弦切角定理与圆周角定理，得

$$\angle AKP=\angle ADK=\angle ACB\Rightarrow PK\ /\!/\ BC$$

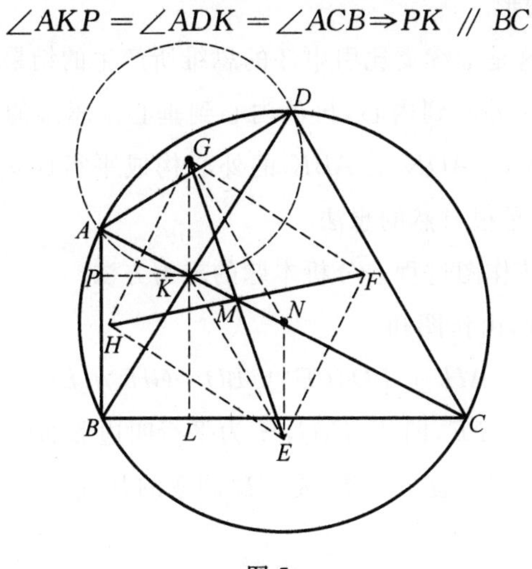

图 5

结合 $GK \perp PK \Rightarrow GK \perp BC$.

由作图知 $NE \perp BC$，从而 $GK \parallel NE$，同理可得 $GN \parallel KE$，从而 $GKEN$ 也为平行四边形，所以 KN 也与 GE 互相平分，从而 GE，HF，NK 三线交于一点，且互相平分.

注 这两个证明都没有离开平行四边形的思维轨道，与引申2相比是多么的和谐一致啊！这就是从分析解题过程学解题学编题的典型范例. 其实，从所运用的知识和技巧的角度看，它们共同的特点是都用到了同弧上的圆心角是同弧上的圆周角的2倍.

引申4 四边形 $ABCD$ 内接于圆 N，对角线 AC，BD 相交于点 K，设 $\triangle BCK$，$\triangle CDK$，$\triangle ADK$，$\triangle ABK$ 的内心分别为 E，F，G，H，求证：AC，BD，HF，GE 四线交于一点，且 $GE \perp HF$，GE，HF，NK 三线交于一点.

题目解说 这是类比引申3的思维所产生的结果.

渊源探索 从关键词——外心发展到内心是思维的一种自然迁移的结果.

方法透析 注意内心的定义，此题就迎刃而解了.

证明 这个结论很简单，留给读者自证吧(提示：看看由四个内心所构成的四边形对角线是否过圆内接四边形 $ABCD$ 对角线的交点.)

引申5 四边形 $ABCD$ 内接于圆 N，对角线 AC，BD 相交于点 K，设 $\triangle BCK$，$\triangle CDK$，$\triangle ADK$，$\triangle ABK$ 的垂心分别为 E，F，G，H，求证：四边形 $EFGH$ 为平行四边形.

题目解说 这是继续类比引申3的思维所产生的结果.

渊源探索 从外心到内心，再从内心到垂心是思维的一种自然迁移的结果. $\triangle BCK$，$\triangle CDK$，$\triangle ADK$，$\triangle ABK$ 的外心构成平行四边形，那么垂心能得到什么结论呢？这是很自然的想法.

方法透析 从作图过程去分析本题的求解方法.

证明 如图6，由作图知

$$AH \perp BD, CE \perp BD \Rightarrow GH \parallel EF$$

同理可得 $HG \parallel EF$，即 E，F，G，H 为平行四边形的四个顶点.

评注 抓住作图过程去分析，是解决问题的基础.

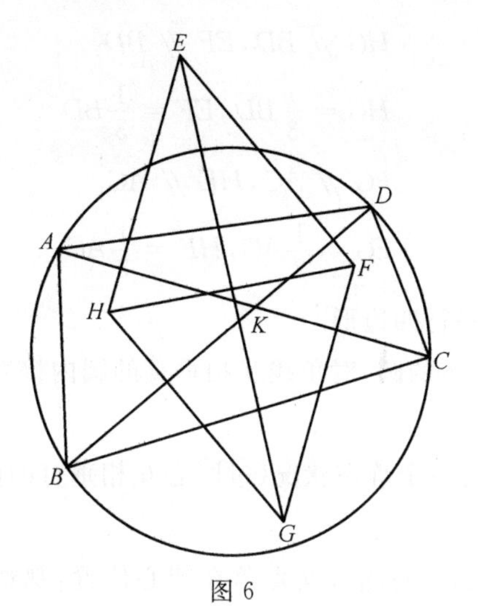

图 6

引申 6 四边形 $ABCD$ 内接于圆 O，对角线 AC，BD 相交于点 K，设 $\triangle BCK$，$\triangle CDK$，$\triangle ADK$，$\triangle ABK$ 的重心分别为 E，F，G，H，求证：四边形 $GHEF$ 为平行四边形.

题目解说 这是继续类比引申 5 的思维所产生的结果.

渊源探索 从外心到内心是思维的一种自然迁移的结果.

方法透析 认真作图，通过作图进一步利用图形去分析解法吧.

证明 如图 7，由条件知 $\triangle BCK$，$\triangle CDK$，$\triangle ADK$，$\triangle ABK$ 的重心分别为 E，F，G，H，联结 AG，AH，分别与 BD 交于点 N，M，联结 DG，DF，分别与 AC 交于点 P，Q，则由

$$\frac{AH}{AM}=\frac{AG}{AN}=\frac{2}{3},\frac{CF}{CN}=\frac{CE}{CM}=\frac{2}{3}$$

有

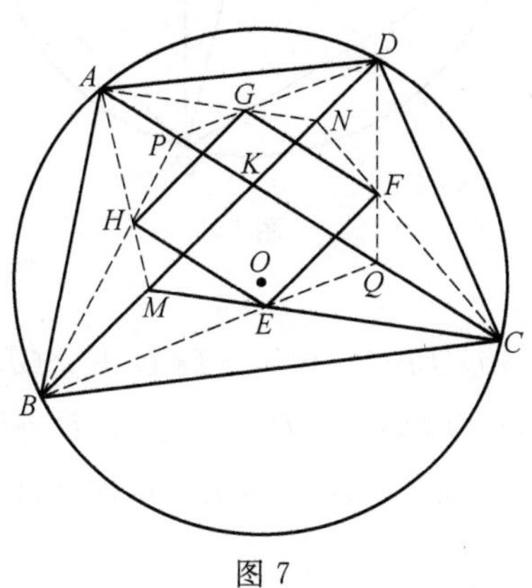

图 7

$$HG \parallel BD, EF \parallel BD$$

$$HG=\frac{1}{3}BD, EF=\frac{1}{3}BD$$

$$FG \parallel AC, HE \parallel AC$$

$$FG=\frac{1}{3}AC, HE=\frac{1}{3}AC$$

即四边形 $GHEF$ 为平行四边形.

引申 7 对于给定的圆,对角线互相垂直的圆内接四边形的一组对边的平方和为定值.

题目解说 这是一个静态状况(过圆心互相垂直的两直径)下结论的一般化结果.

渊源探索 让题述对角线交点落在圆心位置,观察此时的结论也许会对你有所帮助.

方法透析 从结论的诞生过程看证明方法的由来 —— 需要构造直角三角形.

证明 如图 8,设圆内接四边形为 $ABCD$,对角线 $AC \perp BD$,CE 为圆的一条直径,于是,只要证明 $AD^2+BC^2=CE^2$,即只要证明 $BE=AD$ 即可.

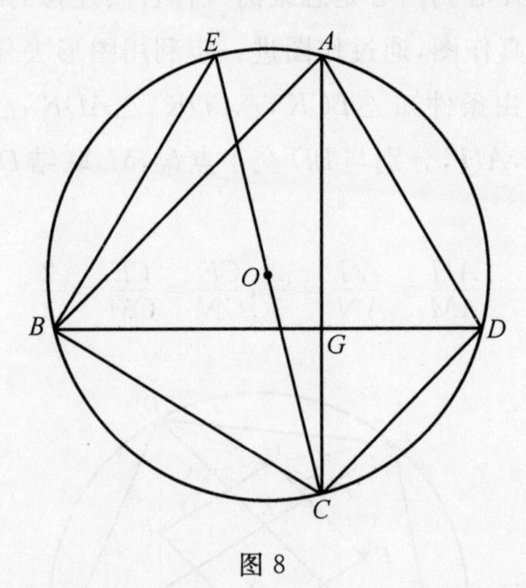

图 8

事实上,由于

$$\angle BCE+\angle BEC=90^\circ, \angle DCG+\angle GDC=90^\circ$$

而

$$\angle BEC=\angle CDG \Rightarrow \angle BCE=\angle ACD \Rightarrow BE=AD$$

又在 $\mathrm{Rt}\triangle EBC$ 中,有 $BE^2+BC^2=CE^2$,从而有 $AD^2+BC^2=CE^2$,故结论获证.

注　换句话说，对角线互相垂直的圆内接四边形的对边平方和相等.

引申 8　对角线互相垂直的圆内接四边形的一组对边中点的连线段等于另一组对边中点的连线段.

题目解说　本题为引申 2 的直接结果.

渊源探索　对引申 2 的图形性质进行再次挖掘.

方法透析　从中点联想三角形的中位线，进一步发现中点连成图形的性质.

证明　如图 9，圆内接四边形 $ABCD$，各边中点分别为 E,F,G,H，由已知条件知 $EFGH$ 为矩形，所以 $EG=FH$.

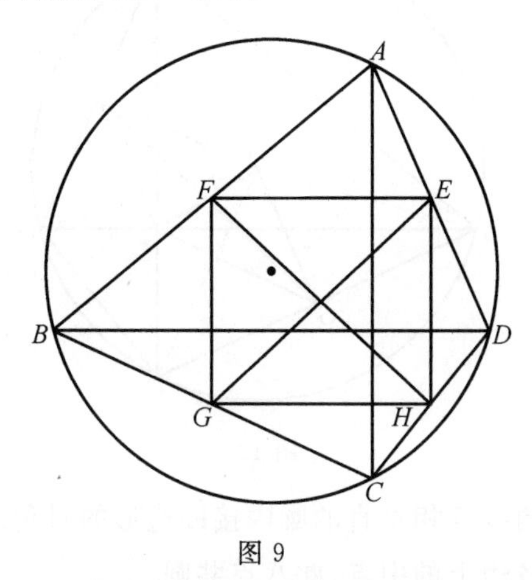

图 9

引申 9　在对角线互相垂直的圆内接四边形中，一条中位线(对边中点的连线段)的平方等于 $2R^2-d^2$，这里 R 表示圆的半径，d 表示圆心到对角线交点的距离.

题目解说　本题出自沈文选《走向国际数学奥林匹克的平面几何试题诠释》第 370 页.

渊源探索　对引申 2 的图形性质进行再次挖掘.

方法透析　作出引申 2 的图形发现平行四边形的性质——平行四边形的对角线平方和等于四边的平方和，此性质极为有用，再利用引申 7 的结论.

证明　如图 10，圆内接四边形 $ABCD$ 的一组对边 AD 和 BC 的中点分别为 E,G，对角线相交于点 F，圆心为 O，则易知 $EF\perp BC,OG\perp BC,OE\perp AD,GF\perp AD$.

从而四边形 $EFGO$ 为平行四边形，于是，由平行四边形的性质，知

$$EG^2+OF^2=2(FE^2+FG^2)$$

$$=2\left[\left(\frac{1}{2}AD\right)^2+\left(\frac{1}{2}BC\right)^2\right]$$

$$=\frac{1}{2}(AD^2+BC^2)$$

$$=\frac{1}{2}(2R)^2=2R^2$$

即结论获证.

评注 由此还可得 $AC^2+BD^2=4EG^2$.

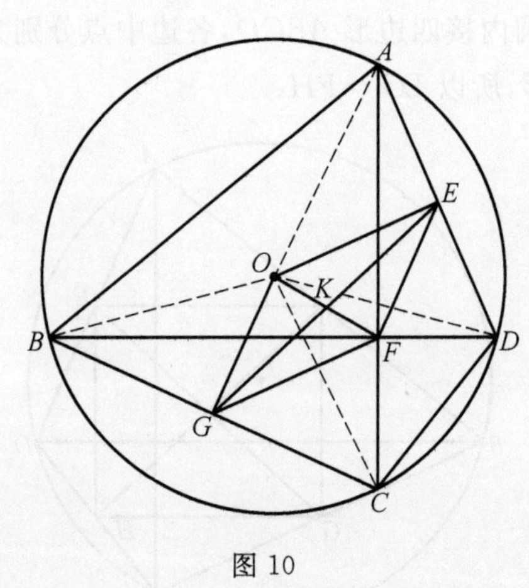

图 10

引申 10 从对角线互相垂直的圆内接四边形的对角线的交点作四边的垂线,则这四个垂足和各边上的中点,此八点共圆.

题目解说 本题为匈牙利竞赛题,也有人称其为八点圆定理.

渊源探索 这是对原问题进行深入思考的结果——从对角线互相垂直的圆内接四边形对角线的交点引一边的垂线,此直线也是该对边上的中线,这样作四条直线获得八个点,前面研究证明过,这四个中点构成一个矩形的四个顶点,且这四个点显然共圆,那么,另外四个点有何特点呢?于是,便产生本题的结论.

方法透析 有垂直不用可能要多走点弯路了.用垂直,发现现成的四点共圆——运用直径所对的圆周角为直角可能会快些.

证明 如图 11,圆内接四边形 $ABCD$,E,G,L,N 分别为边 AB,BC,CD,DA 的中点,F,H,K,M 分别为边 AB,BC,CD,DA 从对角线的交点所作的垂线的垂足,则需要证明上述八个点共圆.

事实上,由前面的结论知,$EK\perp CD$,$LF\perp AB$,所以,E,F,K,L 四点共圆,且圆的直径过 EL 连线的中点,同理可得 G,H,M,N 四点共圆,且圆的直径

过 NG 连线的中点，而由前面的结论得知，线段 NG 和 EL 的中点重合，且位于圆内接四边形的圆心与对角线交点连线的中点处. 故这八个点都在一个圆上.

评注 解决本题主要依据前面几个引申结论，可见题目之间的联系性、重要性.

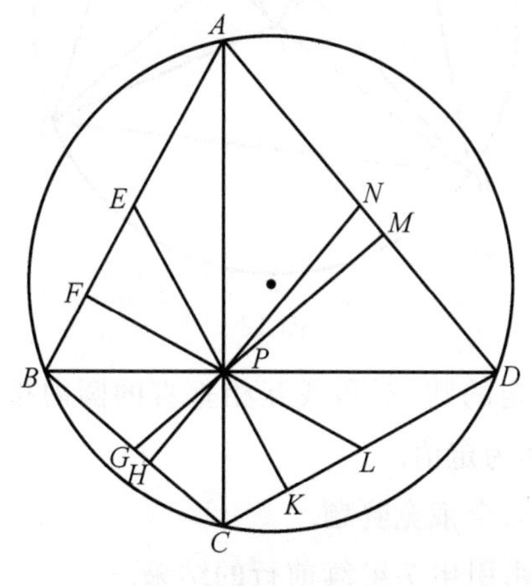

图 11

引申 11 在对角线互相垂直的圆内接四边形中，如果将外接圆的圆心与这个四边形的一条对角线的两个端点联结起来，那么，所得的折线将四边形的面积平分.

题目解说 本题出自沈文选《走向国际数学奥林匹克的平面几何试题诠释》第 370 页.

渊源探索 这是利用对角线互相垂直的圆内接四边形的性质，结合圆心在对角线上的射影为对角线的中点所合成的题目.

方法透析 利用底乘以高之半的三角形面积公式.

证明 如图 12，设圆内接四边形为 $ABCD$，对角线交于点 K，圆心为 O，从点 O 分别作对角线 BD，AC 的垂线，垂足分别为 E，F，则点 F 为 AC 之中点，故

$$\begin{aligned} S_{\text{四边形}ABOD} &= S_{\triangle ABD} + S_{\triangle OBD} = \frac{1}{2}(BD \cdot AK + BD \cdot OE) \\ &= \frac{1}{2}BD \cdot AF = \frac{1}{2}BD \cdot \left(\frac{1}{2}AC\right) \\ &= \frac{1}{2}S_{\text{四边形}ABCD} \end{aligned}$$

到此结论获证.

评注 解决本题的依据是四边形的面积公式 —— 对角线乘积的一半，技巧是利用面积分割及弦心距定理.

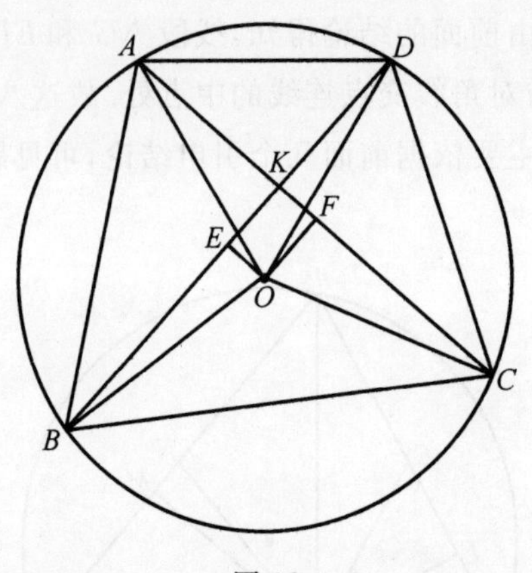

图 12

引申 12 对于给定的圆,对角线互相垂直的圆内接四边形对角线的交点到各顶点距离的平方和为定值.

题目解说 本题为全俄竞赛题.

渊源探索 这是由引申 7 继续前行的结果.

方法透析 抓住题目的来历,充分运用前面的结论.

证法 1 参见图 10,设圆内接四边形为 $ABCD$,对角线 AC,BD 交于点 F,外接圆的圆心为 O,半径为 R,则只需证明 $FA^2+FB^2+FC^2+FD^2$ 为定值.

事实上,设 E,G 分别为 AD,BC 之中点,联结 OE,OG,GF,EF,则由前面的结论知,$OEFG$ 为平行四边形,所以

$$\begin{aligned}EG^2+OF^2&=2(GF^2+EF^2)\\&=2\left[\left(\frac{1}{2}AD\right)^2+\left(\frac{1}{2}BC\right)^2\right]\\&=\frac{1}{2}(AD^2+BC^2)\\&=\frac{1}{2}(FA^2+FB^2+FC^2+FD^2)\\&\Rightarrow FA^2+FB^2+FC^2+FD^2\\&=2(EG^2+DF^2)=4R^2\end{aligned}$$

(注意到引申 9 的证明过程)故结论获证.

评注 解决本题的依据是平行四边形的性质并联想到引申 2 与引申 9,可见做过题目的应用价值.

证法 2 参见图 10,联结 OA,OB,OC,OD,由题意,记 $\angle AOD=\alpha$,$\angle BOC=\beta$,则

$$\Rightarrow \alpha+\beta=2\angle BAC+2\angle ABD=\pi$$

设外接圆的圆心为 O,半径为 R,则由余弦定理,知

$$DA^2=R^2+R^2-2R^2\cos\alpha$$

$$BC^2=R^2+R^2-2R^2\cos\beta$$

而

$$\angle ACD=\frac{1}{2}\alpha,\angle CDB=\frac{1}{2}\beta,\alpha+\beta=\pi$$

$$\Rightarrow \cos\alpha=-\cos\beta$$

$$\Rightarrow DA^2=R^2+R^2+2R^2\cos\beta$$

故

$$BC^2+DA^2=4R^2$$

结合勾股定理知,$FA^2+FB^2+FC^2+FD^2=4R^2$.

评注 本证明是对结论的逆向思考而产生的,由勾股定理易知

$$AB^2+BC^2+CD^2+DA^2=2(FA^2+FB^2+FC^2+FD^2)$$

证法 3 结合勾股定理知,$FA^2+FB^2+FC^2+FD^2=AB^2+CD^2=4R^2$.(对角线互相垂直的圆内接四边形的一组对边的平方和为圆的直径的平方)

评注 这个证明的依据是联想到了引申 7.

引申 13 圆 O 的内接四边形 $ABCD$ 的对角线垂直相交于点 P,P 在边 AB,BC,CD,DA 上的射影分别为 E,F,G,H,则点 P 为四边形 $EFGH$ 的内切圆的圆心.

题目解说 本题为捷克数学竞赛题.

渊源探索 本题应该来源于对如下结论的演绎,即锐角三角形的垂心是三垂足所构成三角形的内心,这个结论的证明很简单,请大家自证.

方法透析 从几条垂线出发,探究有无四点共圆信息是解决本题的关键.

证明 如图 13,设点 P 在四边形 $EFGH$ 的边 EF,FG,GH,HE 上的投影分别为 L,M,N,K,由条件以及作图知,图形里有许多的四点共圆,比如 E,L,P,K;F,M,P,L,结合 A,B,C,D 也四点共圆,所以 A,E,P,H;B,E,P,C 分别四点共圆,所以 $\angle HEP=\angle PAD=\angle FBP=\angle PEF$.

从而 PE 为 $\angle HEF$ 的平分线,所以 $PK=PL$,同理可得,$PK=PN=PM$,从而 $PL=PK=PN=PM$,即 P 为四边形 $EFGH$ 的内心.

评注 解决本题主要运用了四点共圆,但是图形比较复杂,需要从复杂图形中理出需要的知识点,而我们的奋斗目标是只要证明点 P 在对应的角平分线上.

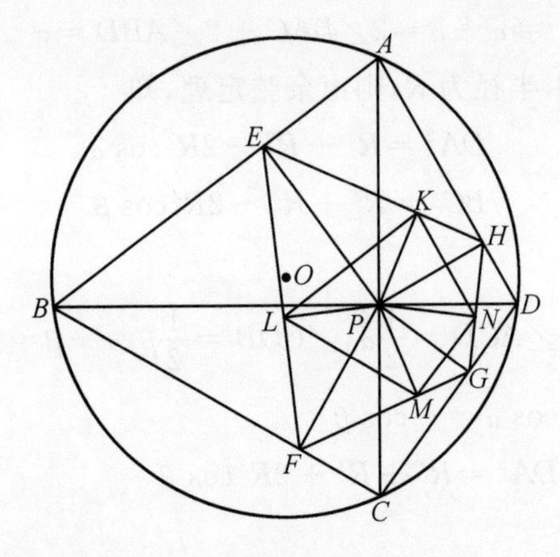

图13

变题1　同题目条件,证明:四边形 $EFGH$ 的内角平分线共点.

变题2　同题目条件,求证:$\frac{1}{PK^2}+\frac{1}{PL^2}+\frac{1}{PM^2}+\frac{1}{PN^2}\geqslant\frac{8}{R^2}$.

引申14　四边形 $ABCD$ 的对角线 AC 与 BD 交于点 P,$\triangle ABP$ 与 $\triangle CDP$ 的外接圆交于另一点 Q,从点 Q 分别作 $QE\perp AB$,$QF\perp CD$,E,F 分别为垂足,M,N 分别为 AD,BC 的中点,求证:$MN\perp EF$.

题目解说　本题似乎为一道新题.

渊源探索　将本题构图中的 $\triangle ADE$"砍掉"即为上题.

方法透析　回顾上题的证明方法,看看是否可用.

证明　如图14,设 K 为 BD 的中点,联结 MK,KN,BQ,DQ,则由题意,知

$$\angle PAQ=\angle PBQ,\angle PDQ=\angle PCQ$$
$$\Rightarrow\triangle BDQ\backsim\triangle ACQ$$
$$\Rightarrow\frac{QA}{QB}=\frac{QC}{QD}$$

且

$$\angle AQB=\angle APB,\angle DQC=\angle DPC,\angle APB=\angle DPC$$
$$\Rightarrow\angle AQB=\angle DQC\Rightarrow\triangle QAB\backsim\triangle DQC$$

所以$\frac{QE}{QF}=\frac{AB}{CD}=\frac{2AE}{2DF}=\frac{MK}{NK}$(注意三角形中位线性质). 而 $\angle MKN=\angle EQF$,它们是直线 AB 与 CD 所成的角,从而 $\triangle MKN\backsim\triangle EQF$,但是 $QE\perp MK(AB)$,$QF\perp NK(CD)$,进一步有 $MN\perp EF$(可以看作是 $\triangle EQF$ 绕着点 Q 顺时针旋转 90° 而得到的).

评注　本题证明十分巧妙,不仅利用四点共圆知识促成相似三角形,而且

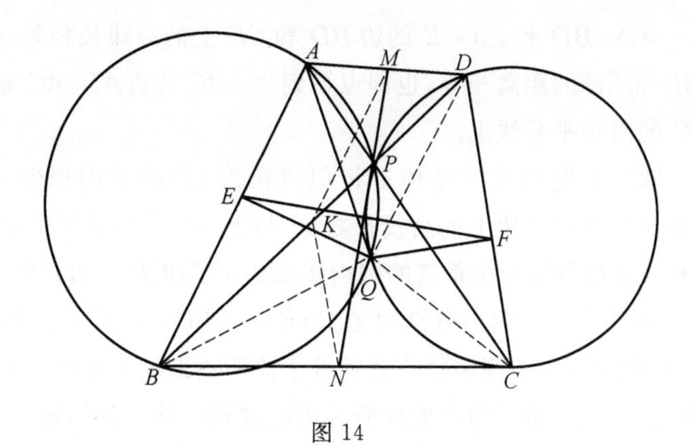

图 14

还再次利用了相似三角形的对应边之比等于对应边上的中线长之比.

引申 15 设点 D,E 分别在 $\triangle ABC$ 的边 AB,AC 上,且 $BD=CE$,BE,CD 交于点 F,分别过 $\triangle BDF$ 和 $\triangle CEF$ 的外接圆交于点 G,求证:点 G 在 $\angle BAC$ 的内角平分线上.

题目解说 本题为 2017 年波兰竞赛题.

渊源探索 将本题构图中的 $\triangle ADE$"砍掉"即为上题.

方法透析 回顾上题的证明方法,看看是否可用.

证明 如图 15,联结 GB,GC,GD,GE,则由圆的知识知道

$$\angle BDG=\angle BFG=\angle ECG$$

$$\angle GEC=\angle GFC=\angle GBD$$

$$\left.\begin{aligned}\Rightarrow\triangle BDG\backsim\triangle ECG\\ BD=CE\end{aligned}\right\}$$

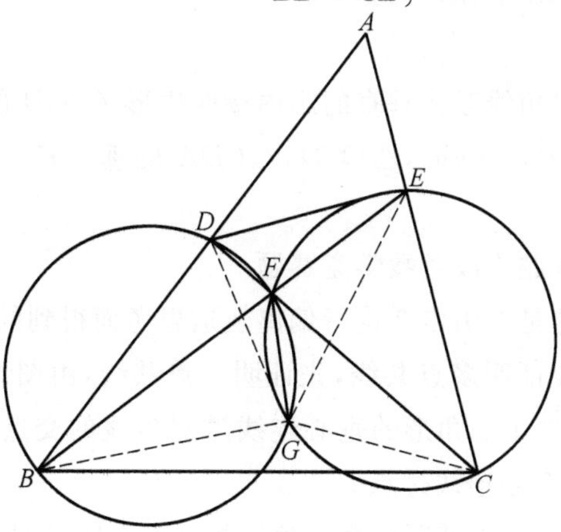

图 15

$\Rightarrow\triangle GBD$ 和 $\triangle GCE$ 的边 BD 和 CE 上的高线长相等

即点 G 到 BD 和 CE 的距离相等，也即点 G 到 $\triangle ABC$ 的边 AB，AC 等距，从而点 G 在 $\angle BAC$ 的内角平分线上.

评注 解决本题的关键是构造相似三角形，然后利用相似三角形的性质——相似比等于对应边上的高线长之比，与上一题形成鲜明的对比.

引申 16 设对角线互相垂直的圆内接四边形 $ABCD$ 被对角线 AC，BD（交于点 P）所分成的四个三角形分别为 $\triangle PAB$，$\triangle PBC$，$\triangle PCD$，$\triangle PDA$，则这四个三角形的外接圆与内切圆半径之总和等于该四边形的对角线之和.

题目解说 从直角三角形的性质考虑会发现一些新的问题.

渊源探索 直角三角形的外心就是斜边中点，直角三角形内切圆半径与三边有直接关系.

方法透析 回顾直角三角形中的相关公式会产生意想不到的效果.

证明 对于直角三角形而言，边长分别为 a，b，c（c 为斜边长），则其外接圆半径 R 与内切圆半径 r 分别满足：$R=\frac{1}{2}c$，$r=\frac{a+b-c}{2}$，于是，有

$$\begin{aligned}
&r_1+r_2+r_3+r_4+R_1+R_2+R_3+R_4\\
=&\frac{1}{2}(PA+PB-AB)+\frac{1}{2}(PB+PC-BC)+\\
&\frac{1}{2}(PC+PD-CD)+\frac{1}{2}(PD+PA-DA)+\\
&\frac{1}{2}AB+\frac{1}{2}BC+\frac{1}{2}CD+\frac{1}{2}DA\\
=&AC+BD
\end{aligned}$$

由此结论获证.

引申 17 设对角线互相垂直的圆内接四边形 $ABCD$ 的对角线交于点 P，圆心为 O，则 $\triangle OAB$，$\triangle OBC$，$\triangle OCD$，$\triangle ODA$ 的垂心 E，F，G，H 与点 P 五点共线.

题目解说 本题为波兰数学竞赛题.

渊源探索 这是对引申 3 进行偏离轨道思考而得到的结果.

方法透析 要证明多点共线，先证明三点共线，由图形的等价性知，只要题述三角形中相邻两个三角形的垂心连线过对角线的交点即可. 比如，先证明 $\triangle OAB$，$\triangle OBC$ 的垂心连线过点 P.

证明 思路——先证明两个三角形的垂心连线过四边形对角线的交点，尤其是要证明相邻两个三角形的垂心连线过四边形对角线的交点最为重要.

设 $OL \perp AB$，$OM \perp BC$，L，M 分别为垂足，$\triangle OAB$，$\triangle OBC$ 的垂心分别为 E，F，如图 16 所示，则 $\angle FBO = \angle FEA$，在 $\mathrm{Rt}\triangle AEL$ 中，有

$$AE = \frac{AL}{\sin\angle AEL} = \frac{\frac{1}{2}AB}{\cos\angle BOL}$$

$$= \frac{\frac{1}{2}AB}{\cos\angle ADB} = \frac{\frac{1}{2}AB}{\cos\angle PCB}$$

$$CF = \frac{CM}{\sin\angle CFM} = \frac{\frac{1}{2}BC}{\cos\angle BOM}$$

$$= \frac{\frac{1}{2}BC}{\cos\angle CDB} = \frac{\frac{1}{2}BC}{\cos\angle BAP}$$

$$\frac{AE}{CF} = \frac{AB\cos\angle BAP}{BC\cos\angle PCB} = \frac{PA}{PC}\text{（注意到 } AC \perp BD\text{）}$$

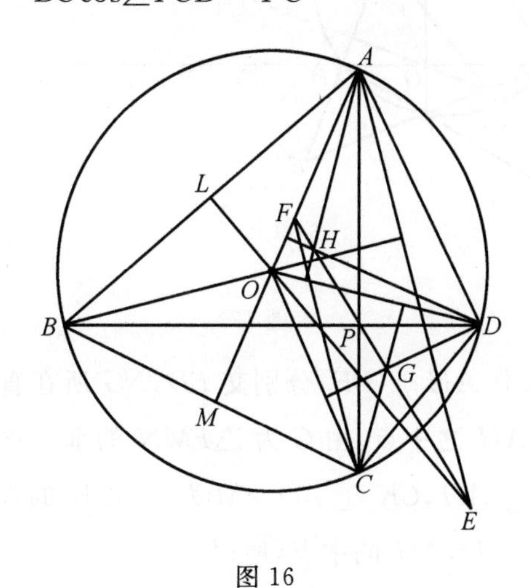

图 16

而

$$AE \perp BO, CF \perp BO \Rightarrow AE \parallel CF \Rightarrow \angle FCP = \angle EAP$$

从而

$$\triangle EAP \backsim \triangle FCP \Rightarrow \angle FPC = \angle AFE$$

即 F，P，E 三点共线，也即题述的四个三角形中相邻两个三角形的垂心连线必过圆内接四边形对角线的交点，换句话说，另外两个三角形的垂心连线也过圆内接四边形对角线的交点，从而四个垂心共线.

注 一个问题是,对于上述三角形的内心有哪些美妙的结论呢?那么,外心、重心呢?

引申 18 如图17,设圆内接四边形 $ABCD$ 两组对边的交点分别为 E,F,对角线交于点 G,AD,BC 之中点分别为 M,N,$AC \perp BD$,则 G 为 $\triangle FMN$ 的垂心.

题目解说 本题为2017年西部竞赛第6题.

证明 我们的目标是:只需证明 $\angle FMG + \angle MFN = 90°$(考虑垂心性质),注意到 M,N 分别为 AD,BC 的中点,则 $MG \perp BC$.同理可得 $NG \perp AD$.

逆命题也成立.若 G 为 $\triangle FMN$ 的垂心,AD,BC 之中点分别为 M,N,则 A,B,C,D 四点共圆,且 $AC \perp BD$.

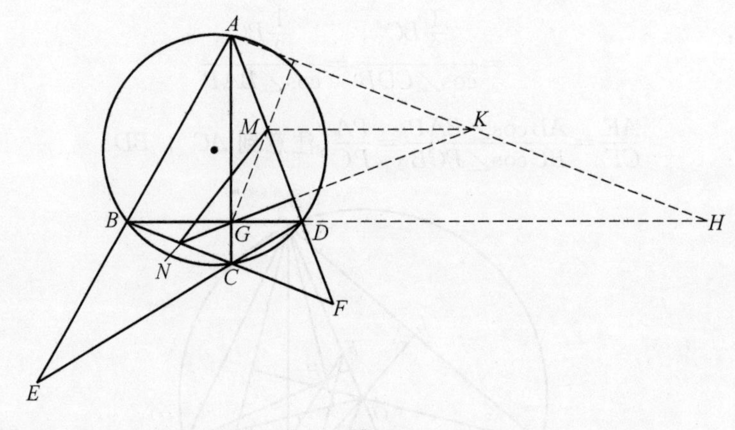

图 17

事实上,过点 A 作 $AH \parallel BF$,分别交 BD,NG 所在直线于 H,K,由 N 为 BC 之中点知,K 为 AH 之中点,由 G 为 $\triangle FMN$ 的垂心知

$MG \perp BC$,$GM \perp AH$,$GK \perp AD \Rightarrow M$ 为 $\triangle AGK$ 的垂心 $\Rightarrow KM \perp AC$

考虑到 M,K 分别为 AD,AH 的中点,所以

$$MK \parallel BH \Rightarrow BD \perp AC$$

又

$$\angle CBG = \angle BGA = 90° - \angle ADG = \angle DAC$$

即 A,B,C,D 四点共圆,且 $AC \perp BD$.

引申 19 凸四边形 $ABCD$ 的对角线交于点 K,E,F 分别为 $\triangle ADK$ 和 $\triangle BCK$ 的垂心,G,H 分别为 $\triangle ABK$ 和 $\triangle CDK$ 的重心,求证:$EF \perp GH$.

题目解说 本题为2003年中国国家集训队试题,也为1972年苏联竞赛题,参见沈文选《高中数学竞赛解题策略》第238页例7以及第159页习题3.

渊源探索　考察四边形相对的两个三角形垂心与另外两个相对三角形的重心会有哪些结论产生呢?

方法透析　回顾上题的证明方法,看看是否可用.

证法1　如图18,只需要证明MN为两圆的根轴即可.

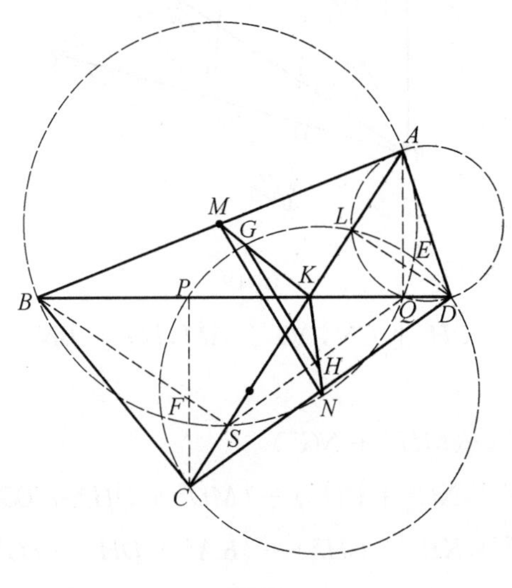

图 18

设AB,CD之中点分别为M,N,作$AQ\perp BD$,$DL\perp AC$,$CP\perp BD$,$BS\perp AC$,$AQ\cap DL=E$,$BS\cap CP=F$,则易知A,L,Q,D;B,S,Q,A;C,P,L,D分别四点共圆,则点E为上述三个圆的根心.同理可得,C,P,L,D;A,B,S,Q;B,C,S,P分别四点共圆,且点F为此三圆的根心,于是EF为圆M与圆N的根轴,则$EF\perp MN$,而$MN\parallel GH$,所以$EF\perp GH$.

评注　本题证明线段垂直的方法堪称一绝,此法不是往日的计算法,而是利用了两圆的根轴性质——连心线与根轴垂直.

证法2　如图19,作平行四边形$AKDM$和平行四边形$BKCN$,则由于E,F分别为$\triangle ADK$和$\triangle BCK$的重心,所以

$$KE=\frac{1}{3}KM,KF=\frac{1}{3}KN$$

即$EF\parallel MN$,或者M,E,F,N四点共线,于是,要证明$EF\perp GH\Leftrightarrow MN\perp GH$,由于点$H$为$\triangle CDK$的垂心,所以

$$DH\perp AC\Rightarrow DH\perp MD$$

同理可得

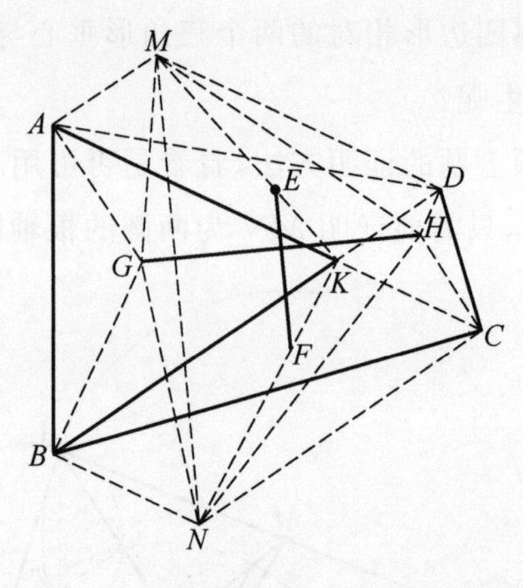

图 19

$$CH \perp CN, AG \perp AM, BG \perp BN$$

从而

$$\begin{aligned}
&MG^2 + NH^2 - (MH^2 + NG^2) \\
=&(MA^2 + AG^2 + NC^2 + CH^2) - (MD^2 + DH^2 + BG^2 + BN^2) \\
=&(KD^2 + AG^2 + KB^2 + CH^2) - (KA^2 + DH^2 + BG^2 + KC^2) \\
=&(AG^2 - BG^2) - (KA^2 - KB^2) + (KD^2 - KC^2) - (CH^2 - DH^2) \\
=&0 + 0(KG \perp AB, KH \perp CD) \\
=&0
\end{aligned}$$

根据等差幂线定理知 $EF \perp GH$，到此结论获证.

评注 解决本题时，中间要用到等差幂线定理两次，最终再运用一次，即运用三次等差幂线定理方可解决问题. 当然中间的转换过程也是功不可没的，比如作平行四边形，利用高线证明多个垂直关系，促成勾股定理模式等.

引申 20 设对角线互相垂直的圆内接四边形 $ABCD$ 的对角线交于点 K，圆心为 O，若 $\triangle OAB$，$\triangle OBC$，$\triangle OCD$，$\triangle ODA$ 的外心分别为 E，F，G，H，则 EG，HF，OK 三线共点，且 EG，HF 均平分 OK.

题目解说 本题是运用类比的方法提出的一道新题.

渊源探索 这是对引申 3 进行偏离轨道思考而得到的结果.

证明 如图 20，此证明就留给读者自己练习吧！

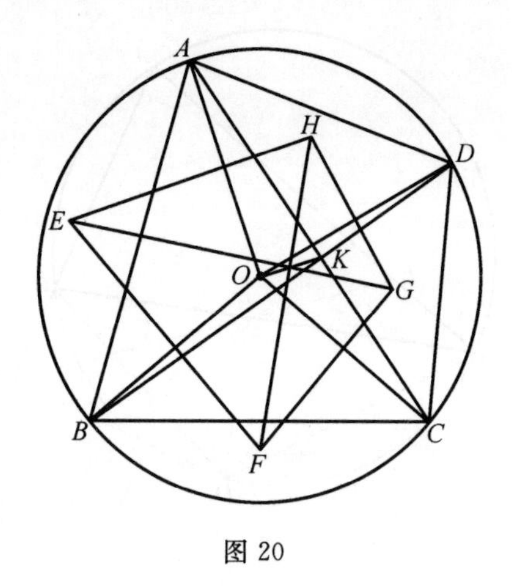

图 20

§13 对西姆松线定理的研究

本节我们将讨论西姆松线定理的背后潜藏着哪些秘密，并介绍如何应用西姆线定理来解题.

题目 过三角形外接圆上任意不同于顶点的点作三边所在直线的垂线，则三垂足共线. 反之，若一点在三角形三边所在直线上的射影共线，则该点在三角形的外接圆上.

题目解说 本结论前半部分称为西姆松线定理，此三垂足所确定的直线称为西姆松线. 后半部分称为西姆松线定理的逆定理. 若 D 在 $\triangle ABC$ 的外接圆上，则称直线 EG 为 $\triangle ABC$ 关于点 D 的西姆松线.

证明 如图1，只需证 $\angle EFD+\angle DFG=180^\circ$，设 D 为 $\triangle ABC$ 外接圆上的一点，三个垂足分别 E,F,G，联结 EF,FG，则因为有众多的四点共圆，故有

$$\begin{aligned}\angle EFD &= 180^\circ-\angle EBD\\ &=180^\circ-\angle DCG\\ &=180^\circ-\angle DFG\end{aligned}$$

即

$$\angle EFD+\angle DFG=180^\circ$$

从而 E,F,G 三点共线.

再证明逆定理.

事实上，因为有众多的四点共圆，故有

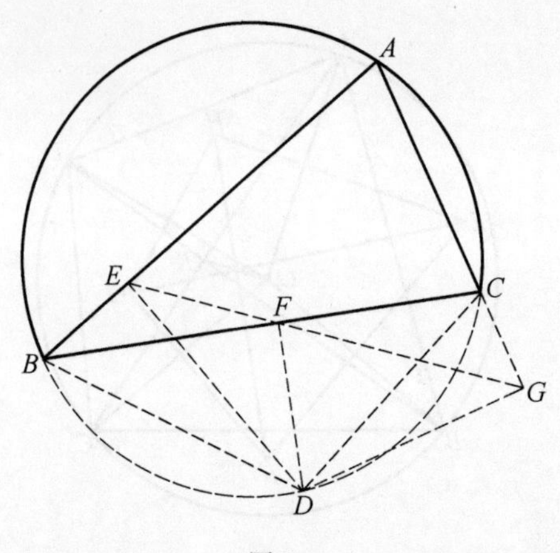

图 1

$$\angle DCG = \angle DFG = 180° - \angle EFD = \angle EBD = \angle ABD$$

从而 A,B,D,C 四点共圆. 到此结论全部获证.

引申 1 过正 $\triangle ABC$ 外接圆的弧$\overset{\frown}{BC}$ 上的点 P，作 $PD \perp BC, PE \perp CA$，$PF \perp AC$，其中 D,E,F 分别为垂足，则$\dfrac{1}{PD} = \dfrac{1}{PE} + \dfrac{1}{PF}$.

题目解说 本题为一道常见习题.

渊源探索 本题为西姆松线定理与张角定理的直接应用.

方法透析 从图形与目标线段就会联想到方法，当然这需要对上述两个定理 —— 西姆松线定理与张角定理了如指掌.

证明 如图 2，根据已知条件及西姆松线定理知，D,E,F 三点共线，再注意到 B,F,D,P 和 C,D,P,E 分别四点共圆，从而有

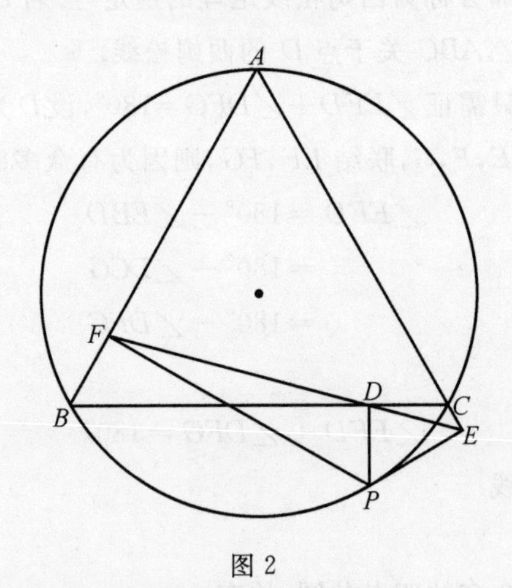

图 2

$$\angle FPD = \angle ABC = 60^\circ$$

$$\angle DPE = \angle ACB = 60^\circ$$

在 $\triangle FPE$ 中，根据张角定理，有

$$\frac{\sin 120^\circ}{PD} = \frac{\sin 60^\circ}{PE} + \frac{\sin 60^\circ}{PF}$$

$$\Rightarrow \frac{1}{PD} = \frac{1}{PE} + \frac{1}{PF}$$

由此结论获证.

引申 2 求证：正三角形外接圆上任意一点到三边距离的平方和为定值.

题目解说 本题为一道常见习题，参见沈文选《奥林匹克数学中的几何问题》第 87 页习题 A 第 4 题.

渊源探索 本题为西姆松线定理与张角定理的直接应用.

方法透析 考虑正三角形所在平面上一点到三边距离的性质以及目标涉及的线段与张角定理有关.

证明 如图 2，设 P 为劣弧 $\overparen{BC}$ 上一点，从 P 作边 BC，CA，AB 的垂线，垂足分别为 D，E，F，记 $PD = x$，$PE = y$，$PF = z$，则由面积知识，知

$$S_{\triangle PAB} + S_{\triangle PAC} - S_{\triangle PBC} = S_{\triangle ABC}$$

$$\Rightarrow y + z - x = \frac{\sqrt{3}}{2}a \text{（记 } \triangle ABC \text{ 的边长为 } a\text{）}$$

$$\Rightarrow x^2 + y^2 + z^2 + 2(yz - xy - xz) = \frac{3}{4}a^2$$

而由上题结论，知

$$\frac{1}{x} = \frac{1}{y} + \frac{1}{z} \Rightarrow yz - xz - xy = 0$$

从而 $x^2 + y^2 + z^2 = \frac{3}{4}a^2$.

注 考虑本题中的顶点便会想到下面的结论！考虑本题的解题法方法便会想到下面题目的解法.

引申 3 求证：正三角形外接圆上任意一点到三顶点距离的平方和为定值.

渊源探索 这是类比引申 2 所产生的结果，从已有题目通过类比产生新的题目是一种很好的命题方法.

方法透析 上题运用张角定理建立了目标结论中所涉及的线段，本题中涉及的目标线段在圆内接四边形中，故应该想到圆内接四边形的相关结论 —— 托勒密定理，以及上题中所用过的面积法.

证明 如图 3,设 D 为 $\triangle ABC$ 外接圆的劣弧 BC 上一点,联结 DA,DB,DC,记 $DA=x$,$DB=y$,$DC=z$,则在圆内接四边形 $ABCD$ 中,运用托勒密定理,有

$$x=y+z \Rightarrow y+z-x=0$$
$$\Rightarrow x^2+y^2+xz+2(yz-xz-xy)=0$$

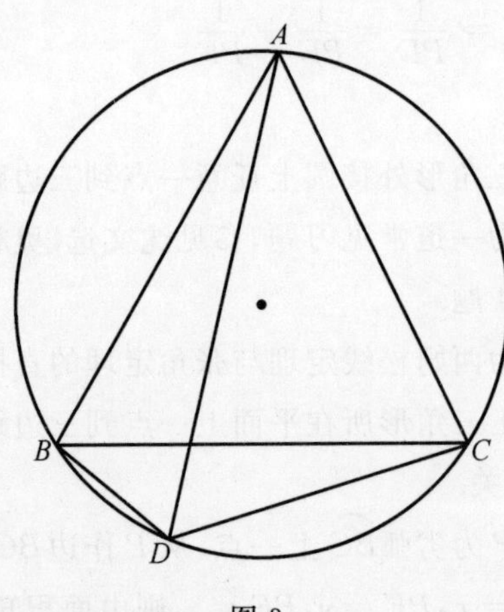

图 3

而由面积知识,知

$$S_{\triangle DAB}+S_{\triangle DAC}-S_{\triangle DBC}=S_{\triangle ABC}$$
$$\Rightarrow xy\sin 60^\circ+xz\sin 60^\circ-yz\sin 60^\circ$$
$$=\frac{\sqrt{3}}{4}a^2(\text{记 }\triangle ABC\text{ 的边长为 }a)$$
$$\Rightarrow xy+xz-yz=\frac{1}{2}a^2$$

所以 $x^2+y^2+z^2=2a^2$(定值).

引申 4 设 D 为 $\triangle ABC$ 外接圆的劣弧 $\overset{\frown}{BC}$ 上一点,点 D 在边 BC,CA,AB 上的投影分别为 X,Y,Z,设 $DX=x$,$DY=y$,$DZ=z$,$BC=a$,$CA=b$,$AB=c$,求证:$yza=xyc+xzb$.

题目解说 本题出自沈文选《奥林匹克数学中的几何问题》第 87 页习题 A 第 1 题.

渊源探索 目标等式 $yza=xyc+xzb$,等价于 $\frac{a}{x}=\frac{b}{y}+\frac{c}{z}$,这似乎与张角定理有关,也是上题结论一般化的结果.

方法透析 从本题的渊源可以看出,必定是要运用张角定理了.

证明 如图 4,由已知条件知,Z,B,D,X;X,D,Y,C 分别四点共圆,所以

$$\angle ZDX=\angle ZBX=\angle B$$
$$\angle YDX=\angle ACB=\angle C$$
$$\angle ZDY=180^\circ-\angle A$$

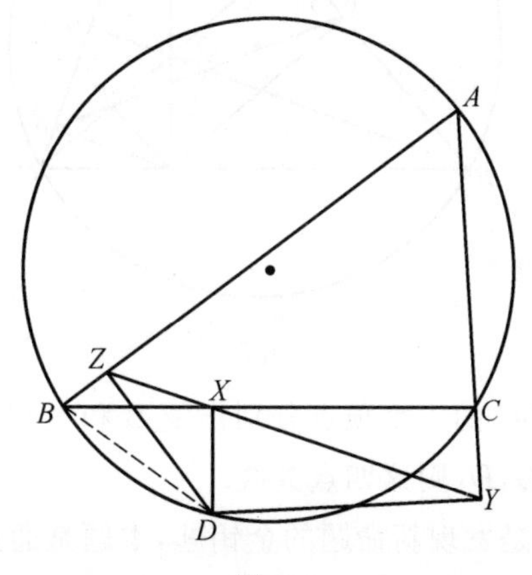

图 4

在 $\triangle ZDY$ 中关于点 D 运用张角定理,并结合正弦定理,得

$$\frac{\sin\angle ZDY}{DX}=\frac{\sin\angle XDY}{DZ}+\frac{\sin\angle ZDX}{DY}$$
$$\Rightarrow\frac{\sin\angle A}{x}=\frac{\sin\angle C}{z}+\frac{\sin\angle B}{y}$$
$$\Rightarrow\frac{a}{x}=\frac{c}{z}+\frac{b}{y}$$

即 $yza=xyc+xzb$. 证明完毕.

引申5 设 AD,BE,CF 分别为 $\triangle ABC$ 的边 BC,CA,AB 上的高线,从点 D 分别作 AB,BE,CF,AC 的垂线,垂足分别为 P,Q,R,S,则这四点共线.

题目解说 这是一道较为陈旧的老题,散见于多种资料.

渊源探索 从题目条件可以看出有若干个四点共圆和西姆松线定理的构图模式,所以本题可以看作是以 $\mathrm{Rt}\triangle ABE$ 的斜边 AB 为直径的圆上从点 D 作此三角形三边所在直线的垂线后构成此题的.

方法透析 从题目的来历看方法,西姆松线定理应该大有用武之地.

证明 如图5,由已知条件知,A,B,D,E 四点共圆,即点 D 在 $\triangle ABE$ 的外接圆上,从而 P,Q,S 三点共线,同理,点 D 也在 $\triangle AFC$ 的外接圆上,从而 P,R,S 三点共线,进而 P,Q,R,S 四点共线.

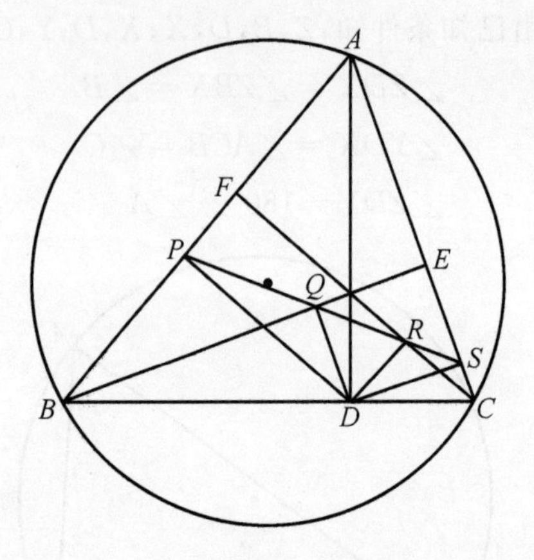

图 5

引申 6 从 $\triangle ABC$ 的三个顶点分别作 $\angle B$ 和 $\angle C$ 的内、外角平分线的垂线，垂足分别为 E,F,G,D，则这四点共线.

题目解说 类比是发现新命题的金钥匙，本题是通过类比产生的结果. 本题出自沈文选《奥林匹克数学中的几何问题》第 86 页例 10.

渊源探索 引申 5 给出了一个从三角形的三条高线足中的一个作其他两条高线以及另外两边的垂线，这四垂足的共线问题. 换个角度，如果从三角形某个顶点作角平分线的垂线会怎样呢？

方法探索 作出 $\triangle AIC$ 的外接圆便知，此圆过 BE,CD 所在直线的交点，即点 K 落在 $\triangle AIC$ 的外接圆上，A 也落在 $\triangle KIC$ 的外接圆上. 这样就得到了西姆松线定理的结构，故可得下面的证明方法，或者从点 A 出发，观察到点 G,E,D 是从点 A 所作的 $\triangle ICK$ 的三条垂线的垂足，故需要证明 A,I,C,K 四点共圆.

证明 如图 6，设 BE,CD 所在直线交于点 K，BF,CG 所在直线交于点 L，BE,CG 所在直线交于点 I，则由条件，知

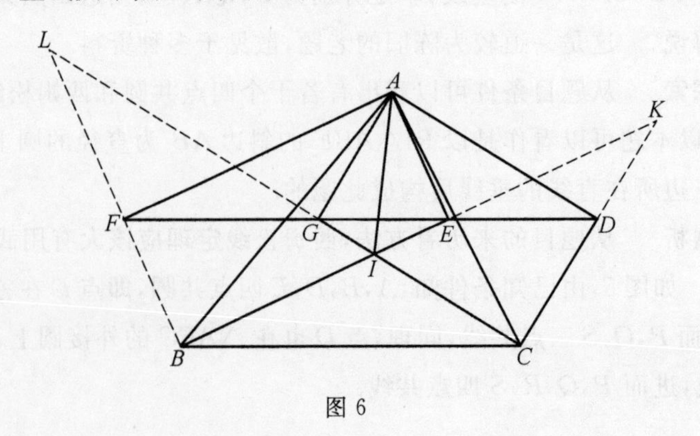

图 6

$$\angle IKC = 90^\circ - \angle CIK = 90^\circ - \frac{1}{2}(\angle CBI + \angle ICB) = \frac{1}{2}\angle A$$

$\Rightarrow A, I, C, K$ 四点共圆

由 A, I, C, K 四点共圆，以及西姆松线定理知，G, E, D 三点共线，同理，由 A, L, B, I 四点共圆，以及西姆松线定理知，F, G, E 三点共线，从而 E, F, G, D 四点共线.

引申7 从 $\triangle ABC$ 外接圆的弧 $\overset{\frown}{BC}$ 上一点 P 分别作边 BC, CA, AB 的垂线，与三边分别交于点 L, N, M，与外接圆交于点 A_1, B_1, C_1，则 $AA_1 \parallel BB_1 \parallel CC_1$.

题目解说 本题出自沈文选《奥林匹克数学中的几何问题》第 87 页习题 A 第 1 题，原书证明过程有所疏漏.

渊源探索 运用几何画板画出 $PL \perp BC$ 这条垂线时，发现图中 $AA_1 \parallel MN$，由此发现本题的证明方法.

方法透析 以西姆松线为桥梁分别与目标线段挂钩.

证明 如图 7，由已知条件并根据西姆松线定理知，M, L, N 三点共线.

注意到 M, B, P, L 和 A, A_1, B, P 分别四点共圆，所以

$$\angle AML = \angle BPA_1 = \angle BAA_1 \Rightarrow AA_1 \parallel MN$$

又注意到 M, B, P, L 和 B, P, C, C_1 分别四点共圆，所以

$$\angle NMP = \angle CBP = \angle CC_1P \Rightarrow CC_1 \parallel MN$$

从而 $AA_1 \parallel CC_1$.

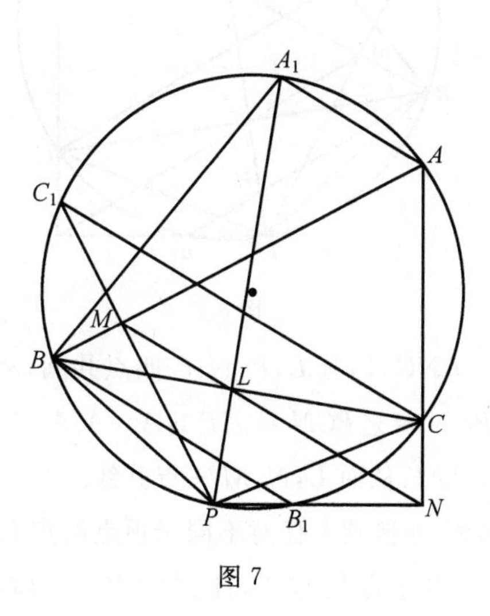

图 7

又

$$\angle PB_1B = \angle BCP = \angle PNM (L, P, N, C \text{ 四点共圆}) \Rightarrow BB_1 \parallel MN$$

所以 $AA_1 \parallel BB_1 \parallel CC_1$.

注　本题的证明过程表明，西姆松线是一座桥，没有这座桥梁是不好完成这个证明的.

引申 8　从 $\triangle ABC$ 的三个顶点 A,B,C 分别作三条相互平行的直线，与 $\triangle ABC$ 的外接圆交于点 A_1,B_1,C_1，在 $\triangle ABC$ 的外接圆上有一点 P，PA_1，PB_1，PC_1 分别与 BC,CA,AB 交于点 L,N,M，则 L,N,M 三点共线.

题目解说　善于研究一些问题的逆命题是学习平面几何的良好方法.

渊源探索　本题为上题的逆命题.

方法透析　从上题的证明过程去分析探究本题的证明方法——这就是从分析解题过程学解题.

证明　如图 8，由已知条件，知

$$\angle PCN=\angle PA_1A(A,A_1,P,C\text{ 四点共圆})$$
$$=\angle BHL(AA_1\parallel BB_1)$$
$$\angle B_1PC=\angle B_1BC(P,B_1,C,B\text{ 四点共圆})$$

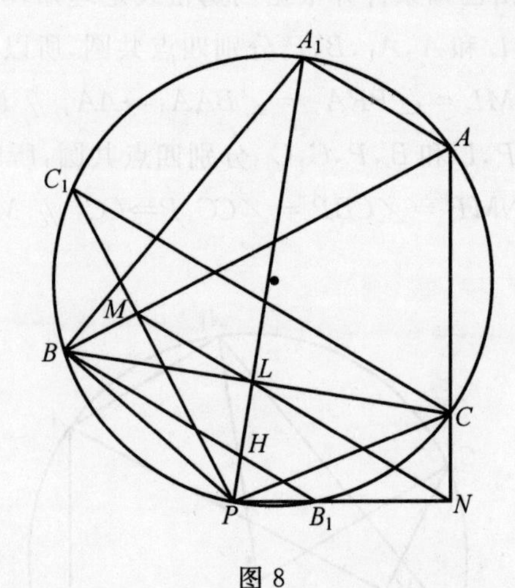

图 8

所以 $\angle BLN=\angle PNC$，即有 L,P,N,C 四点共圆，从而

$$\angle PLN=\angle PCN=\angle PA_1A\Rightarrow A_1A\parallel LN$$

同理可得 $A_1A\parallel LM$，从而 L,N,M 三点共线.

引申 9　过 $\triangle ABC$ 外接圆上任意不同于顶点的点 D 作边 BC,CA,AB 的斜线，分别交 BC,CA,AB 于点 F,G,E，且 $\angle DFB=\angle DGC=\angle DEB$，则 E,F,G 三点共线.

题目解说　这是人称卡诺定理的结论.

渊源探索　从西姆松线定理中的垂直去探求三点共线，那么，不垂直时，满足什么条件，类似的三点可以共线？这就是本题的结论.

方法透析　从分析西姆松线定理的证明过程来寻找本题的解决方法——这再次提醒我们要从分析解题过程学解题.

证明　如图9，由已知条件$\angle DFB=\angle DGC=\angle DEB$知，$B,D,E,F$和$C,F,D,G$分别四点共圆，再注意到$A,E,D,G$四点共圆，所以有

$$\angle DFE=180^\circ-\angle DBE=180^\circ-\angle DCG=180^\circ-\angle DFG$$

所以$\angle DFE+\angle DFG=180^\circ$.

即E,F,G三点共线.

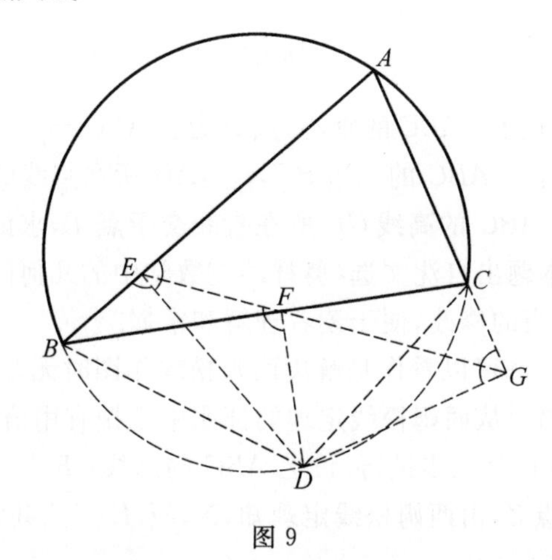

图9

引申10　在$\triangle ABC$外接圆上有不同于顶点的点D，三边BC,CA,AB上分别有点F,G,E，满足$\angle DFB=\angle DGC=\angle DEB$，$DF,DG,DE$所在直线分别交$\triangle ABC$的外接圆于点$A_1,B_1,C_1$，则$AA_1\parallel BB_1\parallel CC_1$.

题目解说　这是联想卡诺定理与引申7所产生的结论.

渊源探索　看看引申7的证明是否会有新的启示.

方法透析　从分析引申7的证明过程以及上一题的结论来寻找本题的解决方法——这再次提醒我们要从分析解题过程学解题.

证明　如图10，由上题的结论知，G,E,F三点共线，又由于B,D,F,E四点共圆，所以$\angle DEF=\angle DBC=\angle DC_1C$，即$EG\parallel CC_1$，同理可得$EG\parallel AA_1$，$EG\parallel BB_1$

从而$AA_1\parallel BB_1\parallel CC_1$.

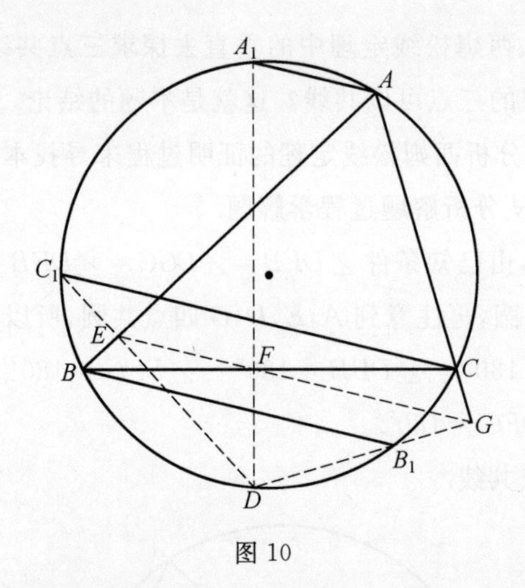

图 10

引申 11 设 H 为 $\triangle ABC$ 的垂心,点 P 为 $\triangle ABC$ 外接圆的劣弧 $\overset{\frown}{BC}$ 上任意一点,从点 P 分别作 $\triangle ABC$ 的三边 BC,CA,AB 所在直线的垂线,垂足分别为 M,K,N,MK 与 $\triangle ABC$ 的高线 CF 所在直线交于点 T,求证:$NH\parallel PT$.

题目解说 本题出自沈文选《奥林匹克数学中的几何问题》第 83 页例 5,这里对原题做了适当的修改,便于读者理解和掌握.

渊源探索 本题可以看作是解决西姆松线作图时无意间发现的好问题.

方法透析 竭力从西姆松线定理的证明中挖掘有用信息.

证明 如图 11,分三步进行.设 $\triangle ABC$ 的高线 CF 与其外接圆交于点 Y,联结 PY 交 AB 于点 Z,由西姆松线定理知,N,M,K 三点共线,记 PY 与西姆松线交于点 G.

第一步,先证明点 G 为 PZ 的中点.

由作图以及已知条件,知

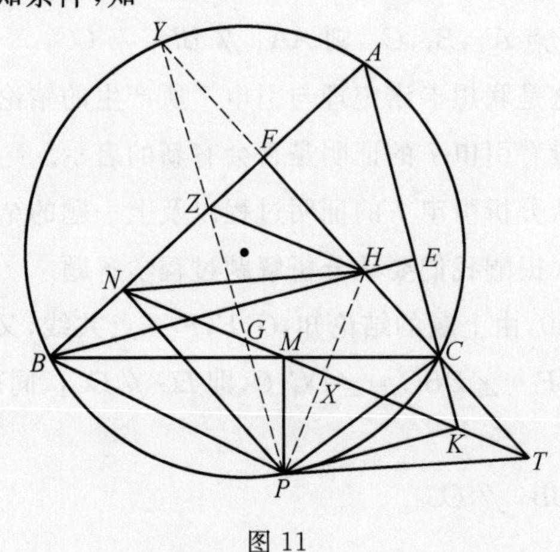

图 11

$$\angle MNP = \angle MBP = \angle PYC = \angle NPY$$
$$\Rightarrow \angle MNP = \angle NPY$$
$$\Rightarrow G \text{ 为 } Rt\triangle PNZ \text{ 的斜边 } PZ \text{ 的中点}$$

第二步，证明 $ZH \parallel NK$.

由于点 H 关于 AB 的对称点为 Y，所以

$$\angle HZF = \angle YZF = \angle NZG = \angle GNZ \Rightarrow ZH \parallel NK$$

第三步，证明点 X 为 PH 的中点.

由于点 G 为 $\triangle HZP$ 的边 PZ 的中点，且 $GX \parallel ZH$，所以 GX 通过边 PH 的中点，即 X 为 PH 的中点.

进一步得到 $\triangle NXP \cong \triangle TXH \Rightarrow PN = HT$，再注意到 PN，TF 同为线段 BA 的垂线，则 $PN \parallel HT$，从而 $THNP$ 为平行四边形，所以 $NH \parallel PT$.

推论　PH 被点 P 的西姆松线平分.

引申 12　分别延长四边形 $ABCD$ 的两组对边 AB，DC 和 AD，BC，它们分别交于点 E，F，求证：$\triangle BCE$，$\triangle CDF$，$\triangle ADE$，$\triangle ABF$ 的外接圆共于一点.

题目解说　题断所述的此点通常称为密克尔点，结论称为完全四边形的密克尔定理.

渊源探索　这是三角形三条高线构成的图形性质的一般化结果，即设 AG，ED，FB 分别为 $\triangle AEF$ 的三条高线，则 $\triangle BCE$，$\triangle CDF$，$\triangle ADE$，$\triangle ABF$ 的外接圆共于点 G. 一个问题是，当点 E，G，F 不共线时，会有什么结论？

方法透析　分析三条高线的结论证明对本题有无启示？

证法 1　运用四点共圆 —— 外角等于内对角.

如图 12，设 $\triangle BCE$，$\triangle CDF$ 的外接圆交于点 G，联结 GB，GD，GE，GF，GC，

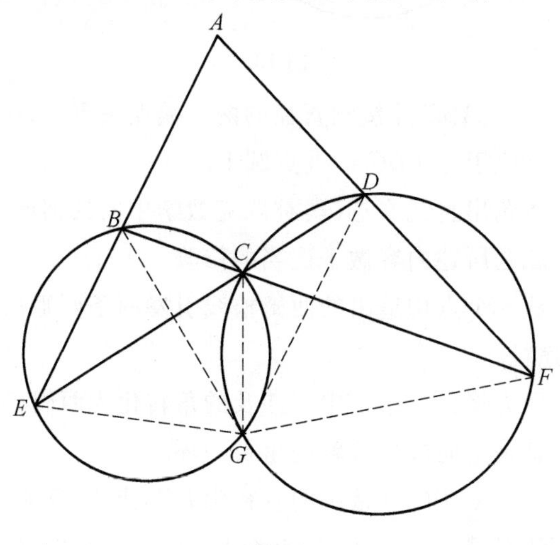

图 12

则有$\angle GDF=\angle GCF=\angle BEG$，即$B,E,G,D$四点共圆，即$\triangle ADE$的外接圆也过点$G$，同理可证$\triangle ABF$的外接圆也过点$G$，即$\triangle BCE,\triangle CDF,\triangle ADE$，$\triangle ABF$的外接圆共于一点.

证法2 运用西姆松线定理及其逆定理.

如图13，设$\triangle BCE,\triangle CDF$的外接圆交于点$G$，联结$GB,GD,GE,GF,GC$，且点$G$在直线$AB,CD,BC,AD$上的投影分别为$X,Y,Z,K$，则在$\triangle BCE$中，由西姆松线定理知，$X,Y,Z$三点共线，又在$\triangle CDF$中，由西姆松线定理知，$Y,Z$，$K$三点共线，从而$X,Y,Z,K$四点共线，于是，在$\triangle AED$中，由于$X,Y,K$三点共线，由西姆松线定理的逆定理知，点$G$也在$\triangle AED$的外接圆上，同理，点$G$也在$\triangle ABF$的外接圆上，即$\triangle BCE,\triangle CDF,\triangle ADE,\triangle ABF$的外接圆共于点$G$.

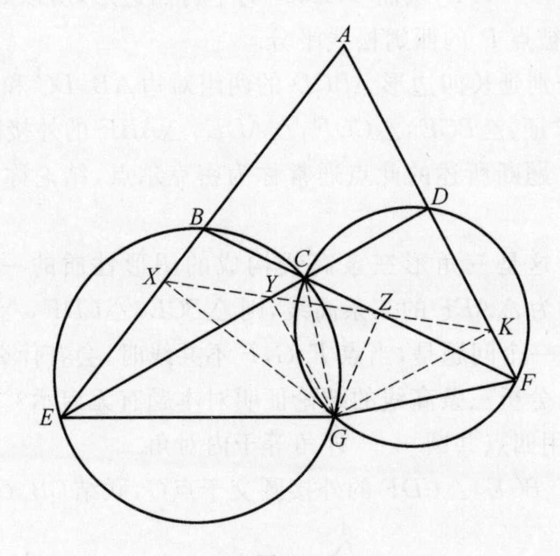

图13

引申13 求证：$\triangle ABC$外接圆直径的两个端点关于$\triangle ABC$的两条西姆松线互相垂直，且交点位于$\triangle ABC$的九点圆上.

题目解说 本题出自沈文选《奥林匹克数学中的几何问题》第95页习题A第1题.这里对原题所述内容做了适当的修改.

渊源探索 从一个点构造出的西姆松线引发两条西姆松线的联想是发现新题的一条有效途径.

方法透析 尽力将目标结论中所涉及的角转化为西姆松线定理构图中的角，再运用直径信息是走向成功解题的重要一环.

证明 如图14，$\triangle ABC$外接圆的直径为PQ，点P,Q关于$\triangle ABC$的两条西姆松线分别为EDF和HKG，D,E,F分别为点P在边BC,CA,AB上的射

影，G，H，K 分别为点 Q 在边 BC，CA，AB 上的射影，联结 PB，PC，PE，QB，QK，QG，记 GH 与 FE 交于点 M，QG 与 FE 交于点 N，则由作图知，Q，B，G，K；A，B，P，C；D，P，E，C 分别四点共圆，$QG \parallel PD$，从而

$$\angle QGK = \angle QBK$$

$$\angle GNM = \angle PDF = \angle PCE = \angle PBA$$

因 PQ 为 $\triangle ABC$ 外接圆的直径，所以

$$\angle QGK + \angle GNM = \angle QBK + \angle PBA = \angle QBP = 90^\circ$$

即 $\triangle ABC$ 外接圆直径的两个端点关于 $\triangle ABC$ 的两条西姆松线互相垂直.

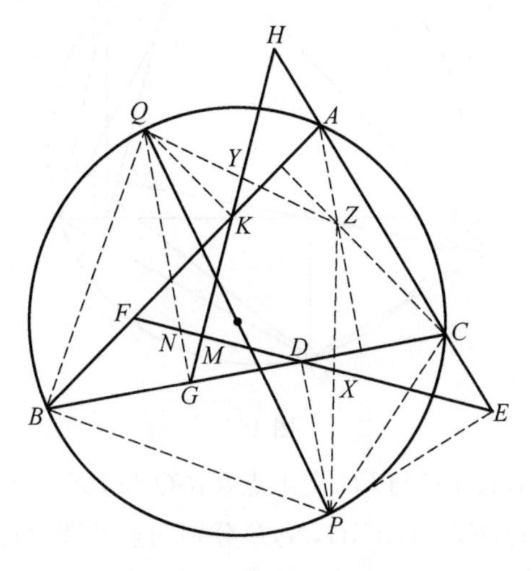

图 14

又由 §14引申1中的注：三角形的垂心与其外接圆上任意一点连线段的中点在该三角形的九点圆上，以及本节的引申 10 知，三角形外接圆上任意一点对应的西姆松线平分该点与三角形垂心的连线.

记 $\triangle ABC$ 的垂心为 Z，联结 PZ，QZ，ZQ 与点 Q 关于 $\triangle ABC$ 的西姆松线 HKG 交于点 Y，PZ 与点 P 关于 $\triangle ABC$ 的西姆松线 FDE 交于点 X，则点 X，Y 分别为 PZ，QZ 之中点，且点 X，Y 在 $\triangle ABC$ 的九点圆上，结合 $MY \perp MX$，即点 M 在以 XY 为直径的圆上，从而点 M 在 $\triangle ABC$ 的九点圆上.

注　本题是一道西姆松线问题与九点圆定理相关的综合问题，解决本题需要掌握前面介绍过的结论，这表明掌握已有结论的重要性.

引申 14　如图 15，设 P，Q 为 $\triangle ABC$ 外接圆上的两点，若 $\triangle ABC$ 关于点 P，Q 的西姆松线 DE 和 FG 交于点 M，则 $\angle FME = \angle PCQ$.

题目解说　这是一道不太常见的好题.

渊源探索　从西姆松线定理结构中的一个点演化为两个点，会有什么结

论产生呢?

方法透析 本题看起来图形结构复杂,令人生厌和畏惧,但是,好在题目已经给出了西姆松线,让人直接思考西姆松线定理能否直接使用成为一个显然的思路,而且,有关西姆松线图形中已经表现出几个四点共圆组,由此可得若干角的等量关系非常可贵,抓住这一条有用信息就离解决本题已经不远了,从证明西姆松线定理过程分析,四点共圆有巨大的解题效益,这里是否可以继续?

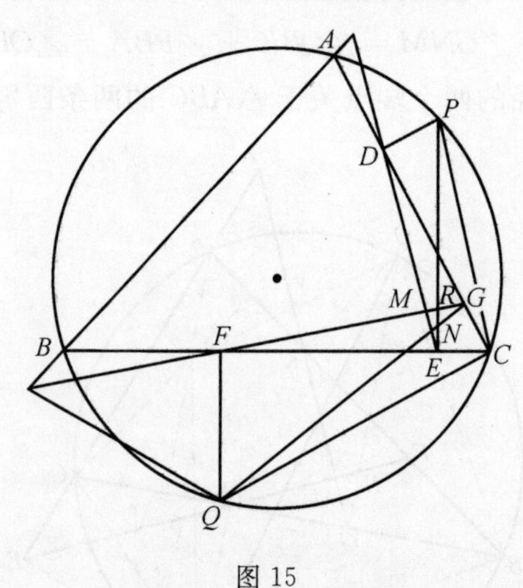

图 15

证明 如图 15,设 PE 与 FG 交于点 R,GQ 与 PE 交于点 N,于是,由作图过程知,$P,C,E,D;Q,F,G,C;C,G,N,E$ 分别四点共圆,所以

$$\begin{aligned}\angle FME &= \angle PED + \angle FRE = \angle PCD + \angle FGQ + \angle RNG \\ &= \angle PCD + \angle FCQ + \angle ACB = \angle PCQ\end{aligned}$$

证毕.

引申 15 设 $\triangle ABC$ 的垂心为 H,P 为其外接圆上任意一点,则 $\triangle ABC$ 关于点 P 的西姆松线平分 PH.

题目解说 这是前面曾获得的一道题目,这里再来探讨本题的一个好解法.

渊源探索 这是对九点圆定理与西姆松线定理进行综合研究而得到的.

方法透析 从图形中圆上的一点所引三条垂线必然联想到西姆松线定理,从三角形的垂心联想到九点圆定理更是必然的选择.

证明 如图 16,设 P 为 $\triangle ABC$ 外接圆的劣弧 $\overset{\frown}{BC}$ 上任意一点,$PM \perp AB$,$PN \perp BC$,M,N 分别为垂足,则直线 MN 就是 $\triangle ABC$ 关于点 P 的西姆松线,延长 CH 交 $\triangle ABC$ 的外接圆于点 D,交 AB 于点 E,BH 交 AC 于点 G,连 PD 分别交 AB,MN 于点 K,F,连 PB,AD,则由已知条件知,B,C,G,E 和 A,E,H,G 分

别四点共圆，且 $\angle BAD=\angle DCB=\angle BAH$. 又 $AE\perp CD$，所以 AE 垂直平分 DH，而 $\angle KDE=\angle DHK$，$\angle CBP=\angle PMN$（P,B,M,N 四点共圆），$\angle MPD=\angle PDC$（$PM\parallel CD$），所以

$$\angle PMF=\angle FPM\Rightarrow\angle MKF=\angle FMK=\angle DFE=\angle HFE$$

即 $HK\parallel MN$. 从而 F 为 $\mathrm{Rt}\triangle KMP$ 的斜边 PK 的中点，进一步，直线 MN 平分 $\triangle PKH$ 的另一边 PH.

注 结合 §14 中引申 1 的结论知，本题中的 PH 被九点圆平分.

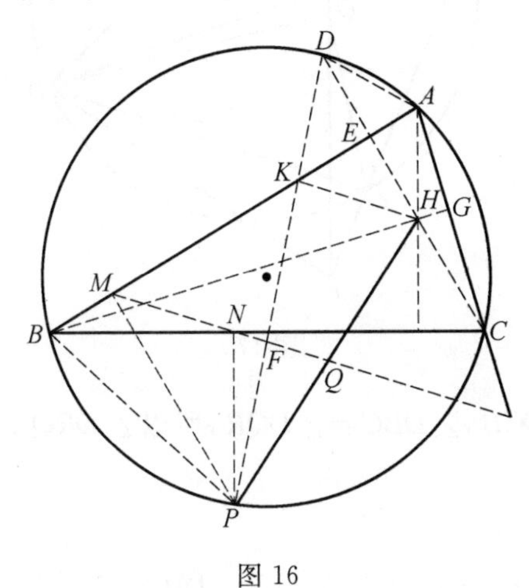

图 16

引申 16 设 $ABCD$ 是圆内接四边形，从点 D 向直线 BC,CA,AB 作垂线，其垂足分别为 P,Q,R，证明：$PQ=QR$ 的充要条件是 $\angle ABC$ 的平分线，$\angle ADC$ 的平分线和 AC 这三条直线相交于一点.

题目解说 本题为第 44 届国际数学竞赛第 4 题.

渊源探索 熟悉西姆松线定理的读者一看便知本题是此定理的简单应用.

方法透析 在解决一些复杂的几何问题时，注意观察提炼和营造西姆松线定理的运用氛围，时刻关注问题中是否有圆存在，如果有，就要进一步关心是否有圆内接四边形，以及这些边上是否有从同一点所作其他边的垂线，这是是否能够成功营造西姆松线定理运用的关键环节.

证明 如图 17，由已知条件及西姆松线定理知 P,Q,R 三点共线，于是可得 D,A,R,Q 和 D,Q,C,P 分别四点共圆，所以

$$\angle DAQ=\angle DRQ,\angle DPQ=\angle DCQ$$

从而 $\triangle DAC\backsim\triangle DRP$，则

$$\frac{DA}{DC}=\frac{DR}{DP} \tag{1}$$

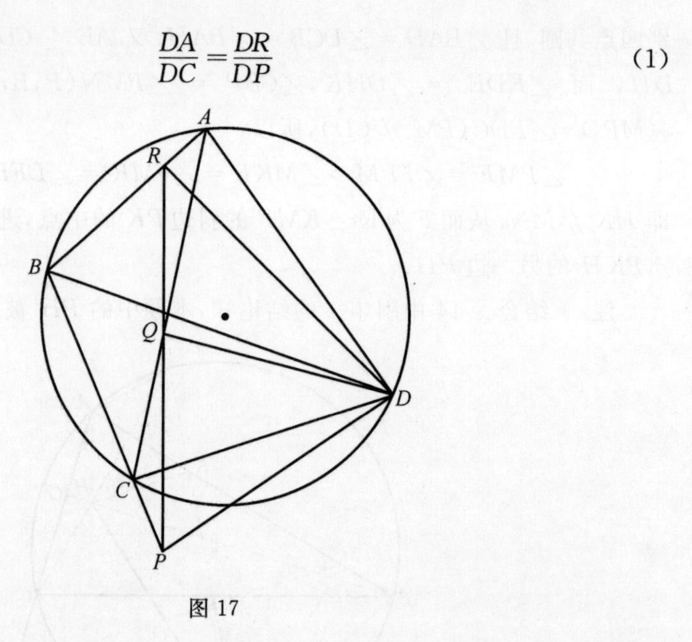

图 17

又 $\angle DQR=\angle DCB$，$\angle DBC=\angle DQR$，所以 $\triangle DRQ \backsim \triangle DBC$，所以 $\frac{DR}{QR}=\frac{DB}{BC}$，即

$$DR=RQ\cdot\frac{DB}{BC} \tag{2}$$

又由 $\angle DQP=\angle DAB$，$\angle DPQ=\angle DCA=\angle DBA$，所以有 $\triangle DQP \backsim \triangle DAB$，所以

$$DP=QP\cdot\frac{DB}{AB} \tag{3}$$

将(2)(3)代入(1)，得

$$\frac{DA}{DC}=\frac{RQ\cdot\frac{DB}{BC}}{QP\cdot\frac{DB}{AB}}=\frac{DB}{BC}\cdot\frac{AB}{DB}\cdot\frac{RQ}{QP}=\frac{RQ\cdot AB}{QP\cdot BC}$$

于是 $QR=QP$，当且仅当 $\frac{DA}{DC}=\frac{AB}{BC}$，从而原命题得证.

引申 17　在锐角 $\triangle ABC$ 中，$AB\neq AC$，以边 BC 为直径的圆分别交 AB，AC 于点 M，N，O 为边 BC 的中点，$\angle BAC$ 和 $\angle MON$ 的平分线交于点 R，求证：$\triangle BMR$，$\triangle CNR$ 的外接圆有一个公共点在边 BC 上.

题目解说　本题为第 45 届国际数学竞赛第一题，《中等数学》第 45 届 IMO 试题解答，《福建中学数学》2004 年第 9 期以及林常提供的第 45 届 IMO 试题解答都分别给出了本题的证明，但部分解题步骤不易被学生理解和掌握，笔者经过研究得到了比较容易令学生理解和掌握的证法，今写出供有兴趣的读者参考和讨论.

渊源探索 笔者认为此题似乎与完全四边形的图形的性质有关. 可参考完全四边形的结论.

方法透析 注意到 R 在 $\angle MON$ 的平分线上，所以 OR 的延长线与 MN 垂直，这就有了一条垂线，又 R 在 $\angle A$ 的平分线上，联想角平分线的性质定理，可以作出垂线 RE，RF，这样就有三条从点 R 引出的垂线，这样西姆松线定理模型就成了.

证明 如图 18，设 OR 交 MN 于点 D，作 $RE\perp AB$，$RF\perp AC$，E，F 分别为垂足，由题设知，OR 平分 $\angle MON$，RA 平分 $\angle MAN$，所以 $OM=ON$，$RE=RF$，OD 为 MN 的垂直平分线，即 $OD\perp MN$，于是 $\triangle RME\cong\triangle RNF$，即 $\angle MRE=\angle FRN$，又 M，E，R，D 和 D，R，N，F 分别四点共圆，所以

$$\angle MDE=\angle MRE=\angle FRN=\angle FDN$$

即 M，D，N 三点共线. 由西姆松线定理知，R 在 $\triangle AMN$ 的外接圆上，即 A，M，R，N 四点共圆.

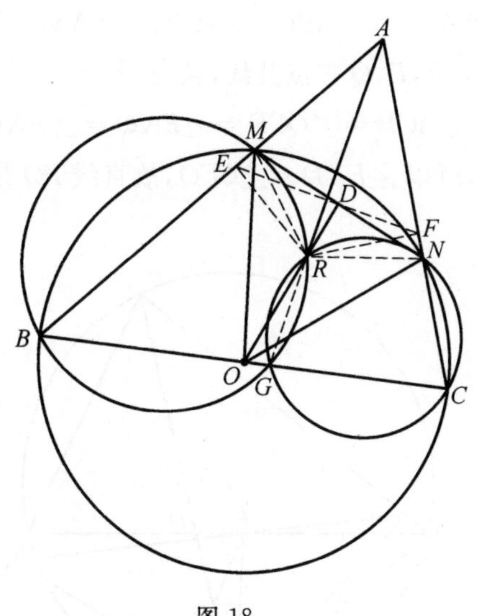

图 18

在 BC 上找点 G，使得 C，N，R，G 四点共圆，于是 $\angle RGC=\angle ANR=\angle BER$，从而，$B$，$M$，$R$，$G$ 四点共圆，即 $\triangle BMR$ 与 $\triangle CNR$ 的外接圆的另一个交点为 G.

引申 18 设 D 是 $\triangle ABC$ 的边 BC 上的一个内点，AD 交 $\triangle ABC$ 的外接圆

于点 X，P，Q 是 X 分别到 AB 和 AC 的垂足，Γ 是直径为 XD 的圆，证明：PQ 与 Γ 相切当且仅当 $AB=AC$.

题目解说 本题为第 38 届 IMO 的一道预选题.

渊源探索 本题是明显的西姆松线定理的构造模式，令以 XD 为直径的圆变化，可以发现，要满足条件，需要 $AB=AC$.

方法透析 从 $\triangle ABC$ 外接圆上一点 X 已经作了 $\triangle ABC$ 的两条垂线，就差一条垂线了，而垂线 XE 的诞生就产生了以 XD 为直径的圆.

证明 如图 19，设以 XD 为直径的圆交 BC 于点 E，XD 的中点为 O，则 $\angle XED=90^\circ$，由已知条件及西姆松线定理知，P，E，Q 三点共线，且 B，X，E，P 和 X，E，C，Q 分别四点共圆，于是，如果 Γ 与 PQ 相切，则

$$\angle CEQ=\angle PDB=\angle DXE=\angle PXB$$

又 A，B，X，C 四点共圆，所以

$$\angle ACB=\angle AXB=\angle AXP+\angle PXB$$

而

$$\angle ABC=\angle PXE=\angle AXP+\angle DXE$$

所以 $\angle ABC=\angle ACB$，即 $AB=AC$.

反之，如果 $AB=AC$，则 $\angle ABC=\angle ACB=\angle AXC$，作 $XE\perp BC$ 于点 E，则根据西姆松线定理知，P，E，Q 三点共线，从而

$$\angle ACB=\angle QCE=\angle EXQ=\angle AXC$$

而 $\angle CXQ=\angle CEQ$，所以 $\angle EXD=\angle CEQ$，故直线 PQ 是以 XD 为直径的圆的切线.

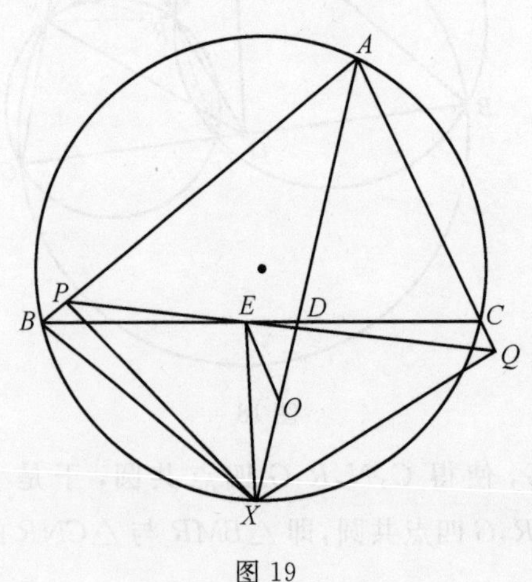

图 19

引申 19 已知 $\triangle ABC$ 的垂心为 H，外心为 O，外接圆半径为 R，设 A，B，C

关于直线 BC,CA,AB 的对称点分别为 D,E,F,证明:D,E,F 三点共线的充要条件是 $OH=2R$.

题目解说 本题为第 39 届 IMO 预选题.

渊源探索 三角形的垂心是从三角形的三条高线足连成的新三角形的内心(请读者自证),那么,原三角形的垂心是从三角形各顶点作对边的平行线所交成新三角形的外心.本题需要探究原三角形形状的变化过程对目标点的变化.

方法透析 将点 D,E,F 沿着 $\triangle ABC$ 的重心 G 对称,再缩回到 G 的一半,使得这三点演变成某个点相对应的西姆松线上的三个点(垂足),进而 D,E,F 的三点共线问题就转化为对称后的三点共线问题.

证明 与三点共线问题相关的大赛几何问题的证明一般思考是否可用梅涅劳斯定理来证,这是常规思路,但当用梅涅劳斯定理而感到困惑时,可否考虑西姆松线定理使用的可能性.

如图 20,设 A_0,B_0,C_0 分别为 $\triangle ABC$ 的三边 BC,CA,AB 的中点,G 为 $\triangle ABC$ 的重心,分别过 $\triangle ABC$ 的三个顶点 A,B,C 作对边的平行线,此时交成

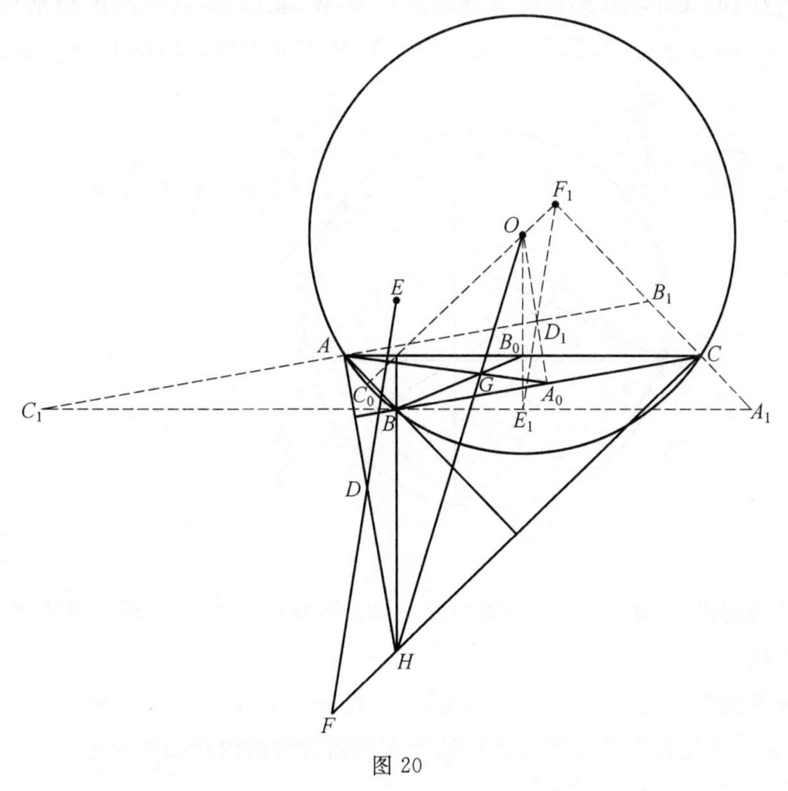

图 20

一个新的 $\triangle A_1B_1C_1$,于是,A,B,C 就分别为 $\triangle A_1B_1C_1$ 的边 B_1C_1,C_1A_1,A_1B_1 的中点,且 $\triangle ABC \backsim \triangle A_1B_1C_1$,相似比为 $2:1$,即 $\triangle A_1B_1C_1$ 外接圆的半径是 $\triangle ABC$ 外接圆半径的2倍,由作图过程知,$\triangle ABC$ 的垂心 H 就是 $\triangle A_1B_1C_1$ 的外心.

联结 OA_0 交 B_1C_1 于点 D_1,因为 O 为 $\triangle ABC$ 的外心,所以 OA_0 垂直且平分 BC,而 A,D 关于 BC 对称,所以 $D_1A_0 \mathrel{\underline{\underline{\parallel}}} \frac{1}{2}AD$,连 D_1D 交 AA_0 于点 G,根据 $\triangle D_1A_0G \backsim \triangle DA_0G$ 知,$GD=2GD_1$,即点 D_1 可看作是将 GD 绕点 G 旋转 180° 并缩短之半而得到的.

同理可知,连 OB_0 交 C_1A_1 于点 E_1,OC_0 交 A_1B_1 于点 F_1,于是,E_1,F_1 都可看作是 GE,GF 绕点 G 旋转 180° 并缩短之半而得到的,从而,D,E,F 三点共线就等价于 D_1,E_1,F_1 三点共线问题,而 D_1,E_1,F_1 是从 O 分别向 $\triangle A_1B_1C_1$ 的三边所作垂线之垂足,由西姆松线定理知,D_1,E_1,F_1 三点共线,当且仅当 O 在 $\triangle A_1B_1C_1$ 的外接圆上,即 $OH=2R$.

引申 20 如图21,设点 P,Q 是 $\triangle ABC$ 外接圆上(异于 A,B,C)的两点,P 关于直线 BC,CA,AB 的对称点分别是 U,V,W,联结 QU,QV,QW 分别与直线 BC,CA,AB 交于点 D,E,F,求证:(1)U,V,W 三点共线;(2)D,E,F 三点共线.

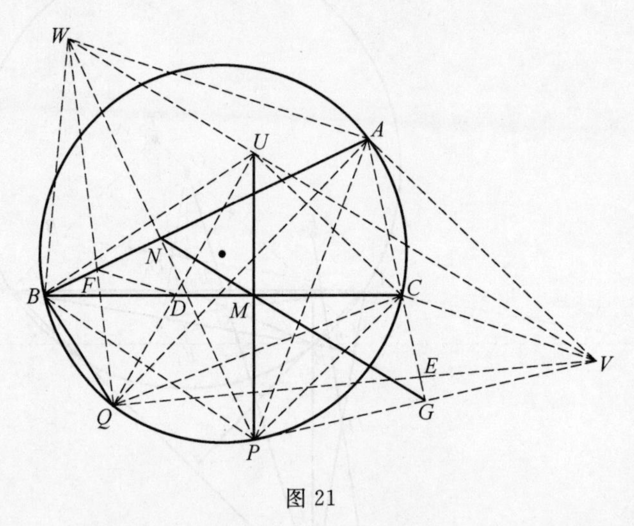

图 21

题目解说 本题出自《中等数学》2002年第6期第41页高中训练题59二试第1题.

渊源探索 西姆松线隐含于圆上一点关于三角形三边的对称点连线之中,这是一个没有直接标明西姆松线存在的间接性的西姆松线问题.

方法透析　圆上一点关于三角形三边的对称点分别与该点连线的中点恰好是该点的西姆松线,再看看中点的意义,这样便觉得本题第一小问的证明就不难了.第二小问则要合理利用第一小问,并将目标三点连线看成是某个三角形的截线,比如$\triangle ABC$,这样再设法将涉及的梅涅劳斯定理中的相应线段利用面积转化成应有的等式,这里值得一提的是条件中的点的对称性潜藏着等角和等线段的关系要好好理解,本题的难点也体现在这里.

证明　(1) 如图21,设从点P向BC,CA,AB作垂线,垂足分别为X,Y,Z,由对称性知,XY为$\triangle PUV$的中垂线,故$UV \parallel XY$.

同理,$VW \parallel YZ, WU \parallel XZ$.

又由西姆松线定理知X,Y,Z三点共线,故U,V,W三点共线.

(2) 因为P,C,A,B四点共圆,所以$\angle PCE=\angle ABP$,所以

$$\angle PCV=2\angle ECP=2\angle ABP=\angle PBW$$

又$\angle PCQ=\angle PBQ$,所以

$$\angle PCV+\angle QCP=\angle QBP+\angle PBW$$

即$\angle QCV=\angle QBW$,从而

$$\frac{S_{\triangle QCV}}{S_{\triangle QBW}}=\frac{CV\cdot CQ}{BQ\cdot BW}\text{(}S_{\triangle QCV}\text{ 表示 }\triangle QCV\text{ 的面积)}$$

由题目中图形的对称性,再根据

$$\angle WAB=\angle PAB=\angle BCP=\angle UCB, \angle BAQ=\angle BCQ\Rightarrow\angle QAW=\angle QCU$$

有

$$\frac{S_{\triangle QAW}}{S_{\triangle QCU}}=\frac{AW\cdot AQ}{CQ\cdot CU}$$

又

$$\angle QBU=\angle PBU+\angle PBQ=2\angle CBP+\angle PBQ=2\angle CAP+\angle PAQ=\angle QAV$$

即

$$\frac{S_{\triangle QBU}}{S_{\triangle QAV}}=\frac{BU\cdot BQ}{AQ\cdot AV}$$

所以

$$\frac{S_{\triangle QCV}}{S_{\triangle QBW}}\cdot\frac{S_{\triangle QAW}}{S_{\triangle QCU}}\cdot\frac{S_{\triangle QBU}}{S_{\triangle QAV}}=\frac{AW}{WB}\cdot\frac{BU}{UC}\cdot\frac{CV}{VA}=\frac{PA}{PB}\cdot\frac{PB}{PC}\cdot\frac{PC}{PA}=1$$

(这里运用了点P关于三边BC,CA,AB的对称点分别为U,V,W后相关线段相等的结果)

于是

$$\frac{BD}{DC}\cdot\frac{CE}{EA}\cdot\frac{AF}{FB}=\frac{S_{\triangle QBU}}{S_{\triangle QCU}}\cdot\frac{S_{\triangle QAV}}{S_{\triangle QCV}}\cdot\frac{S_{\triangle QAW}}{S_{\triangle QBW}}=\frac{S_{\triangle QCV}}{S_{\triangle QBW}}\cdot\frac{S_{\triangle QAW}}{S_{\triangle QCU}}\cdot\frac{S_{\triangle QBU}}{S_{\triangle QAV}}=1$$

在 $\triangle ABC$ 中,视 DEF 为截线,根据梅涅劳斯定理的逆定理知 D,E,F 三点共线.

到此结论获证.

注 原资料给出的解答极其简捷,简捷到了学生不易看懂的程度,这里笔者将答案给出的比较详细,以利于学生阅读;另外,若本题的条件中未给定点 P,Q 的位置,则我们可以将点 P,Q 画在 BC 的同侧,也可以将 P,Q 画在 BC 的异侧,这样一个自然的问题就产生了,探讨 P,Q 在线段 BC 异侧时的结论是否还成立? 这样我们就得到一道新题.

引申 21 如图 22,设点 P,Q 是 $\triangle ABC$ 外接圆上(异于 A,B,C)的两点,P 关于直线 BC,CA,AB 的对称点分别是 U,V,W,联结 QU,QV,QW 分别与直线 BC,CA,AB 交于点 D,E,F,求证:(1)U,V,W 三点共线;(2)D,E,F 三点共线.

题目解说 本题为《中等数学》2002 年第 6 期高中训练题 59 二试第一题的演绎.

渊源探索 仔细分析上题的题目与证明过程可知,原题目中的点 P,Q 位于线段 BC 同侧,如果读者在做题时没有看清楚题目的要求,即没有看题目所给图形,自己就下手做题,则必然会去考虑两种分布情况,这样再对比原题给出的图形,就获得了本题.

方法透析 再次回顾上题的证明过程知,证明的关键在于寻找面积比乘积为 1 的三个比例式,最后将这三个比例式再转化为在 $\triangle ABC$ 中关于直线 DEF 的梅涅劳斯定理的结构式,这个办法就是解决本题的关键所在,不过,要解决本题,这里不是上题解法的完全照搬,上题的面积比例式中所涉及的两个三角形有两个角对应相等,而这里所涉及的角有的相等,有的互补,所以这就要从上题的证明过程中去分析,而这就是从分析解题过程学解题.

证明 (1) 如图 22,设 PW,PU,PV 分别与 AB,BC,CA 交于点 N,M,G,我们先证明 N,M,G 三点共线,这实际上是西姆松线定理,但是我们这里再给出一个好方法 —— 面积法.

事实上,注意到题目中给出的图形对称性质可以得到 $UB=PB$ 等,再根据已知条件,知

$$2\angle PCG=2\angle CBA\Rightarrow\angle VCP=\angle WBP$$

$$\frac{S_{\triangle PBW}}{S_{\triangle PCV}}=\frac{BW\cdot BP}{CV\cdot CP}$$

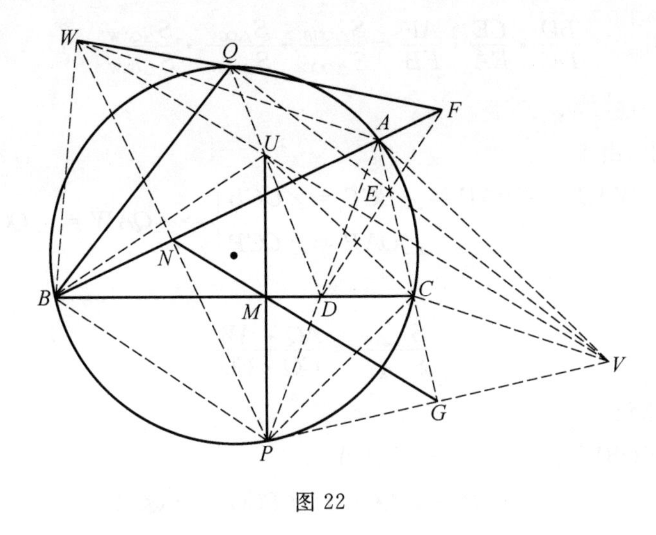

图 22

又由

$$2\angle PBC = 2\angle CAP \Rightarrow \angle UBP = \angle VAP$$

所以

$$\frac{S_{\triangle PAV}}{S_{\triangle PBU}} = \frac{AV \cdot AP}{BU \cdot BP}$$

再由

$$2\angle BCP = 2\angle ABP \Rightarrow \angle UCP = \angle WAP$$

所以$\frac{S_{\triangle PCU}}{S_{\triangle PAW}} = \frac{CU \cdot CP}{AW \cdot AP}$,即$\frac{S_{\triangle PBW}}{S_{\triangle PCV}} = \frac{BW \cdot BP}{CV \cdot CP}$,所以

$$\frac{S_{\triangle PBW}}{S_{\triangle PCV}} \cdot \frac{S_{\triangle PCU}}{S_{\triangle PAW}} \cdot \frac{S_{\triangle PAV}}{S_{\triangle PBU}} = \frac{BW \cdot BP}{CV \cdot CP} \cdot \frac{CP \cdot CU}{AP \cdot AW} \cdot \frac{AP \cdot AV}{BP \cdot BU}$$

$$= \frac{BW}{CV} \cdot \frac{CU}{AW} \cdot \frac{AV}{BU} = \frac{BP}{CP} \cdot \frac{CP}{AP} \cdot \frac{AP}{BP} = 1$$

(最后一步用到了点关于直线对称的性质,比如 $BW = BP$ 等),即

$$\frac{BM}{MC} \cdot \frac{CG}{GA} \cdot \frac{AN}{NB} = \frac{S_{\triangle PBU}}{S_{\triangle PCU}} \cdot \frac{S_{\triangle PCV}}{S_{\triangle PAV}} \cdot \frac{S_{\triangle PAW}}{S_{\triangle PBW}}$$

$$= \frac{S_{\triangle PBW}}{S_{\triangle PCV}} \cdot \frac{S_{\triangle PCU}}{S_{\triangle PAW}} \cdot \frac{S_{\triangle PAV}}{S_{\triangle PBU}} = 1$$

即 N,M,G 三点共线,再由中位线性质知,U,V,W 三点共线.

注 (1) 这个证明是在探索本题的第二小问时意外获得的一个方法,通常西姆松线定理的证明都是采用四点共圆知识或者托勒密定理来证明的.

(2) 根据梅涅劳斯定理的逆定理知,只要证明,在 $\triangle ABC$ 中,视 DEF 为其截线,满足

$$\frac{BD}{DC}\cdot\frac{CE}{EA}\cdot\frac{AF}{FB}=\frac{S_{\triangle QUB}}{S_{\triangle QUC}}\cdot\frac{S_{\triangle QCV}}{S_{\triangle QAV}}\cdot\frac{S_{\triangle QAW}}{S_{\triangle QBW}}=1$$

即可.

事实上,由于

$$\left.\begin{aligned}\angle WAB=\angle BAP=\angle BCP=\angle UCB\\ \angle QAP=\angle QCP\end{aligned}\right\}\Rightarrow \angle QAW=\angle QCU$$

所以

$$\frac{S_{\triangle QAW}}{S_{\triangle QCU}}=\frac{AQ\cdot AW}{CQ\cdot CU}$$

又注意到

$$\begin{aligned}\angle QBW&=\angle ABW-\angle QBA\\&=\angle ABP-\angle QCA=\angle PCG-\angle QCA\\&=\angle VCG-\angle QCA=180^\circ-\angle ACV-\angle QCA\\&=180^\circ-\angle QCV\end{aligned}$$

所以

$$\frac{S_{\triangle QCV}}{S_{\triangle QBW}}=\frac{CQ\cdot CV}{BQ\cdot BW}$$

再则

$$\begin{aligned}\angle QAV&=\angle QAW+\angle WAP+\angle PAV\\&=\angle QCU+\angle UCP+\angle PBU=\angle PCQ+\angle PBU\\&=180^\circ-\angle PBQ+\angle PBU=180^\circ-(\angle PBQ-\angle PBU)\\&=180^\circ-\angle QBU\end{aligned}$$

从而 $\frac{S_{\triangle QAV}}{S_{\triangle QBU}}=\frac{AQ\cdot AV}{BQ\cdot BU}$,所以

$$\begin{aligned}\frac{S_{\triangle QUB}}{S_{\triangle QUC}}\cdot\frac{S_{\triangle QCV}}{S_{\triangle QAV}}\cdot\frac{S_{\triangle QAW}}{S_{\triangle QBW}}&=\frac{BQ\cdot BU}{CQ\cdot CU}\cdot\frac{CQ\cdot CV}{AQ\cdot AV}\cdot\frac{AQ\cdot AW}{BQ\cdot BW}\\&=\frac{BU}{CU}\cdot\frac{CV}{AV}\cdot\frac{AW}{BW}=\frac{BP}{CP}\cdot\frac{CP}{AP}\cdot\frac{AP}{BP}=1\end{aligned}$$

而

$$\frac{BD}{DC}\cdot\frac{CE}{EA}\cdot\frac{AF}{FB}=\frac{S_{\triangle QUB}}{S_{\triangle QUC}}\cdot\frac{S_{\triangle QCV}}{S_{\triangle QAV}}\cdot\frac{S_{\triangle QAW}}{S_{\triangle QBW}}=\frac{S_{\triangle QUB}}{S_{\triangle QUC}}\cdot\frac{S_{\triangle QCV}}{S_{\triangle QAV}}\cdot\frac{S_{\triangle QAW}}{S_{\triangle QBW}}=1$$

所以,在 $\triangle ABC$ 中关于 DEF 使用梅涅劳斯定理的逆定理知,题目结论获证.

引申 22 过 $\triangle ABC$ 外接圆的弧 $\overset{\frown}{BC}$ 上的点 P,作 $PD\perp BC$,$PE\perp CA$,$PF\perp AC$,其中 D,E,F 分别为垂足,则 $\frac{BC}{PD}=\frac{AC}{PE}+\frac{AB}{PF}$.

渊源探索　本题就是前面的引申 4,这里再给出一种好方法.

方法透析　从比例线段入手,联想相似三角形的性质和西姆松线定理的性质.

证明　如图 23,由西姆松线定理知,D,E,F 三点共线,于是由许多的四点共圆知

$$\angle PBD=\angle PAE\Rightarrow \mathrm{Rt}\triangle PBD\backsim \mathrm{Rt}\triangle PAE\Rightarrow \frac{BD}{PD}=\frac{AE}{PE} \tag{1}$$

因

$$\angle PCD=\angle PAB\Rightarrow \mathrm{Rt}\triangle PCD\backsim \mathrm{Rt}\triangle PAF\Rightarrow \frac{CD}{PD}=\frac{AF}{PF} \tag{2}$$

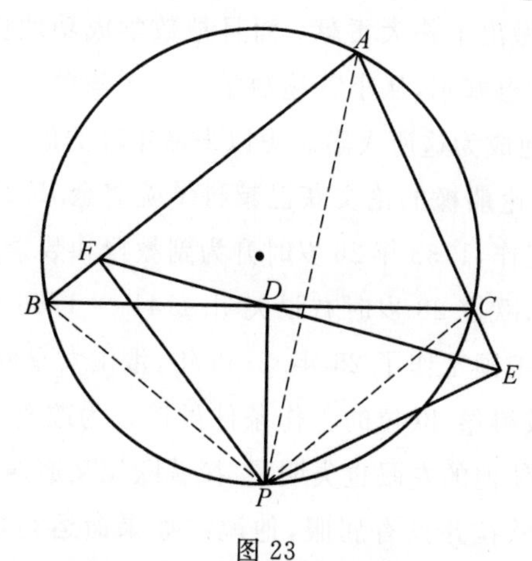

图 23

$$\angle CPE=\angle CDE=\angle BDF=\angle FPB$$

$$\Rightarrow \mathrm{Rt}\triangle PFB\backsim \mathrm{Rt}\triangle PCE\Rightarrow \frac{BF}{PF}=\frac{CE}{PE} \tag{3}$$

由(1)(2)(3) 知

$$\begin{aligned}\frac{BC}{PD}&=\frac{BD}{PD}+\frac{DC}{PD}=\frac{AE}{PE}+\frac{AF}{PF}\\&=\frac{AC}{PE}+\frac{AF}{PF}+\frac{CE}{PE}+\frac{FF}{PF}-\frac{FF}{PF}\\&=\frac{AC}{PE}+\left(\frac{AF}{PF}+\frac{FF}{PF}\right)+\left(\frac{CE}{PE}-\frac{FF}{PF}\right)\\&=\frac{AC}{PE}+\frac{AB}{PF}\end{aligned}$$

§14　对九点圆定理的研究

1783年9月18日，法国人蒙高尔费兄弟举行了第二次热气球升空试验．当天下午，在俄国圣彼得堡，一位盲老人邀请好友聚餐，庆祝他计算的气球升空公式得到证明．饭后，他躲开众人又去计算天王星运行轨道，突然他手中的烟斗跌落地上，老人合拢了双眼，再也没有醒来．这位为人类科学事业奋斗到最后一息的盲人，就是欧洲著名数学家，瑞士人欧拉．欧拉是18世纪最杰出的数学家之一，他不但在数学上做出了伟大贡献，而且把数学成功地应用到了其他领域．欧拉诞生在瑞士名城巴塞尔，从小着迷数学．他13岁就进了巴塞尔大学，功课门门优秀；17岁时，他成为这所大学有史以来最年轻的硕士；18岁时，他开始发表论文，19岁时写的论船桅的论文获巴黎科学院奖金．1727年，欧拉应聘到俄国圣彼得堡科学院工作，1733年26岁时升为副教授和数学部负责人．由于工作繁忙，生活条件不良，欧拉28岁时右眼失明．1741～1766年，欧拉应柏林科学院的邀请，为普鲁士王国工作了25年．1766年，俄国女皇叶卡捷琳娜二世亲自出面恳请欧拉重返彼得堡．欧拉的工作条件虽然大为改善，但工作强度超出了他的体力，劳累过度使他的左眼也失明了．接着欧拉又遭遇火灾，大部分藏书和手稿都化为灰烬．但欧拉并没有屈服，他说："如果命运是块顽石，我就化作大锤，将它砸得粉碎！"大火过后，欧拉又与衰老和黑暗抗争了17年，他通过与助手们的讨论，以及口授等方式，完成了大量科学论文和著作，直至生命的最后一刻．

欧拉在数学、物理、天文、建筑以及音乐、哲学等方面都取得了辉煌的成就．在数学的各个领域，常常见到以欧拉名字命名的公式、理定和重要常数．在数学课本上的i(即根号－1)，$f(x)$(函数符号)，$\sum$(求和号)，sin，cos(三角函数符号)等都是由他创立并推广的．哥德巴赫猜想也是在他与哥德巴赫的通信中提出来的．欧拉还首先完成了月球绕地球运动的精确理论，创立了分析力学、刚体力学等力学学科，深化了望远镜、显微镜的设计计算理论．欧拉一生能取得伟大的成就的原因在于：惊人的记忆力，聚精会神，从不受喧闹的干扰，镇静自若，孜孜不倦．

欧拉的父亲是一位乡村穷牧师，一心想让聪颖的欧拉学习神学，以承父业．因此，父亲从小就让儿子读圣经，做祷告，对欧拉进行严格的宗教教育．而欧拉最喜爱的还是数学，为了不使父亲伤心，小欧拉常常等到父亲熟睡后，再偷偷地起来做数学题，或者在数学书外面套一张圣经的书皮，以逃避父亲的注意.父命难违，1720年，13岁的欧拉还是按照父亲的意愿，考入了瑞士的一所名牌大学——巴塞尔大学学神学.当时，享誉世界的数学家，物理学家约翰·伯努利(John Bernoulli，1667——1748)正在校执教.他除了讲授数学基础课外，还给少数高才生个别授课.约翰旁征博引，生动风趣，极富魅力的数学讲座，吸引了许多外系学生来旁听.欧拉是约翰教授最忠实的听众，总是早早地坐在最前一排，闪烁着一双天真无邪的大眼睛，聚精会神地听讲.在约翰教授的影响下，欧拉对数学的兴趣与日俱增.但欧拉当时毕竟只是一个13岁的孩子，个子比一般学生矮一头，所以大学生们谁也没有把他放在眼里，更没有引起约翰教授的注意.有一次，约翰在讲课时，无意中提到一个当时数学家还没有解决的难题.没想到，这个瘦小的孩子课后交来了一份关于难题的解答，尽管还有不甚严谨之处，但构思非常精巧，论述恢宏大气，约翰非常惊喜.他当即决定，每星期在家单独为欧拉授课一次.欧拉在以后的自传中回忆道："我找到了一个把自己介绍给著名的约翰·伯努利教授的机会……他给了我许多更加宝贵的忠告，使我开始独立地学习更困难的数学著作，尽我所能地去研究它们.如果我遇到什么困难和障碍，他允许我每星期六下午自由地去找他，他总是和蔼地为我解答一切困难……无疑，这是在数学学科上获得及时成功的最好方法."欧拉的聪颖勤奋也深深地吸引了教授的儿子尼丹尔，两人从此结为终身好友.1722年，欧拉在巴塞尔大学获学士学位.第二年，16岁的欧拉又获哲学硕士学位，成为这所古老的大学有史以来最年轻的硕士.父亲执意要欧拉放弃数学，把精力用在神学上.迷恋数学的欧拉既不肯放弃数学，又不愿公然违抗父亲的意志.在这决定人生方向的关键时刻，约翰教授登门做说服工作.约翰教授动情地对固执的父亲说："亲爱的神父，您知道我遇到过不少才气洋溢的青年，但是要和您的儿子相比，他们都相形见绌.假如我的眼力不错，他无疑是瑞士未来最了不起的数学家.为了数学，为了孩子，我请求您重新考虑您的决定."父亲被打动了.欧拉当了约翰的助手.从此，欧拉和数学终身相伴.

欧拉公式的故事

欧拉公式被称为"世界上最杰出的公式"，关于它也有一个好玩的故事.欧拉早年曾受过良好的神学教育，成为数学家后在俄国宫廷供职.一次，俄女皇邀请法国哲学家狄德罗访问.狄德罗试图通过使朝臣改信无神论来证明他是值得被邀请的.女皇厌倦了，她命令欧拉去让这位哲学家闭嘴.于是，狄德罗被告知，一个有学问的数学家用代数证明了上帝的存在，要是他想听的话，这位数学家将当着所有朝臣的面给出这个证明. 狄德罗高兴地接受了挑战. 第二天，在宫廷上，欧拉朝狄德罗走去，用一种非常肯定的声调一本正经地说："先生，$e^{i\pi}+1=0$，因此上帝存在. 请回答！"对狄德罗来说，这听起来好像有点道理，他困惑得不知说什么才好. 而周围的人报以纵声大笑，使得这个可怜的人觉得受了羞辱. 他请求女皇答应他立即返回法国，女皇神态自若地答应了. 这就是欧拉，享誉世界的欧拉！

本节将对九点圆定理，或者欧拉圆定理展开研究，给出一些不为人知的关于笔者的理解或看法，由此引出一些竞赛几何题目的来历，供有兴趣的读者参考.

题目　三角形的各边中点，顶点到对边上的投影，顶点与三角形垂心连线的中点，这九点共圆.

题目解说　本结论通常称为九点圆定理，或者欧拉圆定理.

证明　如图1，设 $\triangle ABC$ 各边上的高线足，顶点到垂心连线之中点，各边中点分别为 D,E,F,G,H,K,J,M,L，联结相关线段，有

$$HG \parallel AB, MJ \parallel AB, HG=\frac{1}{2}AB, MJ=\frac{1}{2}AB, CF \perp AB$$

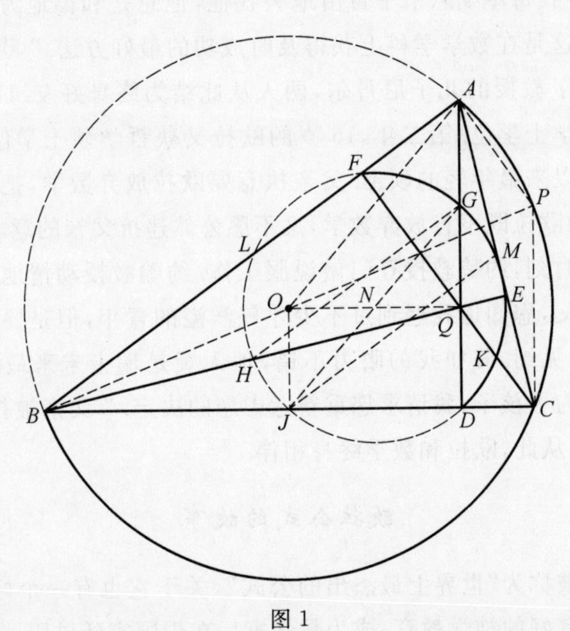

图1

所以四边形 $GHJM$ 为矩形，所以，其对角线的交点为该矩形外接圆的圆心，若联结 BO 并延长交外接圆于点 P，OQ 与 JG 交于点 N，连 PA，PC，则

$$OJ \mathrel{/\!/} PC \mathrel{/\!/} AQ \mathrel{/\!/} 2AG$$
$$\Rightarrow \text{四边形 } OJGA \text{ 为平行四边形}$$
$$\Rightarrow OJ = AG = GQ$$
$$\Rightarrow \triangle OJN \cong \triangle QGN$$
$$\Rightarrow ON = NQ, NG \mathrel{/\!/} OA, NG = \frac{1}{2}OA$$

即点 N 为矩形 $GHJM$ 的中心，同理，还可以得到 N 到其他相关点的距离相等的结论．且九点圆半径为原三角形外接圆半径之半．从而，所述九点共圆．

从九点圆结论的证明容易得到：

结论 1 $\triangle ABC \backsim \triangle GHK$，且位似中心为 $\triangle ABC$ 的垂心 Q，从而进一步可以判断 $\triangle ABC$ 的外接圆与其九点圆的位似中心为 $\triangle ABC$ 的垂心 Q，且相似比为 $2:1$．

结论 2 $\triangle ABC$ 的外接圆半径 R 与其九点圆半径 r 满足 $R=2r$．

结论 3 $\triangle ABC$ 的垂心与外心连线段的中点为九点圆的圆心．

结论 4 $\triangle ABC \backsim \triangle JML$，位似中心为 $\triangle ABC$ 的重心，且相似比为 $2:1$，所以 $\triangle ABC$ 的外接圆与其九点圆的位似中心也为 $\triangle ABC$ 的重心．

结论 5 GJ 为九点圆的一条直径，即三角形的顶点到其垂心连线段的中点与该高线所在边上的中点连线长为九点圆直径．

结论 6 $GJ \perp EF$．

引申 1 求证：$\triangle ABC$ 的垂心 H 与其外接圆上任意一点的连线被其九点圆平分．

渊源探索 从九点圆的定义已经可以看出 HA,HB,HC 已经被九点圆平分了，所以本题为九点圆这条性质的深化．

方法透析 从九点圆结论的证明探求本结论的证明方法．

证明 如图 2，设过点 H 的任意两条直线与 $\triangle ABC$ 的外接圆交于点 D,E,F,G，记 HE,HF,HD,HG 的中点分别为 P,Q,M,N，于是，只要证明 P,Q,M,N 均在 $\triangle ABC$ 的九点圆上即可．

由 $\angle QPM=\angle FED$，$\angle QNM=\angle FGD$，$\angle FED=\angle FGD$ 知，P,Q,M,N 四点共圆，由所作两条直线的任意性知，点 H 到 $\triangle ABC$ 的外接圆上任一点连线段的中点均在同一个圆上，而 $\triangle ABC$ 的九点圆过 HA,HB,HC 的中点，故上述各点均在九点圆上，即点 H 到 $\triangle ABC$ 的外接圆上的点的连线被九点圆平分．

注 本结论还可以叙述为：三角形的垂心与其外接圆上任意一点连线段的中点在该三角形的九点圆上．

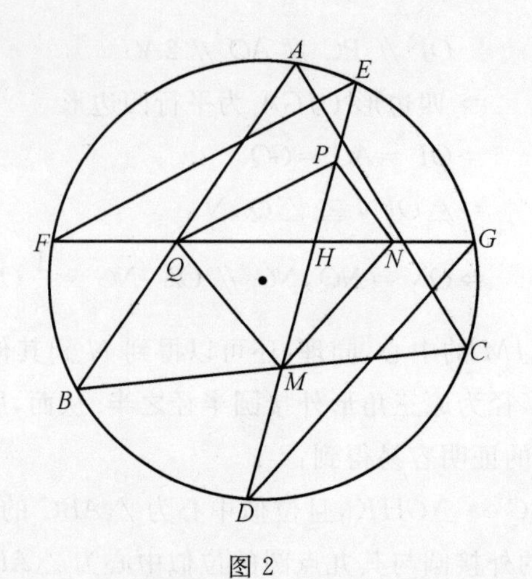

图 2

引申 2 设 H 为 $\triangle ABC$ 的垂心，P，M 分别为 AH，BC 的中点，过点 M 作 PM 的垂线，分别交 AB，AC 所在直线于点 G，K，求证：G，B，K，C 四点共圆.

题目解说 本题为继续对九点圆定理进行研究而得到的.

渊源探索 在九点圆的构图(图 3)中，过 $\triangle ABC$ 外接圆的圆心 O 作 OA 的垂线(即 EF 的平行线)，分别交边 AB，AC 所在直线于点 S，T，则由外心的性质，知

$$\angle ASO+\angle SAO=90^{\circ}$$
$$\Rightarrow \angle ASO=90^{\circ}-\angle SAO=\angle ACB$$

即点 S，B，C，T 四点共圆，再将 ST 平移到点 J 的位置即得本题.

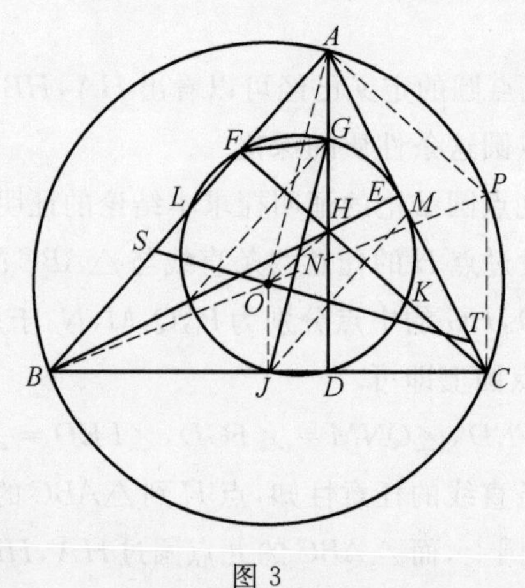

图 3

方法透析 从本题的渊源看解决本题的方法，只需要从 $\triangle ABC$ 外接圆的圆心作出 AB 的垂线即可.

证明 如图 4,设 N 为 AB 的中点,O 为 $\triangle ABC$ 的外心,联结 ON,OM,记 AO 与 GE 交于点 E,则由已知条件知,$ON \perp AB$,$OM \perp BC \Rightarrow N,G,E,O$ 四点共圆,$\triangle MDP$ 的外接圆为 $\triangle ABC$ 的九点圆,由九点圆的性质,知 $OA \parallel PM$,且

$$PM \perp GM \Rightarrow N,G,E,O \text{ 四点共圆}$$
$$\Rightarrow \angle AON = \angle ACB = \angle AGM$$
$$\Rightarrow \angle BGK = \angle BCK$$

所以 G,B,K,C 四点共圆.

证明完毕.

评注 本题证明的难点在于寻找 N,G,E,O 四点共圆.

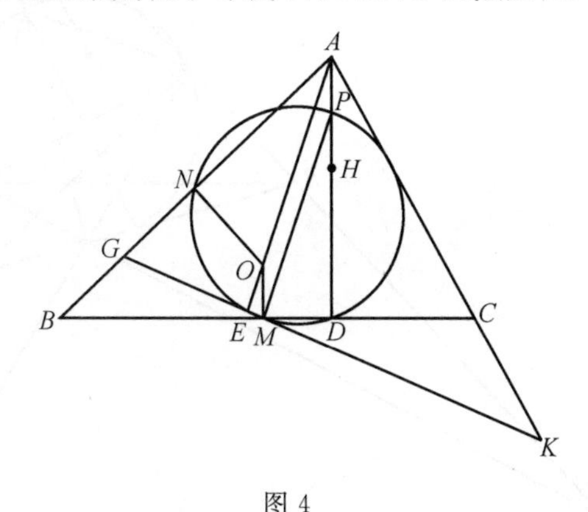

图 4

引申 3 锐角 $\triangle ABC$ 的三条高线 AD,BE,CF 分别与顶点 A,B,C 所对的边交于点 D,E,F,点 O,H 分别为 $\triangle ABC$ 的外心和垂心,BA,DE 和 AC,DF 分别交于点 M,N,求证:(1) $OB \perp DF$,$OC \perp DE$;(2)$MN \perp OH$.

题目解说 本题为 2001 年全国高中数学联赛二试第一题.

渊源探索 第一小问显然源于九点圆作图中的一步(参见图 1),G 为九点圆上的劣弧$\overset{\frown}{FE}$ 的中点($GF = \frac{1}{2}AH = GE$),所以 $NG \perp FM$,这就将本结果论述成本届试题的样子.第二小问涉及垂直,而图中有九点圆且由作图知,A,B,D,E;A,F,D,C 分别四点共圆,联想其他相关解决垂直的方法便构造出本题.

方法透析 注意到九点圆的性质和图中的多个圆所提示的信息,并结合垂直的线段或者直线的相关结论 —— 从多个圆是否可以联想到两圆的连心线与相交弦互相垂直或者其他.

证明 (1) 由九点圆定理的证明过程以及图 5,并注意到 G 为 $\mathrm{Rt}\triangle AFH$,$\mathrm{Rt}\triangle AEH$ 的公共斜边 AH 的中点,记 L 为 BC 的中点,所以有

$$GF = GE \Rightarrow LG \perp FE$$

且

$$AO \parallel GL \Rightarrow AO \perp FE$$

同理可得

$$BO \perp DF, CO \perp DE$$

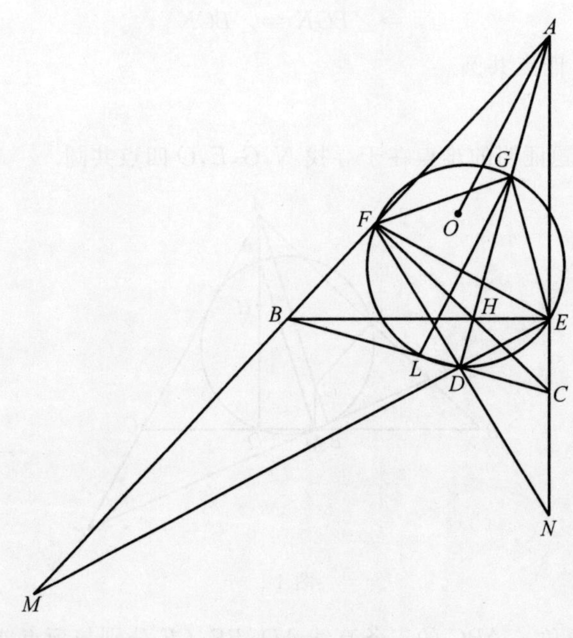

图 5

(2) 由已知条件以及作图知,A,B,D,E;A,F,D,C 分别四点共圆,所以

$$MB \cdot MA = MD \cdot ME$$

$$NA \cdot NA = ND \cdot NF$$

显然,$\triangle DEF$ 为 $\triangle ABC$ 的九点圆,而 $MB \cdot MA$,$NA \cdot NA$ 分别为点 M,N 关于 $\triangle ABC$ 的外接圆的幂,$MD \cdot ME$,$ND \cdot NF$ 分别为点 M,N 关于 $\triangle DEF$ 的外接圆的幂,所以,点 M,N 的连线(根轴)就与上述两圆的圆心连线垂直,而 OH 的中点 K 为九点圆的圆心,即 $MN \perp OH$.

引申 4 设 G 为 $\triangle ABC$ 的重心,F 为 $\triangle ABC$ 外接圆上任意一点,连 FG 并延长至 H,使得 $FG = 2GH$,求证:点 H 在 $\triangle ABC$ 的九点圆上.

题目解说 本题出自沈文选《奥林匹克数学中的几何问题》第 95 页习题 A 第 2 题,原题叙述有所疏漏.

渊源探索 由于 $\triangle ABC$ 的外接圆与九点圆的位似中心有两个,一个是 $\triangle ABC$ 的重心,另一个是 $\triangle ABC$ 的垂心,且相似比都是 2 : 1,而本题正好涉及

$\triangle ABC$ 的重心,故应该从这两个知识点去考虑.

方法透析 联想 $\triangle ABC$ 的外接圆与九点圆的位似中心 —— 重心的性质是最为自然的选择. 而九点圆过 $\triangle ABC$ 各边上的中点,于是只要证明点 H 在这三个中点所在的圆上即可.

证明 如图 6,设 $\triangle ABC$ 的三边 BC,CA,AB 上的中点分别为 D,K,E,联结 AD,CE,DE,EK,DK,由已知条件,知

$$\left.\begin{array}{r}\left.\begin{array}{r}AG=2GD\\FG=2GH\\\angle HGD=\angle AGF\end{array}\right\}\Rightarrow\angle GHD=\angle AFG\\\left.\begin{array}{r}CG=2GE\\FG=2GH\\\angle EGH=\angle AGF\end{array}\right\}\Rightarrow\angle EHG=\angle GFC\end{array}\right\}$$

$$\left.\begin{array}{r}\Rightarrow\angle EHD=\angle AFC\\\angle ABC+\angle AFC=180^\circ\\\angle EKD=\angle EBD\end{array}\right\}\Rightarrow\angle EHD+\angle EKD=180^\circ$$

从而 E,H,D,K 四点共圆,由点 H 的任意性知,结论获证.

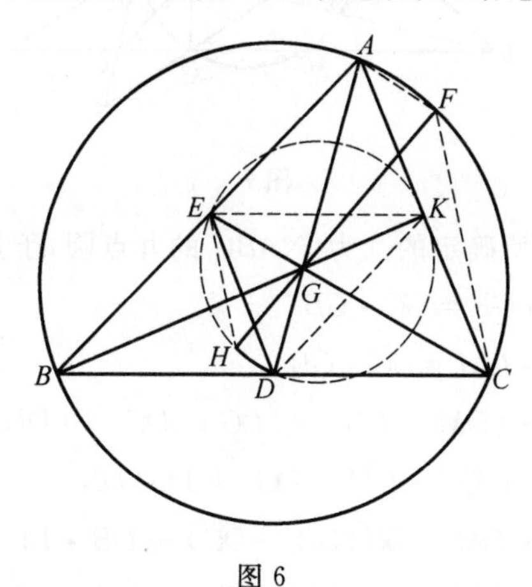

图 6

引申 5 过锐角 $\triangle ABC$ 的顶点 A,B,C 的三条高线分别交其对边于点 D,E,F,过点 D 作平行于 EF 的直线,分别交 AC,AB 所在直线于点 K,H,EF 交 BC 所在直线于点 G,求证:$\triangle KHG$ 的外接圆过 BC 的中点.

题目解说 本题为第 38 届 IMO 一道预选题.

渊源探索 对比九点圆定理证明中的构图(见图 1),易知 $OA\ /\!/\ NG$,再注意到

$$FG=EG=\frac{1}{2}AQ\Rightarrow NG(OA)\perp EF$$

结合 B,C,E,F 四点共圆，所以，过点 D 作 EF 的平行线与 AB,AC 的两个交点与点 B,C 这四个点共圆，这就得到引申 2 的一个变形，然后沿着九点圆的思路继续前行就得到了本题.

方法透析 从命题的来历看解题方法，第一步就需要证明 B,K,C,H 四点共圆，再利用九点圆知识估计就没有问题了.

证明 如图 7，由已知条件知，$AB\neq AC$，且 B,F,E,C 四点共圆，所以 $\angle BCH=\angle BFE=\angle BKH$，即 B,K,C,H 四点共圆，从而 $DK\cdot DH=DB\cdot DC$，于是，要证明结论，只需证明

$$DM\cdot DG=DB\cdot DC \tag{*}$$

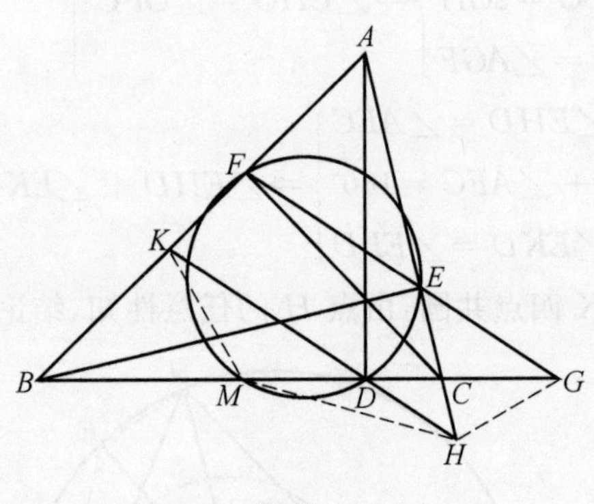

图 7

而点 M,F,E,D 所确定的圆为 $\triangle ABC$ 的九点圆，于是由切割线定理，知

$$\begin{aligned}
&GD\cdot GM=GE\cdot GF=GC\cdot GB\\
&\Rightarrow DG\cdot GM=GC\cdot GB\\
&\Leftrightarrow DG\cdot(DM+DG)=(DG-DC)\cdot(DB+DG)\\
&\Leftrightarrow DG^2+DG\cdot DM=DG^2+DG(DB-DC)-DB\cdot DC\\
&\Leftrightarrow DG\cdot DM=DG(DB-DC)-DB\cdot DC\\
&\Leftrightarrow DG\cdot DM=DG(BM+DM-DC)-DB\cdot DC\\
&\Leftrightarrow DG\cdot DM=DG(CM+DM-DC)-DB\cdot DC\\
&\Leftrightarrow DG\cdot DM=2DG\cdot DM-DB\cdot DC\\
&\Leftrightarrow DM\cdot DG=DB\cdot DC
\end{aligned}$$

这就是所要证明的结论(*).

注 本题是引申 2 的变形.

联合引申 2 和引申 5 可得到一个更有难度的好题：过锐角 $\triangle ABC$ 的顶点

A,B,C 的三条高线分别交其对边于点 D,E,F，过点 D 作垂直于 OA(O 为 $\triangle ABC$ 的外心)的直线，分别交 AC,AB 所在直线于点 K,H，EF 交 BC 所在直线于点 G，求证：$\triangle KHG$ 的外接圆过 BC 的中点.

本题的证明需借助于引申 2 的解题思路，再联合引申 5 的解题思路方可完成，留给读者自己练习吧.

引申6 已知，过非等腰锐角 $\triangle ABC$ 的顶点 A,B 的两条高线 AD,BE 分别交其对边于点 D,E,G,K 分别为 AC,BC 的中点，ED,GK 的连线交于点 F，点 O,H 分别为 $\triangle ABC$ 的外心和垂心，求证：求证：$CF\perp OH$.

题目解说 本题为2005年第31届俄罗斯数学奥林匹克题，也是2005年中国国家队训练题.

渊源探索 本题来源于两相交圆的根轴性质——两圆的连心线与根轴垂直，而九点圆是构造本题的桥梁.

方法透析 根轴定理是解决本题的第一选择，再从构图看，等差幂线定理的运用也是顺理成章之事，只是在构造本定理时要灵活运用相交弦定理作基础.

证法1 如图 8，作出图中所述的相关线段和圆，由已知条件知，E,G,D,K 四点所确定的圆为 $\triangle ABC$ 的九点圆，同理 H,E,C,D；O,K,C,G 也分别四点共圆，且这两个圆的直径分别为 CH 和 CO，其中点 X,Y 分别为其圆心，则

$$FE\cdot FD=FG\cdot FK\text{(在九点圆中)}$$

$$\Leftrightarrow XH^2-XF^2=YO^2-YF^2$$

(在直径为 CH 的圆与直径为 CO 的圆中分别运用圆幂定理)

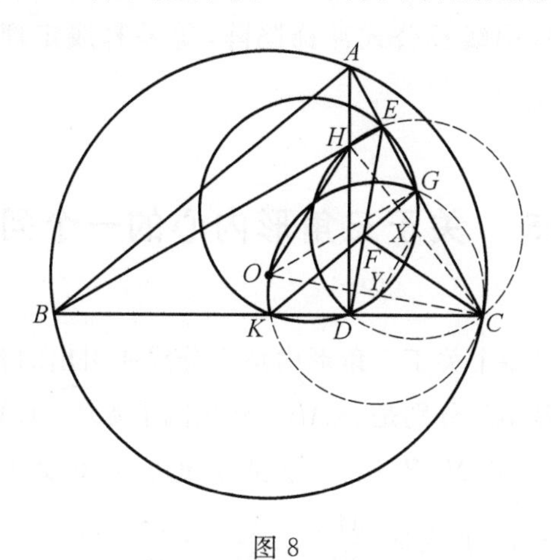

图 8

此时，点 F 关于这两个圆(H,E,C,D 与 O,K,C,G 分别四点共圆)成等幂，

所以点 F 在这两个圆的根轴上，由根轴定理知，根轴 CF 与两圆连心线 XY 垂直. 而 $XY \parallel OH$，所以 $CF \perp OH$.

证法2 如图8，作出图中所述的相关线段和圆，由已知条件知，E,G,D,K 四点所确定的圆为 $\triangle ABC$ 的九点圆，同理 H,E,C,D；O,K,C,G 也分别四点共圆，且这两个圆的直径分别为 CH 和 CO，其中点 X,Y 分别为其圆心，于是，由圆幂定理，得

$$FE \cdot FD = FG \cdot FK（在九点圆中）$$

$$\Leftrightarrow XH^2 - XF^2 = YO^2 - YF^2$$

（在直径为 CH 的圆与直径为 CO 的圆中分别运用圆幂定理）

$$\Leftrightarrow \frac{1}{4}(CH^2 - CO^2) = XF^2 - YF^2 \tag{1}$$

而由三角形的中线长公式，知

$$XF^2 = \frac{1}{2}(FH^2 + FC^2) - \frac{1}{4}CH^2$$

$$YF^2 = \frac{1}{2}(FO^2 + FC^2) - \frac{1}{4}OC^2$$

$$\Rightarrow XF^2 - YF^2 = \frac{1}{2}(FH^2 - FO^2) + \frac{1}{4}(OC^2 - CH^2) \tag{2}$$

联合(1)(2)知，$CH^2 - CO^2 = FH^2 - FO^2$.

由等差幂线定理知 $CF \perp OH$，即结论获证.

注 证法1利用了两相交圆的根轴的一条重要性质——根轴垂直于两圆连心线，可见有多个圆时不要忘记根轴性质的重要性；而证法2则需要九点圆牵线，圆幂定理搭桥，中线长公式冲锋陷阵，等差幂线定理来收官，显得有些麻烦.

§15 关于三角形内心的一个问题

本节我们来探讨一个关于三角形内角平分线所引出的若干平面几何问题.

题目 设 A_1,B_1,C_1 分别是 $\triangle ABC$ 外接圆上弧 $\overset{\frown}{BC},\overset{\frown}{CA},\overset{\frown}{AB}$ 的中点，A_1B_1 分别与 BC,CA 相交于点 N,P，B_1C_1 分别与 AC,AB 相交于点 Q,T，C_1A_1 分别与 AB,BC 相交于点 S,M，求证：$\frac{MN}{BC}+\frac{PQ}{AC}+\frac{TS}{AB}=1$.

证明 分别求出 CN,BM 的表达式是关键.

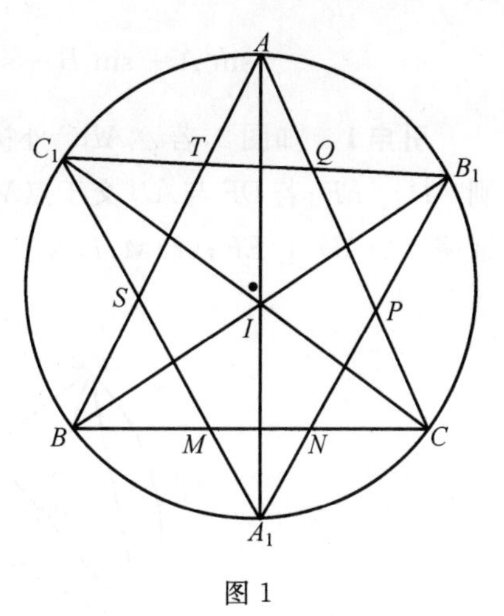

图 1

如图 1,设 AA_1,BB_1,CC_1 交于点 I,那么,I 为 $\triangle ABC$ 的内心,于是 $B_1C=2R\sin\frac{B}{2}$(R 为 $\triangle ABC$ 外接圆的半径),在 $\triangle B_1CN$ 中运用正弦定理,有

$$\frac{NC}{\sin\frac{A}{2}}=\frac{B_1C}{\sin\angle B_1NC}=\frac{B_1C}{\sin\frac{A+B}{2}}$$

所以

$$NC=\frac{B_1C\cdot\sin\frac{A}{2}}{\sin\frac{A+B}{2}}=\frac{2R\cdot\sin\frac{A}{2}\cdot\sin\frac{B}{2}}{\cos\frac{C}{2}}$$

同理可得

$$BM=\frac{2R\cdot\sin\frac{C}{2}\cdot\sin\frac{A}{2}}{\cos\frac{B}{2}}$$

进而

$$\begin{aligned}MN&=BC-(NC+BM)\\&=2R\sin A-2R\left(\frac{\sin\frac{A}{2}\sin\frac{B}{2}}{\cos\frac{C}{2}}+\frac{\sin\frac{C}{2}\sin\frac{A}{2}}{\cos\frac{B}{2}}\right)\\&=\frac{R\sin A\sin\frac{A}{2}}{\cos\frac{B}{2}\cos\frac{C}{2}}\end{aligned}$$

同理可得

$$PQ=\frac{R\sin B\sin\frac{B}{2}}{\cos\frac{C}{2}\cos\frac{A}{2}},ST=\frac{R\sin C\sin\frac{C}{2}}{\cos\frac{A}{2}\cos\frac{B}{2}}$$

所以

$$\frac{MN}{BC}+\frac{PQ}{AC}+\frac{TS}{AB}=\frac{\sin\frac{A}{2}}{2\cos\frac{B}{2}\cos\frac{C}{2}}+\frac{\sin\frac{B}{2}}{2\cos\frac{C}{2}\cos\frac{A}{2}}+\frac{\sin\frac{C}{2}}{2\cos\frac{A}{2}\cos\frac{B}{2}}=1$$

评注 这个解法用到了熟知的三角恒等式

$$\sin A+\sin B+\sin C=4\cos\frac{A}{2}\cos\frac{B}{2}\cos\frac{C}{2}$$

引申1 如图2,若$\triangle ABC$外接圆上弧$\overset{\frown}{AB}$,$\overset{\frown}{BC}$,$\overset{\frown}{CA}$的中点依次为F,D,E,则$AD\perp EF$;若DF与AB交于点M,DE与AC交于点N,则M,I,N三点共线,证明:(1)$AD\perp EF$;(2)M,I,N三点共线.

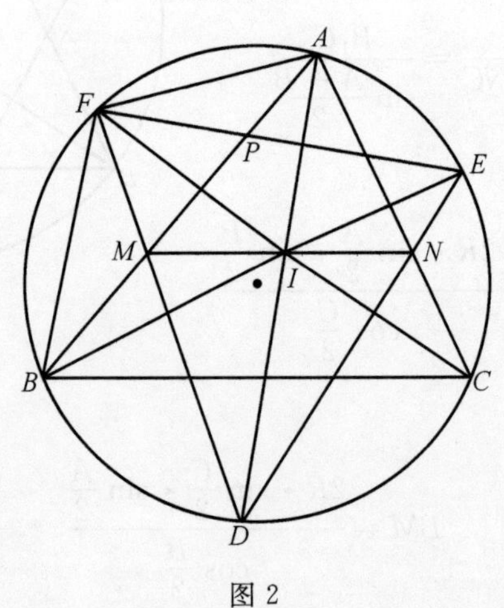

图2

证明 (1)只需证

$$\angle PAD+\angle APE=90^\circ$$

即证明$AD\perp EF$.

事实上,有

$$\begin{aligned}\angle PAD+\angle APE&=\frac{\angle BAC}{2}+\angle PFA+\angle PAF\\&=\frac{\angle BAC}{2}+\frac{\angle ABC}{2}+\frac{\angle ACB}{2}\\&=90^\circ\end{aligned}$$

即$AD\perp EF$.

(2)只要证明$IM\parallel BC$,$IN\parallel BC$即可知$MN\parallel BC$,亦即M,I,N三点共线.

联结MI,NI,要证明M,I,N三点共线,先证明$IM\parallel BC$.

事实上,易知$\angle MFI=\frac{\angle BAC}{2}=\angle MAI$,所以$A,F,M,I$四点共圆,所以

$$\angle AMI=\angle AFI=\angle AFC=\angle ABC$$

所以$MI\parallel BC$.同理可得$NI\parallel BC$,从而$MN\parallel BC$,即M,I,N三点共线.

引申2 同引申1的条件,如图2,求证:$S_{\triangle DEF}\geqslant S_{\triangle ABC}$.

题目解说 本题为第 31 届 IMO 预选题.

证明 易知

$$\angle D=\frac{\angle B+\angle C}{2}=90^\circ-\frac{\angle A}{2}$$

$$\angle E=\frac{\angle A+\angle C}{2}=90^\circ-\frac{\angle B}{2}$$

$$\angle F=\frac{\angle B+\angle A}{2}=90^\circ-\frac{\angle C}{2}$$

所以

$$\sin D=\cos\frac{A}{2},\sin E=\cos\frac{B}{2},\sin F=\cos\frac{C}{2}$$

由三角形面积公式 $S=2R^2\sin A\sin B\sin C$ 知,原结论等价于

$$\cos\frac{A}{2}\cos\frac{B}{2}\cos\frac{C}{2}\geqslant\sin A\sin B\sin C$$

这是熟知的三角不等式.

推论 (1)$S_{六边形AFBDCE}\geqslant 2S_{\triangle ABC}$.

证明 利用上题结论,知

$$EF\text{ 垂直平分 }AI\Rightarrow S_{\triangle AFE}=S_{\triangle FIE}$$

同理可得

$$S_{\triangle BDA}=S_{\triangle DIF},S_{\triangle DCE}=S_{\triangle DIE}$$

此三式相加,得

$$\begin{aligned}S_{\triangle AFE}+S_{\triangle BDA}+S_{\triangle DCE}&=S_{\triangle FIE}+S_{\triangle DIF}+S_{\triangle DIE}=S_{\triangle DEF}\\&\Rightarrow S_{六边形AFBDCE}\\&=S_{\triangle AFE}+S_{\triangle BDA}+S_{\triangle DCE}+S_{\triangle ABC}\\&=S_{\triangle DEF}+S_{\triangle ABC}\\&\geqslant 2S_{\triangle ABC}\end{aligned}$$

(2)(第 30 届 IMO 第 2 题)锐角$\triangle ABC$中,内角$\angle A$的平分线交$\triangle ABC$的外接圆于点 A_1,类似定义点 B_1,C_1. 设 AA_1 与$\angle B$,$\angle C$的外角平分线交于点 A_0,类似定义点 B_0,C_0.

求证:$\triangle A_0B_0C_0$ 的面积是六边形 $AC_1BA_1CB_1$ 的 2 倍,也是$\triangle ABC$面积的至少 4 倍.

引申 3 同引申 1 的条件,求证:$\triangle DEF$ 的周长$\geqslant\triangle ABC$的周长.

证明 同引申 2 的证明过程,得

$$\sin D=\cos\frac{A}{2},\sin E=\cos\frac{B}{2},\sin F=\cos\frac{C}{2}$$

于是,只要证明

$$\sin A+\sin B+\sin C\leqslant\cos\frac{A}{2}+\cos\frac{B}{2}+\cos\frac{C}{2}$$

这是熟知的不等式.

评注 本题还可以得到:

(1) 一个面积不断增加的三角形的序列 —— $S_{\triangle DEF}\geqslant S_{\triangle ABC}$.

(2) 一个周长不断增加的三角形的序列 —— $DE+EF+FD\geqslant AB+BC+CA$.

(3) 一个内角不断趋近于正三角形的序列.

若记原三角形为 $\triangle A_1B_1C_1$,第二个三角形为 $\triangle A_2B_2C_2$,……,第 n 个三角形为 $\triangle A_nB_nC_n$,……,则有角序列递推式

$$A_{n+1}=\frac{\pi}{2}-\frac{A_n}{2},B_{n+1}=\frac{\pi}{2}-\frac{B_n}{2},C_{n+1}=\frac{\pi}{2}-\frac{C_n}{2}$$

故由

$$\left.\begin{array}{l}A_{n+1}-\frac{\pi}{3}=-\frac{1}{2}\left(A_n-\frac{\pi}{3}\right)\\B_{n+1}-\frac{\pi}{3}=-\frac{1}{2}\left(B_n-\frac{\pi}{3}\right)\\C_{n+1}-\frac{\pi}{3}=-\frac{1}{2}\left(C_n-\frac{\pi}{3}\right)\end{array}\right\}$$

$$\Rightarrow\begin{cases}A_n=\frac{\pi}{3}+\left(-\frac{1}{2}\right)^{n-1}\left(A_1-\frac{\pi}{3}\right)\to\frac{\pi}{3}\\B_n=\frac{\pi}{3}+\left(-\frac{1}{2}\right)^{n-1}\left(B_1-\frac{\pi}{3}\right)\to\frac{\pi}{3}\\C_n=\frac{\pi}{3}+\left(-\frac{1}{2}\right)^{n-1}\left(C_1-\frac{\pi}{3}\right)\to\frac{\pi}{3}\end{cases}$$

引申 4 同引申 1 的条件,求证:$\frac{1}{AB}+\frac{1}{BC}+\frac{1}{CA}\geqslant\frac{1}{DE}+\frac{1}{EF}+\frac{1}{FD}$.

证明 同引申 2 的证明过程,得

$$\sin D=\cos\frac{A}{2},\sin E=\cos\frac{B}{2},\sin F=\cos\frac{C}{2}$$

所以,原结论等价于

$$\frac{1}{\sin A}+\frac{1}{\sin B}+\frac{1}{\sin C}\geqslant\frac{1}{\cos\frac{A}{2}}+\frac{1}{\cos\frac{B}{2}}+\frac{1}{\cos\frac{C}{2}}$$

这是熟知的不等式.

引申 5 同引申 1 的条件,求证:$\frac{1}{AB^2}+\frac{1}{BC^2}+\frac{1}{CA^2}\geqslant\frac{1}{DE^2}+\frac{1}{EF^2}+\frac{1}{FD^2}$.

证明 同引申 2 的证明过程,得

$$\sin D=\cos\frac{A}{2},\sin E=\cos\frac{B}{2},\sin F=\cos\frac{C}{2}$$

所以,原结论等价于

$$\frac{1}{\sin^2 A}+\frac{1}{\sin^2 B}+\frac{1}{\sin^2 C}\geqslant\frac{1}{\cos^2\frac{A}{2}}+\frac{1}{\cos^2\frac{B}{2}}+\frac{1}{\cos^2\frac{C}{2}}$$

这是一个不太熟知的不等式.

事实上,由熟知的不等式

$$\frac{x^3}{a^2}+\frac{y^3}{b^2}+\frac{z^3}{c^2}\geqslant\frac{(x+y+z)^3}{(a+b+c)^2}$$

其中 $x+y+z=a+b+c=1(a,b,c,x,y,z\in\mathbf{R}^*)$,知

$$\frac{1}{\sin^2 A}+\frac{1}{\sin^2 B}\geqslant\frac{(1+1)^3}{(\sin A+\sin B)^2}$$

$$=\frac{8}{\left(2\sin\frac{A+B}{2}\cos\frac{A-B}{2}\right)^2}$$

$$\geqslant\frac{8}{\left(2\sin\frac{A+B}{2}\right)^2}=\frac{2}{\cos^2\frac{C}{2}}$$

即

$$\frac{1}{\sin^2 A}+\frac{1}{\sin^2 B}\geqslant\frac{2}{\cos^2\frac{C}{2}}$$

同理还有两个相似不等式,将这三个式子相加即得欲证结论.

注 不等式$\frac{x^3}{a^2}+\frac{y^3}{b^2}+\frac{z^3}{c^2}\geqslant\frac{(x+y+z)^3}{(a+b+c)^2}$的证明如下:

事实上,$\frac{x^3}{a^2}+\frac{y^3}{b^2}+\frac{z^3}{c^2}\geqslant\frac{(x+y+z)^3}{(a+b+c)^2}$等价于

$$\frac{\left(\frac{x}{x+y+z}\right)^3}{\left(\frac{a}{a+b+c}\right)^2}+\frac{\left(\frac{y}{x+y+z}\right)^3}{\left(\frac{b}{a+b+c}\right)^2}+\frac{\left(\frac{z}{x+y+z}\right)^3}{\left(\frac{c}{a+b+c}\right)^2}\geqslant 1$$

只要证明在条件 $x+y+z=a+b+c=1(a,b,c,x,y,z\in\mathbf{R}^*)$下,结论$\frac{x^3}{a^2}+\frac{y^3}{b^2}+\frac{z^3}{c^2}+\geqslant 1$,成立即可.

由于

$$\frac{x^3}{a^2}+a+a\geqslant 3x,\frac{y^3}{b^2}+b+b\geqslant 3y,\frac{z^3}{c^2}+c+c\geqslant 3z$$

此三式相加即得结论.

引申 6 同引申 1 的条件,求证:$\frac{1}{AB^n}+\frac{1}{BC^n}+\frac{1}{CA^n}\geqslant\frac{1}{DE^n}+\frac{1}{EF^n}+\frac{1}{FD^n}$ $(n\in\mathbf{N}^*)$.

证明 原结论等价于

$$\frac{1}{\sin^n A}+\frac{1}{\sin^n B}+\frac{1}{\sin^n C}\geqslant\frac{1}{\cos^n\frac{A}{2}}+\frac{1}{\cos^n\frac{B}{2}}+\frac{1}{\cos^n\frac{C}{2}}$$

这就需要证明

$$\frac{x^{n+1}}{a^n}+\frac{y^{n+1}}{b^n}+\frac{z^{n+1}}{c^n}\geqslant\frac{(x+y+z)^{n+1}}{(a+b+c)^n}(x,y,z\in\mathbf{R}^*,n\in\mathbf{N}^*)$$

留给读者自己练习吧.

引申 7 在锐角 $\triangle ABC$ 中,求证

$$\frac{1}{\sin^n A}+\frac{1}{\sin^n B}+\frac{1}{\sin^n C}\geqslant\frac{1}{\cos^n\frac{A}{2}}+\frac{1}{\cos^n\frac{B}{2}}+\frac{1}{\cos^n\frac{C}{2}}(n\in\mathbf{N}^*).$$

证明 同引申 6,留给读者练习吧.

引申 8 在锐角 $\triangle ABC$ 中,求证

$$\cos^n A+\cos^n B+\cos^n C\geqslant\sin^n\frac{A}{2}+\sin^n\frac{B}{2}+\sin^n\frac{C}{2}(n\in\mathbf{N}^*,n\geqslant 2)$$

题目解说 这是笔者在安徽《中学数学教学》数学解题擂台上给出的一个问题的评注所引申的结果.

证明 因为 $\triangle ABC$ 为锐角三角形,所以

$$\begin{aligned}\cos^2 A+\cos^2 B&=1-\sin^2 A+\cos^2 B=1+\cos(A+B)\cos(A-B)\\&=1-\cos C\cos(A-B)\geqslant 1-\cos C=2\sin^2\frac{C}{2}\end{aligned}$$

由柯西不等式,得

$$\begin{aligned}&(\cos^2 A+\cos^2 B)(\cos^2 A+\cos^2 B)\overbrace{(1^n+1^n)\cdot\cdots\cdot(1^n+1^n)}^{n-2\text{个括号}}\\&\geqslant(\cos^2 A+\cos^2 B)^n\geqslant\left(2\sin\frac{C}{2}\right)^n\end{aligned}$$

即

$$\cos^n A+\cos^n B\geqslant 2\sin^n \frac{C}{2}$$

同理可得

$$\cos^n B+\cos^n C\geqslant 2\sin^n \frac{A}{2},\cos^n C+\cos^n A\geqslant 2\sin^n \frac{B}{2}$$

此三式相加即得结论.

引申 9 在锐角 $\triangle ABC$ 中,求证

$$\tan^n A+\tan^n B+\tan^n C\geqslant \cot^n \frac{A}{2}+\cot^n \frac{B}{2}+\cot^n \frac{C}{2}(n\in \mathbf{N}^*)$$

引申 10 在锐角 $\triangle ABC$ 中,求证

$$\cot^n A+\cot^n B+\cot^n C\geqslant \tan^n \frac{A}{2}+\tan^n \frac{B}{2}+\tan^n \frac{C}{2}(n\in \mathbf{N}^*)$$

以上两个结论的证明类似,此处略,请读者自证吧.

§16 平面几何中的著名定理

1.(托勒密不等式)设 $ABCD$ 为任意凸四边形,则 $AB\cdot CD+AD\cdot BC\geqslant AC\cdot BD$.

题目解说 参考沈文选《奥林匹克数学中的几何问题》第 38 页.

证明 思考方法——类比托勒密定理的证明方法——在线段 BD 上找一点 E——凑等式,找相似.

如图 1,取点 E 使得 $\angle BAE=\angle CAD$,$\angle ABE=\angle ACD$,于是,由

$$\triangle ABE\backsim\triangle ACD\Rightarrow \frac{AD}{AE}=\frac{AC}{AB},\frac{AC}{AB}=\frac{CD}{BE}$$

即

$$AB\cdot CD=AC\cdot BE \quad (1)$$

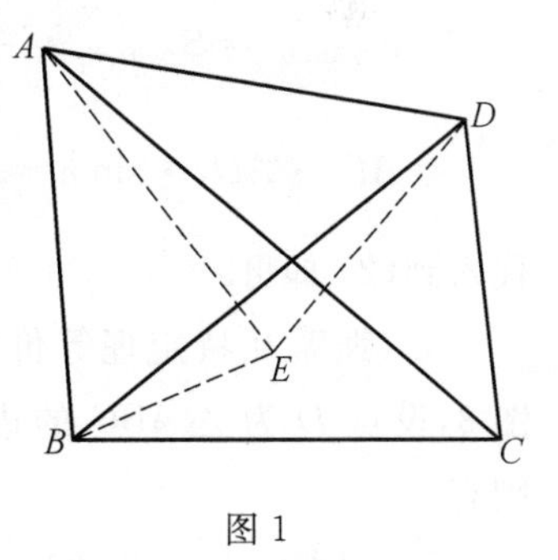

图 1

又由

$$\angle DAE=\angle CAB\Rightarrow \triangle ADE\backsim\triangle ACB$$

即有

$$AD\cdot BC=AC\cdot DE \quad (2)$$

注意到 $BE+ED\geqslant BD$,由(1)+(2),即得

$$AB\cdot CD+AD\cdot BC=AC\cdot DE+AC\cdot BE=AC(DE+BE)\geqslant AC\cdot BD$$

其中等号成立的条件为当点 E 在 BD 上，即 $\angle ABD=\angle ACD$ 时成立，此时 A，B，C，D 四点共圆. 所以本题是托勒密定理的推广.

2. 如图 2，在 $\triangle ABC$ 中，B_1，C_1 分别是 BA，AC 延长线上的点，D_1 为 B_1C_1 的中点，联结 AD_1 交 $\triangle ABC$ 的外接圆于点 D，求证：$AB\cdot AB_1+AC\cdot AC_1=2AD\cdot AD_1$.

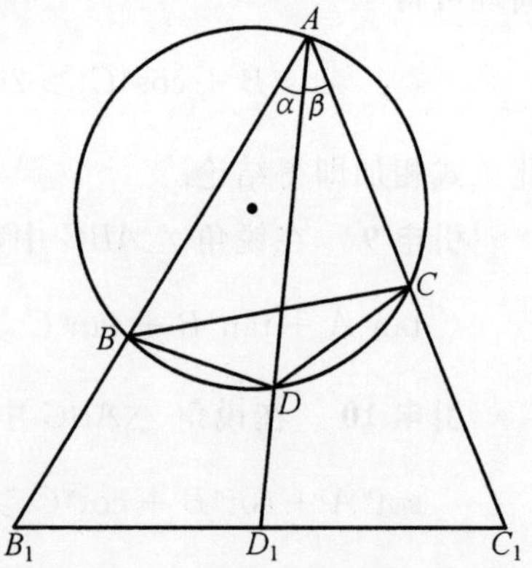

图 2

题目解说　《中等数学》2001 年第 4 期高中训练题.

证明　联结 BD，CD，设 $\angle BAD=\alpha$，$\angle CAD=\beta$，$\triangle ABC$ 外接圆的半径为 R，则由 D_1 为 B_1C_1 的中点，知

$$S_{\triangle AB_1D_1}=S_{\triangle AC_1D_1}=\frac{1}{2}S_{\triangle AB_1C_1}$$

在 $\triangle BCD$ 中，运用正弦定理，得

$$\frac{BD}{\sin\alpha}=\frac{CD}{\sin\beta}=\frac{BC}{\sin(\alpha+\beta)}=2R \tag{1}$$

在圆内接四边形 $ABDC$ 中运用托勒密定理，得

$$AB\cdot CD+AC\cdot BD=AD\cdot BC$$

$$\Rightarrow AB\cdot 2R\sin\beta+AC\cdot 2R\sin\alpha=AD\cdot 2R\sin(\alpha+\beta) \tag{2}$$

利用(1) 得，$AB\cdot AB_1+AC\cdot AC_1=2AD\cdot AD_1$.

注　也可以不用正弦定理得到(1) 来解决，直接利用中点性质，由

$$S_{\triangle AB_1D_1}=S_{\triangle AD_1C_1}=\frac{1}{2}S_{\triangle AB_1C_1}$$

$$\Rightarrow AB_1\cdot AD_1\cdot\sin\alpha=AD_1\cdot AC_1\cdot\sin\beta=\frac{1}{2}AB_1\cdot AB_1\cdot\sin(\alpha+\beta)$$

代入到(2) 即可.

3.（斯蒂瓦特定理等价于托勒密定理）如图 3，设点 D 为 $\triangle ABC$ 的边 BC 上任意一点，则有

$$AD^2=\frac{DC}{BC}\cdot AB^2+\frac{BD}{BC}\cdot AC^2-BD\cdot DC$$

（斯蒂瓦特定理）　(1)

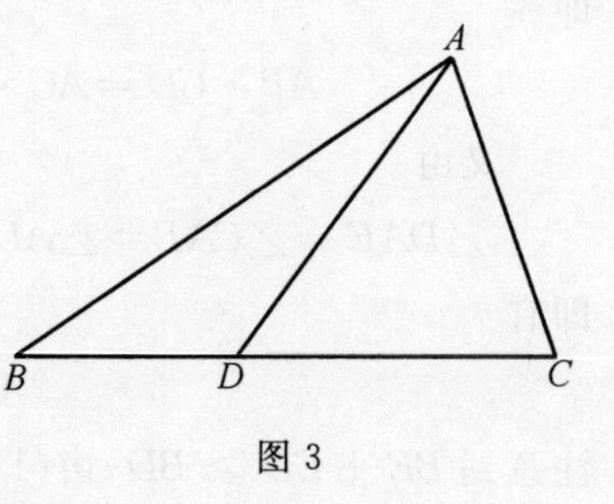

图 3

证明　运用余弦定理. 在 $\triangle ABD$，$\triangle ADC$ 中，分别关于 $\angle ADB$，$\angle ADC$ 运用余弦定理，得

$$AB^2 = BD^2 + AD^2 - 2BD \cdot DA\cos\angle ADB$$
$$AC^2 = CD^2 + AC^2 - 2CD \cdot AC\cos\angle ADC$$

注意到

$$\angle ADB + \angle ADC = 180^\circ$$

则上面两个式子消掉 $\angle ADB$，$\angle ADC$ 即得结论.

下面证明由斯蒂瓦特定理导出托勒密定理.

如图4，延长 AD 与 $\triangle ABC$ 的外接圆交于点 E，则

$$\triangle ADB \backsim \triangle CDE \Rightarrow \frac{AB}{CE} = \frac{AD}{CD} \Rightarrow AB \cdot CD = AD \cdot CE \tag{2}$$

$$\triangle ADC \backsim \triangle BDE \Rightarrow \frac{AC}{BE} = \frac{AD}{BD} \Rightarrow AC \cdot BD = AD \cdot BE \tag{3}$$

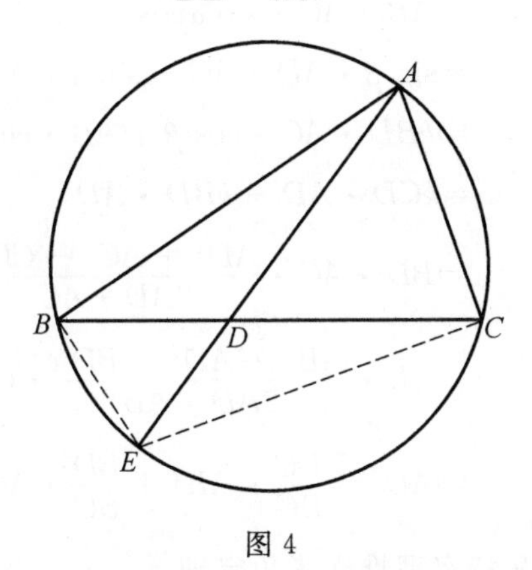

图 4

将(2)(3)代入到(1)，得

$$\begin{aligned} AD^2 \cdot BC &= CD \cdot AB^2 + BD \cdot AC^2 - BD \cdot DC \cdot BC \\ &= AB \cdot AD \cdot CE + AC \cdot AD \cdot BE - AD \cdot DE \cdot BC \\ &\Rightarrow AD^2 \cdot BC + AD \cdot DE \cdot BC = AB \cdot AD \cdot CE + AC \cdot AD \cdot BE \\ &\Leftrightarrow BC(AD + DE) = AB \cdot CE + AC \cdot BE \\ &\Leftrightarrow BC \cdot AE = AB \cdot CE + AC \cdot BE \end{aligned}$$

从而结论获证.

4.（斯蒂瓦特定理等价于张角定理）如图5，设点 D 为 $\triangle ABC$ 的边 BC 上任意一点，则有

$$AD^2 = \frac{DC}{BC} \cdot AB^2 + \frac{BD}{BC} \cdot AC^2 - BD \cdot DC\text{（斯蒂瓦特定理）} \tag{1}$$

$$\frac{\sin(\alpha + \beta)}{AD} = \frac{\sin \beta}{AB} + \frac{\sin \alpha}{AC}\text{（张角定理）} \tag{2}$$

题目解说 本题源于沈文选《奥林匹克数学中的几何问题》一书.

证明 第一步,先由张角定理证明斯蒂瓦特定理,从点 B,C 分别作 AD 所在直线的垂线,则

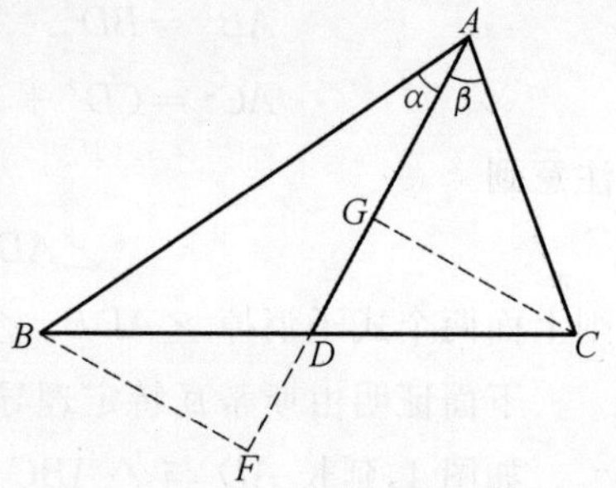

$$\frac{AB\sin\alpha}{AC\sin\beta}=\frac{BF}{CG}=\frac{k\cdot BD}{k\cdot CD}$$

图 5

式(2) 可以变形为

$$AB\cdot AC\cdot\sin(\alpha+\beta)=\sin\beta\cdot AD\cdot AC+\sin\alpha\cdot AD\cdot AB$$

$$\Leftrightarrow AB\cdot AC\cdot\sin\alpha\cos\beta+AB\cdot AC\cdot\cos\alpha\sin\beta$$

$$=\sin\beta\cdot AD\cdot AC+\sin\alpha\cdot AD\cdot AB$$

$$\Leftrightarrow kBD\cdot AC\cdot\cos\beta+AB\cdot\cos\alpha\cdot kCD$$

$$=kCD\cdot AD+kBD\cdot AD$$

$$\Leftrightarrow BD\cdot AC\cdot\frac{AD^2+AC^2-CD^2}{2AD\cdot AC}+AB\cdot\frac{AB^2+AD^2-BD^2}{2AD\cdot AB}\cdot CD=BC\cdot AD$$

$$\Leftrightarrow AD^2=\frac{DC}{BC}\cdot AB^2+\frac{BD}{BC}\cdot AC^2-BD\cdot DC$$

第二步,再由斯蒂瓦特定理推出张角定理.

只需将以上步骤倒推回去即可.

5.(角元塞瓦定理的运用)已知直线上有三点依次为 A,C,B,过点 AB 的圆为 M,且圆心不在 AB 上,分别过 A,B 两点的圆的切线交于点 E,EC 交于点 D,证明:$\angle ADB$ 的平分线与 AB 的交点不依赖于圆 M 的选取.

题目解说 本题出自《奥林匹克数学中的几何问题》第27页例13(也为第45届 IMO 预选题).

证明 如图6,设 $\angle ADB$ 的平分线与 AB 的交点为 G,与 $\triangle ABD$ 的外接圆交于点 F,联结 FA,FB,则由圆的性质结合图中各角的记号,并在 $\triangle EAC$ 和 $\triangle EBC$ 中运用正弦定理,知

$$\frac{AC}{\sin\angle AEC}=\frac{EC}{\sin\angle EAC}=\frac{EC}{\sin\angle EBC}=\frac{BC}{\sin\angle BEC}$$

$$\Rightarrow\frac{AC}{BC}=\frac{\sin\angle AEC}{\sin\angle BEC}=\frac{\sin\alpha_2}{\sin\alpha_1}$$

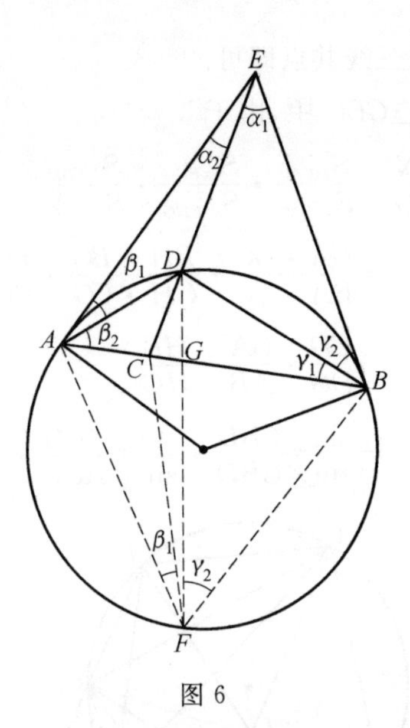

图 6

同理,注意到 $\angle FAB=\angle ABF$,在 $\triangle FAC$ 和 $\triangle BFC$ 中运用正弦定理,得

$$\frac{AG}{\sin\angle AFG}=\frac{FG}{\sin\angle FAG}=\frac{FG}{\sin\angle FBG}=\frac{GB}{\sin\angle BFG}$$

$$\Rightarrow \frac{AG}{GB}=\frac{\sin\angle AFG}{\sin\angle BFG}=\frac{\sin\beta_1}{\sin\gamma_2}$$

所以,在 $\triangle EAB$ 中运用塞瓦定理的角元形式,得

$$1=\frac{\sin\alpha_1}{\sin\alpha_2}\cdot\frac{\sin\beta_1}{\sin\beta_2}\cdot\frac{\sin\gamma_1}{\sin\gamma_2}=\frac{\sin\alpha_1}{\sin\alpha_2}\cdot\frac{\sin\beta_1}{\sin\gamma_2}\cdot\frac{\sin\gamma_1}{\sin\beta_2}$$

$$=\frac{AC}{BC}\cdot\frac{AG}{GB}\cdot\frac{AD}{DB}=\frac{AC}{BC}\cdot\frac{AG}{GB}\cdot\frac{AG}{GB}$$

$$\Rightarrow\left(\frac{AG}{GB}\right)^2=\frac{BC}{AC}$$

证毕.

6. 如图 7,圆内接四边形 $ABCD$ 的两对边 AB,DC 和 BC,AD 所在直线分别交于点 E,F,P 为圆上任意一点,PE,PF 分别交圆于点 G,H,若对角线的交点为 K,求证:H,K,G 三点共线.

题目解说 本题出自沈文选《奥林匹克数学中的几何问题》第 32 页例 19.

证明 运用四次相似三角形,运用一次梅涅劳斯定理的逆定理,再运用一次塞瓦定理的逆定理.

联结 BG,GD,GC,HB,HC,记 AC 与 BG,BC 与 HG,BD 与 CG 的交点分别为 L,M,N,于是结论等价于证明 AC,BD,HG 三线共点,所以只需证明在

$\triangle GBC$ 中,CL,GM,BN 三线共点即可.

事实上,如图 7,在 $\triangle GBC$ 中,由于

$$\begin{aligned}\frac{GL}{LB}\cdot\frac{BM}{MC}\cdot\frac{CN}{NG}&=\frac{S_{\triangle GAC}}{S_{\triangle BAC}}\cdot\frac{S_{\triangle BHG}}{S_{\triangle CHG}}\cdot\frac{S_{\triangle CBD}}{S_{\triangle GBD}}\\&=\frac{GA\cdot GC}{BA\cdot BC}\cdot\frac{BH\cdot BG}{CH\cdot CG}\cdot\frac{BC\cdot CD}{BG\cdot DG}\\&=\frac{CD}{DG}\cdot\frac{GA}{AB}\cdot\frac{HB}{HC}\\&=\frac{\sin\angle CBD}{\sin\angle GBD}\cdot\frac{\sin\angle ACG}{\sin\angle ACB}\cdot\frac{\sin\angle BGH}{\sin\angle HGC}\end{aligned}\tag{1}$$

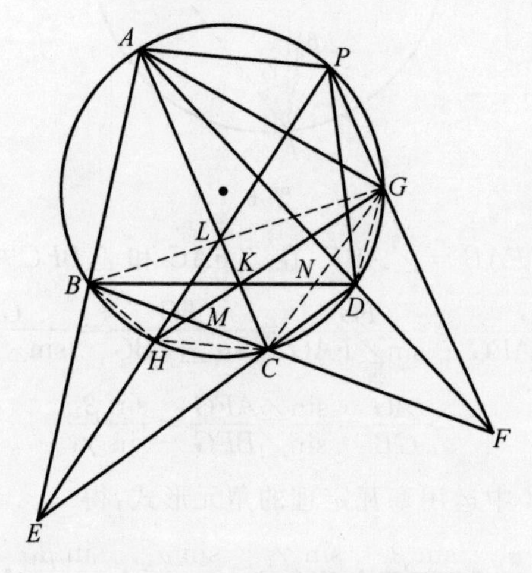

图 7

所以

$$\left.\begin{aligned}\triangle EBH\backsim\triangle EPA\Rightarrow\frac{BH}{PA}=\frac{EB}{EP}\\\triangle FDG\backsim\triangle FPA\Rightarrow\frac{DG}{PA}=\frac{FG}{AF}\end{aligned}\right\}\Rightarrow\frac{BH}{DG}=\frac{EB}{EP}\cdot\frac{AF}{FG}\tag{2}$$

$$\left.\begin{aligned}\triangle FDP\backsim\triangle FGA\Rightarrow\frac{GA}{PD}=\frac{FG}{FD}\\\triangle EHC\backsim\triangle EDP\Rightarrow\frac{CH}{PD}=\frac{EC}{EP}\end{aligned}\right\}\Rightarrow\frac{GA}{CH}=\frac{FG}{FD}\cdot\frac{EP}{EC}\tag{3}$$

由(2)×(3)得

$$\begin{aligned}&\frac{BH}{DG}\cdot\frac{GA}{CH}=\frac{EB}{EP}\cdot\frac{AF}{FD}\cdot\frac{EP}{EC}\\&\qquad\Rightarrow\frac{BH}{DG}\cdot\frac{GA}{CH}\cdot\frac{CD}{AB}=\frac{EB}{EP}\cdot\frac{AF}{FD}\cdot\frac{EP}{EC}\cdot\frac{CD}{AB}\end{aligned}$$

$$=\frac{EB}{BA}\cdot\frac{AF}{FD}\cdot\frac{DC}{CE}=1$$

这是在$\triangle AED$中关于直线BCF运用梅涅劳斯定理的结果,从而(1)获证,故原结论获证.

注 (1)本题的证明较为迂回,不能直接在两组相似三角形:$\triangle EBH\backsim\triangle EPA$与$\triangle FDG\backsim\triangle FPA$和$\triangle EHC\backsim\triangle EDP$与$\triangle FDG\backsim\triangle FPA$中直接构造比例线段,而是在题述的两组相似三角形中进行.

(2)从本题的结论继续分析:如果第二次选择相似三角形,不选择上述解答中的两个不相邻的三角形,而是选择中间的两个相邻的三角形,则

$$\left.\begin{array}{l}\triangle EBH\backsim\triangle EPA\Rightarrow\dfrac{BH}{EH}=\dfrac{PA}{EA}\\ \triangle ECH\backsim\triangle EPD\Rightarrow\dfrac{CH}{EH}=\dfrac{PD}{ED}\end{array}\right\}\Rightarrow\frac{BH}{CH}=\frac{PA}{EA}\cdot\frac{ED}{PD}\tag{4}$$

$$\left.\begin{array}{l}\triangle FDG\backsim\triangle FPA\Rightarrow\dfrac{DG}{FD}=\dfrac{PA}{PF}\\ \triangle FCD\backsim\triangle FAB\Rightarrow\dfrac{CD}{FD}=\dfrac{AB}{FB}\end{array}\right\}\Rightarrow\frac{CD}{DG}=\frac{AB}{FB}\cdot\frac{PF}{PA}\tag{5}$$

由(4)×(5)得

$$\begin{aligned}&\frac{BH}{CH}\cdot\frac{CD}{DG}=\frac{PF}{EA}\cdot\frac{ED}{PD}\cdot\frac{AB}{FB}\\&\qquad\Rightarrow\frac{BH}{CH}\cdot\frac{CD}{DG}\cdot\frac{AG}{AB}=\frac{PF}{PD}\cdot\frac{ED}{EA}\cdot\frac{AG}{FB}\\&\qquad=\frac{AF}{AG}\cdot\frac{EB}{EC}\cdot\frac{AG}{FB}\\&\qquad=\frac{AF}{FB}\cdot\frac{EB}{EC}\end{aligned}$$

结合已经证明的结论,应有$\frac{AF}{FB}\cdot\frac{EB}{EC}=1$.

平面几何练习题及解答

1. 设 P 是圆 O 外一点，PAB，PCD，PEF 是圆 O 的三条割线，A,B,C,D,E,F 为割线与圆 O 的交点，割线 PEF 分别交 BC，AD 于点 M,N，求证：$\frac{1}{PE}+\frac{1}{PF}=\frac{1}{PM}+\frac{1}{PN}$.（见《中等数学》2009 年第 11 期数学奥林匹克问题高中 259 题）

证明 如图 1，设 $\angle APF=\alpha$，$\angle FPC=\beta$，于是，分别在 $\triangle PBC$ 和 $\triangle PAD$ 中关于 PM，PN 运用张角定理，得

$$\frac{\sin\beta}{PB}+\frac{\sin\alpha}{PC}=\frac{\sin(\alpha+\beta)}{PM}$$

$$\frac{\sin\beta}{PA}+\frac{\sin\alpha}{PD}=\frac{\sin(\alpha+\beta)}{PN}$$

此两式相加，得

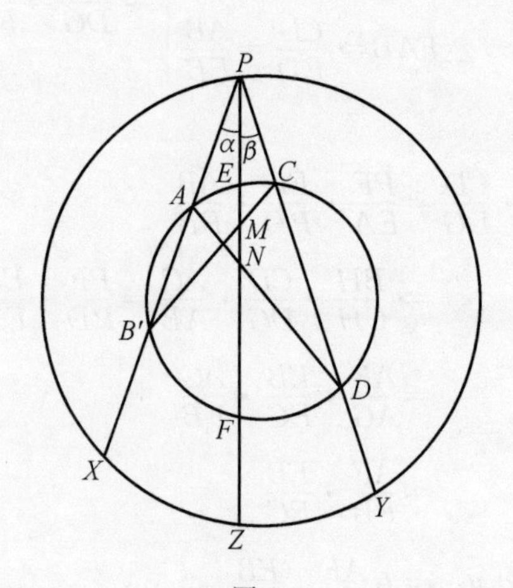

图 1

$$\left(\frac{1}{PA}+\frac{1}{PB}\right)\sin\beta+\left(\frac{1}{PC}+\frac{1}{PD}\right)\sin\alpha=\left(\frac{1}{PM}+\frac{1}{PN}\right)\sin(\alpha+\beta)$$

现在以 O 为圆心作一圆过点 P，并延长 PA，PD，PF 交大圆于点 X,Z,Y，则有 $PA=BX$，$PC=DY$，$PE=FZ$，再注意到

$$PA\cdot PB=PC\cdot PD=PE\cdot PF,$$

$$PA+PB=PX,PC+PD=PY,PE+PF=PZ$$

进一步，得

$$\frac{PX\cdot\sin\beta+PY\cdot\sin\alpha}{PE\cdot PF}=\left(\frac{1}{PM}+\frac{1}{PN}\right)\sin(\alpha+\beta) \quad (1)$$

又

$$\frac{1}{PE}+\frac{1}{PF}=\frac{PE+PF}{PE\cdot PF}=\frac{PZ}{PE\cdot PF}$$

并在四边形 $PXZY$ 中运用托勒密定理和正弦定理,得

$$PX\cdot\sin\beta+PY\cdot\sin\alpha=PZ\cdot\sin(\alpha+\beta)$$

所以

$$\frac{1}{PE}+\frac{1}{PF}=\frac{1}{PM}+\frac{1}{PN}$$

2. 如图 2,设有两两相交的三个圆圆 O_1,O_2,O_3,圆 O_1,O_2 交于点 A,K,圆 O_1,O_2,O_3 交于点 K,AK 交于 O_3 于点 D,过点 A 作直线与圆 O_1,O_2 分别交于点 B,C,过点 D 作 $DE\parallel BC$ 与圆 O_3 交于点 E,EK 所在直线分别交圆 O_2,BC 于点 M,H,过点 E 作圆 O_1,O_2 的切线 EF,EG,F,G 分别为切点,求证:$DE\cdot BC=EG^2-EF^2$.(《中等数学》2017 年第 1 期数学奥林匹克高中训练题 211 第四大题)

方法透析 从要证明的式子结构看 $DE\cdot BC$ 相距遥远,要拉近它们的距离需要依据中间桥梁,很明显,这个桥梁就是两条根轴 EM,DA,故需要在桥梁上努力下功夫.

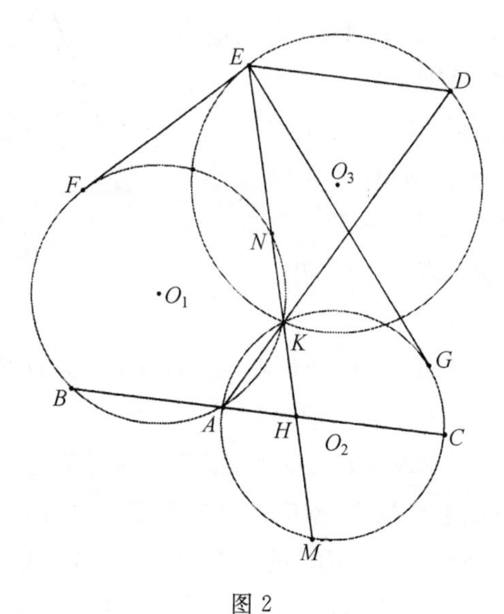

图 2

证明 由相交弦定理知

$$\left.\begin{aligned}HA\cdot HC=HK\cdot HM\\HA\cdot HB=HK\cdot HN\end{aligned}\right\}\Rightarrow HA\cdot BC=HA\cdot HC+HA\cdot HB$$

$$=HK\cdot HM+HK\cdot HN=HK\cdot MN$$

即

$$HA \cdot BC = HK \cdot MN \tag{1}$$

又

$$DE \parallel BC \Rightarrow \triangle KAH \backsim \triangle KDE \Rightarrow \frac{HK}{HA} = \frac{EK}{DE} \Rightarrow HA \cdot EK = HK \cdot DE \tag{2}$$

由

$$\begin{aligned}(1) \div (2) &\Rightarrow \frac{BC}{EK} = \frac{MN}{DE} \\ &\Rightarrow BC \cdot DE = MN \cdot EK = EK(EM - EN) \\ &= EK \cdot EM - EK \cdot EN = EG^2 - EF^2\end{aligned}$$

到此结论获证.

评注 证明本结论主要运用圆中的切割线定理以及相似三角形性质.

3. 在$\triangle ABC$的边AB,AC上向形外分别作正方形$ABDE$,$ACFG$,求证:$\triangle ABC$的高线AN与CD,BF相交于一点.

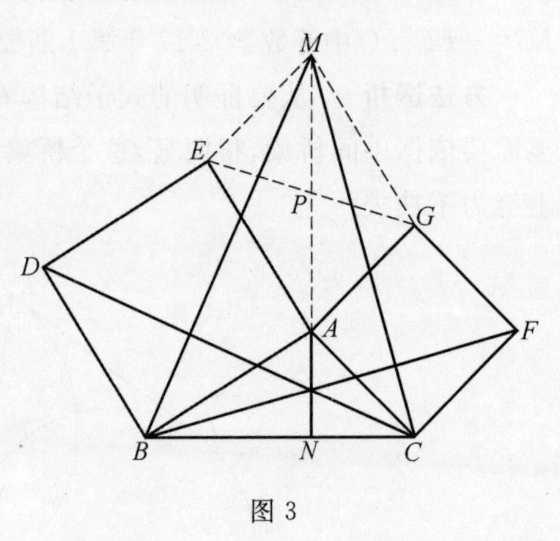

图 3

证明 如图3,延长NA到M,使得$BC = AM$,联结ME,MG,由于$AN \perp BC$,所以四边形$ACFG$为正方形,所以$\angle ACN = \angle MAG$,所以$\triangle MAC \cong \triangle BCF$(边角边),所以

$\angle MCA = \angle BFC$,$\angle CBF = \angle CMA$

而

$$\angle FBC + \angle ACB + \angle MCA = \angle HMC + \angle HCM = 90^\circ$$

故$BF \perp MC$.

同理$CD \perp MB$,即MN,BF,CD为$\triangle MBC$的三条高线,即它们交于一点.

注 本题还可以进行推广,推广内容参考第1章 §10 引申19后的注.

4. 设A_1,B_1,C_1分别在$\triangle ABC$的三边BC,CA,AB或其延长线上(C_1在线段AB上),且$AA_1 \parallel BB_1 \parallel CC_1$,求证:$\frac{1}{AA_1} + \frac{1}{BB_1} = \frac{1}{CC_1}$.

证明 如图4,易知$\triangle BCC_1 \backsim \triangle BA_1A$,所以

$$\frac{BC_1}{AB} = \frac{CC_1}{AA_1} \tag{1}$$

又$\triangle ACC_1 \backsim \triangle AB_1B$,所以

$$\frac{AC_1}{AB}=\frac{CC_1}{BB_1} \qquad (2)$$

由(1)+(2)得，$\frac{CC_1}{AA_1}+\frac{CC_1}{BB_1}=1$，再整理便得结论.

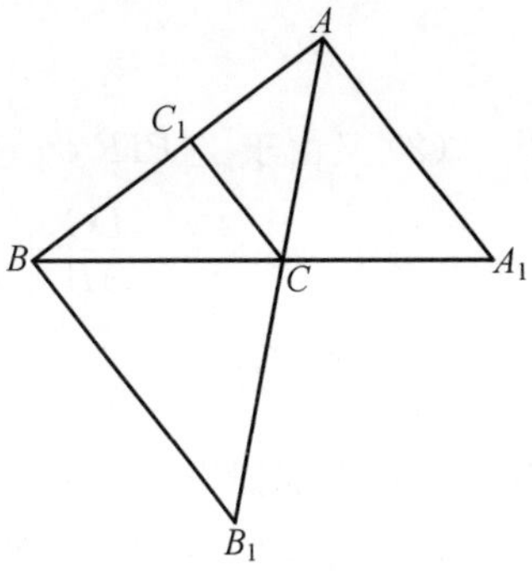

图 4

5. 如图 5，在梯形 $ABCD$ 中，$AD\parallel BC$，对角线 AC 与 BD 交于点 P，EF 过点 P，且 E 在 AB 上，F 在 CD 上，并且 $EF\parallel AD\parallel BC$，求证：$\frac{1}{AD}+\frac{1}{BC}=\frac{2}{EF}$.

证明 因为 $EF\parallel AD\parallel BC$，所以 $\frac{EP}{AD}=\frac{BE}{AB}=\frac{CF}{CD}=\frac{PF}{AD}$. 从而 $PE=PF$.

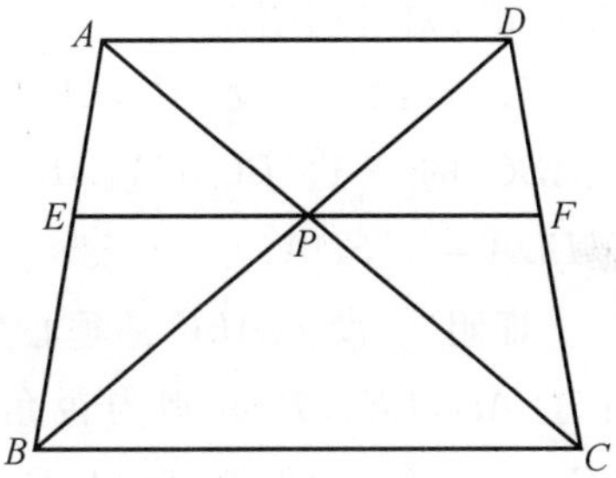

所以，只要证明 $\frac{1}{AD}+\frac{1}{BC}=\frac{1}{PE}$ 即可.

由 $EF\parallel AD\parallel BC$，知

$$\frac{PE}{AD}+\frac{PE}{BC}=\frac{BE}{AB}+\frac{AE}{AB}=1$$

图 5

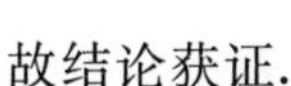

故结论获证.

6. 如图 6，设 P 为 $\triangle ABC$ 内一点，过 P 作 $DE\parallel BC$，$IH\parallel AB$，$FG\parallel AC$，点 $D,G;I,F;E,H$ 分别在 AB,BC,CA 上，求证：

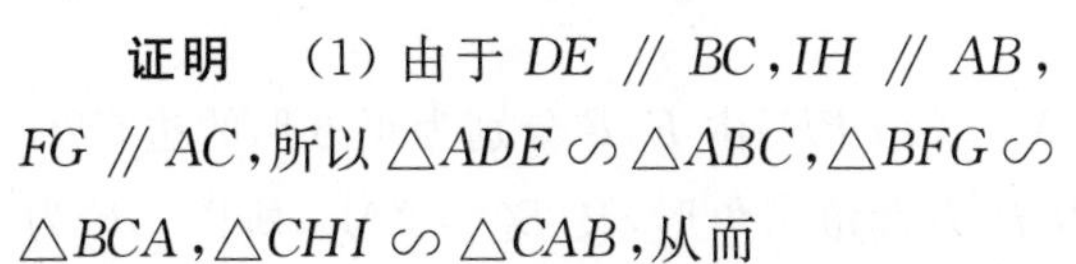

(1) $\frac{DE}{BC}+\frac{FG}{AC}+\frac{HI}{AB}=2$;

(2) $\frac{DG}{AB}+\frac{IF}{BC}+\frac{EH}{AC}=1$.

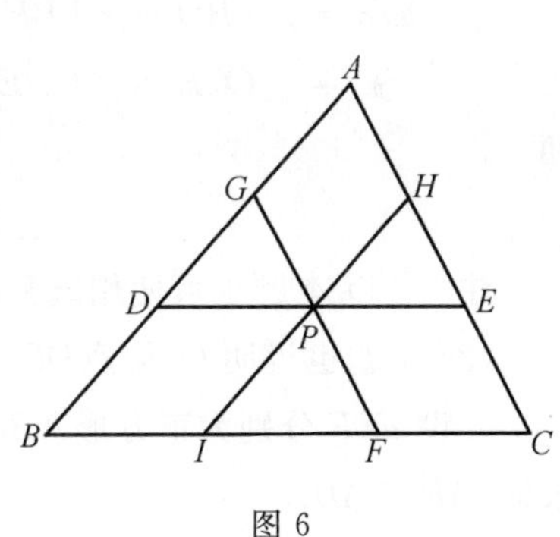

图 6

证明 (1) 由于 $DE\parallel BC$，$IH\parallel AB$，$FG\parallel AC$，所以 $\triangle ADE\backsim\triangle ABC$，$\triangle BFG\backsim\triangle BCA$，$\triangle CHI\backsim\triangle CAB$，从而

$$\frac{DE}{BC}+\frac{FG}{AC}+\frac{HI}{AB}=\frac{DE}{BC}+\frac{BF}{BC}+\frac{CI}{BC}$$
$$=\frac{(BI+FC)+(BI+IF)+(IF+FC)}{BC}=2$$

即

$$\frac{DE}{BC}+\frac{FG}{AC}+\frac{HI}{AB}=2$$

(2) 又由于 $\triangle PIF \backsim \triangle ABC$，$\triangle PEH \backsim \triangle BCA$，$\triangle PGD \backsim \triangle CAB$，从而

$$\frac{DG}{AB}+\frac{IF}{BC}+\frac{EH}{AC}=\frac{PD}{BC}+\frac{IF}{BC}+\frac{PE}{BC}$$
$$=\frac{BI}{BC}+\frac{IF}{BC}+\frac{FC}{BC}=1$$

到此结论全部证毕.

注 若记 $\triangle PIF$，$\triangle PEH$，$\triangle PGD$ 和 $\triangle ABC$ 的面积分别为 Δ_1，Δ_2，Δ_3，Δ，那么，由结论(2)知 $\sqrt{\Delta}=\sqrt{\Delta_1}+\sqrt{\Delta_2}+\sqrt{\Delta_3}$，由此可得 $\Delta_1+\Delta_2+\Delta_3 \geqslant \frac{\Delta}{3}$. 这是两个很有意义的结论.

7. 如图 7，设 AD，BE，CF 分别为锐角 $\triangle ABC$ 的三边 BC，CA，AB 上的高，求证：$\angle EDA=\angle FDA$.

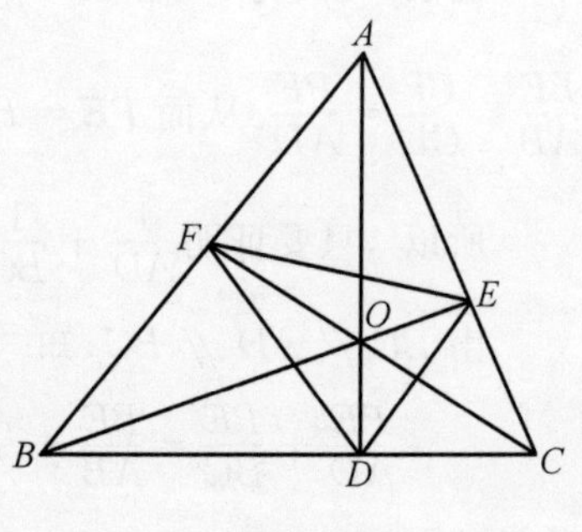

图 7

证明 设 $\triangle ABC$ 的垂心为 O，联结 EF，则由于 AD，BE，CF 分别为锐角 $\triangle ABC$ 的三边 BC，CA，AB 上的高，所以，B，D，O，F；D，C，O，E；B，C，E，F 分别四点共圆，所以

$$\angle ODF=\angle FBO=\angle FBE=\angle FCE$$
$$=\angle OCE=\angle ODE$$

即

$$\angle EDA=\angle FDA$$

注 (1) 本题也可使用塞瓦定理来证明. 同下一题目的解答.

(2) 本题也说明 O 为 $\triangle DEF$ 的内心.

8. 设 E，F 分别为正方形 $ABCD$ 的边 CD，AD 之中点，BE 与 CF 交于点 P，求证：$AP=AB$.

证明 延长 CF 交 BA 于点 M，联结 BF，由 E，F 分别为正方形的边 CD，AD 的中点，知 $BE \perp CF$，即 $\triangle MBP$ 为直角三角形，又 $BC=2AF$，所以 AF 为 $\mathrm{Rt}\triangle MBC$ 的中位线，即 A 为 $\mathrm{Rt}\triangle MBP$ 的斜边 BM 上的中点，从而 $BM=2AP$，即 $AB=AP$.

注 本题也可以用构造四点共圆来解决：

显然，$\angle FPB=90^\circ$，所以 $\angle FAB+\angle FPB=180^\circ$，故 A，B，P，F 四点共圆，所以 $\angle APB=\angle AFB=\angle BEC=\angle ABP$，即 $AB=AP$.

9. 如图 8,设 $\triangle ABC$ 是以 BC 为底的等腰直角三角形,$AD \parallel BC$,BD 交 AC 于点 E,且 $BD=BC$. 证明:$CE=CD$.

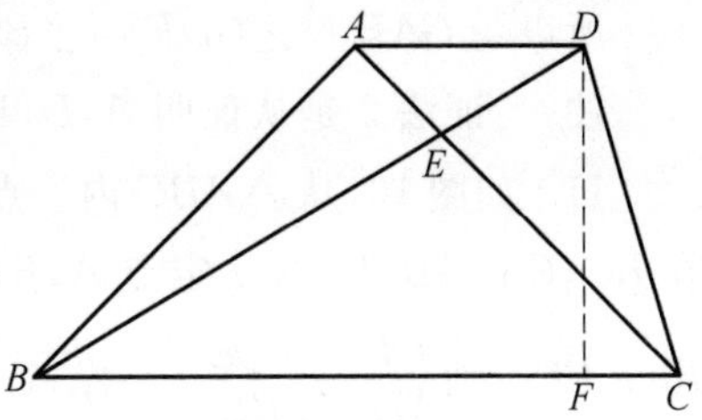

证明 作 $DF \perp BC$ 于点 F,则由已知条件知 $BC=2DF$,从而 $\angle DBF=30^\circ$,继而 $\angle DBA=15^\circ$,$\angle AEB=75^\circ=\angle DEC$.

图 8

而 $BD=BC$,所以 $\angle BDC=75^\circ=\angle BCD$,即 $\angle DEC=\angle CDE=75^\circ$,从而 $CE=CD$.

10. 如图 9,设 E 为正方形 $ABCD$ 的边 CD 之中点,F 为 CE 之中点. 求证:$\angle BAF=2\angle DAE$.

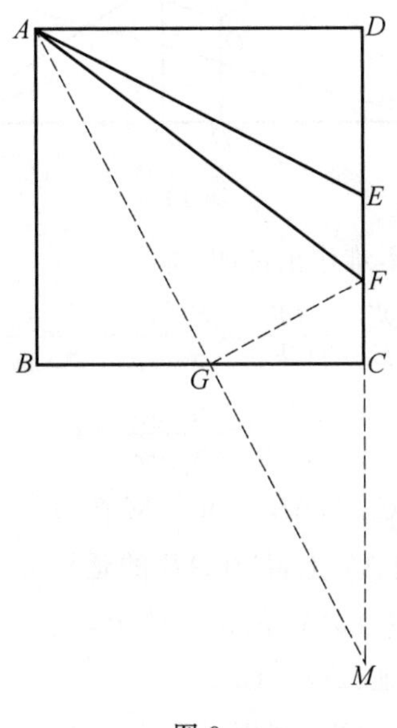

图 9

证法 1 设 $AD=4$,则 $DF=3$,$AF=5$,设 G 为边 BC 的中点,连 AG 并延长交 DC 所在直线于点 M,则 $\angle BAG=\angle AMC$,$CM=AB=4$,所以 $FM=5$,即 $\triangle FAM$ 为等腰三角形,从而 $\angle FAM=\angle FMA$,即 $\angle BAF=2\angle DAE$.

证法 2 设 G 为边 BC 的中点,联结 GF,则

$$\frac{FC}{GC}=\frac{BG}{AB}=\frac{1}{2},\angle ABG=\angle FGC=90^\circ$$

故 $\triangle FGC \backsim \triangle GAB$,所以

$$\angle AGB+\angle GAB=90^\circ$$

即 $\angle AGF=90^\circ$,亦即 $\angle ADF=\angle AGF=90^\circ$,故 A,D,F,G 四点共圆.

所以 $\angle GAF=\angle GDF=\angle BAG$，即 $\angle BAF=2\angle EAD$.

注 证法 2 是从证明 A,D,F,G 四点共圆入手的.

11. 如图 10，从 $\triangle ABC$ 内一点 O 向三边引直线 OD,OE,OF，D,E,F 分别在 BC,CA,AB 上，又从定点 A,B,C 分别引平行于 OD,OE,OF 的直线 AD_1，BE_1,CF_1，则 $\dfrac{OD}{AD_1}+\dfrac{OE}{BE_1}+\dfrac{OF}{CF_1}1$.

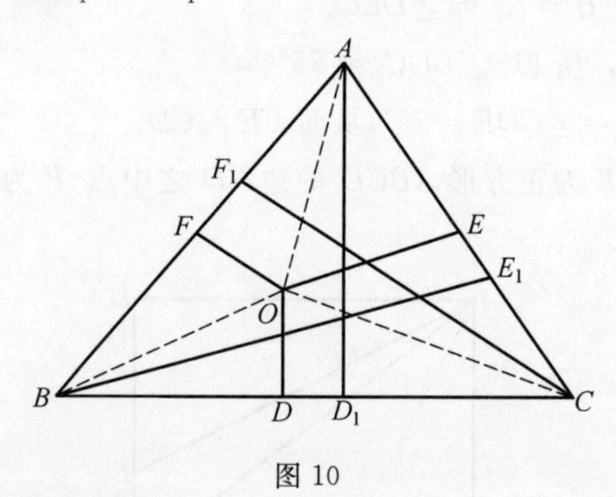

图 10

证明 由面积知识不难作出证明，即

$$\frac{OD}{AD_1}+\frac{OE}{BE_1}+\frac{OF}{CF_1}=\frac{S_{\triangle OBC}}{S_{\triangle ABC}}+\frac{S_{\triangle OAC}}{S_{\triangle ABC}}+\frac{S_{\triangle OAB}}{S_{\triangle ABC}}$$

$$=\frac{S_{\triangle ABC}}{S_{\triangle ABC}}=1$$

12. 如图 11，在 $\triangle ABC$ 中，$AB=AC$，M 在边 BC 上，$BM=MC$，F 在边 AC 上，E 在 AB 的延长线上，EF 交 BC 于点 Q，O 在 AM 的延长线上，且 $OQ\perp EF$，$OB\perp AB$. 求证：$EQ=QF$.

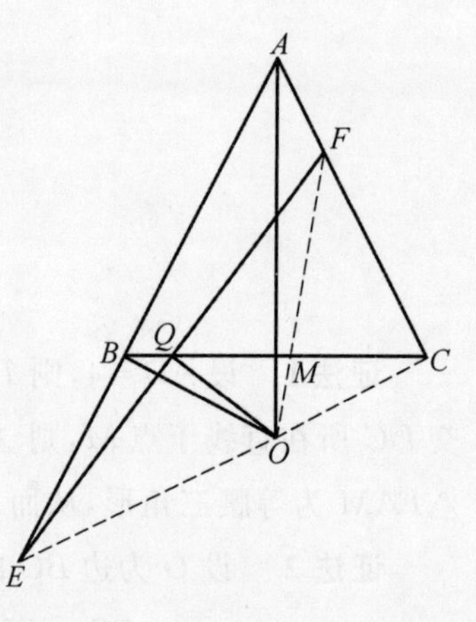

图 11

证明 联结 OE,OC,OF，则因 $OB\perp AB$，$AB=AC$，以及 AO 为 $\angle A$ 的平分线，知 $OC\perp AC$，同时，注意到 $OQ\perp EF$，所以，B,E,O,Q 和 Q,O,C,F 分别四点共圆，所以

$$\angle FEO=\angle MBO=\angle OCM=\angle OFE$$

即 $\triangle OFE$ 为等腰三角形，结合 $OQ\perp EF$ 知，$EQ=QF$.

13. 设 E 为正方形 $ABCD$ 内的一点，且 $\angle EAD=\angle ADE=15^\circ$. 求证：$\triangle EBC$ 为正三角形.

证法 1 如图 12，延长 DE 交正方形 $ABCD$ 的对角线 AC 于点 F，联结 BF，

那么,容易得到 $\angle AFD=120^\circ$,所以有

$$\angle AEF=\angle FAE=30^\circ$$

即 $FA=FE$. 所以 $\triangle ABF\cong\triangle AFD$,又由 $\angle AFB=\angle AFD=120^\circ$,知 $\angle AFE=120^\circ$,所以 $\triangle BFA\cong\triangle BFE$,所以 $BE=BA$,同理可得 $CE=CD$.

故 $\triangle EBC$ 为正三角形.

证法 2 如图 13,在正方形 $ABCD$ 内部作 $\triangle ABF\cong\triangle ADE$,联结 EF,那么易知 $\triangle AEF$ 为等边三角形,从而 $EF=AF=AE$,且 $\angle AFB=150^\circ$,所以 $\angle EFB=150^\circ$,所以 $\triangle BFA\cong\triangle BFE$,所以 $AB=BE$,同理可得 $CE=CD$,从而 $\triangle EBC$ 为正三角形.

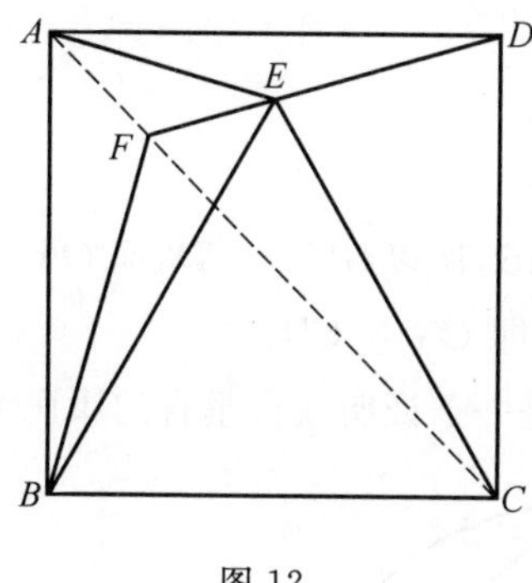

图 12

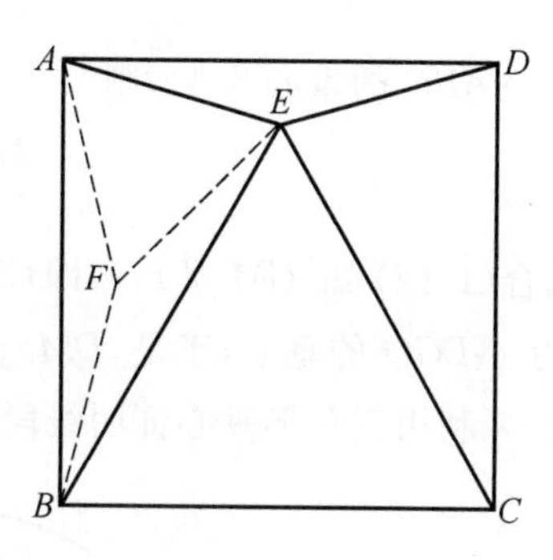

图 13

14. 在 $\triangle ABC$ 中,$\angle A:\angle B:\angle C=1:4:2$,求证:$\frac{1}{BC}=\frac{1}{AB}+\frac{1}{AC}$.

证明 如图 14,在 AC 上取一点 D,使得 $BD=BC$,过 A,C 分别作 $AE\parallel BD$,$CF\parallel BD$,分别交 CB,AB 所在直线于点 E,F,那么,由条件

$$\angle AEB=\angle ABE,\angle AFC=\angle ABD=\angle BAD$$

知 $AE=AB,CF=AC,BD=BC$,于是,由第 5 题的结论,知

$$\frac{1}{BD}=\frac{1}{AE}+\frac{1}{CF}$$

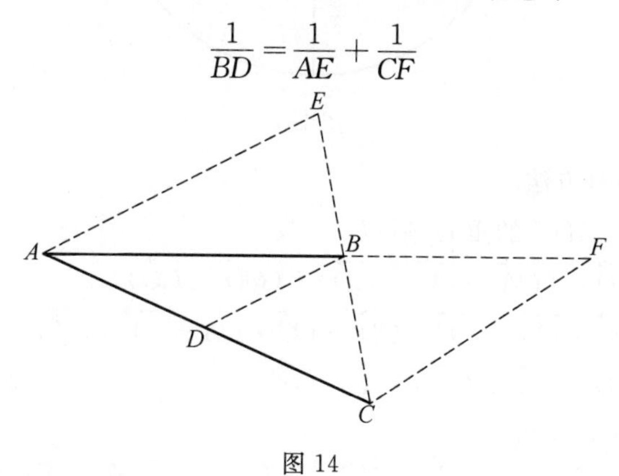

图 14

即

$$\frac{1}{BC}=\frac{1}{AB}+\frac{1}{AC}$$

15. 设 O 为等腰 $\triangle ABC$ 的外心，G 为 $\triangle ADC$ 的重心，D 为边 AB 上的中点，求证：$OG\perp CD$.

证法1 平面几何方法.

如图15，设 E 为边 AC 上的中点，F 为 AD 的中点，联结 OD，CF，GM，DE，OA，则 $OD\perp AB$，注意到 G 为 $\triangle ADC$ 的重心，则

$$\frac{GF}{CF}=\frac{1}{3} \tag{1}$$

记 $\triangle ABC$ 的重心为 M，则

$$\frac{DM}{CD}=\frac{1}{3} \tag{2}$$

联合(1)(2)知，$GM /\!/ FD$，即 $GM /\!/ AB$，所以 $GM\perp OD$，而 $OA\perp DG$，从而 M 为 $\triangle DGO$ 的垂心，于是，$DM\perp OG$，即 $OG\perp CD$.

注 利用三角形垂心证明线段垂直是一条证明线段垂直的康庄大道.

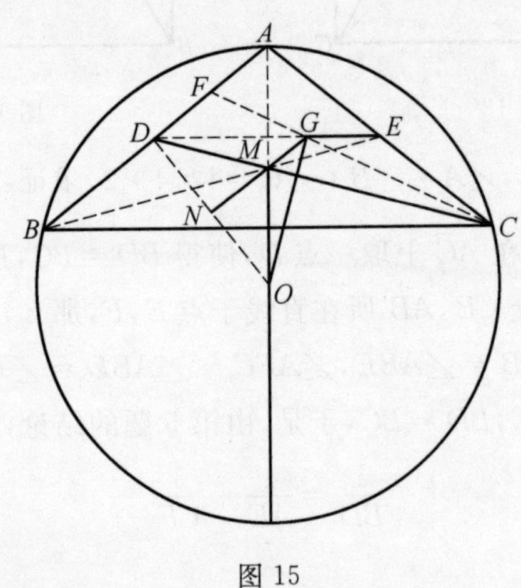

图15

证法2 向量方法.

因为 G 为 $\triangle ADC$ 的重心，所以

$$3\overrightarrow{OG}\cdot\overrightarrow{CD}=(\overrightarrow{OA}+\overrightarrow{OC}+\overrightarrow{OD})\cdot(\overrightarrow{OD}-\overrightarrow{OC})$$

$$=\overrightarrow{OD}^2+\overrightarrow{OD}\cdot\overrightarrow{OA}+\overrightarrow{OC}\cdot\overrightarrow{OD}-\overrightarrow{OC}\cdot\overrightarrow{OA}-\overrightarrow{OC}^2-\overrightarrow{OC}\cdot\overrightarrow{OD}$$

$$=\overrightarrow{OD}^2+\overrightarrow{OD}\cdot\overrightarrow{OA}-\overrightarrow{OC}\cdot\overrightarrow{OA}-\overrightarrow{OC}^2 \tag{*}$$

注意到 $OD\perp AB$，所以

$$\overrightarrow{OD}\cdot\overrightarrow{AD}=0\Rightarrow\overrightarrow{OD}\cdot(\overrightarrow{OD}-\overrightarrow{OA})=0\Rightarrow\overrightarrow{OD}^2=\overrightarrow{OD}\cdot\overrightarrow{OA}$$

所以

$$\begin{aligned}式(*)&=2\overrightarrow{OD}^2-\overrightarrow{OC}\cdot\overrightarrow{OA}-\overrightarrow{OC}^2\\&=2r^2-R^2\cos\angle AOC-R^2\\&=2R^2\cos^2B-R^2(2\cos^2B-1)-R^2=0\end{aligned}$$

(这里 r,R 分别为 OD 和 OA 的长度)即 $OG\perp CD$.

注 这一证明用到了向量内积的模与余弦表示.

也可以不用向量内积的模与余弦表示,注意到 $OE\perp CE$,所以

$$0=\overrightarrow{OE}\cdot\overrightarrow{CE}=\overrightarrow{OE}\cdot(\overrightarrow{OE}-\overrightarrow{OC})\Rightarrow\overrightarrow{OE}^2-\overrightarrow{OE}\cdot\overrightarrow{OC}$$

即

$$\begin{aligned}式(*)&=2\overrightarrow{OD}^2-\overrightarrow{OC}\cdot\overrightarrow{OA}-\overrightarrow{OC}^2=2\overrightarrow{OE}^2-\overrightarrow{OC}\cdot(\overrightarrow{OA}+\overrightarrow{OC})\\&=2\overrightarrow{OE}^2-2\overrightarrow{OC}\cdot\overrightarrow{OE}=0\end{aligned}$$

此证明利用了图形的对称性,证明过程清新流畅,优美自然.

证法 3 向量方法.

设$\overrightarrow{OA}=\boldsymbol{a}$,$\overrightarrow{OB}=\boldsymbol{b}$,$\overrightarrow{OC}=\boldsymbol{c}$,根据题设知,$O$ 为等腰 $\triangle ABC$ 的外心,G 为 $\triangle ADC$ 的重心,所以可设 $OA=OC=OB=R$,且 $\boldsymbol{a}\cdot\boldsymbol{b}=\boldsymbol{a}\cdot\boldsymbol{c}$,$\boldsymbol{c}^2=\frac{3}{4}\boldsymbol{a}^2+\frac{1}{4}\boldsymbol{b}^2$,

那么

$$\begin{aligned}3\overrightarrow{OG}\cdot\overrightarrow{CD}&=(\boldsymbol{a}+\boldsymbol{c}+\overrightarrow{OD})\cdot(\overrightarrow{OD}-\overrightarrow{OC})\\&=\left(\boldsymbol{a}+\boldsymbol{c}+\frac{1}{2}(\boldsymbol{a}+\boldsymbol{b})\right)\cdot\left(\frac{1}{2}(\boldsymbol{a}+\boldsymbol{b})-\boldsymbol{c}\right)\\&=\left(\frac{3}{2}\boldsymbol{a}+\frac{1}{2}\boldsymbol{b}+\boldsymbol{c}\right)\left(\frac{1}{2}\boldsymbol{a}+\frac{1}{2}\boldsymbol{b}-\boldsymbol{c}\right)\\&=\frac{3}{4}\boldsymbol{a}^2+\frac{1}{4}\boldsymbol{b}^2-\boldsymbol{c}^2+\boldsymbol{a}\cdot\boldsymbol{b}-\boldsymbol{a}\cdot\boldsymbol{c}=0\end{aligned}$$

即 $OG\perp CD$.

注 这个证明以 OA,OB,OC 所在向量为基准表示其他各量,并利用平面几何关系是成功解决本题的关键所在.

16. 设凸五变形 $ABCDE$ 满足 $\angle BAC=\angle CAD=\angle EAD$,$\angle CBA=\angle ACD=\angle ADE$,对角线 BD,CE 交于点 P,证明:PA 平分线段 CD.(第 47 届 IMO 预选题 3)

证明 如图 16,设 BD,AC 交于点 M,CE,AD 交于 N,联结 AP 交 CD 于点 F,则由 $\angle BAC=\angle CAD=\angle EAD$,$\angle CBA=\angle ACD=\angle ADE$,知 $\triangle ABC\backsim\triangle ACD\backsim\triangle ADE$,所以

$$\frac{AB}{AC}=\frac{AC}{AD}=\frac{AD}{AE}\Rightarrow\frac{AB}{AD}=\frac{AC}{AE}$$

所以 $\triangle ABD \backsim \triangle ACE$，所以 $\frac{AB}{AM}=\frac{AC}{AN}$，即 $\frac{AB}{AC}=\frac{AM}{AN}$，亦即

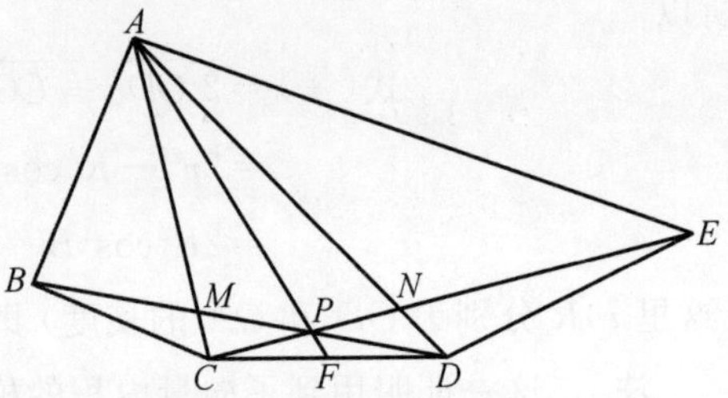

$$\frac{AC}{AD}=\frac{AM}{AN}\Rightarrow\frac{AC}{AD}=\frac{AM}{AN}=\frac{CM}{DN}$$

图 16

于是在 $\triangle ACD$ 中，由于 AF，CN，DM 交于一点 P，则由塞瓦定理，知

$$1=\frac{AM}{MC}\cdot\frac{CF}{FD}\cdot\frac{DN}{NA}=\frac{AM}{AN}\cdot\frac{CF}{FD}\cdot\frac{DN}{MC}=\frac{CF}{FD}$$

所以 $CF=FD$.

17. $\triangle ABC$ 之内切圆 O 分别切三边 BC，CA，AB 于点 D，E，F，作 $DP\perp EF$，则 $\angle BPF=\angle CPE$.

证明　如图 17，作 $BM\perp EF$，$CN\perp EF$，垂足分别为直线 EF 上的点 M，N，因为 AE，AF 为 $\triangle ABC$ 内切圆的切线，所以 $\angle AEF=\angle AFE$，即 $\angle BFM=\angle CEN$，从而 $\mathrm{Rt}\triangle BMF\backsim\mathrm{Rt}\triangle CNE$，所以

$$\frac{CN}{BM}=\frac{CE}{BF}=\frac{CD}{BD}$$

而 $BM\parallel PD\parallel CN$，所以

$$\frac{PN}{MP}=\frac{CD}{BD}=\frac{CN}{BM}$$

所以 $\angle MPB=\angle NPC$，从而 $\angle BPF=\angle CPE$.

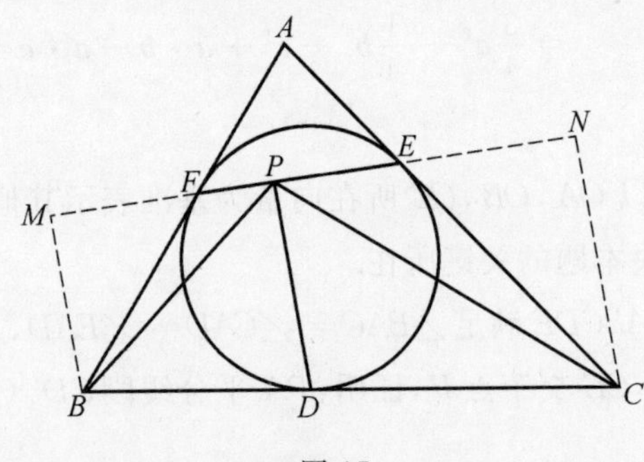

图 17

18. 已知梯形 $ABCD$ 的上、下底边满足 $AB\geqslant CD$，点 E，F 分别在 AB，CD 上，且满足 $\frac{AE}{EB}=\frac{DF}{FC}$，若在线段 EF 上存在 P，Q 满足 $\angle APB=\angle BCD$，$\angle CQD=$

$\angle ABC$,证明:P,Q,B,C 四点共圆.(第 47 届 IMO 预选题第 2 题,参看《中等数学》2007 年第 9 期第 24 页)

证明 如图 18,结合条件$\frac{AE}{EB}=\frac{DF}{FC}$知,$AD,BC,EF$ 的延长线交于一点,记该点为 O,设 EF 分别与 $\triangle ABP$,$\triangle CDQ$ 的外接圆交于点 M,N,于是由 $\angle APB=\angle BCD$,$AB \parallel CD$,以及 $\angle DCB+\angle ABC=180°$,$\angle APB+\angle AMB=180°$,知 $\angle AMB=\angle ABC$,所以,由弦切角定理的逆定理知,直线 OB 是 $\triangle ABP$ 外接圆的切线,同理,直线 OB 也是 $\triangle CDQ$ 外接圆的切线,于是

$$OB^2=OP\cdot OM, OC^2=OQ\cdot ON$$

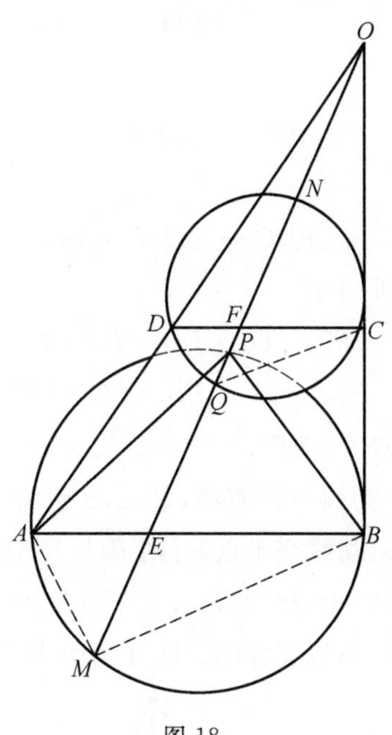

图 18

即 O 是 $\triangle ABP$,$\triangle CDQ$ 外接圆的位似中心,则 $\frac{OC}{OB}=\frac{OQ}{OM}$,即 $CQ \parallel MB$,所以

$$\angle OQC=\angle OMB=\angle PBO$$

从而 P,Q,B,C 四点共圆.

19. 设圆内接四边形 $ABCD$ 的两组对边 AB,CD 及 AD,BC 分别交于点 E,F,作切线 EM,FN,则 $EM^2+FN^2=EF^2$.

证明 如图 19,在 EF 上找一点 G,使得 B,C,G,E 四点共圆,由于 B,C,G,E 四点共圆,所以

$$\angle FDC=\angle ABC, \angle ADC=\angle EBC=\angle CGF$$

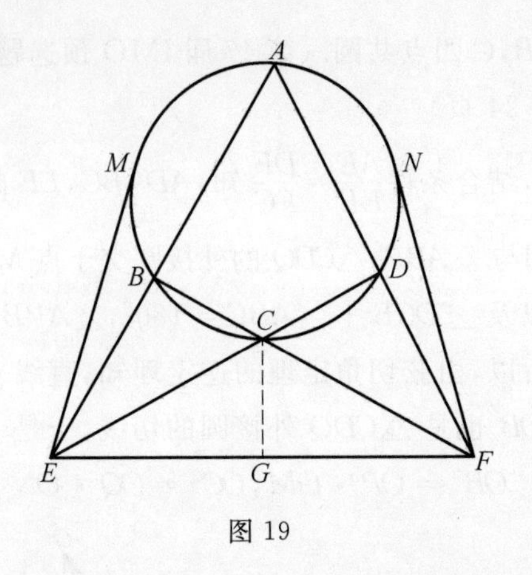

图 19

而

$$\angle ADC + \angle CDF = 180^\circ$$

所以

$$\angle FDC + \angle CGF = 180^\circ$$

从而 D,C,G,F 四点共圆，于是

$$EM^2 = EC \cdot ED = EG \cdot EF$$

$$FN^2 = FC \cdot FB = FG \cdot FE$$

此两式相加得，$EM^2 + FN^2 = EF^2$.

20. 如图 20，设 AB 为圆 O 的直径，过 A,B 引两相交弦 AC,BD 相交于点 H，过 C,D 分别作圆 O 的切线交于点 P，则 $PH \perp AB$.

证明 如图 20，联结 AD,BC 并延长交于点 E，再联结 OD，则 H 为 $\triangle EAB$ 的垂心，于是，$EH \perp AB$，所以要证明 $PH \perp AB$，只需证明 P 在 EH 上.

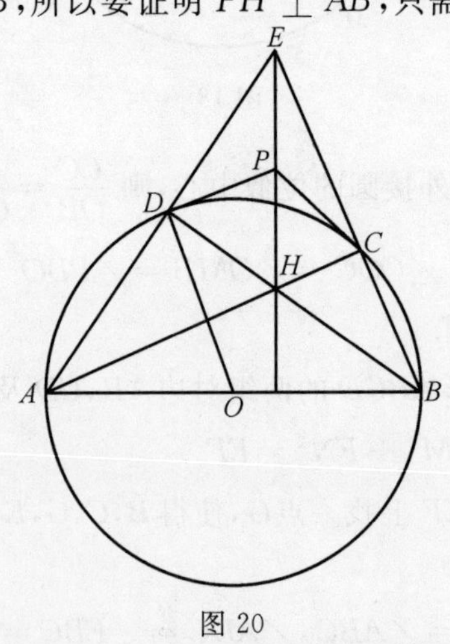

图 20

由 $BD \perp AE$,易知

$$\angle ODB = \angle EDP$$

$$\angle EDP = \angle ODB = \angle OBD = \angle AEH$$

同理可得 $\angle PDH = \angle PHD$.

从而 P 为 $\mathrm{Rt}\triangle DEH$ 的斜边 EH 上的中点,同理可得,P 也为 $\mathrm{Rt}\triangle CEH$ 的斜边 EH 上的中点,这时,DP,CP,EH 三线共点,即 $PH \perp AB$.

注 本题的证明实质上是证明三线共点,这是证明多线共点或者三点共线的一种常用方法.

21. 已知 D,E,F 分别为 $\triangle ABC$ 的边 BC,CA,AB 上的点,且 AD,BE,CF 交于点 M,$\triangle DEF$ 的外接圆分别交 BC,CA,AB 于点 D_1,E_1,F_1,求证:AD_1,BE_1,CF_1 三线共点.

证明 如图 21,在 $\triangle ABC$ 中,因为 AD,BE,CF 交于点 M,于是,由塞瓦定理知

$$1 = \frac{AF}{FB} \cdot \frac{BD}{DC} \cdot \frac{CE}{EA} \tag{1}$$

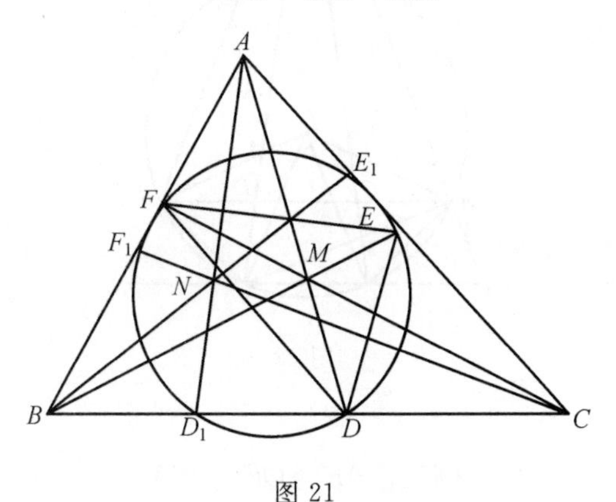

图 21

由 A,B,C 三点向 $\triangle DEF$ 的外接圆所引的切割线共有 6 条,根据切割线定理,知

$$AF \cdot AF_1 = AE \cdot AE_1 \Rightarrow \frac{AF}{AE} = \frac{AE_1}{AF_1} \tag{2}$$

$$BF \cdot BF_1 = BD \cdot BD_1 \Rightarrow \frac{BD}{BF} = \frac{BF_1}{BD_1} \tag{3}$$

$$CD \cdot CD_1 = CE \cdot CE_1 \Rightarrow \frac{CE}{CD} = \frac{CD_1}{CE_1} \tag{4}$$

由(2)×(3)×(4) 并注意到(1),便得

$$\frac{AE_1}{AF_1}\cdot\frac{BF_1}{BD_1}\cdot\frac{CD_1}{CE_1}=1\Rightarrow\frac{AE_1}{E_1C}\cdot\frac{CD_1}{D_1B}\cdot\frac{BF_1}{F_1A}=1$$

在 $\triangle ABC$ 中，根据塞瓦定理的逆定理知，AD_1，BE_1，CF_1 三线共点.

22. 设圆 O 的弦 AB 的三等分点分别顺次为 C，D，这条弦所对的劣弧的三等分点依次为 E，F，若 EC 与 FD 的延长线交于点 S，则 $\angle AOB=3\angle ASB$，且 $EO\parallel SA$，$OF\parallel SB$.

证明 如图 22，易知 $AE=EF=FB$（弧等等价于弦长相等），$AC=CD=DB$，可得

$$ME=EF=FN\Rightarrow EA=EM$$

即 $AE=\frac{1}{2}MF$，所以 $\angle MAF=90°$.

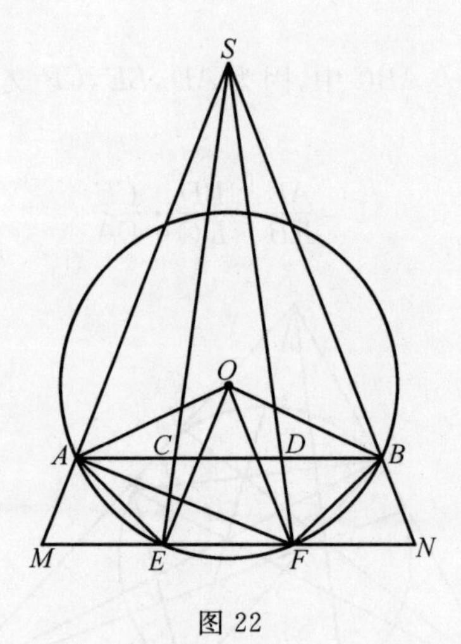

图 22

又

$$OE\perp AF\Rightarrow OE\parallel SA$$

同理 $OF\parallel SB$，所以 $\angle EOF=\angle FOB$，所以 $\angle AOB=3\angle ASB$.

23. 如图 23，设圆 O 的直径为 AB，由 A 所引的切线上一点 C 作割线与圆 O 交于点 D，E（D，E 位于 AB 两侧），且 BD，BE 与 CO 所在直线交于点 F，G. 求证：$OF=OG$.

证明 如图 23，过 O 作 $OH\perp DE$，H 为垂足，联结 AH，AD，MH，过 D 作 $DN\parallel FG$，分别交 AB，BE 于点 M，N. 因为 $\angle CAB=\angle OHC=90°$，所以 C，O，H，A 四点共圆，所以 $\angle BAH=\angle GCE=\angle NDE$，所以 D，M，H，A 四点共圆，所以 $\angle DAB=\angle DEB=\angle MHC$，所以 $MH\parallel BE$，而 $DH=HE$，所以 $MD=MN$，再注意到 $FG\parallel DN$，所以 $FO=OG$.

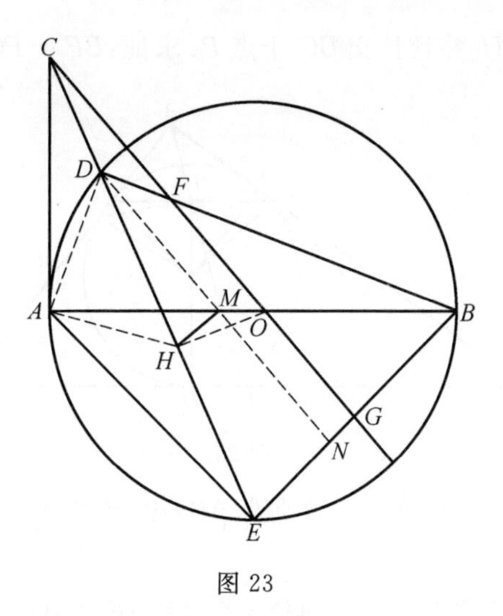

图 23

24. 圆O的直径AB垂直于非直径的弦CD,弦AE与半径OC交于点F,弦DE交BC于点G.求证:$FG // AB$.

证明 联结AC,CE,BE,BD,于是

$$\angle CDB=\angle CAB=\angle ACO=\angle BCD=\angle BED$$

而$\angle ACB=\angle AEB=90°$,所以$\angle OCB=\angle AED$,即$C$,$F$,$G$,$E$四点共圆,所以

$$\angle FGC=\angle AEC=\angle ABC$$

从而$FG // AB$.

25. 如图 24,在直角梯形$ABCD$中,$AB\perp BC$,$AD // BC$,$AD=DC$,AB,BC的中点分别为E,F,求证$EC\perp DF$.

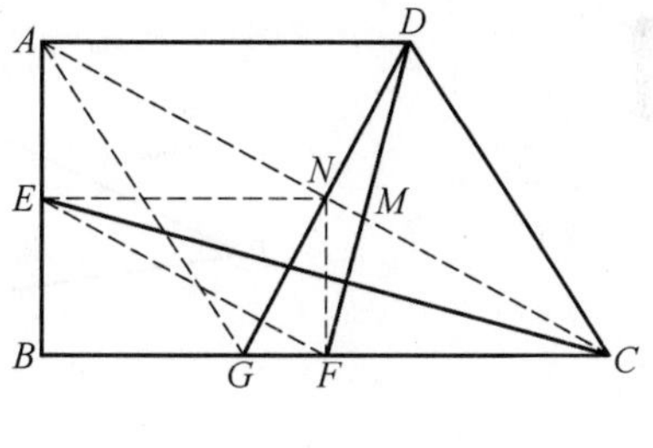

图 24

证明 设DF与CE交于点M,N为AC的中点,DN与BC交于点G,联结NE,NF,EF,AG,要证明$EC\perp DF$,显然,只要证明D,N,M,C四点共圆即可,由已知条件知$\angle DNC=90°$,于是结论等价于要证明

$$\angle NDM=\angle NCM$$

$$\Leftrightarrow\triangle DNF\backsim\triangle CNE\Leftrightarrow\frac{DN}{NC}=\frac{NF}{EN}$$

$$\Leftrightarrow\frac{NG}{NC}=\frac{AE}{EN}\Leftrightarrow\triangle GNC\backsim\triangle AEN$$

而这是显然的.

26. 如图 25,$\triangle ABC$的内切圆圆I切三边BC,CA,AB于点D,E,F,DI与

EF 交于点 H,连 AH 并延长交 BC 于点 P.求证:$BP=PC$.

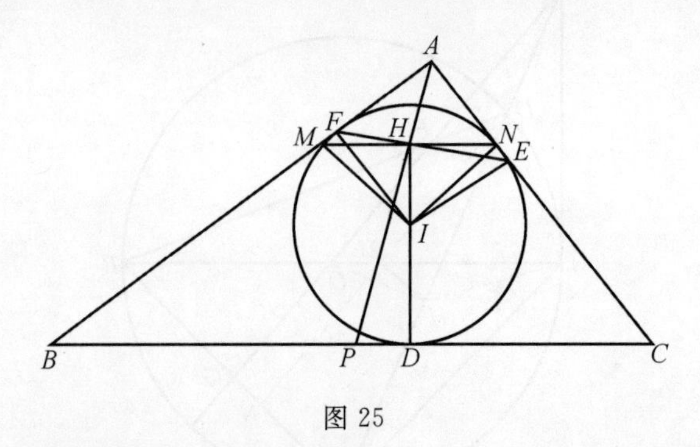

图 25

证明 过 H 作 $MN /\!/ BC$,分别交 AB,AC 于点 M,N,联结 IM,IN,于是只要证明 $MH=HN$ 即可.

因为 $HD\perp BC$,所以 $HD\perp MN$,考虑到 $IF\perp AB$,所以 I,H,F,M 四点共圆,即 $\angle HFI=\angle HMI$,同理可得 I,H,N,E 四点共圆,所以 $\angle HNI=\angle HEI$.而 $\angle IFE=\angle IEF$,所以 $\angle IMN=\angle INM$,所以 H 为 MN 的中点,结合 $MN /\!/ BC$ 知,AP 通过 BC 的中点,即 $BP=PC$.

27.如图 26,延长圆内接四边形 $ABCD$ 的对边 BA,CD 交于点 P,联结 AC,BD,求证:$\dfrac{BD\cdot BC}{AC\cdot AD}=\dfrac{BP}{AP}$.

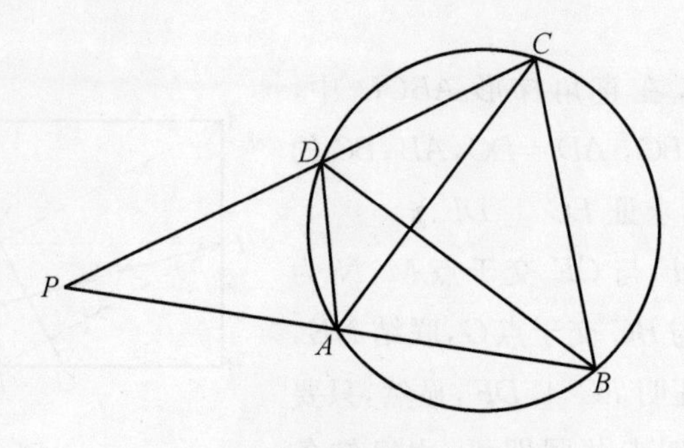

图 26

证明 易知 $\triangle PAC\backsim\triangle PDB$,所以

$$\frac{DB}{AC}=\frac{PD}{PA},\frac{BC}{AD}=\frac{PB}{PD}$$

此两式相乘,得

$$\frac{BD\cdot BC}{AC\cdot AD}=\frac{BP}{AP}$$

28. AB 为圆 O 的直径,AC 为圆 O 的切线,过 C 作圆 O 的切线,切点为 D,作

$DE \perp AB$ 于点 E，BC 与 DE 交于点 M，则 $DM = ME$.

证明　如图 27，因为 AB 为直径，所以 $AD \perp BD$，即 $\angle ADB = 90°$. 又 CA，CD 都是圆的切线，所以 $CA = CD$，所以 $\angle CAD = \angle CDA$，$\angle CFD = \angle CDF$，故 $CA = CD = CF$，而 $AF \parallel DE$，所以 BC 通过 DE 的中点.

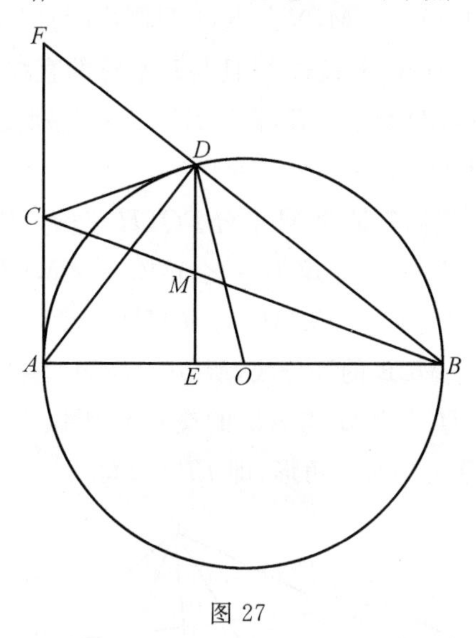

图 27

29. 如图 28，在 $\triangle ABC$ 中，$AB > AC$，AD 平分 $\angle A$，点 E 在 $\triangle ABC$ 的内部，且 $EC \perp AD$，$ED \parallel AC$，求证：射线 AE 平分边 BC.

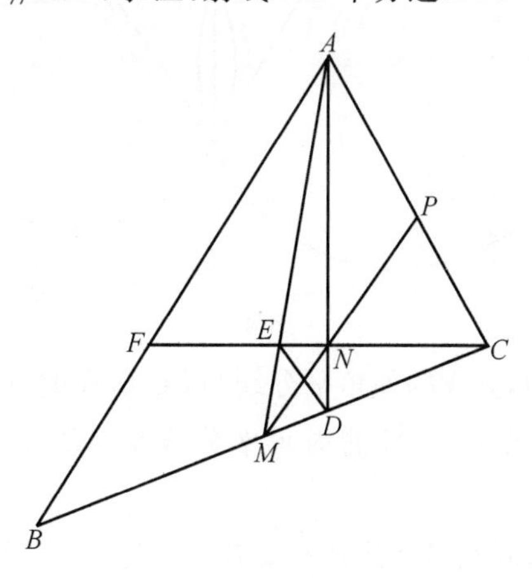

图 28

证明　联结 MN 并延长交 AC 于 P，由于 $DE \parallel AC$，所以

$$\frac{ME}{AE} = \frac{MD}{CD} \Rightarrow \frac{EM}{AE} \cdot \frac{CD}{MD} = 1 \tag{1}$$

在 $\triangle AMC$ 中，由于 AD，MP，CE 交于一点 N，所以，根据塞瓦定理，知

$$\frac{AE}{EM}\cdot\frac{MD}{DC}\cdot\frac{CP}{PA}=1 \tag{2}$$

将(1) 代入(2) 得到 $PC=AP$，再注意到 $PM\parallel AB$，所以 $BM=MC$，即 AE 通过 BC 的中点.

30. 圆 O_1 与圆 O_2 相交于 M,N 两点，L 是圆 O_1 与圆 O_2 的公切线中距离 M 较近的那条，切点分别为 A,B，设过 M 且与 L 平行的直线与圆 O_1 和圆 O_2 分别交于点 C,D，直线 CA,BD 交于点 E，直线 AN,BN 分别交 CD 于点 P,Q. 求证：$EP=EQ$.（第 41 届 IMO 试题）

证明　如图 29，我们先证明 M 平分 PQ(H 平分 AB)，易知

$$\angle EAB=\angle ECB=\angle AMC=\angle MAB$$

$$\angle EBA=\angle BDM=\angle BMD=\angle MBA$$

即 AB 是 $\angle MAE$ 和 $\angle MBE$ 的平分线，所以 $\triangle BEA\cong\triangle BMA$. 根据圆幂定理知，$H$ 为 AB 的中点(H 为 NM 与 AB 的交点)，所以 M 为 PQ 的中点，结合 $EM\perp PQ$ 知，$\triangle EPQ$ 为等腰三角形，即 $EP=EQ$.

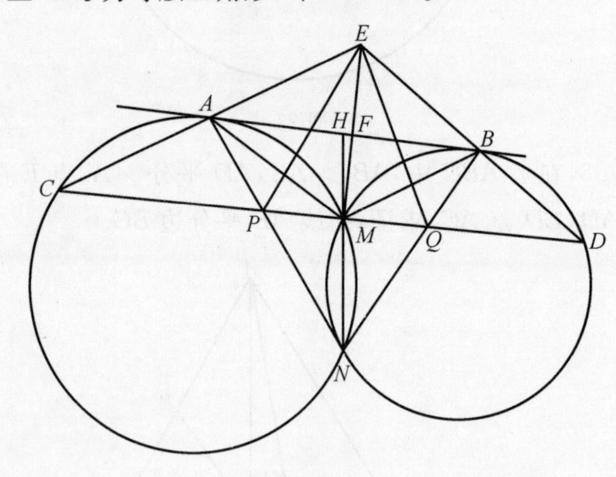

图 29

31. 设 $\triangle ABC$ 中，$\angle A$ 的外角平分线与 BC 所在的直线交于点 P，$\angle B$ 的内角平分线与 AC 交于点 Q，$\angle C$ 的内角平分线交 AB 于点 R，则 P,Q,R 三点共线.

证明　如图 30，联结 AO 并延长交 BC 于点 M，于是，AM,BQ,CR 交于一点，因此，在 $\triangle ABC$ 中关于点 O 应用塞瓦定理，得

$$\frac{AR}{RB}\cdot\frac{BM}{MC}\cdot\frac{CQ}{QA}=1 \tag{*}$$

由内、外角平分线性质定理，知

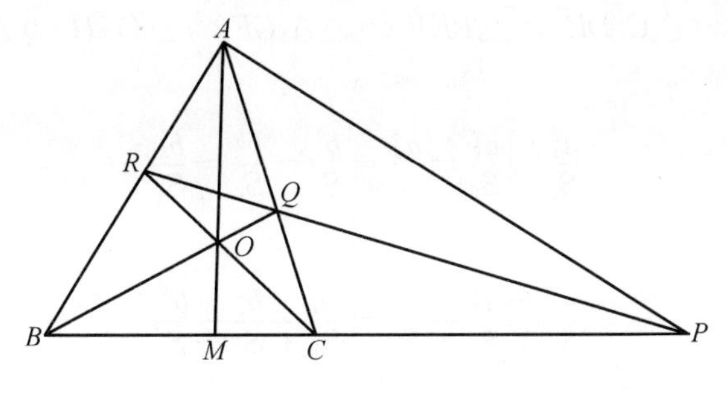

图 30

$$\frac{BM}{MC}=\frac{AB}{AC}=\frac{BP}{PC}$$

代入到式(*),得

$$\frac{AR}{RB}\cdot\frac{BP}{PC}\cdot\frac{CQ}{QA}=1$$

将 PQR 看成 $\triangle ABC$ 的截线,于是,根据梅涅劳斯定理的逆定理知,P,Q,R 三点共线.

32.如图 31,将正 $\triangle ABC$ 任意旋转一个方向后得 $\triangle A_1B_1C_1$,AB 与 B_1C_1,A_1C_1 交于点 D,E,BC 与 A_1C_1,A_1B_1 交于点 F,G,AC 与 B_1C_1,A_1B_1 交于点 P,H,若 $DE=a_1$,$PH=a_2$,$FG=a_3$,$EF=b_1$,$GH=b_2$,$PD=b_3$,则

$$a_1^2+a_2^2+a_3^2=b_1^2+b_2^2+b_3^2$$

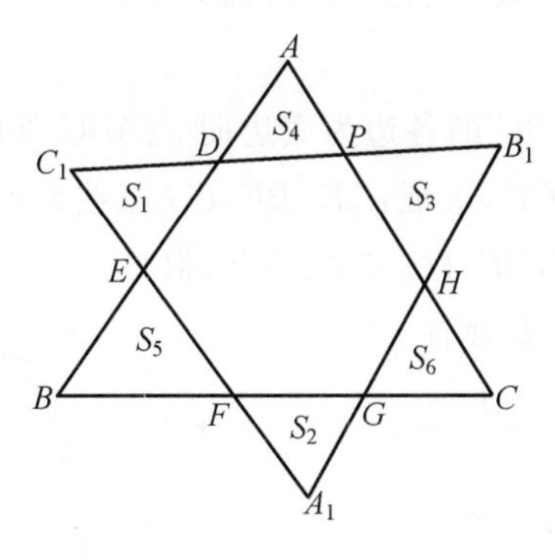

图 31

证明 由已知条件知 $\triangle ABC\cong\triangle A_1B_1C_1$,又

$$S_{\triangle ABC}-S_{六边形DEFGHP}=S_4+S_5+S_6$$

$$S_{\triangle A_1B_1C_1}-S_{六边形DEFGHP}=S_1+S_2+S_3$$

其中 $S_1\sim S_6$ 表示三角形的面积,如图 31 所示,所以

$$S_1+S_2+S_3=S_4+S_5+S_6$$

则易知

$$\triangle ADP \backsim \triangle C_1DE \backsim \triangle BEF \backsim \triangle A_1GF \backsim \triangle CGH \backsim \triangle B_1PH$$

所以

$$\frac{a_1^2}{S_1}=\frac{a_2^2}{S_2}=\frac{a_3^2}{S_3}=\frac{b_1^2}{S_5}=\frac{b_2^2}{S_6}=\frac{b_3^2}{S_4}$$

即

$$\frac{a_1^2+a_2^2+a_3^2}{S_1+S_2+S_3}=\frac{b_1^2+b_2^2+b_3^2}{S_4+S_5+S_6}$$

从而 $a_1^2+a_2^2+a_3^2=b_1^2+b_2^2+b_3^2$.

33. 凸四边形 $ABCD$ 中，$\angle A+\angle D=120^\circ$，以 AC，BC，BD 为一边分别向四边形外侧作正 $\triangle ACP$，正 $\triangle BCS$，正 $\triangle BDQ$，则 P，S，Q 三点共线.

证明　如图 32，延长 AB，DC 交于点 R，联结 PR，RS，QR，因为 $\angle BAD+\angle ADC=120^\circ$，所以 $\angle BRC=60^\circ$，而 $\angle BSC=60^\circ$，所以 B，R，S，C 四点共圆，所以 $\angle CRS=\angle CBS=60^\circ$，而 $\angle APC=\angle BRC=60^\circ$，所以 A，P，R，D 四点共圆，所以 $\angle BRP=\angle ACP=60^\circ$，所以 P，R，S 三点共线.

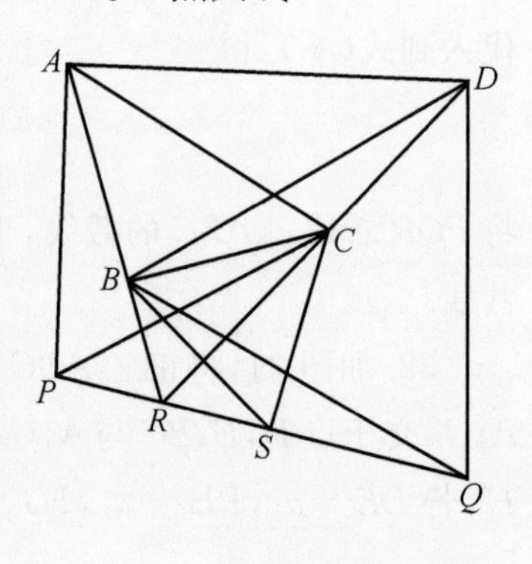

图 32

又 $\angle BRC=\angle BQD=60^\circ$，所以 B，R，Q，D 四点共圆，所以 $\angle DRQ=\angle DBQ=60^\circ$，所以 $\angle QRP=180^\circ$，所以 P，R，Q 三点共线，进而 P，S，Q 三点共线.

34. 如图 33，以 $\triangle ABC$ 的各边为底边向 $\triangle ABC$ 外侧作三个相似等腰三角形 $\triangle ABG$，$\triangle CAF$，$\triangle BCE$，求证：AE，BF，CG 三线共点.

证明　要证明 AE，BF，CG 三线共点，根据塞瓦定理的逆定理知，只要证

$$\frac{BM}{MC}\cdot\frac{CN}{NA}\cdot\frac{AD}{DB}=1 \qquad (*)$$

而由三角形中的面积知识，知

$$\frac{AD}{DB}=\frac{S_{\triangle ACG}}{S_{\triangle BCG}}=\frac{AG\cdot AC\sin(\angle GAB+\angle BAC)}{BG\cdot BC\sin(\angle ABC+\angle GBA)}$$

$$\frac{BM}{MC}=\frac{S_{\triangle ABE}}{S_{\triangle ACE}}=\frac{AB\cdot BE\sin(\angle ABC+\angle EBC)}{AC\cdot CE\sin(\angle ACB+\angle BCE)}$$

$$\frac{CN}{NA}=\frac{S_{\triangle BCF}}{S_{\triangle ABF}}=\frac{BC\cdot CF\sin(\angle ACB+\angle ACF)}{AB\cdot AF\sin(\angle BAC+\angle CAF)}$$

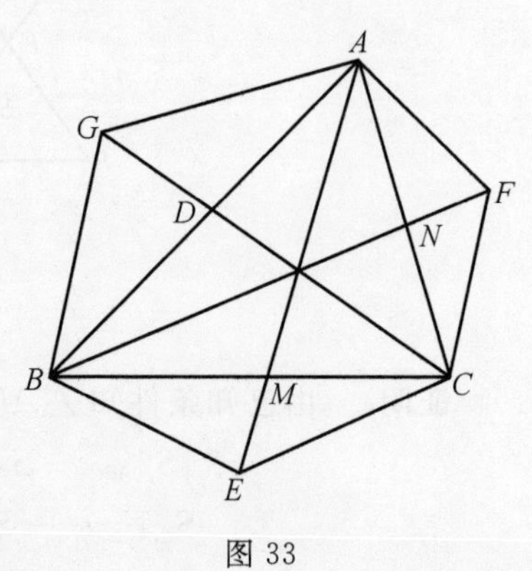

图 33

此三相乘得到式$(*)$，于是结论得证.

35. 设$\triangle ABC$的三个旁切圆在BC,CA,AB上的切点分别为D,E,F，则AD,BE,CF三线共点.

证明　设三个圆与$\triangle ABC$的三边所在直线的切点如图34所示，记$p=\frac{1}{2}(a+b+c)$，则由切线长定理，知

$BQ=BD=p-c, AE=AM=p-c$

$CD=CP=p-b, AF=AC=p-b$

$CE=CN=p-a, BF=BR=p-a$

所以

$$BD=AE, CD=AF, CE=BF$$

所以

$$\frac{AF}{BF}\cdot\frac{BD}{DC}\cdot\frac{CE}{EA}=\frac{CD}{CE}\cdot\frac{BD}{DC}\cdot\frac{CE}{EA}=1$$

视AD,BE,CF为$\triangle ABC$的三条线段，根据塞瓦定理的逆定理知，AD,BE,CF三线共点.

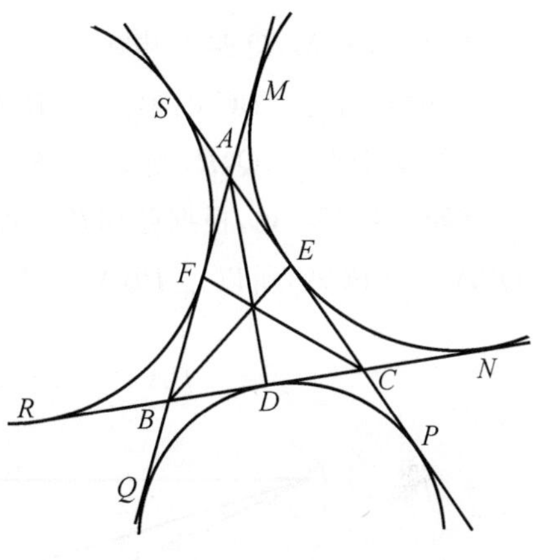

图 34

36. 设AD,BE,CF分别为锐角$\triangle ABC$的三条高线，过D作$RQ\parallel EF$交AC,AB于点Q,R，EF交BC于点P，求证：$\triangle PQR$的外接圆过BC的中点M.

证明　如图35，联结EM,DE，由作图知

$$\angle BAD=\angle BCF=\angle BEF=\angle BED$$

又在$Rt\triangle BEC$中，M为斜边BC之中点，所以$\angle MBE=\angle MEB$，所以

$$\angle EDM=\angle EBD+\angle BED=\angle BEM+\angle PEB=\angle PEM$$

所以$\triangle PEM\backsim\triangle EDM$，所以

$$EM^2=MD\cdot MP=MD(MD+DP)$$

即

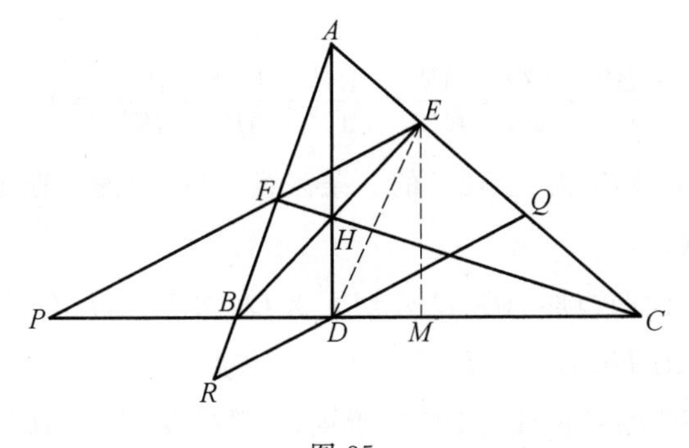

图 35

$$EM^2 = DM^2 + DM \cdot DP \Rightarrow DM \cdot DP = EM^2 - DM^2$$
$$= (EM + DM)(EM - DM) = CD \cdot BD$$

又 $\angle AHE = \angle ACB = \angle AFE = \angle PFB$，而 $QR \parallel PE$，所以 $\angle PFB = \angle BRD$，即 $\angle ACB = \angle BRD$，所以

$$BD \cdot DC = RD \cdot DQ, DM \cdot PD = RD \cdot DQ$$

从而 P,R,M,Q 四点共圆，即 $\triangle PQR$ 的外接圆过 BC 的中点 M.

37. 分别过 $\triangle ABC$ 的顶点 A,B,C 作其外接圆的切线，分别与 BC,CA,AB 所在直线交于点 P,Q,R，则 P,Q,R 三点共线.

证明 如图 36，根据弦切角定理知，$\angle BAP = \angle ACP$，$\angle ACR = \angle RBC$，$\angle QBA = \angle BCA$，所以 $\triangle PBA \backsim \triangle PAC$，所以

$$\frac{PB}{PA} = \frac{AB}{AC} = \frac{PA}{PC} \Rightarrow \frac{PB}{PC} = \frac{AB^2}{AC^2}$$

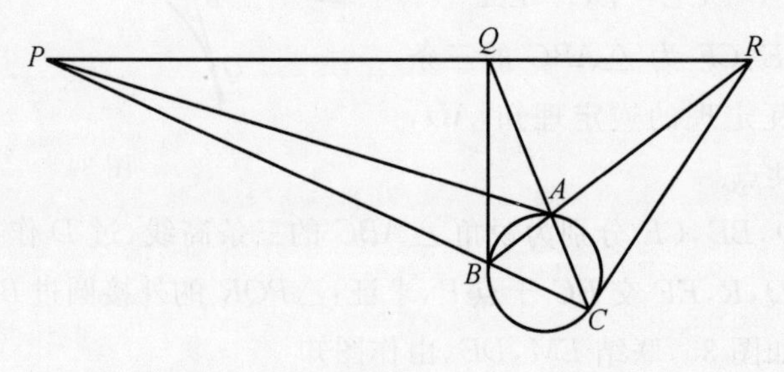

图 36

又由

$$\triangle QBC \backsim \triangle QAB \Rightarrow \frac{QB}{QA} = \frac{BC}{AB} = \frac{QC}{QB} \Rightarrow \frac{QC}{QA} = \frac{BC^2}{AB^2}$$

$$\triangle RAC \backsim \triangle RCB \Rightarrow \frac{RA}{RC} = \frac{AC}{BC} = \frac{RC}{RB} \Rightarrow \frac{RA}{RB} = \frac{AC^2}{BC^2}$$

所以

$$\frac{BP}{PC} \cdot \frac{CQ}{QA} \cdot \frac{AR}{RB} = \frac{AB^2}{AC^2} \cdot \frac{BC^2}{AB^2} \cdot \frac{AC^2}{BC^2} = 1$$

于是，视直线 PQR 为 $\triangle ABC$ 的一条截线，根据梅涅劳斯定理的逆定理知，P,Q,R 三点共线.

38. 如图 37，设四边形 $ABCD$ 外切于圆 O，切点 E,F,G,H 分别在边 AB，BC,CD,DA 上，则 HE,DB,GF 平行或三线共点.

证明 设 GF 的延长线与 BD 交于点 P，视 GFP 为 $\triangle ABD$ 的截线，根据梅涅劳斯定理，知

$$\frac{AG}{GB}\cdot\frac{BP}{PD}\cdot\frac{DF}{FA}=1 \qquad (1)$$

而 $AG=AF$，于是，式(1) 进一步变形为

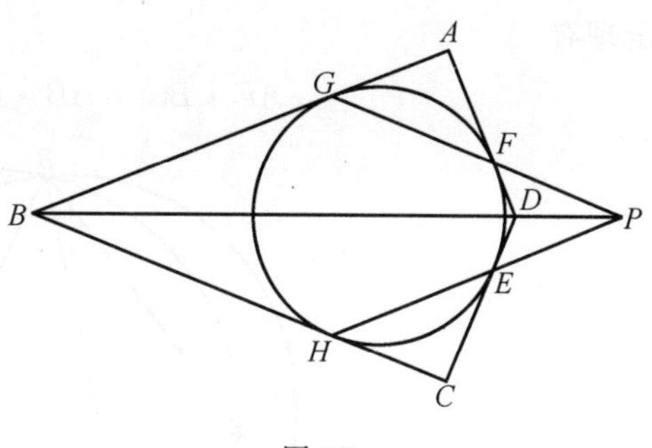

图 37

$$\frac{BP}{PD}\cdot\frac{DF}{FA}=1 \qquad (2)$$

又 $CH=CE$，$BG=BH$，$DF=DE$，所以式(2) 又可以变形为

$$\frac{DE}{GB}\cdot\frac{HC}{CE}\cdot\frac{BP}{PD}=1$$

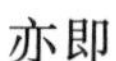
亦即

$$\frac{CH}{HB}\cdot\frac{BP}{PD}\cdot\frac{DE}{EC}=1 \qquad (3)$$

这是将 H,E,P 三点看作一条直线去截 $\triangle BCD$ 时，得到的梅涅劳斯定理的结果，于是根据梅涅劳斯定理的逆定理知，H,E,P 三点共线，故 HE,DB,GF 三线共点.

显然，当 $GF\parallel BD\parallel HE$ 时，HE,DB,GF 是平行的.

从而结论得证.

39. 平面上有一凸四边形 $ABCD$ 及其内部两点 E,F，满足 $AE=BE$，$CE=DE$，$\angle AEB=\angle CED$，$AF=DF$，$BF=CF$，$\angle AFD=\angle BFC$. 求证：$\angle AFD+\angle AEB=180°$.（2001 中国数学奥林匹克集训队选拔考试题）

证明 如图 38，设 AC 与 BD 交于点 P，由

$$EA=EB, EC=ED,$$

$$\angle AEB=\angle CED\Rightarrow\triangle BED\cong\triangle AEC$$

所以 A,P,E,B 四点共圆，所以 $\angle AEB=APB$.

又 $\angle AFD=\angle BFC$，$AF=DF$，$BF=FC$，所以 $\triangle BFD\cong\triangle CFA$，所以 $\angle CAF=\angle BDF$，所以 A,P,F,D 四点共圆，所以 $\angle AFD=\angle APD$，而 $\angle APB+\angle APD=180°$，所以 $\angle AFD+\angle AEB=180°$.

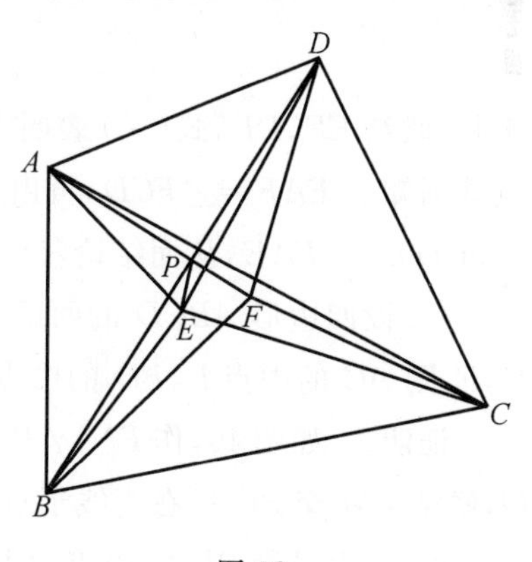

图 38

40. 在 $\triangle ABC$ 中，$AB<AC<BC$，D 在 BC 上，E 在 BA 的延长线上，且 $BD=BE=AC$，$\triangle DBE$ 的外接圆与 $\triangle ABC$ 的外接圆交于点 F，则 $BF=AF+CF$.

证明 如图 39，设 $BD=BE=AC=x$，则在四边形 $ABCF$ 中，运用托勒密

定理有

$$AF \cdot BC + AB \cdot CF = AC \cdot BF$$

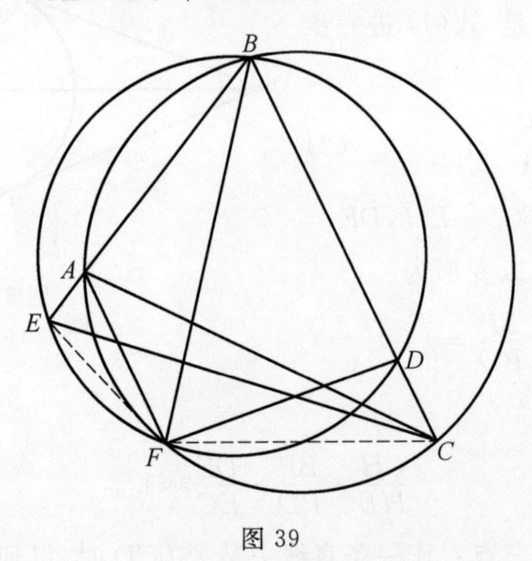

图 39

即

$$AF(x + CD) + CF(x - AE) = xBF$$

亦即

$$x(AF + CF - BF) = FC \cdot AE - AF \cdot CD$$

要证明 $BF = AF + CF$，只需证明

$$FC \cdot AE = AF \cdot CD$$

上式又进一步等价于

$$\frac{FC}{CD} = \frac{AF}{AE} \quad (*)$$

于是，联结 EF，DF，式(*)表明需证 $\triangle FCD \backsim \triangle FAE$. 很显然由 A，B，C，F 四点共圆知 $\angle EAF = \angle FCD$，再由 B，E，F，D 四点共圆知 $\angle AEF = \angle FDC$，所以 $\triangle FCD \backsim \triangle FAE$，从而结论获证.

41. 设四边形 $ABCD$ 的两组对边 BA，CD 及 BC，AD 所在直线分别交于点 E，F，则 AC 的中点 L，BD 的中点 M 及 EF 中点 N 三点共线(牛顿定理).

证明 如图 40，作 $PN \parallel BC$ 交 AB 所在直线于点 P，交 EC 所在直线于点 O，联结 PM 交 BC 所在直线于点 Q，联结 OQ，于是 $PE = PB$，$EO = OC$.

而 M 为线段 BD 的中点，即 PQ 为 $\triangle CEB$ 的中位线，即有 $BQ = QC$，视 ADF 为 $\triangle EBC$ 的截线，根据梅涅劳斯定理，知

$$\frac{EA}{AB} \cdot \frac{BF}{FC} \cdot \frac{CD}{DE} = 1 \quad (1)$$

再注意到 $OQ \parallel EB$，L 在 OQ 上，所以

$$\frac{EA}{AB}=\frac{OL}{LQ} \tag{2}$$

又 $PN \parallel BF$，所以

$$\frac{BC}{CF}=\frac{PO}{ON} \tag{3}$$

再注意到 $PQ \parallel CE$，所以

$$\frac{CD}{DE}=\frac{QM}{MP} \tag{4}$$

将式(2)(3)(4) 代入式(1)，得

$$\frac{OL}{LQ}\cdot\frac{PN}{NO}\cdot\frac{QM}{MP}=1$$

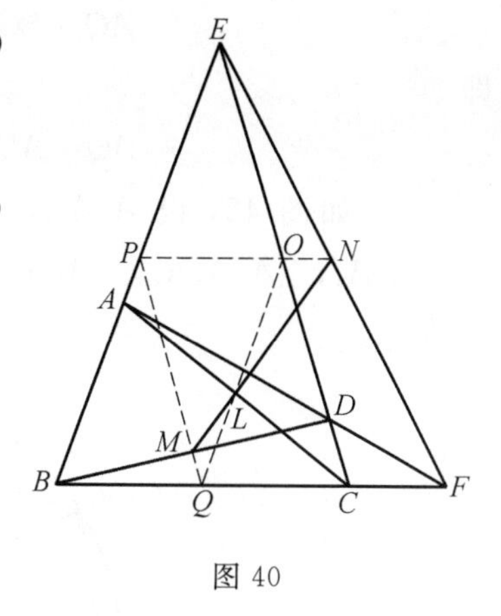

图 40

即 $\frac{OL}{LQ}\cdot\frac{QM}{MP}\cdot\frac{PN}{NO}=1$，这是 L,M,N 三点所在直线去截 $\triangle OPQ$ 时的结论，根据梅涅劳斯定理的逆定理知，M,L,N 三点共线.

42. 如图 41，设 P,Q 分别为平行四边形 $ABCD$ 的边 AB,AD 上的点，$\triangle APQ$ 的外接圆交对角线 AC 于点 R，求证：$AP\cdot AB+AQ\cdot AD=AR\cdot AC$.

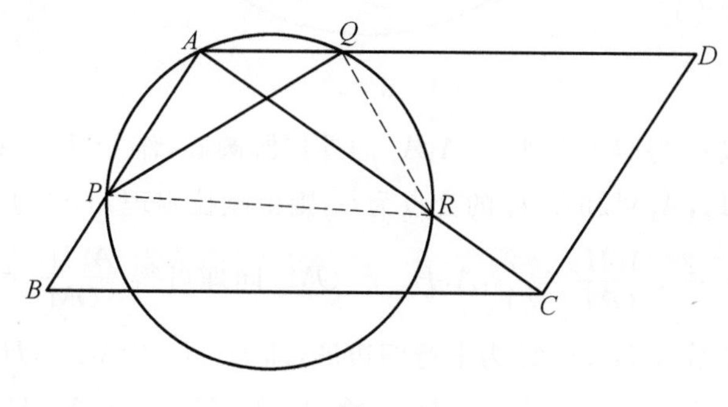

图 41

证明 由平行四边形 $ABCD$ 及 A,P,R,Q 四点共圆，知

$$\angle QPR=\angle CAD=\angle ACB$$

又 $\angle BAC=\angle PQR$，所以 $\triangle ABC \backsim \triangle QRP$，所以

$$\frac{AB}{RQ}=\frac{BC}{RP}=\frac{AC}{PQ}=\frac{1}{K} \tag{*}$$

在圆内接四边形 $APRQ$ 中，由托勒密定理，知

$$AQ\cdot PR+AP\cdot QR=AR\cdot PQ \tag{1}$$

注意到式(*)，有

$$PQ=K\cdot AC, PR=K\cdot BC, RQ=K\cdot AB \tag{2}$$

将式(2) 代入到式(1)，得

$$AQ \cdot BC + AP \cdot AB = AR \cdot AC$$

即

$$AQ \cdot AD + AP \cdot AB = AR \cdot AC$$

43. 如图 42，设 $A_1A_2A_3A_4$ 为圆内接四边形，H_1,H_2,H_3,H_4 分别为 $\triangle A_2A_3A_4$，$\triangle A_1A_3A_4$，$\triangle A_1A_2A_4$，$\triangle A_1A_2A_3$ 的垂心，则 H_1,H_2,H_3,H_4 四点共圆.

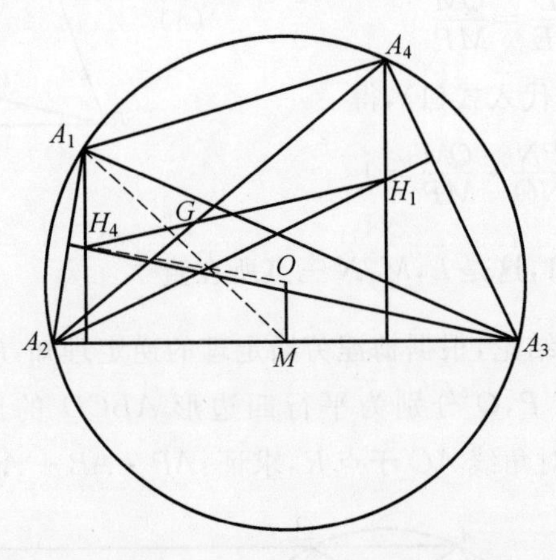

图 42

证明 设 O 为四边形 $A_1A_2A_3A_4$ 的外接圆圆心，作 $OM \perp A_2A_3$ 于点 M，联结 A_1M，OH_4，A_1M 和 OH_4 的交点为 G，则由欧拉定理知，G 为 $\triangle A_1A_2A_3$ 的重心，且 $\frac{H_4G}{GO}=\frac{2}{1}$，$\frac{A_1H_4}{OM}=\frac{2}{1}$，$A_1H_4 \parallel OM$，同理可得 $\frac{A_4H_1}{OM}=\frac{2}{1}$，$A_4H_1 \parallel OM$，所以四边形 $A_1H_4H_1A_4$ 为平行四边形，即 $H_1H_4 \parallel A_1A_4$，$H_1H_4=A_1A_4$.

同理可得 $H_1H_2 \parallel A_1A_2$，$H_1H_2=A_1A_2$；$H_2H_3 \parallel A_2A_3$，$H_2H_3=A_2A_3$；$H_3H_4 \parallel A_3A_4$，$H_3H_4=A_3A_4$

于是，圆内接四边形 $A_1A_2A_3A_4$ 与 $H_1H_2H_3H_4$ 全等，从而 $H_1H_2H_3H_4$ 也是圆内接四边形.

44. 如图 43，在 $\triangle ABC(AB \neq AC)$ 中，$\angle A$ 的平分线与边 BC 交于点 D，M 为 BC 的中点，过点 A,D,M 的圆与 AB,AC 的交点分别为 E,F，则 $BE=CF$.

证明 因为 AD 平分 $\angle A$，所以

$$\frac{AB}{AC}=\frac{BD}{DC} \tag{1}$$

又 BEA，BMD 分别为圆的割线，根据切割线定理，所以

$$\frac{BM}{BE}=\frac{BA}{BD} \tag{2}$$

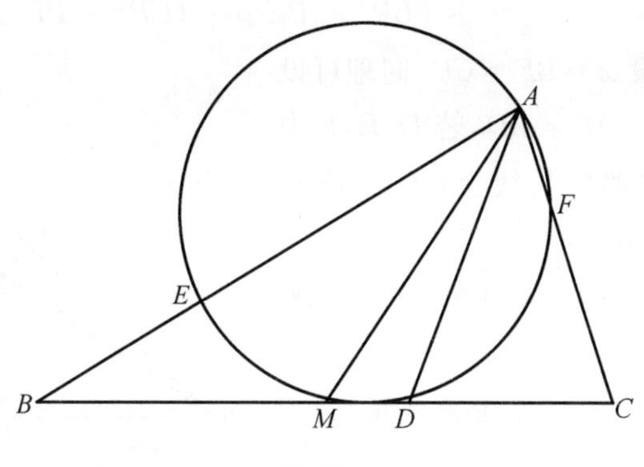

图 43

再注意到 CFA，CDM 也分别为圆的割线，所以

$$\frac{CD}{CF}=\frac{CA}{CM} \tag{3}$$

而 $BM=MC$，于是由式(2)(3) 消去 BM，CM，得

$$\frac{BD\cdot CF}{CD\cdot BE}=\frac{AB}{AC} \tag{4}$$

再注意到式(1)，这时式(4) 就进一步化为 $BE=CF$.

45. 如图 44，从 $\triangle ABC$ 外接圆上的一点 P 向三边 BC，CA，AB 所在的直线作垂线，这三线分别与 $\triangle ABC$ 的外接圆交于点 D，E，F，则 $\triangle DEF\backsim\triangle ABC$.

证明　由题目的作图过程知 $PD\perp BC$，$PF\perp AB$，所以 $\angle ABC=\angle DPF$，再由 $PD\perp BC$，$PE\perp AC$，知

$$\angle ACB=\angle DPE$$

而

$$\angle DFE=\angle DPE，\angle DEF=\angle DPF$$

所以

$$\angle DFE=\angle DPE=\angle ACB$$

$$\angle DEF=\angle DPF=\angle ABC$$

所 $\triangle DEF\backsim\triangle ABC$.

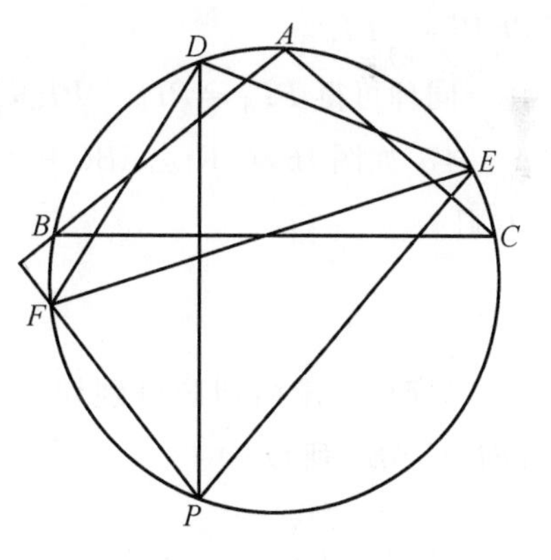

图 44

46. 如图 45，已知 $\triangle ABC$ 内部一点 P，设 D，E，F 分别为 P 在 BC，CA，AB 上的射影，满足 $AP^2+PD^2=BP^2+PE^2=CP^2+PF^2$，且 $\triangle ABC$ 的三个旁心分别为 I_A，I_B，I_C，证明：P 为 $\triangle I_AI_BI_C$ 的外心.(第 44 届 IMO 预选题几何问题 3)

证明　由已知条件的等式可得

$$BF^2-CE^2=(BP^2-PF^2)-(CP^2-PE^2)$$

$$=(BP^2+PE^2)-(CP^2+PF^2)=0$$

从而 $BF=CE$. 设 $x=BF=CE$,同理可设 $y=CD=AF$, $z=AE=BD$,若 D,E,F 中有一个点在三边的延长线上,若点 D 在 BC 的延长线上,则有

$$AB+BC=(x+y)+(z-y)=x+z=AC$$

矛盾.

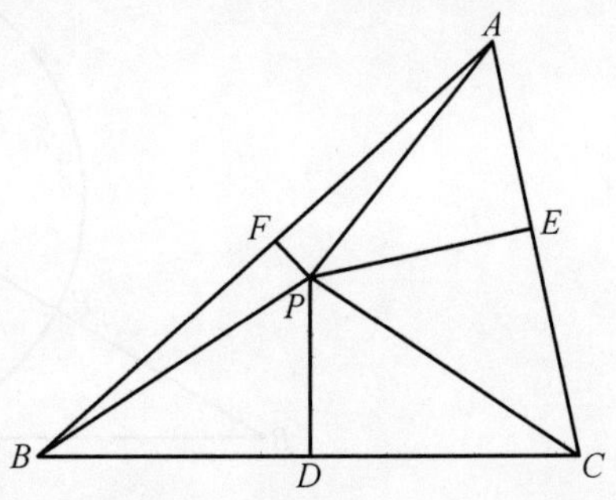

因此,D,E,F 三点都在 $\triangle ABC$ 的三边上.

图 45

设 $a=BC$, $b=CA$, $c=AB$, $p=\frac{1}{2}(a+b+c)$,则 $x=p-a$, $y=p-b$, $z=p-c$,所以,D 是 $\triangle ABC$ 中 $\angle BAC$ 内的旁切圆与边 BC 的切点.

同理,E,F 分别是 $\triangle ABC$ 中 $\angle ABC$, $\angle ACB$ 内的旁切圆与边 CA, AB 的切点.

由于 PD 和 I_AD 均垂直于 BC,所以 P,D,I_A 三点共线.

同理,P,E,I_B; P,F,I_C 均三点共线,且 $\angle PI_AC=\angle PI_BC=\frac{1}{2}\angle ACB$,所以 $PI_A=PI_C$.

同理可得 $PI_A=PI_B=PI_C$,从而 P 是 $\triangle I_AI_BI_C$ 的外心.

47. 如图 46,在 $\mathrm{Rt}\triangle ABC$ 中,$\angle B=90°$,$\angle A$,$\angle C$ 的平分线 AD,CE 交于点 O,则

$$S_{\triangle AOC}=\frac{1}{2}S_{\text{四边形}AEDC}$$

证明 设内切圆分别切三边 BC,CA,AB 于点 H,F,G,则 $OG\parallel BC$, $OH\parallel AB$,所以

$$\frac{BD}{GO}=\frac{AB}{AG} \tag{1}$$

$$\frac{BE}{HO}=\frac{BC}{HC} \tag{2}$$

由(1)×(2),得

$$\frac{BD}{GO}\cdot\frac{BE}{HO}=\frac{AB}{AG}\cdot\frac{BC}{HC}$$

而

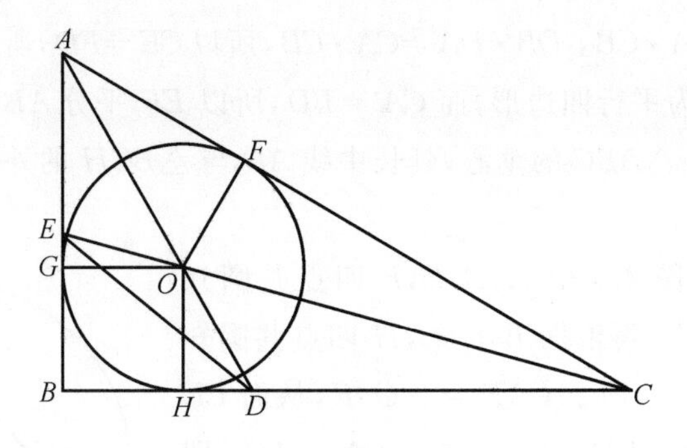

图 46

$$BD \cdot BE = 2S_{\triangle BDE}, GO \cdot HO = S_{四边形OGBH}$$
$$AG \cdot HC = AF \cdot FC = S_{\triangle ABC}$$

所以 $S_{\triangle BDE} = S_{四边形OGBH}$,所以

$$S_{四边形AEDC} = S_{\triangle ABC} - S_{四边形OGBH} = 2(S_{\triangle OCF} + S_{\triangle AOF}) = 2S_{\triangle AOC}$$

故

$$S_{\triangle AOC} = \frac{1}{2} S_{四边形AEDC}$$

48. 如图 47,将圆的弦 AB 向两端延长到 CD,使 $AC = BD$,从 C,D 在 AB 的异侧分别作圆的切线 CE,DF,E,F 分别为切点,则 EF 平分 AB.

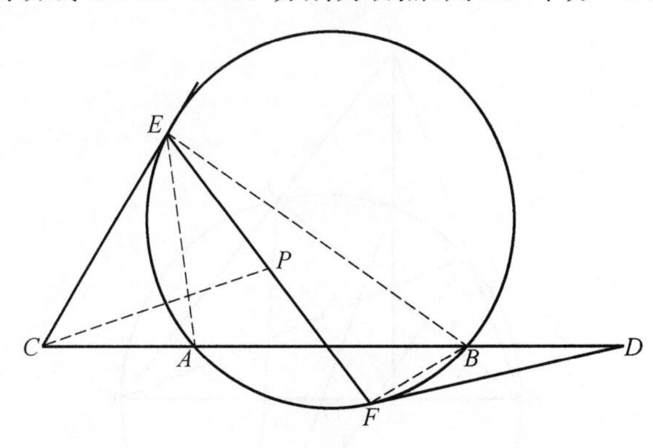

图 47

证明 联结 EB,FB,作 $CP \mathrel{/\!/} FD$ 交 EF 于点 P,因为 CE 为圆的切线,所以 $\angle CEF = \angle EBF$. 又 DF 为圆的切线,所以 $\angle BFD = \angle FEB$,而

$$\begin{aligned}\angle EBF &= \angle EBC + \angle MBF = \angle EBC + \angle BDF + \angle BFD \\ &= \angle EBC + \angle FEB + \angle FDC \\ &= \angle CMP + \angle PCM = \angle CPE\end{aligned}$$

所以 $CE = CP$.

又 $CE^2=CA\cdot CB$，$DB\cdot DA=CA\cdot CB$，所以 $CE=FD$，所以 $CP=FD$，所以四边形 $CPDF$ 为平行四边形，而 $CA=BD$，所以 EF 平分 AB.

49. 设 H 为 $\triangle ABC$ 的垂心，延长中线 AD 与 $\triangle BCH$ 的外接圆交于 K，则 D 为 AK 的中点.

证明　如图 48，由 A,B,E,F 四点共圆知 $\angle EAF=\angle EBF$，再根据 B,G,C,H 四点共圆知 $\angle CBH=\angle CGH$，即 $\angle CAE=\angle CGE$，从而 CE 为 AG 的中垂线，所以 $CA=CG$，$BA=BG$，即 $\triangle ABC\cong\triangle GBC$. 于是，$\triangle ABC$ 和 $\triangle GBC$ 的外接圆是全等的图形，由于 $BD=DC$，所以，图中的两圆是以点 D 为对称中心的图形，从而 $DA=DK$.

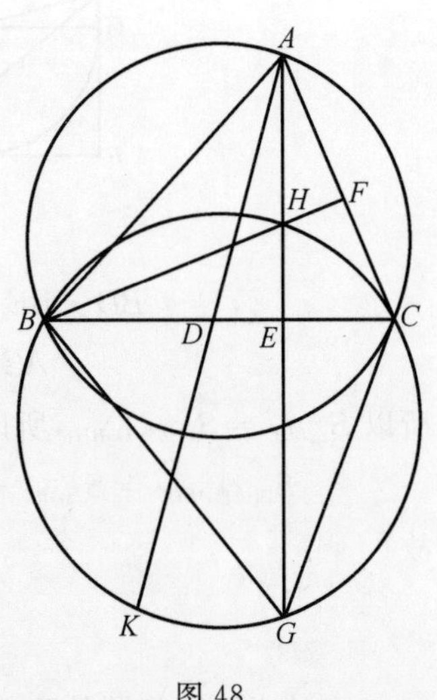

图 48

注　最后一步也可以通过证明三角形全等去完成.

50. 如图 49，设 AD，BE，CF 为 $\triangle ABC$ 的三条高，以 BC 为直径的圆与 AD 交于点 G，过 G 的直径的另一端点为 K，若 EK，FK 与 BC 的交点为 M，N，求证：$BN=CM$.

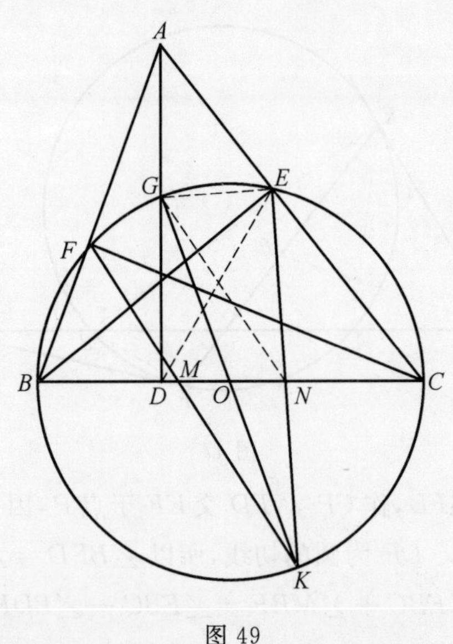

图 49

证明　联结 GE，GN，DE，因为 GK 为圆 O 的直径，$AD\perp BC$，所以，$\angle GDN=\angle GEN=90^\circ$，即 G,D,N,E 四点共圆，所以

$$\angle GDE = \angle GNE \tag{1}$$

又由 AD，BE，CF 为 $\triangle ABC$ 的三条高，知

$$\angle ABE = \angle ACF = \angle GDF = \angle GDE \tag{2}$$

结合(1)(2)，知

$$\angle GNE = \angle ECF = \angle EKF$$

所以 $GN \parallel FK$，所以 $\angle NGO = \angle MKO$，再注意到 $OG = OK$，从而 $\triangle NGO \cong \triangle MKO$，所以 $MO = ON$，进而 $BM = CN$，亦即 $BN = CM$.

51. 如图 50，过圆外一点 P 作圆的两条切线 PA，PB，A，B 为切点，再过 P 作圆的割线 PCD 交圆于 C，D 两点，过切点 B 作 PA 的平行线分别交直线 AC，AD 于点 E，F，求证：点 B 平分 EF.（2005 年中国西部数学竞赛，见《中等数学》2006 年第 6 期第 28 页）

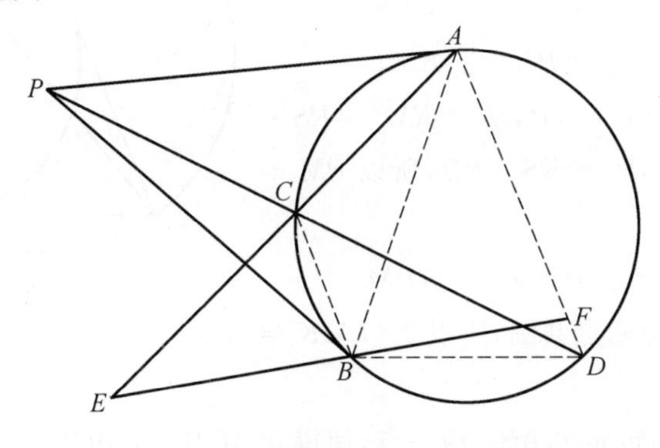

图 50

证明 联结 BC，BD，AB，AD，由 PA，PB 为圆的切线，以及 $EF \parallel PA$，知

$$\angle ABC = \angle ADC = \angle PAC = \angle AEB$$

所以 $\triangle EBA \backsim \triangle BCA$，所以

$$\frac{BE}{BC} = \frac{AB}{AC} \Rightarrow BE = \frac{AB \cdot BC}{AC} \tag{1}$$

而

$$\angle ABF = \angle PAB = \angle ADB$$

所以 $\triangle FBA \backsim \triangle BDA$，所以

$$\frac{BF}{BD} = \frac{AB}{AD} \Rightarrow BF = \frac{BD \cdot AB}{AD} \tag{2}$$

于是，要证明的结论等价于

$$\frac{BD}{AD} = \frac{BC}{AC} \Rightarrow \frac{BD}{BC} = \frac{AD}{AC} \tag{3}$$

而由

$$\triangle PBC \backsim \triangle PDB \Rightarrow \frac{BD}{BC}=\frac{PB}{PC} \tag{4}$$

联合(3)(4),于是只要证明$\frac{AD}{AC}=\frac{PB}{PC}=\frac{PA}{PC}\Leftrightarrow\triangle PDA \backsim \triangle PAC$ 即可,而这也是熟知的事实,从而结论获证.

52. 如图51,KL 和KN 是圆C 的切线,在KN 的延长线上取点M,设P 是圆C 与$\triangle KLM$ 外接圆的另一交点,Q 为从点 N 向 ML 所引垂线的垂足,证明:$2\angle LMK=\angle MPQ$.(伊朗第15届数学奥林匹克竞赛题)

证明 如图51,设LM 与圆C 交于点S,PS 交KM 于点R,连RQ,则因K,L,P,M 四点共圆,KL 为圆C 的切线,所以

$$\angle KLM=\angle RPL=\angle MPK$$

$$\angle MPR=\angle KPL=\angle KML$$

所以$\triangle RSM \backsim \triangle RMP$,从而$RM^2=RS\cdot RP$,再注意到$NR^2=RS\cdot RP$,所以$RM=NR$,所以

$$\angle RQM=\angle RMQ=\angle RPM$$

于是R,M,P,Q四点共圆,所以$2\angle LMK=\angle MPQ$.

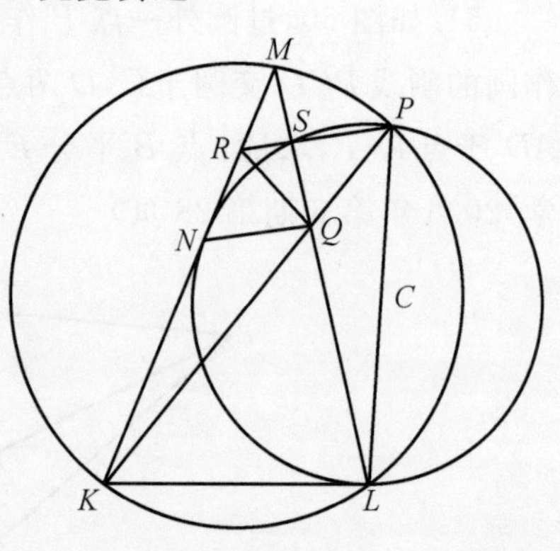

图51

53. 设D为锐角$\triangle ABC$ 内一点,使得$\angle ADB=\angle ACB+90^\circ$,且$AC\cdot BD=AD\cdot BC$,求证:$AB\cdot CD=\sqrt{2}AC\cdot BD$.

证明 如图52,延长AD 交BC 于点E,在$\triangle ABC$ 外作$\triangle CBP \backsim \triangle CAD$,于是,$\angle ACB=\angle DCP$,$\frac{CA}{CB}=\frac{CD}{CP}$,所以$\triangle CAB \backsim \triangle CDP$,而

$$\begin{aligned}\angle ADB&=\angle ACB+90^\circ=\angle AEB+\angle DBE\\&=\angle ACB+\angle CAD+\angle DBC\end{aligned}$$

所以$\angle CAD+\angle CBD=90^\circ$,所以$\angle PBD=90^\circ$,而$AC\cdot BD=AD\cdot BC$,所以

$$\frac{AC}{BC}=\frac{AD}{BD}=\frac{AD}{BP}$$

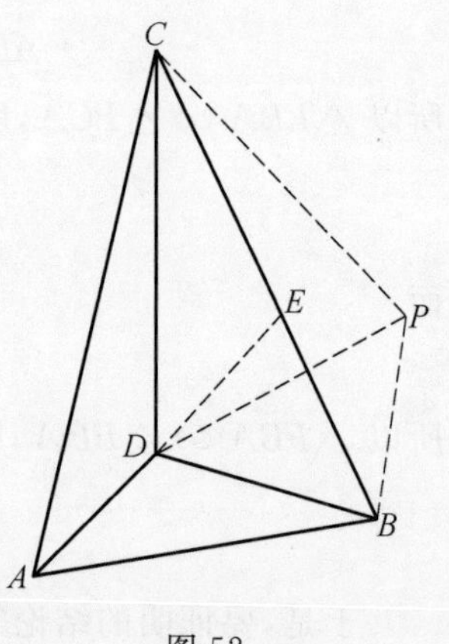

图52

所以$DB=BP$,即$\triangle BPD$ 为等腰直角三角形,所以

$$\frac{AB\cdot CD}{AC\cdot BD}=\frac{AB}{AC}\cdot\frac{CD}{BD}=\frac{DP}{DC}\cdot\frac{CD}{BD}=\frac{DP}{BD}$$

而由

$$\frac{DP}{BD}=\sqrt{2}\Rightarrow\frac{AB\cdot CD}{AC\cdot BD}=\sqrt{2}$$

54. $\triangle ABC$ 的外心 O 关于 BC，CA，AB 的对称点分别为 D，E，F，则 AD，BE，CF 三线共点.

证明 如图 53，联结 OB，OC，DB，DC，则由 O 为 $\triangle ABC$ 的外心及作图知，四边形 $OBDC$ 为菱形，同理，四边形 $OCEA$ 也为菱形，所以 $BD\parallel OC\parallel AE$，且 $BD=OC=AE$，进一步知，四边形 $ABDE$ 为平行四边形，即 AD 与 BE 互相平分，也就是说，AD 与 BE 交于它们的中点处，同理，CF 与 AD 也互相平分，从而 AD，BE，CF 它们互相平分，即此三线共点.

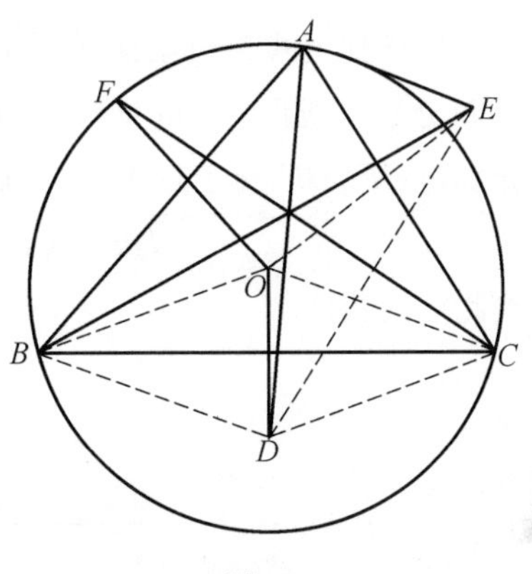

图 53

55. 已知凸四边形 $ABCD$ 的边 AB，BC，CD，DA 的中点分别为 H，E，F，G，AE 与 BG 交于点 M，GC 与 DE 交于点 N，求证：$MN\parallel HF$.（李不凡老师的问题潘成华解答）

证明 如图 54，由于 E，G 分别为 BC，AD 之中点，所以点 D，E 到 CN 等距，即

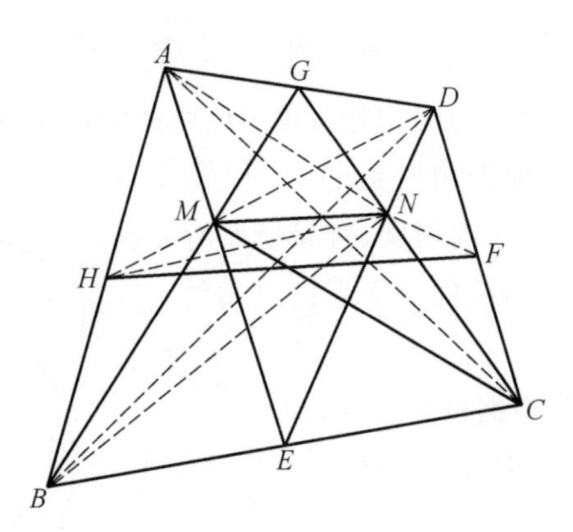

图 54

$$\left.\begin{aligned}S_{\triangle ANC}=S_{\triangle DNC}=S_{\triangle BND}\\S_{\triangle CAM}=S_{\triangle BAM}=S_{\triangle DBM}\end{aligned}\right\}$$

$$\Rightarrow S_{\triangle ANC}+S_{\triangle CAM}=S_{\triangle BND}+S_{\triangle DBM}$$

$$\Rightarrow S_{\text{四边形}BMDN}=S_{\text{四边形}CMAN}$$

$$\Rightarrow S_{\triangle AMN}+S_{\triangle CMN}=S_{\triangle DMN}+S_{\triangle BMN}$$
$$\Rightarrow S_{\triangle CMN}-S_{\triangle DMN}=S_{\triangle BMN}-S_{\triangle AMN}$$
$$\Rightarrow 2S_{\triangle FMN}=2S_{\triangle HMN}$$
$$\Rightarrow S_{\triangle FMN}=S_{\triangle HMN}$$
$$\Rightarrow MN\ /\!/\ NF$$

注意到上式最后第四步的证明用到了图 55 的结论：从线段 AB 外的两点 C,D 分别作线段 AB 的垂线，垂足分别 E,F，CD 的中点为 G，过 G 作 $MN\ /\!/\ AB$ 分别与 CE,DF 交于点 M,N，则

$$DF-CE=2GH(=2EM=2FN)$$

到此结论获证.

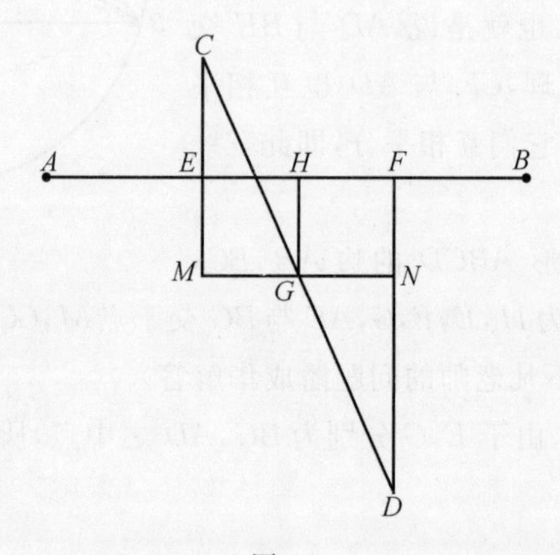

图 55

评注　这个证明很美妙，充分运用了线段的中点性质，实质上是运用了张景中教授的面积思想，值得积极关注.

56. 四边形 $ABCD$ 的内切圆、外接圆都存在，则内切圆四切点联结成的四边形的对角线互相垂直.

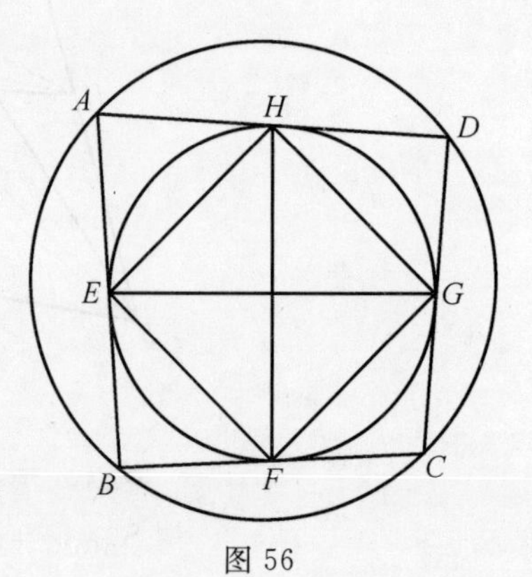

图 56

证明　如图 56，根据题目条件，知

$$\angle BAC+\angle BCD=180^\circ$$

所以

$$\angle AEH+\angle AHE+\angle CFG+\angle CGF=180^\circ$$

所以 $\angle AHE=\angle HGE$，所以 $\angle FGC=\angle FHG$，所以 $\angle HGE+\angle FHG=90^\circ$，故 $EG\perp FH$.

57. 如图 57,圆内接四边形 $ABCD$ 中,$BC=CD$,E,F 分别为 AB,AD 上一点,EF 交 AC 于点 G,若 $EF\parallel BD$ 求证:$\angle GBD=\angle FCD$.

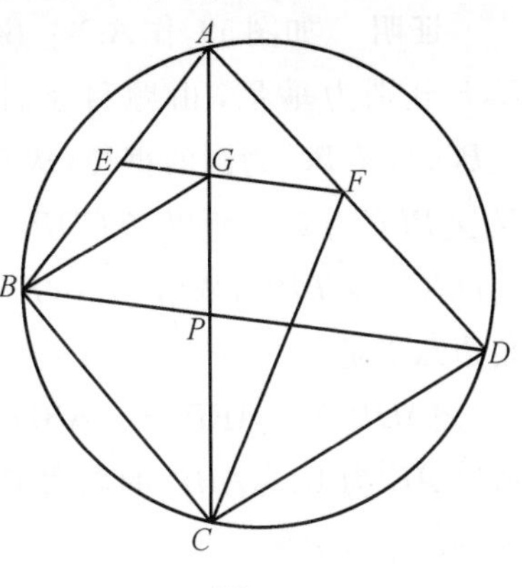

图 57

证明 因为 $EF\parallel BD$,所以$\dfrac{AG}{AF}=\dfrac{AP}{AD}$,

又 A,B,C,D 四点共圆,所以$\dfrac{AP}{AD}=\dfrac{BP}{BC}$.

而 AC 平分 $\angle BAD$,所以 $\angle PBC=\angle BAC$,所以$\triangle CBA\backsim\triangle CPB$,有$\dfrac{BP}{BC}=\dfrac{AB}{AC}$,

所以$\dfrac{AG}{AF}=\dfrac{AB}{AC}$,故 $\triangle ABG\backsim\triangle ACF$,所以 $\angle ABG=\angle ACF$,而 $\angle ABD=\angle ACD$,所以 $\angle GBD=\angle FCD$.

58. 如图 58,设 AD,BC 是圆 O 的两条互相垂直的直径,E 和 F 分别在劣弧$\overset{\frown}{AB}$ 和劣弧$\overset{\frown}{CA}$ 上,若$\overset{\frown}{AE}=\overset{\frown}{AF}$,直线 AD 和直线 BE 的交点为 G,直线 FA 和直线 BD 的交点为 H,则 $\angle HGA=90^\circ$.

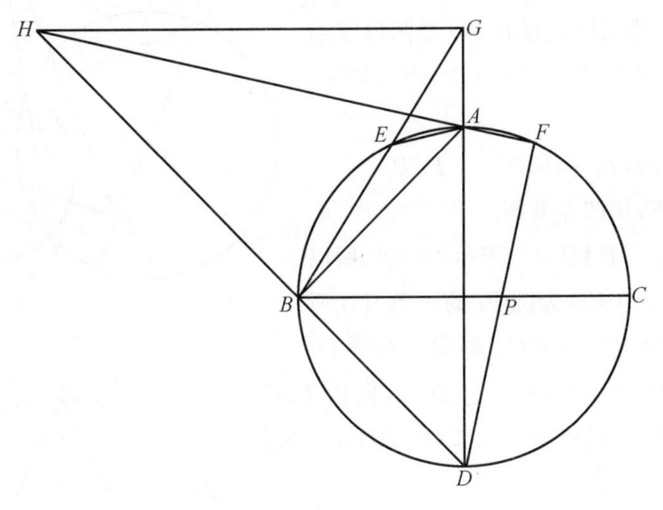

图 58

证明 根据题目条件知 $\angle BAD=\angle BDA=45^\circ$,$\angle ABC=\angle CBD=45^\circ$,由$\overset{\frown}{AE}=\overset{\frown}{AF}$ 知,$\angle EBA=\angle ADF$,所以

$$\begin{aligned}\angle EBA+90^\circ&=\angle EBA+\angle ABD=\angle CBD+\angle BDF=\angle DPC\\&=\angle HAB+45^\circ=\angle HAD\end{aligned}$$

所以 $\angle BHA=\angle BGA$,故 H,B,A,G 四点共圆,即 $\angle HBA=90^\circ$,亦即$\angle HGD=90^\circ$.

59. 在圆内接四边形 $ABCD$ 中，$AB=AD$，BC 为圆 O 的直径，若 AC，BD 交于点 P，则从点 A 作 BC 的垂线必平分 BP.

证明 如图 59，作 $AE\perp BC$，$PF\perp BC$，E，F 分别为垂足，由题目条件知 AC 平分 $\angle BCD$，又 BC 为圆的直径，从而 $BD\perp CD$，又 $\angle PFC=90°$，所以 $\triangle CDP\cong\triangle CFP$，即 $\angle DPC=\angle FPC$，从而 $\triangle ADP\cong\triangle AFP$（边角边），于是

$$\angle ADB=\angle AFP=\angle ABD=\angle BAE$$

所以 AE 为 $\mathrm{Rt}\triangle ABP$ 的斜边 PB 上的中线，即 AE 平分 PB.

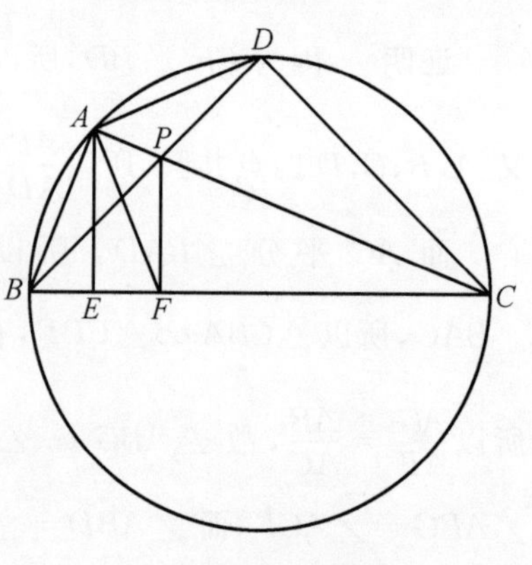

图 59

60. 圆 O 与圆 O_1 相交于点 A，B，过 A 作两圆的割线 CAD，若 CO，DO_1 的交点为 E，由 E 作 CD 的垂线 EF 与 BA 的延长线相交于点 F，则 C，E，B，D，F 五点共圆.

证明 如图 60，延长 CO 交圆 O 于点 P，联结 AP，BD，那么 $\angle CAP=90°$，$EF\perp AC$，所以

$$\angle EFB=\angle PAB=\angle PCB$$

所以 F，C，E，B 四点共圆.

考虑到 $\angle PAD=\angle PAC=90°$，所以 ED 必过 O_1，即 ED 为圆 O_1 的一条直径所在直线，亦即 PA 与圆 O_1 的交点在圆 O_1 的直径上，所以 $\angle PAB=\angle EDB$，所以 F，E，B，D 四点共圆，进一步可知 C，E，B，D，F 五点共圆.

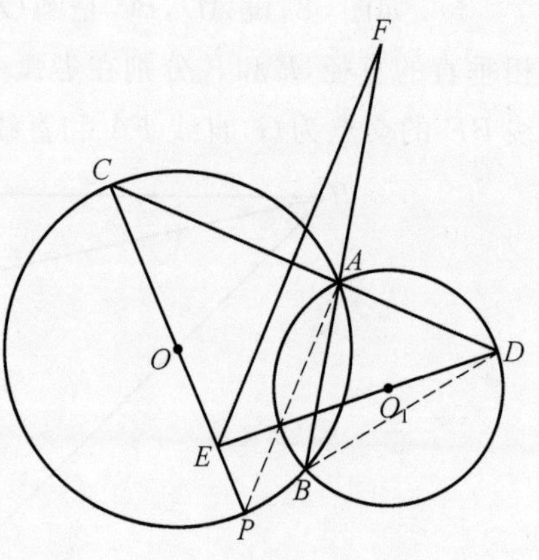

图 60

61. 一圆与等腰 $\triangle ABC$ 的两腰 AB，AC 分别相切于点 D，E，和 $\triangle ABC$ 的外接圆相切于点 F，则 $\triangle ABC$ 的内心 G 和 D，E 共线.

证明 如图 61，联结 AF，DE，EF，设 AF 与 DE 交于点 P，再联结 PB，PC，由题目条件知 $AD=AE$，$DF=EF$，所以 $\angle FDE=\angle FED$，由弦切角定理以及图形的对称性，知

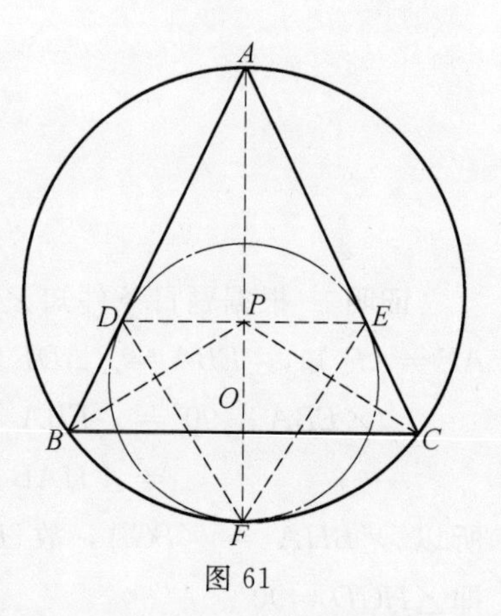

图 61

$$\angle FEC=\angle FDE=\angle FED$$

又 $AF \perp DE$，$\angle FCA=90°$，所以 P,E,C,F 四点共圆，所以

$$\angle ECP=\angle CPE=\angle EPC$$

所以 $\angle ECP=\angle PCB$.

同理可证 BP 平分 $\angle B$，所以 P 为 $\triangle ABC$ 的内心，即 $\triangle ABC$ 的内心 G 和 D,E 共线.

62. 设四边形 $ABCD$ 为菱形，且 $\angle B=60°$，直线 L 过 D 分别与 BC，BA 的延长线交于点 F,E，CE 与 AD 交于点 M，则 $CA^2=CM\cdot CE$.（1993 亚太竞赛题）

证明 如图 62，因为 $ABCD$ 为菱形，所以 $AD\ /\!/\ BF$，$CD\ /\!/\ EA$，所以 $\triangle AED\backsim\triangle CDF$，所以

$$AD^2=CD^2=AE\cdot CF$$

而 $AD=CD=AC$，所以 $\dfrac{AE}{AC}=\dfrac{AC}{CF}$.

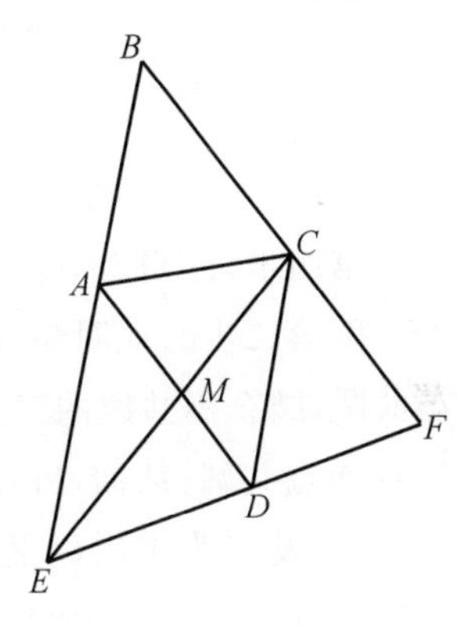

图 62

又 $\angle EAC=\angle ACF=120°$，所以 $\triangle EAC\backsim\triangle ACF$，所以 $\angle CAF=\angle AEC$.

又 $\angle ACE=\angle ACE$，所以 $\triangle ACM\backsim\triangle ECA$，所以 $CA^2=CM\cdot CE$.

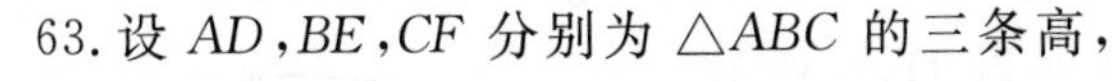

63. 设 AD，BE，CF 分别为 $\triangle ABC$ 的三条高，$FH\perp BC$，$FG\perp AC$，$EN\perp BC$，$EM\perp AB$，$DP\perp AC$，$DQ\perp AB$，点 H,G,N,M,P,Q 分别为垂足，则此六点共圆.

证明 此题目需要分以下四步进行论证.

第一步，先证明 $MG\ /\!/\ BC$（或者 $QH\ /\!/\ AC$，或者 $PN\ /\!/\ AB$）.

如图 63，延长 GM，EF 交于点 X，因为 $CF\perp AB$，$BE\perp AC$，所以 F,B,C,E 四点共圆，而 $FG\perp AC$，所以 $FG\ /\!/\ BE$，$\angle FCB=\angle FEB=\angle GFE$.

又 $EM\perp AB$，所以 M,F,E,G 四点共圆，所以 $\angle GEF=\angle GME$，再注意到 $ME\ /\!/\ FC$，所以 $\angle X=\angle GME=\angle FCB$，所以 $MG\ /\!/\ BC$.

第二步，证明 Q,H,N,P（或者 H,P,G,M；G,M,Q,H）四点共圆.

因为 $DQ\perp AB$，$DP\perp AC$，所以 Q,D,P,A 四点共圆.

又 $AD\perp BC$，$\angle ABC=\angle QDA=\angle QPA$，且 $QH\ /\!/\ AC$，$PN\ /\!/\ AB$，所以

$$\angle ABC=\angle PNC=\angle QPA=\angle HQP$$

所以 Q,H,N,P 四点共圆.

第三步，证明 M,G,P,Q（或者 Q,H,N,M；N,P,G,H）四点共圆.

因为 $MG\ /\!/\ BC$，$\angle ABC=\angle QPA$，所以 $\angle AMG=\angle ABC=\angle QPA$，所以

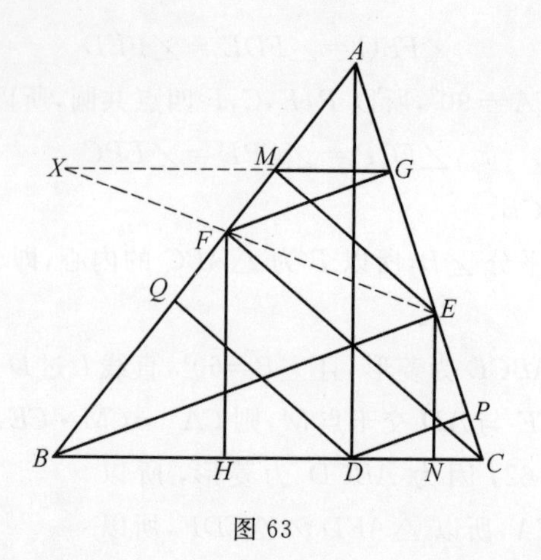

图 63

M,G,Q,P 四点共圆.

第四步，证明 M,Q,H,N,P,G 六点共圆.

由第二步的证明知 G,M,Q,H 四点共圆，由第三步的证明知 M,G,P,Q 四点共圆，结合不共线的三点确定一个圆知，M,G,P,H,Q 五点共圆，再由 H,N,P,G 四点共圆，从而可以断定 M,Q,H,N,P,G 六点共圆.

64. 设 C 为半圆 O 上的一点，$CD\perp$ 直径 AB 于点 D，G,H 分别为 $\triangle ACD$，$\triangle BCD$ 的内心，过 G,H 的直线交 AC,BC 于点 E,F，则 $CE=CF$.

证明　如图 64，根据题目条件知 $\angle AGD=\angle HCD$，所以

$$\triangle AGD\backsim\triangle CHD\Rightarrow\frac{AD}{CD}=\frac{GD}{HD}$$

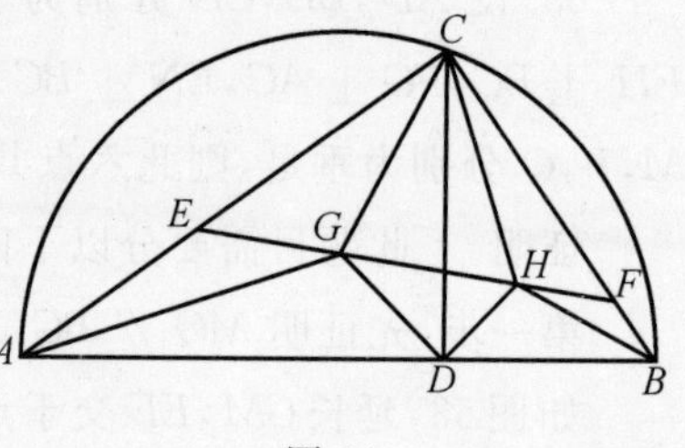

图 64

而 $\angle GDH=\angle CDA=90^\circ$，所以 $\triangle GDH\backsim\triangle ADC$，所以 $\angle CAD=\angle DGH$，所以 E,A,D,G 四点共圆，所以 $\angle GDA=\angle CEG=45^\circ$.

同理可得 $\angle CFH=45^\circ$，所以 $CE=CF$.

考虑到 CG 平分 $\angle ACD$，$\angle CDG=45^\circ$，$CG=CG$，所以 $\triangle CEG\cong\triangle CDG$，所以 $CE=CD=CF$.

65. 给定锐角 $\triangle ABC$，在边 BC 上取点 A_1,A_2（A_2 位于 A_1 与 C 之间），在边 AC 上取点 B_1,B_2（B_2 位于 B_1 与 A 之间），在 AB 之间取点 C_1,C_2（C_2 位于 C_1 与 B 之间），使得 $\angle AA_1A_2=\angle AA_2A_1=\angle BB_1B_2=\angle BB_2B_1=\angle CC_1C_2=\angle CC_2C_1$，直线 AA_1,BB_1 与 CC_1 可构成一个三角形，直线 AA_2,BB_2 与 CC_2 可构成一个三角形. 证明：这两个三角形的六个顶点共圆.（第 36 届 IMO 预选题）

证明　如图 65，设直线 AA_1,BB_1,CC_1 构成的三角形为 $\triangle UVW$，直线

AA_2,BB_2,CC_2 构成的三角形为 $\triangle XYZ$,则下面分三步证明本题.

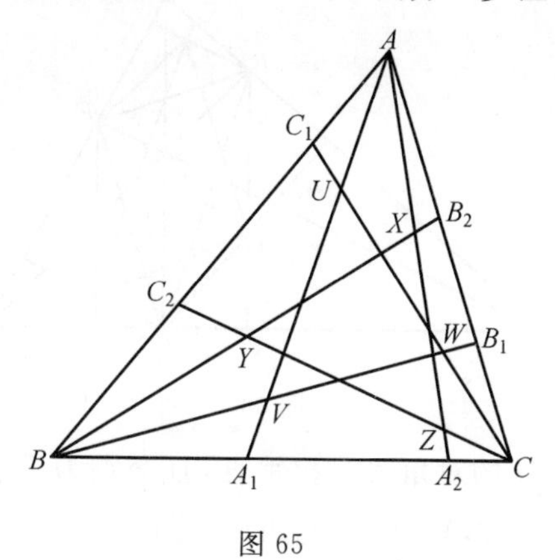

图 65

第一步,先证 Y,V,W,X(或者 U,V,Z,X,或者 U,Y,Z,W)四点共圆.

根据题目条件知

$$\angle B_1BB_2=\angle A_1AA_2=\angle C_1CC_2$$

$$\angle BAA_1=\angle BCC_2$$

所以 A,B,V,X;B,C,W,Y 分别四点共圆,从而

$$\angle BAV=\angle BXV,\angle YCB=\angle YWB\Rightarrow Y,V,W,X \text{ 四点共圆}$$

第二步,证明 Y,V,Z,W 四点共圆.

根据题目条件知 $\angle B_1BA=\angle ACC_2$,所以 C_2,B,C,B_1 四点共圆,所以 Y,B,C,W 四点共圆.

又 $\angle BCC_2=\angle A_1AB=\angle BB_1C_2$,所以 C_2,V,B_1,A 四点共圆.

同理可得 C_2,Z,B_1,A 四点共圆,所以 C_2,V,Z,B_1 四点共圆,所以

$$\angle C_2B_1V=\angle C_2ZV,\angle C_2CB=\angle YWB\Rightarrow\angle C_2ZV=\angle YWB$$

所以 Y,V,Z,W 四点共圆.

第三步,证明 U,Y,V,Z,W,X 六点共圆.

因为不共线的三点确定一个圆,于是由前面的证明知,Y,V,Z,W,X 五点共圆,又 U,V,Z,X 四点共圆,所以 U,Y,V,Z,W,X 六点共圆. 即题述的六点共圆.

66. 如图 66,设 AD,BE,CF 为 $\triangle ABC$ 的高,K,M,N 分别为 $\triangle AEF$,$\triangle BFD$,$\triangle CDE$ 的垂心,求证:$\triangle DEF\cong\triangle KMN$.

证明 由作图知 $FM /\!/ HD /\!/ EN$,且 $FM=HD=EN$,所以四边形 $EFMN$ 为平行四边形,即 $MN /\!/ EF$,且 $MN=EF$. 同理可得 $DE /\!/ MK$,$DE=MK$,$DF /\!/ NK$,$DF=NK$. 所以 $\triangle DEF\cong\triangle KMN$.

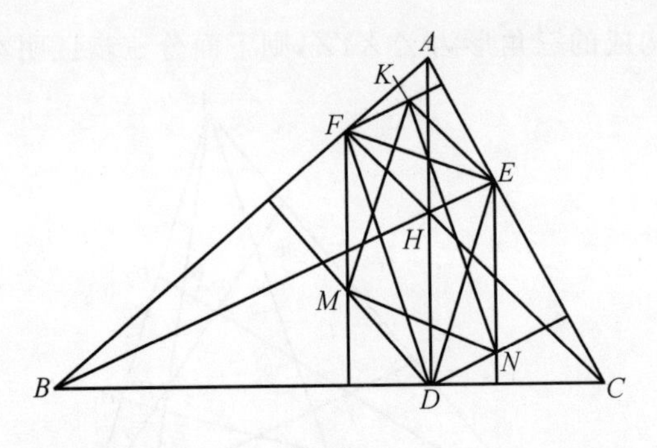

图 66

67. 四边形 $ABCD$ 的对角线互相垂直，且交点为 E，E 关于 AB，BC，CD，DA 的对称点分别为 P，Q，M，N，则此四点共圆.

证明 如图 67，由题目的作图过程知 $AP=AE=AN$，即 A 为 $\triangle PEN$ 的外心，所以

$$\angle PNE=\angle BAE=\angle PAB$$

同理，D 为 $\triangle MNE$ 的外心，所以

$$\angle ENM=\angle BDC=\angle CDM$$

（注意圆心角与圆周角的关系）

所以

$$\angle PNM=\angle PNE+\angle ENM=\angle BAE+\angle BDC \quad (1)$$

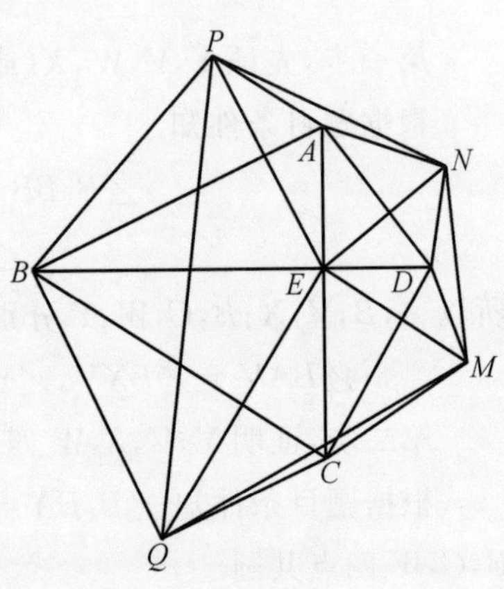

图 67

同理有 $\angle PQE=\angle ABE$，$\angle MQE=\angle ECD$，所以

$$\angle PQM=\angle PQE+\angle EQM=\angle ABE+\angle ECD \quad (2)$$

于是，由(1)+(2)，得

$$\angle PNM+\angle PQM=\angle BAE+\angle BDC+\angle ABE+\angle ECD=(\angle BAE+\angle ABE)+(\angle BDC+\angle ECD)=180^\circ$$

从而，P，Q，M，N 此四点共圆.

68. 如图 68，过四边形 $ABCD$ 的对角线 BD 的中点 E 作 $FG\parallel AC$，交 AB，BC 分别于点 F，G，O 为对角线的交点，则 AG 平分此四边形的面积.

证明 因为 E 为四边形 $ABCD$ 的对角线 BD 的中点，所以 $S_{\triangle AED}+S_{\triangle DCE}=\frac{1}{2}S_{四边形ABCD}$，而 $FG\parallel AC$，所以 $S_{\triangle EAO}=S_{\triangle GAO}$，$S_{\triangle ECO}=S_{\triangle GOC}$，所以

$$S_{四边形ADCE}=S_{\triangle AOD}+S_{\triangle AOG}+S_{\triangle COD}+S_{\triangle COG}$$

$$=S_{\triangle AED}+S_{\triangle AOE}+S_{\triangle COD}+S_{\triangle COE}$$
$$=S_{\triangle AED}+S_{\triangle ECD}$$
$$=\frac{1}{2}S_{四边形ABCD}$$

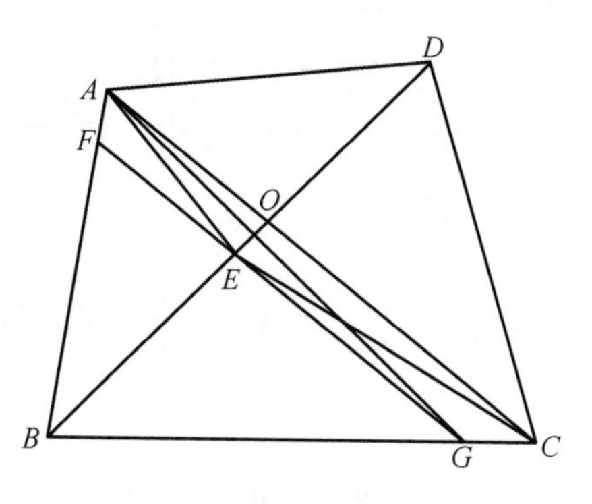

图 68

69.若圆 O 的外切四边形 $ABCD$ 的对角线 AC 的中点为 E,则 $S_{\triangle DOE}=S_{\triangle BOE}$.

证明 如图 69,设 OA 与 BE 交于点 F,于是,根据圆外切四边形的性质,知

$$S_{\triangle ADO}+S_{\triangle BCO}=S_{\triangle ABO}+S_{\triangle CDO}=\frac{1}{2}S_{四边形ABCD}$$

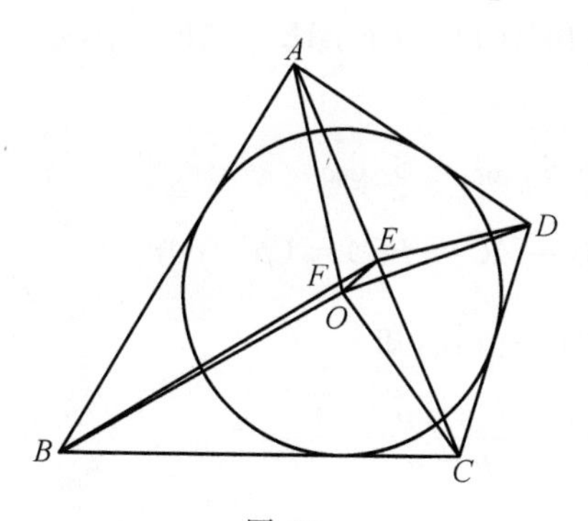

图 69

又 E 为 AC 之中点,所以

$$S_{\triangle ADE}+S_{\triangle ABE}=S_{\triangle BCE}+S_{\triangle CDE}=\frac{1}{2}S_{四边形ABCD}$$

所以

$$S_{\triangle ADO}+S_{\triangle BCO}=S_{\triangle ADE}+S_{\triangle ABE}$$

即

$$S_{\triangle AEO}+S_{\triangle DOE}=S_{\triangle BOE}+S_{\triangle COE}$$

注意到 $S_{\triangle AEO}=S_{\triangle COE}$，所以 $S_{\triangle DOE}=S_{\triangle BOE}$.

70. 证明海伦公式

$$S_{\triangle ABC}=\sqrt{p(p-a)(p-b)(p-c)}$$

（p 为 $\triangle ABC$ 的半周长）

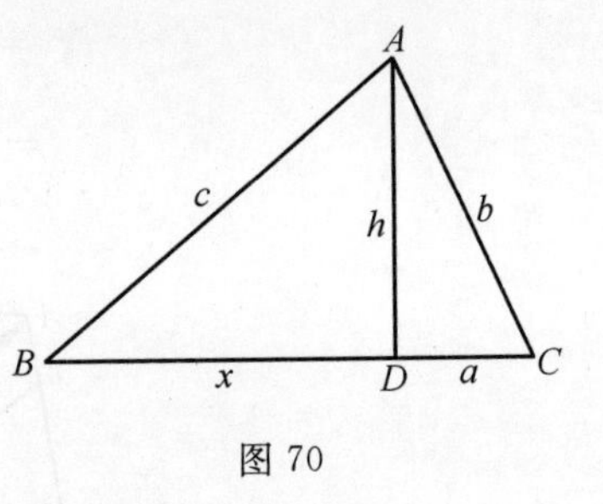

图 70

证明 如图 70，作 $AD\perp BC$ 于点 D，设 $BD=x$，$AD=h$，则 $h^2=c^2-x^2=b^2-(a-x)^2$，由此可得 $x=\dfrac{c^2+a^2-b^2}{2a}$，所以

$$h=\sqrt{c^2-x^2}=\sqrt{c^2-\left(\frac{c^2+a^2-b^2}{2a}\right)^2}=\frac{2}{a}\sqrt{p(p-a)(p-b)(p-c)}$$

所以

$$S=\frac{1}{2}ah=\sqrt{p(p-a)(p-b)(p-c)}$$

71. 设 $\triangle ABC$ 内切圆及三个旁切圆的半径分别为 r,r_1,r_2,r_3，求证

$$\frac{1}{r}=\frac{1}{r_1}+\frac{1}{r_2}+\frac{1}{r_3}$$

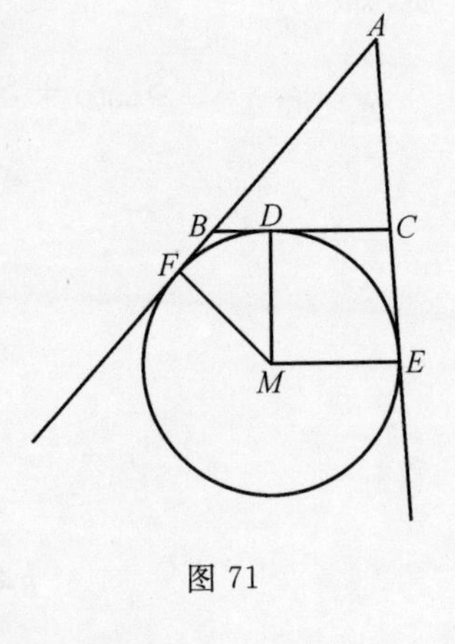

图 71

证明 如图 71，设 $\angle A$ 所对边上的旁切圆为圆 M，分别切三边 BC,CA,AB 于点 D,E,F，那么，根据切线长定理知，$BD=BF$，$CD=CE$，$AE=AF=p$，所以

$$S_{\triangle ABC}=S_{\triangle ABM}+S_{\triangle AMC}-S_{\triangle MBC}$$
$$=\frac{1}{2}r_1(AB+AC-BC)=(p-a)r_1$$

注意到三角形的面积公式，知

$$r_1=\sqrt{\frac{p(p-b)(p-c)}{p-a}}$$

同理可得

$$r_2=\sqrt{\frac{p(p-c)(p-a)}{p-b}},r_3=\sqrt{\frac{p(p-a)(p-b)}{p-c}}$$

所以$\dfrac{1}{r}=\dfrac{1}{r_1}+\dfrac{1}{r_2}+\dfrac{1}{r_3}$.

72. 如图 72，设等腰 $\triangle ABC$ 的底边 BC 的中点为 D，由 C,D 向过 A 的任意直线作垂线 CE,DF，E,F 为垂足，则 $AC\cdot ED=DC\cdot EF+AD\cdot DF$.

证明 由 A,E,D,C 四点共圆，得 $\angle CAD=\angle CED$，作 $DG\perp ED$，且 G 在

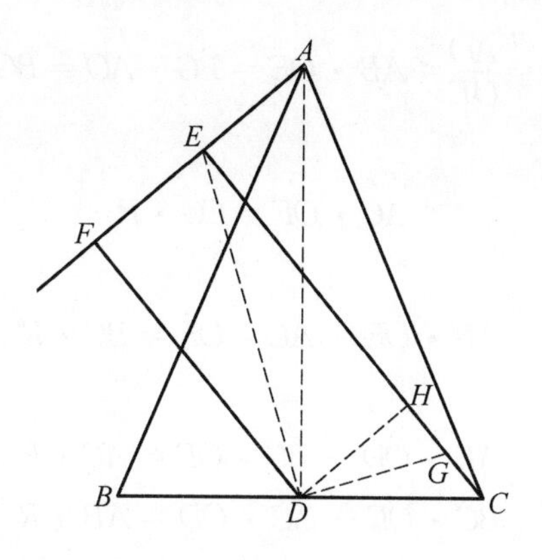

图 72

EC 上,则 $\triangle EDG \backsim \triangle ADC$,所以 $\dfrac{ED}{EG}=\dfrac{AD}{AC}$,即 $AC \cdot ED = AD \cdot EG$.

又作 $DH \perp EC$,H 在 EC 上,则

$$AD \cdot EG = AD(EH + HG) = AD \cdot EH + AD \cdot HG$$

而 $EH = DF$,所以

$$AD \cdot EG = AD \cdot DF + AD \cdot HG$$

又 $\triangle ACD \backsim \triangle DGH$,所以 $\dfrac{AD}{DC}=\dfrac{DH}{HG}$,即 $AD \cdot HG = DC \cdot DH$. 又注意到 $DH = EF$,所以 $AD \cdot HG = DC \cdot EF$,所以

$$AC \cdot ED = DC \cdot EF + AD \cdot DF$$

73. 如图 73,从 $\triangle ABC$ 的外心 O 向三边引垂线 OD,OE,OF,设 $\triangle ABC$ 外接圆、内切圆的半径分别为 R,r,则 $OD + OE + OF = R + r$.

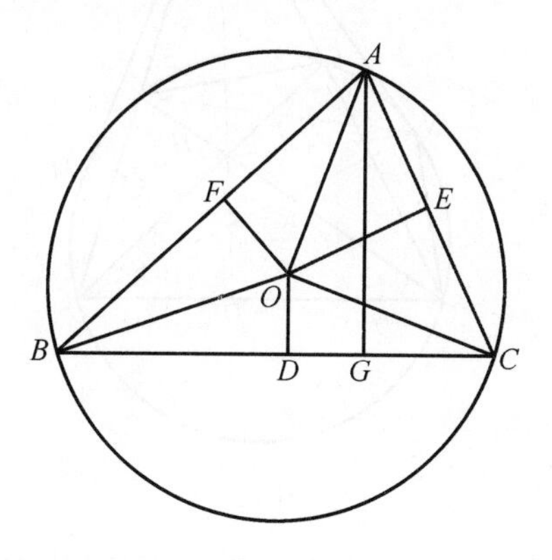

图 73

证明 过 A 引 BC 的垂线 AG,则 $\angle AOC = 2\angle ABC$. 又 $\angle ABC = \angle AOE$,所以 $\mathrm{Rt}\triangle ABG \backsim \triangle \mathrm{Rt}AOE$,所以

$$\frac{AB}{BG}=\frac{AO}{OE}\Rightarrow AB\cdot OE=BG\cdot AO=BG\cdot R$$

同理

$$AC\cdot OF=CG\cdot R$$

此两式相加,得

$$AB\cdot OE+AC\cdot OF=BC\cdot R$$

同理,有

$$AB\cdot OD+BC\cdot OF=AC\cdot R$$

$$BC\cdot OE+AC\cdot OD=AB\cdot R$$

此三式相加,得

$$OD(AB+AC)+OE(AB+BC)+OF(BC+CA)$$
$$=(AB+BC+CA)\cdot R$$

而

$$OD\cdot BC+OE\cdot AC+OF\cdot BA=(AB+BC+CA)r$$

此两式相加即得结论.

74. 如图 74,圆 O 的内接四边形 $FBCE$ 的一组对边 BF,CE 的延长线交于点 A,过点 A 作圆 O 的切线 AM,AN,切点为 M,N,则点 M,N 与四边形 $FBCE$ 的对角线的交点 H 三点共线.

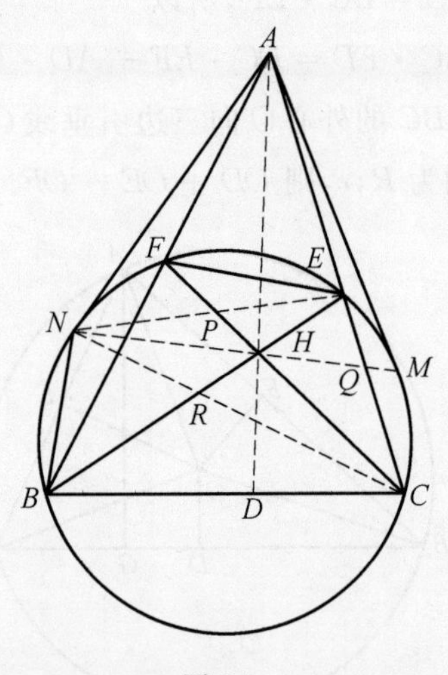

图 74

证明 如图 74,联结 AH 交 BC 于点 D,要证明 MN 过 H,只需证明 AD,BE,CF,MN 四线共点,故只需寻找一个适合塞瓦定理的三角形,所以,联结 CN,NE,记 NE 与 CF 交于点 P,NM 与 AC 交于点 Q,CN 与 BE 交于点 R,于

是，只能证明在 $\triangle ENC$ 中，有

$$\frac{NP}{PE}\cdot\frac{EQ}{QC}\cdot\frac{CR}{RN}=1 \tag{1}$$

成立即可.

由于式(1) 中的线段比较零散，要直接证明不大容易，需要转化，怎样转化？经过再三思考知道，图中的线段大多都是从 A 出发的，所以按照三角形的面积关系知($\triangle XYZ$ 的面积简单记为 $\triangle XYZ$)

$$\frac{NP}{PE}=\frac{\triangle NFC}{\triangle EFC}=\frac{NF\cdot NC}{EF\cdot EC} \tag{2}$$

$$\frac{EQ}{QC}=\frac{\triangle EMN}{\triangle CMN}=\frac{EN\cdot EM}{CN\cdot CM}=\frac{EN}{CN}\cdot\frac{EM}{CM} \tag{3}$$

由 $\triangle AEN\backsim\triangle ANC$，有$\frac{EN}{CN}=\frac{AE}{AN}$，由 $\triangle AME\backsim\triangle ACM$，有$\frac{EM}{CM}=\frac{AM}{AC}$，再注意到 $AN=AM$，从而

$$\frac{EQ}{QC}=\frac{EN}{CN}\cdot\frac{EM}{CM}=\frac{AE}{AN}\cdot\frac{AM}{AC}=\frac{AE}{AC}\Rightarrow\frac{EQ}{QC}=\frac{AE}{AC} \tag{4}$$

又

$$\frac{CR}{KN}=\frac{\triangle CBE}{\triangle NBE}=\frac{CB\cdot CE}{NB\cdot NE} \tag{5}$$

由(2) × (4) × (5)，知

$$\begin{aligned}\frac{NP}{PE}\cdot\frac{EQ}{QC}\cdot\frac{CR}{RN}&=\frac{NF\cdot NC}{EF\cdot EC}\cdot\frac{AE}{AC}\cdot\frac{CB\cdot CE}{NB\cdot NE}\\&=\frac{NF}{NB}\cdot\frac{NC}{NE}\cdot\frac{BC}{AC}\cdot\frac{AE}{EF}\end{aligned} \tag{6}$$

再联系各比例线段所在三角形的关系知，$\frac{NF}{NB}$ 是 $\triangle ANE$ 和 $\triangle ABN$ 中的相关线段，而 $\triangle ANF\backsim\triangle ABN$，所以

$$\frac{NF}{NB}=\frac{AN}{AB} \tag{7}$$

又$\frac{NC}{NE}$ 是 $\triangle ANC$ 和 $\triangle ANE$ 中的相关线段，且 $\triangle ACN\backsim\triangle ANE$，所以

$$\frac{NC}{NE}=\frac{AC}{AN} \tag{8}$$

而 AC,EF,AE,BC 是 $\triangle AEF$ 与 $\triangle ABC$ 的相关线段，且 $\triangle ABC\backsim\triangle AEF$，所以

$$\frac{AE}{EF}=\frac{AB}{BC} \tag{9}$$

将式(7)(8) 代入式(6)，并注意式(9)，得

$$\frac{NF}{NB}\cdot\frac{NC}{NE}\cdot\frac{BC}{AC}\cdot\frac{AE}{EF}=\frac{AN}{AB}\cdot\frac{AB}{AN}=1$$

这样我们就探索出一条证明本题的康庄大道.

75. 如图 75，过 $\triangle ABC$ 内一点 O 引三边 AB,BC,CA 的平行线与其他两边的交点分别为 E,F,G,H,I,K，过 O 作 $\triangle ABC$ 外接圆的弦 AL，求证

$$OE\cdot OF+OG\cdot OH+OI\cdot OK=OA\cdot OL$$

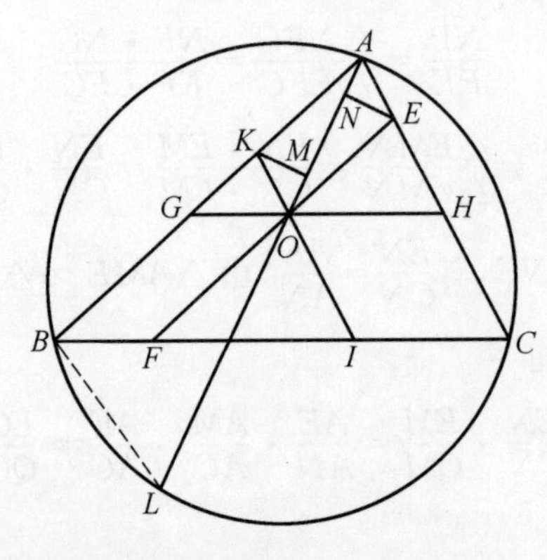

图 75

证明　为证明本题，先证明一个引理，即先证明

$$AO\cdot AL=AB\cdot AK+AC\cdot AE \tag{1}$$

事实上，在 AL 上找一点 M，使得 $\angle KMA=\angle ABL$，那么，$\triangle AMK\backsim\triangle ABL$，于是

$$AM\cdot AL=AB\cdot AK \tag{2}$$

再在 AL 上找一点 N，使得 $\angle ENA=\angle ACL$，那么，$\triangle ANE\backsim\triangle ACL$，于是

$$AN\cdot AL=AC\cdot AE \tag{3}$$

注意到 $AN=OM$，所以，由(2)+(3)，得

$$AO\cdot AL=AB\cdot AK+AC\cdot AE$$

这就是式(1).

又由斯帝瓦特定理，知

$$\begin{aligned}AO^2&=AG^2\cdot\frac{MH}{GH}+AH^2\cdot\frac{GM}{GH}-AO\cdot OL\\&=AG^2\cdot\frac{AK}{AG}+AH^2\cdot\frac{AE}{AC}-AO\cdot OL\end{aligned}$$

所以

$$AO^2=AG\cdot AK+AH\cdot AE-AO\cdot OL \tag{4}$$

现回到原题,有

$$AO\cdot OL=AO(AL-AO)=AO\cdot AL-AO^2 \tag{5}$$

将式(1)(4) 代入到式(5),得

$$\begin{aligned}AO\cdot OL&=AO\cdot AL-AO^2=AB\cdot AK+AC\cdot AE-AG\cdot\\&\quad AK-AH\cdot AE+GO\cdot OH\\&=AK(AB-AG)+AE(AC-AH)+GO\cdot OH\end{aligned} \tag{6}$$

而 $AK\cdot BG=EO\cdot OF$,$AE\cdot CH=KO\cdot OI$,代入到式(6),有

$$OE\cdot OF+OG\cdot OH+OI\cdot OK=OA\cdot OL$$

76.如图 76,设 $\triangle ABC$ 的内切圆与 AB 切于点 D,从 A,B 向 $\angle C$ 的平分线作垂线 AE,BF,则 $AD\cdot BD=AE\cdot BF$.

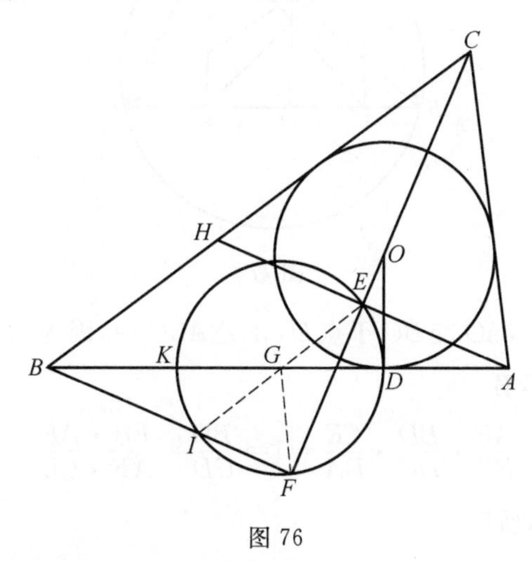

图 76

证明 设 AB 的中点为 G,联结 EG 并与 BF 交于点 I,再联结 FG,设 $\triangle ABC$ 的边长分别为 a,b,c,半周长为 s,于是 $BD=s-b$,$AD=s-a$,所以

$$BD-AD=2GD=a-b$$

设 AE,BC 交于点 H,则 $CH=CA$,所以

$$CB-CA=BH=a-b\Rightarrow 2DG=BH=2GE$$

所以

$$GD=GE,GD=GF\Rightarrow GD=GI$$

由此知,以 G 为圆心,GD 为半径的圆经过点 E,D,F,I,设此圆交 AB 于点 K,则

$$BD\cdot BK=BF\cdot BI \tag{*}$$

而 $BI=HE=EA$, $BK=AD$, 由此知式(*)变形为

$$AD\cdot BD=AE\cdot BF$$

77. 如图 77, 圆内接四边形 $BCEF$ 的对边 BF, CE 所在直线交于点 A, BE 与 CF 交于点 O, 作 $FM\,/\!/\,AO$, $EN\,/\!/\,AO$ 分别交 BC 于点 M, N, FN 与 EM 交于点 P, 则 A, O, P 三点共线.

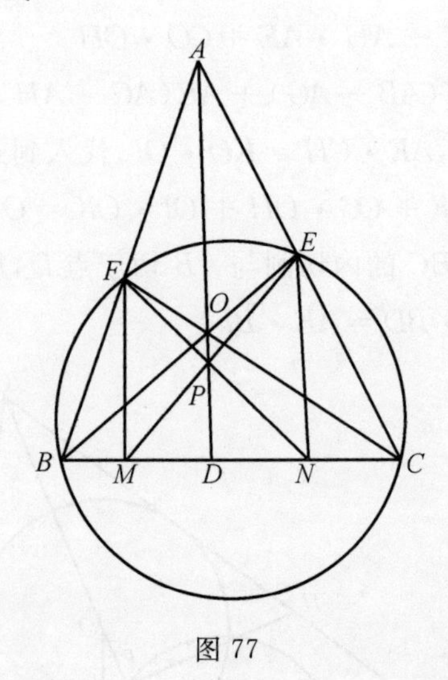

图 77

证明 如图 77, AO 交 BC 于点 D, 在 $\triangle ABC$ 中, 因为 AD, BE, CF 交于点 O, 则根据塞瓦定理, 有

$$\frac{AF}{FB}\cdot\frac{BD}{DC}\cdot\frac{CE}{EA}=1\Rightarrow\frac{BD}{CD}=\frac{FB\cdot AE}{AF\cdot CE}\tag{1}$$

又 $FM\,/\!/\,EN$, 所以

$$\frac{NP}{PF}=\frac{EN}{MF}\tag{2}$$

又 $AD\,/\!/\,EN$, 所以

$$\frac{CD}{DN}=\frac{AC}{AE}\tag{3}$$

而

$$\frac{S_{\triangle BFC}}{S_{\triangle BEC}}=\frac{FM}{EN}=\frac{BF\cdot FC}{BE\cdot EC}$$

于是

$$\frac{EN}{MF}=\frac{BE\cdot EC}{BF\cdot FC}\tag{4}$$

于是, 要证明 A, O, P 三点共线, 由 A, O, D 三点共线知, 只需证明 A, P, D 三点

共线即可.要证明 A,P,D 三点共线,可视 APD 截 $\triangle BFN$,只要能证明

$$\frac{AF}{AB}\cdot\frac{BD}{DN}\cdot\frac{NP}{PF}=1$$

就可以得到 A,P,D 三点共线了.

而

$$\frac{AF}{AB}\cdot\frac{BD}{DN}\cdot\frac{NP}{PF}=\frac{AF}{AB}\cdot\frac{BD}{CD}\cdot\frac{CD}{DN}\cdot\frac{NP}{PF} \tag{5}$$

将式(1)(3) 代入式(5),得

$$\begin{aligned}\frac{AF}{AB}\cdot\frac{BD}{CD}\cdot\frac{CD}{DN}\cdot\frac{NP}{PF}&=\frac{AF}{AB}\cdot\frac{FB}{AF}\cdot\frac{AE}{CE}\cdot\frac{EN}{MF}\cdot\frac{AC}{AE}\\&=\frac{FB}{AB}\cdot\frac{AC}{CE}\cdot\frac{EN}{MF}\end{aligned}$$

再注意式(4),有

$$\begin{aligned}\frac{FB}{AB}\cdot\frac{AC}{CE}\cdot\frac{EN}{MF}&=\frac{FB}{AB}\cdot\frac{AC}{CE}\cdot\frac{BE\cdot CE}{BF\cdot FC}\\&=\frac{AC}{AB}\cdot\frac{BE}{FC}=\frac{AC}{CF}\cdot\frac{BE}{BA}\end{aligned}$$

又

$$\triangle AFC\backsim\triangle AEB\Rightarrow\frac{AC}{CF}=\frac{AB}{BE}\Rightarrow\frac{AC}{CF}\cdot\frac{BE}{AB}=1$$

所以$\frac{FA}{AB}\cdot\frac{BD}{DN}\cdot\frac{NP}{PF}=1$,根据梅涅劳斯定理的逆定理知,$A,P,D$ 三点共线,即 A,O,P 三点共线.

78.如图 78,设 P 为 $\triangle ABC$ 外接圆上的劣弧$\overset{\frown}{BC}$ 上的一点,D,E 分别为弧$\overset{\frown}{AB}$,弧$\overset{\frown}{AC}$ 的中点,又 PD,PE 与 AB,AC 的交点分别为 F,G,则 FG 过 $\triangle ABC$ 的内心.

证明 设 BE 与 FG 交于点 H,又从 G 引 AB 的平行线与 BE 交于点 K,则 $\triangle HBF\backsim\triangle HKG$,所以

$$\frac{FH}{HG}=\frac{BF}{KG} \tag{1}$$

又 $\angle HKG=\angle ABE=\angle ACE$,所以 $GCEK$ 为圆内接四边形,所以

$$\angle GCK=\angle GEK=\angle PCB$$

而

$$\angle GKC=\angle GEC=\angle PBC$$

所以

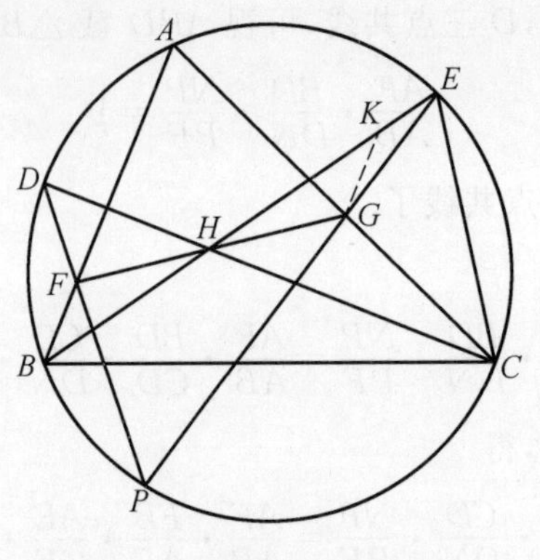

图 78

$$\triangle BPC \backsim \triangle KGC \Rightarrow \frac{GC}{GK} = \frac{PC}{PB} \tag{2}$$

又考虑到

$$\frac{PC}{AP} = \frac{CG}{AG} \tag{3}$$

$$\frac{PA}{PB} = \frac{AF}{BF} \tag{4}$$

所以,由(1)×(2)×(3)×(4)得到

$$\frac{FH}{HG} = \frac{AF}{AG}$$

所以 AH 平分 $\angle FAG$,而 BE 平分 $\angle ABC$,从而 H 为 $\triangle ABC$ 的内心,且 FG 过点 H.

79. 延长凸五边形 $ABCDE$ 的各边,在它的外部得到五个三角形:$\triangle FAB$,$\triangle GBC$,$\triangle HCD$,$\triangle KDE$,$\triangle LEA$,求证:此五个三角形外接圆的五个交点 A_1,B_1,C_1,D_1,E_1 共圆.(江泽民 1999 年 12 月 20 日在澳门豪江中学视察时给同学和老师所命的题目)

证明 如图 79,联结所要的线段,设 FB_1 的延长线交 AB 于点 M,要证明 A_1,B_1,C_1,D_1,E_1 五点共圆,首先得证明其中的四点共圆,如图可先证明 A_1,B_1,D_1,E_1 四点共圆,同理可证 A_1,B_1,C_1,E_1 四点共圆,而 A_1,B_1,E_1 已经确定一个圆,所以 A_1,B_1,C_1,D_1,E_1 五点共圆.下面我们来证明 A_1,B_1,D_1,E_1 四点共圆.

事实上,由

$$E,E_1,K,D_1 \text{ 四点共圆} \Rightarrow \angle EE_1D_1 = \angle EKD_1$$

$$E,D,D_1,K \text{ 四点共圆} \Rightarrow \angle EKD_1 = \angle HDD_1$$

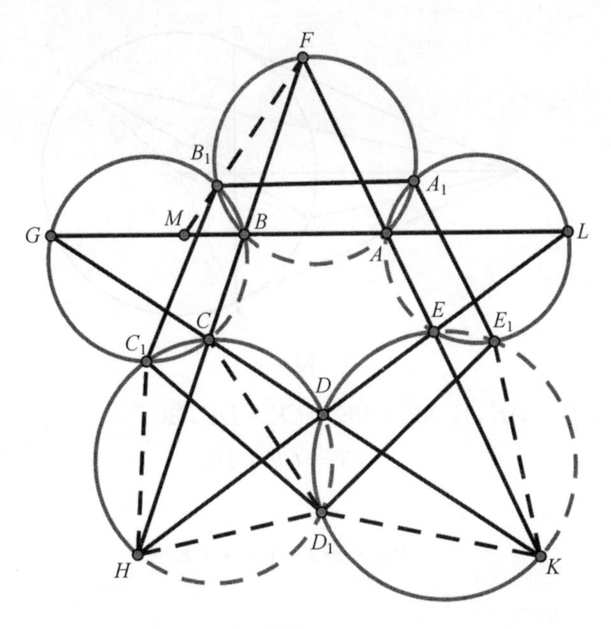

图 79

$$C,D,D_1,H\text{ 四点共圆}\Rightarrow\angle HDD_1=\angle HCD_1$$

所以

$$\angle EKD_1=\angle HCD_1\Rightarrow F,C,D_1,K\text{ 四点共圆}$$

同理，F,B_1,C,K 四点共圆，于是

$$F,B_1,D_1,K\text{ 四点共圆}\Rightarrow\angle MB_1D_1=\angle EKD_1$$

又由

$$A_1,A,E,E_1\text{ 四点共圆}\Rightarrow\angle HLA_1=\angle EE_1A_1$$

$$F,B_1,A,A_1\text{ 四点共圆}\Rightarrow\angle FAA_1=\angle FB_1A_1$$

从而

$$\angle FB_1A_1+\angle A_1B_1D_1+\angle MB_1D_1=180^\circ$$

所以

$$\angle AB_1D_1+\angle A_1B_1A+\angle EE_1D_1+\angle A_1E_1E=180^\circ$$

所以 A_1,B_1,D_1,E_1 四点共圆，同理 A_1,B_1,C_1,E_1 四点共圆，于是 A_1,B_1,C_1,D_1,E_1 五点共圆.

80. 如图 80，过圆 O 外一点 P 作圆 O 的切线 PA，PB，切点分别为 A，B，AB 与 PO 交于点 E，过 E 作不同于 PO 的圆 O 的弦 CD，则 $\triangle PAB$ 与 $\triangle PCD$ 有共同的内心.

证明　由作图知 OP 平分 $\angle BPA$，$PO\perp AB$，而 $OA\perp PA$，所以 $EA^2=$

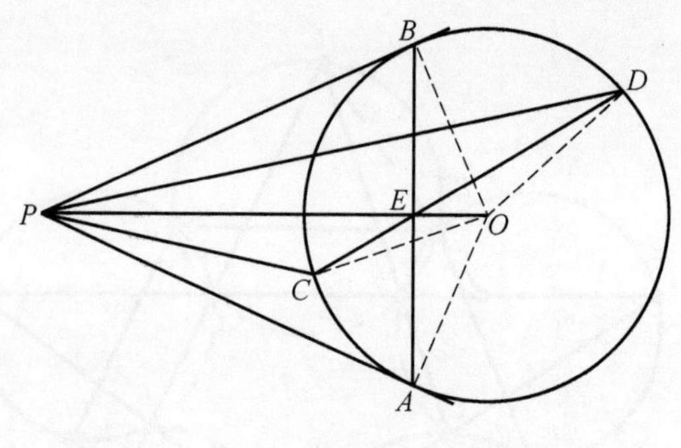

图 80

$PE \cdot EO$，由 $EB=AE$，且 $AE \cdot BE=CE \cdot DE$，知

$$AE^2=CE \cdot DE$$

所以

$$PE \cdot EO=CE \cdot DE$$

所以

$$\angle OCD=\angle CDO, \angle OPD=\angle DCO$$

又 $\angle OCD=\angle CDO$，所以 $\angle DPO=\angle OPC$.

于是，只要证明 $\triangle PAB$ 与 $\triangle PCD$ 的内心都是 PO 上的定点即可. 考虑到

$$\frac{PA}{AE}=\frac{AO}{OE}=\frac{OD}{OE}=\frac{PC}{CE}$$

所以 $\angle PAE$，$\angle PCE$ 的平分线在 PE 上，从而 $\triangle PAB$ 与 $\triangle PCD$ 有共同的内心.

81. 已知 $A_1, A_2, B_1, B_2, C_1, C_2$ 分别为 $\triangle ABC$ 的边 BC, CA, AB 的三等分点，分别连 $\triangle ABC$ 的顶点到个各对边上的分点，BB_1 与 CC_2 交于点 A_0，CC_1 与 AA_2 交于点 B_0，AA_1 与 BB_2 交于点 C_0，则 $\triangle ABC \backsim \triangle A_0B_0C_0$，且相似比为5 : 1.

证明 如图 81，视 CB_0C_1 为 $\triangle ABA_2$ 的一条截线，根据梅涅劳斯定理，知

$$\frac{AC_1}{C_1B} \cdot \frac{BC}{CA_2} \cdot \frac{A_2B_0}{B_0A}=1$$

而 $\frac{AC_1}{C_1B}=\frac{1}{2}, \frac{BC}{CA_2}=3$，所以 $\frac{A_2B_0}{B_0A}=\frac{2}{3}$，同理 $\frac{AC_0}{C_0A_1}=\frac{3}{2}$，所以 $C_0B_0 \parallel BC$. 同理 $C_0A_0 \parallel AC, B_0A_0 \parallel BA$.

所以 $\triangle ABC \backsim \triangle A_0B_0C_0$，而 $\frac{AC_0}{AA_1}=\frac{3}{5}, \frac{A_1A_2}{BC}=\frac{1}{3}$，所以 $\frac{C_0B_0}{BC}=\frac{1}{5}$，即相似比为 5 : 1.

注 由本题还可得：

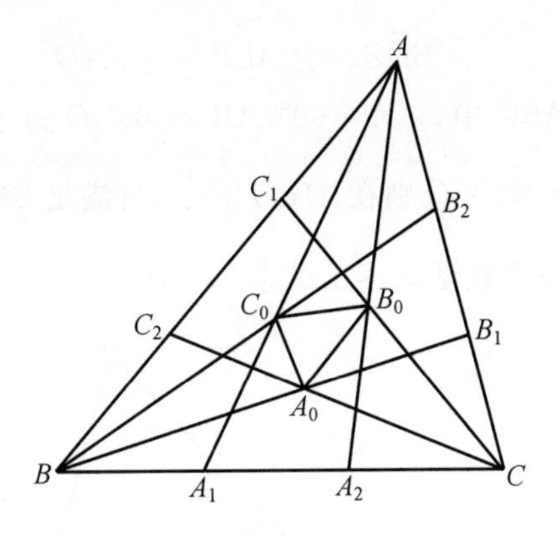

图 81

令 BB_2 与 CC_1 的交点为 D,CC_2 与 AA_1 的交点为 E, AA_2 与 BB_1 的交点为 F,那么 $\triangle ABC \backsim \triangle DEF$,且相似比为 $4:1$.

82. 如图 82,在 $\triangle ABC$ 中,$\angle A=90^\circ$,$\angle B<\angle C$,过 A 作 $\triangle ABC$ 外接圆 O 的切线交直线 BC 于点 D,设 A 关于 BC 的对称点为 E,作 $AX \perp BE$ 于点 X,Y 为 AX 的中点,BY 交圆 O 于点 Z,证明:直线 BD 为 $\triangle ADZ$ 外接圆的切线.

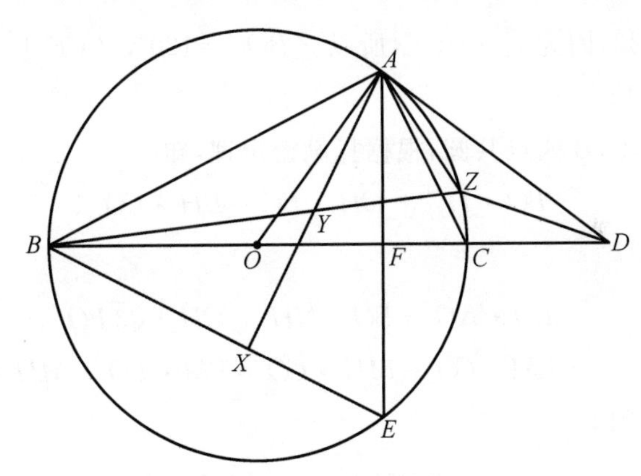

图 82

证明 因为 AD 为圆 O 的切线,E 是 A 关于直径 BC 的对称点,所以 DE 也是圆 O 的切线,从而 $\angle AED=\angle ABE$. 又 $\angle AXB=\angle EFD=90^\circ$,所以 $\triangle ABX \backsim \triangle DEF$,$\angle BAX=\angle FDE$.

又 $AY=YX$,$AF=FE$,所以 $YF \parallel XE$,所以

$$\angle AYF=\angle AXE=90^\circ,\angle AEB=\angle AZB=\angle AFY$$

所以 A,Y,F,Z 四点共圆,所以

$$\angle YAB=\angle BAE-\angle YAE,\angle FZE=\angle BZE-\angle YZF$$

所以 Z,F,E,D 四点共圆,所以

$$\angle BDZ=\angle AEZ=\angle ZAD$$

83. 如图 83，$\triangle ABC$ 中，$\angle A=60^\circ$，$AB>AC$，O 为 $\triangle ABC$ 的外心，两条高 BE，CF 交于点 H，点 M，N 分别在 BH，HF 上，且满足 $BM=CN$，求 $\frac{MH+NH}{OH}$ 的值.（2002 年全国高中数学联赛二试第一大题）

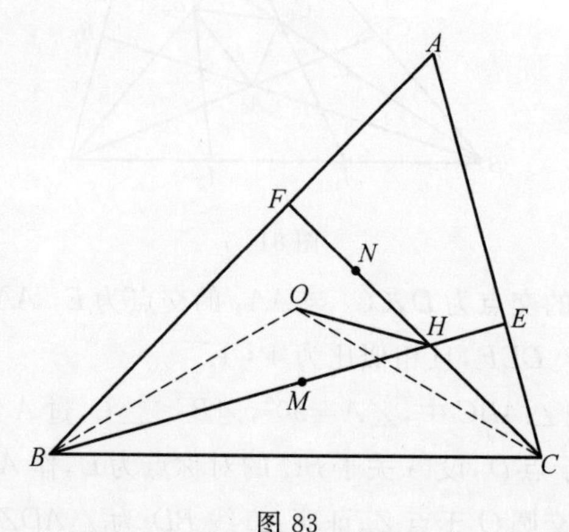

图 83

解 如图 83，因为 $\angle A=60^\circ$，所以 $\angle BOC=120^\circ$，又 $CF\perp AB$，$AC\perp BE$，所以 $\angle BHC=120^\circ$.

所以 O，H，C，B 四点共圆，根据托勒密定理，知

$$BO\cdot HC+OH\cdot BC=BH\cdot CO$$

即

$$BO\cdot NC-BO\cdot NH+OH\cdot\sqrt{3}BO$$
$$=BM\cdot CO+MH\cdot CO=BM\cdot BO+MH\cdot BO$$

而 $BM=CN$，所以

$$\sqrt{3}OH=NH+MH$$

即

$$\frac{NH+MH}{OH}=\sqrt{3}$$

84. 如图 84，设 BC 为圆 O 的直径，A 为圆周上一点，$0^\circ<\angle AOB<120^\circ$，$D$ 是弧 $\overset{\frown}{AB}$ 的中点，过 O 作平行于 DA 的直线交 AC 于点 I，OA 的垂直平分线交圆 O 于点 E，F. 证明：I 为 $\triangle CEF$ 的内心.（第 43 届 IMO 试题）

证明 因为 OA 与 EF 互相垂直平分，所以 CA 是 $\angle ECF$ 的平分线，而

$$\angle AOD=\frac{1}{2}\angle AOB=\angle OAC$$

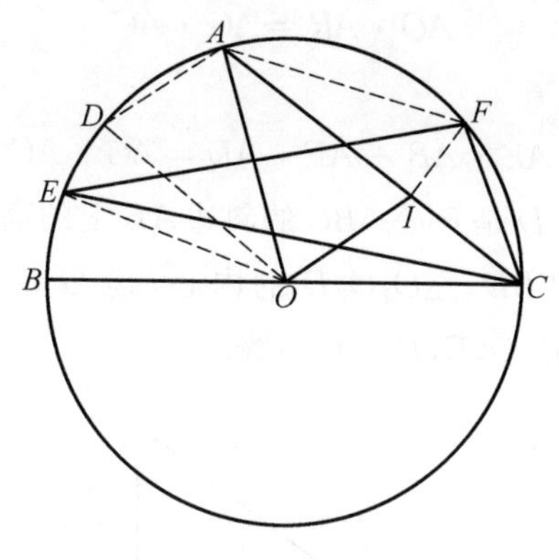

图 84

所以 $OD // IA$，又 $AD // OI$，所以四边形 $ADOI$ 为平行四边形，故 $AI = OD = OE = AF$，所以

$$\angle IFE = \angle IFA - \angle EFA = \angle AIF - \angle ECA = \angle AIF - \angle ICF = \angle IFC$$

从而 I 为 $\triangle CEF$ 的内心.

85. 如图 85，设 AC 为平行四边形 $ABCD$ 较长的一条对角线，O 为平行四边形 $ABCD$ 内一点，$OE \perp AB$ 于点 E，$OF \perp AD$ 于点 F，$OG \perp AC$ 于点 G，求证

$$AE \cdot AB + AF \cdot AD = AG \cdot AC$$

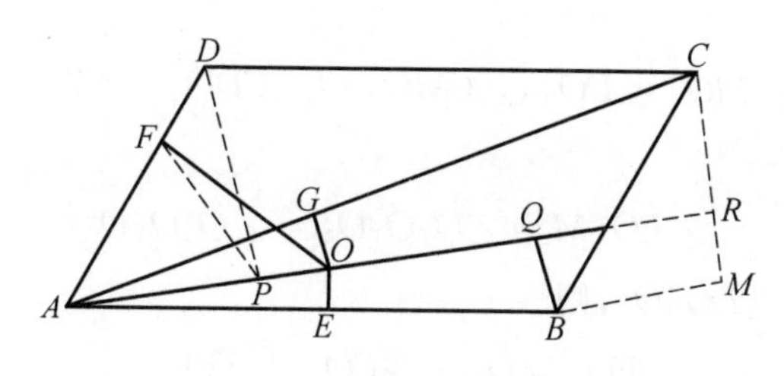

图 85

证明 过 D,B,C 分别作 AO 的垂线 DP,BQ,CR，P,Q,R 分别为垂足，作 $BM \perp CR$，点 M 为垂足，则

$$AE \cdot AB + AF \cdot AD = AO \cdot AQ + AF \cdot AD = AO \cdot AQ + AO \cdot AP$$
$$= AO \cdot (AQ + AP)$$

由所作的辅助线知，$\angle ADP = \angle BCM$，$AD = BC$，$\angle CMB = \angle DPA$，所以 $\triangle DAP \cong \triangle CBM$，所以 $AP = BM = QR$，所以

$$AQ + AP = AQ + QR = AR$$

所以

$$AE \cdot AB + AF \cdot AD = AO \cdot AR$$

而

$$AO \cdot AR = AG \cdot AC$$

所以

$$AE \cdot AB + AF \cdot AD = AG \cdot AC$$

86. 如图86，已知 CD 是 $Rt\triangle ABC$ 的斜边 AB 上的高，点 O,O_1,O_2,O_3 分别为 $\triangle ABC,\triangle ACD,\triangle CBD,\triangle O_1O_2D$ 的内心，连 O_3O_1,O_3O_2 并延长分别交 AC,BC 于点 E,F. 求证：O,E,F 三点共线.

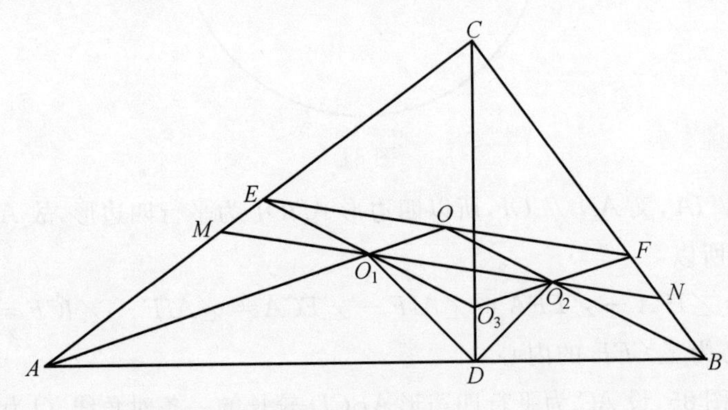

图 86

证明 将 O_1O_2 向两端延长分别交 AC,BC 于点 M,N，由 O_1,O_2 的内心性质，知

$$MO_1 = DO_1, \angle CMO_1 = \angle CDO_1 = 45^\circ$$

又

$$\angle EO_1M = \angle O_2O_1O_3 = \angle O_3O_1D$$

所以 $\triangle MEO_1 \cong \triangle DO_3O_1$，则

$$EO_1 = O_1O_3 \Rightarrow CO_1 \perp EO_3$$

同理，$CO_2 \perp OF_3$.

由 $\angle O_1CA + \angle O_1AC = 45^\circ = \angle CMO_1$，得 $\triangle AMO_1 \backsim \triangle AO_1C$，所以

$$\angle ACO_1 = \angle MO_1A = \angle OO_1O_2$$

而 $\angle O_1O_2O_3 = \angle ACO_1$，所以

$$\angle OO_1O_2 = \angle O_1O_2O_3 \Rightarrow OO_1 \parallel O_2O_3$$

同理，$O_1O_3 \parallel OO_2$. 从而 O,O_1,O_2,O_3 四点构成平行四边形，再结合 $O_3O_1 = O_1E,O_3O_2 = O_2F$，得 O,E,F 三点共线.

87. 如图87，已知 $\triangle ABC$ 中有一点 E，使得 $\angle AEB = \angle AEC$，AE 上有一点 G，连 CG,BG 并延长交 AB,AC 于点 Q,F，则 $\angle QEB = \angle FEC$.

证明 延长 AE 交 BC 于点 D，过 B,C 分别作 AD 的平行线，分别交 EQ，

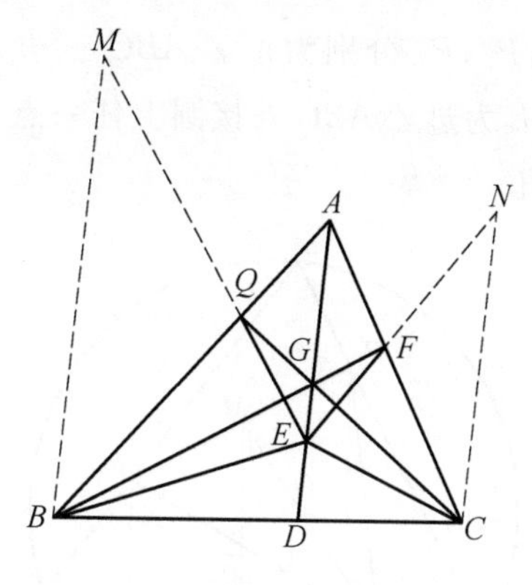

图 87

EF 的延长线于点 M, N,由于 $\angle AEB=\angle AEC$,所以 $\angle DEB=\angle DEC$,注意到 $MB \parallel AD \parallel CN$,所以

$$\angle MBA=\angle BAE, \angle MBE=\angle NCE \tag{*}$$

于是,在 $\triangle ABC$ 中,由于 AD, BF, CQ 交于点 G,根据塞瓦定理,有

$$\frac{AQ}{QB}\cdot\frac{BD}{DC}\cdot\frac{CF}{FA}=1 \tag{1}$$

而 $\triangle AQE \backsim BQM$, $\triangle AFE \backsim \triangle CFN$,所以

$$\frac{AQ}{QB}=\frac{AE}{BM}, \frac{CF}{FA}=\frac{CN}{AE} \tag{2}$$

将式(2)代入式(1),得

$$\frac{AE}{BM}\cdot\frac{BD}{DC}\cdot\frac{CN}{AE}=1$$

即

$$\frac{BD}{DC}=\frac{BM}{CN} \tag{3}$$

而 $\angle BED=\angle DEC$,所以

$$\frac{BD}{DC}=\frac{EB}{EC} \tag{4}$$

将式(4)代入式(3)得

$$\frac{EB}{EC}=\frac{BM}{CN}$$

即

$$\frac{EB}{BM}=\frac{EC}{CN}$$

再注意到式(*)知, $\triangle BEM \backsim \triangle CEN$,所以 $\angle QEB=\angle FEC$.

88. 如图 88，设 P_1, P_2, P_3 分别为正 $\triangle ABC$ 三边 AB, BC, CA 上的点，且 $AP_1 = BP_2 = CP_3$，直线 L 为过 $\triangle ABC$ 外接圆上任一点 P 的切线. 证明：P_1, P_2, P_3 到 L 的距离和为定值.

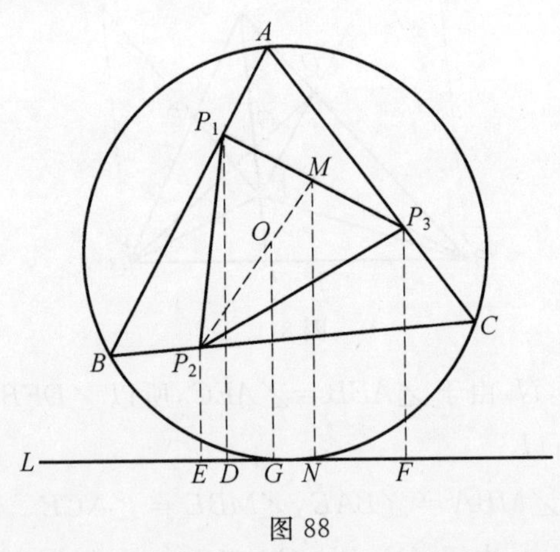

图 88

证明 设 O 为 $\triangle ABC$ 的外心，过 P_1, P_2, P_3, O 分别作切线 L 的垂线，垂足分别为 D, E, F, G，M 为 P_1P_3 的中点，联结 P_2M，于是，O 在 P_2M 上，根据题意知，$\triangle P_1P_2P_3$ 为正三角形，且其重心与 $\triangle ABC$ 的重心重合，都是 $\triangle ABC$ 外接圆的圆心 O，作 $MN \perp L$ 于点 N，则

$$MN = \frac{1}{2}(P_1D + P_2F)$$

$$OG = \frac{2MN + P_2E}{3} = \frac{P_1D + P_2E + P_2F}{3}$$

即 $P_1D + P_2E + P_2F = 3OG = 3R$（$R$ 为 $\triangle ABC$ 外接圆的半径），这是一个定值.

89. 如图 89，在锐角 $\triangle ABC$ 中，BD, CE 分别是边 AC, AB 上的高，以 AB 为直径作圆交 CE 于点 M，在 BD 上取点 N，使得 $AN = AM$，证明：$AN \perp CN$.（第三届北方数学邀请赛试题）

证法 1 由题设条件知 $BD \perp AC, CE \perp AB$，所以 $\angle ACE = \angle ABD = \angle AMD$，$\angle DAM = \angle CAM$，所以 $\triangle MAD \backsim \triangle CAM$，即 $\frac{AM}{CA} = \frac{AD}{AM}$，亦即 $AM^2 = AD \cdot AC$. 而由 $AN = AM$ 知，$AN^2 = AD \cdot AC$. 故由射影定理的逆定理知，$AN \perp CN$.

证法 2 如图 89，联结 BM. 因 AB 为直径，所以 $\angle AMB = 90°$，再结合题设条件 $CE \perp AB$，则在 $\mathrm{Rt}\triangle MAB$ 中，由射影定理知，$AM^2 = AE \cdot AB$，而 $AM = AN$，所以 $AN^2 = AE \cdot AB$，进而 $\triangle NAE \backsim \triangle BAN$，所以 $\angle ANE = \angle ABN$. 又

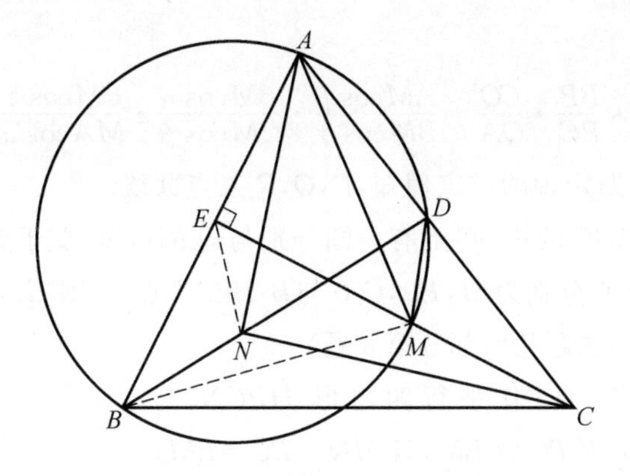

图 89

由条件 $BD \perp AC, CE \perp AB$ 知 $\angle ABD = \angle ACE$，所以 $\angle ANE = \angle ACE$.

从而 A,E,N,C 四点共圆，即 $AN \perp CN$.

90. 如图 90，过 $\triangle ABC$ 内一点 M 分别作 AM, BM, CM 的垂线，三条垂线分别与边 BC, CA, AB（或其延长线）交于点 P, Q, R，则 P, Q, R 三点共线.

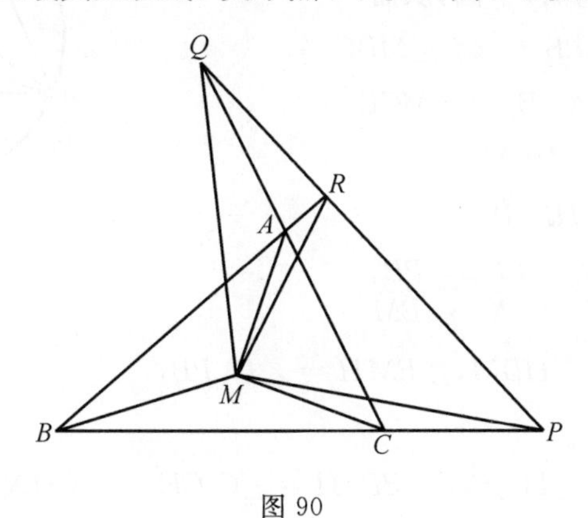

图 90

证明　如图 90，记 $\angle AMB = \alpha, \angle AMC = \beta, \angle BMC = \gamma$，因为 $\angle RMC = 90°$，所以

$$\sin\angle AMR = \sin(\beta - 90°) = -\cos\beta$$

$$\sin\angle BMR = \sin[360° - (90° + \gamma)] = -\cos\gamma$$

从而

$$\frac{AR}{RB} = \frac{S_{\triangle AMR}}{S_{\triangle RMB}} = \frac{AM \cdot RM\sin\angle AMR}{BM \cdot RM\sin\angle BMR} = \frac{AM \cdot \cos\beta}{BM \cdot \cos\gamma}$$

同理可得

$$\frac{BP}{PC} = \frac{BM\cos\alpha}{CM\cos\beta}, \frac{CQ}{QA} = \frac{CM\cos\gamma}{AM\cos\alpha}$$

于是

$$\frac{AR}{RB}\cdot\frac{BP}{PC}\cdot\frac{CQ}{QA}=\frac{AM\cos\beta}{BM\cos\gamma}\cdot\frac{BM\cos\alpha}{CM\cos\beta}\cdot\frac{CM\cos\gamma}{MA\cos\alpha}=1$$

根据梅涅劳斯定理的逆定理知，P,Q,R 三点共线.

91. 若在 $\triangle ABC$ 的边 BC 上有一圆分别与边 AB,AC 交于点 C_1,B_1，$\triangle ABC$ 与 $\triangle AB_1C_1$ 的垂心分别为 H,H_1，C_1C 与 B_1B 交于点 P，则 H_1,P,H 三点共线.（第 36 届 IMO 预选题几何部分第 8 题）

证明　如图 91，作平行四边形 $HPCN$ 与 $CPBM$，所以 $HN\parallel PC\parallel BM$，且 $HN=PC=BM$，所以四边形 $BHNM$ 也是平行四边形，而 AB,AC 都是圆的割线，所以 $\triangle ABC\backsim\triangle AB_1C_1$，且其垂心分别为 H,H_1，所以

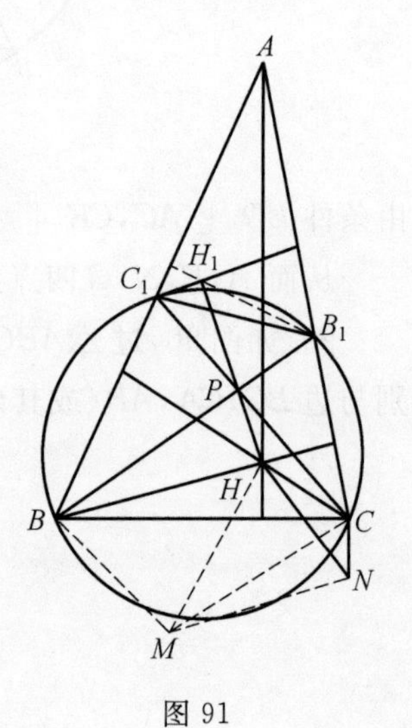

图 91

$$\triangle HBC\backsim\triangle H_1B_1C_1\Rightarrow\angle HBC=\angle H_1B_1C_1$$

而四边形 BCB_1C_1 内接于圆，从而

$$\triangle PCB\backsim\triangle PB_1C_1\backsim\triangle MBC$$

$$\Rightarrow\angle PBC=\angle PC_1B_1=\angle MCB$$

$$\Rightarrow\angle PB_1H_1=\angle HBM$$

$$\Rightarrow\angle MBH=\angle HB_1P$$

$$\Rightarrow\frac{B_1H_1}{BH}=\frac{B_1C_1}{BC}=\frac{PB_1}{PC}=\frac{PB_1}{BM}$$

$$\Rightarrow\triangle H_1B_1P\backsim\triangle HBM,\angle BMH=\angle H_1PB_1$$

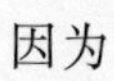

因为

$$\angle BB_1C=\angle BC_1C\Rightarrow\angle BB_1H=\angle C_1CH=\angle CHN=\angle CMN$$

所以 H,M,N,C 四点共圆，所以

$$\angle NCM=\angle MHN=\angle BMH$$

再注意到 $\angle BMH=\angle BPH$，所以

$$\angle B_1PH_1=\angle BMH=\angle BPH$$

即 H_1,P,H 三点共线.

92. 如图 92，圆 X_1,X_2,X_3 两两外离，在任意两圆之间分别作其内公切线，这三组内公切线的交点分别为 P,Q,R，求证：PX_1,QX_2,RX_3 三线共点.

证明　设圆 X_1,X_2,X_3 的半径分别为 R_1,R_2,R_3，过上述三个圆的圆心分别作其相应内公切线的垂线，则相应垂线分别为各圆半径，于是由相似三角形的性质知

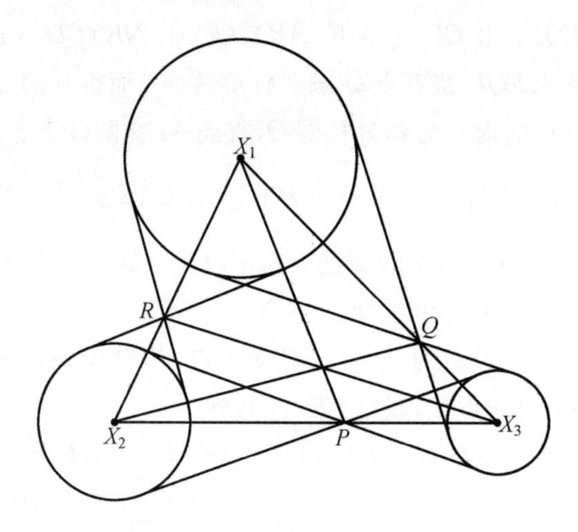

图 92

$$\frac{X_2P}{PX_3}\cdot\frac{X_3Q}{QX_1}\cdot\frac{X_1R}{RX_2}=\frac{R_2}{R_3}\cdot\frac{R_3}{R_1}\cdot\frac{R_1}{R_2}=1$$

则由塞瓦定理的逆定理知，本题结论获证.

93. 如图 93，四边形 $ABCD$ 的对角线 AC 与 BD 交于点 P，$\triangle ABP$ 与 $\triangle CDP$ 的外接圆交于另一点 Q，从点 Q 分别作 $QE\perp AB$，$QF\perp CD$，E，F 分别为垂足，M，N 分别为 AD，BC 的中点，求证：$MN\perp EF$.

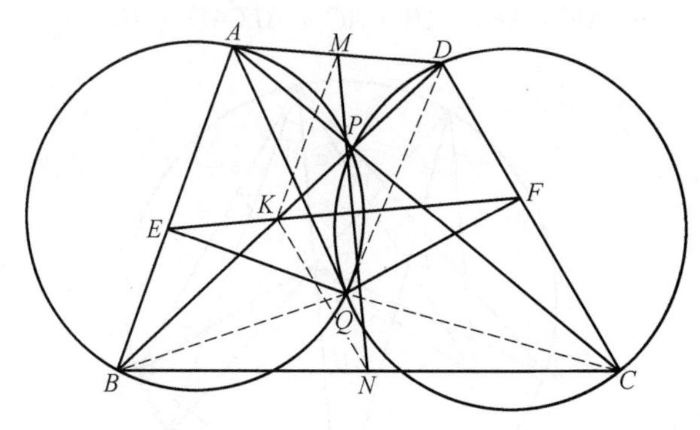

图 93

证明 设 K 为 BD 的中点，联结 MK，KN，BQ，DQ，则由题意知

$$\angle PAQ=\angle PBQ,\angle PDQ=\angle PCQ\Rightarrow\triangle BDQ\backsim\triangle ACQ\Rightarrow\frac{QA}{QB}=\frac{QD}{QC}$$

而 $\angle AQB=\angle APB$，$\angle DQC=\angle DPC$，由

$$\angle APB=\angle DPC\Rightarrow\angle AQB=\angle DQC\Rightarrow\triangle QAB\backsim\triangle DQC$$

所以$\frac{QE}{QF}=\frac{AB}{CD}=\frac{MK}{NK}$. 而 $\angle MKN=\angle EQF$，都是直线 AB 与 CD 所成钝角，从而

$\triangle MKN \backsim \triangle EQF$. 由 $QE \perp MK(AB)$，$QF \perp NK(CD)$，进一步有 $MN \perp EF$（可以看作是 $\triangle EQF$ 绕着点 Q 顺时针旋转 90° 而得到的）.

94. 设 $\triangle ABC$ 的内心为 I，外接圆 O，直线 AI 交圆 O 于点 D，设 E 是弧 $\overset{\frown}{BDC}$ 上的一点，F 是边 BC 上一点，使得 $\angle BAF=\angle CAE<\frac{1}{2}\angle BAC$，$G$ 为线段 IF 的中点，求证：直线 DG 与 EI 的交点 T 在圆 O 上.（2010 年第 51 届 IMO 第 2 题，参见《中等数学》2010 年第 9 期第 18 页）

证明 如图 94，设直线 AD 与 BC 交于点 H，射线 DG 与 AF 交于点 K，射线 DG 与射线 EI 交于点 T，联结 CE，注意到

$$\angle DBI=\angle DIB \Rightarrow DI=DB=DC \Rightarrow \triangle ABH \backsim \triangle ADC$$

$$\Rightarrow \frac{AB+BH}{AH}=\frac{AD+DC}{AC}=\frac{AD+DI}{AC}$$

$$\angle ABI=\angle HBI \Rightarrow \frac{AB}{AI}=\frac{BH}{HI} \Rightarrow \frac{AB+BH}{AH}=\frac{AB}{AI}$$

$$\Rightarrow AB \cdot AC=AI(AD+ID)$$

再由

$$\angle ABF=\angle ABC=\angle AEC,\angle BAF=\angle EAC \Rightarrow \triangle ABF \backsim \triangle AEC$$

即

$$AE \cdot AF=AB \cdot AC=AI(AD+ID) \tag{1}$$

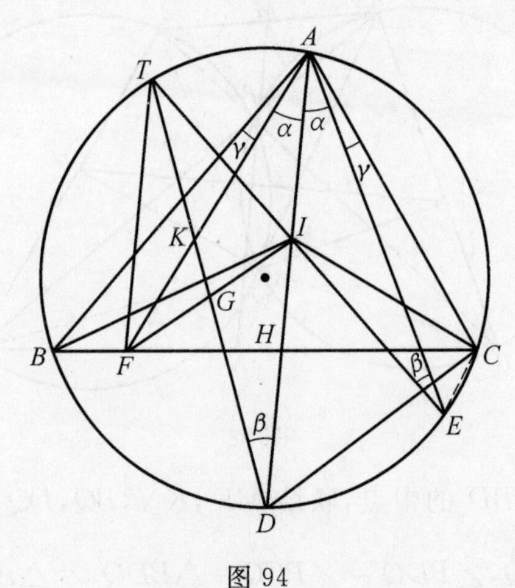

图 94

对 $\triangle AIF$ 与截线 KGD 运用梅涅劳斯定理，有

$$\frac{AK}{KF} \cdot \frac{FG}{GI} \cdot \frac{ID}{DA}=1$$

而

$$FG=GI\Rightarrow\frac{AK}{KF}=\frac{DA}{DI}\Rightarrow\frac{AK}{AF}=\frac{DA}{AD+DI}\tag{2}$$

由(1)(2)得

$$AK\cdot AE=AD\cdot AI\Rightarrow\frac{AK}{AD}=\frac{AI}{AE}$$

而由

$$\angle KAD=\angle IAE\Rightarrow\triangle KAD\backsim\triangle IAE\Rightarrow\angle KDA=\angle IEA$$

所以

$$\angle KDA=\angle IEA,\triangle KAD\backsim\triangle IAE\Rightarrow\angle KDA=\angle IEA$$

因此 $\angle TDA=\angle TEA$，即 A,T,D,E 四点共圆，点 T 在圆上，即 DG 与 EI 延长线的交点在圆上.

95. 已知点 C 为线段 AB 的中点，过点 A,C 和 B,C 的两圆 M,N 交于另外一点 D，E 为圆 M 上 $\overset{\frown}{AD}$（不含点 C）的中点，F 为圆 N 上 $\overset{\frown}{BD}$（不含点 C）的中点，求证：$CD\perp EF$.（2006年波兰竞赛题，参见《中等数学》2008年第3期第6页例4）

证法1 由等差幂线定理知，只要证明

$$ED^2-EC^2=FD^2-FC^2$$

即可.

如图95，设 AD 与 EC 交于点 K，BD，CF 交于点 H，在圆 M 中，由已知条件知，$\triangle DEA$，$\triangle BFD$ 均为等腰三角形，所以

$$\left.\begin{array}{r}\angle EDK=\angle EAD=\angle ECD\\ \angle DEK=\angle CED\end{array}\right\}\Rightarrow\triangle EDK\backsim\triangle ECD$$

$$\Rightarrow\frac{ED}{EC}=\frac{EK}{ED}$$

$$\Rightarrow ED^2=EK\cdot EC\tag{1}$$

（本结论可以直接由 $\angle EDA=\angle EAD=\angle ADC$ 得知 ED 为 $\triangle DCK$ 外接圆的切线，即式(1)成立.）

又

$$\left.\begin{array}{r}\angle ACE=\angle DCK\\ \angle CEA=\angle CDK\end{array}\right\}\Rightarrow\triangle CEA\backsim\triangle CDK$$

$$\Rightarrow\frac{CA}{CK}=\frac{CE}{CD}$$

$$\Rightarrow CD\cdot CA=CE\cdot CK\tag{2}$$

同理，在圆 N 中，有

$$FD^2=FH\cdot FC\tag{3}$$

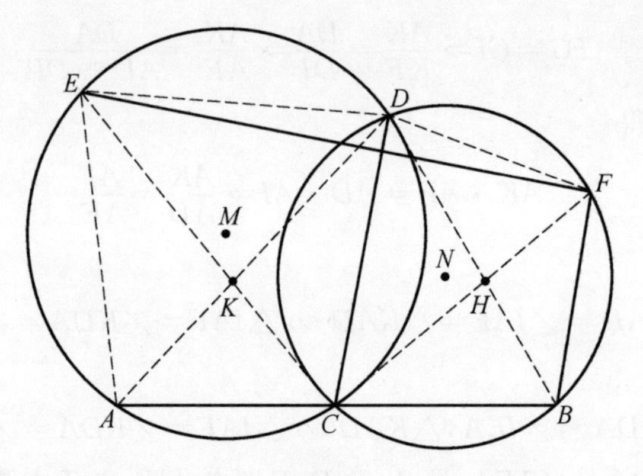

图 95

$$CB \cdot CD = FH \cdot FC \tag{4}$$

由(1)－(3)，得到

$$\begin{aligned} ED^2 - FD^2 &= EK \cdot EC - FH \cdot FC \\ &= (EC - KC)EC - (FC - CH)FC \\ &= EC^2 - FC^2 + CH \cdot FC + EC \cdot EK \\ &= EC^2 - FC^2 + CB \cdot CD - CA \cdot CD \end{aligned}$$

(注意到式(2)(4))

$$= EC^2 - FC^2 \text{(注意到 } CA = CB\text{)}$$

故 $CD \perp EF$.

证法 2 只要证明 $ED^2 - EC^2 = FD^2 - FC^2$ 即可.

事实上，由 $\angle EDA = \angle EAD = \angle ADC$ 得知 ED 为 $\triangle DCK$ 外接圆的切线，所以

$$ED^2 = EK \cdot EC = EC(EC - CK) = EC^2 - EC \cdot CK$$

所以

$$ED^2 - EC^2 = -EC \cdot EK \tag{5}$$

同理可得

$$FD^2 - FC^2 = -CH \cdot CF \tag{6}$$

于是，只要证明

$$CH \cdot CF = CE \cdot CK \tag{7}$$

即可. 而由

$$\left.\begin{aligned} \triangle CEA \backsim \triangle CDK \Rightarrow \frac{CE}{CA} = \frac{CD}{CK} \Rightarrow CE = \frac{CD \cdot CA}{CK} \\ \triangle CHD \backsim \triangle CBF \Rightarrow \frac{CH}{CB} = \frac{CD}{CF} \Rightarrow CF = \frac{CD \cdot CB}{CH} \end{aligned}\right\}$$

$$\Rightarrow \frac{CE}{CF}=\frac{CD \cdot CA}{CK} \cdot \frac{CH}{CD \cdot CB}=\frac{CH}{CK}(注意到 CA=CB)$$

即得式(7),从而结论获证.

评注　这个证明充分利用了弦切角定理,值得称道!值得一提的是我们实质上已经证明了 $\triangle ECF \backsim \triangle HCK$,换句话说,$K,H,F,E$ 四点共圆,这个结论很重要!

证法 3　运用斯蒂瓦特定理.

在 $\triangle EAD$ 中,关于 EK 运用斯蒂瓦特定理,得

$$\begin{aligned} EK^2 &= \frac{AD}{AD} \cdot ED^2+\frac{BD}{AD} \cdot EA^2-KA \cdot KD \\ &= ED^2-KE \cdot KC \end{aligned}$$

$$\begin{aligned} ED^2 &= KE \cdot KC+EK^2=EK \cdot EC=(EC-KC)EC \\ &= EC^2-CE \cdot CK \\ &\Rightarrow EC^2-ED^2=CE \cdot CK \end{aligned}$$

同理可得 $FC^2-FD^2=CH \cdot CF$.

以下只要运用式(7)以及等差幂弦定理便获结论.

评注　这个证明是捕捉到有从点 E,F 引出的等线段以及等差幂线定理才联想到斯蒂瓦特定理的运用空间的.

96. 圆 P 与圆 Q 相交于点 A,B,过点 A 的两条直线与两圆分别交于点 C,D 和 E,F,M,N 分别为 CE,DF 的中点,DM,EN 交于点 K,求证:$\angle EAK=\angle BAD$.

证明　如图 96,记 $\angle FEN=\alpha_1$,$\angle DEN=\alpha_2$,$\angle EDM=\beta_1$,$\angle CDM=\beta_2$,$\angle DAK=\gamma_1$,$\angle EAK=\gamma_2$. 注意到点 M,N 的中点性质,所以,由面积关系知

$$1=\frac{S_{\triangle FEK}}{S_{\triangle DEK}}=\frac{EF \cdot \sin \angle FEN}{ED \cdot \sin \angle DEN} \Rightarrow \frac{\sin \alpha_1}{\sin \alpha_2}=\frac{ED}{EF}$$

$$1=\frac{S_{\triangle CDK}}{S_{\triangle EDK}}=\frac{CD \cdot \sin \angle CDM}{ED \cdot \sin \angle EDM} \Rightarrow \frac{\sin \beta_1}{\sin \beta_2}=\frac{ED}{CD}$$

在 $\triangle AED$ 中,关于点 K 运用角元形式的塞瓦定理,有

$$\frac{\sin \alpha_1}{\sin \alpha_2} \cdot \frac{\sin \beta_1}{\sin \beta_2} \cdot \frac{\sin \gamma_1}{\sin \gamma_2}=1 \Rightarrow \frac{\sin \gamma_1}{\sin \gamma_2}=\frac{\sin \alpha_2}{\sin \alpha_1} \cdot \frac{\sin \beta_2}{\sin \beta_1}=\frac{EF}{CD}$$

易知

$$\begin{aligned} \triangle CBD \backsim \triangle EBF &\Rightarrow \frac{EF}{CD}=\frac{BE}{BC}=\frac{\sin \angle BAE}{\sin \angle BAC}=\frac{\sin \angle BAE}{\sin \angle BAD} \\ &\Rightarrow \frac{\sin \gamma_1}{\sin \gamma_2}=\frac{\sin \angle BAE}{\sin \angle BAD} \end{aligned}$$

所以 $\angle EAK=\angle BAD$.

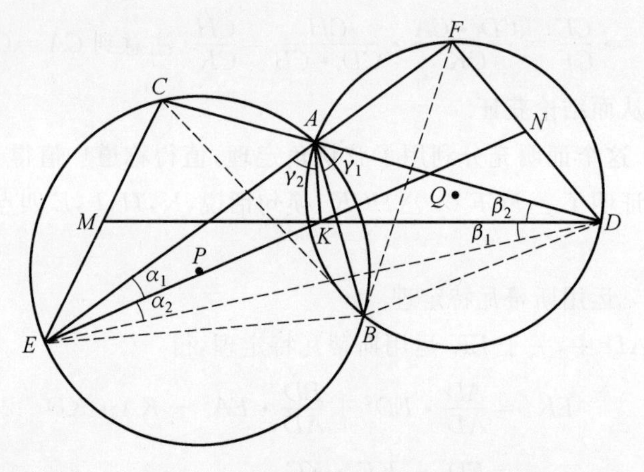

图 96

97. 如图 97,设 H 为 $\triangle ABC$ 的垂心,过点 H 任作一条直线与边 AB,AC 分别交于点 G,K,过点 A 作 $AM \parallel GK$ 交 $\triangle ABC$ 的外接圆于点 M,则 MH 通过 $\triangle AGK$ 的外心.

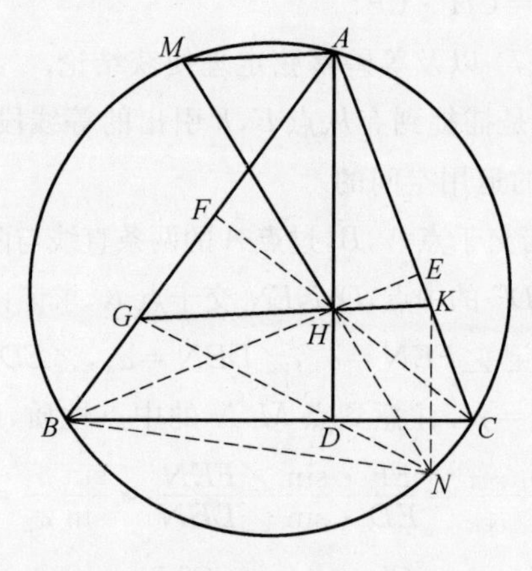

图 97

证明　设 MH 交 $\triangle ABC$ 的外接圆于点 N,则由 $AM \parallel GK$,知

$$\angle AGK = \angle MAB = \angle MNB$$

所以 B,N,H,G 四点共圆,同理可得 K,H,N,C 四点共圆. 由于 H 为 $\triangle ABC$ 的垂心,所以

$$\angle GNH = \angle GBH = \angle HCK = \angle HNK$$

即 MN 为 $\angle GNK$ 的平分线,且

$$\angle GNK = \angle GNH + \angle HNK = \angle ABH + \angle ACH = 180^\circ - 2\angle A$$

记 $\triangle AGK$ 的外心为 O，则

$$\angle GOK = 2\angle A \Rightarrow \angle GNK + \angle GOK = 180^\circ$$

即 G,O,K,N 四点共圆，注意到 $OG = OK \Rightarrow \overset{\frown}{OG} = \overset{\frown}{OK}$，即点 O 在 $\angle GNK$ 的平分线上，亦即 MH 通过 $\triangle AGK$ 的外心.

98. 如图 98，设 $\triangle ABC$ 的外心为 O，AO 交 $\triangle ABC$ 的外接圆于点 D，$\triangle ABC$ 的内切圆（圆心为 I）与 AB，AC 分别切于点 J，K，延长 CA 到点 F，使得 $AF = BJ$，过 F 作 $FH \perp DI$ 所在直线于点 H，交 BA 所在直线于点 G，求证：$AG = CK$.

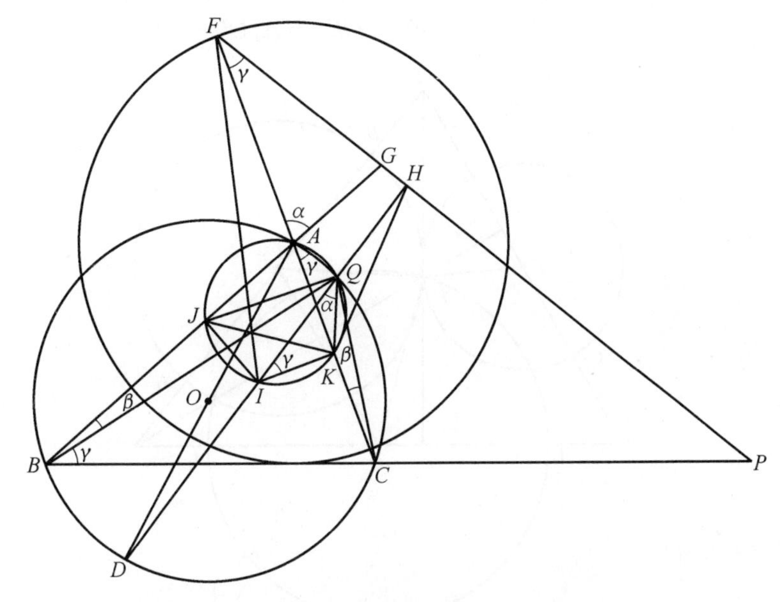

图 98

证明　设 DI 所在直线交四边形 $AJIK$ 的外接圆于点 Q，由于 AD 为 $\triangle ABC$ 外接圆的直径，所以 $AQ \perp IQ$，即点 Q 在四边形 $AJIK$ 的外接圆上. 由 $\angle ABQ = \angle ACQ$，$\angle JQK = \angle JAK = \angle BQC$ 知，$\triangle BJQ \backsim \triangle CQA$，即

$$\triangle BJQ \backsim \triangle CKQ \Rightarrow \frac{BJ}{CK} = \frac{BQ}{CQ} \tag{1}$$

又由作图知 $FH \perp IH$，$FK \perp IK$，所以 F,H,K,I 四点共圆，则

$$\angle HFK = \angle HIK = \angle KAQ = \angle QBC \Rightarrow \angle BQC = \angle BAC = \angle FAG$$

$$\Rightarrow \triangle FAG \backsim \triangle BQC \Rightarrow \frac{FA}{AG} = \frac{BQ}{CQ} \tag{2}$$

对比式(1)(2)得 $AG = CK$.

99. 已知 H 为锐角 $\triangle ABC$ 的垂心，以边 BC 的中点 D 为圆心，过点 H 的圆与直线 BC 相交于 A_1，A_2 两点，以边 CA 的中点 E 为圆心，过点 H 的圆与直线

CA 相交于B_1,B_2两点,以边AB的中点F为圆心,过点H的圆与直AB相交于C_1,C_2两点,求证:A_1,A_2,B_1,B_2,C_1,C_2六点共圆.(第 49 届 IMO 试题,参见《中学数学教学参考》2009 年第 9 期第 58 页)

证明　如图 99,设O为$\triangle ABC$的外心,则由已知条件知$CH \perp DE$,则

$$A_1D^2 - B_2E^2 = HD^2 - HE^2 = CD^2 - CE^2$$

$$OD^2 + CD^2 = OC^2 = OE^2 + CE^2$$

$$\Rightarrow OD^2 - OE^2 = OD^2 - OE^2 = A_1D^2 - B_2E^2$$

$$\Rightarrow B_2E^2 - OE^2 = A_1D^2 - OD^2$$

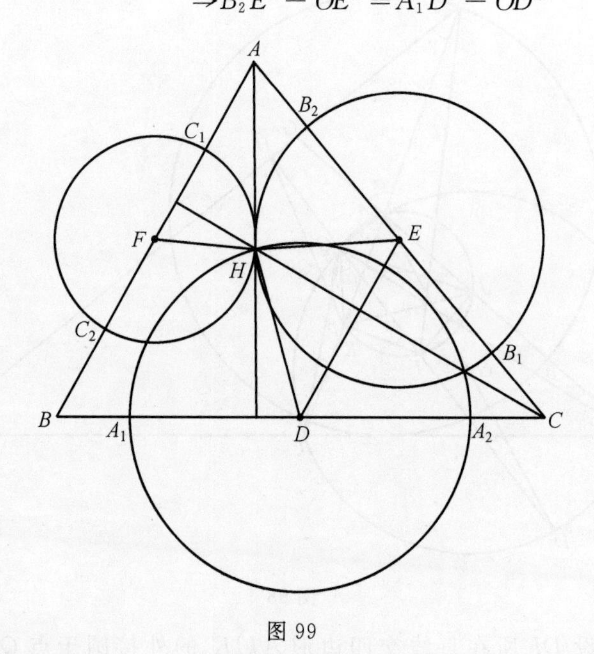

图 99

由勾股定理知$OA_1 = OB_2$,同理可得$OB_1 = OC_2$,$OC_1 = OA_2$,再结合线段中垂线的性质可知,点A_1,A_2,B_1,B_2,C_1,C_2在以O为圆心,OA_1为半径的圆上.

100. 已知AB是圆O的弦,M是$\overset{\frown}{AB}$的中点,C是圆O外任一点,过点C作圆O的切线CS,CT,联结MS,MT,分别交AB于点E,F,过点E,F作AB的垂线,分别交OS,OT于点X,Y,再过点C任作圆O的割线,交圆O于点P,Q,联结MP交AB于点R,设Z是$\triangle PQR$的外心,求证:X,Y,Z三点共线.(2007 年中国国家队选拔考试题,参见《中学数学教学参考》2009 年第 9 期第 58 页)

证明　如图 100,易知$OM \perp AB$,$XE \parallel OM$,所以

$$\angle XES = \angle OMS = \angle XSE \Rightarrow XE = XS$$

所以,以X为圆心,XE为半径作圆X,并设圆X和$\triangle PQR$外接圆的半径分

别为 R_1,R_2，则

$$ME \cdot MS = MA^2 = MR \cdot MP$$

由圆幂定理，知

$$XM^2 = ME \cdot MS + R_1^2 = MR \cdot MP + R_1^2$$

$$XC^2 = CS^2 + R_1^2$$

$$ZM^2 = MR \cdot MP + R_2^2$$

$$ZC^2 = CP \cdot CQ + R_2^2 = CS^2 + R_2^2$$

$$\Rightarrow XM^2 - XC^2 = MR \cdot MP - CS^2$$

$$= ZM^2 - ZC^2$$

同理可证 $YM^2 - YC^2 = ZM^2 - ZC^2$. 因此，由等差幂线定理知，$X,Y,Z$ 三点共线.

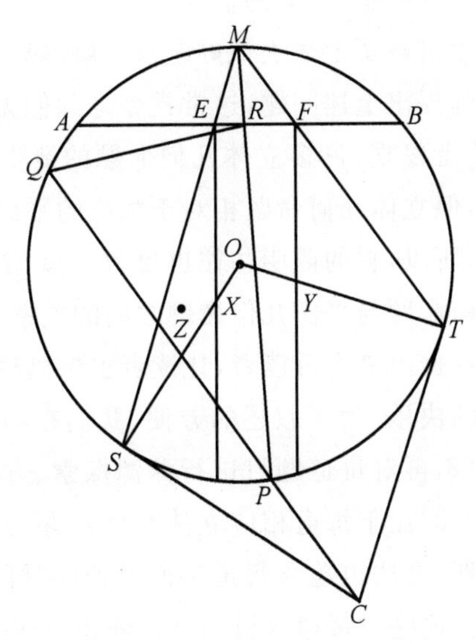

图 100

对平面几何与立体几何相关命题的研究

第2章

众所周知，一些好的数学命题的产生是命题人经过连续不断地深入思考，多方探究打磨后所形成的，那么，这些思考过程是如何的？其奇妙的解法又是如何构想出来的？这是笔者经常思考的问题，当老师们在课堂上费尽心机地给渴望学习的优秀学生讲解了上述类似好题及其解答后，许多优秀学生也经常向老师提出上述问题，这常常令老师们无言以对，如此等等，然而，笔者发现，许多立体几何命题的诞生与平面几何命题息息相关，但立体几何命题相对于相应的平面几何命题叙述要复杂得多，所以，它的证明往往也更为复杂，于是有必要研究这些立体几何命题与平面几何命题之间的关系，将这些命题的来历和证明挖掘出来告诉读者，让读者也像搞科研一样感受到研究和发现的快乐．为了叙述的方便，我们在本部分改述问题的陈述方式，不再对每道题目进行渊源探索、方法透析、分析论述，其根本原因在于每道相应立体几何命题的来历都来自下面的对应原理，方法也蕴含每道平面几何问题的证明过程之中，故我们省去这些对每道题目的分析陈述，只在平面几何命题解答完毕后给予适当地解题评说，以此来揭示立体几何命题的由来和解法．

§1　基础知识

下面我们以对偶的形式给出若干后续解题要用到的结论——先给出平面几何结论，再给出类似相关的立体几何结论，这些结论在中学生看来不是很常见，但是却很有用，也都是基础知识，现罗列如下，不过有些结论的证明尤其简单，故略去了它们的证明．

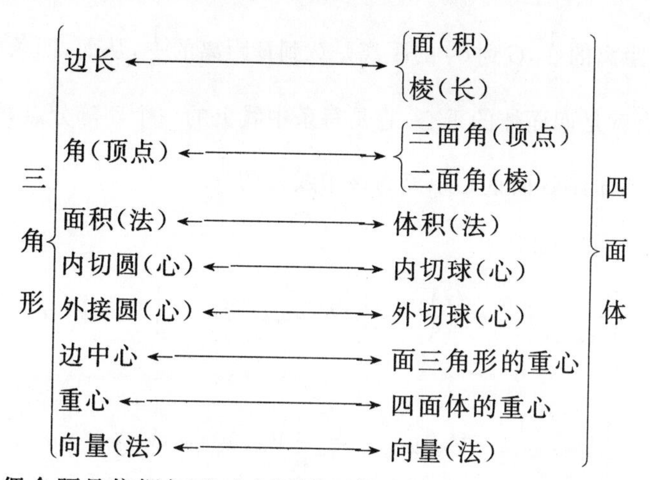

这些对偶命题是依据如下对应原则而提出的,这个原则将是我们讨论后续问题的基石.

结论1.1 平面几何——三角形的三条中线交于一点,此点被称为三角形的重心,重心与三顶点的连线将三角形的面积三等分.重心是每条中线上的一个三等分点,且重心到一边中点的线段是本中线长的$\frac{1}{3}$.

证明 略.

结论1.2 立体几何——四面体的四条中线(四面体的顶点与对面三角形重心的连线)交于一点,此点称为四面体的重心,重心与四顶点的连线将四面体分成的四个小四面体的体积相等.重心是每条中线上的一个四等分点,且重心到面重心的线段是该中线长的$\frac{1}{4}$.

证明 如图1,设四面体$ABCD$的顶点A,B所对的面$\triangle BCD$,$\triangle ACD$的重心分别为A_1,B_1,联结BA_1,AB_1所在直线交CD于点E,且E为CD之中点,再联结A_1B_1,

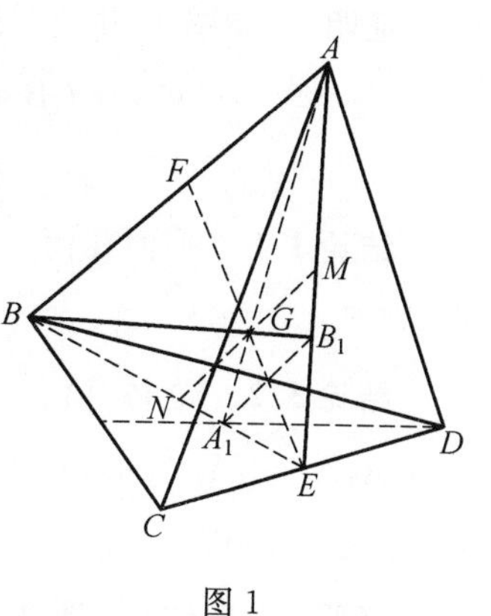

图1

注意到点A_1,B_1的性质,知

$$\frac{EA_1}{EB}=\frac{EB_1}{EA}=\frac{1}{3}\Rightarrow A_1B_1 /\!/ AB, A_1B_1=\frac{1}{3}AB$$

$$\Rightarrow A_1G=\frac{1}{3}AG, B_1G=\frac{1}{3}BG$$

即四面体的两条中线交于一点G,G到A_1的距

离是G到A距离的$\frac{1}{3}$,G到B_1的距离是G到B距离的$\frac{1}{3}$,从而,四条中线交于一点,即这个点就是四面体的重心,它是每条中线上的一个四等分点,均满足四面体的重心到四面体各面重心距离为该中线长的$\frac{1}{4}$.

从而

$$\frac{V_{四面体G-BCD}}{V_{四面体A-BCD}}=\frac{GA_1}{AA_1}=\frac{1}{4}\Rightarrow V_{四面体G-BCD}=\frac{1}{4}V_{四面体A-BCD}$$

同理可得

$$V_{四面体G-ACD}=\frac{1}{4}V_{四面体B-ACD},V_{四面体G-ABD}=\frac{1}{4}V_{四面体C-ABD},V_{四面体G-ACD}=\frac{1}{4}V_{四面体D-ABC}$$

即四面体的重心与四面体的四个顶点的连线将四面体的体积分成四个相等的部分.

注 顺便可得,EG连线恰好通过棱AB的中点F,且EF被点G平分.

事实上,过点G作AB的平行线,分别交EA,EB于点M,N,则$GM=\frac{1}{3}AB=GN$,即G为MN之中点,从而EG也通过棱AB之中点F.

换句话说,G到六条棱的中点连段等长,再换句话说,四面体的六条棱中点位于以四面体的重心为球心的球面上.

结论2.1 平面几何——设G为$\triangle ABC$的重心,则$\overrightarrow{GA}+\overrightarrow{GB}+\overrightarrow{GC}=\mathbf{0}$.

结论2.2 立体几何——设G为四面体$ABCD$的重心,则$\overrightarrow{GA}+\overrightarrow{GB}+\overrightarrow{GC}+\overrightarrow{GD}=\mathbf{0}$.

证明 如图1,并结合结论1.2后面的注,再由向量加法原理,知

$$\overrightarrow{GA}+\overrightarrow{GB}=2\overrightarrow{GE}=-2\overrightarrow{GF}=-(\overrightarrow{GC}+\overrightarrow{GD})$$
$$\Rightarrow\overrightarrow{GA}+\overrightarrow{GB}+\overrightarrow{GC}+\overrightarrow{GD}=\mathbf{0}$$

结论3.1 平面几何——设D,E,F分别为$\triangle ABC$的边BC,CA,AB的中点,则$S_{\triangle ABC}=4S_{\triangle DEF}$.

结论3.2 立体几何——设B_1,B_2,B_3,B_4分别为四面体$A_1A_2A_3A_4$的面$\triangle A_2A_3A_4$,$\triangle A_1A_3A_4$,$\triangle A_1A_2A_4$,$\triangle A_2A_3A_4$的重心,求证:(1)$S_{\triangle A_2A_3A_4}=9S_{\triangle B_2B_3B_4}$;(2)$V_{四面体A_1A_2A_3A_4}=27V_{四面体B_1B_2B_3B_4}$.

证明 (1)(2)如图2,设D,E分别为棱A_3A_4,A_3A_2的中点,则由已知条件,知

$$B_2B_4=\frac{2}{3}DE=\frac{2}{3}\cdot\frac{1}{2}A_2A_4=\frac{1}{3}A_2A_4$$

同理可得

$$B_2B_4=\frac{1}{3}A_2A_4,B_1B_2=\frac{1}{3}A_1A_2,B_1B_3=\frac{1}{3}A_1A_3$$

$$B_1B_4=\frac{1}{3}A_1A_4,B_3B_4=\frac{1}{3}A_3A_4,B_2B_3=\frac{1}{3}A_2A_3$$

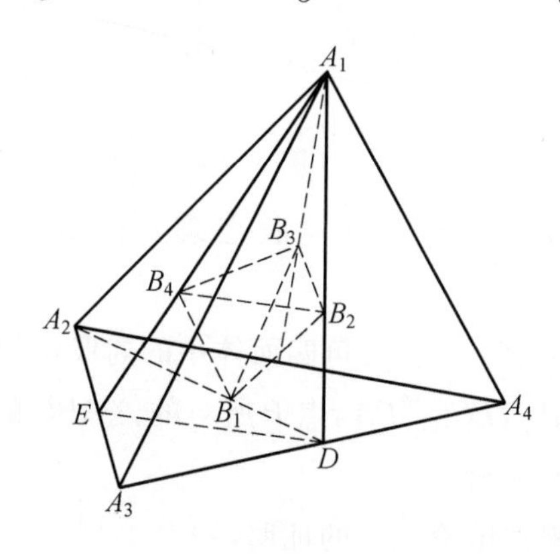

图 2

由简单的运算可知

$$S_{\triangle A_2A_3A_4}=9S_{\triangle B_2B_3B_4},V_{四面体A_1A_2A_3A_4}=27V_{四面体B_1B_2B_3B_4}$$

结论 4.1 平面几何——(直角三角形中的射影定理)在 Rt$\triangle ABC$ 中，$CB\perp AC,CD\perp AB$，则$CA^2=AD\cdot AB,CB^2=BD\cdot AB$.

结论 4.2 立体几何——在四面体 $P-ABC$ 中，$PA\perp PB,PB\perp PC$，$PC\perp PA$(下称此四面体为直角四面体)，点 P 所对的 $\triangle ABC$ 的面积记为 S_P，其余类推，作 $PE\perp$ 面 ABC 于点 E，联结 AE 交 BC 于点 D，联结 PD，则有 $S_A^2=S_P\cdot S_{\triangle EBC}$.

证明 如图 3，由已知条件知，$AD\perp BC,PD\perp BC,PA\perp$ 面 $PBC,PA\perp PD$，所以

$$PD^2=DA\cdot DE\Rightarrow\left(\frac{1}{2}BC\cdot PD\right)^2=\left(\frac{1}{2}BC\cdot DA\right)\left(\frac{1}{2}BC\cdot DE\right)$$

$$\Rightarrow S_A^2=S_P\cdot S_{\triangle EBC}$$

同理可得

$$S_B^2=S_P\cdot S_{\triangle EAC},S_C^2=S_P\cdot S_{\triangle EAB}$$

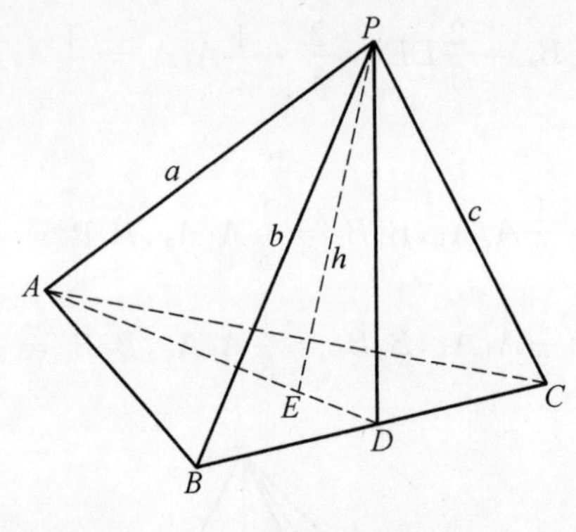

图 3

结论 5.1 平面几何——(勾股定理) 在 Rt$\triangle ABC$ 中,$CB \perp AC$,则$c^2=a^2+b^2$.

结论 5.2 立体几何——(直角四面体中的勾股定理) 在四面体 $P-ABC$ 中,$PA \perp PB$,$PB \perp PC$,$PC \perp PA$,点 P 所对的 $\triangle ABC$ 的面积记为S_P,其余类推,则有 $S_P^2=S_A^2+S_B^2+S_C^2$.

证明 如图 3,根据结论 4.2 的证明,知

$$S_A^2=S_P \cdot S_{\triangle EBC},S_B^2=S_P \cdot S_{\triangle EAC},S_C^2=S_P \cdot S_{\triangle EAB}$$

此三式相加,得

$$S_P^2=S_A^2+S_B^2+S_C^2$$

一个直接的推论:在四面体 $P-ABC$ 中,$PA \perp PB$,$PB \perp PC$,$PC \perp PA$,点 P 所对的 $\triangle ABC$ 的面积记为 S_P,$PA=a$,$PB=b$,$PC=c$,则有

$$S_P=\frac{1}{2}\sqrt{a^2b^2+b^2c^2+c^2a^2}$$

结论 6.1 平面几何——在 Rt$\triangle ABC$ 中,$CB \perp AC$,$\angle CAB=\alpha$,$\angle CBA=\beta$,则 $\cos^2\alpha+\cos^2\beta=1$.

结论 6.2 立体几何——在四面体 $P-ABC$ 中,$PA \perp PB$,$PB \perp PC$,$PC \perp PA$,二面角 $P-BC-A$,$P-CA-B$,$P-AB-C$ 的大小分别为α,β,γ,则有 $\cos^2\alpha+\cos^2\beta+\cos^2\gamma=1$.

提示 $\cos\alpha=\frac{S_{\triangle PBC}}{S_{\triangle ABC}}=\frac{S_A}{S_P},\cdots$,再利用上题的结论即证.

注 设 PA,PB,PC 分别与底面 $\triangle ABC$ 成角 x,y,z,则 $\sin^2x+\sin^2y+\sin^2z=1$.

结论 7.1 平面几何——在 Rt$\triangle ABC$ 中,$CB \perp AC$,$CA=b$,$CB=a$,斜边 BC 上的高线长为 h,则 $h^{-2}=a^{-2}+b^{-2}$.

结论 7.2 立体几何 —— 在四面体 $P-ABC$ 中，$PA\perp PB$，$PB\perp PC$，$PC\perp PA$，$PA=a$，$PB=b$，$PC=c$，P 到面 ABC 的距离为 h，则有

$$h^{-2}=a^{-2}+b^{-2}+c^{-2}$$

证明 如图 3，$PE\perp$ 面 ABC 于点 E，在 $\mathrm{Rt}\triangle PAD$ 中，有

$$PE^{-2}=PA^{-2}+PD^{-2}=a^{-2}+b^{-2}+c^{-2}$$

提示 也可以用体积法解决，即

$$\frac{1}{6}abc=\frac{1}{3}S_{\triangle ABC}\cdot h=\frac{1}{3}\sqrt{a^2b^2+b^2c^2+c^2a^2}\cdot h$$

结论 8.1 平面几何 —— 在 $\mathrm{Rt}\triangle ABC$ 中，$CB\perp AC$，$CA=b$，$CB=a$，$\triangle ABC$ 外接圆的半径为 R，则 $R=\frac{1}{2}\sqrt{a^2+b^2}$.

注 本结论表明，直角三角形的外心首先在斜边上，其次在斜边中点处.

结论 8.2 立体几何 —— 在四面体 $P-ABC$ 中，$PA\perp PB$，$PB\perp PC$，$PC\perp PA$，$PA=a$，$PB=b$，$PC=c$，四面体外接球的半径为 R，则

$$R=\frac{1}{2}\sqrt{a^2+b^2+c^2}$$

提示 补形成长方体.

结论 9.1 平面几何 —— 在 $\mathrm{Rt}\triangle ABC$ 中，$CB\perp AC$，$\triangle ABC$ 内切圆的半径为 r，$CA=b$，$CB=a$，则 $r=\frac{ab}{a+b+\sqrt{a^2+b^2}}=\frac{1}{2}(a+b-c)$.

提示 利用面积法.

结论 9.2 立体几何 —— 在四面体 $P-ABC$ 中，$PA\perp PB$，$PB\perp PC$，$PC\perp PA$，$PA=a$，$PB=b$，$PC=c$，四面体内切球的半径为 r，则

$$r=\frac{abc}{ab+bc+ca+\sqrt{a^2b^2+b^2c^2+a^2c^2}}$$

提示 利用体积法. 即

$$V=\frac{1}{3}(S_A+S_B+S_C+S_P)r=\frac{1}{6}abc$$

结论 10.1 平面几何 —— 若点 P 为有向线段 $\overrightarrow{P_1P_2}$ 上一点(图 4)，则存在 $x,y\in\mathbf{R}$，且 $x+y=1$，使得 $\overrightarrow{OP}=x\cdot\overrightarrow{OP_1}+y\cdot\overrightarrow{OP_2}$.

反之，若 $\overrightarrow{OP}=x\cdot\overrightarrow{OP_1}+y\cdot\overrightarrow{OP_2}$，且 $x+y=1$，则点 P 在 $\overrightarrow{P_1P_2}$ 的直线上.

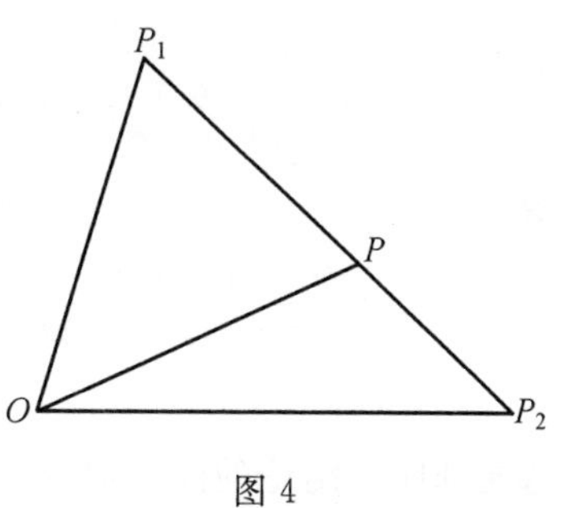

图 4

特例:若$\frac{P_1P}{PP_2}=\frac{m}{n}$,则有

$$\overrightarrow{OP}=\frac{n}{m+n}\cdot\overrightarrow{OP_1}+\frac{m}{m+n}\cdot\overrightarrow{OP_2}$$

结论 10.2 立体几何——设D为三棱锥$P-ABC$的面$\triangle ABC$所在平面上一点,则存在$x,y,z\in\mathbf{R}$,且$x+y+z=1$,使得

$$\overrightarrow{PD}=x\cdot\overrightarrow{PA}+y\cdot\overrightarrow{PB}+z\cdot\overrightarrow{PC}$$

反之,若$\overrightarrow{PD}=x\cdot\overrightarrow{PA}+y\cdot\overrightarrow{PB}+z\cdot\overrightarrow{PC}$,且$x+y+z=1$,则点$D$在$\triangle ABC$所在平面上.

证明 如图5,点D在$\triangle ABC$所在平面上,假如其在$\triangle ABC$的内部(在外面的讨论一样),联结AD并延长交BC于点E,设

$$\frac{AD}{DE}=\frac{m}{n}\Rightarrow\frac{AD}{AE}=\frac{m}{n+m}\Rightarrow\overrightarrow{AD}=\frac{m}{n+m}\cdot\overrightarrow{AE}$$

再设$\frac{BE}{EC}=\frac{\alpha}{\beta}$,则依据向量加法的三角形法

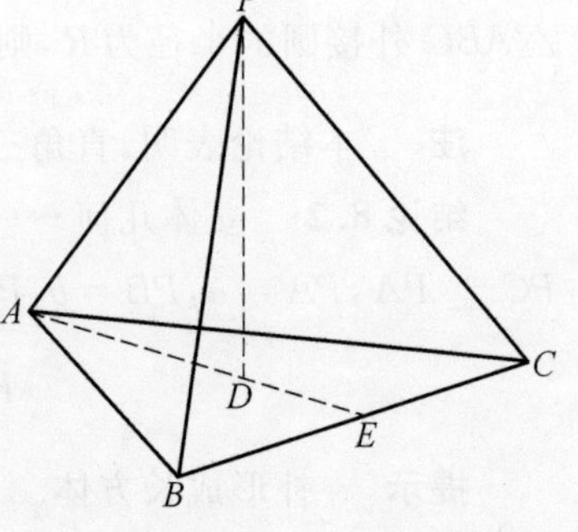

图 5

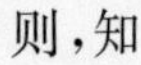

则,知

$$\begin{aligned}\overrightarrow{PD}&=\overrightarrow{PA}+\overrightarrow{AD}=\overrightarrow{PA}+\frac{m}{n+m}\cdot\overrightarrow{AE}\\&=\overrightarrow{PA}+\frac{m}{n+m}\cdot\left(\frac{\alpha}{\alpha+\beta}\overrightarrow{AC}+\frac{\beta}{\alpha+\beta}\overrightarrow{AB}\right)\\&=\overrightarrow{PA}+\frac{m}{n+m}\cdot\left[\frac{\alpha}{\alpha+\beta}(\overrightarrow{PC}-\overrightarrow{PA})+\frac{\beta}{\alpha+\beta}(\overrightarrow{PB}-\overrightarrow{PA})\right]\\&=\overrightarrow{PA}\cdot\frac{m(\alpha+\beta)}{(n+m)(\alpha+\beta)}+\overrightarrow{PB}\cdot\frac{n\beta}{(n+m)(\alpha+\beta)}+\\&\quad\overrightarrow{PC}\cdot\frac{n\alpha}{(n+m)(\alpha+\beta)}\end{aligned}$$

即

$$\overrightarrow{PD}=\overrightarrow{PA}\cdot\frac{m(\alpha+\beta)}{(n+m)(\alpha+\beta)}+\overrightarrow{PB}\cdot\frac{n\beta}{(n+m)(\alpha+\beta)}+\overrightarrow{PC}\cdot\frac{n\alpha}{(n+m)(\alpha+\beta)}$$

令

$$x=\frac{m(\alpha+\beta)}{(n+m)(\alpha+\beta)},y=\frac{n\beta}{(n+m)(\alpha+\beta)},z=\frac{n\alpha}{(n+m)(\alpha+\beta)}$$

$$\Rightarrow x+y+x=1$$

这便证明了结论的前半部分.

反之,若$x+y+x=1$,且$\overrightarrow{PD}=x\cdot\overrightarrow{PA}+y\cdot\overrightarrow{PB}+z\cdot\overrightarrow{PC}$,则

$\overrightarrow{PD}=(1-y-z)\cdot\overrightarrow{PA}+y\cdot\overrightarrow{PB}+z\cdot\overrightarrow{PC}\Rightarrow\overrightarrow{AD}=y\cdot\overrightarrow{AB}+z\cdot\overrightarrow{AC}$

由平面向量基本定理知，点D在两相交直线AB，AC所在的平面内，即点D在面$\triangle ABC$所在平面上.

到此结论获证.

特例 1 若D为四面体$PABC$的底面ABC上一点，$\triangle DBC$，$\triangle ADC$，$\triangle ABD$的面积分别为Δ_1，Δ_2，Δ_3，记$\Delta_1+\Delta_2+\Delta_3=\Delta$，则

$$\overrightarrow{PD}=\frac{\Delta_1}{\Delta}\cdot\overrightarrow{PA}+\frac{\Delta_2}{\Delta}\cdot\overrightarrow{PB}+\frac{\Delta_3}{\Delta}\cdot\overrightarrow{PC}$$

证明 如图 6，设AD，BD，CD所在直线分别交BC，CA，AB于点E，F，G，则

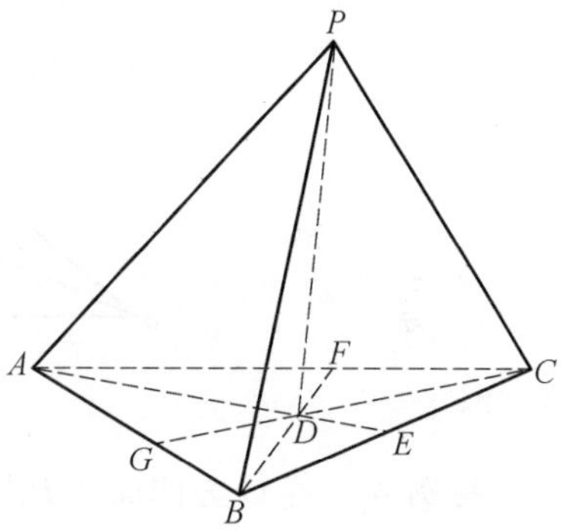

$$\frac{BE}{EC}=\frac{\Delta_3}{\Delta_2},\frac{DE}{AE}=\frac{\Delta_1}{\Delta}\Rightarrow\frac{AD}{AE}=\frac{\Delta_2+\Delta_3}{\Delta}$$

$$\Rightarrow\overrightarrow{AD}=\frac{\Delta_2+\Delta_3}{\Delta}\cdot\overrightarrow{AE}$$

图 6

$$\overrightarrow{PD}=\overrightarrow{PA}+\overrightarrow{AD}=\overrightarrow{PA}+\frac{\Delta_2+\Delta_3}{\Delta}\cdot\overrightarrow{AE}$$

$$=\overrightarrow{PA}+\frac{\Delta_2+\Delta_3}{\Delta}\cdot(\frac{\Delta_2}{\Delta_2+\Delta_3}\cdot\overrightarrow{AB}+\frac{\Delta_3}{\Delta_2+\Delta_3}\cdot\overrightarrow{AC})$$

$$=\overrightarrow{PA}+\frac{\Delta_2}{\Delta}\cdot(\overrightarrow{PB}-\overrightarrow{PA})+\frac{\Delta_3}{\Delta}\cdot(\overrightarrow{PC}-\overrightarrow{PA})$$

$$=\overrightarrow{PA}(1-\frac{\Delta_2}{\Delta}-\frac{\Delta_3}{\Delta})+\frac{\Delta_2}{\Delta}\cdot\overrightarrow{PB}+\frac{\Delta_3}{\Delta}\cdot\overrightarrow{PC}$$

$$=\frac{\Delta_1}{\Delta}\cdot\overrightarrow{PA}+\frac{\Delta_2}{\Delta}\cdot\overrightarrow{PB}+\frac{\Delta_3}{\Delta}\cdot\overrightarrow{PC}$$

即

$$\overrightarrow{PD}=\frac{\Delta_1}{\Delta}\cdot\overrightarrow{PA}+\frac{\Delta_2}{\Delta}\cdot\overrightarrow{PB}+\frac{\Delta_3}{\Delta}\cdot\overrightarrow{PC}$$

特例 2 若G为四面体$PABC$的底面$\triangle ABC$的重心，则

$$\overrightarrow{PG}=\frac{1}{3}(\overrightarrow{PA}+\overrightarrow{PB}+\overrightarrow{PC})$$

特例 3 若H为四面体$PABC$的底面$\triangle ABC$的垂心，则

$$\overrightarrow{PH}=\cot B\cot C\cdot\overrightarrow{PA}+\cot C\cot A\cdot\overrightarrow{PB}+\cot A\cot B\cdot\overrightarrow{PC}.$$

证明 如图 7，则

$$\frac{S_{\triangle DBC}}{S_{\triangle ABC}}=\frac{DE}{AE}=\frac{CD\cos\angle CDE}{CA\sin\angle ACB}$$

$$=\frac{CD\cos B}{CA\sin C}=\frac{2R\cos C\cos B}{2R\sin B\sin C}=\cot B\cot C$$

$$\Rightarrow \frac{S_{\triangle DBC}}{S_{\triangle ABC}}=\cot B\cot C$$

同理可得

$$\frac{S_{\triangle DAC}}{S_{\triangle BAC}}=\cot C\cot A,\frac{S_{\triangle DAB}}{S_{\triangle CAB}}=\cot A\cot B$$

结合特例 1 便得本结论.

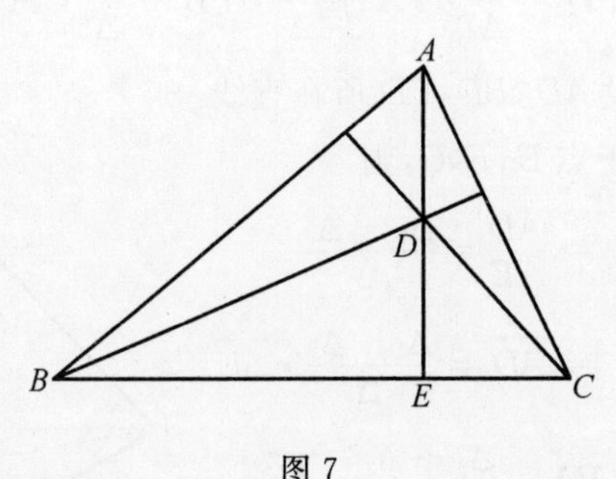

图 7

特例 4 若 O 为四面体 $PABC$ 的底面 $\triangle ABC$ 的外心,则

$$\overrightarrow{PO}=\frac{1}{2}[(1-\cot B\cot C)\cdot\overrightarrow{PA}+(1-\cot C\cot A)\cdot\overrightarrow{PB}+(1-\cot A\cot B)\cdot\overrightarrow{PC}]$$

证明 由

$$\frac{S_{\triangle DBC}}{S_{\triangle ABC}}=\frac{\frac{1}{2}R^2\sin 2A}{2R^2\sin A\sin B\sin C}=\frac{\cos A}{2\sin B\sin C}=\frac{1}{2}(1-\cot B\cot C)$$

$$\Rightarrow \frac{S_{\triangle DBC}}{S_{\triangle ABC}}=\frac{1}{2}(1-\cot B\cot C)$$

同理可得

$$\frac{S_{\triangle DCA}}{S_{\triangle ABC}}=\frac{1}{2}(1-\cot C\cot A),\frac{S_{\triangle DAB}}{S_{\triangle ABC}}=\frac{1}{2}(1-\cot A\cot B)$$

结合特例 1 便得结论.

特例 5 若 I 为 $\triangle ABC$ 的内心,a,b,c 表示三边 BC,CA,AB 的长度,则

$$\overrightarrow{PI}=\frac{a}{a+b+c}\cdot\overrightarrow{PA}+\frac{b}{a+b+c}\cdot\overrightarrow{PB}+\frac{c}{a+b+c}\cdot\overrightarrow{PC}$$

注 当点 P 落在 $\triangle ABC$ 所在平面上时,上述结论也成立.

结论 11.1 平面几何——O 为 $\triangle ABC$ 所在平面上任意一点,则 G 为 $\triangle ABC$ 的重心的充要条件为 $\overrightarrow{OG}=\frac{1}{3}(\overrightarrow{OA}+\overrightarrow{OB}+\overrightarrow{OC})$.

结论 11.2 立体几何——设 O 为任意一点,G 为四面体 $ABCD$ 的重心的充要条件为

$$\overrightarrow{OG}=\frac{1}{4}(\overrightarrow{OA}+\overrightarrow{OB}+\overrightarrow{OC}+\overrightarrow{OD})$$

证明 先证必要性.如图 8,设 M 为 $\triangle BCD$ 的重心,则 BM 的延长线通过 CD 的中点 E,由四面体的重心性质,知

$$\overrightarrow{OG}=\frac{1}{4}(\overrightarrow{OA}+3\,\overrightarrow{OM})$$

又 $BM:ME=2:1$,所以

$$3\,\overrightarrow{OM}=2\,\overrightarrow{OE}+\overrightarrow{OB}=\overrightarrow{OC}+\overrightarrow{OD}+\overrightarrow{OB}$$

将此式代入上式即得结论.

再证明充分性.设 M 为 $\triangle BCD$ 的重心,则 BM 的延长线过 CD 的中点 E,由已知条件,知

$$4\,\overrightarrow{OG}=\overrightarrow{OA}+\overrightarrow{OB}+\overrightarrow{OC}+\overrightarrow{OD}=\overrightarrow{OA}+\overrightarrow{OB}+2\,\overrightarrow{OE}=\overrightarrow{OA}+3\,\overrightarrow{OM}$$

而 G 是 AM 的四等分点,$AG:GM=3:1$,即 G 为四面体 $ABCD$ 的重心,从而命题得证.

注 当 O 与 G 重合时,得 $\overrightarrow{GA}+\overrightarrow{GB}+\overrightarrow{GC}+\overrightarrow{GD}=\mathbf{0}$.

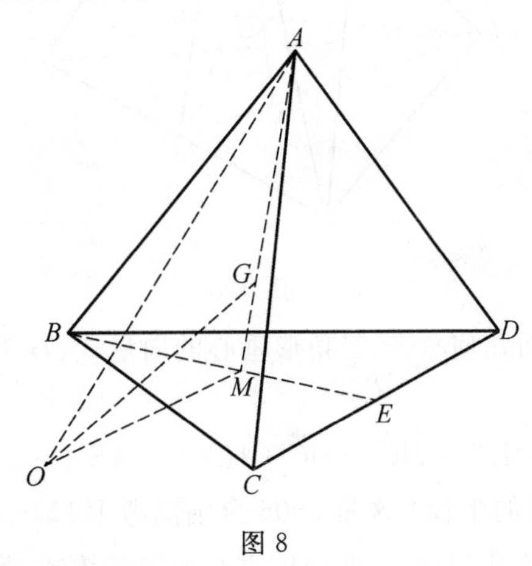

图 8

本结论的一个直接证明:

如图 9,设 M,N 分别为四面体 $ABCD$ 的面 $\triangle BCD$ 和 $\triangle ACD$ 的重心,E,F 分别为棱 CD,AB 的中点,又由平面几何知识知,AM,BN,EF 三线交于一点 G,且 G 平分 EF,于是,由向量知识知

$$\overrightarrow{GA}+\overrightarrow{GB}=2\,\overrightarrow{GF}$$

$$\overrightarrow{GC}+\overrightarrow{GD}=2\,\overrightarrow{GE}$$

$$\overrightarrow{GA}+\overrightarrow{GB}+\overrightarrow{GC}+\overrightarrow{GD}=2(\overrightarrow{GE}+\overrightarrow{GF})$$

而$\overrightarrow{GE}+\overrightarrow{GF}=\mathbf{0}$,从而结论获证.

本题也可以用三角形中的重心性质证明.

注意到 M 为 $\triangle BCD$ 的重心,所以

$$\overrightarrow{MB}+\overrightarrow{MC}+\overrightarrow{MD}=\mathbf{0}$$

再注意到 $AG=3GM$,所以

$$\begin{aligned}\overrightarrow{GA}+\overrightarrow{GB}+\overrightarrow{GC}+\overrightarrow{GD}&=\overrightarrow{GA}+(\overrightarrow{GM}+\overrightarrow{MB})+(\overrightarrow{GM}+\overrightarrow{MC})+(\overrightarrow{GM}+\overrightarrow{MD})\\&=\overrightarrow{GA}+3\,\overrightarrow{GM}+(\overrightarrow{MB}+\overrightarrow{MC}++\overrightarrow{MD})\\&=\overrightarrow{GA}+3\,\overrightarrow{GM}=\mathbf{0}\end{aligned}$$

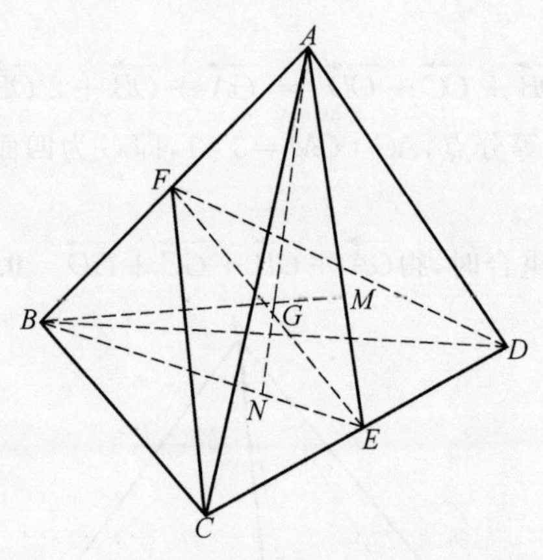

图 9

结论 12.1 平面几何——三角形垂心的向量式:H 为 $\triangle ABC$ 的垂心的充要条件是

$$\overrightarrow{HA}\cdot\overrightarrow{HB}=\overrightarrow{HB}\cdot\overrightarrow{HC}=\overrightarrow{HC}\cdot\overrightarrow{HA}=-4R^2\cos A\cos B\cos C$$

(R 为 $\triangle ABC$ 外接圆的半径)这是 2005 全国高考 I(11).

结论 12.2 立体几何——四面体垂心的向量等式:设 H 为对棱互相垂直的四面体 $ABCD$ 的垂心(四条高线的交点),则

$$\overrightarrow{HA}\cdot\overrightarrow{BC}=\overrightarrow{HB}\cdot\overrightarrow{AD}=\overrightarrow{HC}\cdot\overrightarrow{AD}=\overrightarrow{HD}\cdot\overrightarrow{AB}$$

结论 13.1 平面几何——设 O 为 $\triangle ABC$ 内部的任意一点,分别联结 AO,BO,CO 交边 BC,CA,AB 于点 D,E,F,记 $\triangle BOC$,$\triangle COA$,$\triangle AOB$ 的面积分别为 Δ_1,Δ_2,Δ_3,则

$$\Delta_1\cdot\overrightarrow{OA}+\Delta_2\cdot\overrightarrow{OB}+\Delta_3\cdot\overrightarrow{OC}=\mathbf{0}\qquad(*)$$

证明 事实上,由面积知识,知

$$\frac{AO}{OD}=\frac{\Delta-\Delta_1}{\Delta_1},\overrightarrow{OD}=-\frac{\Delta_1}{\Delta_2+\Delta_3}\overrightarrow{OA} \tag{1}$$

$$\frac{BD}{DC}=\frac{S_{\triangle AOC}}{S_{\triangle AOB}}=\frac{\Delta_3}{\Delta_2}\Rightarrow\overrightarrow{OD}=\frac{\Delta_2}{\Delta_2+\Delta_3}\overrightarrow{OB}+\frac{\Delta_3}{\Delta_2+\Delta_3}\overrightarrow{OC} \tag{2}$$

结合式(1)(2),即得

$$\Delta_1\cdot\overrightarrow{OA}+\Delta_2\cdot\overrightarrow{OB}+\Delta_3\cdot\overrightarrow{OC}=\mathbf{0}$$

注 式(*)是一个很有用的结论,由此可得一些很有意义的结论,再看几个特例.

(1) 当 O 为 $\triangle ABC$ 的重心 G 时,有 $\overrightarrow{GA}+\overrightarrow{GB}+\overrightarrow{GC}=\mathbf{0}$(注意 $\Delta_1=\Delta_2=\Delta_3$).

(2) 当 O 为 $\triangle ABC$ 的内心 I 时,有 $a\cdot\overrightarrow{IA}+b\cdot\overrightarrow{IB}+c\cdot\overrightarrow{IC}=\mathbf{0}$,或 $\sin A\cdot\overrightarrow{IA}+\sin B\cdot\overrightarrow{IB}+\sin C\cdot\overrightarrow{IC}=\mathbf{0}$.

提示 $2\cdot\Delta_1=a\cdot r$ 等.

引申 设 P 为 $\triangle ABC$ 内切圆的上任意一点,则 $a\cdot PA^2+b\cdot PB^2+c\cdot PC^2$ 是一个与点 P 位置无关的常量.

证明 改记 $\triangle ABC$ 为 $\triangle A_1A_2A_3$,其内切圆圆心为 I,$\triangle IA_2A_3$,$\triangle IA_3A_1$,$\triangle IA_1A_2$ 的面积分别为 S_1,S_2,S_3,内切圆半径为 R,则

$$\begin{aligned}
&S_1\cdot PA^2+S_2\cdot PB^2+S_3\cdot PC^2\\
=&S_1\cdot\overrightarrow{PA_1}^2+S_2\cdot\overrightarrow{PA_2}^2+S_3\cdot\overrightarrow{PA_3}^2\\
=&S_1\cdot(\overrightarrow{PI}+\overrightarrow{IA_1})^2+S_2\cdot(\overrightarrow{PI}+\overrightarrow{IA_2})^2+S_3\cdot(\overrightarrow{PI}+\overrightarrow{IA_3})^2\\
=&(S_1+S_2+S_3)\cdot\overrightarrow{PI}^2+(S_1\cdot\overrightarrow{IA_1}^2+S_2\cdot\overrightarrow{IA_2}^2+S_3\cdot\overrightarrow{IA_3}^2)+\\
&2\overrightarrow{PI}\cdot(S_1\cdot\overrightarrow{IA_1}+S_2\cdot\overrightarrow{IA_2}+S_3\cdot\overrightarrow{IA_3})\\
=&(S_1+S_2+S_3)\cdot R^2+(S_1\cdot\overrightarrow{IA_1}^2+S_2\cdot\overrightarrow{IA_2}^2+S_3\cdot\overrightarrow{IA_3}^2)
\end{aligned}$$

注意到最后一步用到了上面的式(*).从而结论获证.

(3) 当 O 为 $\triangle ABC$ 的外心时,有

$$\sin 2A\cdot\overrightarrow{OA}+\sin 2B\cdot\overrightarrow{OB}+\sin 2C\cdot\overrightarrow{OC}=\mathbf{0}$$

提示 $2\cdot\Delta_1=R^2\cdot\sin\angle BOC=R^2\cdot\sin 2A$.

引申 设 P 为 $\triangle ABC$ 外接圆上的任意一点,则 $\sin 2A\cdot PA^2+\sin 2B\cdot PB^2+\sin 2C\cdot PC^2$ 是一个与点 P 位置无关的常量.

(4) 当 O 为 $\triangle ABC$ 的垂心 H 时,有

$$\tan A\cdot\overrightarrow{HA}+\tan B\cdot\overrightarrow{HB}+\tan C\cdot\overrightarrow{HC}=\mathbf{0}$$

提示 $2\cdot\Delta_1=BO\cdot CO\cdot\sin\angle BOC=(2R)^2\cos B\cdot\cos C\cdot\sin A$.

引申 设 P 为 $\triangle ABC$ 的垂足三角形(即三条高线足)的外接圆上的任意一点,则 $\sin 2A \cdot PA^2 + \sin 2B \cdot PB^2 + \sin 2C \cdot PC^2$ 是一个与点 P 位置无关的常量.

结论 13.2 立体几何 —— 在四面体 $A_1A_2A_3A_4$ 中有一点 O,分别记三棱锥 $O-A_2A_3A_4$,三棱锥 $O-A_1A_3A_4$,三棱锥 $O-A_1A_2A_4$,三棱锥 $O-A_1A_2A_3$ 的体积为 V_1,V_2,V_3,V_4,则

$$V_1 \cdot \overrightarrow{OA_1} + V_2 \cdot \overrightarrow{OA_2} + V_3 \cdot \overrightarrow{OA_3} + V_4 \cdot \overrightarrow{OA_4} = \mathbf{0}$$

证明 如图 10,分别延长 A_1O,A_2O,A_3O,A_4O 交四面体 $A_1A_2A_3A_4$ 的顶点 A_1,A_2,A_3,A_4 的对面于点 B_1,B_2,B_3,B_4,由前面的讨论,知

$$\frac{OA_1}{OB_1} = \frac{V-V_1}{V_1} = \frac{V_2+V_3+V_4}{V_1}$$

所以

$$\overrightarrow{OB_1} = -\frac{V_1}{V_2+V_3+V_4} \cdot \overrightarrow{OA_1} \tag{*}$$

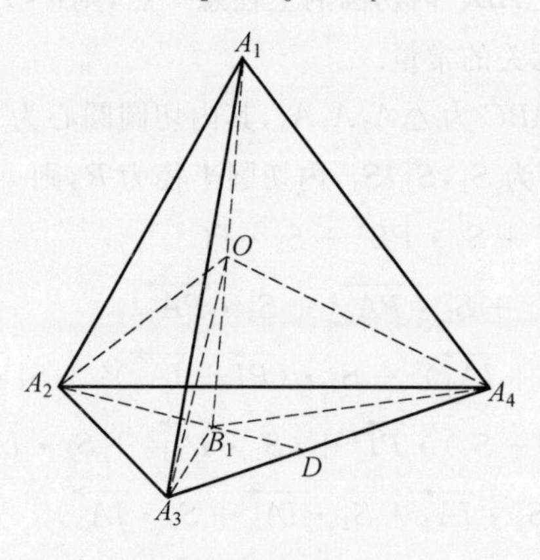

图 10

又

$$\frac{A_3D}{DA_4} = \frac{V_{三棱锥A_3-A_1A_2B_1}}{V_{三棱锥A_4-A_1A_2B_1}} = \frac{V_4}{V_3}$$

$$\Rightarrow \overrightarrow{OD} = \frac{V_4}{V_3+V_4} \cdot \overrightarrow{OA_4} + \frac{V_3}{V_3+V_4} \cdot \overrightarrow{OA_3}$$

$$\frac{A_2B_1}{B_1D} = \frac{V_4}{V_{三棱锥D-OA_1A_3}} = \frac{V_3}{V_{三棱锥D-OA_1A_4}} = \frac{V_3+V_4}{V_2}$$

$$\Rightarrow \overrightarrow{OB_1} = \frac{V_2}{V_2+V_3+V_4} \cdot \overrightarrow{OA_2} + \frac{V_3+V_4}{V_2+V_3+V_4} \cdot \overrightarrow{OD}$$

$$=\frac{V_2}{V_2+V_3+V_4}\cdot\overrightarrow{OA_2}+\frac{V_3+V_4}{V_2+V_3+V_4}\left(\frac{V_4}{V_3+V_4}\cdot\overrightarrow{OA_4}+\frac{V_3}{V_3+V_4}\cdot\overrightarrow{OA_3}\right)$$

$$=\frac{V_2}{V_2+V_3+V_4}\cdot\overrightarrow{OA_2}+\frac{V_4}{V_2+V_3+V_4}\cdot\overrightarrow{OA_4}+\frac{V_3}{V_2+V_3+V_4}\cdot\overrightarrow{OA_3}$$

再结合式(*),知

$$-\frac{V_1}{V_2+V_3+V_4}\cdot\overrightarrow{OA_1}=\frac{V_2}{V_2+V_3+V_4}\cdot\overrightarrow{OA_2}+\frac{V_4}{V_2+V_3+V_4}\cdot\overrightarrow{OA_4}+\frac{V_3}{V_2+V_3+V_4}\cdot\overrightarrow{OA_3}$$

整理便得结论.

引申 1　若 G 为四面体 $A_1A_2A_3A_4$ 的重心,则 $\overrightarrow{GA_1}+\overrightarrow{GA_2}+\overrightarrow{GA_3}+\overrightarrow{GA_4}=\mathbf{0}$.

提示　注意到 $V_1=V_2=V_3=V_4$.

引申 2　若 I 为四面体 $A_1A_2A_3A_4$ 的内心,S_1,S_2,S_3,S_4 表示四面体 $A_1A_2A_3A_4$ 顶点 A_1,A_2,A_3,A_4 所对的面的三角形的面积,则有

$$S_1\cdot\overrightarrow{IA_1}+S_2\cdot\overrightarrow{IA_2}+S_3\cdot\overrightarrow{IA_3}+S_4\cdot\overrightarrow{IA_4}=\mathbf{0}$$

提示　体积法.

引申 3　设 P 为四面体 $A_1A_2A_3A_4$ 的内切球面上任意一点,S_1,S_2,S_3,S_4 表示四面体 $A_1A_2A_3A_4$ 顶点 A_1,A_2,A_3,A_4 所对的面的三角形的面积,则

$$S_1\cdot PA_1^2+S_2\cdot PA_2^2+S_3\cdot PA_3^2+S_4\cdot PA_4^2$$

是一个与点 P 位置无关的常量.

证明　设四面体 $A_1A_2A_3A_4$ 内切球的球心为 I,内切球的半径为 R,则

$$S_1\cdot PA_1^2+S_2\cdot PA_2^2+S_3\cdot PA_3^2+S_4\cdot PA_4^2$$

$$=S_1\cdot\overrightarrow{PA_1}^2+S_2\cdot\overrightarrow{PA_2}^2+S_3\cdot\overrightarrow{PA_3}^2+S_4\cdot\overrightarrow{PA_4}^2$$

$$=S_1\cdot(\overrightarrow{PI}+\overrightarrow{IA_1})^2+S_2\cdot(\overrightarrow{PI}+\overrightarrow{IA_2})^2+S_3\cdot(\overrightarrow{PI}+\overrightarrow{IA_3})^2+S_4\cdot(\overrightarrow{PI}+\overrightarrow{IA_4})^2$$

$$=(S_1+S_2+S_3+S_4)\cdot\overrightarrow{PI}^2+(S_1\cdot\overrightarrow{IA_1}^2+S_2\cdot\overrightarrow{IA_2}^2+S_3\cdot\overrightarrow{IA_3}^2+S_4\cdot\overrightarrow{IA_4}^2)+2\overrightarrow{PI}\cdot(S_1\cdot\overrightarrow{IA_1}+S_2\cdot\overrightarrow{IA_2}+S_3\cdot\overrightarrow{IA_3}+S_4\cdot\overrightarrow{IA_4})$$

$$=(S_1+S_2+S_3+S_4)\cdot R^2+(S_1\cdot\overrightarrow{IA_1}^2+S_2\cdot\overrightarrow{IA_2}^2+S_3\cdot\overrightarrow{IA_3}^2+S_3\cdot\overrightarrow{IA_4}^2)$$

注意到最后一步用到了上面的引申 2. 从而结论获证.

评注　对外接球也可以进行同样的讨论.

结论 14.1　平面几何 —— 设 P,M 为 $\triangle ABC$ 内部的任意两点,分别联结 AM,BM,CM 交边 BC,CA,AB 于点 D,E,F,记 $\triangle BMC,\triangle CMA,\triangle AMB$ 的面

积分别为$\Delta_1,\Delta_2,\Delta_3$，则

$$\overrightarrow{PM}=\frac{\Delta_1}{\Delta}\cdot\overrightarrow{PA}+\frac{\Delta_2}{\Delta}\cdot\overrightarrow{PB}+\frac{\Delta_3}{\Delta}\cdot\overrightarrow{PC}(\text{记 }\Delta=\Delta_1+\Delta_2+\Delta_3)\qquad(*)$$

证明 如图 11，事实上，由面积知识，知

$$\frac{AM}{MD}=\frac{\Delta-\Delta_1}{\Delta_1},\overrightarrow{MD}=-\frac{\Delta_1}{\Delta_2+\Delta_3}\overrightarrow{MA}\qquad(1)$$

$$\frac{BD}{DC}=\frac{S_{\triangle AOC}}{S_{\triangle AOB}}=\frac{\Delta_3}{\Delta_2}\qquad(2)$$

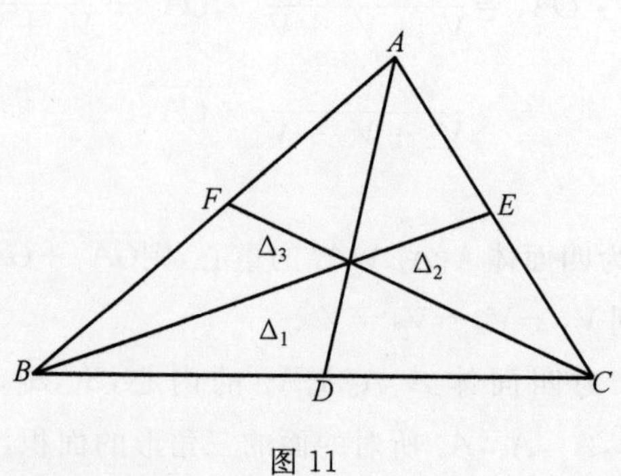

图 11

由式(1)(2)

$$\begin{aligned}&\Rightarrow\overrightarrow{PM}=\overrightarrow{PA}+\overrightarrow{AM}\\&=\overrightarrow{PA}+\frac{\Delta-\Delta_1}{\Delta_1}\overrightarrow{MD}\\&=\overrightarrow{PA}+\frac{\Delta_2+\Delta_3}{\Delta_1}\left(\frac{\Delta_3}{\Delta_2+\Delta_3}\cdot\overrightarrow{MB}+\frac{\Delta_2}{\Delta_2+\Delta_3}\cdot\overrightarrow{MC}\right)\\&=\overrightarrow{PA}+\frac{\Delta_3}{\Delta_1}\cdot\overrightarrow{MB}+\frac{\Delta_2}{\Delta_1}\cdot\overrightarrow{MC}\\&=\overrightarrow{PA}+\frac{\Delta_3}{\Delta_1}(\overrightarrow{PB}-\overrightarrow{PM})+\frac{\Delta_2}{\Delta_1}(\overrightarrow{PC}-\overrightarrow{PM})\\&=\overrightarrow{PA}+\frac{\Delta_3}{\Delta_1}\cdot\overrightarrow{PB}+\frac{\Delta_2}{\Delta_1}\cdot\overrightarrow{PC}-\left(\frac{\Delta_3}{\Delta_1}+\frac{\Delta_2}{\Delta_1}\right)\overrightarrow{PM}\end{aligned}$$

即

$$\overrightarrow{PM}=\frac{\Delta_1}{\Delta}\cdot\overrightarrow{PA}+\frac{\Delta_2}{\Delta}\cdot\overrightarrow{PB}+\frac{\Delta_3}{\Delta}\cdot\overrightarrow{PC}$$

结论 14.2 立体几何——在四面体$A_1A_2A_3A_4$中有P,M两点，分别记三棱锥$M-A_2A_3A_4$，三棱锥$M-A_1A_3A_4$，三棱锥$M-A_1A_2A_4$，三棱锥$M-A_1A_2A_3$的体积为V_1,V_2,V_3,V_4，则

$$\overrightarrow{PM}=\frac{V_1}{V}\cdot\overrightarrow{PA_1}+\frac{V_2}{V}\cdot\overrightarrow{PA_2}+\frac{V_3}{V}\cdot\overrightarrow{PA_3}+\frac{V_4}{V}\cdot\overrightarrow{PA_4}$$

（记 $V=V_1+V_2+V_3+V_4$）

证明 如图 12，分别延长 A_1M,A_2M,A_3M,A_4M 交四面体 $A_1A_2A_3A_4$ 的顶点 A_1,A_2,A_3,A_4 的对面于点 B_1,B_2,B_3,B_4，由前面的讨论，知

$$\frac{MA_1}{MB_1}=\frac{V-V_1}{V_1}=\frac{V_2+V_3+V_4}{V_1}$$

所以

$$\overrightarrow{A_1M}=\frac{V_2+V_3+V_4}{V_1}\cdot\overrightarrow{MB_1}\quad (*)$$

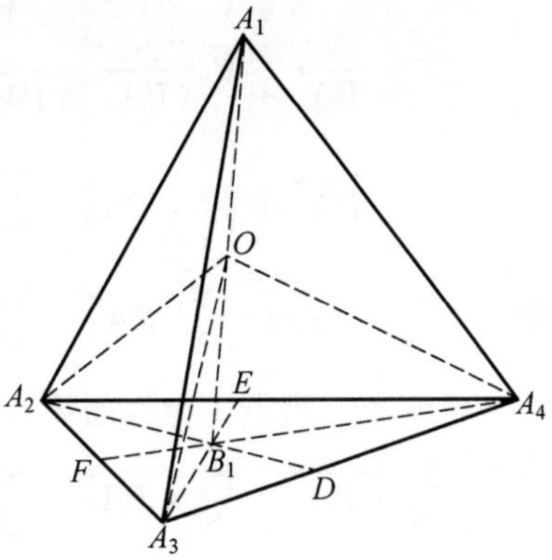

图 12

又 $\frac{A_3D}{DA_4}=\frac{V_{\text{三棱锥}A_3-A_1A_2B_1}}{V_{\text{三棱锥}A_4-A_1A_2B_1}}=\frac{V_4}{V_3}$，即

$$\overrightarrow{MD}=\frac{V_3}{V_3+V_4}\cdot\overrightarrow{MA_3}+\frac{V_4}{V_3+V_4}\cdot\overrightarrow{MA_4}$$

又

$$\begin{aligned}\frac{A_2B_1}{B_1D}&=\frac{V_{\text{三棱锥}A_2-MA_1A_3}}{V_{\text{三棱锥}D-MA_1A_3}}=\frac{V_4}{V_{\text{三棱锥}D-MA_1A_3}}\\&=\frac{V_{\text{三棱锥}A_2-MA_3A_4}}{V_{\text{三棱锥}D-MA_1A_4}}=\frac{V_3}{V_{\text{三棱锥}D-MA_1A_4}}=\frac{V_3+V_4}{V_2}\\&\Rightarrow\overrightarrow{MB_1}=\frac{V_2}{V_2+V_3+V_4}\cdot\overrightarrow{MA_2}+\frac{V_3+V_4}{V_2+V_3+V_4}\cdot\overrightarrow{MD}\\&=\frac{V_2}{V_2+V_3+V_4}\cdot\overrightarrow{MA_2}+\\&\quad\frac{V_3+V_4}{V_2+V_3+V_4}\left(\frac{V_4}{V_3+V_4}\cdot\overrightarrow{MA_4}+\frac{V_3}{V_3+V_4}\cdot\overrightarrow{MA_3}\right)\\&=\frac{V_2}{V_2+V_3+V_4}\cdot\overrightarrow{MA_2}+\frac{V_4}{V_2+V_3+V_4}\cdot\overrightarrow{MA_4}+\\&\quad\frac{V_3}{V_2+V_3+V_4}\cdot\overrightarrow{MA_3}\end{aligned}$$

于是

$$\begin{aligned}\overrightarrow{PM}&=\overrightarrow{PA_1}+\overrightarrow{A_1M}\\&=\overrightarrow{PA_1}+\frac{V_2+V_3+V_4}{V_1}\cdot\overrightarrow{MB_1}\\&=\overrightarrow{PA_1}+\frac{V_2+V_3+V_4}{V_1}\left(\frac{V_2}{V_2+V_3+V_4}\cdot\overrightarrow{MA_2}+\right.\\&\quad\left.\frac{V_4}{V_2+V_3+V_4}\cdot\overrightarrow{MA_4}+\frac{V_3}{V_2+V_3+V_4}\cdot\overrightarrow{MA_3}\right)\end{aligned}$$

$$=\overrightarrow{PA_1}+\frac{V_2}{V_1}\cdot\overrightarrow{MA_2}+\frac{V_4}{V_1}\cdot\overrightarrow{MA_4}+\frac{V_3}{V_1}\cdot\overrightarrow{MA_3}$$

$$=\overrightarrow{PA_1}+\frac{V_2}{V_1}(\overrightarrow{PA_2}-\overrightarrow{PM})+\frac{V_4}{V_1}(\overrightarrow{PA_4}-\overrightarrow{PM})+\frac{V_3}{V_1}(\overrightarrow{PA_3}-\overrightarrow{PM})$$

$$=\overrightarrow{PA_1}+\frac{V_2}{V_1}\cdot\overrightarrow{PA_2}+\frac{V_4}{V_1}\cdot\overrightarrow{PA_4}+\frac{V_3}{V_1}\cdot\overrightarrow{PA_3}-\frac{V_2+V_3+V_4}{V_1}\cdot\overrightarrow{PM}$$

即
$$\overrightarrow{PM}=\frac{V_1}{V}\overrightarrow{PA_1}+\frac{V_2}{V}\cdot\overrightarrow{PA_2}+\frac{V_3}{V}\cdot\overrightarrow{PA_3}+\frac{V_4}{V}\cdot\overrightarrow{PA_4}$$

特例 1 当点 I 为四面体 $A_1A_2A_3A_4$ 的内心时,有

$$\overrightarrow{PI}=\frac{S_1}{S}\cdot\overrightarrow{PA_1}+\frac{S_2}{S}\cdot\overrightarrow{PA_2}+\frac{S_3}{S}\cdot\overrightarrow{PA_3}+\frac{S_4}{S}\cdot\overrightarrow{PA_4}(S=S_1+S_2+S_3+S_4)$$

特例 2 当点 G 为四面体 $A_1A_2A_3A_4$ 的重心时,有

$$\overrightarrow{PG}=\frac{1}{4}(\overrightarrow{PA_1}+\overrightarrow{PA_2}+\overrightarrow{PA_3}+\overrightarrow{PA_4})$$

结论 15.1 平面几何——(欧拉定理)设 $\triangle ABC$ 的外心和内心分别为 O,I,半径分别为 R,r,求证:$OI^2=R^2-2Rr$.

证法 1 如图 13,过 I,O 作圆的直径 MN,连 DO 交圆周于点 E,联结 EB,BD,作 $IF\perp AC$,F 为垂足,则由于 AD 平分 $\angle BAD$,$\angle ABD=90^\circ$,所以 $\mathrm{Rt}\triangle EBD\backsim\mathrm{Rt}\triangle AFI$,所以 $\frac{BD}{IF}=\frac{DE}{AI}$.

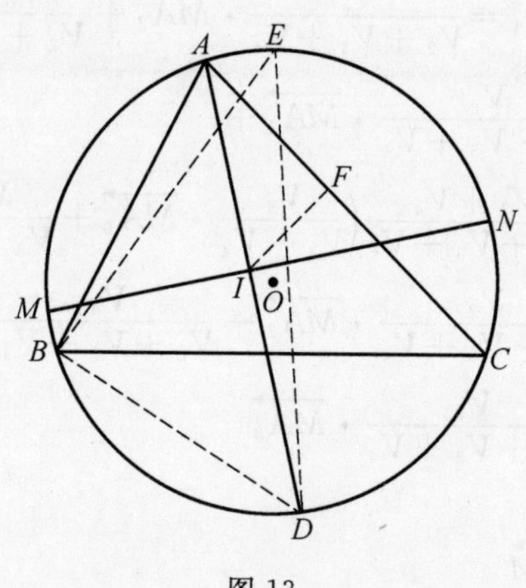

图 13

又考虑到

$$\angle BID=\frac{\angle A+\angle B}{2}=\angle DBI\Rightarrow DI=BI$$

根据圆的相交弦定理,知

$$IM\cdot IN=IA\cdot ID=IA\cdot BD=IF\cdot DE=r\cdot 2R$$

而

$$IM \cdot IN=(OM-OI)(OM+OI)=OM^2-OI^2=R^2-OI^2$$

即 $OI^2=R^2-2Rr$.

证法 2 向量方法.

由本节 10.2 后的特例 5 以及平面几何知识,知

$$\overrightarrow{OI}=\frac{a}{a+b+c}\cdot\overrightarrow{OA}+\frac{b}{a+b+c}\cdot\overrightarrow{OB}+\frac{c}{a+b+c}\cdot\overrightarrow{OC}$$

$$\Rightarrow OI^2=\overrightarrow{OI}^2=\left(\frac{a}{a+b+c}\cdot\overrightarrow{OA}+\frac{b}{a+b+c}\cdot\overrightarrow{OB}+\frac{c}{a+b+c}\cdot\overrightarrow{OC}\right)^2$$

$$=\frac{R^2}{(a+b+c)^2}(a^2+b^2+c^2+2ab\cos 2C+2bc\cos 2A+2ca\cos 2B)$$

$$=\frac{R^2}{(a+b+c)^2}[(a+b+c)^2-4ab\sin^2 C-4bc\sin^2 A-4ca\sin^2 B]$$

$$=\frac{R^2}{(a+b+c)^2}[(a+b+c)^2-8\Delta\sin C-8\Delta\sin A-8\Delta\sin B]$$

(记 $\Delta=S_{\triangle ABC}$)

$$=\frac{R^2}{(a+b+c)^2}\left[(a+b+c)^2-8\Delta\cdot\frac{a+b+c}{2R}\right]$$

$$=\frac{R^2}{(a+b+c)^2}\left[(a+b+c)^2-4\cdot\frac{1}{2}\cdot r\cdot(a+b+c)\cdot\frac{a+b+c}{R}\right]$$

$$=R^2-2Rr$$

即 $OI^2=R^2-2Rr$.

注 关于本结论的立体几何命题会是一个怎样的等式?猜想应该是 $OI^2=R^2-9Rr$(R,r 分别为四面体 $ABCD$ 的外接球和内切球半径).

上述方法可否移植到四面体中去?显然不可,因为上面用到的是$\overrightarrow{OA},\overrightarrow{OB},\overrightarrow{OC}$ 相邻两个向量之间的夹角与原三角形内角之关系,那怎么办?

后来,笔者在冷岗松先生编写的《几何不等式》第 94 页习题 11 的第 5 题里发现有如下结论,但不是等式结构,有点缺憾!

结论 15.2 立体几何——设 R,r 分别为四面体 $A_1A_2A_3A_4$ 的外接球和内切球半径,O,I 分别为上述两球的球心,则有 $R^2\geqslant 9Rr+OI^2$.

证明 设四面体 $A_1A_2A_3A_4$ 的顶点 A_1,A_2,A_3,A_4 所对的面三角形的面积分别为 S_1,S_2,S_3,S_4,P 为四面体中任意一点,结合柯西不等式,有

$$\begin{aligned}&(S_1+S_2+S_3+S_4)(S_1\cdot PA_1^2+S_2\cdot PA_2^2+S_3\cdot PA_3^2+S_4\cdot PA_4^2)\\ \geqslant&(S_1\cdot PA_1+S_2\cdot PA_2+S_3\cdot PA_3+S_4\cdot PA_4)^2\end{aligned}\tag{1}$$

根据本节结论 14.2 后的特例 1,知

$$\overrightarrow{OI}=\frac{S_1}{S_1+S_2+S_3+S_4}\cdot\overrightarrow{OA_1}+\frac{S_2}{S_1+S_2+S_3+S_4}\cdot\overrightarrow{OA_2}+\frac{S_3}{S_1+S_2+S_3+S_4}\cdot\overrightarrow{OA_3}+\frac{S_4}{S_1+S_2+S_3+S_4}\cdot\overrightarrow{OA_4}\tag{2}$$

从而知

$$\begin{aligned}&S_1\cdot PA_1^2+S_2\cdot PA_2^2+S_3\cdot PA_3^2+S_4\cdot PA_4^2\\&=S_1\cdot(\overrightarrow{OP}-\overrightarrow{OA_1})^2+S_2\cdot(\overrightarrow{OP}-\overrightarrow{OA_2})^2+\\&\quad S_3\cdot(\overrightarrow{OP}-\overrightarrow{OA_3})^2+S_4\cdot(\overrightarrow{OP}-\overrightarrow{OA_4})^2\\&=\sum_{i=1}^{4}S_i(\overrightarrow{OP}^2+R^2)-2\sum_{i=1}^{4}S_i\cdot\overrightarrow{OP}\cdot\overrightarrow{OA_i}\\&=\sum_{i=1}^{4}S_i(\overrightarrow{OP}^2+R^2)-2(\overrightarrow{OP}\cdot\sum_{i=1}^{4}S_i\cdot\overrightarrow{OA_i})\\&=\sum_{i=1}^{4}S_i(\overrightarrow{OP}^2+R^2)-2\sum_{i=1}^{4}S_i\,\overrightarrow{OP}\cdot\overrightarrow{OI}\text{（注意式(2)）}\\&=\sum_{i=1}^{4}S_i(\overrightarrow{OP}^2+R^2)+\sum_{i=1}^{4}S_i[(\overrightarrow{OP}-\overrightarrow{OI})^2-\overrightarrow{OP}^2-\overrightarrow{OI}^2]\\&=\sum_{i=1}^{4}S_i(R^2-\overrightarrow{OI}^2+IP^2)\end{aligned}\tag{3}$$

设 h_i 和 r_i 分别表示点 A_i 和 P 到面 S_i 的距离，则

$$\begin{aligned}PA_i\geqslant h_i-r_i\Rightarrow\sum S_i\cdot PA_i&\geqslant\sum S_i(h_i-r_i)\\&=9V=3\sum S_i\cdot r\end{aligned}\tag{4}$$

结合式(1)(3)(4)，得

$$3\sum S_i\cdot r\leqslant\sum_{i=1}^{4}S_i\sqrt{R^2-\overrightarrow{OI}^2+IP^2}$$

即

$$R^2\geqslant 9Rr+OI^2+IP^2\geqslant 9Rr+OI^2$$

§2　已公开发表过的若干结论(一)[①]

本节的主要结论是将平面上的斯蒂瓦特定理成功向空间移植，本结论已被多种书刊收录，参考沈文选《几何瑰宝——平面几何 500 名题暨 1000 条定理

① 以下各结论发表在《福建中学数学》1991 年第 3 期.

(上、下)》.

平面上的斯蒂瓦特定理:如图1,$\triangle ABC$ 的顶点A 与其对边BC 上任意一点 P 的距离 PA 由下式确定,即

$$PA^2=AB^2\cdot\frac{PC}{BC}+AC^2\cdot\frac{PB}{BC}-BC^2\cdot\frac{PC}{BC}\cdot\frac{PB}{BC}$$

定理的证明以及推论见《福建中学数学》1991年第2期“斯蒂瓦特定理及其推论”一文.本文将斯蒂瓦特定理向空间进行移植,移植的方法是类比,类比的原则是

$$\text{三角形}\left\{\begin{array}{l}\text{边(长)}\longrightarrow\text{面(积)}\\ \text{角(顶点)}\longrightarrow\text{二面角(棱)}\\ \text{面积}\longrightarrow\text{体积}\end{array}\right\}\text{四面体}$$

定理 如图2,在四面体 $ABCD$ 中,$AD\perp BC$,过棱 BC 作截面 BCE 交棱 AD 于点 E,则有

$$S^2_{\triangle BCE}=\frac{DE}{AB}\cdot S^2_{\triangle ABC}+\frac{AE}{AB}\cdot S^2_{\triangle BCD}-\frac{1}{4}\cdot BC^2\cdot AE\cdot AD \tag{1}$$

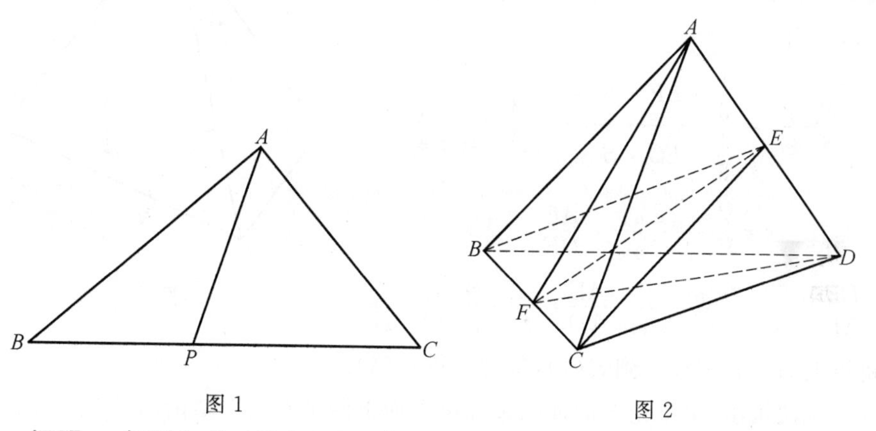

图1　　　　图2

证明 如图2,作 $AF\perp BC$ 于点F,连 EF,DF,注意到 $AD\perp BC$ 知,$BC\perp$ 面 $ADF\Rightarrow BC\perp EF$,$BC\perp DF$,记 $\angle AEF=\alpha$,在 $\triangle AEF$ 中,由余弦定理,有

$$AF^2=EF^2+AE^2-2AE\cdot EF\cos\alpha$$

两边同乘以 BC^2 后,整理得

$$\cos\alpha=\frac{4S^2_{\triangle BCE}+BC^2\cdot AE^2-4S^2_{\triangle ABC}}{4AE\cdot BC\cdot S_{\triangle BCE}} \tag{2}$$

同理,在 $\triangle DEF$ 中,可得

$$-\cos\alpha=\frac{4S^2_{\triangle BCE}+BC^2\cdot DE^2-4S^2_{\triangle BCD}}{4DE\cdot BC\cdot S_{\triangle BCE}} \tag{3}$$

由式(2)(3) 消去 $\cos\alpha$,整理便得式(1).

推论 1　式(1) 可变为

$$S^2_{\triangle BCE}=S^2_{\triangle ABC}-\frac{1}{4}\cdot BC^2\cdot AE\cdot AD$$

推论 2　若 E 为 AD 的中点，则有

$$S^2_{\triangle BCE}=\frac{1}{2}\cdot S^2_{\triangle ABC}+\frac{1}{2}\cdot S^2_{\triangle BCD}-\frac{1}{16}\cdot BC^2\cdot AD^2$$

推论 3　若面 BCE 平分二面角 $A-BC-D$ 的大小时，则有

$$S^2_{\triangle BCE}=S_{\triangle ABC}\cdot S_{\triangle BCD}-\frac{1}{4}\cdot BC^2\cdot AE\cdot DE \tag{4}$$

推论 4　若 $AE:DE=k$，则有

$$S^2_{\triangle BCE}=\frac{1}{k+1}\cdot S^2_{\triangle ABC}+\frac{k}{k+1}\cdot S^2_{\triangle BCD}-\frac{1}{4}\cdot\frac{k}{(k+1)^2}\cdot BC^2\cdot AD^2$$

以下我们只证明推论 3.

如图 3，因面 BCE 平分二面角 $A-BC-D$ 的大小，从 E 分别作面 $\triangle ABC$ 和 $\triangle BCD$ 的垂线 EF 和 EG，F 和 G 分别为垂足，则有 $EF=EG$，从而

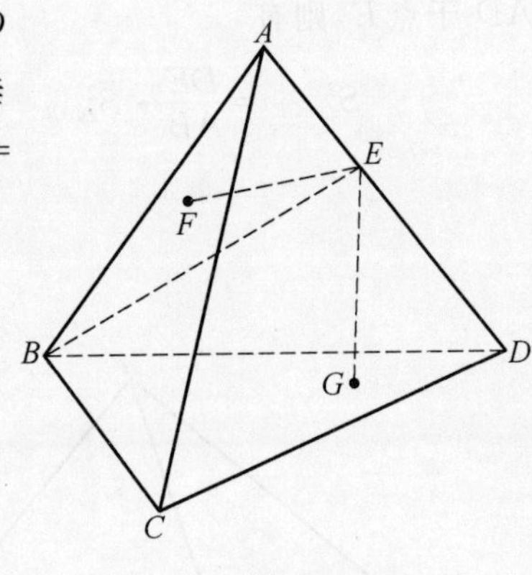

图 3

$$\frac{S_{\triangle ABC}}{S_{\triangle BCD}}=\frac{\frac{1}{3}\cdot EF\cdot S_{\triangle ABC}}{\frac{1}{3}\cdot EG\cdot S_{\triangle BCD}}=\frac{V_{三棱锥E-ABC}}{V_{三棱锥E-BCD}}$$

$$=\frac{V_{三棱锥A-BCE}}{V_{三棱锥D-BCE}}=\frac{AE}{DE}$$

$$\frac{DE}{AE}=\frac{S_{\triangle BCD}}{S_{\triangle ABC}+S_{\triangle BCD}},\frac{AE}{AD}=\frac{S_{\triangle BCD}}{S_{\triangle ABC}+S_{\triangle BCD}}$$

将以上两个式子代入到式(1)，整理可得式(4).

顺便指出，由推论 3 的证明过程可得如下两个有用的结论：

结论 1　在四面体 $ABCD$ 中，若面 BCE 平分二面角 $A-BC-D$ 的大小，截面 BCE 交棱 AD 于点 E，则有 $\frac{S_{\triangle ABC}}{S_{\triangle BCD}}=\frac{AE}{DE}$.

结论 2　在四面体 $ABCD$ 中，面 BCE 与面 ABC 和面 BCD 分别成角为 α,β，截面 BCE 交棱 AD 于点 E，则有 $\frac{S_{\triangle ABC}\cdot\sin\alpha}{S_{\triangle BCD}\cdot\sin\beta}=\frac{AE}{DE}$.

例 1　在四面体 $ABCD$ 中，$AD\perp BC$，$S_{\triangle ABC}=S_{\triangle BCD}$，棱 $BC=2$，在棱 AD 上依次有 1 992 个点 $P_1,P_2,\cdots,P_{1\,992}$，连 $BP_i,CP_i(i=1,2,3,\cdots,1\,992)$，记 $m_i=S^2_{\triangle BCP_i}+AP_i\cdot P_iD$，求 $\sum_{i=1}^{1\,992}m_i$.

解 由推论 1,知

$$m_i = S^2_{\triangle BCP_i} + AP_i \cdot P_iD = S^2_{\triangle BCP_i} + \frac{1}{4} \cdot BC^2 \cdot AP_i \cdot P_iD = S^2_{\triangle ABC} = 4$$

于是 $\sum_{i=1}^{1\,992} m_i = 4 \times 1\,992 = 7\,968$.

此题是 1990 年全国初中数学联赛二(4) 向空间的移植.

例 2 在四面体 $ABCD$ 中,$AD \perp BC$,若截面 BCE 平分二面角 $A-BC-D$ 的大小,则有 $S_{\triangle BCE} < \sqrt{S_{\triangle ABC} \cdot S_{\triangle BCD}}$.

证明 由推论 3 立得.此题是 1918 年匈牙利数学竞赛题(见《福建中学数学》1991 年第 2 期第 12 页例 3) 向空间的移植.

例 3 如图 4,在四面体 $ABCD$ 中,$AD \perp BC$,$S_{\triangle ABC} > S_{\triangle BCD}$,棱 AD 上有 E,F 两点,面 BCE 平分二面角 $A-BC-D$ 的大小,线段 $AF = DE$,求证

$$S^2_{\triangle BCF} - S^2_{\triangle BCE} = (S_{\triangle ABC} - S_{\triangle BCD})^2$$

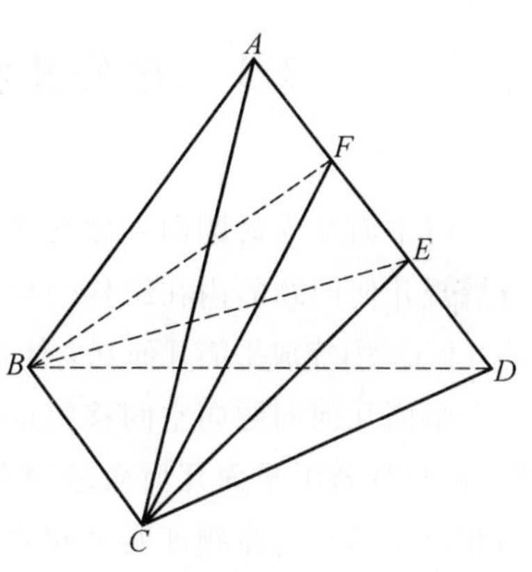

图 4

证明 因为 $AF = DE$,所以 $AE = DF$,由定理中的式(1),知

$$\begin{aligned} S^2_{\triangle BCF} &= \frac{DF}{AD} \cdot S^2_{\triangle ABC} + \frac{AF}{AD} \cdot S^2_{\triangle BCD} - \frac{1}{4} \cdot BC^2 \cdot AF \cdot DF \\ &= \frac{AE}{AD} \cdot S^2_{\triangle ABC} + \frac{DE}{AD} \cdot S^2_{\triangle BCD} - \frac{1}{4} \cdot BC^2 \cdot AE \cdot DE \end{aligned}$$

又已知面 BCE 平分二面角 $A-BC-D$ 的大小,由推论 3,知

$$S^2_{\triangle BCE} = S_{\triangle ABC} \cdot S_{\triangle BCD} - \frac{1}{4} \cdot BC^2 \cdot AE \cdot DE$$

由(1)-(2),并注意到

$$\frac{AE}{AD} = \frac{S_{\triangle ABC}}{S_{\triangle ABC} + S_{\triangle BCD}}, \frac{DE}{AD} = \frac{S_{\triangle BCD}}{S_{\triangle ABC} + S_{\triangle BCD}}$$

便得结论.

这是 1979 年江苏竞赛题(见《福建中学数学》1991 年第 2 期第 12 页例 6) 向空间的移植.

例 4 在四面体 $ABCD$ 中,$AD \perp BC$,棱 AD 上有 E,F 两点,二面角 $A—BC—D$ 与二面角 $E—BC—D$ 的大小相等,如图 4,求证:$\frac{AF \cdot AE}{DF \cdot DE} = \frac{S^2_{\triangle ABC}}{S^2_{\triangle BCD}}$.

证明 设二面角 $A—BC—D$ 与二面角 $E-BC-D$ 的大小分别为 α,β,由

结论 2,知

$$\frac{AF}{DF}=\frac{S_{\triangle ABC}\cdot\sin\alpha}{S_{\triangle BCD}\cdot\sin(\alpha+\beta)}$$

$$\frac{AE}{DE}=\frac{S_{\triangle ABC}\cdot\sin(\alpha+\beta)}{S_{\triangle BCD}\cdot\sin\alpha}$$

此两式相乘即得结论.

这是 1986 年上海市初中数学竞赛题(四) 向空间的移植.

§3 已公开发表过的若干结论(二)[①]

将平面几何命题向立体几何中进行移植是件十分有意义的工作,这既能充分展现几何问题的内在结构的相似性,又能促使人们去通过"类比" 发现一些新的几何命题,完成平面几何到立体几何的自然过渡,推进研究立体几何的进程.

平面几何问题向空间移植这一课题由来已久,这里不打算研究它的历史渊源,而只从若干平面几何命题探索相应的立体几何命题,并揭示平面几何命题与相应立体几何命题证明之间的相互联系,给读者提供一条证明相关立体几何问题的方法,并期望读者能从中领悟到一些立体几何命题的由来. 在此,我们仍然遵循平面几何向立体几何移植的如下原则,即

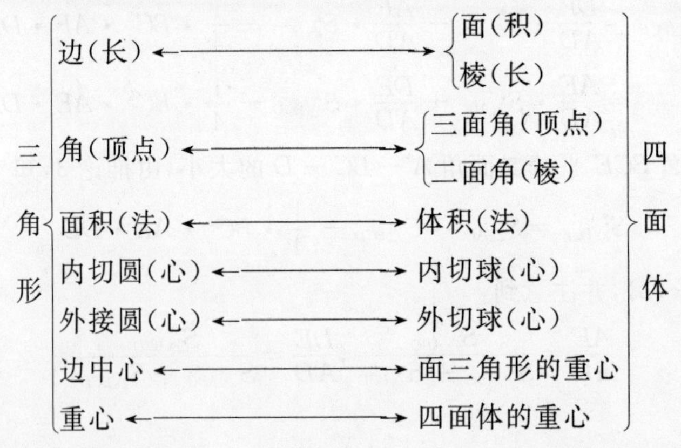

问题 1.1 平面几何 —— 在 $\triangle ABC$ 中, $AB\neq AC$, 在 AB 与 AC 上分别截取 $BB_1=CC_1$, 联结 B_1C_1, O, O_1 分别为 $\triangle ABC$, $\triangle AB_1C_1$ 的外心, OO_1 所在直线分别与 AB, AC 所在直线交于点 M, N, 求证: OO_1 分别与 AB, AC 所在直线

① 以下各结论发表在《中学数学教学参考》1998 年第 6-7 期.

成等角.

证明 如图1,设 OO_1 分别与 AB,AC 所在直线交于点 N,M,则只要证明 $\angle ANM=\angle AMN$ 即可.

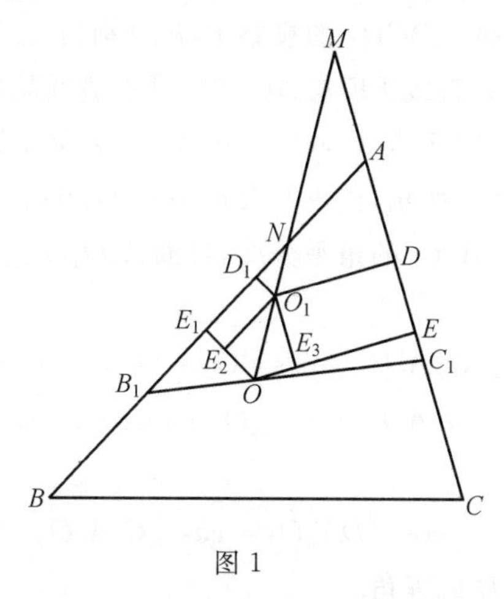

图 1

过 O,O_1 分别作 AB,AC 所在直线的垂线,垂足分别为 E_1,D_1,E,D,则由垂径定理,知

$$AD=\frac{1}{2}AC_1,AE=\frac{1}{2}AC$$

此两式作差,得

$$DE=\frac{1}{2}CC_1$$

同理可得

$$D_1E_1=\frac{1}{2}BB_1$$

注意到 $CC_1=BB_1$,所以 $DE=D_1E_1$,再过 O_1 分别引 AB,AC 的平行线 $O_1E_2 \mathbin{/\mkern-5mu/} D_1E_1$,$O_1E_3 \mathbin{/\mkern-5mu/} DE$,则易知

$$\angle E_2O_1O=\angle E_3O_1O$$

从而 $\angle ANM=\angle AMN$,到此命题获证.

注 本证法对两个外心 O,O_1 以及线段等式 $BB_1=CC_1$ 的应用是比较巧妙的.那么,这个平面上相关两个三角形内心的线角问题在立体几何中有何表现呢?

问题 1.2 立体几何——在三棱锥 $A-BCD$ 的三个互不相等的侧棱上分别取 $BB_1=CC_1=DD_1$,$B_1\in AB$,$C_1\in AC$,$D_1\in AD$.O,O_1 分别为三棱锥 $A-BCD$,三棱锥 $A-B_1C_1D_1$ 的外心,则 O,O_1 所在直线分别与 AB,AC,AD 成

等角.

证明 如图 2,由三棱锥的位置关系知,只要证得 OO_1 所在直线分别与 AC,AD 所在直线成等角即可.

易知 O,O_1 在侧面 $\triangle ACD_1$ 的投影 E,F 分别为 $\triangle ACD$ 和 $\triangle AC_1D_1$ 的外心,由问题 1 的结论知,直线 EF 与 AC,AD 所在直线均成等角.

记直线 EF 与 AD 交于点 A_0,过 A_0 作 $A_0C_2 /\!/ AC$,$A_0O_2 /\!/ OO_1$,则得到一个新的几何图形,如图 3 所示,以下只要证明 A_0O_2 与 A_0C_2,A_0D 成等角即可.

现知 A_0O_3 为 $\angle DA_0C_2$ 的角平分线,且面 $A_0O_2O_3 \perp$ 面 DA_0C_2,于是,由二面角余弦公式,知

$$\cos\angle O_2A_0C_2 = \cos\angle O_2A_0O_3 \cos\angle C_2A_0O_3$$

$$\cos\angle O_2A_0D = \cos\angle O_2A_0O_3 \cos\angle DA_0O_3$$

即

$$\cos\angle DA_0O_3 = \cos\angle C_2A_0O_3$$

即 A_0O_2 与 A_0C_2,A_0D 成等角.

到此本题获证.

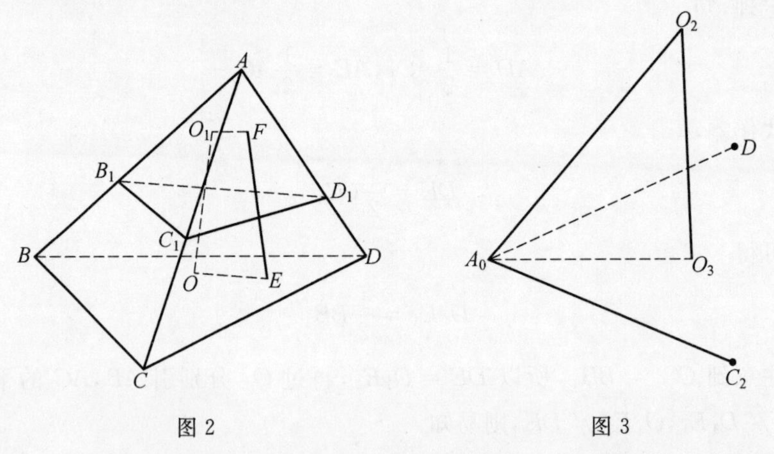

图 2 图 3

注 上述两个不同层次的命题的证明的和谐一致表明,其对应原理是如此的精准 —— 结论的提出和证明的方法.

问题 2.1 平面几何 ——(本题根据 1996 年全国初中数学联赛一试第 5 小题改编)如果一个三角形的面积和周长都被一条直线所平分,那么,该直线必然通过三角形的内心.

证明 如图 4,设平分 $\triangle ABC$ 的面积和周长的直线分别交 AB,AC 于点 D,E,且 I 为 $\triangle ABC$ 的内心,r 为 $\triangle ABC$ 内切圆的半径,则有

$$S_{四边形IEAD}=\frac{1}{2}r(AE+AD)$$

$$S_{多边形BCEIDA}=\frac{1}{2}r(BD+BC+CE)$$

因为直线平分三角形的周长，所以

$$AE+AD=BD+BC+CE$$

由

$$S_{四边形IEAD}=S_{多边形BCEIDA}\Rightarrow S_{\triangle ADE}+S_{\triangle IDE}=S_{四边形DBCE}-S_{\triangle IDE}$$

$$\Rightarrow S_{\triangle IDE}=0（注意到 S_{\triangle ADE}=S_{四边形DBCE}）$$

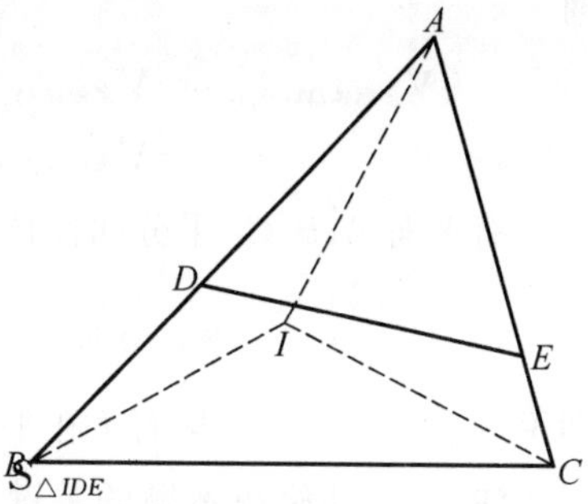

图 4

即直线 DE 通过 $\triangle ABC$ 的内心 I.

注　解决本题的巧妙之处在于合理利用三角形的面积公式，我们不妨称其为面积法. 其技巧在于利用面积分割法证明 $S_{\triangle IDE}=0$.

问题 2.2　立体几何——如果一个四面体的体积和表面积都被一个平面所平分，则该平面必然通过四面体的内心.

证明　如图 5，四面体 $ABCD$ 的截面 $A_1B_1C_1$ 与侧棱 DA,DB,DC 分别相交于点 A_1,B_1,C_1，I 为四面体 $ABCD$ 内切球的球心，设四面体 $ABCD$ 内切球的半径为 r，且 I 位于截面 $A_1B_1C_1$ 的下面，则

$$V_{多面体DA_1B_1C_1I}=\frac{1}{3}r(S_{\triangle DA_1B_1}+S_{\triangle DB_1C_1}+S_{\triangle DC_1A_1})$$

$$V_{多面体IA_1B_1C_1ABC}=\frac{1}{3}r(S_{\triangle ABC}+S_{四边形A_1B_1BA}+S_{四边形B_1C_1CB}+S_{四边形C_1A_1AC})$$

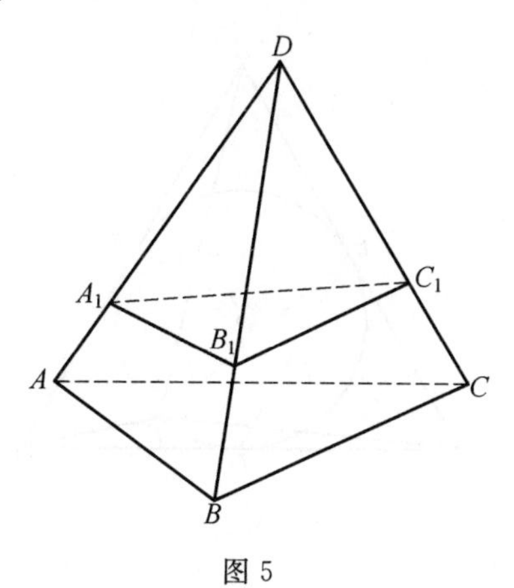

图 5

因为四面体 $ABCD$ 的表面积被平面 $A_1B_1C_1$ 所平分，所以

$$S_{\triangle DA_1B_1}+S_{\triangle DB_1C_1}+S_{\triangle DC_1A_1}=S_{\triangle ABC}+S_{四边形A_1B_1BA}+S_{四边形B_1C_1CB}+S_{四边形C_1A_1AC}$$

即

$$V_{多面体DA_1B_1C_1I}=V_{多面体IA_1B_1C_1ABC}\Rightarrow V_{三棱锥D-A_1B_1C_1}+V_{三棱锥I-A_1B_1C_1}$$
$$=V_{多面体A_1B_1C_1ABC}-V_{三棱锥I-A_1B_1C_1}$$

而平面 $A_1B_1C_1$ 平分四面体 $ABCD$ 的体积，即

$$V_{三棱锥D-A_1B_1C_1}=V_{多面体A_1B_1C_1ABC}=\frac{1}{2}V_{四面体ABCD}$$

即 $V_{三棱锥I-A_1B_1C_1}=0$，从而 I 在平面 $A_1B_1C_1$ 内，到此结论获证.

注 成功解决本题的关键是运用体积法. 可以看出面积法与体积法遥相呼应，分割技巧仍是解决问题的主旋律，这也表明上述对应原则是如此地强劲有力！

问题3.1 平面几何——试证：正三角形内切圆上任意一点到三顶点距离的平方和为定值.

说明：本题一般资料上给出的证法都是三角法或解析法，这里采用平面几何法来证明.

证明 如图6，正 $\triangle ABC$ 内切圆 O 分别切三边 BC,CA,AB 于点 D,E,F，则 D,E,F 分别为所在边的中点，根据中线长公式，有

$$PA^2+PB^2=2PF^2+\frac{1}{2}a^2(a\text{ 为 }\triangle ABC\text{ 的边长})$$

$$PB^2+PC^2=2PD^2+\frac{1}{2}a^2$$

$$PC^2+PA^2=2PE^2+\frac{1}{2}a^2$$

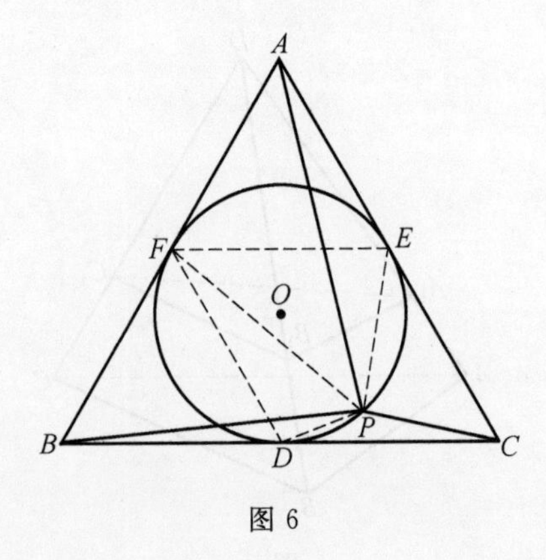

图6

此三式相加，得

$$2(PA^2+PB^2+PC^2)=2(PD^2+PE^2+PF^2)+\frac{3}{2}a^2$$

而 $PF=PD+PE$，所以

$$PD^2+PE^2+PF^2=PD^2+PE^2+(PD+PE)^2$$
$$=2(PD^2+PE^2)+2PD\cdot PE=2DE^2=6r^2$$

即 $PA^2+PB^2+PC^2$ 为一个与点 P 位置无关的常数，到此结论获证.

注　两个不同层面的问题的解决得益于中线长公式，这再次说明上述对应原则的应用价值.

问题 3.2　立体几何 —— 正四面体内切球面上任意一点到该四面体四个顶点距离的平方和为定值.

证明　如图 7，正四面体 $ABCD$ 中，E，F 分别为对棱 AB，CD 的中点，联结 PE，PF，PO，在 $\triangle PAB$，$\triangle PCD$ 中分别运用中线长公式，有

$$PA^2+PB^2=2PE^2+\frac{1}{2}a^2(a\text{ 为四面体的棱长}) \quad (1)$$

$$PC^2+PD^2=2PF^2+\frac{1}{2}a^2 \quad (2)$$

再根据平面几何和立体几知识知，线段 EF 恰被正四面体内切球的球心 O（正四面体的中心）平分（证明略）.

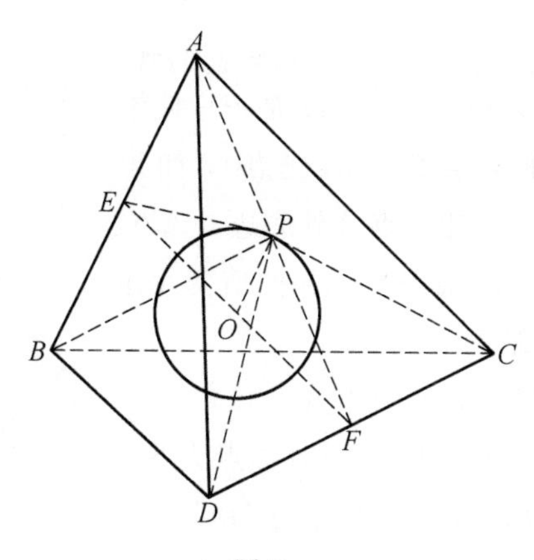

图 7

又在 $\triangle PEF$ 中，运用中线长公式，得

$$2(PE^2+PF^2)=EF^2+4PO^2 \quad (3)$$

由(1)+(2)，并将式(3)代入，得

$$PA^2+PB^2+PC^2+PD^2=a^2+EF^2+4PO^2(\text{定值})$$

到此结论获证.

注　(1) 立体几何中的结论证明也未超出中线长公式的范畴，可见中线长公式在解决平面几何命题与立体几何命题中的遥相呼应是多么的和谐！

(2) 类似的外接圆与外接球结论也可以如此来解决，留给读者练习吧.

问题 4.1 平面几何——(1993 年全国初中数学联赛题之一) 设 H 为等腰 $\triangle ABC$ 的垂心，在底边 BC 保持不变的情况下，让顶点 A 到底边 BC 的距离变小，这时乘积 $S_{\triangle ABC}\cdot S_{\triangle HBC}$ 的值变大还是变小？请证明你的结论.

证明 $S_{\triangle ABC}\cdot S_{\triangle HBC}$ 的值不变.

事实上，如图 8，作 A 关于直线 BC 的对称点 A_1，联结 A_1B,A_1C，则

$$\angle BA_1C=\angle BAC,A_1D=AD$$

因 A,F,H,E 四点共圆，所以

$$\angle FAE+\angle FHE=180^\circ$$

即

$$\angle BA_1C+\angle BHC=180^\circ$$

所以 B,A_1,C,H 四点共圆，根据相交弦定理，有

$$AD\cdot HD=A_1D\cdot HD=BD\cdot CD=\frac{1}{4}BC^2\text{（定值）}$$

到此结论获证.

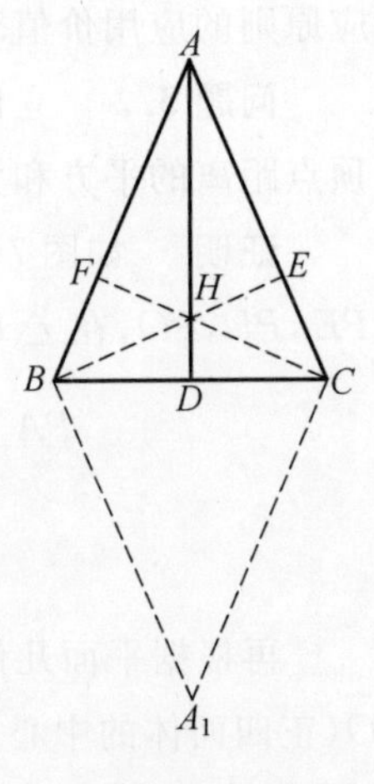

图 8

注 利用点关于直线对称是成功解题的妙法之一.

问题 4.2 立体几何——设 H 是正三棱锥 $S-ABC$ 的垂心（即四条高线的交点），如果 $\triangle ABC$ 的面积保持不变，让顶点 A 到底边 $\triangle ABC$ 的距离变小，这时乘积 $V_{\triangle ABC}\cdot V_{\triangle HBC}$ 的值变大还是变小？请证明你的结论.

证明 $V_{\triangle ABC}\cdot V_{\triangle HBC}$ 的值不变.

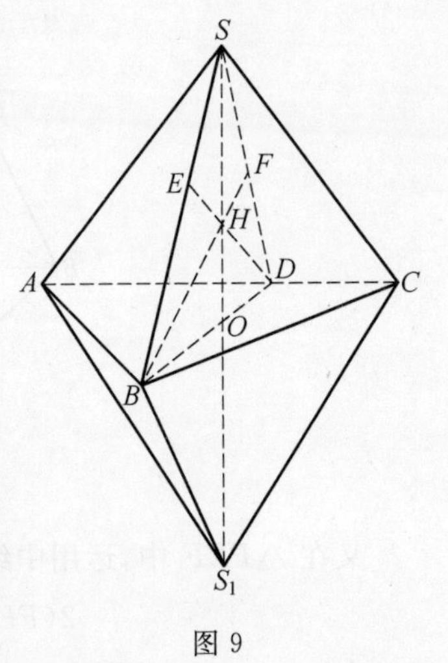

图 9

如图 9，作点 S 关于面 ABC 的对称点为 S_1，联结 S_1A,S_1B,S_1C,S_1H，记 SH 与 $\triangle ABC$ 交于点 O，则易知 S,H,O,S_1 四点共线. 设 BH 与面 SAC 交于点 F，因 S,B,O,F 四点共面，所以面 SBH 与面 SAC 的交线即为 SF，且面 $SBD\perp$ 面 SAC. 记 SF 与 AC 的交点为 D，联结 BD，则 $BD\perp AC$，即 BD 为 $\triangle ABC$ 的边 AC 上的高线，所以点 O 在 BD 上，进而 H 就是 $\triangle SBC$ 的垂心. 联结 S_1D，有 $S_1D=SD,S_1O=SO,\angle BS_1D=\angle BSD$，联结 DH 并延长交 SB 于点 E，则 $DE\perp SB$.

所以 $S,E,H,F;S_1,D,H,B$ 分别四点共圆，则根据相交弦定理，有

$$SO \cdot HO = S_1O \cdot HO = BO \cdot OD = \left(\frac{2}{3}BD\right)^2 = \frac{2\sqrt{3}}{9}S_{\triangle ABC}(\text{定值})$$

所以

$$V_{\triangle ABC} \cdot V_{\triangle HBC} = \left(\frac{1}{3} \cdot SO \cdot S_{\triangle ABC}\right)\left(\frac{1}{3} \cdot HO \cdot S_{\triangle ABC}\right) = \frac{2\sqrt{3}}{81}(S_{\triangle ABC})^2(\text{定值})$$

即 $V_{\triangle ABC} \cdot V_{\triangle HBC}$ 的值不变.

到此结论获证.

注 将平面上的点关于直线对称这个模型移植到空间是点关于平面对称,而平面上圆的相交弦定理是解决问题的理论支撑,值得玩味.

问题5.1 平面几何——周长为定值 L 的直角三角形何时面积最大?最大值是多少?

解 设直角三角形的两直角边和斜边长分别为 a,b,c,则

$$\begin{aligned} L &= a + b + \sqrt{a^2 + b^2} \\ &\geqslant 2\sqrt{ab} + \sqrt{2ab} \\ &= (2+\sqrt{2})\sqrt{ab} = (2+\sqrt{2})\sqrt{2S_{\triangle ABC}} \\ &\Rightarrow S_{\triangle ABC} \leqslant \frac{3-2\sqrt{2}}{4}L^2 \end{aligned}$$

等号成立的条件为 $a=b$,即 $L=2a+\sqrt{2a^2}$,亦即 $a=\frac{L}{2+\sqrt{2}}$.故该直角三角形为等腰直角三角形时,面积最大,最大值为 $\frac{3-2\sqrt{2}}{4}L^2$.

注 这一解法直接构造直角三角形中的面积元素 ab 与 L 的不等量关系,使得所求解的问题明朗化,可谓明智之举.

问题5.2 立体几何——表面积为定值的直角四面体(相邻三侧棱互相垂直)何时体积最大?最大值是多少?

解 设四面体 $D-ABC$ 中,$\angle ADB = \angle BDC = \angle CDA = 90°$,$DA = a$,$DB = b$,$DC = c$,表面积为 S(定值),则根据直角四面体中熟知的结论,有

$$\begin{aligned} & S_{\triangle ABC}^2 = S_{\triangle ABD}^2 + S_{\triangle DBC}^2 + S_{\triangle ACD}^2 \\ & \Rightarrow S = \frac{1}{2}(ab + bc + ca + \sqrt{a^2b^2 + b^2c^2 + c^2a^2}) \\ & \geqslant \frac{1}{2}[3\sqrt[3]{(abc)^2} + \sqrt{3(abc)^4}] \\ & \Rightarrow abc \leqslant \frac{1}{3}\sqrt{18 - 10\sqrt{3}} \cdot S^{\frac{3}{2}} \end{aligned}$$

$$\Rightarrow V_{\text{四面体}D-ABC}=\frac{1}{6}abc\leqslant\frac{1}{18}\sqrt{18-10\sqrt{3}}\cdot S^{\frac{3}{2}}$$

显然，当$a=b=c$时等号成立，即$a=b=c=\sqrt{\frac{2S}{3+\sqrt{3}}}$时，直角四面体的体积取到最大值$\frac{1}{18}\sqrt{18-10\sqrt{3}}\cdot S^{\frac{3}{2}}$.

注　平面上三角形的周长相当于空间里三棱锥的表面积，平面上的直角类似于四面体中的三棱互相垂直，这是提出立体几何命题的依据，由这个类比对应可以发现许多新的立体几何命题.

问题 6.1　平面几何 —— 在$\triangle ABC$中，$AB=AC$，O为BC之中点，过O作一条直线与AB，AC所在直线分别交于点D，E，问当D，E变化时，$\frac{1}{AD}+\frac{1}{AE}$的大小如何变化?

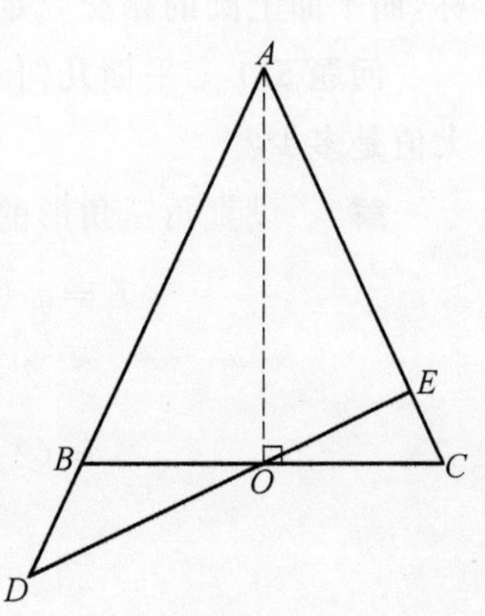

图 10

解　如图 10，记$\angle BAC=2\alpha$，O到AB，AC的距离为d，则

$$S_{\triangle ADE}=\frac{1}{2}\cdot AD\cdot AE\cdot\sin 2\alpha$$

$$=\frac{1}{2}\cdot AD\cdot AO\cdot\sin\alpha+\frac{1}{2}\cdot AE\cdot$$

$$AO\cdot\sin\alpha\ \frac{1}{AD}+\frac{1}{AE}$$

$$=\frac{1}{2\cos\alpha}\cdot\frac{1}{AO}$$

因为O为定点，α为定角，所以$\frac{1}{2\cos\alpha}\cdot\frac{1}{AO}$为定值.

注　解决本题的实质是利用平面上的张角定理.

问题 6.2　立体几何 ——(1995 年全国高中数学联赛试题)设O是正三棱锥$P-ABC$的底面$\triangle ABC$的中心，过点O的动平面与PC交于点S，与PA，PB的延长线分别交于点Q，R，则和式$\frac{1}{PQ}+\frac{1}{PR}+\frac{1}{PS}$的值(　　).

A. 有最大值而无最小值

B. 有最小值而无最大值

C. 既有最大值又有最小值，两者不等

D. 是一个与平面QRS无关的常数

解　如图11,四面体 $PQRS$ 可以划分为以 O 为公共顶点,分别以 $\triangle PQR$,$\triangle PRS$,$\triangle PQS$ 为底面的三个三棱锥,则由已知

$$\angle QPR=\angle RPS=\angle QPS\overset{\text{定义}}{=}\alpha$$

又设 O 是正三棱锥底面 $\triangle ABC$ 的中心,即 O 到三个侧面的距离相等,记为 d,则

$$\begin{aligned}V_{\text{四面体}PQRS}&=V_{\text{三棱锥}O-PQR}+V_{\text{三棱锥}O-PRS}+V_{\text{三棱锥}O-PQS}\\&=\frac{1}{6}\cdot d\sin\alpha(PQ\cdot PR+PR\cdot PS+PQ\cdot PS)\end{aligned}\tag{1}$$

另一方面,四面体 $PQRS$ 又可视为以 Q 为顶点,以 $\triangle PQS$ 为底面的三棱锥 $Q-PRS$,设 PA 与面 PBC 所成角为 θ,则该三棱锥的高为 $PQ\sin\theta$,于是

$$V_{\text{四面体}PQRS}=V_{\text{三棱锥}Q-PRS}=\frac{1}{6}\cdot PR\cdot PS\cdot\sin\alpha\cdot PQ\sin\theta\tag{2}$$

由式(1)(2),得

$$d(PQ\cdot PR+PR\cdot PS+PQ\cdot PS)=PR\cdot PS\cdot PQ\cdot\sin\theta$$

$$\Rightarrow\frac{1}{PQ}+\frac{1}{PR}+\frac{1}{PS}=\frac{\sin\theta}{d}(\text{常数})$$

即应选择D.

注　(1) 合理分割和灵活运用三棱锥的体积公式是解决此题的关键.

(2) 对平面上命题的张角定理的总结引出了空间有无张角定理的思考!

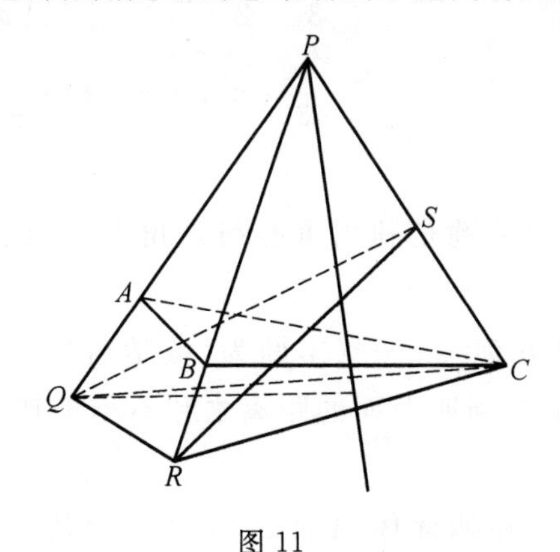

图11

问题7.1　平面几何——求证:三角形的重心到三边的距离之和不小于其内心到三边的距离之和.

证明　设 $\triangle ABC$ 的重心 G 到三边 BC,CA,AB 的距离分别为 d_1,d_2,d_3,$\triangle ABC$ 内切圆的半径为 r,则只要证明 $d_1+d_2+d_3\geqslant 3r$ 即可.

如图 12,联结 AG 并延长交 BC 于点 Q,则由平面几何知识知,$\frac{GQ}{AQ}=\frac{1}{3}$,所以

$$S_{\triangle GBC}=\frac{1}{3}S_{\triangle ABC}=\frac{1}{2}a\cdot d_1$$

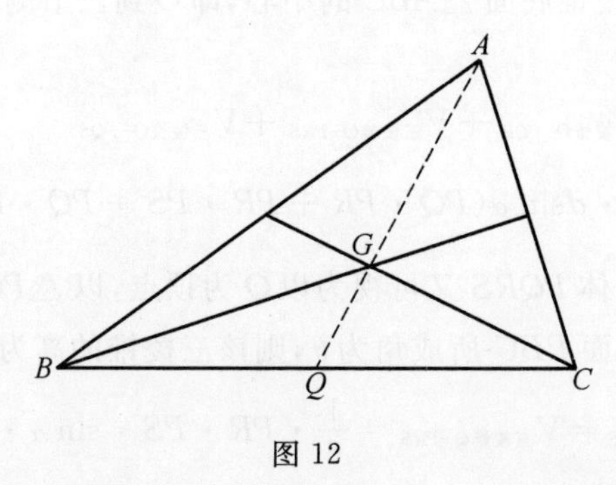

图 12

同理可得

$$S_{\triangle GCA}=\frac{1}{3}S_{\triangle ABC}=\frac{1}{2}b\cdot d_2,S_{\triangle GAB}=\frac{1}{3}S_{\triangle ABC}=\frac{1}{2}c\cdot d_3$$

所以

$$\begin{aligned}d_1+d_2+d_3&=\frac{2}{3}S_{\triangle ABC}\left(\frac{1}{a}+\frac{1}{b}+\frac{1}{c}\right)\\&=\frac{2}{3}\cdot\frac{1}{2}r(a+b+c)\left(\frac{1}{a}+\frac{1}{b}+\frac{1}{c}\right)\\&\geqslant\frac{1}{3}\cdot r(a+b+c)\frac{9}{a+b+c}=3r\end{aligned}$$

到此结论获证.

注 解决本题的关键是利用重心与三角形三顶点连线平分三角形的面积.

问题 7.2 立体几何 ——(本题为《数学通报》1997 年第 8-9 期问题 1089)试证:四面体重心到四个面的距离之和不小于其内心到四个面的距离之和.

证明 如图 13,在四面体 $A_1A_2A_3A_4$ 中,设其重心 G,且其到四个面 $\triangle A_2A_3A_4$,$\triangle A_1A_3A_4$,$\triangle A_1A_2A_4$,$\triangle A_1A_2A_3$ 的距离分别为 d_1,d_2,d_3,d_4,相应四个面上的三角形的面积分别为 S_1,S_2,S_3,S_4,并设该四面体内切球的半径为 r,,则内心到四面体四个面的距离之和为 $4r$,故只要证明

$$d_1+d_2+d_3+d_4\geqslant 4r$$

即可.

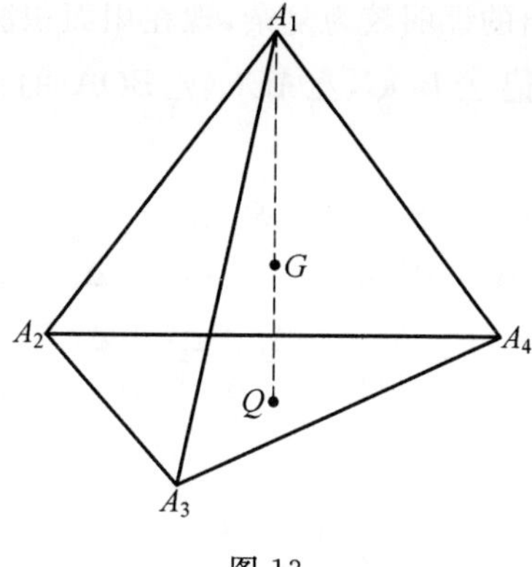

图 13

联结 AG 并延长交面 $A_2A_3A_4$ 于点 Q，则因 $\frac{GQ}{A_1Q}=\frac{1}{4}$，所以

$$V_{三棱锥G-A_2A_3A_4}=\frac{1}{4}V(V\text{ 表示四面体 }A_1A_2A_3A_4\text{ 的体积})$$

同理可得

$$V_{三棱锥G-A_1A_3A_4}=\frac{1}{4}V,V_{三棱锥G-A_1A_2A_4}=\frac{1}{4}V,V_{三棱锥G-A_1A_2A_3}=\frac{1}{4}V$$

于是

$$d_1=\frac{\frac{1}{4}V}{\frac{1}{3}S_1},d_2=\frac{\frac{1}{4}V}{\frac{1}{3}S_2},d_3=\frac{\frac{1}{4}V}{\frac{1}{3}S_3},d_4=\frac{\frac{1}{4}V}{\frac{1}{3}S_4}$$

所以

$$\begin{aligned}d_1+d_2+d_3+d_4&=\frac{3}{4}V\left(\frac{1}{S_1}+\frac{1}{S_2}+\frac{1}{S_3}+\frac{1}{S_4}\right)\\&=\frac{3}{4}\cdot\frac{1}{3}\cdot r(S_1+S_2+S_3+S_4)\left(\frac{1}{S_1}+\frac{1}{S_2}+\frac{1}{S_3}+\frac{1}{S_4}\right)\\&=\frac{1}{4}\cdot r(S_1+S_2+S_3+S_4)\left(\frac{16}{S_1+S_2+S_3+S_4}\right)\\&\geqslant 4r\end{aligned}$$

最后一步用到了柯西不等式.

到此结论获证.

问题 8.1 平面几何——(《数学通报》1997 年第 6 期问题 1078) 设 O 为锐角 $\triangle ABC$ 的外心，AO，BO，CO 与三边 BC，CA，AB 分别交于点 A_1，B_1，C_1，求证

$$\frac{2}{3}(AA_1+BB_1+CC_1)\geqslant OA+OB+OC$$

说明:原资料上给出的证明较为复杂,现在用面积法改证如下.

证明 如图 14,记 $\triangle BOC$,$\triangle AOC$,$\triangle BOA$ 的面积分别为 Δ_1,Δ_2,Δ_3,$\triangle ABC$ 的面积为 Δ,则

$$\frac{OA_1}{OA}=\frac{S_{\triangle BOA_1}}{S_{\triangle BOA}}=\frac{S_{\triangle COA_1}}{S_{\triangle COA}}=\frac{\Delta_1}{\Delta_2+\Delta_3}$$

$$\Rightarrow \frac{AA_1}{OA}=\frac{\Delta_1+\Delta_2+\Delta_3}{\Delta_2+\Delta_3}=\frac{\Delta}{\Delta_2+\Delta_3}$$

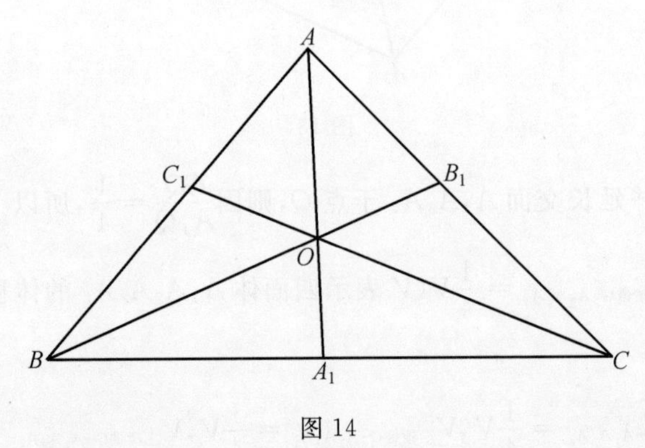

图 14

同理可得 $\frac{BB_1}{OB}=\frac{\Delta}{\Delta_3+\Delta_1}$,$\frac{CC_1}{OC}=\frac{\Delta}{\Delta_1+\Delta_2}$,所以

$$\frac{AA_1}{OA}+\frac{BB_1}{OB}+\frac{CC_1}{OC}=\Delta\cdot\left(\frac{1}{\Delta_1+\Delta_2}+\frac{1}{\Delta_2+\Delta_3}+\frac{1}{\Delta_3+\Delta_1}\right)$$

$$=\Delta\cdot\frac{9}{2(\Delta_1+\Delta_2+\Delta_3)}=\frac{9}{2}$$

即

$$\frac{2}{3}(AA_1+BB_1+CC_1)\geqslant OA+OB+OC$$

注 面积分割技巧是顺利解决本题的重要一步.

问题 8.2 立体几何 —— 设四面体 $ABCD$ 的外心 O 位于其内部,联结 AO,BO,CO,DO 并延长,分别与对面交于点 A_1,B_1,C_1,D_1,则

$$\frac{3}{4}(AA_1+BB_1+CC_1+DD_1)\geqslant OA+OB+OC+OD$$

证明 记四面体 $OBCD$,$OACD$,$OABD$,$OABC$,$ABCD$ 的体积依次为 V_1,V_2,V_3,V_4,V,O 为四面体的外心,则

$$\frac{OA_1}{OA}=\frac{V_{\text{四面体}OA_1BC}}{V_4}=\frac{V_{\text{四面体}OA_1CD}}{V_2}=\frac{V_{\text{四面体}A_1BDO}}{V_3}=\frac{V_1}{V_2+V_3+V_4}$$

$$\Rightarrow \frac{AA_1}{OA}=\frac{V}{V_2+V_3+V_4}$$

同理还可得到另外三个式子，此四式相加并运用柯西不等式（以下用 $\sum \frac{AA_1}{OA}$ 表示对 A,B,C,D 轮换求和，其余类似），得

$$\sum \frac{AA_1}{OA}=C\sum \frac{1}{V_2+V_3+V_4}\geqslant V\cdot \frac{16}{3(V_1+V_2+V_3+V_4)}=\frac{16}{3}$$

即

$$\frac{3}{4}(AA_1+BB_1+CC_1+DD_1)\geqslant OA+OB+OC+OD$$

问题 9.1 平面几何 ——（第 32 届 IMO 几何不等式试题的推广）设 A_0，B_0，C_0 为 $\triangle ABC$ 的边 BC，CA，AB 的中点，P 为 $\triangle A_0B_0C_0$ 内部或者其边界上任意一点，AP，BP，CP 的延长线分别交 $\triangle ABC$ 的三边 BC，CA，AB 于点 A_1，B_1，C_1，则有：(1) $\frac{8}{27}\geqslant \frac{AP}{AA_1}\cdot \frac{BP}{BB_1}\cdot \frac{CP}{CC_1}>\frac{1}{4}$；(2) $\frac{4}{3}\geqslant \sum \frac{AP\cdot BP}{AA_1\cdot BB_1}>\frac{5}{4}$.

证明 (1) 如图 15，因为

$$\frac{AP}{AA_1}=\frac{S_{\triangle ABP}}{S_{\triangle ABA_1}}=\frac{S_{\triangle CAP}}{S_{\triangle CAA_1}}=\frac{S_{\triangle ABP}+S_{\triangle CAP}}{S_{\triangle ABA_1}+S_{\triangle CAA_1}}=\frac{S_{\triangle ABP}+S_{\triangle CAP}}{S_{\triangle ABC}}$$

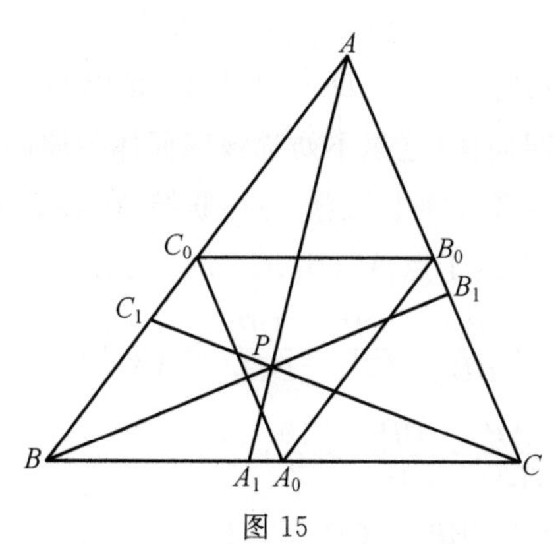

图 15

同理还可以得到另外两个式子，此三式相加，得

$$\frac{AP}{AA_1}+\frac{BP}{BB_1}+\frac{CP}{CC_1}=2 \tag{1}$$

对式(1) 运用三元均值不等式即得(1) 的左端. 又易知

$$\frac{AP}{AA_1}\geqslant \frac{1}{2},\frac{BP}{BB_1}\geqslant \frac{1}{2},\frac{CP}{CC_1}\geqslant \frac{1}{2}$$

故存在非负数 α,β,γ，使得

$$\frac{AP}{AA_1}=\frac{1}{2}+\alpha,\frac{BP}{BB_1}=\frac{1}{2}+\beta,\frac{CP}{CC_1}=\frac{1}{2}+\gamma$$

代入到式(1)得到$\alpha+\beta+\gamma=\frac{1}{2}$,所以

$$\begin{aligned}\frac{AP}{AA_1}\cdot\frac{BP}{BB_1}\cdot\frac{CP}{CC_1}&=\left(\frac{1}{2}+\alpha\right)\left(\frac{1}{2}+\beta\right)\left(\frac{1}{2}+\gamma\right)\\&=\frac{1}{8}+\left(\frac{1}{2}\right)^2(\alpha+\beta+\gamma)+\cdots\\&>\frac{1}{8}+\left(\frac{1}{2}\right)^2\frac{1}{2}=\frac{1}{4}\end{aligned}$$

从而(1)全部获证.

(2)由熟知的不等式$(x+y+z)^2\geqslant 3(xy+yz+zx)$及(1)知,(2)左端已经成立.

而

$$\begin{aligned}\sum\frac{AP\cdot BP}{AA_1\cdot BB_1}&=\left(\frac{1}{2}+\alpha\right)\left(\frac{1}{2}+\beta\right)+\left(\frac{1}{2}+\beta\right)\left(\frac{1}{2}+\gamma\right)+\left(\frac{1}{2}+\gamma\right)\left(\frac{1}{2}+\alpha\right)\\&=\frac{3}{4}+(\alpha+\beta+\gamma)+\cdots>\frac{3}{4}+\frac{1}{2}=\frac{5}{4}\end{aligned}$$

从而(2)获证.

问题9.2 立体几何——设$D_0-A_0B_0C_0$是以四面体$DABC$的表面四个三角形重心为顶点的四面体(这里不妨称该四面体为原四面体的重心四面体),P为重心四面体内部或者表面上任意一点,联结AP,BP,CP,DP并延长,分别交四面体$DABC$的四个面于点A_1,B_1,C_1,D_1,则有:

(1)$\left(\frac{3}{4}\right)^4\geqslant\frac{AP}{AA_1}\cdot\frac{BP}{BB_1}\cdot\frac{CP}{CC_1}\cdot\frac{DP}{DD_1}>\left(\frac{2}{3}\right)^3$;

(2)$\left(\frac{3}{2}\right)^3\geqslant\sum\frac{AP}{AA_1}\cdot\frac{BP}{BB_1}>\frac{10}{3}$;

(3)$\frac{27}{16}\geqslant\sum\frac{AP}{AA_1}\cdot\frac{BP}{BB_1}\cdot\frac{CP}{CC_1}>\frac{44}{27}$.

证明 (1)应用类似于本节问题8.2论证过程中的记号以及方法,不难得出

$$\frac{AP}{AA_1}=\frac{V_2+V_3+V_4}{V},\frac{BP}{BB_1}=\frac{V_1+V_3+V_4}{V}$$

$$\frac{CP}{CC_1}=\frac{V_1+V_2+V_4}{V},\frac{DP}{DD_1}=\frac{V_1+V_2+V_3}{V}$$

此四式相加,即得

$$\frac{AP}{AA_1}+\frac{BP}{BB_1}+\frac{CP}{CC_1}+\frac{DP}{DD_1}=3 \tag{1}$$

对式(1) 运用四元均值不等式得到(1) 的左端.

又 P 位于重心四面体的表面或者内部,所以

$$\frac{AP}{AA_1}\geqslant\frac{2}{3},\frac{BP}{BB_1}\geqslant\frac{2}{3},\frac{CP}{CC_1}\geqslant\frac{2}{3},\frac{DP}{DD_1}\geqslant\frac{2}{3}$$

故存在四个非负数 $\alpha,\beta,\gamma,\delta$,满足

$$\frac{AP}{AA_1}=\frac{2}{3}+\alpha,\frac{BP}{BB_1}=\frac{2}{3}+\beta,\frac{CP}{CC_1}=\frac{2}{3}+\gamma,\frac{DP}{DD_1}=\frac{2}{3}+\delta$$

代入到式(1),得 $\alpha+\beta+\gamma+\delta=\frac{1}{3}$,所以

$$\begin{aligned}\frac{AP}{AA_1}\cdot\frac{BP}{BB_1}\cdot\frac{CP}{CC_1}\cdot\frac{DP}{DD_1}&=\frac{1}{3^4}(2+3\alpha)\cdot(2+3\beta)\cdot(2+3\gamma)\cdot(2+3\delta)\\&=\frac{1}{3^4}[2^4+3\cdot 2^3(\alpha+\beta+\gamma+\delta)+\cdots]\\&>\frac{1}{3^4}(2^4+2^3)=\left(\frac{2}{3}\right)^3\end{aligned}$$

这是(1) 的右端,至此(1) 获证.

(2)(3) 根据熟知的代数不等式

$$(a+b+c+d)^2\geqslant\frac{8}{3}(ab+ac+ad+bc+bd+cd)$$

以及(1)便知(2) 的左端成立. 而(2)(3) 的右端只需要仿(1) 的右端的证法进行即可.

而(3) 的左端的证明则要用到一个较为复杂的代数不等式

$$(a+b+c+d)^3\geqslant 16(abc+abd+bcd+cda)$$

以及(1),这里从略.

以上我们以对偶的形式提出并论证了九对平面几何与立体几何命题,可以看出,平面几何命题的证明若用面积法,则相应的立体几何命题则可考虑采用体积法;平面几何命题的证明若运用线段长关系来论证,则相应的立体几何命题也应考虑使用线段长关系来论证,……,这就启发我们,如果论证一些立体几何命题感到困难,则可考虑相应平面几何命题的证法如何;一些平面几何命题可考虑能否向空间移植.

§4　已公开发表过的若干结论(三)①

下面我们运用上述新的移植原则，继续探索一些新的平面几何命题与立体几何命题之间关系的问题，这可视为参考文献[1]的完善和续补，为证明立体几何命题的需要，我们先引入几个结论和记号.

下文中，在没有特殊声明的情况下，用 V 表示四面体 $P-ABC$ 的体积，$\sin \overline{AB}$ 表示以 AB 为棱的二面角大小的正弦值，$\sin BAC$ 表示 $\angle BAC$ 的正弦值，AB 表示线段 AB 之长，S_A 表示四面体 $P-ABC$ 的顶点 A 所对的面 $\triangle PBC$ 的面积，S_C，S_P 类推.

结论 1　在四面体 $P-ABC$ 中，求证

$$V=\frac{1}{6}AB \cdot AC \cdot AP \cdot \sin \overline{AB} \cdot \sin PAB \cdot \sin BAC$$

证明　如图 1，作 $PO \perp$ 面 ABC 于点 O，$PD \perp AB$ 于点 D，联结 OD，则 $OD \perp AB$，所以，$\angle PDO$ 为二面角 $P-AB-C$ 的平面角，故

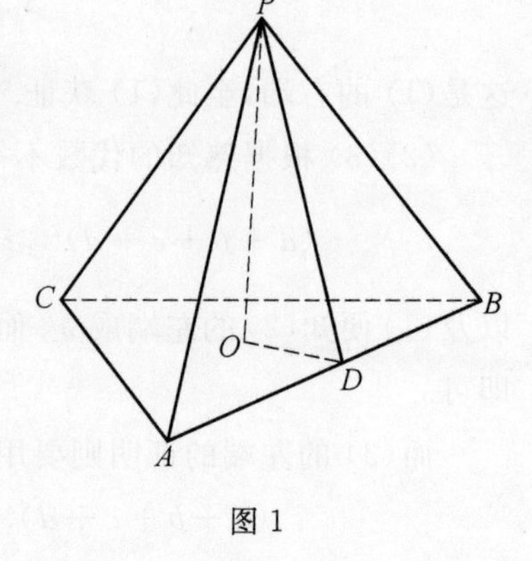

图 1

$$\begin{aligned}V&=\frac{1}{3} \cdot S_{\triangle ABC} \cdot PO\\&=\frac{1}{6} \cdot AB \cdot AC \cdot \sin BAC \cdot PD \cdot \sin \overline{AB}\\&=\frac{1}{6} \cdot AB \cdot AC \cdot \sin BAC \cdot AP \cdot \sin PAB \cdot \sin \overline{AB}\\&=\frac{1}{6} \cdot AB \cdot AC \cdot AP \cdot \sin \overline{AB} \cdot \sin BAC \cdot \sin PAB\end{aligned}$$

即

$$V=\frac{1}{6} \cdot AB \cdot AC \cdot AP \cdot \sin \overline{AB} \cdot \sin BAC \cdot \sin PAB \tag{1}$$

到此结论获证.

---

①　本文发表在《中学教研》1999 年第 3 期，本文的主要结果是建立了四面体中的张角定理，其结论已被原中国科协主席周光召的《面向 21 世纪的科技进步与社会经济发展》等书收录.

注　这是一个表示三棱锥的体积从一个顶点出发的三条棱长以及以其中一条棱为棱的二面角大小与夹此棱的两个面角关系的结论.

换一条棱为棱的二面角,利用大小的表示会有什么结论诞生呢?同理,可求得四面体 $P-ABC$ 的另外几种从点 A 出发的用不同棱长所表示的体积公式,即

$$V=\frac{1}{6}\cdot AB\cdot AC\cdot AP\cdot \sin\overline{AC}\cdot \sin PAC\cdot \sin CAB \tag{2}$$

$$V=\frac{1}{6}\cdot AB\cdot AC\cdot AP\cdot \sin\overline{AP}\cdot \sin PAB\cdot \sin CAP \tag{3}$$

比较式(1)(2)(3)得:

结论 2　同结论 1 的条件,有

$$\begin{aligned}\sin\overline{AB}\cdot \sin PAB\cdot \sin CAB &=\sin\overline{AC}\cdot \sin PAC\cdot \sin CAB\\ &=\sin\overline{AP}\cdot \sin PAB\cdot \sin CAP\\ &\triangleq S_1(A)\end{aligned}$$

$S_1(A)$ 称为关于四面体 $P-ABC$ 的顶点 A 的第一种空间角.

结论 3　同结论 1 的条件,有

$$9V^2=S_P\cdot S_C\cdot S_A\cdot \sin\overline{AB}\cdot \sin\overline{BC}\cdot \sin ABC$$

证明　由结论 1,知

$$V=\frac{1}{6}\cdot BA\cdot BC\cdot BP\cdot \sin\overline{BA}\cdot \sin PBA\cdot \sin CBA$$

$$V=\frac{1}{6}\cdot AB\cdot AC\cdot AP\cdot \sin\overline{BC}\cdot \sin PBC\cdot \sin CBA$$

此两式相乘,得

$$\begin{aligned}36V^2&=8\left(\frac{1}{2}\cdot BA\cdot BC\cdot \sin CBA\right)\left(\frac{1}{2}\cdot BA\cdot BP\cdot \sin PBA\right)\cdot\\ &\quad\left(\frac{1}{2}\cdot BC\cdot BP\cdot \sin CBP\right)\sin\overline{BC}\cdot \sin\overline{BA}\cdot \sin CBA\\ &=8S_P\cdot S_A\cdot S_C\cdot \sin\overline{BC}\cdot \sin\overline{BA}\cdot \sin CBA\end{aligned}$$

再整理即得结论.

由结论 3 易知:

结论 4　同结论 1 的条件,有

$$\begin{aligned}\sin\overline{BC}\cdot \sin\overline{BA}\cdot \sin CBA &=\sin\overline{BC}\cdot \sin\overline{BP}\cdot \sin CBP\\ &=\sin\overline{BA}\cdot \sin\overline{BP}\cdot \sin PBA\triangleq S_2(B)\end{aligned}$$

$S_2(B)$ 称为关于四面体 $B-PAC$ 的顶点 B 的第二种空间角.

结论 1 到结论 4 见参考文献[2],[3].

结论 5 （见参考文献[4]）在共顶点 P 的两个四面体 $P-ABC$ 与 $P-A_1B_1C_1$ 中，若 $P,A_1,A;P,B_1,B;P,C_1,C$；分别三点共线，则

$$\frac{V_{\text{四面体}P-A_1B_1C_1}}{V_{\text{四面体}P-ABC}}=\frac{PA_1\cdot PB_1\cdot PC_1}{PA\cdot PB\cdot PC}$$

证明 直接运用结论 1 就可证明上式，略.

问题 1.1 平面几何 ——（张角定理）O 为线段 AB 外的一点，O 对 AC,CB 的张角分别为 α,β，那么，C 在 AB 所在的直线上的充要条件是

$$\frac{\sin(\alpha+\beta)}{OC}=\frac{\sin\beta}{OA}+\frac{\sin\alpha}{OB} \tag{*}$$

证明 运用面积公式.

如图 2，C 在 AB 所在线段内部的充要条件是

$$S_{\triangle OAB}=S_{\triangle OAC}+S_{\triangle OBC}$$

即

$$OA\cdot OB\sin(\alpha+\beta)=OA\cdot OC\sin\alpha+OC\cdot OB\sin\beta$$

再整理便得

$$\frac{\sin(\alpha+\beta)}{OC}=\frac{\sin\beta}{OA}+\frac{\sin\alpha}{OB}$$

注 从三点共线推出结论（*），此结论通常称为张角定理，反之，称为张角定理的逆定理.

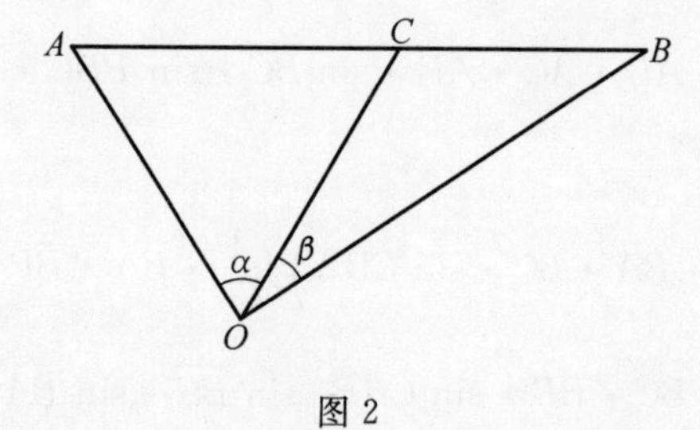

图 2

问题 1.2 立体几何 ——（这是四面体中的张角定理）设 M 为四面体 $PABC$ 内部一定点，记四面体 $P-MBC,P-MCA,P-MAB$ 中关于点 P 的第一种空间角分别为 $S_1(\alpha),S_1(\beta),S_1(\gamma)$，则有 $\frac{S_1(P)}{PM}=\frac{S_1(\alpha)}{PA}+\frac{S_1(\beta)}{PB}+\frac{S_1(\gamma)}{PC}$.

证明 记四面体 $P-MBC,P-MCA,P-MAB$ 的体积分别为 V_1,V_2,V_3，分别记 PA,PB,PC,PM 的长度为 a,b,c,m，由结论 1，知

$$\frac{1}{6}abcS_1(P)=V=V_1+V_2+V_3=\frac{1}{6}[mabS_1(\gamma)+mbcS_1(\alpha)+mcaS_1(\beta)]$$

两边同除以$\frac{1}{6}abcm$便得欲证结论.

在结论中,若 $PM \perp$ 面 ABC,并记 PM 与 PA,PB,PC 所成角分别为 α_1,β_1,γ_1,则有

$$S_1(P)=S_1(\alpha)\cos\alpha_1+S_1(\beta)\cos\beta_1+S_1(\gamma)\cos\gamma_1$$

这可视为空间四面体中的正弦和角公式,其证明类似于上面的正弦和角公式.

问题 2.1 平面几何——(1978年辽宁高中竞赛题)设 AM 是 $\triangle ABC$ 的边 BC 上的中线,任意作一条直线分别交 AB,AC,AM 于点 P,Q,N,求证

$$\frac{AM}{AN}=\frac{1}{2}\left(\frac{AB}{AP}+\frac{AC}{AQ}\right)$$

证明 如图3,记 $\angle BAM=\beta$,$\angle CAM=\alpha$,分别在 $\triangle ABC$ 和 $\triangle APQ$ 中运用平面几何中的张角定理,有

$$\frac{\sin(\alpha+\beta)}{MA}=\frac{\sin\beta}{AB}+\frac{\sin\alpha}{AC} \tag{1}$$

$$\frac{\sin(\alpha+\beta)}{NA}=\frac{\sin\beta}{AP}+\frac{\sin\alpha}{AQ} \tag{2}$$

又 AM 平分 $\triangle ABC$ 的面积,即 $S_{\triangle ABM}=S_{\triangle ACM}$,所以

$$AB\cdot AM\cdot\sin\alpha=AC\cdot AM\cdot\sin\beta\Rightarrow\frac{\sin\alpha}{AC}=\frac{\sin\beta}{AB} \tag{3}$$

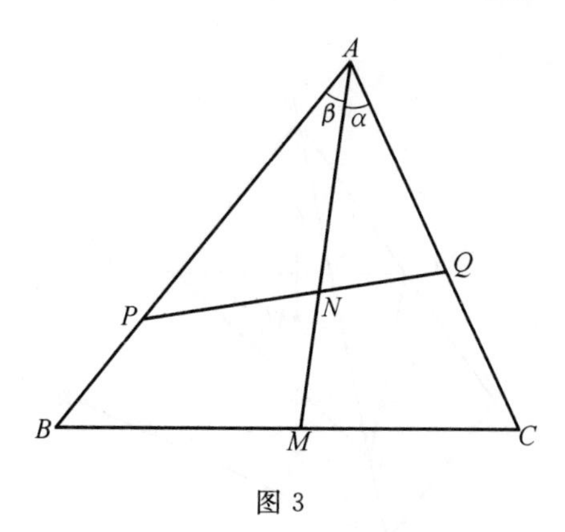

图 3

由(2) ÷ (1) 并运用式(3),得

$$\frac{MA}{NA}=\frac{\dfrac{\sin\beta}{AP}+\dfrac{\sin\alpha}{AQ}}{\dfrac{\sin\beta}{AB}+\dfrac{\sin\alpha}{AC}}=\frac{1}{2}\left(\frac{AB}{PA}+\frac{AC}{QA}\right)$$

问题 2.2 立体几何——(参见文[4])设 M 为四面体 $PABC$ 的底面 $\triangle ABC$ 的重心,任作一截面 $A_1B_1C_1$ 分别交 PA,PB,PC,PM 于点 A_1,B_1,C_1,

M_1,求证:$\frac{PM}{PM_1}=\frac{1}{3}\left(\frac{PA}{PA_1}+\frac{PB}{PB_1}+\frac{PC}{PC_1}\right)$.

证明 如图 4,分别记 PA,PB,PC,PM 的长度为 a,b,c,m,PA_1,PB_1,PC_1,PM_1 的长度为 a_1,b_1,c_1,m_1,并分别在四面体 $P-ABC$ 和 $P-A_1B_1C_1$ 中,运用四面体中的张角定理,有

$$\frac{S_1(P)}{m}=\frac{S_1(\alpha)}{a}+\frac{S_1(\beta)}{b}+\frac{S_1(\gamma)}{c} \tag{1}$$

$$\frac{S_1(P)}{m_1}=\frac{S_1(\alpha)}{a_1}+\frac{S_1(\beta)}{b_1}+\frac{S_1(\gamma)}{c_1} \tag{2}$$

注意到 M 为 $\triangle ABC$ 的重心,所以

$$V_{三棱锥P-ABM}=V_{三棱锥P-BCM}=V_{三棱锥P-CAM}=\frac{1}{3}V$$

对上式运用结论 1,有

$$abmS_1(\gamma)=bcmS_1(\alpha)=camS_1(\beta)\Rightarrow\frac{S_1(\gamma)}{c}=\frac{S_1(\alpha)}{a}=\frac{S_1(\beta)}{b} \tag{3}$$

由(2) ÷ (1) 并运用式(3),得

$$\frac{m}{m_1}=\frac{\frac{S_1(\alpha)}{a_1}+\frac{S_1(\beta)}{b_1}+\frac{S_1(\gamma)}{c_1}}{\frac{S_1(\alpha)}{a}+\frac{S_1(\beta)}{b}+\frac{S_1(\gamma)}{c}}=\frac{1}{3}\left(\frac{a}{a_1}+\frac{b}{b_1}+\frac{c}{c_1}\right)$$

到此结论获证.

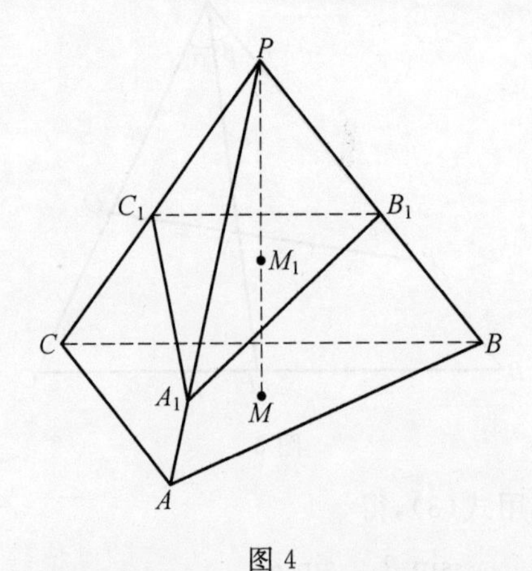

图 4

注 立体几何命题的证明与平面几何命题的证明是如此地和谐统一!

问题 3.1 平面几何——(1978 年安徽竞赛题) 过 $\triangle ABC$ 的重心任意作一条直线,将 $\triangle ABC$ 的面积分成两部分,求证:这两部分面积差的绝对值不超过

$\triangle ABC$ 面积的$\frac{1}{9}$.

证明 如图5,联结AG并延长交BC于点M,则MA为边BC上的中线,设所求直线为B_1C_1,则由问题2.1的结论,有

$$\frac{3}{2}=\frac{AM}{AG}=\frac{1}{2}\left(\frac{AB}{AB_1}+\frac{AC}{AC_1}\right)$$

$$\geqslant\sqrt{\frac{AB}{AB_1}\cdot\frac{AC}{AC_1}}=\sqrt{\frac{\Delta}{\Delta_1}}$$

$$\Rightarrow\Delta_1\geqslant\frac{4}{9}\Delta\Rightarrow(\Delta-\Delta_1)-\Delta_1\leqslant\frac{1}{9}\Delta$$

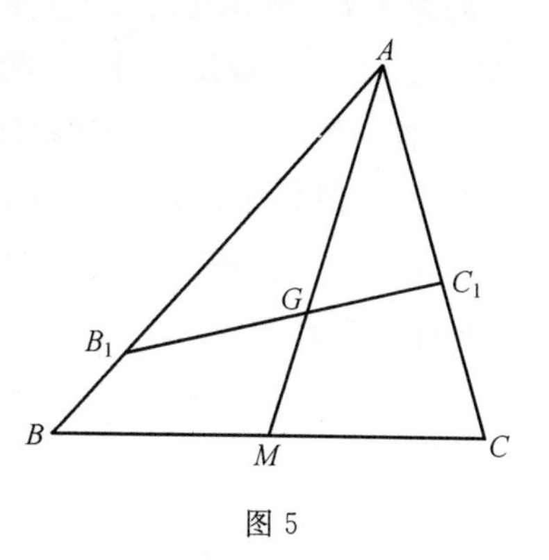

图5

(Δ,Δ_1分别表示$\triangle ABC$,$\triangle AB_1C_1$的面积).

问题3.2 立体几何——(参考文献[4])设M_1为四面体$PABC$的重心,过M_1任作一截面$\triangle A_1B_1C_1$,则$\triangle A_1B_1C_1$将三棱锥$P-ABC$的体积分成的两部分之差的绝对值不超过三棱锥$P-ABC$的体积的$\frac{5}{32}$.

证明 分别记PA,PB,PC,PM的长度为a,b,c,m,PA_1,PB_1,PC_1,PM_1的长度为a_1,b_1,c_1,m_1,则由四面体重心性质以及本节问题2.2中的结论,知

$$\frac{4}{3}=\frac{m}{m_1}=\frac{1}{3}\left(\frac{a}{a_1}+\frac{b}{b_1}+\frac{c}{c_1}\right)\geqslant\sqrt[3]{\frac{a}{a_1}\cdot\frac{b}{b_1}\cdot\frac{c}{c_1}}=\sqrt[3]{\frac{V}{V_1}}$$

(V_1表示三棱锥$P-A_1B_1C_1$的体积)

$$\Rightarrow V_1\geqslant\frac{27}{64}V$$

$$\Rightarrow(V-V_1)-V_1\leqslant\frac{10}{64}V=\frac{5}{32}V$$

等号成立的条件为$\frac{a}{a_1}=\frac{b}{b_1}=\frac{c}{c_1}\Leftrightarrow\triangle ABC /\!/ \triangle A_1B_1C_1$,即点$M_1$为$\triangle A_1B_1C_1$的重心.

到此结论获证.

问题4.1 平面几何——如图6,设M_1为锐角$\angle A_1PB_1$内部一定点,过M_1作一直线交$\angle A_1PB_1$的两边于点A_1,B_1,问直线A_1B_1满足什么条件时,$\triangle A_1PB_1$的面积最小?

解 如图6,延长PM_1至点M,使得$PM_1=2M_1M$,过M作线段AB交$\angle A_1PB_1$的两边于点A,B,使得$MA=MB$,则$\triangle PAB$的面积为定值,M_1为$\triangle PAB$的重心.由本节问题3.1知$\Delta_1\geqslant\frac{4}{9}\Delta$,等号成立的条件为$AB /\!/ A_1B_1$,

即 M_1 平分 A_1B_1 时，$\triangle A_1PB_1$ 的面积最小.

问题 4.2 立体几何——(参考文献[5]) 在三面角 $P-ABC$ 内部有一定点 M_1，过 M_1 作一截面分别交三侧棱 PA，PB，PC 于点 A_1，B_1，C_1，问截面在何位置时，四面体 $PA_1B_1C_1$ 的体积最小？

解 如图 7，延长 PM_1 至点 M，使得 $PM_1=3M_1M$，过 M 作一截面交三棱锥 $P-ABC$ 的三侧棱于点 A，B，C，使得 M_1 为三棱锥 $P-ABC$ 的重心，且该四面体的体积为定值.

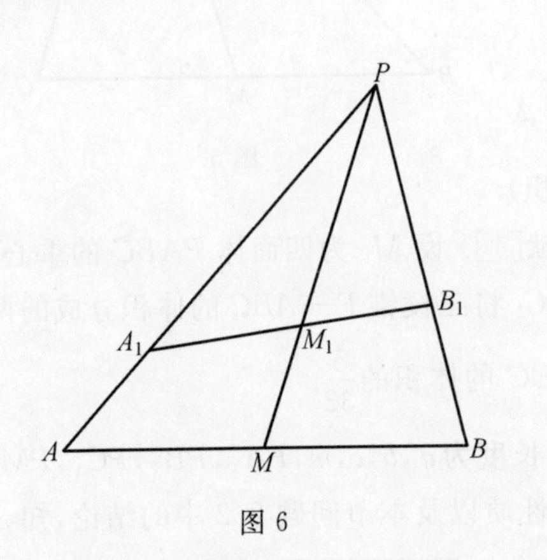

图 6

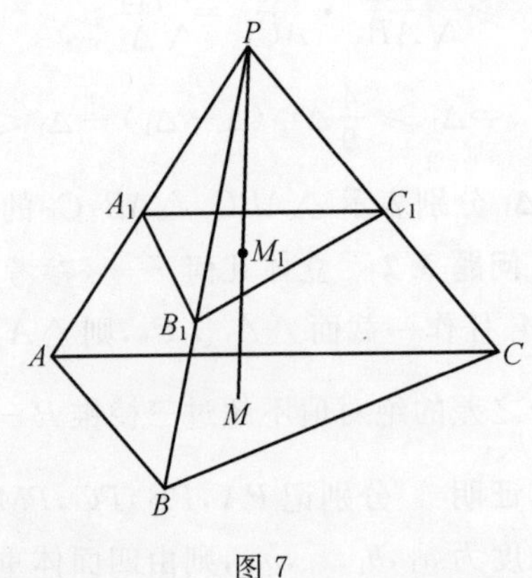

图 7

由本节问题 3.2 知 $V_1\geqslant\frac{27}{64}V$，等号成立的条件为 $\triangle ABC \mathbin{/\!/} \triangle A_1B_1C_1$，即 M_1 为 $\triangle A_1B_1C_1$ 的重心时，四面体 $PA_1B_1C_1$ 的体积最小.

参考文献

[1] 王扬. 若干平面几何命题向立体几何的移植[J]. 中学数学教学参考，1998(6-7).

[2] 刘毅. 三角形面积定理和正弦定理在四面体中的类比定理[J]. 数学通讯，1995(9).

[3] 刘毅. 四面体的另一种空间角的正弦定理[J]. 数学通讯，1997(7).

[4] 王文彬. 四面体体积的两个比例关系及其应用[J]. 中学数学(湖北)，1992(5).

[5] 方廷刚. 一个面积最值问题在空间的移植[J]. 中学数学月刊，1998(5).

§5 已公开发表过的若干结论(四)①

笔者在参考文献[1],[2]中以类比的方法介绍了从平面几何向立体几何的移植原则(参考 §3),并依此论证了若干对平面几何与立体几何的命题.本节仍遵循上述原则继续探索一些平面几何中的不等式命题与立体几何中的不等式命题之间的关系,本节可作为前述两文的继续.

为讨论方便,我们给出几个简单的引理(证明略).

引理1 (三角形中的共边比例定理)如图1,设O为$\triangle A_1A_2A_3$所在平面内一点,边A_2A_3上的高为h_1,O到边A_2A_3的距离为r_1,则$\frac{S_{\triangle A_1A_2A_3}}{S_{\triangle OA_2A_3}}=\frac{h_1}{r_1}$.

引理2 (四面体中的共面比例定理)如图2,设O为四面体$A_1A_2A_3A_4$内部任意一点,O到A_i及A_i对面的距离分别为h_i和$r_i(i=1,2,3,4)$,则

$$\frac{V_{三棱锥A_1-A_2A_3A_4}}{V_{三棱锥O-A_2A_3A_4}}=\frac{h_1}{r_1}$$

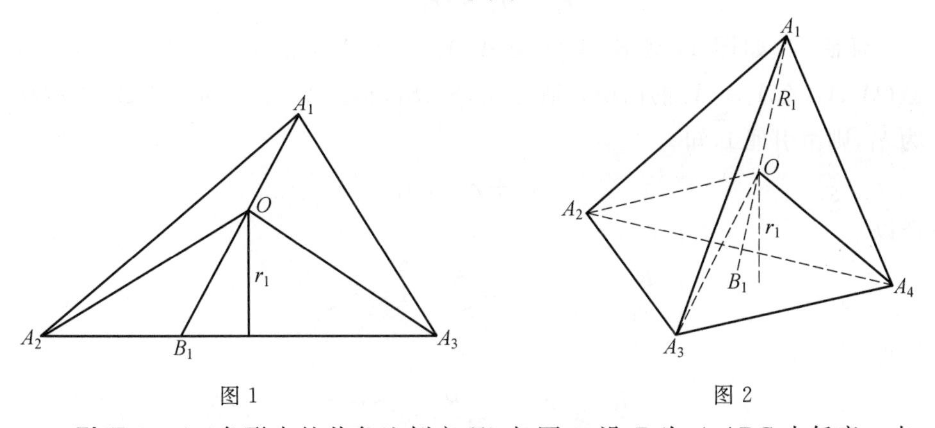

图1　　　图2

引理3 (三角形中的共角比例定理)如图3,设P为$\triangle ABC$内任意一点,AP,BP,CP分别交BC,CA,AB于点D,E,F,则$\frac{S_{\triangle AFE}}{S_{\triangle ABC}}=\frac{AF\cdot AE}{AB\cdot AC}$.

引理4 (四面体中的共角比例定理)如图4,在对顶三面角$O-ABC$与$O-A_1B_1C_1$中(即$A_1,O,A;B_1,O,B;C_1,O,C$分别三点共线),其体积之间有如下关系

① 本文发表在甘肃《数学教学研究》2001年增刊.

$$\frac{V_{三棱锥O-A_1B_1C_1}}{V_{三棱锥O-ABC}}=\frac{OA_1\cdot OB_1\cdot OC_1}{OA\cdot OB\cdot OC}$$

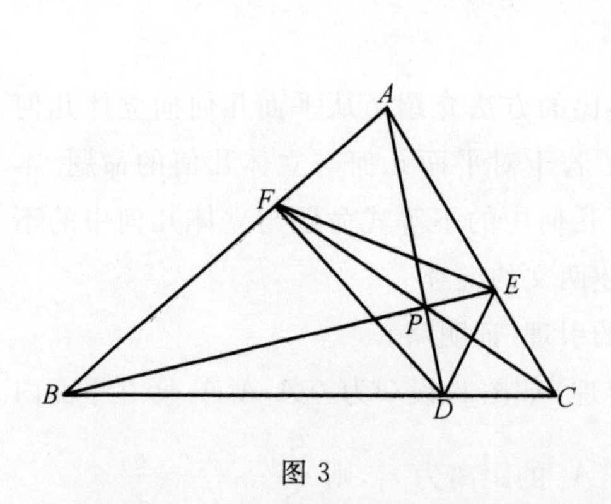

图 3

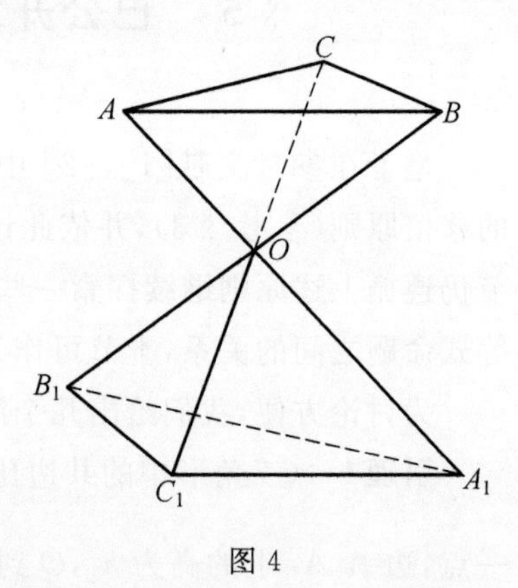

图 4

命题 1.1 (《中等数学》1995 年第 2 期,数学奥林匹克问题,高中 26 题)已知 $\triangle A_1A_2A_3$ 内任意点 O 到顶点 A_i 及其所对边的距离分别为 R_i 和 $r_i(i=1,2,3)$,求证

$$\frac{R_1}{r_1}+\frac{R_2}{r_2}+\frac{R_3}{r_3}\geqslant 6$$

证明 如图 1,延长 A_1O 交 A_2A_3 于点 B_1,记 $\triangle OA_2A_3$,$\triangle OA_3A_1$,$\triangle OA_1A_2$,$\triangle A_1A_2A_3$ 的面积分别为 S_1,S_2,S_3,S,$\triangle A_1A_2A_3$ 的边 A_2A_3 上的高为 h_1,则由引理 1,知

$$R_1+r_1\geqslant h_1$$

所以

$$\frac{R_1}{r_1}\geqslant\frac{h_1}{r_1}-1=\frac{S}{S_1}-1=\frac{S-S_1}{S_1}$$

同理

$$\frac{R_2}{r_2}\geqslant\frac{S-S_2}{S_2},\frac{R_3}{r_3}\geqslant\frac{S-S_3}{S_3}$$

所以

$$\begin{aligned}\frac{R_1}{r_1}+\frac{R_2}{r_2}+\frac{R_3}{r_3}&\geqslant\frac{S-S_1}{S_1}+\frac{S-S_2}{S_2}+\frac{S-S_3}{S_3}\\&=-3+S\left(\frac{1}{S_1}+\frac{1}{S_2}+\frac{1}{S_3}\right)\\&\geqslant-3+S\cdot\frac{9}{S_1+S_2+S_3}=6\end{aligned}$$

从而原不等式得证.

注 三角形中的共边比例定理与简单的不等关系联姻使此题的证明如行云流水.

命题1.2 设O为四面体$A_1A_2A_3A_4$内部任意一点,O到A_i及其对面的距离分别为R_i和$r_i(i=1,2,3,4)$,求证

$$\frac{R_1}{r_1}+\frac{R_2}{r_2}+\frac{R_3}{r_3}+\frac{R_4}{r_4}\geqslant 12$$

证明 记四面体$OA_2A_3A_4$,$OA_1A_3A_4$,$OA_1A_2A_4$,$OA_1A_2A_3$,$A_1A_2A_3A_4$的体积分别为V_1,V_2,V_3,V_4,V,h_1为三棱锥$A_1-A_2A_3A_4$的高线长,连A_1O并延长交面$A_2A_3A_4$于点B_1,如图2所示.则据引理2及$R_1+r_1\geqslant h_1$,知

$$\frac{R_1}{r_1}\geqslant\frac{h_1}{r_1}-1=\frac{V}{V_1}-1=\frac{V-V_1}{V_1}$$

同理

$$\frac{R_2}{r_2}\geqslant\frac{V-V_2}{V_2},\frac{R_3}{r_3}\geqslant\frac{V-V_3}{V_3}\ \frac{R_4}{r_4}\geqslant\frac{V-V_4}{V_4}$$

所以

$$\begin{aligned}\frac{R_1}{r_1}+\frac{R_2}{r_2}+\frac{R_3}{r_3}+\frac{R_4}{r_4}&\geqslant -4+V\left(\frac{1}{V_1}+\frac{1}{V_2}+\frac{1}{V_3}+\frac{1}{V_4}\right)\\&\geqslant -4+V\cdot\frac{16}{V_1+V_2+V_3+V_4}=12\end{aligned}$$

到此,原不等式得证.

注 上述平面几何命题与立体几何命题的提法与论证是多么的和谐一致!

命题2.1 设R,r分别为$\triangle A_1A_2A_3$外接圆、内切圆的半径,求证:$R\geqslant 2r$.

证明 如图1,取O为$\triangle A_1A_2A_3$的外心,$\triangle OA_2A_3$,$\triangle OA_3A_1$,$\triangle OA_1A_2$,$\triangle A_1A_2A_3$的面积分别为S_1,S_2,S_3,S,那么,O到A_2A_3,A_3A_1,A_1A_2的距离依次为r_1,r_2,r_3,$\triangle A_1A_2A_3$的各边长分别为a_1,a_2,a_3,则由命题1.2的证明知

$$\frac{R}{r_1}\geqslant\frac{S-S_1}{S_1}$$

所以

$$R\geqslant\frac{S-S_1}{S_1}\cdot r_1=\frac{S-S_1}{\frac{1}{2}a_1r_1}$$

所以$Ra_1\geqslant 2(S-S_1)$,同理可得

$$Ra_2\geqslant 2(S-S_2),Ra_3\geqslant 2(S-S_3)$$

此三式相加得

$$R(a_1+a_2+a_3)\geqslant 4S=2r(a_1+a_2+a_3)$$

所以 $R\geqslant 2r$. 证毕.

注　这里用面积法对平面上的欧拉不等式 $R\geqslant 2r$ 给出了一个简单而新鲜的证明，可谓别具一格，而且这里的面积法可以类比于体积法移植到立体几何中去.

命题 2.2　设 R,r 分别为四面体 $A_1A_2A_3A_4$ 外接圆、内切圆的半径，求证：$R\geqslant 3r$.

证明　有关记号同问题 1.2，并参见图 2，再取 O 为四面体 $A_1A_2A_3A_4$ 的外心，则同命题 1.2 的证明有 $\frac{R}{r_1}\geqslant\frac{V-V_1}{V_1}$，即

$$R\geqslant\frac{V-V_1}{V_1}\cdot r_1=\frac{V-V_1}{\frac{S_1r_1}{3}}\cdot r_1=\frac{3(V-V_1)}{S_1}$$

亦即 $RS_1\geqslant 3(V-V_1)$，同理有

$$RS_2\geqslant 3(V-V_2),RS_3\geqslant 3(V-V_3),RS_4\geqslant 3(V-V_4)$$

此四式相加，得

$$R(S_1+S_2+S_3+S_4)\geqslant 9V=3r(S_1+S_2+S_3+S_4)$$

所以 $R\geqslant 3r$.

注　四面体中的欧拉不等式的证明也较鲜为人知.

命题 3.1　设 P 为 $\triangle ABC$ 内任意一点，AP,BP,CP 分别交 BC,CA,AB 于点 D,E,F，求证：$S_{\triangle ABC}\geqslant 4S_{\triangle DEF}$.

证明　如图 3，记 $\triangle PBC,\triangle PCA,\triangle PAB,\triangle ABC$ 的面积分别为 S_1,S_2,S_3,S，则由引理 1 及等比定理知

$$\frac{PD}{AP}=\frac{S_{\triangle BPD}}{S_{\triangle BPA}}=\frac{S_{\triangle CPD}}{S_{\triangle CPA}}=\frac{S_{\triangle BPD}+S_{\triangle CPD}}{S_{\triangle CPA}+S_{\triangle BPA}}=\frac{S_1}{S_2+S_3}$$

同理 $\frac{PE}{BP}=\frac{S_2}{S_3+S_1}$，又据引理 3 知

$$\frac{S_{\triangle EPD}}{S_{\triangle BDA}}=\frac{PE\cdot PD}{PA\cdot PB}=\frac{S_1}{S_2+S_3}\cdot\frac{S_2}{S_3+S_1}$$

所以

$$S_{\triangle PED}=\frac{S_1S_2S_3}{(S_2+S_3)(S_3+S_1)}$$

同理

$$S_{\triangle PEF}=\frac{S_1S_2S_3}{(S_2+S_1)(S_3+S_1)}$$

$$S_{\triangle PFD}=\frac{S_1S_2S_3}{(S_2+S_3)(S_2+S_1)}$$

所以

$$\begin{aligned}S_{\triangle DEF}&=S_{\triangle PED}+S_{\triangle PEF}+S_{\triangle PFD}\\&=\frac{S_1S_2S_3}{(S_2+S_3)(S_3+S_1)}+\frac{S_1S_2S_3}{(S_2+S_1)(S_3+S_1)}+\frac{S_1S_2S_3}{(S_2+S_3)(S_2+S_1)}\\&=\frac{2S_1S_2S_3S}{(S_1+S_2)(S_2+S_3)(S_3+S_1)}\leqslant\frac{S}{4}\end{aligned}$$

即 $S_{\triangle ABC}\geqslant 4S_{\triangle DEF}$.等号成立的条件是 $S_1=S_2=S_3$,即 P 为 $\triangle ABC$ 的重心时原不等式成立等号.证毕.

注 面积法(共角比例定理)的运用给我们解决本题带来了生机和活力.

命题 3.2 设 P 为四面体 $A_1A_2A_3A_4$ 内部任意一点,A_iP 的延长线交 A_i 所对的面于点 $B_i(i=1,2,3,4)$,求证:四面体 $A_1A_2A_3A_4$ 的体积 A 与四面体 $B_1B_2B_3B_4$ 的体积 B 满足 $A\geqslant 27B$.

证明 记四面体 $PA_2A_3A_4$,$PA_1A_3A_4$,$PA_1A_2A_4$,$PA_1A_2A_3$,$A_1A_2A_3A_4$ 的体积分别为 V_1,V_2,V_3,V_4,V,连 A_1P 并延长交面 $A_2A_3A_4$ 于点 B_1,如图 5 所示.

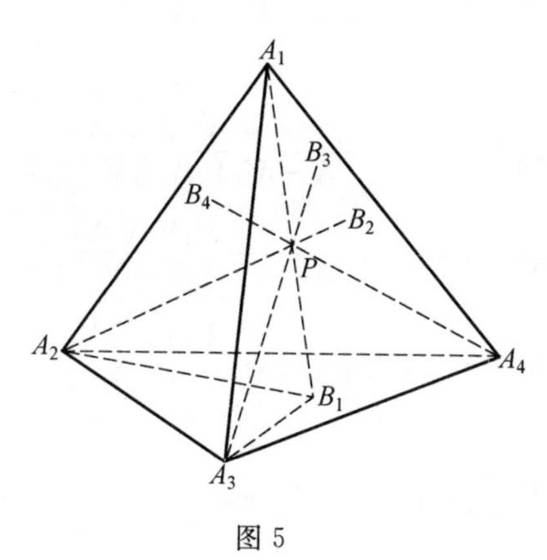

图 5

注意到三棱锥 $A_1-PA_2A_3$ 与三棱锥 $B_1-PA_2A_3$ 共底面 $\triangle PA_2A_3$,据引理 2,有

$$\frac{PA_1}{PB_1}=\frac{V_{三棱锥A_1-PA_2A_3}}{V_{三棱锥B_1-PA_2A_3}}=\frac{V_4}{V_{三棱锥P-B_2A_2A_3}}$$

同理

$$\frac{PA_1}{PB_1}=\frac{V_2}{V_{三棱锥P-B_1A_3A_4}}=\frac{V_3}{V_{三棱锥P-B_1A_2A_4}}$$

由上面两个式子及等比定理知

$$\frac{PA_1}{PB_1}=\frac{V_4}{V_{三棱锥P-BA_2A_3}}=\frac{V_2}{V_{三棱锥P-BA_3A_4}}=\frac{V_3}{V_{三棱锥P-BA_2A_4}}$$

$$=\frac{V_2+V_3+V_4}{V_1}=\frac{A-V_1}{V_1}$$

同理

$$\frac{PA_2}{PB_2}=\frac{A-V_2}{V_2},\frac{PA_3}{PB_3}=\frac{A-V_3}{V_3},\frac{PA_4}{PB_4}=\frac{A-V_4}{V_4}$$

所以

$$\frac{PB_1\cdot PB_2\cdot PB_3}{PA_1\cdot PA_2\cdot PA_3}=\frac{V_1V_2V_3}{(A-V_1)(A-V_2)(A-V_3)}$$

而三棱锥 $P-B_1B_2B_3$ 与 $P-A_1A_2A_3$ 是具有对顶三面角的两个三棱锥，由引理 4 知

$$\frac{V_{三棱锥P-B_1B_2B_3}}{V_{三棱锥P-A_1A_2A_3}}=\frac{PB_1\cdot PB_2\cdot PB_3}{PA_1\cdot PA_2\cdot PA_3}=\frac{V_1V_2V_3}{(A-V_1)(A-V_2)(A-V_3)}$$

即

$$V_{三棱锥P-B_1B_2B_3}=\frac{V_1V_2V_3V_4}{(A-V_1)(A-V_2)(A-V_3)}$$

同理可得

$$V_{三棱锥P-B_1B_2B_4}=\frac{V_1V_2V_3V_4}{(A-V_1)(A-V_2)(A-V_4)}$$

$$V_{三棱锥P-B_1B_3B_4}=\frac{V_1V_2V_3V_4}{(A-V_1)(A-V_3)(A-V_4)}$$

$$V_{三棱锥P-B_2B_3B_4}=\frac{V_1V_2V_3V_4}{(A-V_2)(A-V_3)(A-V_4)}$$

所以

$$B=V_{三棱锥P-B_1B_2B_3}+V_{三棱锥P-B_1B_2B_4}+V_{三棱锥P-B_1B_3B_4}+V_{三棱锥P-B_2B_3B_4}$$

$$=V_1V_2V_3V_4\left[\frac{1}{(A-V_1)(A-V_2)(A-V_3)}+\frac{1}{(A-V_1)(A-V_2)(A-V_4)}+\frac{1}{(A-V_1)(A-V_3)(A-V_4)}+\frac{1}{(A-V_2)(A-V_3)(A-V_4)}\right]$$

$$=\frac{3AV_1V_2V_3V_4}{(V_1+V_2+V_3)(V_1+V_2+V_4)(V_1+V_3+V_4)(V_2+V_3+V_4)}$$

$$\leqslant\frac{3AV_1V_2V_3V}{3^4\sqrt[3]{V_1V_2V_3}\sqrt[3]{V_1V_2V_4}\sqrt[3]{V_1V_3V_4}\sqrt[3]{V_2V_3V_4}}=\frac{A}{27}$$

即 $A\geqslant 27B$. 此时等号成立的条件显然是 $V_1=V_2=V_3=V_4$，即 P 为四面体的重

心时.

本结论实际上推广了参考文献[3]的定理并给出一个较简的证明.

命题3.1与命题3.2的陈述与证明再次展示了几何问题内在结构的相似美,耐人寻味,美不胜收.

参考文献

[1] 王扬.若干平面几何命题向立体几何的移植[J].中学数学教学参考,1998(6).

[2] 王扬.再探平面几何命题向立体几何的移植[J].中学教研,1999(3).

[3] 侯良田.四面体与其内接四面体体积间的一个不等关系[J].数学通讯,2001(1).

§6 一些未曾发表过的结论——四面体中二面角的三角不等式

笔者在前文中介绍了平面几何向立体几何的移植原则,并论述了若干平面几何命题向立体几何中的移植,今再将其修改完善为

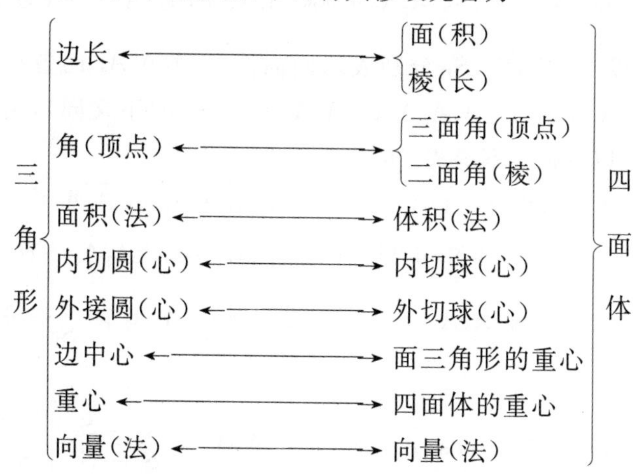

下面我们将论述三角形中的若干三角不等式是如何移植到空间四面体中的,为形成良好的对应,让读者理清从平面三角形到空间四面体中的命题以及证明的由来,我们先给出平面几何命题的陈述形式以及几个相关证明,窥探平面几何命题可否向四面体中移植的可能性,再来陈述四面体中的结论形式以及证明过程.

问题 1.1 平面几何 —— 在 $\triangle ABC$ 中，求证

$$\cos^2 A+\cos^2 B+\cos^2 C\geqslant \frac{3}{4}$$

证明 由三角形中的斜射影定理以及柯西不等式，知

$$a^2=(b\cos C+c\cos B)^2\leqslant (b^2+c^2)(\cos^2 C+\cos^2 B)$$

$$\Rightarrow \cos^2 B+\cos^2 C\geqslant \frac{a^2}{b^2+c^2}$$

同理可得

$$\cos^2 C+\cos^2 A\geqslant \frac{b^2}{c^2+a^2},\cos^2 A+\cos^2 B\geqslant \frac{c^2}{a^2+b^2}$$

此三式相加，得

$$\cos^2 A+\cos^2 B+\cos^2 C\geqslant \frac{1}{2}\left(\frac{c^2}{a^2+b^2}+\frac{b^2}{c^2+a^2}+\frac{a^2}{b^2+c^2}\right)\geqslant \frac{3}{4}$$

注 平面几何命题的证明中用到了三角形中的射影定理，恰好在四面体中存在对应的结论 —— 面积射影定理，故命题形式和证明方法均可移植到四面体中来.

问题 1.2 立体几何 —— 设四面体 $A_1A_2A_3A_4$ 的各棱 A_iA_j 所张的二面角的大小分别为 $\overline{A_iA_j}(i\neq j)$，则有

$$\cos^2\overline{A_1A_2}+\cos^2\overline{A_1A_3}+\cos^2\overline{A_1A_4}+\cos^2\overline{A_2A_3}+\cos^2\overline{A_2A_4}+\cos^2\overline{A_3A_4}\geqslant \frac{2}{3}$$

证明 设 S_1,S_2,S_3,S_4 分别表示四面体 $A_1A_2A_3A_4$ 的各顶点所对的面 $\triangle A_2A_3A_4,\triangle A_1A_3A_4,\triangle A_1A_2A_4,\triangle A_1A_2A_3$ 的面积（下文同），由四面体中的面积射影定理以及柯西不等式，知

$$\begin{aligned}S_1^2&=(S_2\cos\overline{A_3A_4}+S_3\cos\overline{A_2A_4}+S_4\cos\overline{A_2A_3})^2\\&\leqslant (S_2^2+S_3^2+S_4^2)(\cos^2\overline{A_3A_4}+\cos^2\overline{A_2A_4}+\cos^2\overline{A_2A_3})\\&\Rightarrow \cos^2\overline{A_3A_4}+\cos^2\overline{A_2A_4}+\cos^2\overline{A_2A_3}\geqslant \frac{S_1^2}{S_2^2+S_3^2+S_4^2}\end{aligned}$$

同理可得

$$\cos^2\overline{A_1A_3}+\cos^2\overline{A_1A_4}+\cos^2\overline{A_3A_4}\geqslant \frac{S_2^2}{S_1^2+S_3^2+S_4^2}$$

$$\cos^2\overline{A_1A_2}+\cos^2\overline{A_1A_4}+\cos^2\overline{A_2A_4}\geqslant \frac{S_3^2}{S_1^2+S_2^2+S_4^2}$$

$$\cos^2\overline{A_1A_2}+\cos^2\overline{A_1A_3}+\cos^2\overline{A_2A_3}\geqslant \frac{S_4^2}{S_1^2+S_2^2+S_3^2}$$

此四式相加，得

$$\cos^2\overline{A_1A_2}+\cos^2\overline{A_1A_3}+\cos^2\overline{A_1A_4}+\cos^2\overline{A_2A_3}+\cos^2\overline{A_2A_4}+\cos^2\overline{A_3A_4}$$

$$\geqslant\frac{1}{2}\left(\frac{S_1^2}{S_2^2+S_3^2+S_4^2}+\frac{S_2^2}{S_1^2+S_3^2+S_4^2}+\frac{S_3^2}{S_1^2+S_2^2+S_4^2}+\frac{S_4^2}{S_1^2+S_2^2+S_3^2}\right)$$

$$\geqslant\frac{2}{3}$$

这里用到了熟知的代数不等式

$$\frac{a}{b+c+d}+\frac{b}{a+c+d}+\frac{c}{a+b+d}+\frac{d}{a+b+c}\geqslant\frac{4}{3}$$

（直接运用柯西不等式，知

$$\frac{a}{b+c+d}+\frac{b}{a+c+d}+\frac{c}{a+b+d}+\frac{d}{a+b+c}$$

$$=\frac{a^2}{a(b+c+d)}+\frac{b^2}{b(a+c+d)}+\frac{c^2}{c(a+b+d)}+\frac{d^2}{d(a+b+c)}$$

$$\geqslant\frac{(a+b+c+d)^2}{a(b+c+d)+b(a+c+d)+c(a+b+d)+d(a+b+c)}$$

$$=\frac{a^2+b^2+c^2+d^2+2(ab+ac+ad+bc+bd+cd)}{2(ab+ac+ad+bc+bd+cd)}$$

$$\geqslant\frac{\frac{2}{3}(ab+ac+ad+bc+bd+cd)+2(ab+ac+ad+bc+bd+cd)}{2(ab+ac+ad+bc+bd+cd)}$$

$$=\frac{4}{3}$$

即证）

注 由三角函数关系和代数不等式也可以得到：

(1) $\sin^2\overline{A_1A_2}+\sin^2\overline{A_1A_3}+\sin^2\overline{A_1A_4}+\sin^2\overline{A_2A_3}+\sin^2\overline{A_2A_4}+\sin^2\overline{A_3A_4}\leqslant\frac{16}{3}$.

(2) $\sin\overline{A_1A_2}+\sin\overline{A_1A_3}+\sin\overline{A_1A_4}+\sin\overline{A_2A_3}+\sin\overline{A_2A_4}+\sin\overline{A_3A_4}\leqslant 4\sqrt{2}$.（这是 $\triangle ABC$ 中的不等式 $\sin A+\sin B+\sin C\leqslant\frac{3\sqrt{3}}{2}$ 等向空间的移植）

(3) $\frac{1}{\sin\overline{A_1A_2}}+\frac{1}{\sin\overline{A_1A_3}}+\frac{1}{\sin\overline{A_1A_4}}+\frac{1}{\sin\overline{A_2A_3}}+\frac{1}{+\sin\overline{A_2A_4}}+\frac{1}{\sin\overline{A_3A_4}}\geqslant\frac{9}{\sqrt{2}}$.

(4) 设 $\alpha_i,\beta_i(i=1,2,3,4,5,6)$ 分别为两个四面体的六个二面角的大小，求证

$$\sum_{i=1}^{6}\sin\alpha_i\sin\beta_i\leqslant\frac{16}{3}$$

（提示：运用(1) 以及柯西不等式）.

(5) 设 $\alpha_i,\beta_i(i=1,2,3,4,5,6)$ 分别为两个四面体的六个二面角的大小，

求证

$$\sum_{i=1}^{6}\frac{1}{\sin\alpha_i\sin\beta_i}\geqslant\frac{27}{4}$$

(提示:对(4) 运用柯西不等式).

问题 2.1 平面几何 —— 在 $\triangle ABC$ 中,求证:$\cos A\cos B\cos C\leqslant\frac{1}{8}$.

证法 1 只需对锐角三角形证明即可.

由斜射影定理以及二元均值不等式,知

$$a=b\cos C+c\cos B\geqslant 2\sqrt{b\cos C\cdot c\cos B}$$

$$b=c\cos A+a\cos C\geqslant 2\sqrt{c\cos A\cdot a\cos C}$$

$$c=a\cos B+b\cos A\geqslant 2\sqrt{a\cos B\cdot b\cos A}$$

此三式相乘即得结论.

证法 2 由三角形的斜射影定理以及二元均值不等式,知

$$\begin{aligned}&\cos A\cos B\cos C\\=&\frac{1}{8abc}2\sqrt{b\cos C\cdot c\cos B}\cdot 2\sqrt{c\cos A\cdot a\cos C}\cdot 2\sqrt{a\cos B\cdot b\cos A}\\\leqslant&\frac{1}{8abc}(b\cos C+c\cos B)(c\cos A+a\cos C)(a\cos B+b\cos A)\\=&\frac{1}{8}\end{aligned}$$

所以

$$\cos A\cos B\cos C\leqslant\frac{1}{8}$$

注 上述三角形中的三角不等式以及所述的两个证明方法显然都可以移植到空间四面体中来.

问题 2.2 立体几何 —— 设四面体 $A_1A_2A_3A_4$ 的各棱 A_iA_j 所张二面角的大小分别为 $\overline{A_iA_j}(i\neq j)$,则有

$$\cos\overline{A_1A_2}\cdot\cos\overline{A_1A_3}\cdot\cos\overline{A_1A_4}\cdot\cos\overline{A_2A_3}\cdot\cos\overline{A_2A_4}\cdot\cos\overline{A_3A_4}\leqslant\frac{1}{3^6}$$

证法 1 只需证明各二面角的平面角为锐角的情况.

由四面体中的面积射影定理以及三元均值不等式,得

$$\begin{aligned}S_1&=S_2\cos\overline{A_3A_4}+S_3\cos\overline{A_2A_4}+S_4\cos\overline{A_2A_3}\\&\geqslant 3\sqrt[3]{S_2\cos\overline{A_3A_4}\cdot S_3\cos\overline{A_2A_4}\cdot S_4\cos\overline{A_2A_3}}\end{aligned}$$

$$S_2=S_1\cos\overline{A_3A_4}+S_3\cos\overline{A_1A_4}+S_4\cos\overline{A_1A_3}$$

$$\geqslant 3\sqrt[3]{S_1\cos\overline{A_3A_4}+S_3\cos\overline{A_1A_4}+S_4\cos\overline{A_1A_3}}$$

$$S_3=S_1\cos\overline{A_2A_4}+S_2\cos\overline{A_1A_4}+S_4\cos\overline{A_1A_2}$$

$$\geqslant 3\sqrt[3]{S_1\cos\overline{A_2A_4}\cdot S_2\cos\overline{A_1A_4}\cdot S_4\cos\overline{A_1A_2}}$$

$$S_4=S_1\cos\overline{A_2A_3}+S_2\cos\overline{A_1A_3}+S_3\cos\overline{A_1A_2}$$

$$\geqslant 3\sqrt[3]{S_1\cos\overline{A_2A_3}+S_2\cos\overline{A_1A_3}+S_3\cos\overline{A_1A_2}}$$

此四式相乘便得结论.

证法 2 由射影定理知

$$S_1=S_2\cos\overline{A_3A_4}+S_3\cos\overline{A_2A_4}+S_4\cos\overline{A_2A_3}$$

$$S_2=S_1\cos\overline{A_3A_4}+S_3\cos\overline{A_1A_4}+S_4\cos\overline{A_1A_3}$$

$$S_3=S_1\cos\overline{A_2A_4}+S_2\cos\overline{A_1A_4}+S_4\cos\overline{A_1A_2}$$

$$S_4=S_1\cos\overline{A_2A_3}+S_2\cos\overline{A_1A_3}+S_3\cos\overline{A_1A_2}$$

再结合三元均值不等式,知

$$(\cos\overline{A_1A_2}\cdot\cos\overline{A_1A_3}\cdot\cos\overline{A_1A_4}\cdot\cos\overline{A_2A_3}\cdot\cos\overline{A_2A_4}\cdot\cos\overline{A_3A_4})^{\frac{2}{3}}$$

$$=\frac{1}{3^4S_1S_2S_3S_4}\cdot 3\sqrt[3]{S_2\cos\overline{A_3A_4}\cdot S_3\cos\overline{A_2A_4}\cdot S_4\cos\overline{A_2A_3}}\cdot$$

$$3\sqrt[3]{S_1\cos\overline{A_3A_4}\cdot S_3\cos\overline{A_1A_4}\cdot S_4\cos\overline{A_1A_3}}\cdot$$

$$3\sqrt[3]{S_1\cos\overline{A_2A_4}\cdot S_2\cos\overline{A_1A_4}\cdot S_4\cos\overline{A_1A_2}}\cdot$$

$$3\sqrt[3]{S_1\cos\overline{A_2A_3}\cdot S_2\cos\overline{A_1A_3}\cdot S_3\cos\overline{A_1A_2}}$$

$$\leqslant\frac{1}{3^4S_1S_2S_3S_4}\cdot(S_2\cos\overline{A_3A_4}+S_3\cos\overline{A_2A_4}+S_4\cos\overline{A_2A_3})\cdot$$

$$(S_1\cos\overline{A_3A_4}+S_3\cos\overline{A_1A_4}+S_4\cos\overline{A_1A_3})\cdot$$

$$(S_1\cos\overline{A_2A_4}+S_2\cos\overline{A_1A_4}+S_4\cos\overline{A_1A_2})\cdot$$

$$(S_1\cos\overline{A_2A_3}+S_2\cos\overline{A_1A_3}+S_3\cos\overline{A_1A_2})$$

$$=\frac{1}{3^4S_1S_2S_3S_4}\cdot S_1S_2S_3S_4=\frac{1}{81}$$

所以

$$\cos\overline{A_1A_2}\cdot\cos\overline{A_1A_3}\cdot\cos\overline{A_1A_4}\cdot\cos\overline{A_2A_3}\cdot\cos\overline{A_2A_4}\cdot\cos\overline{A_3A_4}\leqslant\frac{1}{3^6}$$

问题 3.1 平面几何——在锐角 $\triangle ABC$ 中,求证

$$\frac{1}{\cos A}+\frac{1}{\cos B}+\frac{1}{\cos C}\geqslant 6$$

证明 由斜射影定理以及柯西不等式,知

$$\frac{1}{\cos A}+\frac{1}{\cos B}=\frac{(\sqrt{b})^2}{b\cos A}+\frac{(\sqrt{a})^2}{a\cos B}\geqslant\frac{(\sqrt{b}+\sqrt{a})^2}{b\cos A+a\cos B}=\frac{(\sqrt{b}+\sqrt{a})^2}{c}$$

$$=\left(\frac{\sqrt{b}+\sqrt{a}}{\sqrt{c}}\right)^2$$

即

$$\frac{1}{\cos A}+\frac{1}{\cos B}\geqslant\left(\frac{\sqrt{b}+\sqrt{a}}{\sqrt{c}}\right)^2$$

同理

$$\frac{1}{\cos B}+\frac{1}{\cos C}\geqslant\left(\frac{\sqrt{b}+\sqrt{c}}{\sqrt{a}}\right)^2,\frac{1}{\cos C}+\frac{1}{\cos A}\geqslant\left(\frac{\sqrt{c}+\sqrt{a}}{\sqrt{b}}\right)^2$$

此三式相加,得

$$2\left(\frac{1}{\cos A}+\frac{1}{\cos B}+\frac{1}{\cos C}\right)$$

$$\geqslant\left(\frac{\sqrt{b}+\sqrt{c}}{\sqrt{a}}\right)^2+\left(\frac{\sqrt{c}+\sqrt{a}}{\sqrt{b}}\right)^2+\left(\frac{\sqrt{a}+\sqrt{b}}{\sqrt{c}}\right)^2$$

$$\geqslant\frac{1}{3}\left(\frac{\sqrt{b}+\sqrt{c}}{\sqrt{a}}+\frac{\sqrt{c}+\sqrt{a}}{\sqrt{b}}+\frac{\sqrt{a}+\sqrt{b}}{\sqrt{c}}\right)^2\geqslant 12$$

所以

$$\frac{1}{\cos A}+\frac{1}{\cos B}+\frac{1}{\cos C}\geqslant 6$$

注 很显然,此证法中用到了平面上的边长射影定理(三角形的两个边在另一个边上的射影),而四面体中也不乏类似结论 —— 面积射影定理,故可将本结论及证明方法成功地移植到空间.

问题3.2 立体几何 —— 设四面体 $A_1A_2A_3A_4$ 的各棱 A_iA_j 所张的二面角的大小分别为$\overline{A_iA_j}$,且都不超过 $90^\circ(i\neq j,1\leqslant i,j\leqslant 4)$,则有

$$\frac{1}{\cos\overline{A_1A_2}}+\frac{1}{\cos\overline{A_1A_3}}+\frac{1}{\cos\overline{A_1A_4}}+\frac{1}{\cos\overline{A_2A_3}}+\frac{1}{\cos\overline{A_2A_4}}+\frac{1}{\cos\overline{A_3A_4}}\geqslant 18$$

证明 由四面体中的面积射影定理知

$$S_1=S_2\cos\overline{A_3A_4}+S_3\cos\overline{A_2A_4}+S_4\cos\overline{A_2A_3}$$

$$S_2=S_1\cos\overline{A_3A_4}+S_3\cos\overline{A_1A_4}+S_4\cos\overline{A_1A_3}$$

$$S_3=S_1\cos\overline{A_2A_4}+S_2\cos\overline{A_1A_4}+S_4\cos\overline{A_1A_2}$$

$$S_4=S_1\cos\overline{A_2A_3}+S_2\cos\overline{A_1A_3}+S_3\cos\overline{A_1A_2}$$

再结合柯西不等式,知

$$\frac{S_4}{S_4\cos\overline{A_2A_3}}+\frac{S_3}{S_3\cos\overline{A_2A_4}}+\frac{S_2}{S_2\cos\overline{A_3A_4}}$$
$$=\frac{(\sqrt{S_4})^2}{S_4\cos\overline{A_2A_3}}+\frac{(\sqrt{S_3})^2}{S_3\cos\overline{A_2A_4}}+\frac{(\sqrt{S_2})^2}{S_2\cos\overline{A_3A_4}}$$
$$\geqslant\frac{(\sqrt{S_4}+\sqrt{S_3}+\sqrt{S_2})^2}{S_4\cos\overline{A_2A_3}+S_3\cos\overline{A_2A_4}+S_2\cos\overline{A_3A_4}}=\frac{(\sqrt{S_4}+\sqrt{S_3}+\sqrt{S_2})^2}{S_1}$$
$$=\left(\frac{\sqrt{S_4}+\sqrt{S_3}+\sqrt{S_2}}{\sqrt{S_1}}\right)^2$$

即

$$\frac{1}{\cos\overline{A_2A_3}}+\frac{1}{\cos\overline{A_2A_4}}+\frac{1}{\cos\overline{A_3A_4}}\geqslant\left(\frac{\sqrt{S_4}+\sqrt{S_3}+\sqrt{S_2}}{\sqrt{S_1}}\right)^2$$

同理可得

$$\frac{1}{\cos\overline{A_1A_3}}+\frac{1}{\cos\overline{A_1A_4}}+\frac{1}{\cos\overline{A_3A_4}}\geqslant\left(\frac{\sqrt{S_1}+\sqrt{S_3}+\sqrt{S_4}}{\sqrt{S_2}}\right)^2$$
$$\frac{1}{\cos\overline{A_1A_2}}+\frac{1}{\cos\overline{A_1A_4}}+\frac{1}{\cos\overline{A_2A_4}}\geqslant\left(\frac{\sqrt{S_1}+\sqrt{S_2}+\sqrt{S_4}}{\sqrt{S_3}}\right)^2$$
$$\frac{1}{\cos\overline{A_1A_2}}+\frac{1}{\cos\overline{A_1A_3}}+\frac{1}{\cos\overline{A_2A_3}}\geqslant\left(\frac{\sqrt{S_1}+\sqrt{S_2}+\sqrt{S_3}}{\sqrt{S_4}}\right)^2$$

此四式相加并运用熟知的不等式

$$x^2+y^2+z^2+w^2\geqslant\frac{1}{4}(x+y+z+w)^2$$

得

$$2\left(\frac{1}{\cos\overline{A_1A_2}}+\frac{1}{\cos\overline{A_1A_3}}+\frac{1}{\cos\overline{A_1A_4}}+\frac{1}{\cos\overline{A_2A_3}}+\frac{1}{\cos\overline{A_2A_4}}+\frac{1}{\cos\overline{A_3A_4}}\right)$$
$$\geqslant\left(\frac{\sqrt{S_1}+\sqrt{S_2}+\sqrt{S_3}}{\sqrt{S_4}}\right)^2+\left(\frac{\sqrt{S_1}+\sqrt{S_3}+\sqrt{S_4}}{\sqrt{S_2}}\right)^2+$$
$$\left(\frac{\sqrt{S_1}+\sqrt{S_2}+\sqrt{S_4}}{\sqrt{S_3}}\right)^2+\left(\frac{\sqrt{S_2}+\sqrt{S_3}+\sqrt{S_4}}{\sqrt{S_1}}\right)^2$$
$$\geqslant\frac{1}{4}\left(\frac{\sqrt{S_2}+\sqrt{S_3}+\sqrt{S_4}}{\sqrt{S_1}}+\frac{\sqrt{S_1}+\sqrt{S_3}+\sqrt{S_4}}{\sqrt{S_2}}+\right.$$
$$\left.\frac{\sqrt{S_1}+\sqrt{S_2}+\sqrt{S_4}}{\sqrt{S_3}}+\frac{\sqrt{S_1}+\sqrt{S_2}+\sqrt{S_3}}{\sqrt{S_4}}\right)^2$$

$$\geqslant \frac{1}{4} \cdot 12^2$$

所以

$$\frac{1}{\cos A_1A_2}+\frac{1}{\cos A_1A_3}+\frac{1}{\cos A_1A_4}+\frac{1}{\cos A_2A_3}+\frac{1}{\cos A_2A_4}+\frac{1}{\cos A_3A_4}\geqslant 18$$

问题 4.1 平面几何——(第 7 届中国北方数学竞赛第 7 题,安振平提供,参见《中等数学》2011 年第 10 期第 30 页)在 $\triangle ABC$ 中,求证

$$\frac{1}{1+\cos^2 A+\cos^2 B}+\frac{1}{1+\cos^2 B+\cos^2 C}+\frac{1}{1+\cos^2 C+\cos^2 A}\leqslant 2.$$

证法 1 由柯西不等式,知

$$\sin^2 C=\sin^2(A+B)=(\sin A\cos B+\cos A\sin B)^2$$
$$\leqslant(\sin^2 A+\sin^2 B)(\cos^2 A+\cos^2 B)$$
$$\Rightarrow \cos^2 A+\cos^2 B\geqslant \frac{\sin^2 C}{\sin^2 A+\sin^2 B}$$
$$\cos^2 A+\cos^2 B+1\geqslant \frac{\sin^2 C+\sin^2 A+\sin^2 B}{\sin^2 A+\sin^2 B}$$
$$\frac{1}{\cos^2 A+\cos^2 B+1}\leqslant \frac{\sin^2 A+\sin^2 B}{\sin^2 C+\sin^2 A+\sin^2 B}$$

类似地,还有两个式子,此三式相加便得结论.

注 这个证明十分巧妙,将柯西不等式与和角公式有机地结合到一起堪称一绝.

证法 2 由三角形中的射影定理和柯西不等式知

$$a^2=(b\cos C+c\cos B)^2\leqslant(b^2+c^2)(\cos^2 C+\cos^2 B)$$
$$\Rightarrow \cos^2 C+\cos^2 B\geqslant \frac{a^2}{b^2+c^2}$$
$$\Rightarrow \cos^2 C+\cos^2 B+1\geqslant \frac{a^2+b^2+c^2}{b^2+c^2}$$
$$\Rightarrow \frac{1}{\cos^2 C+\cos^2 B+1}\leqslant \frac{b^2+c^2}{a^2+b^2+c^2}$$

类似地,还有两个式子,此三式相加便得结论.

注 证法 1 用到了三角形中角的关系,而四面体不具备这样的条件,故此法不能移植到空间四面体中来,而证法 2 运用了平面上的边长射影定理,并且四面体中也有类似的面积射影定理的结论,故成功移植的可能性较大.

引申 在 $\triangle ABC$ 中,设 $\lambda\geqslant 1$,求证

$$\frac{1}{\lambda+\cos^2 A+\cos^2 B}+\frac{1}{\lambda+\cos^2 B+\cos^2 C}+\frac{1}{\lambda+\cos^2 C+\cos^2 A}\leqslant \frac{6}{1+2\lambda}$$

证明 由三角形中的射影定理和柯西不等式知

$$a^2=(b\cos C+c\cos B)^2\leqslant(b^2+c^2)(\cos^2C+\cos^2B)$$

$$\Rightarrow\cos^2C+\cos^2B\geqslant\frac{a^2}{b^2+c^2}$$

$$\Rightarrow\lambda+\cos^2C+\cos^2B\geqslant\frac{a^2+b^2+c^2}{b^2+c^2}$$

$$\Rightarrow\frac{1}{\lambda+\cos^2C+\cos^2B}\leqslant\frac{b^2+c^2}{a^2+\lambda(b^2+c^2)}$$

$$\Rightarrow\sum\frac{1}{\lambda+\cos^2C+\cos^2B}\leqslant\sum\frac{b^2+c^2}{a^2+\lambda(b^2+c^2)}$$

（令 $a^2+b^2+c^2=1,a^2\to a,b^2\to b,c^2\to c$）

$$=\sum\frac{1-a}{a+\lambda(1-a)}=\sum\frac{1-a}{(1-\lambda)a+\lambda}$$

$$=\frac{1}{1-\lambda}\cdot\sum\frac{1-a}{a+\frac{\lambda}{1-\lambda}}=\frac{1}{1-\lambda}\cdot\sum\frac{-(a+\frac{\lambda}{1-\lambda})+\frac{1}{1-\lambda}}{a+\frac{\lambda}{1-\lambda}}$$

$$=\frac{-3}{1-\lambda}+\frac{1}{1-\lambda}\cdot\sum\frac{\frac{1}{1-\lambda}}{a+\frac{\lambda}{1-\lambda}}=\frac{-3}{1-\lambda}+\frac{1}{1-\lambda}\cdot\sum\frac{1}{a(1-\lambda)+\lambda}$$

$$\leqslant\frac{-3}{1-\lambda}+\frac{1}{1-\lambda}\cdot\frac{9}{\sum a(1-\lambda)+3\lambda}=\frac{-3}{1-\lambda}+\frac{1}{1-\lambda}\cdot\frac{9}{1+2\lambda}$$

$$=\frac{6}{1+2\lambda}$$

类似地，还有两个式子，此三式相加便得结论.

问题 4.2 立体几何——设四面体 $A_1A_2A_3A_4$ 的各棱 A_iA_j 所张的二面角的大小分别为 $\overline{A_iA_j}(i\neq j,1\leqslant i<j\leqslant 4)$，则有

$$\sum\frac{1}{\cos^2\overline{A_3A_4}+\cos^2\overline{A_2A_4}+\cos^2\overline{A_2A_3}+1}\leqslant 3$$

证明 由四面体中的面积射影定理和柯西不等式知

$$S_1^2=(S_2\cos\overline{A_3A_4}+S_3\cos\overline{A_2A_4}+S_4\cos\overline{A_2A_3})^2$$

$$\leqslant(S_2^2+S_3^2+S_4^2)(\cos^2\overline{A_3A_4}+\cos^2\overline{A_2A_4}+\cos^2\overline{A_2A_3})$$

$$\Rightarrow\cos^2\overline{A_3A_4}+\cos^2\overline{A_2A_4}+\cos^2\overline{A_2A_3}\geqslant\frac{S_1^2}{S_2^2+S_3^2+S_4^2}$$

$$\Rightarrow\cos^2\overline{A_3A_4}+\cos^2\overline{A_2A_4}+\cos^2\overline{A_2A_3}+1\geqslant\frac{S_1^2+S_2^2+S_3^2+S_4^2}{S_2^2+S_3^2+S_4^2}$$

即

$$\frac{1}{\cos^2 \overline{A_3A_4}+\cos^2 \overline{A_2A_4}+\cos^2 \overline{A_2A_3}+1}\leqslant \frac{S_2^2+S_3^2+S_4^2}{S_1^2+S_2^2+S_3^2+S_4^2}$$

类似地,还有三个式子,此三式相加得

$$\sum \frac{1}{\cos^2 \overline{A_3A_4}+\cos^2 \overline{A_2A_4}+\cos^2 \overline{A_2A_3}+1}\leqslant \sum \frac{S_2^2+S_3^2+S_4^2}{S_1^2+S_2^2+S_3^2+S_4^2}=3$$

引申　设四面体 $A_1A_2A_3A_4$ 的各棱 A_iA_j 所张二面角的大小分别为 $\overline{A_iA_j}$ $(i\neq j,1\leqslant i<j\leqslant 4)$,并设 $\lambda\geqslant 1$,则有

$$\sum \frac{1}{\cos^2 \overline{A_3A_4}+\cos^2 \overline{A_2A_4}+\cos^2 \overline{A_2A_3}+\lambda}\leqslant \frac{12}{3\lambda+1}$$

证明　由四面体中的面积射影定理和柯西不等式知

$$\begin{aligned}S_1^2&=(S_2\cos \overline{A_3A_4}+S_3\cos \overline{A_2A_4}+S_4\cos \overline{A_2A_3})^2\\&\leqslant (S_2^2+S_3^2+S_4^2)(\cos^2 \overline{A_3A_4}+\cos^2 \overline{A_2A_4}+\cos^2 \overline{A_2A_3})\\&\Rightarrow \cos^2 \overline{A_3A_4}+\cos^2 \overline{A_2A_4}+\cos^2 \overline{A_2A_3}\geqslant \frac{S_1^2}{S_2^2+S_3^2+S_4^2}\\&\Rightarrow \cos^2 \overline{A_3A_4}+\cos^2 \overline{A_2A_4}+\cos^2 \overline{A_2A_3}+\lambda\geqslant \frac{S_1^2+\lambda(S_2^2+S_3^2+S_4^2)}{S_2^2+S_3^2+S_4^2}\\&\Rightarrow \frac{1}{\cos^2 \overline{A_3A_4}+\cos^2 \overline{A_2A_4}+\cos^2 \overline{A_2A_3}+\lambda}\leqslant \frac{S_2^2+S_3^2+S_4^2}{S_1^2+\lambda(S_2^2+S_3^2+S_4^2)}\end{aligned}$$

同理可得

$$\frac{1}{\cos^2 \overline{A_3A_4}+\cos^2 \overline{A_1A_3}+\cos^2 \overline{A_1A_4}+\lambda}\leqslant \frac{S_1^2+S_3^2+S_4^2}{S_2^2+\lambda(S_1^2+S_3^2+S_4^2)}$$

$$\frac{1}{\cos^2 \overline{A_1A_2}+\cos^2 \overline{A_1A_4}+\cos^2 \overline{A_2A_4}+\lambda}\leqslant \frac{S_1^2+S_2^2+S_4^2}{S_3^2+\lambda(S_1^2+S_2^2+S_4^2)}$$

$$\frac{1}{\cos^2 \overline{A_1A_2}+\cos^2 \overline{A_1A_3}+\cos^2 \overline{A_2A_3}+\lambda}\leqslant \frac{S_1^2+S_2^2+S_3^2}{S_4^2+\lambda(S_1^2+S_2^2+S_3^2)}$$

以上三个式子相加并注意运用柯西不等式,得

$$\begin{aligned}&\sum \frac{1}{\cos^2 \overline{A_3A_4}+\cos^2 \overline{A_2A_4}+\cos^2 \overline{A_2A_3}+\lambda}\\&\leqslant \sum \frac{S_2^2+S_3^2+S_4^2}{S_1^2+\lambda(S_2^2+S_3^2+S_4^2)}\\&=\sum \frac{\lambda(S_2^2+S_3^2+S_4^2)+S_1^2-S_1^2}{\lambda[S_1^2+\lambda(S_2^2+S_3^2+S_4^2)]}\\&=\frac{4}{\lambda}-\sum \frac{S_1^2}{\lambda[S_1^2+\lambda(S_2^2+S_3^2+S_4^2)]}\end{aligned}$$

$$=\frac{4}{\lambda}-\frac{1}{\lambda}\sum\frac{S_1^2}{S_1^2+\lambda(S_2^2+S_3^2+S_4^2)}$$

$$\leqslant\frac{4}{\lambda}-\frac{1}{\lambda}\frac{(S_1^2+S_2^2+S_3^2+S_4^2)^2}{S_1^4+S_2^4+S_3^4+S_4^4+2\lambda(\sum\limits_{1\leqslant i<j\leqslant 4}S_i^2S_j^2)}$$

$$=\frac{4}{\lambda}-\frac{1}{\lambda}\frac{(S_1^2+S_2^2+S_3^2+S_4^2)^2}{(S_1^2+S_2^2+S_3^2+S_4^2)^2+(2\lambda-2)(\sum\limits_{1\leqslant i<j\leqslant 4}S_i^2S_j^2)}$$

$$\leqslant\frac{4}{\lambda}-\frac{1}{\lambda}\cdot\frac{(S_1^2+S_2^2+S_3^2+S_4^2)^2}{(S_1^2+S_2^2+S_3^2+S_4^2)^2+(2\lambda-2)\cdot\frac{3}{8}\cdot(S_1^2+S_2^2+S_3^2+S_4^2)^2}$$

$$\left(\text{注意到}\sum_{1\leqslant i<j\leqslant 4}S_i^2S_j^2\leqslant\frac{3}{8}(S_1^2+S_2^2+S_3^2+S_4^2)^2\right)$$

$$=\frac{12}{3\lambda+1}$$

即原不等式获证.

此外,安振平在自己的论坛里还提出了下面的三个问题.

问题 5.1 平面几何 —— 在 $\triangle ABC$ 中,求证

$$\frac{1}{1+\sin^2A+\sin^2B}+\frac{1}{1+\sin^2B+\sin^2C}+\frac{1}{1+\sin^2C+\sin^2A}\geqslant\frac{6}{5}$$

证法 1 同上面的记号以及证明得到

$$a^2=(b\cos C+c\cos B)^2\leqslant(b^2+c^2)(\cos^2C+\cos^2B)$$

$$\Rightarrow\cos^2C+\cos^2B\geqslant\frac{a^2}{b^2+c^2}$$

$$\Rightarrow 1+\sin^2C+\sin^2B\leqslant\frac{3(b^2+c^2)-a^2}{b^2+c^2}$$

$$\Rightarrow\frac{1}{1+\sin^2C+\sin^2B}\geqslant\frac{b^2+c^2}{3(b^2+c^2)-a^2}$$

同理还有两个式子,所以

$$\sum\frac{1}{1+\sin^2C+\sin^2B}\geqslant\sum\frac{b^2+c^2}{3(b^2+c^2)-a^2}$$

令 $x=3(b^2+c^2)-a^2, y=3(a^2+c^2)-b^2, z=3(b^2+a^2)-c^2$,则

$$\Rightarrow\begin{cases}\frac{4}{3}a^2=\frac{1}{5}(y+z)-\frac{2}{15}x\\ \frac{4}{3}b^2=\frac{1}{5}(x+z)-\frac{2}{15}y\\ \frac{4}{3}c^2=\frac{1}{5}(y+x)-\frac{2}{15}z\end{cases}$$

$$\Rightarrow \sum \frac{b^2+c^2}{3(b^2+c^2)-a^2}=\frac{3}{4}\sum\left[\frac{\frac{2}{5}x+\frac{1}{15}(y+z)}{x}\right]\geqslant \frac{6}{5}$$

即原不等式获证.

证法 2 同上面的记号以及证明得到

$$a^2=(b\cos C+c\cos B)^2\leqslant (b^2+c^2)(\cos^2 C+\cos^2 B)$$

$$\Rightarrow \cos^2 C+\cos^2 B\geqslant \frac{a^2}{b^2+c^2}$$

$$\Rightarrow 1+\sin^2 C+\sin^2 B\leqslant \frac{3(b^2+c^2)-a^2}{b^2+c^2}$$

$$\Rightarrow \frac{1}{1+\sin^2 C+\sin^2 B}\geqslant \frac{b^2+c^2}{3(b^2+c^2)-a^2}$$

同理还有两个式子,所以

$$\sum \frac{1}{1+\sin^2 C+\sin^2 B}\geqslant \sum \frac{b^2+c^2}{3(b^2+c^2)-a^2}$$

$$(令\ a^2+b^2+c^2=1,a^2\rightarrow a,b^2\rightarrow b,c^2\rightarrow c)$$

$$=\sum \frac{1-a}{3(1-a)-a}=\sum \frac{1-a}{3-4a}=\frac{1}{4}\sum \frac{1-a}{\frac{3}{4}-a}$$

$$=\frac{1}{4}\left[\sum\left(1+\frac{1}{4}\cdot\frac{1}{\frac{3}{4}-a}\right)\right]\geqslant \frac{3}{4}+\frac{1}{16}\cdot\frac{9}{\sum\left(\frac{3}{4}-a\right)}=\frac{6}{5}$$

到此结论获证.

引申 1 设 $\lambda\geqslant 1$,在 $\triangle ABC$ 中,求证

$$\frac{1}{\lambda+\sin^2 A+\sin^2 B}+\frac{1}{\lambda+\sin^2 B+\sin^2 C}+\frac{1}{\lambda+\sin^2 C+\sin^2 A}\geqslant \frac{6}{2\lambda+3}$$

证明 同上面的记号以及证明得到

$$a^2=(b\cos C+c\cos B)^2\leqslant (b^2+c^2)(\cos^2 C+\cos^2 B)$$

$$\Rightarrow \cos^2 C+\cos^2 B\geqslant \frac{a^2}{b^2+c^2}$$

$$\Rightarrow \lambda+\sin^2 C+\sin^2 B\leqslant \frac{(2+\lambda)(b^2+c^2)-a^2}{b^2+c^2}$$

$$\Rightarrow \frac{1}{\lambda+\sin^2 C+\sin^2 B}\geqslant \frac{b^2+c^2}{(2+\lambda)(b^2+c^2)-a^2}$$

$$(令\ a^2\rightarrow a,b^2\rightarrow b,c^2\rightarrow c,s=a+b+c)$$

$$\Rightarrow \sum \frac{1}{\lambda+\sin^2 C+\sin^2 B}\geqslant \sum \frac{b^2+c^2}{(2+\lambda)(b^2+c^2)-a^2}$$

$$=\sum\frac{b+c}{(2+\lambda)(b+c)-a}=\sum\frac{s-a}{(2+\lambda)(s-a)-a}$$

$$=\frac{3}{2+\lambda}+\frac{1}{2+\lambda}\cdot\sum\frac{a}{(2+\lambda)s-(\lambda+3)a}$$

$$\geqslant\frac{3}{2+\lambda}+\frac{1}{2+\lambda}\cdot\frac{\left(\sum a\right)^2}{(2+\lambda)s\left(\sum a\right)-(\lambda+3)\sum a^2}$$

$$=\frac{3}{2+\lambda}+\frac{1}{2+\lambda}\cdot\frac{s^2}{(2+\lambda)s^2-(\lambda+3)\sum a^2}$$

$$\geqslant\frac{3}{2+\lambda}+\frac{1}{2+\lambda}\cdot\frac{s^2}{(2+\lambda)s^2-\frac{(\lambda+3)}{3}s^2}$$

$$=\frac{6}{2\lambda+3}$$

证明完毕.

评注 在本结论中,令 $\lambda=1$ 即得上述命题.

引申 2 设 $\lambda\geqslant 1$,在 $\triangle ABC$ 中,求证

$$\frac{1}{\sqrt{\lambda+\sin^2A+\sin^2B}}+\frac{1}{\sqrt{\lambda+\sin^2B+\sin^2C}}+\frac{1}{\sqrt{\lambda+\sin^2C+\sin^2A}}\geqslant\frac{6}{2\lambda+3}$$

证明 由赫尔德不等式以及 $\sin^2A+\sin^2B+\sin^2C\leqslant\frac{9}{4}$ 知

$$\left(\sum\frac{1}{\sqrt{\lambda+\sin^2A+\sin^2B}}\right)^2\left[\sum(\lambda+\sin^2A+\sin^2B)\right]$$

$$\geqslant(1+1+1)^3$$

$$\Rightarrow\left(\sum\frac{1}{\sqrt{\lambda+\sin^2A+\sin^2B}}\right)^2\geqslant\frac{27}{\sum(\lambda+\sin^2A+\sin^2B)}$$

$$=\frac{27}{\lambda+2\sum\sin^2A}\geqslant\frac{27}{\lambda+2\cdot\frac{9}{4}}=\frac{54}{2\lambda+9}$$

到此结论获证.

问题 5.2 立体几何——设四面体 $A_1A_2A_3A_4$ 的各棱 A_iA_j 所张的二面角的大小分别为 $\overline{A_iA_j}$ $(i\neq j,1\leqslant i<j\leqslant 4)$,则有

$$\sum\frac{1}{\sin^2\overline{A_3A_4}+\sin^2\overline{A_2A_4}+\sin^2\overline{A_2A_3}+1}\geqslant\frac{12}{11}$$

证法 1 由四面体中的面积射影定理和柯西不等式知

$$S_1^2=(S_2\cos\overline{A_3A_4}+S_3\cos\overline{A_2A_4}+S_4\cos\overline{A_2A_3})^2$$

$$\leqslant (S_2^2+S_3^2+S_4^2)(\cos^2\overline{A_3A_4}+\cos^2\overline{A_2A_4}+\cos^2\overline{A_2A_3})$$

$$\Rightarrow \cos^2\overline{A_3A_4}+\cos^2\overline{A_2A_4}+\cos^2\overline{A_2A_3}\geqslant \frac{S_1^2}{S_2^2+S_3^2+S_4^2}$$

$$\sin^2\overline{A_3A_4}+\sin^2\overline{A_2A_4}+\sin^2\overline{A_2A_3}+1\leqslant \frac{4(S_2^2+S_3^2+S_4^2)-S_1^2}{S_2^2+S_3^2+S_4^2}$$

$$\frac{1}{1+\sin^2\overline{A_3A_4}+\sin^2\overline{A_2A_4}+\sin^2\overline{A_2A_3}}\geqslant \frac{S_2^2+S_3^2+S_4^2}{4(S_2^2+S_3^2+S_4^2)-S_1^2}$$

同理还有三个式子,于是

$$\sum \frac{1}{1+\sin^2\overline{A_3A_4}+\sin^2\overline{A_2A_4}+\sin^2\overline{A_2A_3}}\geqslant \sum \frac{S_2^2+S_3^2+S_4^2}{4(S_2^2+S_3^2+S_4^2)-S_1^2}$$

令

$$\begin{cases} x=4(S_2^2+S_3^2+S_4^2)-S_1^2 \\ y=4(S_1^2+S_3^2+S_4^2)-S_2^2 \\ z=4(S_2^2+S_1^2+S_4^2)-S_3^2 \\ w=4(S_2^2+S_3^2+S_1^2)-S_4^2 \end{cases} \Rightarrow \begin{cases} \frac{5}{4}S_1^2=\frac{1}{11}(y+z+w)-\frac{7}{44}x \\ \frac{5}{4}S_2^2=\frac{1}{11}(x+z+w)-\frac{7}{44}y \\ \frac{5}{4}S_1^2=\frac{1}{11}(y+x+w)-\frac{7}{44}z \\ \frac{5}{4}S_1^2=\frac{1}{11}(y+z+x)-\frac{7}{44}w \end{cases}$$

$$\Rightarrow \frac{5}{4}(S_2^2+S_3^2+S_4^2)=\frac{3}{11}x+\frac{1}{44}(y+z+w)$$

所以

$$\sum \frac{S_2^2+S_3^2+S_4^2}{4(S_2^2+S_3^2+S_4^2)-S_1^2}\geqslant \frac{4}{5}\left[\sum \frac{\frac{3}{11}x+\frac{1}{44}(y+z+w)}{x}\right]$$

$$=\frac{4}{5}\left(\frac{12}{11}+\frac{1}{44}\sum \frac{y+z+w}{x}\right)\geqslant \frac{12}{11}$$

从而结论获得证明.

证法 2 由四面体中的面积射影定理和柯西不等式知

$$S_1^2=(S_2\cos\overline{A_3A_4}+S_3\cos\overline{A_2A_4}+S_4\cos\overline{A_2A_3})^2$$

$$\leqslant (S_2^2+S_3^2+S_4^2)(\cos^2\overline{A_3A_4}+\cos^2\overline{A_2A_4}+\cos^2\overline{A_2A_3})$$

$$\Rightarrow \cos^2\overline{A_3A_4}+\cos^2\overline{A_2A_4}+\cos^2\overline{A_2A_3}\geqslant \frac{S_1^2}{S_2^2+S_3^2+S_4^2}$$

$$\sin^2\overline{A_3A_4}+\sin^2\overline{A_2A_4}+\sin^2\overline{A_2A_3}+1\leqslant \frac{4(S_2^2+S_3^2+S_4^2)-S_1^2}{S_2^2+S_3^2+S_4^2}$$

$$\frac{1}{1+\sin^2\overline{A_3A_4}+\sin^2\overline{A_2A_4}+\sin^2\overline{A_2A_3}}\geqslant \frac{S_2^2+S_3^2+S_4^2}{4(S_2^2+S_3^2+S_4^2)-S_1^2}$$

同理还有三个式，于是

$$\sum \frac{1}{1+\sin^2 \overline{A_3A_4}+\sin^2 \overline{A_2A_4}+\sin^2 \overline{A_2A_3}}$$

$$\geqslant \sum \frac{S_2^2+S_3^2+S_4^2}{4(S_2^2+S_3^2+S_4^2)-S_1^2}$$

（令 $S=x+y+z+w: S_1^2 \to x, S_2^2 \to y, S_3^2 \to z, S_4^2 \to w$）

$$=\sum \frac{S-x}{4(S-x)-x}=\sum \frac{1}{4-\frac{x}{S-x}}=\sum \frac{1}{4-\frac{x^2}{x(S-x)}}$$

$$\geqslant \frac{16}{16-\sum \frac{x^2}{x(S-x)}}$$

$$\geqslant \frac{16}{16-\frac{S^2}{S^2-\sum x^2}} \geqslant \frac{16}{16-5}=\frac{12}{11}$$

即原不等式获证.

引申 1 立体几何——设 $\lambda \geqslant 1$，记四面体 $A_1A_2A_3A_4$ 的各棱 A_iA_j 所张的二面角的大小分别为 $\overline{A_iA_j}(i \neq j, 1 \leqslant i < j \leqslant 4)$，则有

$$\sum \frac{1}{\sin^2 \overline{A_3A_4}+\sin^2 \overline{A_2A_4}+\sin^2 \overline{A_2A_3}+\lambda} \geqslant \frac{12}{3\lambda+8}$$

证明 由四面体中的面积射影定理和柯西不等式知

$$S_1^2=(S_2\cos \overline{A_3A_4}+S_3\cos \overline{A_2A_4}+S_4\cos \overline{A_2A_3})^2$$

$$\leqslant (S_2^2+S_3^2+S_4^2)(\cos^2 \overline{A_3A_4}+\cos^2 \overline{A_2A_4}+\cos^2 \overline{A_2A_3})$$

$$\Rightarrow \cos^2 \overline{A_3A_4}+\cos^2 \overline{A_2A_4}+\cos^2 \overline{A_2A_3} \geqslant \frac{S_1^2}{S_2^2+S_3^2+S_4^2}$$

$$\sin^2 \overline{A_3A_4}+\sin^2 \overline{A_2A_4}+\sin^2 \overline{A_2A_3}+\lambda \leqslant \frac{(\lambda+3)(S_2^2+S_3^2+S_4^2)-S_1^2}{S_2^2+S_3^2+S_4^2}$$

$$\frac{1}{\lambda+\sin^2 \overline{A_3A_4}+\sin^2 \overline{A_2A_4}+\sin^2 \overline{A_2A_3}} \geqslant \frac{S_2^2+S_3^2+S_4^2}{(\lambda+3)(S_2^2+S_3^2+S_4^2)-S_1^2}$$

$$\Rightarrow \sum \frac{1}{\lambda+\sin^2 \overline{A_3A_4}+\sin^2 \overline{A_2A_4}+\sin^2 \overline{A_2A_3}} \geqslant \sum \frac{S_2^2+S_3^2+S_4^2}{(\lambda+3)(S_2^2+S_3^2+S_4^2)-S_1^2}$$

（令 $S_1^2 \to x, S_2^2 \to y, S_3^2 \to z, S_4^2 \to w, s=x+y+z+w$）

$$=\sum \frac{s-x}{(\lambda+3)(s-x)-x}=\frac{1}{\lambda+3}\sum \frac{s-\frac{\lambda+4}{\lambda+3}x+\frac{1}{\lambda+3}x}{s-\frac{\lambda+4}{\lambda+3}x}$$

$$=\frac{4}{\lambda+3}+\frac{1}{\lambda+3}\sum\frac{\frac{1}{\lambda+3}x}{s-\frac{\lambda+4}{\lambda+3}x}$$

$$=\frac{4}{\lambda+3}+\frac{1}{\lambda+3}\sum\frac{x}{(\lambda+3)s-(\lambda+4)x}$$

$$=\frac{4}{\lambda+3}+\frac{1}{\lambda+3}\sum\frac{x}{(\lambda+3)s-(\lambda+4)x}$$

$$=\frac{4}{\lambda+3}+\frac{1}{\lambda+3}\sum\frac{x^2}{(\lambda+3)xs-(\lambda+4)x^2}$$

$$\geqslant\frac{4}{\lambda+3}+\frac{1}{\lambda+3}\sum\frac{\left(\sum x\right)^2}{(\lambda+3)s^2-(\lambda+4)\sum x^2}$$

$$\geqslant\frac{4}{\lambda+3}+\frac{1}{\lambda+3}\sum\frac{s^2}{(\lambda+3)s^2-\frac{\lambda+4}{4}\cdot s^2}$$

$$=\frac{12}{3\lambda+8}$$

到此结论证明完毕.

评注 显然本题是上述命题的延伸.

引申 2 立体几何——设$\lambda\geqslant 1$,记四面体$A_1A_2A_3A_4$的各棱A_iA_j所张的二面角的大小分别为$\overline{A_iA_j}(i\neq j,1\leqslant i<j\leqslant 4)$,则有

$$\sum\frac{1}{\sqrt{\sin^2\overline{A_3A_4}+\sin^2\overline{A_2A_4}+\sin^2\overline{A_2A_3}+\lambda}}\geqslant\frac{4\sqrt{9\lambda+24}}{3\lambda+8}.$$

证明 由赫尔德不等式以及问题 1.2 的注知

$$\left[\sum\left(\sin^2\overline{A_3A_4}+\sin^2\overline{A_2A_4}+\sin^2\overline{A_2A_3}+\lambda\right)\right]\geqslant(1+1+1+1)^3$$

$$\Rightarrow\left(\sum\frac{1}{\sqrt{\sin^2\overline{A_3A_4}+\sin^2\overline{A_2A_4}+\sin^2\overline{A_2A_3}+\lambda}}\right)^2$$

$$\geqslant\frac{4^3}{\sum\left(\sin^2\overline{A_3A_4}+\sin^2\overline{A_2A_4}+\sin^2\overline{A_2A_3}+\lambda\right)}$$

$$=\frac{4^3}{4\lambda+\sum\left(\sin^2\overline{A_3A_4}+\sin^2\overline{A_2A_4}+\sin^2\overline{A_2A_3}\right)}=\frac{4^3}{4\lambda+2\sum\sin^2\overline{A_2A_3}}$$

$$\geqslant\frac{48}{3\lambda+8}$$

$$\Rightarrow\sum\frac{1}{\sqrt{\sin^2\overline{A_3A_4}+\sin^2\overline{A_2A_4}+\sin^2\overline{A_2A_3}+\lambda}}\geqslant\frac{4\sqrt{9\lambda+24}}{3\lambda+8}$$

到此结论获证.

问题6.1 平面几何——在$\triangle ABC$中,求证:$\cos A+\cos B+\cos C\leqslant\frac{3}{2}$.

证明 只需证明对于锐角三角形成立即可.由三角形中的斜射影定理

$$\begin{cases}a=b\cos C+c\cos B\\b=a\cos C+c\cos A\\c=b\cos A+c\cos B\end{cases}\Rightarrow\begin{cases}1=\frac{b}{a}\cos C+\frac{c}{a}\cos B\\1=\frac{a}{b}\cos C+\frac{c}{b}\cos A\\1=\frac{b}{c}\cos A+\frac{a}{c}\cos B\end{cases}$$

此三式相加并运用二元均值不等式,得

$$\begin{aligned}3&=\left(\frac{a}{b}+\frac{b}{a}\right)\cos C+\left(\frac{c}{a}+\frac{a}{c}\right)\cos B+\left(\frac{c}{b}+\frac{b}{c}\right)\cos A\\&\geqslant 2(\cos C+\cos B+\cos A)\end{aligned}$$

即有

$$\cos A+\cos B+\cos C\leqslant\frac{3}{2}$$

注 这是三角形中最为基本的三角不等式,各种资料上均是运用三角变换技巧完成证明的,而这里给出的利用三角形斜射影定理的证明别具一格,为本结论成功移植到四面体中奠定了基础.

另外,由本结论结合柯西不等式容易得$\frac{1}{\cos A}+\frac{1}{\cos B}+\frac{1}{\cos C}\geqslant 6$,换句话说,这个式子也可从上述解题思路上进行操作.

问题6.2 立体几何——设四面体$A_1A_2A_3A_4$的各棱A_iA_j所张的二面角的大小分别为$\overline{A_iA_j}(i\neq j,1\leqslant i,j\leqslant 4)$,则有

$$\cos\overline{A_1A_2}+\cos\overline{A_1A_3}+\cos\overline{A_1A_4}+\cos\overline{A_2A_3}+\cos\overline{A_2A_4}+\cos\overline{A_3A_4}\leqslant 2$$

证明 只需确认对二面角的大小是锐角时成立即可.由四面体中的面积射影定理知

$$\begin{aligned}&S_1=S_2\cos\overline{A_3A_4}+S_3\cos\overline{A_2A_4}+S_4\cos\overline{A_2A_3}\\&\Rightarrow 1=\frac{S_2}{S_1}\cos\overline{A_3A_4}+\frac{S_3}{S_1}\cos\overline{A_2A_4}+\frac{S_4}{S_1}\cos\overline{A_2A_3}\end{aligned}$$

同理可得

$$1=\frac{S_1}{S_2}\cos\overline{A_3A_4}+\frac{S_3}{S_2}\cos\overline{A_1A_4}+\frac{S_4}{S_2}\cos\overline{A_1A_3}$$

$$1=\frac{S_2}{S_3}\cos\overline{A_1A_4}+\frac{S_1}{S_3}\cos\overline{A_2A_4}+\frac{S_4}{S_3}\cos\overline{A_1A_2}$$

$$1=\frac{S_1}{S_4}\cos\overline{A_2A_3}+\frac{S_2}{S_4}\cos\overline{A_1A_3}+\frac{S_3}{S_4}\cos\overline{A_1A_2}$$

此四式相加,得

$$\begin{aligned}4=&\left(\frac{S_1}{S_2}+\frac{S_2}{S_1}\right)\cos\overline{A_3A_4}+\left(\frac{S_1}{S_3}+\frac{S_3}{S_1}\right)\cos\overline{A_2A_4}+\left(\frac{S_1}{S_4}+\frac{S_4}{S_1}\right)\cos\overline{A_2A_3}+\\&\left(\frac{S_3}{S_2}+\frac{S_2}{S_3}\right)\cos\overline{A_1A_4}+\left(\frac{S_4}{S_2}+\frac{S_2}{S_4}\right)\cos\overline{A_1A_3}+\left(\frac{S_4}{S_3}+\frac{S_3}{S_4}\right)\cos\overline{A_1A_2}\\\geqslant&2(\cos\overline{A_3A_4}+\cos\overline{A_2A_4}+\cos\overline{A_2A_3}+\cos\overline{A_1A_4}+\cos\overline{A_1A_3}+\cos\overline{A_1A_3})\end{aligned}$$

即有

$$\cos\overline{A_1A_2}+\cos\overline{A_1A_3}+\cos\overline{A_1A_4}+\cos\overline{A_2A_3}+\cos\overline{A_2A_4}+\cos\overline{A_3A_4}\leqslant 2$$

注　另外,由本结论结合柯西不等式容易得

$$\frac{1}{\cos\overline{A_1A_2}}+\frac{1}{\cos\overline{A_1A_3}}+\frac{1}{\cos\overline{A_1A_4}}+\frac{1}{\cos\overline{A_2A_3}}+\frac{1}{\cos\overline{A_2A_4}}+\frac{1}{\cos\overline{A_3A_4}}\geqslant 18$$

问题 7.1　平面几何——在 $\triangle ABC$ 中,求证

$$\sum(\cos A+\cos B)^2\leqslant 3 \tag{1}$$

在看到本题之前,笔者已经将很多平面几何中的命题移植到四面体中,所以初次看到本题,也想将其移植到空间四面体中去,为了探索上述命题的空间形式及其证明,按照往日的经验,需要寻找一个合适的方法,这个方法需具备两个重要条件,一是,所运用的知识必须在空间四面体中有对应结论;二是,所用方法在平面和空间中都具备,这就促使我们必须先探究本题的多个证明,并逐一分析其可供移植的可能性.

证法 1　由结论的对称性可设 $\frac{\pi}{3}\leqslant A<\frac{\pi}{2}$,于是,原不等式左端可化为

$$\begin{aligned}\text{原不等式左端}=&2\cos^2A+2(\cos^2B+\cos^2C)+2\cos B\cos C+\\&2\cos A(\cos B+\cos C)\\=&2\cos^2A+2[1+\cos(B+C)\cos(B-C)]+\cos(B+C)+\\&\cos(B-C)+4\cos A\cos\frac{B+C}{2}\cos\frac{B-C}{2}\\=&2\cos^2A+2-2\cos A\cos(B-C)-\cos A+\cos(B-C)+\\&4\cos A\sin\frac{A}{2}\cos\frac{B-C}{2}\end{aligned}$$

$$=2+2\cos^2 A+(1-2\cos A)\cos(B-C)-\cos A+4\cos A\sin\frac{A}{2}\cos\frac{B-C}{2}$$

$$\leqslant 2+2\cos^2 A+(1-2\cos A)-\cos A+4\cos A\sin\frac{A}{2}$$

（注意到 $0<\cos A\leqslant\frac{1}{2}$）

$$=3+\cos A(2\cos A-3+4\sin\frac{A}{2})$$

$$=3+\cos A(-1+4\sin\frac{A}{2}-4\sin^2\frac{A}{2})$$

$$=3-\cos A(1-2\sin\frac{A}{2})^2\leqslant 3$$

评注　本证明过程充分运用了三角形内角以及三角变换公式，故使得空间移植成为泡影.

证法 2　由三角变换公式知，原不等式又可化为

$$2(\cos A\cos B+\cos B\cos C+\cos C\cos A)\leqslant-(\cos 2A+\cos 2B+\cos 2C) \tag{2}$$

而根据二元平均值不等式，知

$$2\cos A\cos B=\sqrt{\sin 2A\cot A\sin 2B\cot B}\leqslant\frac{1}{2}(\sin 2A\cot B+\sin 2B\cot A) \tag{3}$$

同理可得

$$2\cos B\cos C\leqslant\frac{1}{2}(\sin 2B\cot C+\sin 2C\cot B)$$

$$2\cos C\cos A\leqslant\frac{1}{2}(\sin 2C\cot A+\sin 2A\cot C)$$

所以

$$2\cos A\cos B+2\cos B\cos C+2\cos C\cos A$$

$$\leqslant\frac{1}{2}(\sin 2A\cot B+\sin 2B\cot A)+\frac{1}{2}(\sin 2B\cot C+\sin 2C\cot B)+\frac{1}{2}(\sin 2C\cot A+\sin 2A\cot B)$$

$$=\frac{1}{2}\cot A(\sin 2B+\sin 2C)+\frac{1}{2}\cot B(\sin 2C+\sin 2A)+\frac{1}{2}\cot C(\sin 2A+\sin 2B)$$

$$=-(\cos 2A+\cos 2B+\cos 2C)$$

因此,不等式(2)得证,从而式(1)获证.

评注 这种证法的重要一环在于二元均值不等式的运用——构造式(3),这是值得一提的关键一招.若对 $2\cos A\cos B$ 直接运用二元均值得到 $2\cos A\cos B\leqslant\cos^2 A+\cos^2 B$ 等三个式子,相加便得

$$\cos A\cos B+\cos B\cos C+\cos C\cos A\leqslant\cos^2 A+\cos^2 B+\cos^2 C$$

于是,根据三角变换公式知,要证式(2),只需证明

$$\cos^2 A+\cos^2 B+\cos^2 C\leqslant\frac{3}{4}$$

而这是不成立的,因为熟知 $\cos^2 A+\cos^2 B+\cos^2 C\geqslant\frac{3}{4}$,这表明从表面上直接运用二元均值不等式会导致失败,由此可见上述构造的不易,但是此法也过多地运用了三角函数的变换公式,故也使得空间移植成为不可能.

证法3 因为

$$(\cos A+\cos B)^2+(\cos B+\cos C)^2+(\cos C+\cos A)^2$$
$$=(\cos A+\cos B+\cos C)^2+3-\sin^2 A-\sin^2 B-\sin^2 C$$

从而式(1)可转化为

$$(\cos A+\cos B+\cos C)^2\leqslant\sin^2 A+\sin^2 B+\sin^2 C \tag{4}$$

由柯西不等式,知

$$(\cos A+\cos B+\cos C)^2=(\sin A\cot A+\sin B\cot B+\sin C\cot C)^2$$
$$\leqslant(\cot A+\cot B+\cot C)(\sin^2 A\cot A+\sin^2 B\cot B+\sin^2 C\cot C) \tag{5}$$
$$=\cos^2 A+\cos^2 B+\cos^2 C+\frac{1}{2}[\cot A(\sin 2B+\sin 2C)+$$
$$\cot B(\sin 2C+\sin 2A)+\cot C(\sin 2A+\sin 2B)]$$
$$=\cos^2 A+\cos^2 B+\cos^2 C-\cos(A+B)\cos(A-B)-$$
$$\cos(B+C)\cos(B-C)-\cos(C+A)\cos(C-A)$$
$$=\sin^2 A+\sin^2 B+\sin^2 C$$

这是因为

$$\cos(x+y)\cos(x-y)=\cos^2 x-\sin^2 y$$

即式(4)获证,从而式(1)得证.

评注 这一证法得益于合理构造式(5)中的不等式和等式,并巧妙利用柯西不等式.对于式(5)中的等式,如果运用如下的柯西不等式,则将立刻陷入十分尴尬的境地,不信请看

$$(\cos A+\cos B+\cos C)^2=(\sin A\cot A+\sin B\cot B+\sin C\cot C)^2$$

$\leqslant (\sin^2 A+\sin^2 B+\sin^2 C)(\cot^2 A+\cot^2 B+\cot^2 C)$

这是因为$\cot^2 A+\cot^2 B+\cot^2 C\geqslant 1$(比较容易得到，请读者自己推导)，据此其已经不能达到式(4)的要求.如果上述不等式成为反向的，那就刚好了，显然，到此只能是遗憾了，这再次证明了不同的构造彰显不同的威力.这个证明也过多地运用了三角变换知识，故也使得空间移植成为不可能.

证法 4 原不等式等价于

$$4\cos A\cos B\cos C+1\geqslant 2(\cos A\cos B+\cos B\cos C+\cos A\cos C) \quad (6)$$

在任意三角形中，总有两个角同时不小于或者同时不大于$\frac{\pi}{3}$，不妨设为 B，C，则

$$\left(\cos B-\frac{1}{2}\right)\left(\cos C-\frac{1}{2}\right)\geqslant 0$$

即

$$4\cos B\cos C\geqslant 2(\cos B+\cos C)-1$$

于是

$$1+4\cos A\cos B\cos C\geqslant 2\cos A(\cos B+\cos C)+1-\cos A$$

所以

$$2\cos B\cos C=\cos(B-C)+\cos(B+C)\leqslant 1+\cos(B+C)=1-\cos A$$

故式(6)获证.

评注 这个证明也过多地运用了三角变换知识，故也使得空间移植成为不可能.

证法 5 原不等式等价于

$$2(\cos^2 A+\cos^2 B+\cos^2 C)+2\cos A\cos B+2\cos B\cos C+2\cos C\cos A\leqslant 3$$

以下只需要证明对锐角三角形成立即可.

由第一余弦定理 $a=b\cos C+c\cos B$ 等，知

$$3=\frac{a}{a}+\frac{b}{b}+\frac{c}{c}=\frac{1}{a}(b\cos C+c\cos B)+\frac{1}{b}(c\cos A+a\cos C)+\frac{1}{c}(a\cos B+b\cos A)$$

$$=\frac{c}{b}\cos A+\frac{b}{c}\cos A+\frac{a}{c}\cos B+\frac{b}{a}\cos C+\frac{a}{b}\cos C+\frac{c}{a}\cos B$$

$$=\frac{\cos A}{b}c+\frac{\cos A}{c}b+\frac{\cos B}{c}a+\frac{\cos B}{a}c+\frac{\cos C}{b}a+\frac{\cos B}{a}c$$

$$=\frac{\cos A}{b}(b\cos A+a\cos B)+\frac{\cos A}{c}(c\cos A+a\cos C)+$$

$$\frac{\cos B}{c}(c\cos B+b\cos C)+\frac{\cos B}{a}(a\cos B+b\cos A)+$$

$$\frac{\cos C}{b}(b\cos C+c\cos A)+\frac{\cos C}{a}(a\cos C+c\cos a)$$

$$=\left(\cos^2 A+\frac{a}{b}\cos A\cos B\right)+\left(\cos^2 A+\frac{a}{c}\cos C\cos A\right)+$$

$$\left(\cos^2 B+\frac{b}{c}\cos B\cos C\right)+\left(\cos^2 B+\frac{c}{a}\cos A\cos B\right)+$$

$$\left(\cos^2 C+\frac{c}{b}\cos C\cos B\right)+\left(\cos^2 C+\frac{c}{a}\cos A\cos C\right)$$

$$=2(\cos^2 A+\cos^2 B+\cos^2 C)+\left(\frac{b}{a}+\frac{a}{b}\right)\cos A\cos B+$$

$$\left(\frac{b}{c}+\frac{c}{b}\right)\cos B\cos C+\left(\frac{c}{a}+\frac{a}{c}\right)\cos C\cos A$$

$$\geqslant 2(\cos^2 A+\cos^2 B+\cos^2 C)+2\cos A\cos B+2\cos B\cos C+2\cos C\cos A$$

从而结论获证.

评注　本证明运用了三角形中的射影定理，而在四面体中恰好有类似的结论，故运用此法移植本结论似乎可行.

引申 1　在 $\triangle ABC$ 中，求证：$\sum\left(\sin\frac{A}{2}+\sin\frac{B}{2}\right)^2\leqslant 3$.

题目解说　由角变换 $A\to\frac{\pi}{2}-\frac{A}{2}, B\to\frac{\pi}{2}-\frac{B}{2}, C\to\frac{\pi}{2}-\frac{C}{2}$，所以上述命题就变为本题结论.

证明　设 $x=\tan\frac{A}{2}, y=\tan\frac{B}{2}, z=\tan\frac{C}{2}$，则 $xy+yz+zx=1$，于是原不等式等价于

$$\sum\left(\frac{x}{\sqrt{1+x^2}}+\frac{y}{\sqrt{1+y^2}}\right)^2\leqslant 3$$

而 $1+x^2=x^2+xy+yz+zx=(x+y)(x+z)$ 等，从而，原不等式进一步等价于（将上述不等式的两边同乘以 $(x+y)(x+z)(y+z)$）

$$\sum(x\sqrt{y+z}+y\sqrt{z+x})^2\leqslant 3(x+y)(y+z)(z+x)$$

而

$$\begin{aligned}\sum(x\sqrt{y+z}+y\sqrt{z+x})^2&=\sum\left[x^2(y+z)+y^2(z+x)+2xy\sqrt{(y+z)(z+x)}\right]\\&\leqslant\sum\left[x^2(y+z)+y^2(z+x)+xy(y+z+z+x)\right]\\&=\sum\left[x^2(y+z)+y^2(z+x)+2xyz+x^2y+xy^2\right]\end{aligned}$$

$$=3\sum x^2(y+z)+6xyz$$

$$3(x+y)(y+z)(z+x)=3\sum x^2(y+z)+6xyz$$

从而,原不等式获证.

评注 本证明具有一般性,值得重视和推广.

解决完本题之后,笔者顺便提出如下引申:

引申 2 在$\triangle ABC$中,猜想

$$\sum(\cos A+\cos B)^2\leqslant\sum\left(\sin\frac{A}{2}+\sin\frac{B}{2}\right)^2\leqslant 3$$

说明:在 2017 年 10 月 8 日发布后,式子的左端被西藏的刘保乾先生否定.

评注 上述的证法 5 运用了三角形中的射影定理,而在四面体中恰好有类似的结论,故运用此法移植本结论似乎可行,请看:

问题 7.2 立体几何——设四面体$ABCD$的棱AB所张的二面角的大小简记为$\overline{AB}$,其余类同,$a=\cos\overline{AB}$,$b=\cos\overline{AC}$,$c=\cos\overline{AD}$;$x=\cos\overline{CD}$,$y=\cos\overline{BD}$,$z=\cos\overline{BC}$,求证

$$(x+y+c)^2+(y+z+a)^2+(z+x+b)^2+(a+b+c)^2\leqslant 4\quad(*)$$

题目解说 从当前笔者看到的资料可以看出,本题属于一道新题(可能笔者孤陋寡闻),本题编拟于 2002 年 10 月,曾经作为竞赛训练题在我们学校给较为优秀的训练班学生做过讲解,受到学生的普遍欢迎和好评. 2017 年 10 月 6 日,"许康华竞赛优学"微信公众号发布笔者的数学奥林匹克问题,此题位列第 22,发布后没有人给出解答,但有不少网友问及本题的详细证明,故笔者今天发布本题的详细解答,请大家批评指正.

经过对上题解法的讨论可知,上述各种方法所采用的知识可以移植到空间的结论只有证法 5 在空间中有对应的结论可供运用,故下面的方法来自于证法 5,这就是命题及其证明的来历,值得读者注意.

证明 设S_A表示四面体$ABCD$的顶点A所对的$\triangle BCD$的面积,其余类同,则由面积射影定理

$$S_A=S_B\cos\overline{CD}+S_C\cos\overline{BD}+S_D\cos\overline{BC}$$

等,知

$$\begin{aligned}4=&\frac{1}{S_A}(S_B\cos\overline{CD}+S_C\cos\overline{BD}+S_D\cos\overline{BC})+\\&\frac{1}{S_B}(S_A\cos\overline{CD}+S_C\cos\overline{AD}+S_D\cos\overline{AC})+\\&\frac{1}{S_C}(S_A\cos\overline{BD}+S_B\cos\overline{AD}+S_D\cos\overline{AB})+\end{aligned}$$

$$\frac{1}{S_D}(S_A\cos\overline{BC}+S_B\cos\overline{AC}+S_C\cos\overline{AB})$$

$$=\left(\frac{\cos\overline{CD}}{S_A}S_B+\frac{\cos\overline{BD}}{S_A}S_C+\frac{\cos\overline{BC}}{S_A}S_D\right)+$$

$$\left(\frac{\cos\overline{CD}}{S_B}S_A+\frac{\cos\overline{AD}}{S_B}S_C+\frac{\cos\overline{AC}}{S_B}S_D\right)+$$

$$\left(\frac{\cos\overline{BD}}{S_C}S_A+\frac{\cos\overline{AD}}{S_C}S_B+\frac{\cos\overline{AB}}{S_C}S_D\right)+$$

$$\left(\frac{\cos\overline{BC}}{S_D}S_A+\frac{\cos\overline{AC}}{S_D}S_B+\frac{\cos\overline{AB}}{S_D}S_C\right)$$

$$=\frac{\cos\overline{CD}}{S_A}(S_A\cos\overline{CD}+S_C\cos\overline{AD}+S_D\cos\overline{AC})+$$

$$\frac{\cos\overline{BD}}{S_A}(S_A\cos\overline{BD}+S_B\cos\overline{AD}+S_D\cos\overline{AB})+$$

$$\frac{\cos\overline{BC}}{S_A}(S_A\cos\overline{BC}+S_C\cos\overline{AB}+S_B\cos\overline{AC})+$$

$$\frac{\cos\overline{CD}}{S_B}(S_B\cos\overline{CD}+S_C\cos\overline{BD}+S_D\cos\overline{BC})+$$

$$\frac{\cos\overline{AD}}{S_B}(S_A\cos\overline{BD}+S_B\cos\overline{AD}+S_D\cos\overline{AB})+$$

$$\frac{\cos\overline{AC}}{S_B}(S_A\cos\overline{BC}+S_B\cos\overline{AC}+S_C\cos\overline{AB})+$$

$$\frac{\cos\overline{BD}}{S_C}(S_B\cos\overline{CD}+S_C\cos\overline{BD}+S_D\cos\overline{BC})+$$

$$\frac{\cos\overline{AD}}{S_C}(S_A\cos\overline{CD}+S_D\cos\overline{AC}+S_C\cos\overline{AD})+$$

$$\frac{\cos\overline{AB}}{S_C}(S_A\cos\overline{BC}+S_B\cos\overline{AC}+S_C\cos\overline{AB})+$$

$$\frac{\cos\overline{BC}}{S_D}(S_B\cos\overline{CD}+S_C\cos\overline{BD}+S_D\cos\overline{BC})+$$

$$\frac{\cos\overline{AC}}{S_D}(S_A\cos\overline{CD}+S_C\cos\overline{AD}+S_D\cos\overline{AC})+$$

$$\frac{\cos\overline{AB}}{S_D}(S_A\cos\overline{BD}+S_B\cos\overline{AD}+S_D\cos\overline{AB})$$

即

$$4=2\cos^2\overline{AB}+\left(\frac{S_B}{S_A}+\frac{S_A}{S_B}\right)(\cos\overline{AC}\cos\overline{BC}+\cos\overline{AD}\cos\overline{BD})+$$
$$2\cos^2\overline{BC}+\left(\frac{S_B}{S_C}+\frac{S_C}{S_B}\right)(\cos\overline{BA}\cos\overline{CA}+\cos\overline{BD}\cos\overline{CD})+$$
$$2\cos^2\overline{CD}+\left(\frac{S_C}{S_D}+\frac{S_D}{S_C}\right)(\cos\overline{CA}\cos\overline{DA}+\cos\overline{DB}\cos\overline{CB})+$$
$$2\cos^2\overline{AD}+\left(\frac{S_D}{S_A}+\frac{S_A}{S_D}\right)(\cos\overline{AC}\cos\overline{DC}+\cos\overline{AB}\cos\overline{DB})+$$
$$2\cos^2\overline{AC}+\left(\frac{S_C}{S_A}+\frac{S_A}{S_C}\right)(\cos\overline{CD}\cos\overline{AD}+\cos\overline{AB}\cos\overline{CB})+$$
$$2\cos^2\overline{BD}+\left(\frac{S_D}{S_B}+\frac{S_B}{S_D}\right)(\cos\overline{DC}\cos\overline{BC}+\cos\overline{AD}\cos\overline{AB})$$
$$\geqslant 2\cos^2\overline{AB}+2(\cos\overline{AC}\cos\overline{BC}+\cos\overline{AD}\cos\overline{BD})+$$
$$2\cos^2\overline{BC}+2(\cos\overline{AB}\cos\overline{AC}+\cos\overline{BD}\cos\overline{CD})+$$
$$2\cos^2\overline{CD}+2(\cos\overline{AC}\cos\overline{AD}+\cos\overline{BD}\cos\overline{BC})+$$
$$2\cos^2\overline{AD}+2(\cos\overline{AC}\cos\overline{CD}+\cos\overline{AB}\cos\overline{BD})+$$
$$2\cos^2\overline{AC}+2(\cos\overline{CD}\cos\overline{AD}+\cos\overline{AB}\cos\overline{BC})+$$
$$2\cos^2\overline{BD}+2(\cos\overline{CD}\cos\overline{BC}+\cos\overline{AD}\cos\overline{AB})$$

亦即

$$(x+y+c)^2+(y+z+a)^2+(z+x+b)^2+(a+b+c)^2\leqslant 4$$

综上所述，本文给出的几个立体几何结论及其证明，均来自相应平面几何问题的结构和证明方法，换句话说，平面几何里三角形中有什么命题，即可联想立体几何中是否有类似的结论，平面几何里的命题证明用到了什么结论和方法，可联想相应立体几何中有无类似的结论和方法可用. 反之，若知道了立体几何的结论或者证明方法，可以反思平面几何里有无相应的结论和证明方法，这就给我们道出了两个几何体系里命题的提出和证明方法能成功的可能性. 另外，我们还可以对上述已得到的四面体中的三角不等式运用一些代数不等式工具获得更多形式的四面体中的三角不等式，读者可以自行练习. 值得一提的是，到此，我们已将 $\triangle ABC$ 中的两个最常用，最常见的不等式

$$\sin A+\sin B+\sin C\leqslant\frac{3\sqrt{3}}{2}$$

和

$$\cos A+\cos B+\cos C\leqslant\frac{3}{2}$$

成功地移植到空间四面体中来了，看来，类比是思维升华的灵丹妙药！类比吧，

朋友!

一个遗憾的问题,在平面上,我们可以证明:

问题 8.1 平面几何 —— 在 $\triangle ABC$ 中,求证

$$\frac{1}{\lambda+\sin^2 A+\sin^2 B}+\frac{1}{\lambda+\sin^2 B+\sin^2 C}+\frac{1}{\lambda+\sin^2 C+\sin^2 A}$$

$$\geqslant \frac{1}{\lambda+\cos^2\frac{A}{2}+\cos^2\frac{B}{2}}+\frac{1}{\lambda+\cos^2\frac{B}{2}+\cos^2\frac{C}{2}}+\frac{1}{\lambda+\cos^2\frac{C}{2}+\cos^2\frac{A}{2}}$$

$$\geqslant \frac{6}{2\lambda+3}$$

题目解说 本题是西藏刘保乾先生在 2018 年 5 月 10 日提出的 $\lambda=1$ 的推广,我们现在获得了证明,但是无法移植到空间!

证明 由熟知的三角不等式 $\cos(x+y)\cos(x-y)=\cos^2 x-\sin^2 y$ 知

$$\frac{1}{\lambda+\sin^2 A+\sin^2 B}+\frac{1}{\lambda+\sin^2 B+\sin^2 C}$$

$$\geqslant \frac{4}{2\lambda+\sin^2 A+\sin^2 B+\sin^2 B+\sin^2 C}$$

$$=\frac{4}{2\lambda+1-\cos^2 A+\sin^2 B+1-\cos^2 B+\sin^2 C}$$

$$=\frac{4}{2\lambda+1-(\cos^2 A-\sin^2 B)+1-(\cos^2 B-\sin^2 C)}$$

$$=\frac{4}{2\lambda+1-\cos(A+B)\cos(A-B)+1-\cos(B+C)\cos(B-C)}$$

$$=\frac{4}{2\lambda+1+\cos C\cos(A-B)+1+\cos A\cos(B-C)}$$

$$\geqslant \frac{4}{2\lambda+1+\cos C+1+\cos A}=\frac{2}{\lambda+\cos^2\frac{C}{2}+\cos^2\frac{A}{2}}$$

同理可得

$$\frac{1}{\lambda+\sin^2 B+\sin^2 C}+\frac{1}{\lambda+\sin^2 C+\sin^2 A}\geqslant \frac{2}{\lambda+\cos^2\frac{A}{2}+\cos^2\frac{B}{2}}$$

$$\frac{1}{\lambda+\sin^2 C+\sin^2 A}+\frac{1}{\lambda+\sin^2 A+\sin^2 B}\geqslant \frac{2}{\lambda+\cos^2\frac{B}{2}+\cos^2\frac{C}{2}}$$

此三式相加便得结论.

至于最后一个不等式的证明,只要在

$$\frac{1}{\lambda+\sin^2 A+\sin^2 B}+\frac{1}{\lambda+\sin^2 B+\sin^2 C}+\frac{1}{\lambda+\sin^2 C+\sin^2 A}\geqslant\frac{6}{2\lambda+3}$$

中作角变换

$$A\to\frac{\pi}{2}-\frac{A}{2},B\to\frac{\pi}{2}-\frac{B}{2},C\to\frac{\pi}{2}-\frac{C}{2}$$

即得结论.

从而原不等式全部获证.

§7 进一步研究获得的——几何不等式

本节我们继续探究三角形中的几何不等式在空间四面体中的表现形式，有些命题可能在其他刊物上已经出现过或者在其他书籍上出现过，也许因作者孤陋寡闻没有看到，还望作者们原谅笔者未注明出处.

问题 1.1 平面几何——设 $\triangle ABC$ 外接圆的半径为 R，求证

$$AB^2+BC^2+CA^2\leqslant 9R^2$$

证明 设 O 为 $\triangle ABC$ 的外心，则

$$\begin{aligned}0&\leqslant(\overrightarrow{OA}+\overrightarrow{OB}+\overrightarrow{OC})^2\\&=3R^2+2\,\overrightarrow{OA}\cdot\overrightarrow{OB}+2\,\overrightarrow{OB}\cdot\overrightarrow{OC}+2\,\overrightarrow{OC}\cdot\overrightarrow{OA}\\&=9R^2-(\overrightarrow{OA}-\overrightarrow{OB})^2-(\overrightarrow{OB}-\overrightarrow{OC})^2-(\overrightarrow{OC}-\overrightarrow{OA})^2\\&=9R^2-\overrightarrow{BA}^2-\overrightarrow{CA}^2-\overrightarrow{BC}^2\end{aligned}$$

所以

$$AB^2+BC^2+CA^2\leqslant 9R^2$$

注 (1) 由于结论呈现平方关系，故可从已知向量等式出发构造平方关系去解决.

(2) 对已证结论使用三角形中的正弦定理顺便可得一个三角不等式

$$\sin^2 A+\sin^2 B+\sin^2 C\leqslant\frac{9}{4}\Leftrightarrow\cos^2 A+\cos^2 B+\cos^2 C\geqslant\frac{3}{4}$$

(3) 再对上式运用均值不等式，可得

$$\sin A+\sin B+\sin C\leqslant\frac{3\sqrt{3}}{2}$$

问题 1.2 立体几何——设 $2R$ 为四面体 $ABCD$ 外接球的直径，则有

$$AB^2+BC^2+BD^2+AC^2+AD^2+CD^2\leqslant 16R^2$$

证明 设 O 为四面体 $ABCD$ 的外心，则

$$
\begin{aligned}
0 &\leqslant (\overrightarrow{OA}+\overrightarrow{OB}+\overrightarrow{OC}+\overrightarrow{OD})^2 \\
&= 4R^2 + 2\,\overrightarrow{OA}\cdot\overrightarrow{OB} + 2\,\overrightarrow{OA}\cdot\overrightarrow{OC} + 2\,\overrightarrow{OA}\cdot\overrightarrow{OD} + \\
&\quad 2\,\overrightarrow{OB}\cdot\overrightarrow{OC} + 2\,\overrightarrow{OB}\cdot\overrightarrow{OD} + 2\,\overrightarrow{OC}\cdot\overrightarrow{OD} \\
&= 16R^2 - (\overrightarrow{OA}-\overrightarrow{OB})^2 - (\overrightarrow{OA}-\overrightarrow{OC})^2 - (\overrightarrow{OA}-\overrightarrow{OD})^2 - \\
&\quad (\overrightarrow{OB}-\overrightarrow{OC})^2 - (\overrightarrow{OB}-\overrightarrow{OC})^2 - (\overrightarrow{OC}-\overrightarrow{OD})^2 \\
&= 16R^2 - \overrightarrow{AB}^2 - \overrightarrow{AC}^2 - \overrightarrow{AD}^2 - \overrightarrow{BC}^2 - \overrightarrow{BD}^2 - \overrightarrow{CD}^2
\end{aligned}
$$

所以

$$AB^2 + BC^2 + CA^2 + AC^2 + AD^2 + CD^2 \leqslant 16R^2$$

注　这个空间中的结论的向量证明与相应平面几何结论的向量证明是如此的和谐一致！另外，本题的平面结论和空间结论都是以一个不等式结构呈现出来的，而有时候，一些不等式的证明往往是借助于等式再舍弃一些内容来完成证明的，那么，其是否有类似的等式结构呢？请看：

问题 2.1　平面几何——设 G，O 分别为 $\triangle ABC$ 的重心、外心，R 为外接圆的半径，则 $OG^2 = R^2 - \frac{1}{9}(AB^2 + AC^2 + BC^2)$.

证明　由平面几何中的向量结论知

$$
\begin{aligned}
9OG^2 &= (3\,\overrightarrow{OG})^2 = (\overrightarrow{OA}+\overrightarrow{OB}+\overrightarrow{OC})^2 \\
&= 3R^2 + 2\,\overrightarrow{OA}\cdot\overrightarrow{OB} + 2\,\overrightarrow{OB}\cdot\overrightarrow{OC} + 2\,\overrightarrow{OA}\cdot\overrightarrow{OC} \\
&= 9R^2 - (\overrightarrow{OA}-\overrightarrow{OB})^2 - (\overrightarrow{OB}-\overrightarrow{OC})^2 - (\overrightarrow{OC}-\overrightarrow{OA})^2 \\
&= 9R^2 - \overrightarrow{AB}^2 - \overrightarrow{BC}^2 - \overrightarrow{CA}^2
\end{aligned}
$$

即

$$OG^2 = R^2 - \frac{1}{9}(AB^2 + AC^2 + BC^2)$$

注　很显然，由本题的结论容易得到上题结论，这表明上题还有另外一种构造等式的证明方法.

问题 2.2　立体几何——设 G，O 分别为四面体 $ABCD$ 的重心、外心，R 为外接球的半径，则

$$OG^2 = R^2 - \frac{1}{16}(AB^2 + AC^2 + AD^2 + BC^2 + BD^2 + CD^2)$$

证明　由本章 §1 中的立体几何的向量结论知

$$
\begin{aligned}
16\vec{OG}^2 &= (\overrightarrow{OA}+\overrightarrow{OB}+\overrightarrow{OC}+\overrightarrow{OD})^2 \\
&= 4R^2 + 2(\overrightarrow{OA}\cdot\overrightarrow{OB} + \overrightarrow{OA}\cdot\overrightarrow{OC} + \overrightarrow{OA}\cdot\overrightarrow{OD} + \overrightarrow{OB}\cdot\overrightarrow{OC} + \\
&\quad \overrightarrow{OB}\cdot\overrightarrow{OD} + \overrightarrow{OC}\cdot\overrightarrow{OD})
\end{aligned}
$$

$$=16R^2-(\overrightarrow{OA}-\overrightarrow{OB})^2-(\overrightarrow{OA}-\overrightarrow{OC})^2-(\overrightarrow{OA}-\overrightarrow{OD})^2-$$
$$(\overrightarrow{OB}-\overrightarrow{OC})^2-(\overrightarrow{OB}-\overrightarrow{OD})^2-(\overrightarrow{OC}-\overrightarrow{OD})^2$$
$$=16R^2-\overrightarrow{AB}^2-\overrightarrow{AC}^2-\overrightarrow{AD}^2-\overrightarrow{BC}^2-\overrightarrow{BD}^2-\overrightarrow{CD}^2$$

到此,结论得证.

注 平面几何命题与立体几何命题的证明技巧都是配方法,且平面几何证明中的向量方法给出的提示作用功不可没.

问题 3.1 平面几何——已知$\triangle A_1A_2A_3$内任意点O到顶点A_i及A_i所对边的距离分别为R_i和$r_i(i=1,2,3)$,$\triangle A_1A_2A_3$的面积为Δ,三边A_2A_3,A_3A_1,A_1A_2的长度分别为a,b,c,求证:

(1)$aR_1+bR_2+cR_3\geqslant 4\Delta$;

(2)$\dfrac{R_1}{r_1}+\dfrac{R_2}{r_2}+\dfrac{R_3}{r_3}\geqslant 6$;

(3)$R_1r_1+R_2r_2+R_3r_3\geqslant r_1\cdot r_2+r_2\cdot r_3+r_1\cdot r_3$.

证明 (1) 如图 1,设A_1到A_2A_3的距离为h,则有

$$R_1+r_1\geqslant h\Rightarrow aR_1+ar_1\geqslant ah=2\Delta=ar_1+br_2+cr_3$$

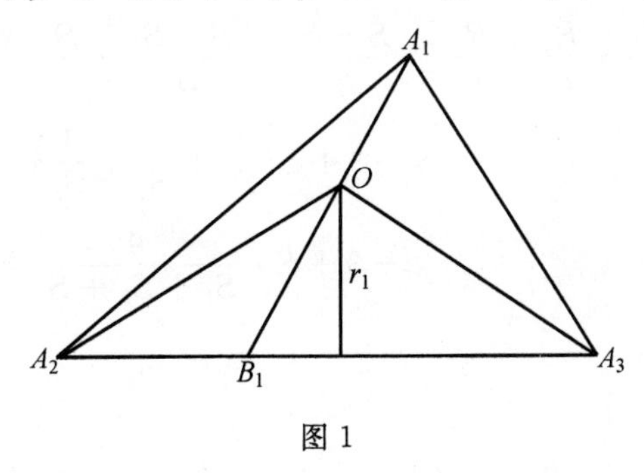

图 1

即

$$aR_1\geqslant br_2+cr_3 \qquad (*)$$

同理可得

$$bR_2\geqslant cr_3+ar_1,cR_3\geqslant ar_1+br_2$$

此三式相加,得

$$aR_1+bR_2+cR_3\geqslant 2(ar_1+br_2+cr_3)=4\Delta$$

(2) 证法 1:由式(*),得

$$\frac{R_1}{r_1}\geqslant\frac{b}{a}\cdot\frac{r_2}{r_1}+\frac{c}{a}\cdot\frac{r_3}{r_1}$$

同理可得

$$\frac{R_2}{r_2} \geqslant \frac{a}{b} \cdot \frac{r_1}{r_2} + \frac{c}{b} \cdot \frac{r_3}{r_2}, \frac{R_3}{r_3} \geqslant \frac{a}{c} \cdot \frac{r_1}{r_3} + \frac{b}{c} \cdot \frac{r_2}{r_3}$$

此三式相加并运用二元均值不等式,得

$$\frac{R_1}{r_1} + \frac{R_2}{r_2} + \frac{R_3}{r_3} \geqslant \left(\frac{a}{c} \cdot \frac{r_1}{r_3} + \frac{c}{a} \cdot \frac{r_3}{r_1}\right) + \left(\frac{b}{c} \cdot \frac{r_2}{r_3} + \frac{c}{b} \cdot \frac{r_3}{r_2}\right) + \left(\frac{b}{a} \cdot \frac{r_2}{r_1} + \frac{a}{b} \cdot \frac{r_1}{r_2}\right) \geqslant 6$$

证法 2:如图 1,延长 A_1O 交 A_2A_3 于点 B_1,记 $\triangle OA_2A_3$,$\triangle OA_3A_1$,$\triangle OA_1A_2$,$\triangle A_1A_2A_3$ 的面积分别为 S_1,S_2,S_3,S,$\triangle A_1A_2A_3$ 的边 A_2A_3 上的高为 h_1,则 $R_1 + r_1 \geqslant h_1$,所以

$$\frac{R_1}{r_1} \geqslant \frac{h_1}{r_1} - 1 = \frac{S}{S_1} - 1 = \frac{S - S_1}{S_1}$$

同理

$$\frac{R_2}{r_2} \geqslant \frac{S - S_2}{S_2}, \frac{R_3}{r_3} \geqslant \frac{S - S_3}{S_3}$$

所以

$$\begin{aligned}\frac{R_1}{r_1} + \frac{R_2}{r_2} + \frac{R_3}{r_3} &\geqslant \frac{S - S_1}{S_1} + \frac{S - S_2}{S_2} + \frac{S - S_3}{S_3} \\ &= -3 + S\left(\frac{1}{S_1} + \frac{1}{S_2} + \frac{1}{S_3}\right) \\ &\geqslant -3 + S \cdot \frac{9}{S_1 + S_2 + S_3} = 6\end{aligned}$$

从而原不等式得证.

(3) 由式(*),得

$$R_1 \geqslant \frac{b}{a} r_2 + \frac{c}{a} r_3 \Rightarrow R_1 r_1 \geqslant \frac{b}{a} r_1 r_2 + \frac{c}{a} r_3 r_1$$

同理可得

$$R_2 r_2 \geqslant \frac{a}{b} r_1 r_2 + \frac{c}{b} r_3 r_2, R_3 r_3 \geqslant \frac{a}{c} r_1 r_3 + \frac{b}{c} r_2 r_3$$

此三式相加,得

$$\begin{aligned}R_1 r_1 + R_2 r_2 + R_3 r_3 &\geqslant r_1 r_2\left(\frac{a}{b} + \frac{b}{a}\right) + r_2 r_3\left(\frac{c}{b} + \frac{b}{c}\right) + r_3 r_1\left(\frac{a}{c} + \frac{c}{a}\right) \\ &\geqslant 2(r_1 r_2 + r_2 r_3 + r_3 r_1)\end{aligned}$$

从而(3) 获证.

一个猜想:$R_1^2 + R_2^2 + R_3^2 \geqslant 4(r_1 \cdot r_2 + r_2 \cdot r_3 + r_1 \cdot r_3)$.

问题 3.2 立体几何 —— 设 O 为四面体 $A_1A_2A_3A_4$ 内部任意一点,O 到 A_i

和到A_i所对面的距离分别为R_i和$r_i(i=1,2,3,4)$，V为四面体$A_1A_2A_3A_4$的体积，四面体$A_1A_2A_3A_4$的顶点A_i所对的三角形的面积为$S_i(i=1,2,3,4)$，求证：

(1)$S_1R_1+S_2R_2+S_3R_3+S_4R_4\geqslant 9V$；

(2)$\frac{R_1}{r_1}+\frac{R_2}{r_2}+\frac{R_3}{r_3}+\frac{R_4}{r_4}\geqslant 12$；

(3)$R_1\cdot r_1+R_2\cdot r_2+R_3\cdot r_3+R_4\cdot r_4\geqslant 2(r_1\cdot r_2+r_1\cdot r_3+r_1\cdot r_4+r_2\cdot r_3+r_2\cdot r_4+r_3\cdot r_4)$.

证明　(1) 如图 2，设A_1到$\triangle A_2A_3A_4$所在平面的距离为h，则有

$$R_1+r_1\geqslant h\Rightarrow R_1S_1+S_1r_1\geqslant S_1h=3V=S_1r_1+S_2r_2+S_3r_3+S_4r_4$$

即

$$R_1S_1\geqslant S_2r_2+S_3r_3+S_4r_4\qquad (*)$$

同理可得

$$R_2S_2\geqslant S_1r_1+S_3r_3+S_4r_4$$

$$R_3S_3\geqslant S_1r_1+S_2r_2+S_4r_4$$

$$R_4S_4\geqslant S_1r_1+S_2r_2+S_3r_3$$

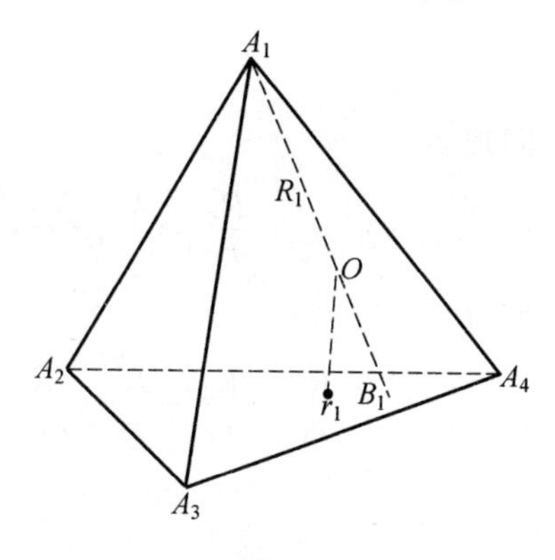

图 2

四式相加，得

$$R_1S_1+R_2S_2+R_3S_3+R_4S_4$$
$$\geqslant 3(S_1r_1+S_2r_2+S_3r_3+S_4r_4)=9V$$

(2) 证法 1：由式(*)，得

$$\frac{R_1}{r_1}\geqslant\frac{S_2}{S_1}\cdot\frac{r_2}{r_1}+\frac{S_3}{S_1}\cdot\frac{r_3}{r_1}+\frac{S_4}{S_1}\cdot\frac{r_4}{r_1}$$

同理可得

$$\frac{R_2}{r_2}\geqslant\frac{S_1}{S_2}\cdot\frac{r_1}{r_2}+\frac{S_3}{S_2}\cdot\frac{r_3}{r_2}+\frac{S_4}{S_2}\cdot\frac{r_4}{r_2}$$

$$\frac{R_3}{r_3}\geqslant\frac{S_1}{S_3}\cdot\frac{r_1}{r_3}+\frac{S_2}{S_3}\cdot\frac{r_2}{r_3}+\frac{S_4}{S_3}\cdot\frac{r_4}{r_3}$$

$$\frac{R_4}{r_4}\geqslant\frac{S_1}{S_4}\cdot\frac{r_1}{r_4}+\frac{S_2}{S_4}\cdot\frac{r_2}{r_4}+\frac{S_3}{S_4}\cdot\frac{r_3}{r_4}$$

此四个式子相加得

$$\frac{R_1}{r_1}+\frac{R_2}{r_2}+\frac{R_3}{r_3}+\frac{R_4}{r_4}$$
$$\geqslant\left(\frac{S_1}{S_2}\cdot\frac{r_1}{r_2}+\frac{S_2}{S_1}\cdot\frac{r_2}{r_1}\right)+\left(\frac{S_1}{S_3}\cdot\frac{r_1}{r_3}+\frac{S_3}{S_1}\cdot\frac{r_3}{r_1}\right)+\left(\frac{S_1}{S_4}\cdot\frac{r_1}{r_4}+\frac{S_4}{S_1}\cdot\frac{r_4}{r_1}\right)+$$

$$\left(\frac{S_2}{S_3}\cdot\frac{r_2}{r_3}+\frac{S_3}{S_2}\cdot\frac{r_3}{r_2}\right)+\left(\frac{S_4}{S_2}\cdot\frac{r_4}{r_2}+\frac{S_2}{S_4}\cdot\frac{r_2}{r_4}\right)+$$
$$\left(\frac{S_3}{S_4}\cdot\frac{r_3}{r_4}+\frac{S_4}{S_3}\cdot\frac{r_4}{r_3}\right)\geqslant 12$$

即

$$\frac{R_1}{r_1}+\frac{R_2}{r_2}+\frac{R_3}{r_3}+\frac{R_4}{r_4}\geqslant 12$$

证法 2:记四面体 $A_1A_2A_3A_4$,$OA_2A_3A_4$,$OA_1A_3A_4$,$OA_1A_2A_4$,$OA_1A_2A_3$ 的体积分别为V,V_1,V_2,V_3,V_4,,h_1 为三棱锥 $A_1-A_2A_3A_4$ 的高线长,连 A_1O 并延长交面 $A_2A_3A_4$ 于点 B_1,如图 2 所示,由 $R_1+r_1\geqslant h_1$,知

$$\frac{R_1}{r_1}\geqslant\frac{h_1}{r_1}-1=\frac{V}{V_1}-1=\frac{V-V_1}{V_1}$$

同理

$$\frac{R_2}{r_2}\geqslant\frac{V-V_2}{V_2},\frac{R_3}{r_3}\geqslant\frac{V-V_3}{V_3}\,\frac{R_4}{r_4}\geqslant\frac{V-V_4}{V_4}$$

所以

$$\frac{R_1}{r_1}+\frac{R_2}{r_2}+\frac{R_3}{r_3}+\frac{R_4}{r_4}\geqslant -4+V\left(\frac{1}{V_1}+\frac{1}{V_2}+\frac{1}{V_3}+\frac{1}{V_4}\right)$$
$$\geqslant -4+V\cdot\frac{16}{V_1+V_2+V_3+V_4}=12$$

到此,原不等式得证.

注 上述平面几何命题与立体几何命题的提法与论证是多么得和谐一致!

(3) 由式(*),得

$$R_1\cdot r_1\geqslant\frac{S_2}{S_1}r_1\cdot r_2+\frac{S_3}{S_1}r_1r_3+\frac{S_4}{S_1}r_1r_4$$

同理可得

$$R_2\cdot r_2\geqslant\frac{S_1}{S_2}r_1\cdot r_2+\frac{S_3}{S_2}r_2\cdot r_3+\frac{S_4}{S_2}r_2\cdot r_4$$

$$R_3\cdot r_3\geqslant\frac{S_1}{S_3}r_1\cdot r_3+\frac{S_2}{S_3}r_2\cdot r_3+\frac{S_4}{S_3}r_3\cdot r_4$$

$$R_4\cdot r_4\geqslant\frac{S_1}{S_4}r_1\cdot r_4+\frac{S_2}{S_4}r_2\cdot r_4+\frac{S_3}{S_4}r_3\cdot r_4$$

此四式相加,得

$$R_1\cdot r_1+R_2\cdot r_2+R_3\cdot r_3+R_4\cdot r_4$$

$$\geqslant r_1 \cdot r_2\left(\frac{S_1}{S_2}+\frac{S_2}{S_1}\right)+r_1 \cdot r_3\left(\frac{S_1}{S_3}+\frac{S_3}{S_1}\right)+r_1 \cdot r_4\left(\frac{S_1}{S_4}+\frac{S_4}{S_1}\right)+$$
$$r_2 \cdot r_3\left(\frac{S_3}{S_2}+\frac{S_2}{S_3}\right)+r_2 \cdot r_4\left(\frac{S_2}{S_4}+\frac{S_4}{S_2}\right)+r_3 \cdot r_4\left(\frac{S_3}{S_4}+\frac{S_4}{S_3}\right)$$
$$\geqslant 2(r_1 \cdot r_2+r_1 \cdot r_3+r_1 \cdot r_4+r_2 \cdot r_3+r_2 \cdot r_4+r_3 \cdot r_4)$$

即

$$R_1 \cdot r_1+R_2 \cdot r_2+R_3 \cdot r_3+R_4 \cdot r_4$$
$$\geqslant 2(r_1 \cdot r_2+r_1 \cdot r_3+r_1 \cdot r_4+r_2 \cdot r_3+r_2 \cdot r_4+r_3 \cdot r_4)$$

从而(3)获证.

问题4.1 平面几何——设R,r分别为$\triangle ABC$外接圆、内切圆的半径,求证:$R \geqslant 2r$.

说明:本题是著名的欧拉不等式,§6曾经给出一个应用面积法的证明,这里再给出几个证明,然后分析探究,看哪个证明容易被移植到立体几何中去.

证法1 由平面几何中的欧拉定理:$R^2-2Rr=OI^2$,立刻知$R \geqslant 2r$.

注 本证法用到了平面几何中的欧拉等式,而立体几何中暂时没有类似的结论,故成功移植的可能性不大.

证法2 如图3,设O为$\triangle ABC$的外心,D,E,F分别为边BC,CA,AB的中点,则

$$2S_{\text{四边形}ODCE} \leqslant OC \cdot DE=\frac{1}{2} \cdot c \cdot R$$

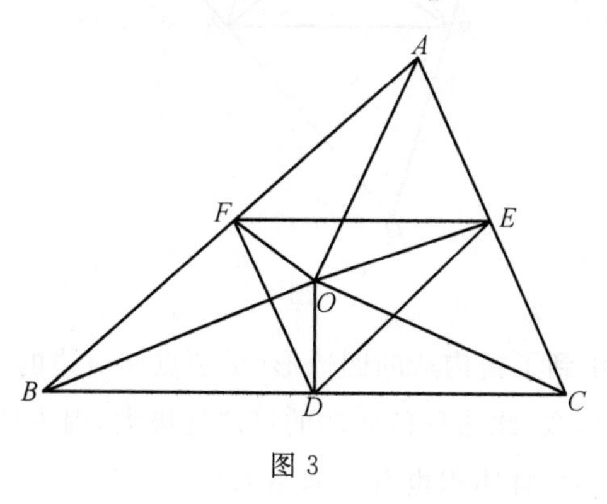

图3

同理可得

$$2S_{\text{四边形}OEAF} \leqslant OA \cdot EF=\frac{1}{2} \cdot a \cdot R$$
$$2S_{\text{四边形}ODBF} \leqslant OB \cdot DF=\frac{1}{2} \cdot b \cdot R$$

此三式相加,得

$$2(S_{四边形ODCE}+S_{四边形OEAF}+S_{四边形ODBF})\leqslant\frac{R}{2}(a+b+c)$$

即

$$2S_{\triangle ABC}\leqslant\frac{R}{2}(a+b+c)\Rightarrow(a+b+c)r\leqslant\frac{R}{2}(a+b+c)$$

所以 $R\geqslant 2r$.

注 本证法用到了四边形面积的对角线形式，而四面体中暂时没有类似的结论，故成功移植的可能性也不大.

证法3 如图4，分别过 A,B,C 作对边的平行线交成一个 $\triangle DEF$，则 $\triangle ABC\backsim\triangle DEF$，且相似比为 $2:1$，即有 $S_{\triangle DEF}=4S_{\triangle ABC}$，而

$$S_{\triangle DEF}\leqslant\frac{1}{2}\sum OC\cdot DE=\frac{R}{2}\sum DE=\frac{R}{2}\cdot 2(a+b+c)$$

即

$$2r(a+b+c)=4S_{\triangle ABC}=S_{\triangle DEF}\leqslant\frac{R}{2}\cdot 2(a+b+c)$$

所以 $R\geqslant 2r$.

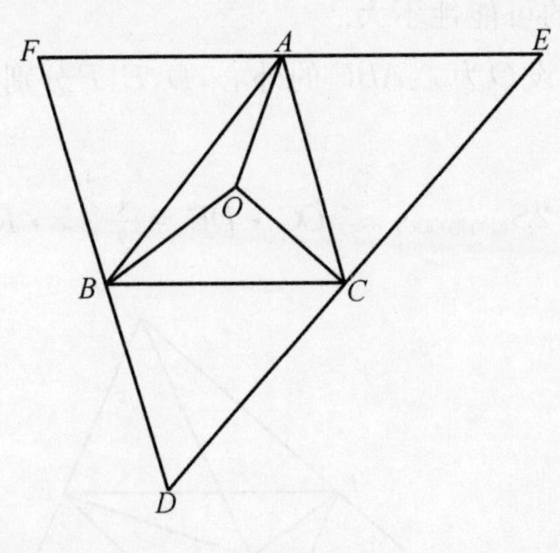

图4

注 本证法用到了新构造的四边形(从顶点作对边的平行线)面积是原四边形面积的4倍，那么，此法移植成功的可能性极大，因为从四面体的顶点也可以作对面的平行平面，且体积也有类似结果.

证法4 如图5，设 O 为外心，延长 AO 交 BC 于点 D，记 $\triangle BOC,\triangle COA,\triangle AOB,\triangle ABC$ 的面积分别为 $\Delta_1,\Delta_2,\Delta_3,\Delta$，则

$$\frac{R}{d_A}\geqslant\frac{OA}{OD}=\frac{\Delta_2+\Delta_3}{\Delta_1}\ (d_A\text{ 为 }O\text{ 到 }BC\text{ 的距离})$$

即

$$R \geqslant \frac{\Delta_2+\Delta_3}{\Delta_1} \cdot d_A = \frac{\Delta_2+\Delta_3}{\frac{1}{2} \cdot a \cdot d_A} \cdot d_A$$

$$\Rightarrow R \cdot a \geqslant 2(\Delta_2+\Delta_3)$$

同理可得

$$R \cdot b \geqslant 2(\Delta_1+\Delta_2), R \cdot c \geqslant 2(\Delta_1+\Delta_3)$$

此三式相加,得

$$R(a+b+c) \geqslant 4(\Delta_1+\Delta_2+\Delta_3) = \frac{r}{2} \cdot 4(a+b+c)$$

所以 $R \geqslant 2r$.

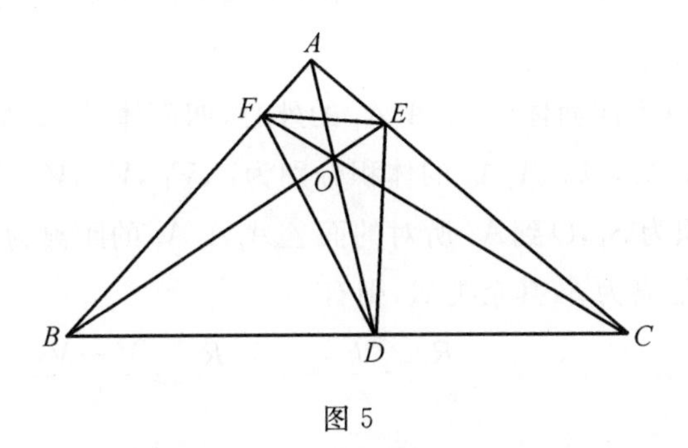

图 5

注 本证法用到了折线段长不小于直线段长,再构造面积,此法预示着移植成功是大概率事件,因为面积对应体积,其他对应不变.

证法 5 设 O 为外心,则

$$R+d_A \geqslant h_A \Rightarrow R \cdot a + a \cdot d_A \geqslant a \cdot h_A$$

即

$$a \cdot R + 2 \cdot \Delta_a \geqslant 2 \cdot \Delta$$

同理

$$b \cdot R + 2 \cdot \Delta_b \geqslant 2 \cdot \Delta,\ c \cdot R + 2 \cdot \Delta_c \geqslant 2 \cdot \Delta$$

此三式相加,得

$$R \cdot \sum a + 2 \cdot \Delta \geqslant 6 \cdot \Delta \Rightarrow R \cdot \sum a \geqslant 4 \cdot \Delta = 2 \cdot r \cdot \sum a$$

所以 $R \geqslant 2r$.

注 本证法同上面的分析,故可以移植成功.

证法 6 设 D,E,F 分别为点 O 在边 BC,CA,AB 上的射影,则 O,D,C,E 四点共圆,OC 即为该圆的直径,则

$$2S_{四边形ODCE} \leqslant OC \cdot DE = R \cdot OC\sin C = R^2 \cdot \sin C = R^2 \cdot \frac{c}{2R} = \frac{R \cdot c}{2}$$

即

$$2S_{四边形ODCE} \leqslant \frac{R \cdot c}{2}$$

同理可得另外两个式子,此三式相加,得

$$r(a+b+c)=2S_{\triangle ABC} \leqslant \frac{R}{2}(a+b+c)$$

从而结论获证.

注 本证法用到了平面几何知识——四点共圆,立体几何中不存在这样的结论,故无法移植.

问题 4.2 立体几何——设 R,r 分别为四面体 $A_1A_2A_3A_4$ 外接球和内切球的半径,求证:$R \geqslant 3r$.

证法 1 取 O 为四面体 $A_1A_2A_3A_4$ 的外心,四面体 $A_1A_2A_3A_4$,$OA_2A_3A_4$,$OA_1A_3A_4$,$OA_1A_2A_4$,$OA_1A_2A_3$ 的体积分别为 V,V_1,V_2,V_3,V_4,A_1 所对的面 $\triangle A_2A_3A_4$ 的面积为 S_1,O 到 A_1 所对的面 $\triangle A_2A_3A_4$ 的距离为 r_1,A_1 到所对的面 $\triangle A_2A_3A_4$ 的距离为 h,其余类似,则有

$$R+r_1 \geqslant h \Rightarrow \frac{R}{r_1} \geqslant \frac{h}{r_1}+1 \Rightarrow \frac{R}{r_1} \geqslant \frac{V-V_1}{V_1}$$

即

$$R \geqslant \frac{V-V_1}{V_1} \cdot r_1=\frac{V-V_1}{\frac{S_1r_1}{3}} \cdot r_1=\frac{3(V-V_1)}{S_1}$$

亦即

$$RS_1 \geqslant 3(V-V_1)$$

同理

$$RS_2 \geqslant 3(V-V_2),RS_3 \geqslant 3(V-V_3),RS_4 \geqslant 3(V-V_4)$$

此四式相加,得

$$R(S_1+S_2+S_3+S_4) \geqslant 9V=3r(S_1+S_2+S_3+S_4)$$

故 $R \geqslant 3r$.

证法 2 设 O 为四面体 $A_1A_2A_3A_4$ 的外心,四面体 $A_1A_2A_3A_4$,$OA_2A_3A_4$,$OA_1A_3A_4$,$OA_1A_2A_4$,$OA_1A_2A_3$ 的体积分别为 V,V_1,V_2,V_3,V_4,A_1 所对的面 $\triangle A_2A_3A_4$ 的面积为 S_1,O 到所对的面 $\triangle A_2A_3A_4$ 的距离为 r_1,其余类似,则

$$R+r_1 \geqslant h \Rightarrow R \cdot S_1+r_1 \cdot S_1 \geqslant h \cdot S_1 \Rightarrow R \cdot S_1+3V_1 \geqslant 3V$$

同理可得

$$R \cdot S_2+3V_2 \geqslant 3V,R \cdot S_3+3V_3 \geqslant 3V,R \cdot S_4+3V_4 \geqslant 3V$$

此四式相加,得

$$R(S_1+S_2+S_3+S_4)+3(V_1+V_2+V_3+V_4)\geqslant 12V$$

即有

$$R(S_1+S_2+S_3+S_4)\geqslant 12V-3(V_1+V_2+V_3+V_4)$$
$$=9V=9\cdot\frac{1}{3}\cdot r(S_1+S_2+S_3+S_4)$$

所以 $R\geqslant 3r$.

证法 3 如图 6,设题述四面体为 $B_1B_2B_3B_4$,分别过 B_1,B_2,B_3,B_4 作各点所对面的平行平面,交成新的四面体 $A_1A_2A_3A_4$,则 $V_{四面体A_1A_2A_3A_4}=27V_{四面体B_1B_2B_3B_4}$.设 O 为四面体 $B_1B_2B_3B_4$ 的外心,于是

$$27V_{四面体B_1B_2B_3B_4}=V_{四面体A_1A_2A_3A_4}$$
$$\leqslant\frac{1}{3}R(S_{\triangle_{A_2A_3A_4}}+S_{\triangle_{A_1A_3A_4}}+S_{\triangle_{A_1A_2A_4}}+S_{\triangle_{A_1A_2A_3}})$$
$$=\frac{1}{3}\cdot 9\cdot R(S_{\triangle_{B_2B_3B_4}}+S_{\triangle_{B_1B_3B_4}}+S_{\triangle_{B_1B_2B_4}}+S_{\triangle_{B_1B_2B_3}})$$

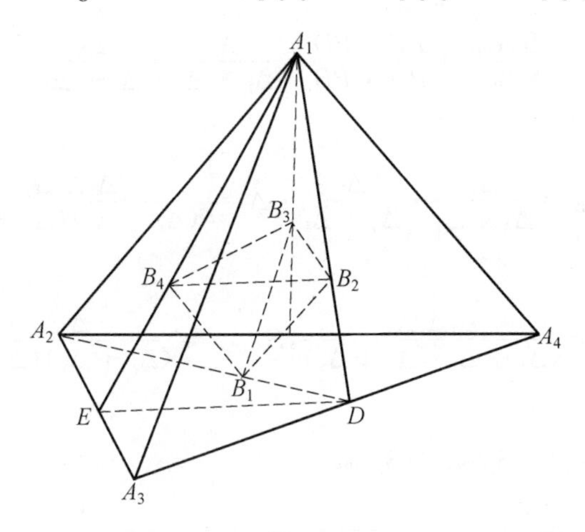

图 6

而

$$V_{四面体B_1B_2B_3B_4}=\frac{1}{3}r(S_{\triangle_{B_2B_3B_4}}+S_{\triangle_{B_1B_3B_4}}+S_{\triangle_{B_1B_2B_4}}+S_{\triangle_{B_1B_2B_3}})$$

从而 $R\geqslant 3r$.

问题 5.1 平面几何——设 P 为 $\triangle ABC$ 内任意一点,AP,BP,CP 分别交 BC,CA,AB 于点 D,E,F,求证:$S_{\triangle ABC}\geqslant 4S_{\triangle DEF}$.(本题为第 32 届 IMO 预选题)

证法 1 引进面积参数.

如图 7,设 $\triangle BPC,\triangle CPA,\triangle APB,\triangle ABC$ 的面积分别为 $\Delta_1,\Delta_2,\Delta_3,\Delta$,则

$$\frac{PD}{AP}=\frac{S_{\triangle BPD}}{S_{\triangle BPA}}=\frac{S_{\triangle CPD}}{S_{\triangle CPA}}=\frac{S_{\triangle BPD}+S_{\triangle CPD}}{S_{\triangle BPA}+S_{\triangle CPA}}=\frac{\Delta_1}{\Delta_2+\Delta_3}$$

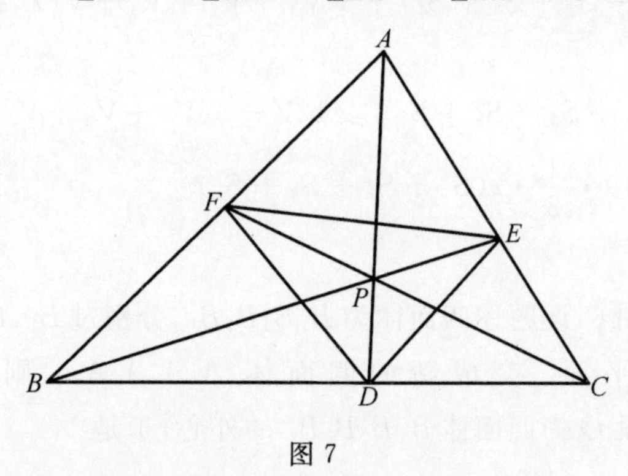

图 7

同理

$$\frac{PE}{BP}=\frac{\Delta_2}{\Delta_3+\Delta_1},\frac{PF}{CP}=\frac{\Delta_3}{\Delta_1+\Delta_2}$$

则

$$\frac{S_{\triangle EPD}}{S_{\triangle BPA}}=\frac{PE\cdot PD}{PA\cdot PB}=\frac{\Delta_1}{\Delta_2+\Delta_3}\cdot\frac{\Delta_2}{\Delta_3+\Delta_1}$$

即

$$S_{\triangle EPD}=\frac{\Delta_1}{\Delta_2+\Delta_3}\cdot\frac{\Delta_2}{\Delta_3+\Delta_1}\cdot\Delta_3=\frac{\Delta_1\Delta_2\Delta_3}{(\Delta_2+\Delta_3)(\Delta_3+\Delta_1)}$$

同理可得

$$S_{\triangle EPF}=\frac{\Delta_1\Delta_2\Delta_3}{(\Delta_1+\Delta_2)(\Delta_1+\Delta_3)},S_{\triangle DPF}=\frac{\Delta_1\Delta_2\Delta_3}{(\Delta_2+\Delta_1)(\Delta_2+\Delta_3)}$$

所以

$$\begin{aligned}S_{\triangle DEF}&=S_{\triangle EPD}+S_{\triangle EPF}+S_{\triangle DPF}\\&=\Delta_1\Delta_2\Delta_3\left[\frac{1}{(\Delta_2+\Delta_1)(\Delta_2+\Delta_3)}+\frac{1}{(\Delta_3+\Delta_1)(\Delta_3+\Delta_2)}+\right.\\&\qquad\left.\frac{1}{(\Delta_1+\Delta_2)(\Delta_1+\Delta_3)}\right]\\&=\frac{2\Delta_1\Delta_2\Delta_3\Delta}{(\Delta_1+\Delta_2)(\Delta_2+\Delta_3)(\Delta_3+\Delta_1)}\leqslant\frac{\Delta}{4}\end{aligned}$$

即 $S_{\triangle ABC}\geqslant 4S_{\triangle DEF}$.

注 从面积到体积的对应原则分析,本方法移植成功的可能性极大.

证法 2 引进线段长参数.

设 $BD=a_1,CD=a_2,CE=b_1,AE=b_2,AF=c_1,BF=c_2$,则由塞瓦定理,知

$$a_1b_1c_1=a_2b_2c_2 \tag{1}$$

于是，$\frac{S_{\triangle AEF}}{S_{\triangle ABC}}=\frac{b_1c_2}{bc}$，同理可以求出其他相应的比值，于是

$$\begin{aligned}\frac{S_{\triangle DEF}}{S_{\triangle ABC}}&=1-\frac{b_1c_2}{bc}-\frac{a_1b_2}{ab}-\frac{c_1a_2}{ca}\\&=\frac{a_1b_1c_1+a_2b_2c_2}{(a_1+a_2)(b_1+b_2)(c_1+c_2)}\\&\leqslant\frac{a_1b_1c_1+a_2b_2c_2}{8\sqrt{a_1a_2}\cdot\sqrt{b_1b_2}\cdot\sqrt{c_1c_2}}=\frac{1}{4}\end{aligned}$$

即 $S_{\triangle ABC}\geqslant 4S_{\triangle DEF}$.

注 此法运用线段长等式中的塞瓦定理，立体几何中暂无此形式的结论，故此法不能用于移植类似命题.

问题 5.2 立体几何——设 P 为四面体 $A_1A_2A_3A_4$ 内部任意一点，A_iP 的延长线交 A_i 所对的面于点 $B_i(i=1,2,3,4)$，求证：四面体 $A_1A_2A_3A_4$ 的体积 A 与四面体 $B_1B_2B_3B_4$ 的体积 B 满足 $A\geqslant 27B$.

证明 如图 8，记四面体 $PA_2A_3A_4$，$PA_1A_3A_4$，$PA_1A_2A_4$，$PA_1A_2A_3$，$A_1A_2A_3A_4$ 的体积分别为 V_1,V_2,V_3,V_4,A，连 A_1P 并延长交面 $A_2A_3A_4$ 于点 B_1，如图 8 所示. 注意到三棱锥 $A_1-PA_2A_4$ 与三棱锥 $B_1-PA_2A_4$ 共底面 $\triangle PA_2A_3$，则根据体积关系得，$\frac{A_1B_1}{PB_1}=\frac{A}{V_1}$，所以 $\frac{PA_1}{PB_1}=\frac{A-V_1}{V_1}$，同理，有

$$\frac{PA_2}{PB_2}=\frac{A-V_2}{V_2},\frac{PA_3}{PB_3}=\frac{A-V_3}{V_3},\frac{PA_4}{PB_4}=\frac{A-V_4}{V_4}$$

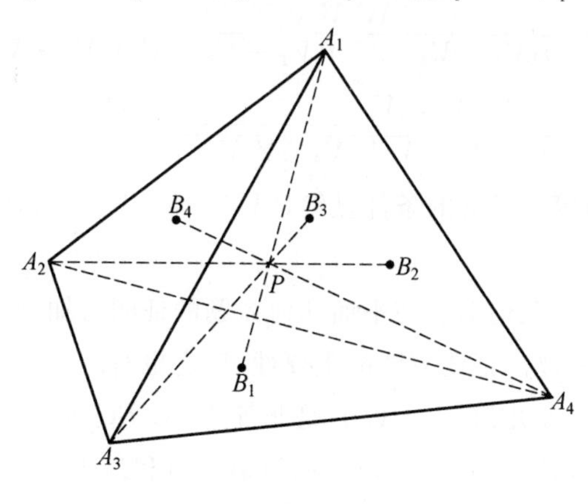

图 8

所以

$$\frac{PB_1 \cdot PB_2 \cdot PB_3}{PA_1 \cdot PA_2 \cdot PA_3}=\frac{V_1V_2V_3}{(A-V_1)(A-V_2)(A-V_3)}$$

而三棱锥 $P-B_1B_2B_3$ 与 $P-A_1A_2A_3$ 是具有对顶三面角的两个三棱锥，所以

$$\frac{V_{\text{三棱锥}P-B_1B_2B_3}}{V_{\text{三棱锥}P-A_1A_2A_3}}=\frac{PB_1 \cdot PB_2 \cdot PB_3}{PA_1 \cdot PA_2 \cdot PA_3}=\frac{V_1V_2V_3}{(A-V_1)(A-V_2)(A-V_3)}$$

即

$$V_{\text{三棱锥}P-B_1B_2B_3}=\frac{V_1V_2V_3V_4}{(A-V_1)(A-V_2)(A-V_3)}$$

同理可得

$$V_{\text{三棱锥}P-B_1B_2B_4}=\frac{V_1V_2V_3V_4}{(A-V_1)(A-V_2)(A-V_4)}$$

$$V_{\text{三棱锥}P-B_1B_3B_4}=\frac{V_1V_2V_3V_4}{(A-V_1)(A-V_3)(A-V_4)}$$

$$V_{\text{三棱锥}P-B_2B_3B_4}=\frac{V_1V_2V_3V_4}{(A-V_2)(A-V_3)(A-V_4)}$$

所以

$$\begin{aligned}
B&=V_{\text{三棱锥}P-B_1B_2B_3}+V_{\text{三棱锥}P-B_1B_2B_4}+V_{\text{三棱锥}P-B_1B_3B_4}+V_{\text{三棱锥}P-B_2B_3B_4}\\
&=V_1V_2V_3V_4\left[\frac{1}{(A-V_1)(A-V_2)(A-V_3)}+\frac{1}{(A-V_1)(A-V_2)(A-V_4)}+\right.\\
&\quad\left.\frac{1}{(A-V_1)(A-V_3)(A-V_4)}+\frac{1}{(A-V_2)(A-V_3)(A-V_4)}\right]\\
&=\frac{3AV_1V_2V_3V_4}{(V_1+V_2+V_3)(V_1+V_2+V_4)(V_1+V_3+V_4)(V_2+V_3+V_4)}\\
&\leqslant\frac{3AV_1V_2V_3V}{3^4\sqrt[3]{V_1V_2V_3}\sqrt[3]{V_1V_2V_4}\sqrt[3]{V_1V_3V_4}\sqrt[3]{V_2V_3V_4}}=\frac{A}{27}
\end{aligned}$$

即 $A \geqslant 27B$. 此时等号成立的条件显然是 $V_1=V_2=V_3=V_4$，即 P 为四面体的重心时.

注 对比立体几何命题与平面几何命题的证明可知，所用方法基本相同，这表明平面几何命题的证明方法的重要性，反之也对.

问题 6.1 平面几何 —— 设 P 是非等边 $\triangle ABC$ 外接圆上任意一点，当 P 分别位于何处时，$PA^2+PB^2+PC^2$ 取得最大值和最小值?

解 如图 9，设 $\triangle ABC$ 的外心为 O，重心为 G，外接圆半径为 R，则

$$\begin{aligned}
PA^2&=\overrightarrow{PA}^2=(\overrightarrow{PO}+\overrightarrow{OA})^2\\
&=\overrightarrow{PO}^2+2\,\overrightarrow{PO}\cdot\overrightarrow{OA}+\overrightarrow{OA}^2=2R^2+2\,\overrightarrow{PO}\cdot\overrightarrow{OA}
\end{aligned}$$

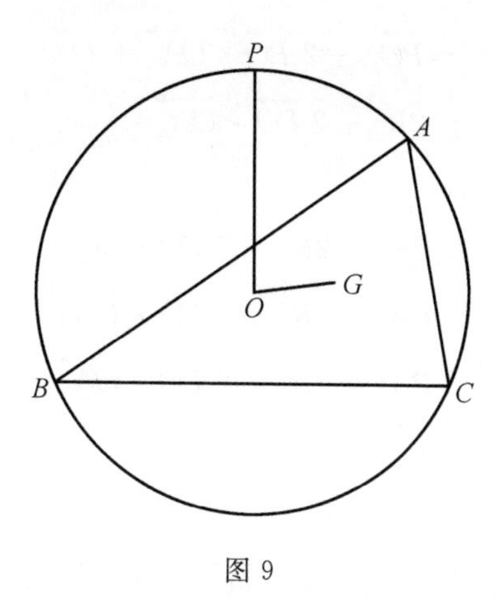

图 9

同理可得

$$PB^2=2R^2+2\overrightarrow{PO}\cdot\overrightarrow{OB},PC^2=2R^2+2\overrightarrow{PO}\cdot\overrightarrow{OC}$$

所以

$$\begin{aligned}\sum PA^2&=6R^2+2\overrightarrow{PO}\cdot(\overrightarrow{OA}+\overrightarrow{OB}+\overrightarrow{OC})\\&=6R^2+2\overrightarrow{PO}\cdot 3\overrightarrow{OG}\end{aligned}$$

而

$$-|\overrightarrow{PO}|\cdot|\overrightarrow{OG}|\leqslant\overrightarrow{PO}\cdot\overrightarrow{OG}\leqslant|\overrightarrow{PO}|\cdot|\overrightarrow{OG}|$$

（当$\overrightarrow{PO},\overrightarrow{OG}$同向时$\overrightarrow{PO}\cdot\overrightarrow{OG}$取最大值，反向时，取最小值），所以，当 P 在 OG 反向延长线上时，$PA^2+PB^2+PC^2$ 取最大值 $6R^2+6R\cdot|\overrightarrow{OG}|$；当 P 在 OG 的延长线上时，$PA^2+PB^2+PC^2$ 取最小值 $6R^2-6R\cdot|\overrightarrow{OG}|$.

注 （1）本题的求解比较迂回，需要从待证结论入手考虑，P 为圆上任意一点，故可考虑其与外心的关系，进而得到$\overrightarrow{OA}+\overrightarrow{OB}+\overrightarrow{OC}=3\overrightarrow{OG}$，从而联想到应用基本结论$\overrightarrow{OA}+\overrightarrow{OB}+\overrightarrow{OC}=3\overrightarrow{OG}$.

由此联想空间四面体中也有类似的结论，于是，移植成功的曙光出现了.

（2）顺便可得求得$\frac{1}{PA^2}+\frac{1}{PB^2}+\frac{1}{PC^2}$的最小值.（利用已证结论，再运用柯西不等式）

问题 6.2 立体几何——设 P 是四面体 $A_1A_2A_3A_4$ 外接球面上任意一点，当 P 分别位于何处时，$PA_1^2+PA_2^2+PA_3^2+PA_4^2$ 取得最大值和最小值？

解 设四面体 $A_1A_2A_3A_4$ 外接球的球心为 O，重心为 G，外接球半径为 R，则

$$PA_1^2=\overrightarrow{PA_1}^2=(\overrightarrow{PO}+\overrightarrow{OA_1})^2$$

$$=\overrightarrow{PO}^2+2\overrightarrow{PO}\cdot\overrightarrow{OA_1}+\overrightarrow{OA}^2$$
$$=2R^2+2\overrightarrow{PO}\cdot\overrightarrow{OA_1}$$

同理可得

$$PA_2^2=2R^2+2\overrightarrow{PO}\cdot\overrightarrow{OA_2}$$
$$PA_3^2=2R^2+2\overrightarrow{PO}\cdot\overrightarrow{OA_3}$$
$$PA_4^2=2R^2+2\overrightarrow{PO}\cdot\overrightarrow{OA_4}$$

所以

$$\sum_{i=1}^{4}A_i^2=8R^2+2\overrightarrow{PO}\cdot(\overrightarrow{OA_1}+\overrightarrow{OA_2}+\overrightarrow{OA_3}+\overrightarrow{OA_4})$$
$$=8R^2+2\overrightarrow{PO}\cdot 4\overrightarrow{OG}$$

而

$$-|\overrightarrow{PO}|\cdot|\overrightarrow{OG}|\leqslant\overrightarrow{PO}\cdot\overrightarrow{OG}\leqslant|\overrightarrow{PO}|\cdot|\overrightarrow{OG}|$$

(当$\overrightarrow{PO}$,$\overrightarrow{OG}$同向时$\overrightarrow{PO}\cdot\overrightarrow{OG}$取最大值,反向时,取最小),所以,当$P$在$OG$反向延长线上时,$PA_1^2+PA_2^2+PA_3^2+PA_4^2$取最大值$8R^2+8R\cdot|\overrightarrow{OG}|$;当$P$在$OG$的延长线上时,$PA_1^2+PA_2^2+PA_3^2+PA_4^2$取最小值$8R^2-8R\cdot|\overrightarrow{OG}|$.

注 (1) 同理可以讨论内切球面上的问题.

(2) 可求$\frac{1}{PA_1^2}+\frac{1}{PA_2^2}+\frac{1}{PA_3^2}+\frac{1}{PA_4^2}$的最小值.(利用本题结论以及柯西不等式)

问题7.1 平面几何——求证:正三角形外接圆上任意一点到三顶点距离的平方和为定值.

说明:本题在西姆松线定理一节曾给出了一个证明,这里再用向量方法给出一个较好的证明.

证明 设P为$\triangle ABC$外接圆的劣弧$\overset{\frown}{BC}$上一点,联结PA,PB,PC,记外接圆半径为R,则

$$PA^2+PB^2+PC^2=(\overrightarrow{PO}+\overrightarrow{OA})^2+(\overrightarrow{PO}+\overrightarrow{OB})^2+(\overrightarrow{PO}+\overrightarrow{OC})^2$$
$$=3\overrightarrow{PO}^2+\overrightarrow{OA}^2+\overrightarrow{OB}^2+\overrightarrow{OC}^2+2\overrightarrow{PO}\cdot(\overrightarrow{OA}+\overrightarrow{OB}+\overrightarrow{OC})$$
$$=6R^2(\text{注意}\overrightarrow{OA}+\overrightarrow{OB}+\overrightarrow{OC}=\mathbf{0})$$

由此本题获证.

注 同理可解决内切圆的问题,这就留给读者自己练习吧.

问题7.2 立体几何——求证:正四面体的外接球面上任意一点到四顶点

距离的平方和为定值.

证明　设点 P 为正四面体 $ABCD$ 外接球面上的任意一点,则

$$\begin{aligned}PA^2+PB^2+PC^2+PD^2&=(\overrightarrow{PO}+\overrightarrow{OA})^2+(\overrightarrow{PO}+\overrightarrow{OB})^2+(\overrightarrow{PO}+\overrightarrow{OC})^2+\\&\quad(\overrightarrow{PO}+\overrightarrow{OD})^2\\&=4\overrightarrow{PO}^2+\overrightarrow{OA}^2+\overrightarrow{OB}^2+\overrightarrow{OC}^2+\overrightarrow{OD}^2+2\overrightarrow{PO}\cdot\\&\quad(\overrightarrow{OA}+\overrightarrow{OB}+\overrightarrow{OC}+\overrightarrow{OD})\\&=8R^2(\text{注意}\overrightarrow{OA}+\overrightarrow{OB}+\overrightarrow{OC}+\overrightarrow{OD}=\mathbf{0})\end{aligned}$$

注　同理可解决内切球的问题,这就留给读者自己练习吧.

问题8.1　平面几何——设$\triangle A_1A_2A_3$外接圆、内切圆的半径分别为R,r,三个边 A_2A_3,A_1A_3,A_1A_2 上的旁切圆半径分别为 r_1,r_2,r_3,则有

$$\frac{1}{r_1}+\frac{1}{r_2}+\frac{1}{r_3}\geqslant\frac{2}{R}$$

证明　设 $\triangle A_1A_2A_3$ 的边 A_2A_3 上的旁切圆的圆心为 O_1,则

$$\Delta=rp=\frac{1}{2}r_1(A_1A_2+A_1A_3-A_2A_3)=\frac{1}{2}r_1(2p-2A_2A_3)$$

$$\sum_{i=1}^{3}\frac{1}{r_1}=\frac{1}{2\Delta}\sum(2p-2A_2A_3)=\frac{1}{2\Delta}(6p-2\sum A_2A_3)=\frac{1}{2\Delta}\cdot 2p=\frac{2}{r}$$

其中,p 为 $\triangle A_1A_2A_3$ 的半周长.

即$\frac{1}{r_1}+\frac{1}{r_2}+\frac{1}{r_3}=\frac{2}{r}$.再由 $R\geqslant 2r$,立得$\frac{1}{r_1}+\frac{1}{r_2}+\frac{1}{r_3}\geqslant\frac{2}{R}$.

注　(1) 顺便可得$\frac{1}{r_1^2}+\frac{1}{r_2^2}+\frac{1}{r_3^2}\geqslant\frac{4}{3R^2}$.

(2) 面积分割法是解决本题的关键所在,按照对应原则,类似的体积法不难想到,这就离成功将平面几何命题移植到空间已不遥远.

问题 8.2　立体几何——设四面体 $A_1A_2A_3A_4$ 的面 $\triangle A_2A_3A_4$,$\triangle A_1A_3A_4$,$\triangle A_1A_2A_4$,$\triangle A_1A_2A_3$ 上的旁切球半径分别为 r_1,r_2,r_3,r_4,外接球、内切球的半径分别为 R,r,求证:$\frac{1}{r_1}+\frac{1}{r_2}+\frac{1}{r_3}+\frac{1}{r_4}\geqslant\frac{6}{R}$.

证明　设四面体 $A_1A_2A_3A_4$ 的体积为 V,内切球的球心为 O,则四面体 $A_1A_2A_3A_4$ 的体积是三棱锥 $O-A_2A_3A_4$,$O-A_1A_3A_4$,$O-A_1A_2A_4$,$O-A_2A_3A_4$ 的体积之和,所以

$$3V=r(S_{\triangle A_2A_3A_4}+S_{\triangle A_1A_3A_4}+S_{\triangle A_1A_2A_4}+S_{\triangle A_1A_2A_3})=rS$$

$$(\text{记 }S=S_{\triangle A_2A_3A_4}+S_{\triangle A_1A_3A_4}+S_{\triangle A_1A_2A_4}+S_{\triangle A_1A_2A_3})$$

则$\frac{1}{r}=\frac{1}{3V}\sum S_i=\frac{S}{3V}$.

设三棱锥 $A_1-A_2A_3A_4$ 的面 $\triangle A_2A_3A_4$ 上的旁切球半径为 r_1，此旁切球的球心为 O_1，其余类似，于是，四面体 $A_1A_2A_3A_4$ 的体积是由三棱锥 $O_1-A_2A_3A_4$，$O_1-A_1A_3A_4$，$O_1-A_1A_2A_4$ 的体积之和减去三棱锥 $O_1-A_2A_3A_4$ 的体积所得的差，即

$$3V=r_1(S_{\triangle A_1A_3A_4}+S_{\triangle A_1A_2A_4}+S_{\triangle A_1A_2A_3}-S_{\triangle A_2A_3A_4})=r_1(S-2S_{\triangle A_2A_3A_4})$$

亦即

$$3V=r_1(S-2S_{\triangle A_2A_3A_4})$$

所以

$$\frac{1}{r_1}=\frac{1}{3V}(S-2S_{\triangle A_2A_3A_4})$$

同理可得

$$\frac{1}{r_2}=\frac{1}{3V}(S-2S_{\triangle A_1A_3A_4}),\frac{1}{r_3}=\frac{1}{3V}(S-2S_{\triangle A_1A_2A_4}),\frac{1}{r_4}=\frac{1}{3V}(S-2S_{\triangle A_1A_2A_3})$$

于是

$$\sum_{i=1}^{4}\frac{1}{r_1}=\frac{1}{3V}\sum(S-2S_{\triangle A_2A_3A_4})=\frac{1}{3V}(4S-2\sum S_{\triangle A_2A_3A_4})=\frac{1}{3V}\cdot 2S=\frac{2}{r}$$

再由 $R\geqslant 3r$，立得 $\frac{1}{r_1}+\frac{1}{r_2}+\frac{1}{r_3}+\frac{1}{r_4}\geqslant\frac{6}{R}$.

注　本证法与平面几何命题所用的方法没有多少不同，只是叙述略有改变. 此处由均值不等式还可得 $\frac{1}{r_1^2}+\frac{1}{r_2^2}+\frac{1}{r_3^2}+\frac{1}{r_4^2}\geqslant\frac{9}{R^2}$.

问题 9.1　平面几何 —— 设 $\triangle A_1A_2A_3$ 外接圆、内切圆的半径分别为 R，r，$\triangle A_1A_2A_3$ 的三边 A_2A_3，A_3A_1，A_1A_2 上的高线长分别为 h_1，h_2，h_3，则

$$\frac{1}{h_1}+\frac{1}{h_2}+\frac{1}{h_3}\geqslant\frac{2}{R}$$

证明　由 $\Delta=pr=\frac{1}{2}A_2A_3\cdot h_1=\frac{1}{2}A_1A_3\cdot h_2=\frac{1}{2}A_1A_2\cdot h_3$，知

$$\frac{1}{r}=\frac{p}{\Delta}=\frac{A_1A_2+A_2A_3+A_1A_3}{2\Delta}=\frac{1}{2}\left(\frac{A_1A_2}{\Delta}+\frac{A_2A_3}{\Delta}+\frac{A_1A_3}{\Delta}\right)=\frac{1}{h_1}+\frac{1}{h_2}+\frac{1}{h_3}$$

再由 $R\geqslant 2r$，立得 $\frac{1}{h_1}+\frac{1}{h_2}+\frac{1}{h_3}\geqslant\frac{2}{R}$. 到此结论获证.

注　从面积联想到体积，从分割联想到分割，由此即可成功移植. 此外，还可得 $\frac{1}{r_1^2}+\frac{1}{r_2^2}+\frac{1}{r_3^2}\geqslant\frac{4}{3R^2}$.

问题 9.2 立体几何 —— 设外接球、内切球半径分别为 R,r 的四面体 $A_1A_2A_3A_4$ 的面 $\triangle A_2A_3A_4$，$\triangle A_1A_3A_4$，$\triangle A_1A_2A_4$，$\triangle A_1A_2A_3$ 上的高线长分别为 h_1,h_2,h_3,h_4，则 $\frac{1}{h_1}+\frac{1}{h_2}+\frac{1}{h_3}+\frac{1}{h_4}\geqslant\frac{3}{R}$.

证明 由

$$V=\frac{1}{3}\sum S_{\triangle A_1A_2A_3}\cdot r=\frac{1}{3}S_{\triangle A_2A_3A_4}\cdot h_1=\frac{1}{3}S_{\triangle A_1A_3A_4}\cdot h_2$$
$$=\frac{1}{3}S_{\triangle A_1A_2A_4}\cdot h_3=\frac{1}{3}S_{\triangle A_1A_2A_3}\cdot h_4$$

知

$$\frac{1}{r}=\frac{\frac{1}{3}\sum S_{\triangle A_1A_2A_3}}{V}=\frac{\frac{1}{3}(S_{\triangle A_2A_3A_4}+S_{\triangle A_1A_3A_4}+S_{\triangle A_1A_2A_4}+S_{\triangle A_1A_2A_3})}{V}$$
$$=\frac{S_{\triangle A_2A_3A_4}}{3V}+\frac{S_{\triangle A_1A_3A_4}}{3V}+\frac{S_{\triangle A_1A_2A_4}}{3V}+\frac{S_{\triangle A_1A_2A_3}}{3V}$$
$$=\frac{S_{\triangle A_2A_3A_4}}{h_1\cdot S_{\triangle A_2A_3A_4}}+\frac{S_{\triangle A_1A_3A_4}}{h_2\cdot S_{\triangle A_1A_3A_4}}+\frac{S_{\triangle A_1A_2A_4}}{h_3\cdot S_{\triangle A_1A_2A_4}}+\frac{S_{\triangle A_1A_2A_3}}{h_4\cdot S_{\triangle A_1A_2A_3}}$$
$$=\frac{1}{h_1}+\frac{1}{h_2}+\frac{1}{h_3}+\frac{1}{h_4}$$

再由 $R\geqslant 3r$，立得 $\frac{1}{h_1}+\frac{1}{h_2}+\frac{1}{h_3}+\frac{1}{h_4}\geqslant\frac{3}{R}$.

到此结论获证.

注 由均值不等式还可得

$$\frac{1}{h_1^2}+\frac{1}{h_2^2}+\frac{1}{h_3^2}+\frac{1}{h_4^2}\geqslant\frac{9}{4R^2}$$

问题 10.1 平面几何 —— 如图 10，设 O 为 $\triangle ABC$ 内部的任意一点，AO，BO，CO 的延长线分别交 BC，CA，AB 于点 D，E，F，求证：$\frac{AO}{OD}=\frac{AF}{FB}+\frac{AE}{EC}$.

证法 1 平面几何方法 —— 运用梅涅劳斯定理.

在 $\triangle ABD$ 中，视 FOC 为截线，则根据梅涅劳斯定理，知

$$\frac{AF}{FB}\cdot\frac{BC}{CD}\cdot\frac{DO}{OA}=1\Rightarrow\frac{AF}{FB}=\frac{AO}{OD}\cdot\frac{CD}{BC}\tag{1}$$

又在 $\triangle ADC$ 中视 BOE 为截线，则根据梅涅劳斯定理，知

$$\frac{AO}{OD}\cdot\frac{DB}{BC}\cdot\frac{CE}{EA}=1\Rightarrow\frac{AE}{EC}=\frac{DB}{BC}\cdot\frac{AO}{OD}\tag{2}$$

由(1)＋(2) 即得结论.

证法 2 平面几何方法 —— 面积法.

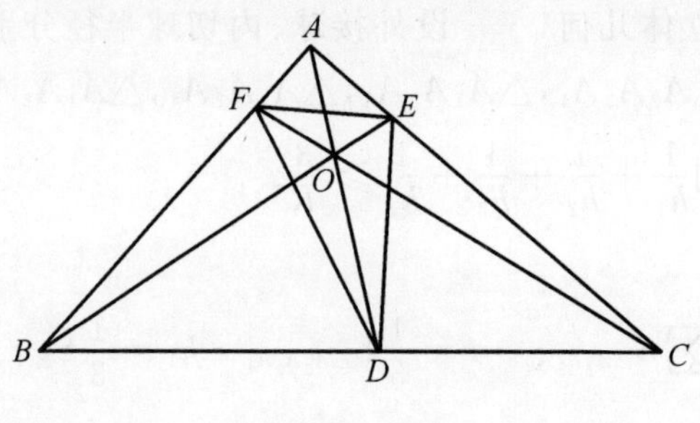

图 10

记 $\triangle ABC$,$\triangle OBC$,$\triangle OCA$,$\triangle OAB$ 的面积分别为 Δ,Δ_1,Δ_2,Δ_3,于是,由共边比例定理,得

$$\frac{AF}{FB}=\frac{\Delta_2}{\Delta_1},\frac{AE}{EC}=\frac{\Delta_3}{\Delta_1}\Rightarrow\frac{AF}{FB}+\frac{AE}{EC}=\frac{\Delta_2+\Delta_3}{\Delta_1}$$

而

$$\frac{AO}{OD}=\frac{\Delta_2+\Delta_3}{\Delta_1}$$

所以

$$\frac{AO}{OD}=\frac{AF}{FB}+\frac{AE}{EC}$$

证法 3 平面几何方法 —— 利用相似形,构造比例线段.

如图 11,过 A 作 $MN\parallel BC$ 分别交 CF,BE 的延长线于点 M,N,则由 $\triangle AMP\backsim\triangle BCF$,$\triangle ANE\backsim\triangle CBE$,$\triangle MNP\backsim\triangle CBP$,有

$$\frac{AF}{FB}=\frac{AM}{BC},\frac{AE}{EB}=\frac{AN}{BC}$$

即

$$\frac{AF}{FB}+\frac{AE}{EB}=\frac{MN}{BC}$$

而$\frac{AO}{OD}=\frac{MN}{BC}$,从而

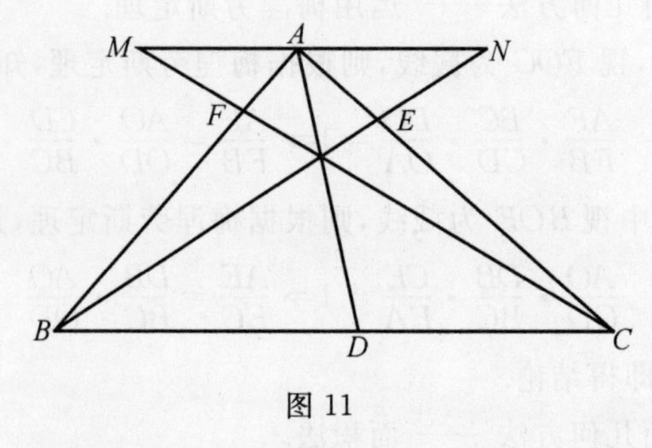

图 11

$$\frac{AO}{OD}=\frac{AF}{FB}+\frac{AE}{EC}$$

注　证法 1 主要依赖于平面几何中的重要结论 —— 梅涅劳斯定理,可否移植到空间,需要探索;证法 2 则利用前面多次用到过的面积法,此法成功移植的可能性较大;证法 3 用到了平面几何中的相似性 —— 构造比例线段,此法在空间暂无,故移植较难把握.

问题 10.2　立体几何 —— 设 P 为三棱锥 $A-BCD$ 内部的任意一点,联结 AP 并延长交平面 BCD 于点 A_1.

(1) 分别联结 BP,CP,DP 交顶点 B,C,D 的对面于点 $B_0,C_0,D_0,AB_0,AC_0,AD_0$ 的延长线分别与边 CD,DB,BC 交于点 E,F,G,求证

$$2\frac{AP}{PA_1}=\frac{AB_0}{B_0E}+\frac{AC_0}{C_0F}+\frac{AD_0}{D_0G}$$

(2) 分别联结 BA_1,CA_1,DA_1 并延长交 CD,DB,BC 于点 M_1,N_1,Q_1,再分别联结 M_1P,N_1P,Q_1P 并延长分别交 AB,AC,AD 于点 M,Q,N,求证

$$\frac{AP}{PA_1}=\frac{AM}{MB}+\frac{AN}{ND}+\frac{AQ}{QC}$$

说明:本题中的命题(2)(命题(2) 较为特殊,不是较好的空间推广,其原因是对应规律不够准确,而命题(1) 的对应规律比较明显)可参考《数学通报》1997 年第 11 期,湖北《中学数学》1999 年第 6 期,"一个平几定理的空间推广".

证明　(1) 证法 1:如图 12,在 $\triangle AA_1E$ 中视 BPB_0 为截线,则由梅涅劳斯定理,有

$$\frac{AP}{PA_1}\cdot\frac{A_1B}{BE}\cdot\frac{EB_0}{B_0A}=1\Rightarrow\frac{AP}{PA_1}\cdot\frac{A_1B}{BE}=\frac{B_0A}{EB_0}$$

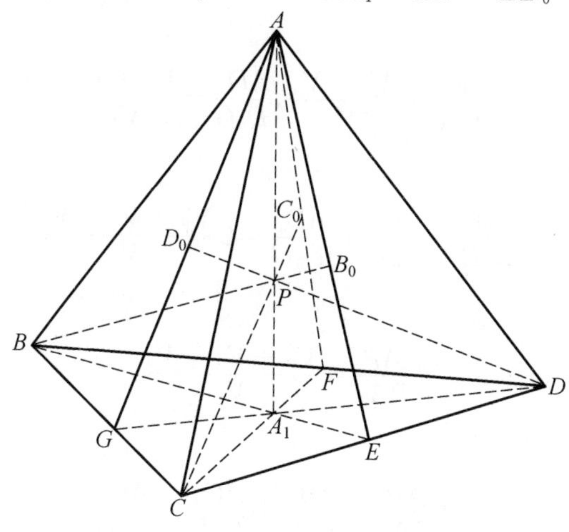

图 12

同理,有

$$\frac{AP}{PA_1}\cdot\frac{A_1C}{CF}=\frac{C_0A}{FB_0}$$

$$\frac{AP}{PA_1}\cdot\frac{A_1D}{DG}=\frac{D_0A}{GD_0}$$

此三式相加并注意到

$$\frac{BA_1}{BE}+\frac{CA_1}{CF}+\frac{DA_1}{DG}=2$$

便得结论.

证法 2:如图 12,设

$$V_{三棱锥A-BCD}=V,V_{三棱锥P-BCD}=V_1,V_{三棱锥P-ACD}=V_2$$

$$V_{三棱锥P-ABD}=V_3,V_{三棱锥P-ABC}=V_4$$

由于三棱锥 $A-PBC$ 与三棱锥 $E-PBC$ 共用底面 $\triangle PBC$,三棱锥 $A-PBD$ 与三棱锥 $E-PBD$ 共用底面 $\triangle PBD$,于是,由四面体中的共面比例定理,知

$$\frac{AB_0}{B_0E}=\frac{V_{三棱锥A-PBC}}{V_{三棱锥E-PBC}}=\frac{V_4}{V_{三棱锥E-PBC}}$$

$$\frac{AB_0}{B_0E}=\frac{V_{三棱锥A-PBD}}{V_{三棱锥E-PBD}}=\frac{V_3}{V_{三棱锥E-PBD}}$$

再结合等比定理

$$\Rightarrow\frac{AB_0}{B_0E}=\frac{V_4}{V_{三棱锥E-PBC}}=\frac{V_3}{V_{三棱锥E-PBD}}=\frac{V_3+V_4}{V_{三棱锥E-PBD}+V_{三棱锥E-PBC}}=\frac{V_3+V_4}{V_1}$$

同理可得

$$\frac{AC_0}{C_0F}=\frac{V_2+V_4}{V_1},\frac{AD_0}{D_0G}=\frac{V_2+V_3}{V_1}$$

以上三式相加,得

$$\frac{AB_0}{B_0E}+\frac{AC_0}{C_0F}+\frac{AD_0}{D_0G}=2\,\frac{V_2+V_3+V_4}{V_1}$$

而

$$\frac{AP}{PA_1}=\frac{V_2+V_3+V_4}{V_1}$$

故

$$2\,\frac{AP}{PA_1}=\frac{AB_0}{B_0E}+\frac{AC_0}{C_0F}+\frac{AD_0}{D_0G}$$

(2) 证法 1:如图 13,由直线 MM_1 截 $\triangle ABA_1$,根据梅涅劳斯定理,知

$$\frac{AM}{MB}\cdot\frac{BM_1}{M_1A_1}\cdot\frac{A_1P}{PA}=1\Rightarrow\frac{AP}{PA_1}\cdot\frac{M_1A_1}{M_1B}=\frac{AM}{MB} \tag{1}$$

由直线 NN_1 截 $\triangle ADA_1$,根据梅涅劳斯定理,知

$$\frac{AP}{PA_1}\cdot\frac{A_1N_1}{N_1D}\cdot\frac{DN}{NA}=1\Rightarrow\frac{AP}{PA_1}\cdot\frac{A_1N_1}{N_1D}=\frac{NA}{DN} \tag{2}$$

由直线 QQ_1 截 $\triangle ACA_1$,根据梅涅劳斯定理,知

$$\frac{AP}{PA_1}\cdot\frac{A_1Q_1}{Q_1C}\cdot\frac{CQ}{QA}=1\Rightarrow\frac{AP}{PA_1}\cdot\frac{A_1Q_1}{Q_1C}=\frac{QA}{CQ} \tag{3}$$

由(1)+(2)+(3),得

$$\frac{AP}{PA_1}\left(\frac{M_1A_1}{BM_1}+\frac{A_1Q_1}{CQ_1}+\frac{N_1A_1}{DN_1}\right)=\frac{MA}{MB}+\frac{AQ}{QC}+\frac{AN}{ND}$$

而

$$\frac{M_1A_1}{BM_1}+\frac{A_1Q_1}{CQ_1}+\frac{N_1A_1}{DN_1}=1$$

从而结论获证.

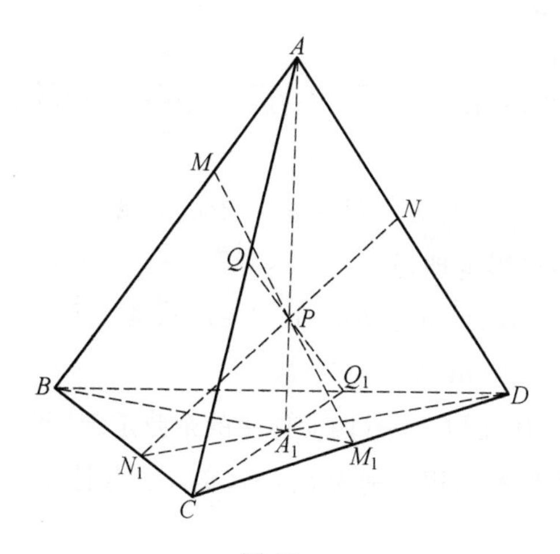

图 13

证法 2:设

$$V_{三棱锥A-BCD}=V,V_{三棱锥P-BCD}=V_1,V_{三棱锥P-ACD}=V_2$$

$$V_{三棱锥P-ABD}=V_3,V_{三棱锥P-ABC}=V_4$$

由四面体中的共面比例定理,知

$$\frac{AM}{MB}=\frac{V_{\text{三棱锥}A-PCD}}{V_{\text{三棱锥}B-PCD}}=\frac{V_2}{V_1}$$

$$\frac{AQ}{QC}=\frac{V_{\text{三棱锥}A-PBD}}{V_{\text{三棱锥}C-PBD}}=\frac{V_3}{V_1}$$

$$\frac{AN}{ND}=\frac{V_{\text{三棱锥}A-PBC}}{V_{\text{三棱锥}B-PBC}}=\frac{V_4}{V_1}$$

即

$$\frac{AM}{MB}+\frac{AQ}{QC}+\frac{AN}{ND}=\frac{V_2+V_3+V_4}{V_1}$$

而

$$\frac{AP}{PA_1}=\frac{V_2+V_3+V_4}{V_1}$$

从而结论获证.

问题 11.1 平面几何 ——(余弦定理) 在 $\triangle ABC$ 中,求证

$$a^2=b^2+c^2-2bc\cos A$$

证法 1 向量法.

由向量等式知

$$\overrightarrow{BC}^2=(\overrightarrow{BA}+\overrightarrow{AC})^2=\overrightarrow{BA}^2+\overrightarrow{AC}^2+2\overrightarrow{BA}\cdot\overrightarrow{AC}$$

即

$$a^2=b^2+c^2-2bc\cos A$$

证法 2 由斜射影定理,知

$$a^2=a(b\cos C+c\cos B),b^2=b(a\cos C+c\cos A),c^2=c(b\cos A+a\cos B)$$

所以 $a^2=b^2+c^2-2bc\cos A$.

问题 11.2 立体几何 ——(四面体中的余弦定理) 设四面体 $A_1A_2A_3A_4$ 各顶点所对的面三角形的面积分别为 S_1,S_2,S_3,S_4,各棱所在二面角的大小分别记为 $\overline{XY}$,则有

$$S_1^2=S_2^2+S_3^2+S_4^2-2S_2S_3\cos\overline{A_1A_4}-2S_2S_4\cos\overline{A_1A_3}-2S_3S_4\cos\overline{A_1A_2}$$

(说明:本结论在一些刊物上早已有之).

证明 由射影定理,知

$$S_1=S_2\cos\overline{A_3A_4}+S_3\cos\overline{A_2A_4}+S_4\cos\overline{A_2A_3} \tag{1}$$

$$S_2=S_1\cos\overline{A_3A_4}+S_3\cos\overline{A_1A_4}+S_4\cos\overline{A_1A_3} \tag{2}$$

$$S_3=S_1\cos\overline{A_2A_4}+S_2\cos\overline{A_1A_4}+S_4\cos\overline{A_1A_2} \tag{3}$$

$$S_4=S_1\cos\overline{A_2A_3}+S_2\cos\overline{A_1A_3}+S_3\cos\overline{A_1A_2} \tag{4}$$

由

$$S_1 \cdot (1) - S_2 \cdot (2) - S_3 \cdot (3) - S_4 \cdot (4)$$
$$= -2S_2S_3\cos\overline{A_1A_4} - 2S_2S_4\cos\overline{A_1A_3} - 2S_3S_4\cos\overline{A_1A_2}$$

整理即得结论.

问题 12.1 平面几何——在$\triangle ABC$中求一点P,使得$AP^2+BP^2+CP^2$最小.

解法 1 设G为$\triangle ABC$的重心,则$\overrightarrow{PA}=\overrightarrow{GA}-\overrightarrow{GP}$,$\overrightarrow{PB}=\overrightarrow{GB}-\overrightarrow{GP}$,$\overrightarrow{PC}=\overrightarrow{GC}-\overrightarrow{GP}$,且$\overrightarrow{GA}+\overrightarrow{GB}+\overrightarrow{GC}=\mathbf{0}$,所以

$$\begin{aligned}AP^2+BP^2+CP^2 &= (\overrightarrow{GA}-\overrightarrow{GP})^2+(\overrightarrow{GB}-\overrightarrow{GP})^2+(\overrightarrow{GC}-\overrightarrow{GP})^2\\ &= \overrightarrow{GA}^2+\overrightarrow{GB}^2+\overrightarrow{GC}^2-2(\overrightarrow{GA}+\overrightarrow{GB}+\overrightarrow{GC})\cdot\\ &\quad \overrightarrow{GP}+3\overrightarrow{GP}^2\\ &\geqslant \overrightarrow{GA}^2+\overrightarrow{GB}^2+\overrightarrow{GC}^2\end{aligned}$$

等号成立的条件为$\overrightarrow{GP}^2=0$,即P与G重合时取到.

解法 2 解析法.

设$A(x_1,y_1)$,$B(x_2,y_2)$,$C(x_3,y_3)$,$P(x,y)$,则由距离公式,知

$$\begin{aligned}AP^2+BP^2+CP^2 &= (x-x_1)^2+(y-y_1)^2+(x-x_2)^2+(y-y_2)^2+\\ &\quad (x-x_3)^2+(y-y_3)^2\\ &= 3x^2-2x(x_1+x_2+x_3)+3y^2-2y(y_1+y_2+y_3)+\\ &\quad x_1^2+x_2^2+x_3^2+y_1^2+y_2^2+y_3^2\\ &= 3\left(x-\frac{x_1+x_2+x_3}{3}\right)+3\left(y-\frac{y_1+y_2+y_3}{3}\right)+\\ &\quad x_1^2+x_2^2+x_3^2+y_1^2+y_2^2+y_3^2\\ &\geqslant x_1^2+x_2^2+x_3^2+y_1^2+y_2^2+y_3^2\end{aligned}$$

等号成立的条件为$x=\dfrac{x_1+x_2+x_3}{3}$,$y=\dfrac{y_1+y_2+y_3}{3}$,即P与G重合时取到.

问题 12.2 立体几何——设P为四面体$A_1A_2A_3A_4$内部一动点,求:$PA_1^2+PA_2^2+PA_3^2+PA_4^2$的最小值.

解 设G为四面体的重心,则

$$\begin{aligned}&PA_1^2+PA_2^2+PA_3^2+PA_4^2\\ &= (\overrightarrow{PG}+\overrightarrow{GA_1})^2+(\overrightarrow{PG}+\overrightarrow{GA_2})^2+(\overrightarrow{PG}+\overrightarrow{GA_3})^2+(\overrightarrow{PG}+\overrightarrow{GA_4})^2\\ &= 3\overrightarrow{PG}^2+2\overrightarrow{PG}(\overrightarrow{GA_1}+\overrightarrow{GA_2}+\overrightarrow{GA_3}+\overrightarrow{GA_4})+\overrightarrow{GA_1}^2+\\ &\quad \overrightarrow{GA_2}^2+\overrightarrow{GA_3}^2+\overrightarrow{GA_4}^2\end{aligned}$$

$$=3\overrightarrow{PG}^2+\overrightarrow{GA_1}^2+\overrightarrow{GA_2}^2+\overrightarrow{GA_3}^2+\overrightarrow{GA_4}^2$$

$$\geqslant\overrightarrow{GA_1}^2+\overrightarrow{GA_2}^2+\overrightarrow{GA_3}^2+\overrightarrow{GA_4}^2$$

注意到$\overrightarrow{GA_1}^2+\overrightarrow{GA_2}^2+\overrightarrow{GA_3}^2+\overrightarrow{GA_4}^2=\mathbf{0}$,$\overrightarrow{PG}^2\geqslant 0$,所以

$$PA_1^2+PA_2^2+PA_3^2+PA_4^2\geqslant\overrightarrow{GA_1}^2+\overrightarrow{GA_2}^2+\overrightarrow{GA_3}^2+\overrightarrow{GA_4}^2$$
$$=GA_1^2+GA_2^2+GA_3^2+GA_4^2$$

注 本题也可以用坐标法解决,略.

问题13.1 平面几何——若一个三角形的内切圆与三边的切点为三边上的中点,则该三角形为正三角形,试证明之.

证明 设$\triangle ABC$内切圆的圆心为I,与三边的切点分别为D,E,F,记$\overrightarrow{IA}=\boldsymbol{a}$,$\overrightarrow{IB}=\boldsymbol{b}$,$\overrightarrow{IC}=\boldsymbol{c}$,由题意,知

$$\overrightarrow{ID}=\frac{1}{2}(\overrightarrow{IA}+\overrightarrow{OB})=\frac{1}{2}(\boldsymbol{a}+\boldsymbol{b})$$

因为$\triangle ABC$的内切圆与三边的切点为边的中点,即$ID\perp BC$,所以

$$0=\overrightarrow{ID}\cdot\overrightarrow{BC}=(\boldsymbol{a}+\boldsymbol{b})\cdot(\boldsymbol{a}-\boldsymbol{b})=\boldsymbol{a}^2-\boldsymbol{b}^2\Rightarrow IA=IB$$

同理可得$IB=IC$,而I为$\triangle ABC$内切圆的圆心,所以

$$\overrightarrow{ID}=\overrightarrow{IE}\Leftrightarrow\overrightarrow{ID}^2=\overrightarrow{IE}^2\Leftrightarrow(\boldsymbol{b}+\boldsymbol{c})^2=(\boldsymbol{a}+\boldsymbol{c})^2\Leftrightarrow\boldsymbol{c}\cdot(\boldsymbol{a}-\boldsymbol{b})=0$$
$$\Leftrightarrow\overrightarrow{IC}\cdot\overrightarrow{AB}=0$$

同理可得,$\overrightarrow{IA}\cdot\overrightarrow{BC}=\mathbf{0}$,从而$A,I,D$;$B,I,E$;$C,I,F$分别三点共线,即三边上的高线与中线重合,即$\triangle ABC$为正三角形.

问题13.2 立体几何——若一个四面体的内切球与各面的切点为各面三角形的重心,求证:此四面体为正四面体.

证明 设O为四面体$ABCD$内切球的球心,各顶点所对面上的三角形的重心分别为A_1,B_1,C_1,D_1,记$\overrightarrow{OA}=\boldsymbol{a}$,$\overrightarrow{OB}=\boldsymbol{b}$,$\overrightarrow{OC}=\boldsymbol{c}$,$\overrightarrow{OD}=\boldsymbol{d}$,而$O$到各面重心的距离为内切球半径,从而

$$\overrightarrow{OD_1}=\overrightarrow{OA}+\overrightarrow{AD_1}=\boldsymbol{a}+\overrightarrow{AD_1}=\boldsymbol{b}+\overrightarrow{BD_1}=\boldsymbol{c}+\overrightarrow{CD_1}$$

$$\Rightarrow 3\overrightarrow{OD_1}=\boldsymbol{a}+\boldsymbol{b}+\boldsymbol{c},3\overrightarrow{OC_1}=(\boldsymbol{a}+\boldsymbol{b}+\boldsymbol{d})^2\Rightarrow|\overrightarrow{OD_1}|=|\overrightarrow{OC_1}|$$

即有

$$(\boldsymbol{a}+\boldsymbol{b}+\boldsymbol{c})^2=(\boldsymbol{a}+\boldsymbol{b}+\boldsymbol{d})^2\tag{1}$$

又$\overrightarrow{OD_1}\perp\overrightarrow{AB}$,$\overrightarrow{OD_1}\perp\overrightarrow{AC}$,从而

$$(\boldsymbol{a}+\boldsymbol{b}+\boldsymbol{c})\cdot(\boldsymbol{a}-\boldsymbol{b})=0,(\boldsymbol{a}+\boldsymbol{b}+\boldsymbol{c})\cdot(\boldsymbol{a}-\boldsymbol{c})=0$$

即

$$(\boldsymbol{a}+\boldsymbol{b}+\boldsymbol{c})\cdot\boldsymbol{a}=(\boldsymbol{a}+\boldsymbol{b}+\boldsymbol{c})\cdot\boldsymbol{b}=(\boldsymbol{a}+\boldsymbol{b}+\boldsymbol{c})\cdot\boldsymbol{c}$$

于是

$$3(\boldsymbol{a}+\boldsymbol{b}+\boldsymbol{c})\cdot\boldsymbol{a}=(\boldsymbol{a}+\boldsymbol{b}+\boldsymbol{c})\cdot\boldsymbol{a}+(\boldsymbol{a}+\boldsymbol{b}+\boldsymbol{c})\cdot\boldsymbol{b}+(\boldsymbol{a}+\boldsymbol{b}+\boldsymbol{c})\cdot\boldsymbol{c}$$
$$=(\boldsymbol{a}+\boldsymbol{b}+\boldsymbol{c})^2$$

所以

$$(\boldsymbol{a}+\boldsymbol{b}+\boldsymbol{c})\cdot\boldsymbol{a}=\frac{1}{3}(\boldsymbol{a}+\boldsymbol{b}+\boldsymbol{c})^2 \tag{2}$$

同理可得

$$(\boldsymbol{a}+\boldsymbol{b}+\boldsymbol{d})\cdot\boldsymbol{a}=\frac{1}{3}(\boldsymbol{a}+\boldsymbol{b}+\boldsymbol{d})^2 \tag{3}$$

结合(1)(2)(3)有

$$(\boldsymbol{a}+\boldsymbol{b}+\boldsymbol{d})\cdot\boldsymbol{a}=(\boldsymbol{a}+\boldsymbol{b}+\boldsymbol{c})\cdot\boldsymbol{a}$$

从而$\boldsymbol{a}\cdot\boldsymbol{c}=\boldsymbol{a}\cdot\boldsymbol{d}$，由向量$\boldsymbol{a},\boldsymbol{b},\boldsymbol{c},\boldsymbol{d}$的任意性知，$\boldsymbol{a},\boldsymbol{b},\boldsymbol{c},\boldsymbol{d}$中任意两个向量的内积都相等，由此再结合(1)知$\boldsymbol{c}^2=\boldsymbol{d}^2$，从而，$\boldsymbol{a},\boldsymbol{b},\boldsymbol{c},\boldsymbol{d}$中任意两个向量的模都相等，又

$$AB^2=\overrightarrow{AB}^2=(\boldsymbol{b}-\boldsymbol{a})^2=\boldsymbol{a}^2+\boldsymbol{b}^2-2\boldsymbol{a}\cdot\boldsymbol{b}$$
$$AC^2=\overrightarrow{AC}^2=(\boldsymbol{c}-\boldsymbol{a})^2=\boldsymbol{a}^2+\boldsymbol{c}^2-2\boldsymbol{a}\cdot\boldsymbol{c}$$

所以$AB^2=AC^2\Rightarrow AB=AC$，同理可得其他各棱长都相等，即此四面体为正四面体.

注　本题的证明比较迂回，需要从分析入手考虑.

问题14.1　平面几何——(费马点的性质)在内角不超过120°的$\triangle ABC$内找一点F，使F到三顶点距离之和最小.(费马定理)

说明:关于本题前面曾给出了一个证明(第1章§1)，其优越性在于将离散的线段通过旋转使其位于一条直线上，从而使得问题得以快速解决，这是解决离散线段求和问题的通法，解法的关键之处在于一次性解决了三线段长之和最小的充要条件是点F对三边所张的角均为120°.若想将此法移植到空间，怎么旋转，这暂时还不能确定，故不好移植.

这里再给出一个优雅的证明，同时我们来分析看看这个证明是否容易移植到空间.

证明　运用正三角形的性质——正三角形内部任意一点到三边距离的和为定值.

所以只要证明当$\angle AFB=\angle BFC=\angle CFA=120^\circ$时，$FA+FB+FC$最小即可.

如图14，设$\angle AFB=\angle BFC=\angle CFA=120^\circ$，过$A,B,C$分别作$PA,PB$,

PC 的垂线,构成一个等边 $\triangle MNP$,于是 $FA+FB+FC=h$(h 为等边 $\triangle MNP$ 的一条高线的长度). 设 E 为 $\triangle ABC$ 内部任意一点,过点 E 分别作等边 $\triangle MNP$ 三边的垂线 EX,EY,EZ,X,Y,Z 分别为垂足,则

$$EA+EB+EC\geqslant EX+EY+EZ=h=FA+FB+FC$$

即 $\triangle ABC$ 内部任意一点到三个顶点距离之和最短的点是该点对三边张 120° 的角.

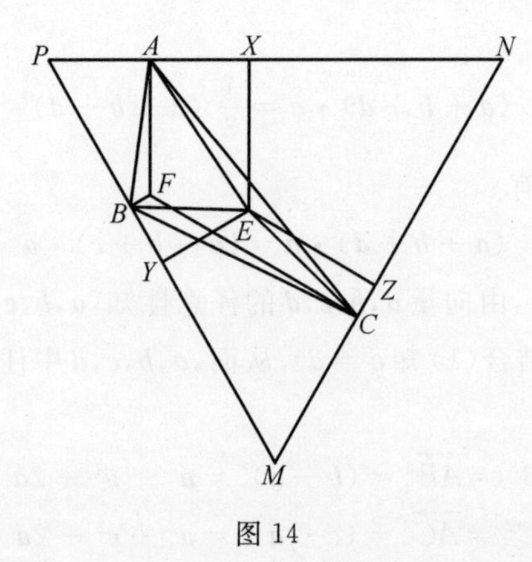

图 14

注 这个证明用到了平面几何中的三个结论,一是,从一点出发的三条射线成等角,大小为 120°;二是,正三角形内部任意一点到三边的距离之和为定值(一条边上的高线长);三是,三个内角都相等的三角形是正三角形.

那么,在空间四面体中,有无上述类似的费马点存在呢? 如有,则就需要上述类似的三个引理.

问题 14.2 立体几何 ——(空间四面体中的费马点性质)设四面体 $A_1A_2A_3A_4$ 内部有一点 A,点 A 对各棱均张角为 $\mathrm{arc}\left(-\frac{1}{3}\right)$,则点 A 到四面体 $A_1A_2A_3A_4$ 各顶点的距离之和最短.

证明 为证明本题,我们先来证明几个引理.

引理 1 对于空间一点 O,从该点引出四条射线两两均成等角 α,则 $\cos\alpha=-\frac{1}{3}$.

证明 设从 O 引出的线段分别为 OA_1,OA_2,OA_3,OA_4,且 $OA_1=OA_2=OA_3=OA_4=1$,并且它们两两均成等角 α,则点 A_1,A_2,A_3,A_4 构成一个正四面体,于是,点 O 为该四面体的重心(即各顶点与对面重心的连线此四线共点,此点一般称为四面体的重心,证明略),从而

$$\overrightarrow{OA_1}+\overrightarrow{OA_2}+\overrightarrow{OA_3}+\overrightarrow{OA_4}=\mathbf{0}$$

平方得

$$4+12\cos\alpha=0$$

即

$$\cos\alpha=-\frac{1}{3}$$

故结论获证.

引理 2 各二面角大小都相等的四面体为正四面体.

证明 如图 15,设题述四面体为 $ABCD$,顶点 A 在底面 $\triangle BCD$ 上的投影为 O,从点 O 分别作边 BC,CD 的垂线,垂足分别为 E,F,则由条件知 $\angle AEO$,$\angle AFO$ 分别为二面角 $A-BC-D$,$A-CD-B$ 的平面角,根据题意,知

$$\angle AEO=\angle AFO\Rightarrow AE=AF$$

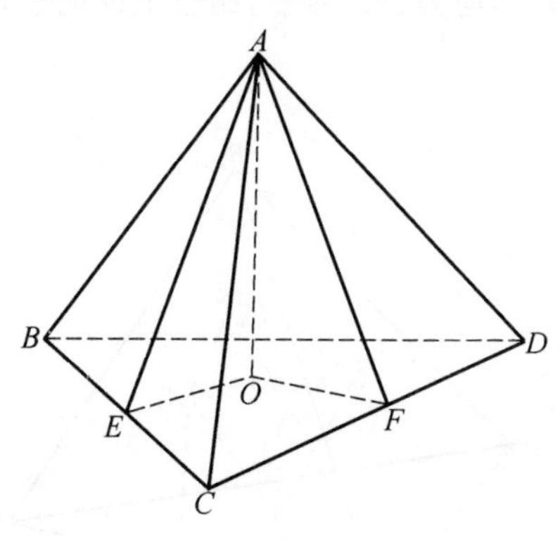

图 15

同理可证,四面体任意一个面上从同一顶点引出的三条高线长都相等.令各二面角的大小为 α,各顶点 A,B,C,D 所对面的面积分别为 a,b,c,d,则将各侧面向下投影到平面 $\triangle BCD$ 上,有

$$a=b\cos\alpha+c\cos\alpha+d\cos\alpha=(b+c+d)\cos\alpha$$

同理,有

$$b=(a+c+d)\cos\alpha$$

于是,联合上面两个式子,得

$$\frac{a}{b+c+d}=\frac{b}{a+c+d}\Rightarrow a=b$$

同理可得 $a=b=c=d$,即四面体的各面面积均相等,故

$$\frac{1}{2}BC\cdot AE=\frac{1}{2}CD\cdot AF\Rightarrow BC=CD$$

同理可得,四面体的其他各棱均相等,从而,题述四面体为正四面体.

引理 3 正四面体内部任意一点到四个面的距离之和为定值(一个面上的高线长).

证明 由体积法易证,略.

下面回到原题.

如图 16,分别过四面体为 $A_1A_2A_3A_4$ 的顶点 A_1,A_2,A_3,A_4 作其对面的平行平面交成一个新的四面体 $B_1B_2B_3B_4$,于是,AA_2,AA_1 分别为面 $\triangle B_1B_3B_4$,$\triangle B_2B_3B_4$ 的垂线,记平面 AA_1A_2 与棱 B_3B_4 交于点 B,则 A,A_1,B,A_2 四点共圆. 从而,由条件知 $\angle A_1AA_2=\mathrm{arc}\left(-\frac{1}{3}\right)$,所以 $\angle A_1BA_2=\arccos\frac{1}{3}$. 而由作图知 $\angle A_1BA_2$ 为二面角 $B_1-B_3B_4-B_2$ 的平面角,同理可证,四面体 $B_1B_2B_3B_4$ 的其他各个二面角的大小均为 $\arccos\frac{1}{3}$,结合上面的引理知,四面体 $B_1B_2B_3B_4$ 为正四面体.

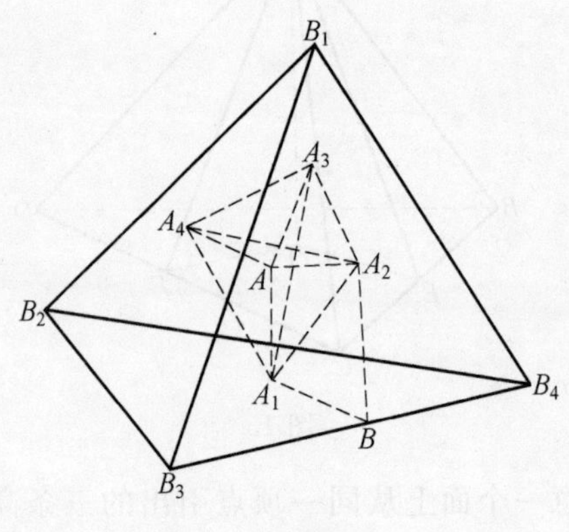

图 16

从而,点 A 到正四面体 $B_1B_2B_3B_4$ 的各面的距离之和为一个定值(不妨设为 H).

现在设 C 为四面体 $A_1A_2A_3A_4$ 内部任意一点,则 C 到正四面体 $B_1B_2B_3B_4$ 的各面距离之和为一个定值 H,联结 CA_1,CA_2,CA_3,CA_4,则 $CA_1+CA_2+CA_3+CA_4$ 不小于点 C 到正四面体 $B_1B_2B_3B_4$ 的各面的距离之和,即 C 到正四面体 $B_1B_2B_3B_4$ 的各面的距离之和不小于 A 到正四面体 $B_1B_2B_3B_4$ 的各面的距离之和,从而,得到点 A 是到四面体 $A_1A_2A_3A_4$ 的各顶点距离之和最短的点.

注 这里提出的四面体中的费马点结论,是笔者新近研究而获得的新成果,此类结论已有人提出(见邹黎明的“四面体的费马点的四个定理”,《湖南数学通讯》1993 年第 3 期第 40 页研究简讯,简讯中没有证明,只有结果),但是它们与平面里的费马点结论不够工整对仗，而这里提出的结论形式与平面里的费马点结论可工整对仗.

问题 15.1 平面几何——设 A,B,C 为 $\triangle ABC$ 的三个内角，求证：对于任意实数 x,y,z，不等式 $x^2+y^2+z^2\geqslant 2xy\cos A+2yz\cos B+2zx\cos C$ 恒成立.

说明：关于本题的证明，笔者探索出较多的证明方法，有些是某些刊物较早刊登过的，有些是笔者新发现的，从笔者了解到的证明方法来看，下面给出的向量法可能在国内较早一些，由于笔者孤陋寡闻，也许别人早已有之，不妥之处欢迎大家批评.

证法 1 判别式法.

原不等式等价于

$$x^2-2x(y\cos A+z\cos C)+y^2+z^2-2yz\cos B\geqslant 0 \tag{1}$$

即问题等价于对 $x\in\mathbf{R}$，式(1) 恒成立. 于是需要证明上面关于 x 的二次三项式的判别式是否小于等于 0，然而

$$\begin{aligned}\frac{\Delta}{4}&=(y\cos A+z\cos C)^2-(y^2+z^2-2yz\cos B)\\&=-y^2\sin^2 A-z^2\sin^2 C+2yz\cos A\cos C-2yz\cos(A+C)\\&=-(y\sin A-z\sin C)^2\leqslant 0\end{aligned}$$

这表明式(1) 对任意实数 x 恒成立，从而原不等式获证.

注 此证明是解本题的常用方法，称为主元法也可以称为构造二次函数法，或者判别式法.

介绍一个与本题有关的有用推论：在本题中令 $x=\tan\frac{B}{2}$，$y=\tan\frac{C}{2}$，$z=\tan\frac{A}{2}$，于是得

$$\sum\tan^2\frac{A}{2}\geqslant 2\sum\tan\frac{A}{2}\cdot\tan\frac{B}{2}\cos C=2\sum\tan\frac{A}{2}\tan\frac{B}{2}\left(1-2\sin^2\frac{C}{2}\right)$$

$$=2-4\sum\tan\frac{A}{2}\tan\frac{B}{2}\sin^2\frac{C}{2}=2-4\sum\frac{\sin\frac{A}{2}\sin\frac{B}{2}\sin^2\frac{C}{2}}{\cos\frac{A}{2}\cos\frac{B}{2}}$$

$$=2-4\prod\sin\frac{A}{2}\sum\frac{\sin\frac{C}{2}}{\cos\frac{A}{2}\cos\frac{B}{2}}=2-2\prod\sin\frac{A}{2}\cdot\frac{\sum\sin A}{\prod\cos\frac{A}{2}}$$

$$=2-8\prod\sin\frac{A}{2}$$

证法 2 配方法.

原不等式等价于

$$
\begin{aligned}
0 &\leqslant x^2+y^2+z^2-2xy\cos A-2yz\cos B-2zx\cos C \\
&=x^2-2x(y\cos A+z\cos C)+(y\cos A+z\cos C)^2+ \\
&\quad y^2+z^2-2yz\cos B-(y\cos A+z\cos C)^2 \\
&=[x-y\cos A-z\cos C]^2+y^2\sin^2 A+z^2\sin^2 C- \\
&\quad 2yz\cos B-2yz\cos A\cos C \\
&=(x-y\cos A-z\cos C)^2+y^2\sin^2 A+ \\
&\quad z^2\sin^2 C+2yz\cos(A+C)-2yz\cos A\cos C \\
&=(x-y\cos A-z\cos C)^2+y^2\sin^2 A+z^2\sin^2 C-2yz\sin A\sin C \\
&=(x-y\cos A-z\cos C)^2+(y\sin A-z\sin C)^2
\end{aligned}
$$

从而原不等式获证.

注 此证明着眼于恒成立的以 x 为主元的二次不等式,结果肯定可以配方成一个或者多个完全平方式的结构.

证法 3 配方法.

原不等式等价于

$$
\begin{aligned}
0 &\leqslant x^2+y^2+z^2-2xy\cos A-2yz\cos B-2zx\cos C \\
&=x^2+y^2(\sin^2 A+\cos^2 A)+z^2(\sin^2 C+\cos^2 C)- \\
&\quad 2xy\cos A+2yz\cos(A+C)-2zx\cos C \\
&=x^2+y^2(\sin^2 A+\cos^2 A)+z^2(\sin^2 B+\cos^2 B)- \\
&\quad 2xy\cos A+2yz(\cos A\cos C-\sin A\sin C)-2zx\cos C \\
&=(y^2\sin^2 A-2yz\sin A\sin C+z^2\sin^2 C)+ \\
&\quad (z^2\cos^2 C+2yz\cos A\cos C+y^2\cos^2 A)- \\
&\quad 2x(y\cos A+z\cos C)+x^2 \\
&=(y\sin A-z\sin C)^2+(z\cos C+y\cos A)^2- \\
&\quad 2x(y\cos A+z\cos C)+x^2 \\
&=(y\sin A-z\sin C)^2+(z\cos C+y\cos A-x)^2
\end{aligned}
$$

注 此配方法不同于前面的配方法,这里的配方是着眼于 y^2,z^2 的系数,有一定的特点.

证法 4 向量方法.

设 $\boldsymbol{i},\boldsymbol{j},\boldsymbol{k}$ 是单位向量,且 $\boldsymbol{i}$ 与 $\boldsymbol{j}$,$\boldsymbol{j}$ 与 $\boldsymbol{k}$,$\boldsymbol{k}$ 与 $\boldsymbol{i}$ 分别成角为 $\pi-C,\pi-A,\pi-B$,则对于任意实数 x,y,z 都有

$$
0\leqslant(\boldsymbol{i}z+\boldsymbol{j}x+\boldsymbol{k}y)^2=x^2+y^2+z^2+2zx\cos(\pi-C)+
$$

$$2xy\cos(\pi - A) + 2yz\cos(\pi - B)$$
$$= x^2 + y^2 + z^2 - 2zx\cos C - 2xy\cos A - 2yz\cos B$$

整理便得

$$x^2 + y^2 + z^2 \geqslant 2xy\cos A + 2yz\cos B + 2zx\cos C$$

评注 (1) 本题是一个著名的嵌入不等式,由此可以获得很多三角形中的不等式.

引申 1 设 A,B,C 为 $\triangle ABC$ 的三个内角,求证:对于任意实数 x,y,z,不等式 $x^2 + y^2 + z^2 \geqslant -2xy\cos 2A - 2yz\cos 2B - 2zx\cos 2C$ 恒成立.

引申 2 设 A,B,C 为 $\triangle ABC$ 的三个内角,求证:对于任意实数 x,y,z,不等式 $(x+y+z)^2 \geqslant 4xy\cos^2\frac{A}{2} + 4yz\cos^2\frac{B}{2} + 4zx\cos^2\frac{C}{2}$ 恒成立.

引申 3 设 A,B,C 为 $\triangle ABC$ 的三个内角,求证:对于任意实数 x,y,z,不等式 $(x+y+z)^2 \geqslant 2\sqrt{3}(xy\cos\frac{A}{2} + yz\cos\frac{B}{2} + zx\cos\frac{C}{2})$ 恒成立.

引申 4 设 A,B,C 为 $\triangle ABC$ 的三个内角,求证:对于任意实数 x,y,z,不等式 $x^2 + y^2 + z^2 \geqslant 2xy\sin\frac{A}{2} + 2yz\sin\frac{B}{2} + 2zx\sin\frac{C}{2}$ 恒成立.

证明 只需要在问题15.1中,运用角变换 $A \to \frac{\pi}{2} - \frac{A}{2}, B \to \frac{\pi}{2} - \frac{B}{2}, C \to \frac{\pi}{2} - \frac{C}{2}$. 便得本结论.

还可以得到若干三角形中的三角不等式,此略.

(2) 证法4是最简单的一个证明,这预示着三角不等式也可以用向量方法解决.基于此,笔者沿着这个思路继续前行,将本题移植到空间.

问题 15.2 立体几何——设 $x_1, x_2, x_3, x_4 \in \mathbf{R}^*$,各棱 A_iA_j 所张二面角的大小分别记为 $A_iA_j (1 \leqslant i < j \leqslant 4)$,则有

$$x_1^2 + x_2^2 + x_3^2 + x_4^2 \geqslant 2x_1x_2\cos\overline{A_3A_4} + 2x_1x_3\cos\overline{A_2A_4} + 2x_1x_4\cos\overline{A_2A_3} + 2x_2x_3\cos\overline{A_1A_4} + 2x_2x_4\cos\overline{A_1A_3} + 2x_3x_4\cos\overline{A_1A_2}$$

证明 如图17,设 O 四面体 $A_1A_2A_3A_4$ 内部一点,从 O 分别作四面体 $A_1A_2A_3A_4$ 的面 $A_2A_3A_4, A_1A_3A_4, A_1A_2A_4, A_1A_2A_3$ 的垂线,垂足分别为 B_1, B_2, B_3, B_4,又作 $B_1C \perp A_2A_3$, C 为垂足,连 CB_4,则由平面几何与立体几何的知识知

O, B_4, C, B_1 四点共圆$\Rightarrow \angle B_1CB_4 = \overline{A_2A_3}$, $\overrightarrow{OB_1} = x_1\boldsymbol{i}$, $\overrightarrow{OB_2} = x_2\boldsymbol{j}$

$$\Rightarrow \overrightarrow{OB_3}=x_3\boldsymbol{k},\overrightarrow{OB_4}=x_4\boldsymbol{m}(\text{其中 } \boldsymbol{i},\boldsymbol{j},\boldsymbol{k},\boldsymbol{m} \text{ 是单位向量})$$

则

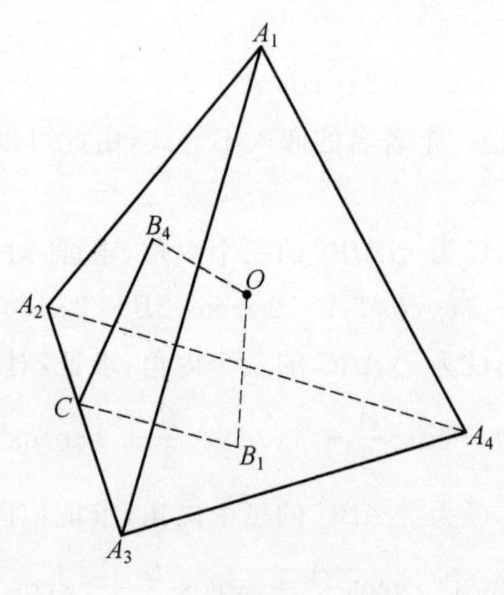

图 17

$$\begin{aligned}
0 &\leqslant (\boldsymbol{i}x_1+\boldsymbol{j}x_2+\boldsymbol{k}x_3+\boldsymbol{m}x_4)^2\\
&=x_1^2+x_2^2+x_3^2+x_4^2+2x_1x_2\cos(\pi-\overline{A_3A_4})+2x_1x_3\cos(\pi-\overline{A_2A_4})+\\
&\quad 2x_1x_4\cos(\pi-\overline{A_2A_3})+2x_2x_3\cos(\pi-\overline{A_1A_4})+\\
&\quad 2x_2x_4\cos(\pi-\overline{A_1A_3})+2x_3x_4\cos(\pi-\overline{A_1A_2})\\
&=x_1^2+x_2^2+x_3^2+x_4^2-(2x_1x_2\cos\overline{A_3A_4}+2x_1x_3\cos\overline{A_2A_4}+\\
&\quad 2x_1x_4\cos\overline{A_2A_3}+2x_2x_3\cos\overline{A_1A_4}+2x_2x_4\cos\overline{A_1A_3}+2x_3x_4\cos\overline{A_1A_2})
\end{aligned}$$

整理便得结论.

评注　本题结论可以视作一个相关四面体(或者四个变量)的母不等式,由此可以衍生出许多四个变量的不等式或者四面体二面角的不等式.

引申 1　设 $x_1,x_2,x_3,x_4\in\mathbf{R}^*$,各棱 A_iA_j 所张二面角的大小分别记为 $\overline{A_iA_j}(1\leqslant i<j\leqslant 4)$,则有

$$\begin{aligned}
(x_1+x_2+x_3+x_4)^2\geqslant\ & 4x_1x_2\cos^2\frac{\overline{A_3A_4}}{2}+4x_1x_3\cos^2\frac{\overline{A_2A_4}}{2}+\\
& 4x_1x_4\cos^2\frac{\overline{A_2A_3}}{2}+4x_2x_3\cos^2\frac{\overline{A_1A_4}}{2}+\\
& 4x_2x_4\cos^2\frac{\overline{A_1A_3}}{2}+4x_3x_4\cos^2\frac{\overline{A_1A_2}}{2}
\end{aligned}$$

证明　运用二倍角公式即可,略.

引申 2　设 $x_1,x_2,x_3,x_4\in\mathbf{R}^*$,各棱 A_iA_j 所张二面角的大小分别记为

$A_iA_j(1\leqslant i<j\leqslant 4)$,则有

$$(x_1+x_2+x_3+x_4)^2(x_1x_2+x_1x_3+x_1x_4+x_2x_3+x_2x_4+x_3x_4)$$
$$\geqslant 4\Big(x_1x_2\cos\frac{\overline{A_3A_4}}{2}+x_1x_3\cos\frac{\overline{A_2A_4}}{2}+x_1x_4\cos\frac{\overline{A_2A_3}}{2}+$$
$$x_2x_3\cos\frac{\overline{A_1A_4}}{2}+x_2x_4\cos\frac{\overline{A_1A_3}}{2}+x_3x_4\cos\frac{\overline{A_1A_2}}{2}\Big)^2$$

证明 对上式运用柯西不等式即可,略.

注 运用代数不等式等变形手法还可以获得很多类似的结论,在此不再展开,留给读者练习挖掘吧.

问题 16.1 平面几何——在 Rt$\triangle ABC$ 中,AD 是斜边 BC 上的高线,联结 Rt$\triangle ABD$ 的内心 M 与 Rt$\triangle ACD$ 的内心 N 的直线,分别与直角边 AB 以及 AC 交于 K,L 两点,$\triangle ABC$ 与 $\triangle AKL$ 的面积分别为 S 与 T,则:

(1)$AK=AL=AD$;

(2)$S\geqslant 2T$.

说明:这是 1988 年第 29 届 IMO 中的一道平面几何试题,通常大家看到本题的证明都是纯正的平面几何方法,此法过多地依赖平面几何知识,不是一个能反映题目本质的方法,这里我们给出一个新颖的通法——向量方法,并且此法可以一次性解决其他相关问题.

证法 1 为证明本赛题,我们先证明如下几个引理.

引理 1 设 A,B,C 为同一平面上的三个点,点 O 为该平面上直线 AB 外的一点,则 A,B,C 三点共线的充要条件是存在实数 x,y,满足 $x+y=1$,使得 $\overrightarrow{OC}=x\cdot\overrightarrow{OA}+y\cdot\overrightarrow{OB}$.

证明 参考单墫主编的普通高中课程实验教科书(《数学·必修 4》,江苏教育出版社 2005 年 6 月第二版,2006 年 12 月第二次印刷,第 67 页例 4).

引理 2 设 O 为 $\triangle ABC$ 内部的任意一点,分别联结 AO,BO,CO 交边 BC,CA,AB 于点 D,E,F,记 $\triangle BOC,\triangle COA,\triangle AOB$ 的面积分别为 $\Delta_1,\Delta_2,\Delta_3$,则

$$\Delta_1\cdot\overrightarrow{OA}+\Delta_2\cdot\overrightarrow{OB}+\Delta_3\cdot\overrightarrow{OC}=\mathbf{0}\qquad(*)$$

证明 如图 18,事实上,由面积知识知

$$\frac{AO}{OD}=\frac{\Delta-\Delta_1}{\Delta_1}\Rightarrow\overrightarrow{OD}=-\frac{\Delta_1}{\Delta_2+\Delta_3}\overrightarrow{OA}\qquad(1)$$

$$\frac{BD}{DC}=\frac{S_{\triangle AOC}}{S_{\triangle AOB}}=\frac{\Delta_3}{\Delta_2}\Rightarrow\overrightarrow{OD}=\frac{\Delta_2}{\Delta_2+\Delta_3}\overrightarrow{OB}+\frac{\Delta_3}{\Delta_2+\Delta_3}\overrightarrow{OC}\qquad(2)$$

结合式(1)(2),便得结论.

注　式（*）是一个很有用的结论，由此可得到一些有意义的结论.

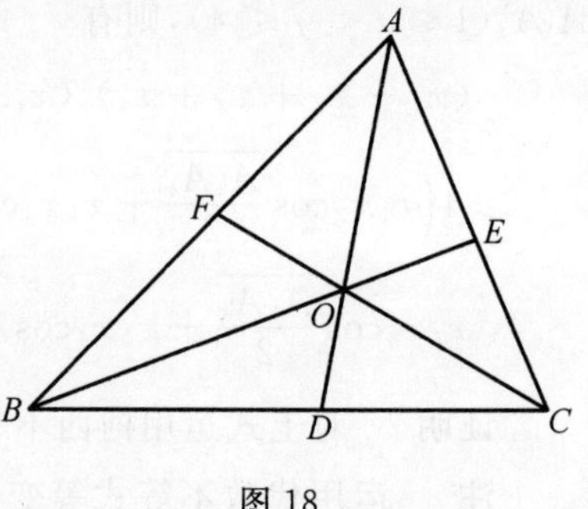

图 18

引理 3　当 I 为 $\triangle ABC$ 的内心时，有

$$a\cdot\overrightarrow{IA}+b\cdot\overrightarrow{IB}+c\cdot\overrightarrow{IC}=\mathbf{0}$$

或

$$\sin A\cdot\overrightarrow{IA}+\sin B\cdot\overrightarrow{IB}+\sin C\cdot\overrightarrow{IC}=\mathbf{0}$$

提示　运用 $2\cdot\Delta_1=a\cdot r$ 以及正弦定理即可得到本结论.

上式进一步等价于：

引理 4　当 I 为 $\triangle ABC$ 的内心时，有 $\overrightarrow{BI}=\frac{a}{a+b+c}\cdot\overrightarrow{BA}+\frac{c}{a+b+c}\cdot\overrightarrow{BC}$.

证明　由

$$a\cdot\overrightarrow{IA}+b\cdot\overrightarrow{IB}+c\cdot\overrightarrow{IC}=\mathbf{0}\Rightarrow b\cdot\overrightarrow{BI}=a\cdot\overrightarrow{IA}+c\cdot\overrightarrow{IC}=a\cdot(\overrightarrow{BA}-\overrightarrow{BI})+c\cdot(\overrightarrow{BC}-\overrightarrow{BI})$$

$$\Rightarrow(a+b+c)\cdot\overrightarrow{BI}=a\cdot\overrightarrow{BA}+c\cdot\overrightarrow{BC}$$

由此便得结论.

现回到原题. 由直角三角形的性质知

$$\frac{1}{OC^2}=\frac{1}{OA^2}+\frac{1}{OB^2}=\frac{1}{b^2}+\frac{1}{a^2}\Rightarrow OC=\frac{ab}{\sqrt{a^2+b^2}},ab\geqslant 2OC^2$$

（b,a 分别为线段 OA,OB 的长度）结合引理知

$$\overrightarrow{BC}=\frac{a^2}{BA^2}\cdot\overrightarrow{BA}=\frac{a^2}{a^2+b^2}\cdot(\overrightarrow{OA}-\overrightarrow{OB})$$

从而

$$\overrightarrow{OC}=\overrightarrow{OB}+\overrightarrow{BC}=\overrightarrow{OB}+\frac{a^2}{BA^2}\cdot\overrightarrow{BA}=\overrightarrow{OB}+\frac{a^2}{a^2+b^2}\cdot(\overrightarrow{OA}-\overrightarrow{OB})$$

$$=\frac{a^2}{a^2+b^2}\cdot\overrightarrow{OA}+\frac{b^2}{a^2+b^2}\cdot\overrightarrow{OB}$$

所以

$$\overrightarrow{OM}=\frac{OC}{b+OC+AC}\cdot\overrightarrow{OA}+\frac{OA}{b+OC+AC}\cdot\overrightarrow{OC}$$

$$=\frac{\frac{ab}{\sqrt{a+b^2}}}{b+\frac{ab}{\sqrt{a^2+b^2}}+\frac{b^2}{AB}}\cdot\overrightarrow{OA}+\frac{b}{b+\frac{ab}{\sqrt{a^2+b^2}}+\frac{b^2}{AB}}\cdot\overrightarrow{OC}$$

$$=\frac{a}{a+b+\sqrt{a^2+b^2}}\cdot\overrightarrow{OA}+\frac{\sqrt{a^2+b^2}}{a+b+\sqrt{a^2+b^2}}\cdot\overrightarrow{OC}$$

$$=\frac{a}{a+b+\sqrt{a^2+b^2}}\cdot\overrightarrow{OA}+\frac{\sqrt{a^2+b^2}}{a+b+\sqrt{a^2+b^2}}\cdot$$

$$\left(\frac{a^2}{a^2+b^2}\cdot\overrightarrow{OA}+\frac{b^2}{a^2+b^2}\cdot\overrightarrow{OB}\right)$$

$$=\frac{a(\sqrt{a^2+b^2}+a)}{(a+b+\sqrt{a^2+b^2})\sqrt{a^2+b^2}}\cdot\overrightarrow{OA}+\frac{b^2}{(a+b+\sqrt{a^2+b^2})\sqrt{a^2+b^2}}\cdot\overrightarrow{OB}$$

即

$$\overrightarrow{OM}=\frac{a(\sqrt{a^2+b^2}+a)}{(a+b+\sqrt{a^2+b^2})\sqrt{a^2+b^2}}\cdot\overrightarrow{OA}+\frac{b^2}{(a+b+\sqrt{a^2+b^2})\sqrt{a^2+b^2}}\cdot\overrightarrow{OB}\tag{3}$$

同理

$$\overrightarrow{ON}=\frac{OC}{a+OC+BC}\cdot\overrightarrow{OB}+\frac{a}{a+OC+BC}\cdot\overrightarrow{OC}$$

$$=\frac{\frac{ab}{\sqrt{a+b^2}}}{b+\frac{ab}{\sqrt{a+b^2}}+\frac{a^2}{AB}}\cdot\overrightarrow{OB}+\frac{a}{a+\frac{ab}{\sqrt{a^2+b^2}}+\frac{a^2}{AB}}\cdot\overrightarrow{OC}$$

$$=\frac{b}{a+b+\sqrt{a^2+b^2}}\cdot\overrightarrow{OB}+\frac{\sqrt{a^2+b^2}}{a+b+\sqrt{a^2+b^2}}\cdot\overrightarrow{OC}$$

从而

$$\overrightarrow{MN}=\overrightarrow{ON}-\overrightarrow{OM}=\frac{b}{a+b+\sqrt{a^2+b^2}}\cdot\overrightarrow{OB}-\frac{a}{a+b+\sqrt{a^2+b^2}}\cdot\overrightarrow{OA}$$

设$\overrightarrow{OE}=x\cdot\overrightarrow{OA}$，$\overrightarrow{EM}=y\cdot\overrightarrow{MN}$，于是

$$\overrightarrow{OM}=\overrightarrow{OE}+\overrightarrow{EM}=x\cdot\overrightarrow{OA}+y\cdot\overrightarrow{MN}$$

$$=x\cdot\overrightarrow{OA}+y\cdot\left(\frac{b}{a+b+\sqrt{a^2+b^2}}\cdot\overrightarrow{OB}-\frac{a}{a+b+\sqrt{a^2+b^2}}\cdot\overrightarrow{OA}\right)$$

$$=\left(x-\frac{ya}{a+b+\sqrt{a^2+b^2}}\right)\cdot\overrightarrow{OA}+\frac{yb}{a+b+\sqrt{a^2+b^2}}\cdot\overrightarrow{OB}$$

即

$$\overrightarrow{OM}=\left(x-\frac{ya}{a+b+\sqrt{a^2+b^2}}\right)\cdot\overrightarrow{OA}+\frac{yb}{a+b+\sqrt{a^2+b^2}}\cdot\overrightarrow{OB}\tag{4}$$

对比式(3)(4)得

$$x-\frac{ya}{a+b+\sqrt{a^2+b^2}}=\frac{a(\sqrt{a^2+b^2}+a)}{(a+b+\sqrt{a^2+b^2})\sqrt{a^2+b^2}}$$

$$\frac{yb}{a+b+\sqrt{a^2+b^2}}=\frac{b^2}{(a+b+\sqrt{a^2+b^2})\sqrt{a^2+b^2}}$$

解得 $x=\frac{b}{\sqrt{a^2+b^2}}$，即 $OE=\frac{b}{\sqrt{a^2+b^2}}\cdot OA=\frac{ab}{\sqrt{a^2+b^2}}$.

从而 $OE=OC$，同理可得 $OD=OC$，进而 $OD=OE=OC$，所以

$$S_{\triangle OAB}=\frac{1}{2}ab\geqslant\frac{a^2b^2}{a^2+b^2}=OC^2=OD\cdot OE=2S_{\triangle ODE}$$

到此结论获证.

注 (1) 此证明用到了平面几何中的三点共线知识，也就是用到了平面向量中的向量共线定理，即 $\overrightarrow{OE}=x\cdot\overrightarrow{OA}$，$\overrightarrow{EM}=y\cdot\overrightarrow{MN}$.

(2) 由证法 1，实质上我们还得到了 $OD=OE=OC$.

(3) 如果记 $OF=z\cdot OC\Rightarrow\overrightarrow{OF}=z\cdot\overrightarrow{OC}$，再结合前面的记号，有

$$\overrightarrow{ON}=\frac{b}{a+b+\sqrt{a^2+b^2}}\cdot\overrightarrow{OB}+\frac{\sqrt{a^2+b^2}}{a+b+\sqrt{a^2+b^2}}\cdot\overrightarrow{OC}$$

$$=\frac{\frac{b}{y}}{a+b+\sqrt{a^2+b^2}}\cdot\overrightarrow{OD}+\frac{\frac{\sqrt{a^2+b^2}}{z}}{a+b+\sqrt{a^2+b^2}}\cdot\overrightarrow{OF}$$

注意到 F,N,D 三点共线，所以

$$\frac{b}{y}+\frac{\sqrt{a^2+b^2}}{z}=a+b+\sqrt{a^2+b^2}$$

结合前面得到的结果 $y=\frac{a}{\sqrt{a^2+b^2}}\Rightarrow z=\frac{\sqrt{a^2+b^2}}{a+b}$，所以

$$OF=z\cdot OC=\frac{\sqrt{a^2+b^2}}{a+b}\cdot\frac{ab}{\sqrt{a^2+b^2}}=\frac{ab}{a+b}\Rightarrow\frac{1}{OF}=\frac{1}{a}+\frac{1}{b}$$

即 $\frac{1}{OF}=\frac{1}{OA}+\frac{1}{OB}$. 这是一个很有意义的结果.

证法 2 由证法 1 得

$$\overrightarrow{ON}=\frac{a^2}{(a+b+\sqrt{a^2+b^2})\sqrt{a^2+b^2}}\cdot\overrightarrow{OA}+\frac{b(b+\sqrt{a^2+b^2})}{(a+b+\sqrt{a^2+b^2})\sqrt{a^2+b^2}}\cdot\overrightarrow{OB} \tag{5}$$

由于点 D,E 分别在线段 OB,OA 上，故可令 $\overrightarrow{OE}=x\cdot\overrightarrow{OA}$，$\overrightarrow{OD}=y\cdot\overrightarrow{OB}$，将其代入到式(3)(5) 得

$$\overrightarrow{OM}=\frac{\frac{a(\sqrt{a^2+b^2}+a)}{x}}{(a+b+\sqrt{a^2+b^2})\sqrt{a^2+b^2}}\cdot\overrightarrow{OE}+\frac{\frac{b^2}{y}}{(a+b+\sqrt{a^2+b^2})\sqrt{a^2+b^2}}\cdot\overrightarrow{OD}$$

$$\overrightarrow{ON}=\frac{\frac{a^2}{x}}{(a+b+\sqrt{a^2+b^2})\sqrt{a^2+b^2}}\cdot\overrightarrow{OE}+\frac{\frac{b(b+\sqrt{a^2+b^2})}{y}}{(a+b+\sqrt{a^2+b^2})\sqrt{a^2+b^2}}\cdot\overrightarrow{OD}$$

因为 E,M,N,D 四点共线，所以

$$\frac{\frac{a(\sqrt{a^2+b^2}+a)}{x}}{(a+b+\sqrt{a^2+b^2})\sqrt{a^2+b^2}}+\frac{\frac{b^2}{y}}{(a+b+\sqrt{a^2+b^2})\sqrt{a^2+b^2}}=1$$

$$\frac{\frac{a^2}{x}}{(a+b+\sqrt{a^2+b^2})\sqrt{a^2+b^2}}+\frac{\frac{b(b+\sqrt{a^2+b^2})}{y}}{(a+b+\sqrt{a^2+b^2})\sqrt{a^2+b^2}}=1$$

联立上两式得

$$x=\frac{a}{\sqrt{a^2+b^2}},y=\frac{b}{\sqrt{a^2+b^2}}$$

从而

$$OE=x\cdot OA=\frac{ab}{\sqrt{a^2+b^2}},OD=y\cdot OB=\frac{ab}{\sqrt{a^2+b^2}}$$

即 $OD=OE=OC$. 所以

$$S_{\triangle OAB}=\frac{1}{2}ab\geqslant\frac{a^2b^2}{a^2+b^2}=OC^2=OD\cdot OE=2S_{\triangle ODE}$$

到此结论获证.

注 此证明运用了平面向量中的三点共线的充要条件等式——引理 1.

问题 16.2 立体几何——设直角四面体 $O-ABC$ 的三条棱 OA,OB,OC 两两互相垂直，点 O 在底面 $\triangle ABC$ 的投影为 H，四面体 $OABH,OBCH,OCAH$ 的内心分别为 M,N,P，过这三点的平面分别与四面体 $O-ABC$ 的侧棱 OA,OB,OC 相交于点 D,E,F，则四面体 $O-ABC$ 和 $O-DEF$ 之间的体积关系满足 $V_{\text{四面体}O-ABC}\geqslant 3\sqrt{3}V_{\text{四面体}O-DEF}$.

证明 为证明本题，先证明以下几个引理.

引理 5 设 O 为 $\triangle ABC$ 所在平面外一点，则点 D 在 $\triangle ABC$ 所在平面的充要条件是存在实数 x,y,z，满足 $x+y+z=1$，使得 $\overrightarrow{OD}=x\cdot\overrightarrow{OA}+y\cdot\overrightarrow{OB}+z\cdot\overrightarrow{OC}$.

证明 参考单墫主编的普通高中课程实验教科书(《数学·选修 2-1》，江苏教育出版社 2005 年 6 月第二版，2006 年 12 月第二次印刷，第 75 页).

引理6 在四面体 $A_1A_2A_3A_4$ 中有一点 O,分别记三棱锥 $O-A_2A_3A_4$,$O-A_1A_3A_4$,$O-A_1A_2A_4$,$O-A_1A_2A_3$ 的体积为 V_1,V_2,V_3,V_4,则

$$V_1\cdot\overrightarrow{OA_1}+V_2\cdot\overrightarrow{OA_2}+V_3\cdot\overrightarrow{OA_3}+V_4\cdot\overrightarrow{OA_4}=\mathbf{0}$$

证明 如图19,分别延长 A_1O,A_2O,A_3O,A_4O 交四面体 $A_1A_2A_3A_4$ 的顶点 A_1,A_2,A_3,A_4 的对面于点 B_1,B_2,B_3,B_4,则由前面的讨论知

$$\frac{OA_1}{OB_1}=\frac{V-V_1}{V_1}=\frac{V_2+V_3+V_4}{V_1}$$

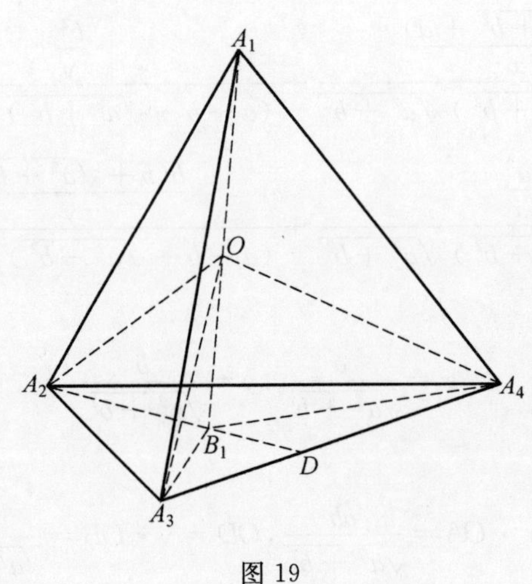

图 19

所以

$$\overrightarrow{OB_1}=-\frac{V_1}{V_2+V_3+V_4}\cdot\overrightarrow{OA_1} \qquad (*)$$

又

$$\frac{A_3D}{DA_4}=\frac{V_{三棱锥A_3-A_1A_2B_1}}{V_{三棱锥A_4-A_1A_2B_1}}=\frac{V_4}{V_3}\Rightarrow\overrightarrow{OD}=\frac{V_4}{V_3+V_4}\cdot\overrightarrow{OA_4}+\frac{V_3}{V_3+V_4}\cdot\overrightarrow{OA_3}$$

$$\frac{A_2B_1}{B_1D}=\frac{V_4}{V_{三棱锥D-OA_1A_3}}=\frac{V_3}{V_{三棱锥D-OA_1A_4}}=\frac{V_3+V_4}{V_2}$$

$$\Rightarrow\overrightarrow{OB_1}=\frac{V_2}{V_2+V_3+V_4}\cdot\overrightarrow{OA_2}+\frac{V_3+V_4}{V_2+V_3+V_4}\cdot\overrightarrow{OD}$$

$$=\frac{V_2}{V_2+V_3+V_4}\cdot\overrightarrow{OA_2}+\frac{V_3+V_4}{V_2+V_3+V_4}\left(\frac{V_4}{V_3+V_4}\cdot\overrightarrow{OA_4}+\frac{V_3}{V_3+V_4}\cdot\overrightarrow{OA_3}\right)$$

$$=\frac{V_2}{V_2+V_3+V_4}\cdot\overrightarrow{OA_2}+\frac{V_4}{V_2+V_3+V_4}\cdot\overrightarrow{OA_4}+\frac{V_3}{V_2+V_3+V_4}\cdot\overrightarrow{OA_3}$$

再结合式($*$)知

$$-\frac{V_1}{V_2+V_3+V_4}\cdot\overrightarrow{OA_1}=\frac{V_2}{V_2+V_3+V_4}\cdot\overrightarrow{OA_2}+$$

$$\frac{V_4}{V_2+V_3+V_4}\cdot\overrightarrow{OA_4}+\frac{V_3}{V_2+V_3+V_4}\cdot\overrightarrow{OA_3}$$

整理便得结论.

引理 7 若 I 为四面体 $A_1A_2A_3A_4$ 的内心,S_1,S_2,S_3,S_4 表示四面体 $A_1A_2A_3A_4$ 顶点 A_1,A_2,A_3,A_4 所对的面的三角形的面积,则

$$S_1\cdot\overrightarrow{IA_1}+S_2\cdot\overrightarrow{IA_2}+S_3\cdot\overrightarrow{IA_3}+S_4\cdot\overrightarrow{IA_4}=\mathbf{0}$$

或者

$$\overrightarrow{A_1I}=\frac{S_2}{S_1+S_2+S_3+S_4}\cdot\overrightarrow{A_1A_2}+\frac{S_3}{S_1+S_2+S_3+S_4}\cdot\overrightarrow{A_1A_3}+\frac{S_4}{S_1+S_2+S_3+S_4}\cdot\overrightarrow{A_1A_4}$$

证明 由引理 6,以及体积公式知

$$3V_1=S_1r,3V_2=S_2r,3V_3=S_3r,3V_3=S_3r$$

(其中 r 为四面体 $A_1A_2A_3A_4$ 的内切球半径)由此立刻得到本结论.

引理 8 设直角四面体 $O-ABC$ 的三条棱 OA,OB,OC 两两互相垂直,点 O 在底面 $\triangle ABC$ 的投影为 H,则:

(1)$S_C^2=S_{\triangle ABH}\cdot S_O,S_A^2=S_O\cdot S_{\triangle HBC},S_B^2=S_O\cdot S_{\triangle HAC}$;

(2) $\dfrac{1}{OH^2}=\dfrac{1}{OA^2}+\dfrac{1}{OB^2}+\dfrac{1}{OC^2}$;

(3)$S_O^2=S_A^2+S_B^2+S_C^2$.

(其中 S_A 表示四面体 $O-ABC$ 的顶点 A 所对的 $\triangle OBC$ 的面积,其余类同)

证明 (1) 如图 20,联结 AH 并延长交 BC 于点 D,联结 OD,则由条件知

$$\left.\begin{array}{r}\left.\begin{array}{r}\left.\begin{array}{r}OA\perp OB\\ OA\perp OC\end{array}\right\}\Rightarrow AO\perp \text{面 } OBC\\ OD\subseteq \text{面 } OBC\end{array}\right\}\Rightarrow OA\perp OD\\ \left.\begin{array}{r}OH\perp \text{面 } ABC\\ AD\subseteq \text{面 } ABC\end{array}\right\}\Rightarrow OH\perp AD\end{array}\right\}\Rightarrow OH\perp AD$$

$$\Rightarrow OD^2=AD\cdot HD\Rightarrow\frac{1}{4}\cdot BC^2\cdot OD^2=\left(\frac{1}{2}\cdot BC\cdot AD\right)\left(\frac{1}{2}\cdot BC\cdot HD\right)$$

$$\Rightarrow S_A^2=S_O\cdot S_{\triangle HBC}$$

同理可得

$$S_A^2=S_O\cdot S_{\triangle HBC},S_B^2=S_O\cdot S_{\triangle HAC}$$

(2) 在 $\mathrm{Rt}\triangle AOD$ 和 $\mathrm{Rt}\triangle BOD$ 中,有

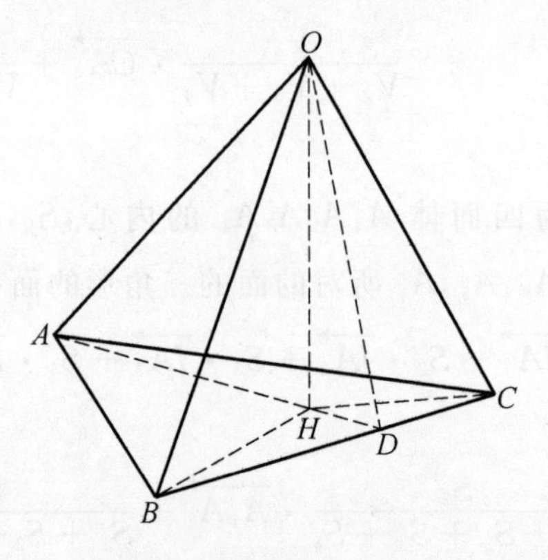

图 20

$$\frac{1}{OH^2}=\frac{1}{OA^2}+\frac{1}{OD^2}=\frac{1}{OA^2}+\frac{1}{OB^2}+\frac{1}{OC^2}$$

(3) 由(1)中的三个式子相加即可得到欲证结论.

现回到原题.

如图21,设直角四面体$O-ABC$的三条棱OA,OB,OC的长度分别为a,b,c,M,N,P分别为四面体$O-ABH$,$O-BCH$,$O-CAH$的内心,$AH=h$,则由

$$\frac{1}{h^2}=\frac{1}{a^2}+\frac{1}{b^2}+\frac{1}{c^2}\Rightarrow h=\frac{\sqrt{a^2b^2+b^2c^2+c^2a^2}}{abc}=\frac{2S_O}{abc}$$

$$AH^2=a^2-h^2=a^4\cdot\frac{b^2+c^2}{\sum a^2b^2}\Rightarrow S_{\triangle OAH}=\frac{1}{2}\cdot AH\cdot OH=\frac{abc}{2}\cdot\frac{a\sqrt{b^2+c^2}}{\sum a^2b^2}$$

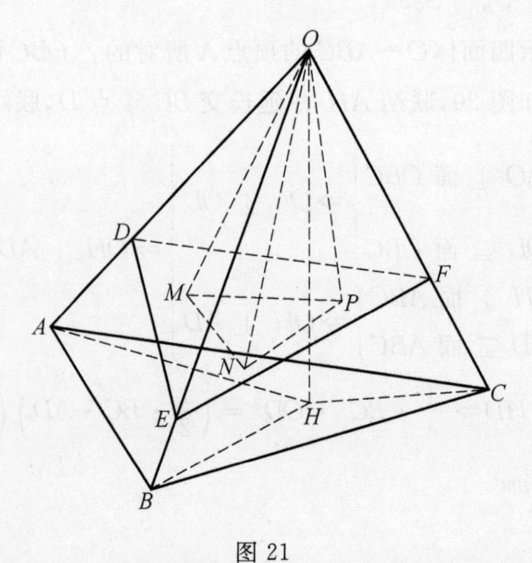

图 21

同理可得

$$S_{\triangle OBH}=\frac{abc}{2}\cdot\frac{b\sqrt{a^2+c^2}}{\sum a^2b^2}$$

$$S_{\triangle OCH}=\frac{abc}{2}\cdot\frac{c\sqrt{a^2+b^2}}{\sum a^2b^2}$$

$$S_{\triangle ABH}=\frac{S_{\triangle OAB}^2}{S_{\triangle ABC}}=\frac{a^2b^2}{2\sqrt{\sum a^2b^2}}$$

所以

$$\begin{aligned}&S_{\triangle OAB}+S_{\triangle OAH}+S_{\triangle OBH}+S_{\triangle ABH}\\=&\frac{1}{2}\left[ab+abc\left(\frac{a\sqrt{b^2+c^2}}{\sum a^2b^2}+\frac{b\sqrt{a^2+c^2}}{\sum a^2b^2}\right)+\frac{a^2b^2}{\sqrt{\sum a^2b^2}}\right]\end{aligned}$$

设

$$\alpha=S_{\triangle OAH}=\frac{1}{2}\cdot AH\cdot OH=\frac{abc}{2}\cdot\frac{a\sqrt{b^2+c^2}}{\sum a^2b^2}$$

$$\beta=S_{\triangle OBH}=\frac{abc}{2}\cdot\frac{b\sqrt{c^2+a^2}}{\sum a^2b^2}$$

$$\gamma=S_{\triangle OCH}=\frac{abc}{2}\cdot\frac{c\sqrt{a^2+b^2}}{\sum a^2b^2}$$

$$z=S_{\triangle HAB}=\frac{S_{\triangle OAB}^2}{S_{\triangle ABC}}=\frac{a^2b^2}{\sqrt{\sum a^2b^2}}$$

$$x=S_{\triangle HBC}=\frac{S_{\triangle OBC}^2}{S_{\triangle ABC}}=\frac{b^2c^2}{\sqrt{\sum a^2b^2}}$$

$$y=S_{\triangle HCA}=\frac{S_{\triangle OCA}^2}{S_{\triangle ABC}}=\frac{c^2a^2}{\sqrt{\sum a^2b^2}}$$

则$(x+y+z=S_O)$

$$\overrightarrow{OH}=\frac{x}{S_O}\cdot\overrightarrow{OA}+\frac{y}{S_O}\cdot\overrightarrow{OB}+\frac{z}{S_O}\cdot\overrightarrow{OC}$$

$$\begin{aligned}\overrightarrow{OM}=&\frac{\beta}{S_C+z+\alpha+\beta}\cdot\overrightarrow{OA}+\frac{\alpha}{S_C+z+\alpha+\beta}\cdot\overrightarrow{OB}+\frac{S_C}{S_C+z+\alpha+\beta}\cdot\overrightarrow{OH}\\=&\frac{\beta}{S_C+z+\alpha+\beta}\cdot\overrightarrow{OA}+\frac{\alpha}{S_C+z+\alpha+\beta}\cdot\overrightarrow{OB}+\\&\frac{S_C}{S_C+z+\alpha+\beta}\left(\frac{x}{S_O}\cdot\overrightarrow{OA}+\frac{y}{S_O}\cdot\overrightarrow{OB}+\frac{z}{S_O}\cdot\overrightarrow{OC}\right)\end{aligned}$$

$$=\frac{\beta S_O+xS_C}{(S_C+z+\alpha+\beta)S_O}\cdot\overrightarrow{OA}+\frac{\alpha S_O+yS_C}{(S_C+z+\alpha+\beta)S_O}\cdot\overrightarrow{OB}+$$

$$\frac{zS_C}{(S_C+z+\alpha+\beta)S_O}\overrightarrow{OC}$$

即

$$\overrightarrow{OM}=\frac{\beta S_O+xS_C}{(S_C+z+\alpha+\beta)S_O}\cdot\overrightarrow{OA}+\frac{\alpha S_O+yS_C}{(S_C+z+\alpha+\beta)S_O}\cdot\overrightarrow{OB}+$$

$$\frac{zS_C}{(S_C+z+\alpha+\beta)S_O}\overrightarrow{OC}$$

同理可得

$$\overrightarrow{ON}=\frac{xS_A}{(S_A+x+\beta+\gamma)S_O}\cdot\overrightarrow{OA}+\frac{\beta S_O+yS_A}{(S_A+x+\beta+\gamma)S_O}\cdot\overrightarrow{OB}+$$

$$\frac{\beta S_O+zS_A}{(S_A+x+\beta+\gamma)S_O}\cdot\overrightarrow{OC}$$

$$\overrightarrow{OP}=\frac{\gamma S_O+xS_B}{(S_B+y+\gamma+\alpha)S_O}\cdot\overrightarrow{OA}+\frac{yS_B}{(S_B+y+\gamma+\alpha)S_O}\cdot\overrightarrow{OB}+$$

$$\frac{\alpha S_O+zS_B}{(S_B+y+\gamma+\alpha)S_O}\cdot\overrightarrow{OC}$$

令$\overrightarrow{OD}=u\cdot\overrightarrow{OA},\overrightarrow{OE}=v\cdot\overrightarrow{OB},\overrightarrow{OF}=w\cdot\overrightarrow{OC}$,代入到以上三式中得到

$$\overrightarrow{OM}=\frac{\frac{\beta S_O+xS_C}{u}\cdot\overrightarrow{OD}+\frac{\alpha S_O+yS_C}{v}\cdot\overrightarrow{OE}+\frac{zS_C}{w}\cdot\overrightarrow{OF}}{(S_C+z+\alpha+\beta)S_O}$$

$$\overrightarrow{ON}=\frac{\frac{xS_A}{u}\cdot\overrightarrow{OD}+\frac{\beta S_O+yS_A}{v}\cdot\overrightarrow{OE}+\frac{\beta S_O+zS_A}{w}\cdot\overrightarrow{OF}}{(S_A+x+\beta+\gamma)S_O}$$

$$\overrightarrow{OP}=\frac{\frac{\gamma S_O+xS_B}{u}\cdot\overrightarrow{OD}+\frac{yS_B}{v}\cdot\overrightarrow{OE}+\frac{\alpha S_O+zS_B}{w}\cdot\overrightarrow{OF}}{(S_B+y+\gamma+\alpha)S_O}$$

注意到 D,E,F,M,N,P 六点在一个平面内,所以

$$\frac{\beta S_O+xS_C}{u}+\frac{\alpha S_O+yS_C}{v}+\frac{zS_C}{w}=(S_C+z+\alpha+\beta)S_O$$

$$\frac{xS_A}{u}+\frac{\beta S_O+yS_A}{v}+\frac{\beta S_O+zS_A}{w}=(S_A+x+\beta+\gamma)S_O$$

$$\frac{\gamma S_O+xS_B}{u}+\frac{yS_B}{v}+\frac{\alpha S_O+zS_B}{w}=(S_B+y+\gamma+\alpha)S_O$$

联立此三式,并注意到前面各个变量的意义,得

$$u=\frac{bc}{\sqrt{a^2b^2+b^2c^2+c^2a^2}}$$

$$v=\frac{ac}{\sqrt{a^2b^2+b^2c^2+c^2a^2}}$$

$$w=\frac{ab}{\sqrt{a^2b^2+b^2c^2+c^2a^2}}$$

从而

$$OD=u\cdot OA=\frac{abc}{\sqrt{a^2b^2+b^2c^2+c^2a^2}}$$

$$OE=v\cdot OB=\frac{abc}{\sqrt{a^2b^2+b^2c^2+c^2a^2}}$$

$$OF=w\cdot OC=\frac{abc}{\sqrt{a^2b^2+b^2c^2+c^2a^2}}$$

即

$$OD=OE=OF=OC=\frac{abc}{\sqrt{a^2b^2+b^2c^2+c^2a^2}}$$

所以

$$\frac{1}{h^2}=\frac{1}{a^2}+\frac{1}{b^2}+\frac{1}{c^2}\geqslant\frac{3}{\sqrt[3]{(abc)^2}}\Rightarrow abc\geqslant 3\sqrt{3}h^3$$

即

$$V_{四面体O-ABC}=\frac{1}{6}abc\geqslant 3\sqrt{3}\cdot\frac{1}{6}\cdot h^3=3\sqrt{3}\cdot\frac{1}{6}\cdot OD\cdot OE\cdot OF=3\sqrt{3}V_{四面体O-DEF}$$

由此结论获证.

注 (1)此证明依托问题16.1证法2的证明思路,将平面几何中的向量方法——利用三点共线的充要条件(引理1)移植到空间(思路方法),改述为空间四点共面,利用四点共面的充要条件——引理5(技巧),这充分反映了几何问题内在的结构美,证明方法的和谐美,思维方法的自然美.

(2)上述证明过程实质上已经得到 $OD=OE=OF=OC=\frac{abc}{\sqrt{a^2b^2+b^2c^2+c^2a^2}}$,这是一个较有价值的结论.

(3)如果记面 DEF 与 OH 交于点 G,则由上述证明过程还可以得到 $\frac{1}{OG}=\frac{1}{OA}+\frac{1}{OB}+\frac{1}{OC}$.证明就留给读者吧.

§8 正在探究的若干待解决的问题

众所周知，三角形中的命题浩如烟海，有多少命题可以成功移植到空间中来，是值得探索的大课题，特别是平面几何中的著名定理已被成功移植，这鼓舞着我们不断努力前行，有了这些命题的成功移植，才能更好地促进其他命题移植成功. 这也是竞赛命题的一大宝库，前面我们也讨论过一些竞赛方面的立体几何命题，期待更多的研究成果爆发出来，为数学研究和竞赛命题服务.

问题1 平面几何 —— 在 $\mathrm{Rt}\triangle ABC$ 中，AD 是斜边 BC 上的高线，联结 $\mathrm{Rt}\triangle ABD$ 的内心 M 与 $\mathrm{Rt}\triangle ACD$ 的内心的直线，分别与直角边 AB 以及 AC 交于 K，L 两点，$\triangle ABC$ 与 $\triangle AKL$ 的面积分别为 S，T，则：

(1) $AK=AL=AD$；

(2) $S\geqslant 2T$.

立体几何 —— 设 PD 为直角四面体 $S-ABC$（SA，SB，SC 两两互相垂直）的一条高线，D 为垂足，点 E，F，G 分别为三棱锥 $S-ABD$，$S-BCD$，$S-CAD$ 的内心，则过这三点的截面分别交四面体 $S-ABC$ 的侧棱 SA，SB，SC 于点 P，Q，R，是否有：

(1) $SP=SQ=SR=SD$？

(2) $V_{\text{三棱锥}S-ABC}\geqslant 3\sqrt{3}V_{\text{三棱锥}S-PQR}$？

问题2 平面几何 —— 在问题1的基础上，设 AD 交 MN 于点 E，求证：$\frac{1}{AB}+\frac{1}{AC}=\frac{1}{AE}$.

立体几何 —— 设 SD 为直角四面体 $S-ABC$ 的一条高线，D 为垂足，点 E，F，G 分别为三棱锥 $S-ABD$，$S-BCD$，$S-CAD$ 的内心，则过这三点的截面分别交四面体 $S-ABC$ 的侧棱 SA，SB，SC 于点 P，Q，R，交 SD 于点 T，是否有

$$\frac{1}{ST}=\frac{1}{SP}+\frac{1}{SQ}+\frac{1}{SR}$$

问题3 平面几何 —— 设 P 是 $\triangle ABC$ 内部的任意一点，点 P 关于边 BC，CA，AB 的对称点分别为 A_1，B_1，C_1，求证：$S_{\triangle ABC}\geqslant S_{\triangle A_1B_1C_1}$.

说明：这是笔者编拟的一道题目，发表在《数学教学》1999 年第 4-5 期问题解答栏 490 题，是本期 5 个问题中最后一题，可以看出本题有一定的难度.

证明　如图 1,记 $\triangle ABC$,$\triangle PBC$,$\triangle PAC$,$\triangle PAB$ 的面积分别为 Δ,u,v,w,$PA_1=x$,$PB_1=y$,$PC_1=z$,则

$$S_{\triangle A_1B_1C_1}=\frac{1}{2}(xy\sin\angle A_1PB_1+yz\sin\angle B_1PC_1+zx\sin\angle C_1PA_1)$$

$$=\frac{1}{2}\left(\frac{4u}{BC}\cdot\frac{4v}{CA}\sin C+\frac{4v}{CA}\cdot\frac{4w}{AB}\sin A+\frac{4w}{AB}\cdot\frac{4u}{BC}\sin B\right)$$

$$=4\left(\frac{uv\sin^2 C}{\Delta}+\frac{vw\sin^2 A}{\Delta}+\frac{wu\sin^2 B}{\Delta}\right)$$

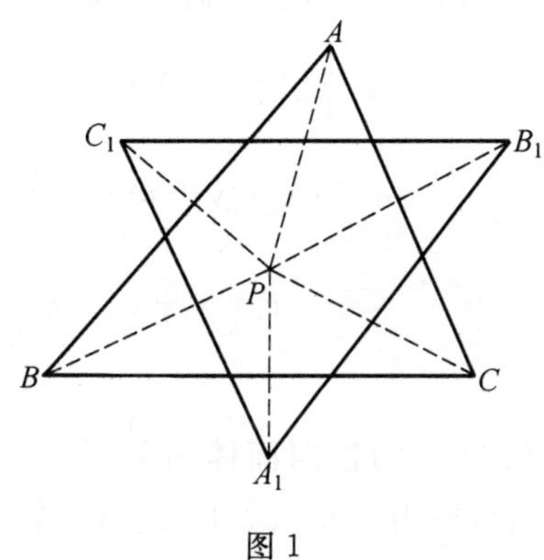

图 1

从而原不等式等价于

$$(u+v+w)^2\geqslant 4(uv\sin^2 C+vw\sin^2 A+wu\sin^2 B)$$

这是熟知的不等式.

注　(1) 本结论可否移植到空间四面体中去?

(2) 一个直接的结论:设 P 为正 $\triangle ABC$ 内部任意一点,P 关于边 BC,CA,AB 的对称点分别为 D,E,F,求证:$S_{\triangle ABC}\geqslant S_{\triangle DEF}$.

(3) 结论(2) 可以移植到立体几何中去. 即:

设 P 为正四面体 $ABCD$ 内部任意一点,P 关于面 BCD,CDA,DAB,ABC 的对称点分别为 A_1,B_1,C_1,D_1,并设四面体 $ABCD$ 和四面体 $A_1B_1C_1D_1$ 的体积分别为 V 和 V_0,则 $V\geqslant\frac{27}{8}V_0$. 等号当且仅当 P 为该四面体的中心时成立.(苏州大学《中学数学》1991 年第 1 期第 23 页)

证明　要顺利解决本题的证明,需要如下几个熟知的结论:

引理 1　正四面体内任意一点到四个面的距离之和为定值(正四面体的高).

引理 2　从空间一点 O 引出的四条射线两两成角都为 α,则 $\cos\alpha=-\frac{1}{3}$.

引理3 在四面体$ABCD$中，若$\angle BAD=\angle CAD=\angle BAC=\alpha$，且$AB=a$，$AC=b$，$AD=c$，则$V_{四面体ABCD}=\frac{1}{6}abc\sin\alpha\sqrt{\sin^2\alpha-\cos^2\alpha\tan^2\frac{\alpha}{2}}$.

引理4 如果$x,y,z,w\in\mathbf{R}^*$，则

$$yzw+zwx+wxy+xyz\leqslant\frac{1}{16}(x+y+z+w)^3$$

证明 由二元均值不等式，知

$$\begin{aligned}yzw+zwx+wxy+xyz&=zw(x+y)+xy(w+z)\\&\leqslant\frac{1}{4}[(z+w)^2(x+y)+(x+y)^2(w+z)]\\&=\frac{1}{4}(x+y+w+z)(z+w)(x+y)\\&\leqslant\frac{1}{16}(x+y+z+w)^3\end{aligned}$$

下面来证明原题.

如图2，设P是棱长为x的正四面体内部任意一点，P到四个面BCD，ACD，ABD，ABC的距离分别为a,b,c,d，用V_1,V_2,V_3,V_4分别表示四面体$P-B_1C_1D_1$，$P-A_1C_1D_1$，$P-A_1B_1D_1$，$P-A_1B_1C_1$的体积，则

$$V_0=V_1+V_2+V_3+V_4$$

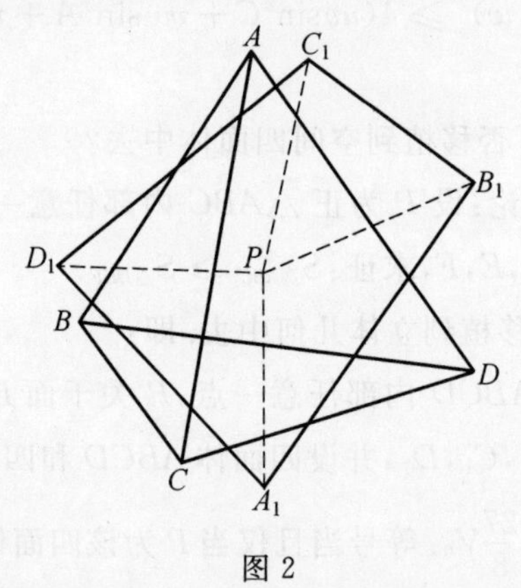

图2

从点P出发的四条射线PA_1，PB_1，PC_1，PD_1两两成角相等，设其为θ，则由引理2知$\cos\theta=-\frac{1}{3}$，结合引理3，知

$$V_1=V_{四面体P-B_1C_1D_1}=\frac{1}{6}\cdot PB_1\cdot PC_1\cdot PD_1\cdot\sin\theta\sqrt{\sin^2\theta-\cos^2\theta\tan^2\frac{\theta}{2}}$$

$$=\frac{1}{6}\cdot 2b\cdot 2c\cdot 2d\cdot\frac{2\sqrt{2}}{3}\cdot\sqrt{\frac{8}{9}-\frac{1}{9}\cdot 2}=\frac{16\sqrt{3}}{27}bcd$$

同理

$$V_2=\frac{16\sqrt{3}}{27}cda,V_3=\frac{16\sqrt{3}}{27}dab,V_4=\frac{16\sqrt{3}}{27}abc$$

于是

$$V_0=V_1+V_2+V_3+V_4=\frac{16\sqrt{3}}{27}(abc+bcd+cda+dab)$$

$$\leqslant\frac{16\sqrt{3}}{27}\cdot\frac{1}{16}(a+b+c+d)^3 \tag{1}$$

而棱长为 x 的正四面体的体积为

$$V=\frac{\sqrt{2}}{12}x^3 \tag{2}$$

高为$\frac{\sqrt{6}}{3}x$，因此，由引理 1，知

$$a+b+c+d=\frac{\sqrt{6}}{3}x \tag{3}$$

将式(3) 代入式(1) 并注意式(2)，得

$$V_0\leqslant\frac{16\sqrt{3}}{27}\cdot\frac{1}{16}\left(\frac{\sqrt{6}}{3}x\right)^3=\frac{8}{27}V$$

所以 $V\geqslant\frac{27}{8}V_0$.

综上可知，对于四面体中不等式的证明，有时需要寻求不等式的证明方法，有时需要探索向量证法，有时需要寻求几何方法，换句话说，成功证明四面体中的命题的关键在于寻求平面几何命题的证明方法和所用到的知识，技巧有无移植到立体几何中来的可能性，反之也对.

问题 4 平面几何 —— 设 O 为 $\triangle ABC$ 的外心，H 为 $\triangle ABC$ 所在平面上一点，则 H 为 $\triangle ABC$ 垂心的充要条件是$\overrightarrow{OH}=\overrightarrow{OA}+\overrightarrow{OB}+\overrightarrow{OC}$.

立体几何 —— 结论是什么？

类比是发现的源泉，类比吧，朋友，它是你快速走向成功的灵丹妙药.

刘培杰数学工作室

已出版(即将出版)图书目录——初等数学

书名	出版时间	定价	编号
新编中学数学解题方法全书(高中版)上卷	2007—09	38.00	7
新编中学数学解题方法全书(高中版)中卷	2007—09	48.00	8
新编中学数学解题方法全书(高中版)下卷(一)	2007—09	42.00	17
新编中学数学解题方法全书(高中版)下卷(二)	2007—09	38.00	18
新编中学数学解题方法全书(高中版)下卷(三)	2010—06	58.00	73
新编中学数学解题方法全书(初中版)上卷	2008—01	28.00	29
新编中学数学解题方法全书(初中版)中卷	2010—07	38.00	75
新编中学数学解题方法全书(高考复习卷)	2010—01	48.00	67
新编中学数学解题方法全书(高考真题卷)	2010—01	38.00	62
新编中学数学解题方法全书(高考精华卷)	2011—03	68.00	118
新编平面解析几何解题方法全书(专题讲座卷)	2010—01	18.00	61
新编中学数学解题方法全书(自主招生卷)	2013—08	88.00	261
数学奥林匹克与数学文化(第一辑)	2006—05	48.00	4
数学奥林匹克与数学文化(第二辑)(竞赛卷)	2008—01	48.00	19
数学奥林匹克与数学文化(第二辑)(文化卷)	2008—07	58.00	36′
数学奥林匹克与数学文化(第三辑)(竞赛卷)	2010—01	48.00	59
数学奥林匹克与数学文化(第四辑)(竞赛卷)	2011—08	58.00	87
数学奥林匹克与数学文化(第五辑)	2015—06	98.00	370
世界著名平面几何经典著作钩沉——几何作图专题卷(上)	2009—06	48.00	49
世界著名平面几何经典著作钩沉——几何作图专题卷(下)	2011—01	88.00	80
世界著名平面几何经典著作钩沉(民国平面几何老课本)	2011—03	38.00	113
世界著名平面几何经典著作钩沉(建国初期平面三角老课本)	2015—08	38.00	507
世界著名解析几何经典著作钩沉——平面解析几何卷	2014—01	38.00	264
世界著名数论经典著作钩沉(算术卷)	2012—01	28.00	125
世界著名数学经典著作钩沉——立体几何卷	2011—02	28.00	88
世界著名三角学经典著作钩沉(平面三角卷Ⅰ)	2010—06	28.00	69
世界著名三角学经典著作钩沉(平面三角卷Ⅱ)	2011—01	38.00	78
世界著名初等数论经典著作钩沉(理论和实用算术卷)	2011—07	38.00	126
发展你的空间想象力	2017—06	38.00	785
走向国际数学奥林匹克的平面几何试题诠释(上、下)(第1版)	2007—01	68.00	11,12
走向国际数学奥林匹克的平面几何试题诠释(上、下)(第2版)	2010—02	98.00	63,64
平面几何证明方法全书	2007—08	35.00	1
平面几何证明方法全书习题解答(第1版)	2005—10	18.00	2
平面几何证明方法全书习题解答(第2版)	2006—12	18.00	10
平面几何天天练上卷・基础篇(直线型)	2013—01	58.00	208
平面几何天天练中卷・基础篇(涉及圆)	2013—01	28.00	234
平面几何天天练下卷・提高篇	2013—01	58.00	237
平面几何专题研究	2013—07	98.00	258

刘培杰数学工作室

已出版(即将出版)图书目录——初等数学

书 名	出版时间	定 价	编号
最新世界各国数学奥林匹克中的平面几何试题	2007—09	38.00	14
数学竞赛平面几何典型题及新颖解	2010—07	48.00	74
初等数学复习及研究(平面几何)	2008—09	58.00	38
初等数学复习及研究(立体几何)	2010—06	38.00	71
初等数学复习及研究(平面几何)习题解答	2009—01	48.00	42
几何学教程(平面几何卷)	2011—03	68.00	90
几何学教程(立体几何卷)	2011—07	68.00	130
几何变换与几何证题	2010—06	88.00	70
计算方法与几何证题	2011—06	28.00	129
立体几何技巧与方法	2014—04	88.00	293
几何瑰宝——平面几何 500 名题暨 1000 条定理(上、下)	2010—07	138.00	76,77
三角形的解法与应用	2012—07	18.00	183
近代的三角形几何学	2012—07	48.00	184
一般折线几何学	2015—08	48.00	503
三角形的五心	2009—06	28.00	51
三角形的六心及其应用	2015—10	68.00	542
三角形趣谈	2012—08	28.00	212
解三角形	2014—01	28.00	265
三角学专门教程	2014—09	28.00	387
图天下几何新题试卷.初中(第 2 版)	2017—11	58.00	855
圆锥曲线习题集(上册)	2013—06	68.00	255
圆锥曲线习题集(中册)	2015—01	78.00	434
圆锥曲线习题集(下册・第 1 卷)	2016—10	78.00	683
圆锥曲线习题集(下册・第 2 卷)	2018—01	98.00	853
论九点圆	2015—05	88.00	645
近代欧氏几何学	2012—03	48.00	162
罗巴切夫斯基几何学及几何基础概要	2012—07	28.00	188
罗巴切夫斯基几何学初步	2015—06	28.00	474
用三角、解析几何、复数、向量计算解数学竞赛几何题	2015—03	48.00	455
美国中学几何教程	2015—04	88.00	458
三线坐标与三角形特征点	2015—04	98.00	460
平面解析几何方法与研究(第 1 卷)	2015—05	18.00	471
平面解析几何方法与研究(第 2 卷)	2015—06	18.00	472
平面解析几何方法与研究(第 3 卷)	2015—07	18.00	473
解析几何研究	2015—01	38.00	425
解析几何学教程.上	2016—01	38.00	574
解析几何学教程.下	2016—01	38.00	575
几何学基础	2016—01	58.00	581
初等几何研究	2015—02	58.00	444
十九和二十世纪欧氏几何学中的片段	2017—01	58.00	696
平面几何中考.高考.奥数一本通	2017—07	28.00	820
几何学简史	2017—08	28.00	833
四面体	2018—01	48.00	880
平面几何图形特性新析.上篇	即将出版		911
平面几何图形特性新析.下篇	2018—06	88.00	912
平面几何范例多解探究.上篇	2018—04	48.00	913
平面几何范例多解探究.下篇	即将出版		914

刘培杰数学工作室
已出版(即将出版)图书目录——初等数学

书　　名	出版时间	定　价	编号
俄罗斯平面几何问题集	2009－08	88.00	55
俄罗斯立体几何问题集	2014－03	58.00	283
俄罗斯几何大师——沙雷金论数学及其他	2014－01	48.00	271
来自俄罗斯的5000道几何习题及解答	2011－03	58.00	89
俄罗斯初等数学问题集	2012－05	38.00	177
俄罗斯函数问题集	2011－03	38.00	103
俄罗斯组合分析问题集	2011－01	48.00	79
俄罗斯初等数学万题选——三角卷	2012－11	38.00	222
俄罗斯初等数学万题选——代数卷	2013－08	68.00	225
俄罗斯初等数学万题选——几何卷	2014－01	68.00	226
463个俄罗斯几何老问题	2012－01	28.00	152
谈谈素数	2011－03	18.00	91
平方和	2011－03	18.00	92
整数论	2011－05	38.00	120
从整数谈起	2015－10	28.00	538
数与多项式	2016－01	38.00	558
谈谈不定方程	2011－05	28.00	119
解析不等式新论	2009－06	68.00	48
建立不等式的方法	2011－03	98.00	104
数学奥林匹克不等式研究	2009－08	68.00	56
不等式研究(第二辑)	2012－02	68.00	153
不等式的秘密(第一卷)	2012－02	28.00	154
不等式的秘密(第一卷)(第2版)	2014－02	38.00	286
不等式的秘密(第二卷)	2014－01	38.00	268
初等不等式的证明方法	2010－06	38.00	123
初等不等式的证明方法(第二版)	2014－11	38.00	407
不等式·理论·方法(基础卷)	2015－07	38.00	496
不等式·理论·方法(经典不等式卷)	2015－07	38.00	497
不等式·理论·方法(特殊类型不等式卷)	2015－07	48.00	498
不等式探究	2016－03	38.00	582
不等式探秘	2017－01	88.00	689
四面体不等式	2017－01	68.00	715
数学奥林匹克中常见重要不等式	2017－09	38.00	845
同余理论	2012－05	38.00	163
[x]与{x}	2015－04	48.00	476
极值与最值．上卷	2015－06	28.00	486
极值与最值．中卷	2015－06	38.00	487
极值与最值．下卷	2015－06	28.00	488
整数的性质	2012－11	38.00	192
完全平方数及其应用	2015－08	78.00	506
多项式理论	2015－10	88.00	541
奇数、偶数、奇偶分析法	2018－01	98.00	876

刘培杰数学工作室

已出版(即将出版)图书目录——初等数学

书 名	出版时间	定 价	编号
历届美国中学生数学竞赛试题及解答(第一卷)1950—1954	2014—07	18.00	277
历届美国中学生数学竞赛试题及解答(第二卷)1955—1959	2014—04	18.00	278
历届美国中学生数学竞赛试题及解答(第三卷)1960—1964	2014—06	18.00	279
历届美国中学生数学竞赛试题及解答(第四卷)1965—1969	2014—04	28.00	280
历届美国中学生数学竞赛试题及解答(第五卷)1970—1972	2014—06	18.00	281
历届美国中学生数学竞赛试题及解答(第六卷)1973—1980	2017—07	18.00	768
历届美国中学生数学竞赛试题及解答(第七卷)1981—1986	2015—01	18.00	424
历届美国中学生数学竞赛试题及解答(第八卷)1987—1990	2017—05	18.00	769
历届 IMO 试题集(1959—2005)	2006—05	58.00	5
历届 CMO 试题集	2008—09	28.00	40
历届中国数学奥林匹克试题集(第 2 版)	2017—03	38.00	757
历届加拿大数学奥林匹克试题集	2012—08	38.00	215
历届美国数学奥林匹克试题集:多解推广加强	2012—08	38.00	209
历届美国数学奥林匹克试题集:多解推广加强(第 2 版)	2016—03	48.00	592
历届波兰数学竞赛试题集.第 1 卷,1949～1963	2015—03	18.00	453
历届波兰数学竞赛试题集.第 2 卷,1964～1976	2015—03	18.00	454
历届巴尔干数学奥林匹克试题集	2015—05	38.00	466
保加利亚数学奥林匹克	2014—10	38.00	393
圣彼得堡数学奥林匹克试题集	2015—01	38.00	429
匈牙利奥林匹克数学竞赛题解.第 1 卷	2016—05	28.00	593
匈牙利奥林匹克数学竞赛题解.第 2 卷	2016—05	28.00	594
历届美国数学邀请赛试题集(第 2 版)	2017—10	78.00	851
全国高中数学竞赛试题及解答.第 1 卷	2014—07	38.00	331
普林斯顿大学数学竞赛	2016—06	38.00	669
亚太地区数学奥林匹克竞赛题	2015—07	18.00	492
日本历届(初级)广中杯数学竞赛试题及解答.第 1 卷(2000～2007)	2016—05	28.00	641
日本历届(初级)广中杯数学竞赛试题及解答.第 2 卷(2008～2015)	2016—05	38.00	642
360 个数学竞赛问题	2016—08	58.00	677
奥数最佳实战题.上卷	2017—06	38.00	760
奥数最佳实战题.下卷	2017—05	58.00	761
哈尔滨市早期中学数学竞赛试题汇编	2016—07	28.00	672
全国高中数学联赛试题及解答:1981—2017(第 2 版)	2018—05	98.00	920
20 世纪 50 年代全国部分城市数学竞赛试题汇编	2017—07	28.00	797
高中数学竞赛培训教程:平面几何问题的求解方法与策略.上	2018—05	68.00	906
高中数学竞赛培训教程:平面几何问题的求解方法与策略.下	2018—06	78.00	907
高中数学竞赛培训教程:整除与同余以及不定方程	2018—01	88.00	908
高中数学竞赛培训教程:组合计数与组合极值	2018—04	48.00	909
国内外数学竞赛题及精解:2016～2017	2018—07	45.00	922
高考数学临门一脚(含密押三套卷)(理科版)	2017—01	45.00	743
高考数学临门一脚(含密押三套卷)(文科版)	2017—01	45.00	744
新课标高考数学题型全归纳(文科版)	2015—05	72.00	467
新课标高考数学题型全归纳(理科版)	2015—05	82.00	468
洞穿高考数学解答题核心考点(理科版)	2015—11	49.80	550
洞穿高考数学解答题核心考点(文科版)	2015—11	46.80	551

刘培杰数学工作室
已出版(即将出版)图书目录——初等数学

书　　名	出版时间	定　价	编号
高考数学题型全归纳:文科版.上	2016－05	53.00	663
高考数学题型全归纳:文科版.下	2016－05	53.00	664
高考数学题型全归纳:理科版.上	2016－05	58.00	665
高考数学题型全归纳:理科版.下	2016－05	58.00	666
王连笑教你怎样学数学:高考选择题解题策略与客观题实用训练	2014－01	48.00	262
王连笑教你怎样学数学:高考数学高层次讲座	2015－02	48.00	432
高考数学的理论与实践	2009－08	38.00	53
高考数学核心题型解题方法与技巧	2010－01	28.00	86
高考思维新平台	2014－03	38.00	259
30 分钟拿下高考数学选择题、填空题(理科版)	2016－10	39.80	720
30 分钟拿下高考数学选择题、填空题(文科版)	2016－10	39.80	721
高考数学压轴题解题诀窍(上)(第 2 版)	2018－01	58.00	874
高考数学压轴题解题诀窍(下)(第 2 版)	2018－01	48.00	875
北京市五区文科数学三年高考模拟题详解:2013～2015	2015－08	48.00	500
北京市五区理科数学三年高考模拟题详解:2013～2015	2015－09	68.00	505
向量法巧解数学高考题	2009－08	28.00	54
高考数学万能解题法(第 2 版)	即将出版	38.00	691
高考物理万能解题法(第 2 版)	即将出版	38.00	692
高考化学万能解题法(第 2 版)	即将出版	28.00	693
高考生物万能解题法(第 2 版)	即将出版	28.00	694
高考数学解题金典(第 2 版)	2017－01	78.00	716
高考物理解题金典(第 2 版)	即将出版	68.00	717
高考化学解题金典(第 2 版)	即将出版	58.00	718
我一定要赚分:高中物理	2016－01	38.00	580
数学高考参考	2016－01	78.00	589
2011～2015 年全国及各省市高考数学文科精品试题审题要津与解法研究	2015－10	68.00	539
2011～2015 年全国及各省市高考数学理科精品试题审题要津与解法研究	2015－10	88.00	540
最新全国及各省市高考数学试卷解法研究及点拨评析	2009－02	38.00	41
2011 年全国及各省市高考数学试题审题要津与解法研究	2011－10	48.00	139
2013 年全国及各省市高考数学试题解析与点评	2014－01	48.00	282
全国及各省市高考数学试题审题要津与解法研究	2015－02	48.00	450
新课标高考数学——五年试题分章详解(2007～2011)(上、下)	2011－10	78.00	140,141
全国中考数学压轴题审题要津与解法研究	2013－04	78.00	248
新编全国及各省市中考数学压轴题审题要津与解法研究	2014－05	58.00	342
全国及各省市 5 年中考数学压轴题审题要津与解法研究(2015 版)	2015－04	58.00	462
中考数学专题总复习	2007－04	28.00	6
中考数学较难题、难题常考题型解题方法与技巧.上	2016－01	48.00	584
中考数学较难题、难题常考题型解题方法与技巧.下	2016－01	58.00	585
中考数学较难题常考题型解题方法与技巧	2016－09	48.00	681
中考数学难题常考题型解题方法与技巧	2016－09	48.00	682
中考数学选择填空压轴好题妙解 365	2017－05	38.00	759

刘培杰数学工作室

已出版(即将出版)图书目录——初等数学

书　　名	出版时间	定　价	编号
中考数学小压轴汇编初讲	2017－07	48.00	788
中考数学大压轴专题微言	2017－09	48.00	846
北京中考数学压轴题解题方法突破(第3版)	2017－11	48.00	854
助你高考成功的数学解题智慧:知识是智慧的基础	2016－01	58.00	596
助你高考成功的数学解题智慧:错误是智慧的试金石	2016－04	58.00	643
助你高考成功的数学解题智慧:方法是智慧的推手	2016－04	68.00	657
高考数学奇思妙解	2016－04	38.00	610
高考数学解题策略	2016－05	48.00	670
数学解题泄天机(第2版)	2017－10	48.00	850
高考物理压轴题全解	2017－04	48.00	746
高中物理经典问题25讲	2017－05	28.00	764
高中物理教学讲义	2018－01	48.00	871
2016年高考文科数学真题研究	2017－04	58.00	754
2016年高考理科数学真题研究	2017－04	78.00	755
初中数学、高中数学脱节知识补缺教材	2017－06	48.00	766
高考数学小题抢分必练	2017－10	48.00	834
高考数学核心素养解读	2017－09	38.00	839
高考数学客观题解题方法和技巧	2017－10	38.00	847
十年高考数学精品试题审题要津与解法研究.上卷	2018－01	68.00	872
十年高考数学精品试题审题要津与解法研究.下卷	2018－01	58.00	873
中国历届高考数学试题及解答.1949－1979	2018－01	38.00	877
数学文化与高考研究	2018－03	48.00	882
跟我学解高中数学题	2018－07	58.00	926
中学数学研究的方法及案例	2018－05	58.00	869

新编640个世界著名数学智力趣题	2014－01	88.00	242
500个最新世界著名数学智力趣题	2008－06	48.00	3
400个最新世界著名数学最值问题	2008－09	48.00	36
500个世界著名数学征解问题	2009－06	48.00	52
400个中国最佳初等数学征解老问题	2010－01	48.00	60
500个俄罗斯数学经典老题	2011－01	28.00	81
1000个国外中学物理好题	2012－04	48.00	174
300个日本高考数学题	2012－05	38.00	142
700个早期日本高考数学试题	2017－02	88.00	752
500个前苏联早期高考数学试题及解答	2012－05	28.00	185
546个早期俄罗斯大学生数学竞赛题	2014－03	38.00	285
548个来自美苏的数学好问题	2014－11	28.00	396
20所苏联著名大学早期入学试题	2015－02	18.00	452
161道德国工科大学生必做的微分方程习题	2015－05	28.00	469
500个德国工科大学生必做的高数习题	2015－06	28.00	478
360个数学竞赛问题	2016－08	58.00	677
200个趣味数学故事	2018－02	48.00	857
德国讲义日本考题.微积分卷	2015－04	48.00	456
德国讲义日本考题.微分方程卷	2015－04	38.00	457
二十世纪中叶中、英、美、日、法、俄高考数学试题精选	2017－06	38.00	783

刘培杰数学工作室

已出版(即将出版)图书目录——初等数学

书　　名	出版时间	定　价	编号
中国初等数学研究　2009 卷(第 1 辑)	2009－05	20.00	45
中国初等数学研究　2010 卷(第 2 辑)	2010－05	30.00	68
中国初等数学研究　2011 卷(第 3 辑)	2011－07	60.00	127
中国初等数学研究　2012 卷(第 4 辑)	2012－07	48.00	190
中国初等数学研究　2014 卷(第 5 辑)	2014－02	48.00	288
中国初等数学研究　2015 卷(第 6 辑)	2015－06	68.00	493
中国初等数学研究　2016 卷(第 7 辑)	2016－04	68.00	609
中国初等数学研究　2017 卷(第 8 辑)	2017－01	98.00	712

书　　名	出版时间	定　价	编号
几何变换(Ⅰ)	2014－07	28.00	353
几何变换(Ⅱ)	2015－06	28.00	354
几何变换(Ⅲ)	2015－01	38.00	355
几何变换(Ⅳ)	2015－12	38.00	356

书　　名	出版时间	定　价	编号
初等数论难题集(第一卷)	2009－05	68.00	44
初等数论难题集(第二卷)(上、下)	2011－02	128.00	82,83
数论概貌	2011－03	18.00	93
代数数论(第二版)	2013－08	58.00	94
代数多项式	2014－06	38.00	289
初等数论的知识与问题	2011－02	28.00	95
超越数论基础	2011－03	28.00	96
数论初等教程	2011－03	28.00	97
数论基础	2011－03	18.00	98
数论基础与维诺格拉多夫	2014－03	18.00	292
解析数论基础	2012－08	28.00	216
解析数论基础(第二版)	2014－01	48.00	287
解析数论问题集(第二版)(原版引进)	2014－05	88.00	343
解析数论问题集(第二版)(中译本)	2016－04	88.00	607
解析数论基础(潘承洞,潘承彪著)	2016－07	98.00	673
解析数论导引	2016－07	58.00	674
数论入门	2011－03	38.00	99
代数数论入门	2015－03	38.00	448
数论开篇	2012－07	28.00	194
解析数论引论	2011－03	48.00	100
Barban Davenport Halberstam 均值和	2009－01	40.00	33
基础数论	2011－03	28.00	101
初等数论 100 例	2011－05	18.00	122
初等数论经典例题	2012－07	18.00	204
最新世界各国数学奥林匹克中的初等数论试题(上、下)	2012－01	138.00	144,145
初等数论(Ⅰ)	2012－01	18.00	156
初等数论(Ⅱ)	2012－01	18.00	157
初等数论(Ⅲ)	2012－01	28.00	158

刘培杰数学工作室
已出版(即将出版)图书目录——初等数学

书 名	出版时间	定 价	编号
平面几何与数论中未解决的新老问题	2013-01	68.00	229
代数数论简史	2014-11	28.00	408
代数数论	2015-09	88.00	532
代数、数论及分析习题集	2016-11	98.00	695
数论导引提要及习题解答	2016-01	48.00	559
素数定理的初等证明.第2版	2016-09	48.00	686
数论中的模函数与狄利克雷级数(第二版)	2017-11	78.00	837
数论:数学导引	2018-01	68.00	849
数学眼光透视(第2版)	2017-06	78.00	732
数学思想领悟(第2版)	2018-01	68.00	733
数学解题引论	2017-05	48.00	735
数学史话览胜(第2版)	2017-01	48.00	736
数学应用展观(第2版)	2017-08	68.00	737
数学建模尝试	2018-04	48.00	738
数学竞赛采风	2018-01	68.00	739
数学技能操握	2018-03	48.00	741
数学欣赏拾趣	2018-02	48.00	742
从毕达哥拉斯到怀尔斯	2007-10	48.00	9
从迪利克雷到维斯卡尔迪	2008-01	48.00	21
从哥德巴赫到陈景润	2008-05	98.00	35
从庞加莱到佩雷尔曼	2011-08	138.00	136
博弈论精粹	2008-03	58.00	30
博弈论精粹.第二版(精装)	2015-01	88.00	461
数学 我爱你	2008-01	28.00	20
精神的圣徒 别样的人生——60位中国数学家成长的历程	2008-09	48.00	39
数学史概论	2009-06	78.00	50
数学史概论(精装)	2013-03	158.00	272
数学史选讲	2016-01	48.00	544
斐波那契数列	2010-02	28.00	65
数学拼盘和斐波那契魔方	2010-07	38.00	72
斐波那契数列欣赏	2011-01	28.00	160
Fibonacci 数列中的明珠	2018-06	58.00	928
数学的创造	2011-02	48.00	85
数学美与创造力	2016-01	48.00	595
数海拾贝	2016-01	48.00	590
数学中的美	2011-02	38.00	84
数论中的美学	2014-12	38.00	351

刘培杰数学工作室
已出版(即将出版)图书目录——初等数学

书名	出版时间	定价	编号
数学王者　科学巨人——高斯	2015—01	28.00	428
振兴祖国数学的圆梦之旅:中国初等数学研究史话	2015—06	98.00	490
二十世纪中国数学史料研究	2015—10	48.00	536
数字谜、数阵图与棋盘覆盖	2016—01	58.00	298
时间的形状	2016—01	38.00	556
数学发现的艺术:数学探索中的合情推理	2016—07	58.00	671
活跃在数学中的参数	2016—07	48.00	675
数学解题——靠数学思想给力(上)	2011—07	38.00	131
数学解题——靠数学思想给力(中)	2011—07	48.00	132
数学解题——靠数学思想给力(下)	2011—07	38.00	133
我怎样解题	2013—01	48.00	227
数学解题中的物理方法	2011—06	28.00	114
数学解题的特殊方法	2011—06	48.00	115
中学数学计算技巧	2012—01	48.00	116
中学数学证明方法	2012—01	58.00	117
数学趣题巧解	2012—03	28.00	128
高中数学教学通鉴	2015—05	58.00	479
和高中生漫谈:数学与哲学的故事	2014—08	28.00	369
算术问题集	2017—03	38.00	789
自主招生考试中的参数方程问题	2015—01	28.00	435
自主招生考试中的极坐标问题	2015—04	28.00	463
近年全国重点大学自主招生数学试题全解及研究.华约卷	2015—02	38.00	441
近年全国重点大学自主招生数学试题全解及研究.北约卷	2016—05	38.00	619
自主招生数学解证宝典	2015—09	48.00	535
格点和面积	2012—07	18.00	191
射影几何趣谈	2012—04	28.00	175
斯潘纳尔引理——从一道加拿大数学奥林匹克试题谈起	2014—01	28.00	228
李普希兹条件——从几道近年高考数学试题谈起	2012—10	18.00	221
拉格朗日中值定理——从一道北京高考试题的解法谈起	2015—10	18.00	197
闵科夫斯基定理——从一道清华大学自主招生试题谈起	2014—01	28.00	198
哈尔测度——从一道冬令营试题的背景谈起	2012—08	28.00	202
切比雪夫逼近问题——从一道中国台北数学奥林匹克试题谈起	2013—04	38.00	238
伯恩斯坦多项式与贝齐尔曲面——从一道全国高中数学联赛试题谈起	2013—03	38.00	236
卡塔兰猜想——从一道普特南竞赛试题谈起	2013—06	18.00	256
麦卡锡函数和阿克曼函数——从一道前南斯拉夫数学奥林匹克试题谈起	2012—08	18.00	201
贝蒂定理与拉姆贝克莫斯尔定理——从一个拣石子游戏谈起	2012—08	18.00	217
皮亚诺曲线和豪斯道夫分球定理——从无限集谈起	2012—08	18.00	211
平面凸图形与凸多面体	2012—10	28.00	218
斯坦因豪斯问题——从一道二十五省市自治区中学数学竞赛试题谈起	2012—07	18.00	196

刘培杰数学工作室

已出版(即将出版)图书目录——初等数学

书　　名	出版时间	定　价	编号
纽结理论中的亚历山大多项式与琼斯多项式——从一道北京市高一数学竞赛试题谈起	2012—07	28.00	195
原则与策略——从波利亚"解题表"谈起	2013—04	38.00	244
转化与化归——从三大尺规作图不能问题谈起	2012—08	28.00	214
代数几何中的贝祖定理(第一版)——从一道 IMO 试题的解法谈起	2013—08	18.00	193
成功连贯理论与约当块理论——从一道比利时数学竞赛试题谈起	2012—04	18.00	180
素数判定与大数分解	2014—08	18.00	199
置换多项式及其应用	2012—10	18.00	220
椭圆函数与模函数——从一道美国加州大学洛杉矶分校(UCLA)博士资格考题谈起	2012—10	28.00	219
差分方程的拉格朗日方法——从一道 2011 年全国高考理科试题的解法谈起	2012—08	28.00	200
力学在几何中的一些应用	2013—01	38.00	240
高斯散度定理、斯托克斯定理和平面格林定理——从一道国际大学生数学竞赛试题谈起	即将出版		
康托洛维奇不等式——从一道全国高中联赛试题谈起	2013—03	28.00	337
西格尔引理——从一道第 18 届 IMO 试题的解法谈起	即将出版		
罗斯定理——从一道前苏联数学竞赛试题谈起	即将出版		
拉克斯定理和阿廷定理——从一道 IMO 试题的解法谈起	2014—01	58.00	246
毕卡大定理——从一道美国大学数学竞赛试题谈起	2014—07	18.00	350
贝齐尔曲线——从一道全国高中联赛试题谈起	即将出版		
拉格朗日乘子定理——从一道 2005 年全国高中联赛试题的高等数学解法谈起	2015—05	28.00	480
雅可比定理——从一道日本数学奥林匹克试题谈起	2013—04	48.00	249
李天岩一约克定理——从一道波兰数学竞赛试题谈起	2014—06	28.00	349
整系数多项式因式分解的一般方法——从克朗耐克算法谈起	即将出版		
布劳维不动点定理——从一道前苏联数学奥林匹克试题谈起	2014—01	38.00	273
伯恩赛德定理——从一道英国数学奥林匹克试题谈起	即将出版		
布查特一莫斯特定理——从一道上海市初中竞赛试题谈起	即将出版		
数论中的同余数问题——从一道普特南竞赛试题谈起	即将出版		
范·德蒙行列式——从一道美国数学奥林匹克试题谈起	即将出版		
中国剩余定理:总数法构建中国历史年表	2015—01	28.00	430
牛顿程序与方程求根——从一道全国高考试题解法谈起	即将出版		
库默尔定理——从一道 IMO 预选试题谈起	即将出版		
卢丁定理——从一道冬令营试题的解法谈起	即将出版		
沃斯滕霍姆定理——从一道 IMO 预选试题谈起	即将出版		
卡尔松不等式——从一道莫斯科数学奥林匹克试题谈起	即将出版		
信息论中的香农熵——从一道近年高考压轴题谈起	即将出版		
约当不等式——从一道希望杯竞赛试题谈起	即将出版		
拉比诺维奇定理	即将出版		
刘维尔定理——从一道《美国数学月刊》征解问题的解法谈起	即将出版		
卡塔兰恒等式与级数求和——从一道 IMO 试题的解法谈起	即将出版		
勒让德猜想与素数分布——从一道爱尔兰竞赛试题谈起	即将出版		
天平称重与信息论——从一道基辅市数学奥林匹克试题谈起	即将出版		
哈密尔顿一凯莱定理:从一道高中数学联赛试题的解法谈起	2014—09	18.00	376
艾思特曼定理——从一道 CMO 试题的解法谈起	即将出版		

刘培杰数学工作室
已出版(即将出版)图书目录——初等数学

书　　名	出版时间	定　价	编号
阿贝尔恒等式与经典不等式及应用	2018－06	98.00	923
迪利克雷除数问题	2018－07	48.00	930
贝克码与编码理论——从一道全国高中联赛试题谈起	即将出版		
帕斯卡三角形	2014－03	18.00	294
蒲丰投针问题——从 2009 年清华大学的一道自主招生试题谈起	2014－01	38.00	295
斯图姆定理——从一道“华约”自主招生试题的解法谈起	2014－01	18.00	296
许瓦兹引理——从一道加利福尼亚大学伯克利分校数学系博士生试题谈起	2014－08	18.00	297
拉姆塞定理——从王诗宬院士的一个问题谈起	2016－04	48.00	299
坐标法	2013－12	28.00	332
数论三角形	2014－04	38.00	341
毕克定理	2014－07	18.00	352
数林掠影	2014－09	48.00	389
我们周围的概率	2014－10	38.00	390
凸函数最值定理:从一道华约自主招生题的解法谈起	2014－10	28.00	391
易学与数学奥林匹克	2014－10	38.00	392
生物数学趣谈	2015－01	18.00	409
反演	2015－01	28.00	420
因式分解与圆锥曲线	2015－01	18.00	426
轨迹	2015－01	28.00	427
面积原理:从常庚哲命的一道 CMO 试题的积分解法谈起	2015－01	48.00	431
形形色色的不动点定理:从一道 28 届 IMO 试题谈起	2015－01	38.00	439
柯西函数方程:从一道上海交大自主招生的试题谈起	2015－02	28.00	440
三角恒等式	2015－02	28.00	442
无理性判定:从一道 2014 年“北约”自主招生试题谈起	2015－01	38.00	443
数学归纳法	2015－03	18.00	451
极端原理与解题	2015－04	28.00	464
法雷级数	2014－08	18.00	367
摆线族	2015－01	38.00	438
函数方程及其解法	2015－05	38.00	470
含参数的方程和不等式	2012－09	28.00	213
希尔伯特第十问题	2016－01	38.00	543
无穷小量的求和	2016－01	28.00	545
切比雪夫多项式:从一道清华大学金秋营试题谈起	2016－01	38.00	583
泽肯多夫定理	2016－03	38.00	599
代数等式证题法	2016－01	28.00	600
三角等式证题法	2016－01	28.00	601
吴大任教授藏书中的一个因式分解公式:从一道美国数学邀请赛试题的解法谈起	2016－06	28.00	656
易卦——类万物的数学模型	2017－08	68.00	838
“不可思议”的数与数系可持续发展	2018－01	38.00	878
最短线	2018－01	38.00	879

书　　名	出版时间	定　价	编号
幻方和魔方(第一卷)	2012－05	68.00	173
尘封的经典——初等数学经典文献选读(第一卷)	2012－07	48.00	205
尘封的经典——初等数学经典文献选读(第二卷)	2012－07	38.00	206

书　　名	出版时间	定　价	编号
初级方程式论	2011－03	28.00	106
初等数学研究(Ⅰ)	2008－09	68.00	37
初等数学研究(Ⅱ)(上、下)	2009－05	118.00	46,47

刘培杰数学工作室
已出版(即将出版)图书目录——初等数学

书名	出版时间	定价	编号
趣味初等方程妙题集锦	2014—09	48.00	388
趣味初等数论选美与欣赏	2015—02	48.00	445
耕读笔记(上卷):一位农民数学爱好者的初数探索	2015—04	28.00	459
耕读笔记(中卷):一位农民数学爱好者的初数探索	2015—05	28.00	483
耕读笔记(下卷):一位农民数学爱好者的初数探索	2015—05	28.00	484
几何不等式研究与欣赏.上卷	2016—01	88.00	547
几何不等式研究与欣赏.下卷	2016—01	48.00	552
初等数列研究与欣赏·上	2016—01	48.00	570
初等数列研究与欣赏·下	2016—01	48.00	571
趣味初等函数研究与欣赏.上	2016—09	48.00	684
趣味初等函数研究与欣赏.下	即将出版		685
火柴游戏	2016—05	38.00	612
智力解谜.第1卷	2017—07	38.00	613
智力解谜.第2卷	2017—07	38.00	614
故事智力	2016—07	48.00	615
名人们喜欢的智力问题	即将出版		616
数学大师的发现、创造与失误	2018—01	48.00	617
异曲同工	即将出版		618
数学的味道	2018—01	58.00	798
数贝偶拾——高考数学题研究	2014—04	28.00	274
数贝偶拾——初等数学研究	2014—04	38.00	275
数贝偶拾——奥数题研究	2014—04	48.00	276
钱昌本教你快乐学数学(上)	2011—12	48.00	155
钱昌本教你快乐学数学(下)	2012—03	58.00	171
集合、函数与方程	2014—01	28.00	300
数列与不等式	2014—01	38.00	301
三角与平面向量	2014—01	28.00	302
平面解析几何	2014—01	38.00	303
立体几何与组合	2014—01	28.00	304
极限与导数、数学归纳法	2014—01	38.00	305
趣味数学	2014—03	28.00	306
教材教法	2014—04	68.00	307
自主招生	2014—05	58.00	308
高考压轴题(上)	2015—01	48.00	309
高考压轴题(下)	2014—10	68.00	310
从费马到怀尔斯——费马大定理的历史	2013—10	198.00	Ⅰ
从庞加莱到佩雷尔曼——庞加莱猜想的历史	2013—10	298.00	Ⅱ
从切比雪夫到爱尔特希(上)——素数定理的初等证明	2013—07	48.00	Ⅲ
从切比雪夫到爱尔特希(下)——素数定理100年	2012—12	98.00	Ⅲ
从高斯到盖尔方特——二次域的高斯猜想	2013—10	198.00	Ⅳ
从库默尔到朗兰兹——朗兰兹猜想的历史	2014—01	98.00	Ⅴ
从比勃巴赫到德布朗斯——比勃巴赫猜想的历史	2014—02	298.00	Ⅵ
从麦比乌斯到陈省身——麦比乌斯变换与麦比乌斯带	2014—02	298.00	Ⅶ
从布尔到豪斯道夫——布尔方程与格论漫谈	2013—10	198.00	Ⅷ
从开普勒到阿诺德——三体问题的历史	2014—05	298.00	Ⅸ
从华林到华罗庚——华林问题的历史	2013—10	298.00	Ⅹ

刘培杰数学工作室
已出版(即将出版)图书目录——初等数学

书　　名	出版时间	定　价	编号
美国高中数学竞赛五十讲.第1卷(英文)	2014－08	28.00	357
美国高中数学竞赛五十讲.第2卷(英文)	2014－08	28.00	358
美国高中数学竞赛五十讲.第3卷(英文)	2014－09	28.00	359
美国高中数学竞赛五十讲.第4卷(英文)	2014－09	28.00	360
美国高中数学竞赛五十讲.第5卷(英文)	2014－10	28.00	361
美国高中数学竞赛五十讲.第6卷(英文)	2014－11	28.00	362
美国高中数学竞赛五十讲.第7卷(英文)	2014－12	28.00	363
美国高中数学竞赛五十讲.第8卷(英文)	2015－01	28.00	364
美国高中数学竞赛五十讲.第9卷(英文)	2015－01	28.00	365
美国高中数学竞赛五十讲.第10卷(英文)	2015－02	38.00	366
三角函数	2014－01	38.00	311
不等式	2014－01	38.00	312
数列	2014－01	38.00	313
方程	2014－01	28.00	314
排列和组合	2014－01	28.00	315
极限与导数	2014－01	28.00	316
向量	2014－09	38.00	317
复数及其应用	2014－08	28.00	318
函数	2014－01	38.00	319
集合	即将出版		320
直线与平面	2014－01	28.00	321
立体几何	2014－04	28.00	322
解三角形	即将出版		323
直线与圆	2014－01	28.00	324
圆锥曲线	2014－01	38.00	325
解题通法(一)	2014－07	38.00	326
解题通法(二)	2014－07	38.00	327
解题通法(三)	2014－05	38.00	328
概率与统计	2014－01	28.00	329
信息迁移与算法	即将出版		330
IMO 50年.第1卷(1959－1963)	2014－11	28.00	377
IMO 50年.第2卷(1964－1968)	2014－11	28.00	378
IMO 50年.第3卷(1969－1973)	2014－09	28.00	379
IMO 50年.第4卷(1974－1978)	2016－04	38.00	380
IMO 50年.第5卷(1979－1984)	2015－04	38.00	381
IMO 50年.第6卷(1985－1989)	2015－04	58.00	382
IMO 50年.第7卷(1990－1994)	2016－01	48.00	383
IMO 50年.第8卷(1995－1999)	2016－06	38.00	384
IMO 50年.第9卷(2000－2004)	2015－04	58.00	385
IMO 50年.第10卷(2005－2009)	2016－01	48.00	386
IMO 50年.第11卷(2010－2015)	2017－03	48.00	646

刘培杰数学工作室
已出版(即将出版)图书目录——初等数学

书 名	出版时间	定 价	编号
方程(第2版)	2017—04	38.00	624
三角函数(第2版)	2017—04	38.00	626
向量(第2版)	即将出版		627
立体几何(第2版)	2016—04	38.00	629
直线与圆(第2版)	2016—11	38.00	631
圆锥曲线(第2版)	2016—09	48.00	632
极限与导数(第2版)	2016—04	38.00	635
历届美国大学生数学竞赛试题集.第一卷(1938—1949)	2015—01	28.00	397
历届美国大学生数学竞赛试题集.第二卷(1950—1959)	2015—01	28.00	398
历届美国大学生数学竞赛试题集.第三卷(1960—1969)	2015—01	28.00	399
历届美国大学生数学竞赛试题集.第四卷(1970—1979)	2015—01	18.00	400
历届美国大学生数学竞赛试题集.第五卷(1980—1989)	2015—01	28.00	401
历届美国大学生数学竞赛试题集.第六卷(1990—1999)	2015—01	28.00	402
历届美国大学生数学竞赛试题集.第七卷(2000—2009)	2015—08	18.00	403
历届美国大学生数学竞赛试题集.第八卷(2010—2012)	2015—01	18.00	404
新课标高考数学创新题解题诀窍:总论	2014—09	28.00	372
新课标高考数学创新题解题诀窍:必修1~5分册	2014—08	38.00	373
新课标高考数学创新题解题诀窍:选修2—1,2—2,1—1,1—2分册	2014—09	38.00	374
新课标高考数学创新题解题诀窍:选修2—3,4—4,4—5分册	2014—09	18.00	375
全国重点大学自主招生英文数学试题全攻略:词汇卷	2015—07	48.00	410
全国重点大学自主招生英文数学试题全攻略:概念卷	2015—01	28.00	411
全国重点大学自主招生英文数学试题全攻略:文章选读卷(上)	2016—09	38.00	412
全国重点大学自主招生英文数学试题全攻略:文章选读卷(下)	2017—01	58.00	413
全国重点大学自主招生英文数学试题全攻略:试题卷	2015—07	38.00	414
全国重点大学自主招生英文数学试题全攻略:名著欣赏卷	2017—03	48.00	415
劳埃德数学趣题大全.题目卷.1:英文	2016—01	18.00	516
劳埃德数学趣题大全.题目卷.2:英文	2016—01	18.00	517
劳埃德数学趣题大全.题目卷.3:英文	2016—01	18.00	518
劳埃德数学趣题大全.题目卷.4:英文	2016—01	18.00	519
劳埃德数学趣题大全.题目卷.5:英文	2016—01	18.00	520
劳埃德数学趣题大全.答案卷:英文	2016—01	18.00	521
李成章教练奥数笔记.第1卷	2016—01	48.00	522
李成章教练奥数笔记.第2卷	2016—01	48.00	523
李成章教练奥数笔记.第3卷	2016—01	38.00	524
李成章教练奥数笔记.第4卷	2016—01	38.00	525
李成章教练奥数笔记.第5卷	2016—01	38.00	526
李成章教练奥数笔记.第6卷	2016—01	38.00	527
李成章教练奥数笔记.第7卷	2016—01	38.00	528
李成章教练奥数笔记.第8卷	2016—01	48.00	529
李成章教练奥数笔记.第9卷	2016—01	28.00	530

刘培杰数学工作室

已出版(即将出版)图书目录——初等数学

书 名	出版时间	定 价	编号
第19~23届"希望杯"全国数学邀请赛试题审题要津详细评注(初一版)	2014—03	28.00	333
第19~23届"希望杯"全国数学邀请赛试题审题要津详细评注(初二、初三版)	2014—03	38.00	334
第19~23届"希望杯"全国数学邀请赛试题审题要津详细评注(高一版)	2014—03	28.00	335
第19~23届"希望杯"全国数学邀请赛试题审题要津详细评注(高二版)	2014—03	38.00	336
第19~25届"希望杯"全国数学邀请赛试题审题要津详细评注(初一版)	2015—01	38.00	416
第19~25届"希望杯"全国数学邀请赛试题审题要津详细评注(初二、初三版)	2015—01	58.00	417
第19~25届"希望杯"全国数学邀请赛试题审题要津详细评注(高一版)	2015—01	48.00	418
第19~25届"希望杯"全国数学邀请赛试题审题要津详细评注(高二版)	2015—01	48.00	419
物理奥林匹克竞赛大题典——力学卷	2014—11	48.00	405
物理奥林匹克竞赛大题典——热学卷	2014—04	28.00	339
物理奥林匹克竞赛大题典——电磁学卷	2015—07	48.00	406
物理奥林匹克竞赛大题典——光学与近代物理卷	2014—06	28.00	345
历届中国东南地区数学奥林匹克试题集(2004~2012)	2014—06	18.00	346
历届中国西部地区数学奥林匹克试题集(2001~2012)	2014—07	18.00	347
历届中国女子数学奥林匹克试题集(2002~2012)	2014—08	18.00	348
数学奥林匹克在中国	2014—06	98.00	344
数学奥林匹克问题集	2014—01	38.00	267
数学奥林匹克不等式散论	2010—06	38.00	124
数学奥林匹克不等式欣赏	2011—09	38.00	138
数学奥林匹克超级题库(初中卷上)	2010—01	58.00	66
数学奥林匹克不等式证明方法和技巧(上、下)	2011—08	158.00	134,135
他们学什么:原民主德国中学数学课本	2016—09	38.00	658
他们学什么:英国中学数学课本	2016—09	38.00	659
他们学什么:法国中学数学课本.1	2016—09	38.00	660
他们学什么:法国中学数学课本.2	2016—09	28.00	661
他们学什么:法国中学数学课本.3	2016—09	38.00	662
他们学什么:苏联中学数学课本	2016—09	28.00	679
高中数学题典——集合与简易逻辑·函数	2016—07	48.00	647
高中数学题典——导数	2016—07	48.00	648
高中数学题典——三角函数·平面向量	2016—07	48.00	649
高中数学题典——数列	2016—07	58.00	650
高中数学题典——不等式·推理与证明	2016—07	38.00	651
高中数学题典——立体几何	2016—07	48.00	652
高中数学题典——平面解析几何	2016—07	78.00	653
高中数学题典——计数原理·统计·概率·复数	2016—07	48.00	654
高中数学题典——算法·平面几何·初等数论·组合数学·其他	2016—07	68.00	655

刘培杰数学工作室
已出版(即将出版)图书目录——初等数学

书　名	出版时间	定　价	编号
台湾地区奥林匹克数学竞赛试题.小学一年级	2017—03	38.00	722
台湾地区奥林匹克数学竞赛试题.小学二年级	2017—03	38.00	723
台湾地区奥林匹克数学竞赛试题.小学三年级	2017—03	38.00	724
台湾地区奥林匹克数学竞赛试题.小学四年级	2017—03	38.00	725
台湾地区奥林匹克数学竞赛试题.小学五年级	2017—03	38.00	726
台湾地区奥林匹克数学竞赛试题.小学六年级	2017—03	38.00	727
台湾地区奥林匹克数学竞赛试题.初中一年级	2017—03	38.00	728
台湾地区奥林匹克数学竞赛试题.初中二年级	2017—03	38.00	729
台湾地区奥林匹克数学竞赛试题.初中三年级	2017—03	28.00	730
不等式证题法	2017—04	28.00	747
平面几何培优教程	即将出版		748
奥数鼎级培优教程.高一分册	即将出版		749
奥数鼎级培优教程.高二分册.上	2018—04	68.00	750
奥数鼎级培优教程.高二分册.下	2018—04	68.00	751
高中数学竞赛冲刺宝典	即将出版		883
初中尖子生数学超级题典.实数	2017—07	58.00	792
初中尖子生数学超级题典.式、方程与不等式	2017—08	58.00	793
初中尖子生数学超级题典.圆、面积	2017—08	38.00	794
初中尖子生数学超级题典.函数、逻辑推理	2017—08	48.00	795
初中尖子生数学超级题典.角、线段、三角形与多边形	2017—07	58.00	796
数学王子——高斯	2018—01	48.00	858
坎坷奇星——阿贝尔	2018—01	48.00	859
闪烁奇星——伽罗瓦	2018—01	58.00	860
无穷统帅——康托尔	2018—01	48.00	861
科学公主——柯瓦列夫斯卡娅	2018—01	48.00	862
抽象代数之母——埃米·诺特	2018—01	48.00	863
电脑先驱——图灵	2018—01	58.00	864
昔日神童——维纳	2018—01	48.00	865
数坛怪侠——爱尔特希	2018—01	68.00	866
当代世界中的数学.数学思想与数学基础	2018—04	38.00	892
当代世界中的数学.数学问题	即将出版		893
当代世界中的数学.应用数学与数学应用	即将出版		894
当代世界中的数学.数学王国的新疆域(一)	2018—04	38.00	895
当代世界中的数学.数学王国的新疆域(二)	即将出版		896
当代世界中的数学.数林撷英(一)	即将出版		897
当代世界中的数学.数林撷英(二)	即将出版		898
当代世界中的数学.数学之路	即将出版		899

联系地址:哈尔滨市南岗区复华四道街10号　哈尔滨工业大学出版社刘培杰数学工作室

网　　址:http://lpj.hit.edu.cn/

邮　　编:150006

联系电话:0451－86281378　　13904613167

E-mail:lpj1378@163.com